— 변경된 출제기준에 맞춘 완벽 대비서 —

항공기정비
기능사 필기

장성희 지음

BM (주)도서출판 성안당

저자약력

장성희

정비일반, 항공역학, 항공장비, 항공기체, 항공기관, 항공전기전자계기, 항법계기, 항공기초실습, 항공기체실습, 항공기관실습, 항공장비실습, 항공전자실습 등의 과목을 항공전문학교에서 20년 이상 강의하고 있습니다.

■ 경력
- 전) 항공정비기능사 국가실기 감독
- 전) 항공산업기사 국가실기 감독

■ 집필
- 항공기정비기능사 필기(성안당)
- 항공전기전자정비기능사 필기(성안당)
- 항공기체정비기능사 필기(성안당)
- 항공기관정비기능사 필기(성안당)
- 항공정비기능사(기체, 기관, 장비) 필기(성안당)
- 항공산업기사 필기(성안당)
- 항공산업기사 실기 필답(성안당)

■ 검토위원
- 김기환, 최광우, 장동혁, 이진범, 유선종, 최지은

항공기정비기능사 필기

2024. 1. 10. 초 판 1쇄 발행
2025. 1. 8. 개정증보 1판 1쇄 발행

지은이 | 장성희
펴낸이 | 이종춘
펴낸곳 | **BM** (주)도서출판 **성안당**

주소 | 04032 서울시 마포구 양화로 127 첨단빌딩 3층(출판기획 R&D 센터)
10881 경기도 파주시 문발로 112 파주 출판 문화도시(제작 및 물류)

전화 | 02) 3142-0036
031) 950-6300

팩스 | 031) 955-0510
등록 | 1973. 2. 1. 제406-2005-000046호
출판사 홈페이지 | www.cyber.co.kr
도서 내용 문의 | jsh337-2002@hanmail.net
ISBN | 978-89-315-8683-1 (13550)
정가 | 35,000원

이 책을 만든 사람들

책임 | 최옥현
진행 | 최창동
본문 디자인 | 인투
표지 디자인 | 박원석
홍보 | 김계향, 임진성, 김주승, 최정민
국제부 | 이선민, 조혜란
마케팅 | 구본철, 차정욱, 오영일, 나진호, 강호묵
마케팅 지원 | 장상범
제작 | 김유석

머리말

항공공학 기술 분야에서 항공기 정비(항공기 일반/기체 정비/기관 정비)에 대한 지식을 갖춘다는 것은 항공기 정비를 하기 위한 가장 기본적이고 필수적인 지식을 갖춘다고 볼 수 있습니다.

이 책은 항공 분야의 기본 기술자격인 항공기정비기능사를 취득하기 위해 꼭 알아두어야 할 필수적인 이론 지식을 다음과 같은 순서에 의해 과목별 요점정리와 실력 점검 문제, 그리고 실력을 점검할 수 있는 최종 점검 모의고사 중심 체계로 정리하여 서술한 문제집입니다.

1. 항공기 일반 요점정리+실력 점검 문제

2. 정비 일반 요점정리+실력 점검 문제

3. 기체 정비 요점정리+실력 점검 문제

4. 기관 정비 요점정리+실력 점검 문제

5. 최종 점검 모의고사

특히, 항공기 정비는 항공기를 직접 운용하고, 점검 및 검사하여 항공기의 운항 안정성, 다시 말해 항공기 감항성을 유지하는 가장 기본적이고 필수적인 항공기 정비 기술이라고 말할 수 있습니다.

저자는 다년간 항공기 기술자격을 취득하고자 하는 공학도들에게 강의한 경험을 통하여 학생들이 어렵게 느끼는 항공기 정비에 대한 기술지식을 보다 더 알기 쉽고, 정확한 개요를 파악하기 위하여 핵심 요점정리와 그에 따른 유도된 공식을 가지고 실제 응용력을 기를 수 있도록 다양한 문제를 수록하였고, 각각의 문제에 해설을 첨부하여 학생들이 이해할 수 있도록 준비하였습니다. 특히, 이 책은 항공기정비기능사 취득을 준비하는 학생들에게 적합한 시험 준비서가 될 것으로 확신합니다.

다만, 이 책을 펴냄에 있어서 다소 부족한 점이 있을 수도 있사오니 앞으로 독자들의 기탄없는 지적과 관심을 바탕으로 수정할 것을 약속하며, 이 책이 항공기술 분야를 공부하는 학생들에게 다소나마 도움이 된다면 더없는 기쁨으로 생각하겠습니다.

끝으로 이 책을 출판하게 도와주신 성안당 대표님과 편집부 직원들에게 진심으로 감사를 표합니다.

저자 장성희

 # 시험안내

1. 원서접수 및 합격자 발표 – http://www.q-net.or.kr

■ 접수 가능한 사진 범위

구분	내용
접수가능 사진	6개월 이내 촬영한 (3.5×4.5cm) 칼라사진, 상반신 정면, 탈모, 무 배경
접수 불가능 사진	스냅 사진, 선글라스, 스티커 사진, 측면 사진, 모자 착용, 혼란한 배경사진, 기타 신분 확인이 불가한 사진 ※ Q-net 사진 등록, 원서접수 사진 등록 시 등 상기에 명시된 접수 불가 사진은 컴퓨터 자동인식 프로그램에 의해서 접수가 거부될 수 있습니다
본인 사진이 아닐 경우 조치	연예인 사진, 캐릭터 사진 등 본인 사진이 아니고, 신분증 미지참 시 시험응시 불가(퇴실)조치 - 본인 사진이 아니고 신분증 지참자는 사진 변경등록 각서 징구 후 시험 응시
수험자 조치사항	필기시험 사진상이자는 신분 확인 시까지 실기 원서접수가 불가하므로 원서접수 지부(사)로 본인이 신분증, 사진을 지참 후 확인 받으시기 바랍니다.

2. 시험과목

자격	필기	실기
항공기정비기능사	항공기 일반, 기체 정비, 기관 정비	항공기 정비 실무
항공전기전자정비기능사	항공기 일반, 항공전기전자 계통 정비, 통신항법 계기 정비	항공전기전자 정비 실무

3. 검정 방법

① 필기 : 객관식 4지 택일형 60문항(60분)

② 실기 : 작업형(2시간 40분 정도)

  ㉠ 작업 : 1시간 40분 정도, 배점 55점

  ㉡ 영상 : 1시간 정도, 배점 30점

    • 문제 구성 : 동영상+시험문제

    • 시험 방식 : 객관식 4지 답항 선택 방식

    • 채점 방법 : 자동 채점 방식+답안지 채점 방식

    • 문제 출제 수 : 10문제

  ㉢ 오랄 : 작업시간에 포함, 배점 15점

4. 합격 기준

100점 만점에 60점 이상 득점자

5. 기본 안내사항

구분	유의사항
공통사항	시험 시작 시간 이후 입실 및 응시가 불가하며, 수험표 및 접수내역 사전확인을 통한 시험장 위치, 시험장 입실 가능 시간을 숙지하시기 바랍니다. 시험 준비물: 공단 인정 신분증, 수험표, 흑색 사인펜(PBT시험), 수정테이프, 계산기(필요시), 흑색 볼펜류 필기구(필답, 기술사 필기), 수험자 지참 준비물(작업형 실기) ※ 공학용 계산기는 일부 등급에서 제한된 모델로만 사용이 가능하므로 사전에 필히 확인 후 지참 바랍니다. 부정행위 관련 유의사항: 시험 중 다음과 같은 행위를 하는 자는 국가기술자격법 제10조 제6항의 규정에 따라 당해 검정을 중지 또는 무효로 하고 3년간 국가기술자격법에 의한 검정을 받을 자격이 정지됩니다. 부정행위 관련 유의사항: 시험 중 다음과 같은 행위를 하는 자는 국가기술자격법 제10조 제6항의 규정에 따라 당해 검정을 중지 또는 무효로 하고 3년간 국가기술자격법에 의한 검정을 받을 자격이 정지됩니다. • 시험 중 다른 수험자와 시험과 관련된 대화를 하거나 답안지(작품 포함)를 교환하는 행위 • 시험 중 다른 수험자의 답안지(작품) 또는 문제지를 엿보고 답안을 작성하거나 작품을 제작하는 행위 • 다른 수험자를 위하여 답안(실기작품의 제작방법 포함)을 알려주거나 엿보게 하는 행위 • 시험 중 시험문제 내용과 관련된 물건을 휴대하여 사용하거나 이를 주고받는 행위 • 시험장 내외의 자로부터 도움을 받고 답안지를 작성하거나 작품을 제작하는 행위 • 다른 수험자와 성명 또는 수험번호(비번호)를 바꾸어 제출하는 행위 • 대리시험을 치르거나 치르게 하는 행위 • 시험시간 중 통신기기 및 전자기기를 사용하여 답안지를 작성하거나 다른 수험자를 위하여 답안을 송신하는 행위 • 그 밖에 부정 또는 불공정한 방법으로 시험을 치르는 행위 시험시간 중 전자통신기기를 비롯한 불허 물품 소지가 적발되는 경우 퇴실 조치 및 당해 시험은 무효 처리됩니다.
필기시험	**CBT 필기시험 유의사항** 1. CBT 시험이란 인쇄물 기반 시험인 PBT와 달리 컴퓨터 화면에 시험문제가 표시되어 응시자가 마우스를 통해 문제를 풀어나가는 컴퓨터 기반의 시험을 말합니다. 2. 입실 전 본인 좌석을 반드시 확인 후 착석하시기 바랍니다. 3. 전산으로 진행됨에 따라, 안정적 운영을 위해 입실 후 감독위원 안내에 적극 협조하여 응시하여 주시기 바랍니다. 4. 최종 답안 제출 시 수정이 절대 불가하오니 충분히 검토 후 제출 바랍니다. 5. 제출 후 본인 점수 확인 완료 후 퇴실 바랍니다.

6. 인정신분증

구분	신분증 인정범위
모든 수험자 공통 적용	① 주민등록증(주민등록증발급신청확인서(유효기간 이내인 것) 및 주민등록증 모바일 확인서비스 포함) ② 운전면허증(모바일 운전면허증 포함, 경찰청에서 발행된 것) 및 PASS 모바일 운전면허 확인서비스 ③ 건설기계조종사면허증 ④ 여권 ⑤ 공무원증(장교 · 부사관 · 군무원신분증 포함) ⑥ 장애인등록증(복지카드)(주민등록번호가 표기된 것) ⑦ 국가유공자증 ⑧ 국가기술자격증(정부24, 카카오, 네이버 모바일 자격증 포함) 　　※ 국가기술자격법에 의거 한국산업인력공단 등 10개 기관에서 발행된 것 ⑨ 동력수상레저기구 조종면허증(해양경찰청에서 발행된 것)

신분증 인정기준
① 사진, 주민등록번호(최소 생년월일), 성명, 발급자(직인 등)가 모두 기재된 경우에 한하여 유효 · 인정
② 일체 훼손 · 변형이 없는 원본 신분증인 경우만 유효 · 인정
　※ 사진 또는 외지(코팅지)와 내지가 탈착 · 분리 등의 변형이 있는 것, 훼손으로 사진 · 인적사항 등을 인식할 수
　　없는 것 등
　※ 다만, 신분증이 훼손된 경우, 시험응시는 허용하나 별도 절차를 통해 사후 신분 확인 실시
③ 상기 인정신분증에 포함되지 않는 증명서 등은 ①, ②항의 요건을 충족하더라도 신분증으로 인정하지 않음

7. 공학용 계산기

연번	제조사	허용기종군	비고
1	카시오(CASIO)	FX-901~999	
2	카시오(CASIO)	FX-501~599	
3	카시오(CASIO)	FX-301~399	
4	카시오(CASIO)	FX-80~120	
5	샤프(SHARP)	EL-501~599	
6	샤프(SHARP)	EL-5100, EL-5230 EL-5250, EL-5500	
7	유니원(UNIONE)	UC-600E, UC-400M, UC-800X	
8	캐논(Canon)	F-715SG, F-788SG, F-792SGA	
9	모닝글로리(MORNING GLORY)	ECS-101	

※ 국가전문자격(변리사, 감정평가사 등)은 적용 제외
※ 허용군 내 기종번호 말미의 영어 표기(ES, MS, EX 등)는 무관
※ 사칙연산만 가능한 일반계산기는 기종 상관없이 사용 가능

■ 출제기준

필기과목명	주요항목	세부항목	세세항목
항공기 일반, 기체 정비, 기관 정비	1. 항공역학	1. 비행원리	1. 대기의 구성 2. 공기 흐름의 법칙 3. 날개 모양과 특성 4. 날개의 공기력 5. 항력과 동력 6. 일반 성능 7. 운동 및 조종면 8. 비행 안정성 9. 헬리콥터의 공기역학 10. 헬리콥터의 비행 및 조종
	2. 항공기 측정 작업	1. 측정기기 의 원리, 종류, 구조 및 측정	1. 버니어캘리퍼스 2. 마이크로미터 3. 다이얼게이지 4. 필러게이지 5. 피치게이지 6. 와이어간극게이지 7. 센터게이지 8. 축용 한계게이지 9. 구멍용 한계게이지 10. 나사산 한계게이지 11. 블록게이지
	3. 항공기 기체 기본작업	1. 항공기 기계 요소 체결, 안전 및 고정	1. 볼트 2. 너트 3. 와셔 4. 스크루 5. 토크렌치 6. 안전결선 7. 코터핀 8. 일반 공구 및 특수공구
	4. 항공기 지상 취급	1. 항공기 지상 유도 및 지원	1. 항공기 지상 유도 2. 항공기 이동 및 계류 3. 항공 연료 보급, 배유, 비상절차 4. 3점 접지 설치 5. 윤활유, 작동유 보급 및 비상절차 6. 지상 동력 공급 장치(GPU, GTC) 지원 7. 잭 장비의 설치
	5. 항공기 안전 관리	1. 안전관리 일반	1. 정비 매뉴얼 안전 절차 2. 화재 및 예방 3. 산업안전보건법(항공기 지상안전 분야) 4. 항공안전관리시스템(SMS: Safety Management System) 기본 개요

필기과목명	주요항목	세부항목	세세항목
항공기 일반, 기체 정비, 기관 정비	6. 항공기자재 보급관리	1. 자재 보급 관리 일반	1. 정비의 개념 및 종류 2. 항공기 자재 분류 3. 부품의 신청 4. 부품의 저장 및 보관 5. 항공기 부품 취급 6. AOG, 부품유용, 정비이월, AWP 개념 7. 보급관리 정보체계 활용
	7. 항공기 판금 작업	1. 판금 작업	1. 전개도 작성 2. 마름질 절단 3. 판재 성형
		2. 리벳 작업	1. 리벳의 종류와 재료 2. 리벳의 식별과 규격 표시 3. 리벳 지름, 길이, 배열 4. 판재이음작업 5. 드릴건의 사용법 6. 리벳 건, 버킹바 종류 7. 리벳 체결 방법 8. 리벳 제거 절차, 방법 9. 리벳 검사 방법
	8. 항공기 복합재료 수리작업	1. 복합재료 구조재 수리	1. 복합재료의 종류 및 특징 2. 복합재 장비 공구 3. 복합재 수리 방법 4. 복합재 검사 방법
	9. 항공기 배관 작업	1. 튜브 성형 작업	1. 튜브 재질 및 식별 2. 튜브 성형 공구 3. 굽힘 성형 4. 플레어 작업 5. 플레어리스 작업
		2. 호스 연결	1. 호스 종류 및 식별 2. 호스의 규격 표시 3. 호스 장착방법
	10. 항공기 조종케이블 로드 작업	1. 조종 케이 블 로드 작업	1. 턴버클 2. 조종로드 3. 케이블 장력 측정(T-5, C-8) 및 조절 4. 케이블 검사(손상, 윤활, 오염) 5. 케이블 종류 및 연결 공구 6. 케이블 스웨이징
	11. 항공기 기체 구조 점검	1. 항공기 기체 구조	1. 기체 구조 일반 2. 동체 3. 주날개 및 꼬리날개 4. 착륙장치 5. 기관 마운트 및 나셀

필기과목명	주요항목	세부항목	세세항목
항공기 일반, 기체 정비, 기관 정비			6. 도어 및 윈도우 7. 여압 및 공기조화계통 8. 방제빙 및 제우계통
	12. 항공기 엔진 일반	1. 항공기 엔진 기초	1. 열역학 기초 이론 2. 항공기 엔진의 분류 3. 왕복엔진의 구조 및 작동원리 4. 가스터빈엔진의 작동원리(시동 및 점화 장치)
	13. 항공기가스 터빈엔진 부품 세척	1. 부품 세척	1. 세제의 종류와 취급법 2. 세척 장비와 장구 3. 일반 세척 4. 기계 세척 5. 약품 세척 6. 세척작업 환경과 위생환경 7. 세척 후 품질검사 방법
	14. 항공기가스 터빈엔진 점검	1. 가스터빈 엔진 구조 점검	1. 흡입구 2. 압축기 3. 연소실 4. 터빈 5. 배기 노즐
	15. 항공기가스 터빈엔진 계통 점검	1. 가스터빈 엔진 계통 점검	1. 엔진 연료 계통 2. 엔진 오일 계통 3. 기어박스 4. 공압 및 브리드 계통 5. 유압 계통
	16. 항공기왕복 엔진 외부 검사	1. 왕복엔진 외부 검사	1. 카울링 육안검사 2. 배기관 육안검사 3. 윤활유 누설 육안검사 4. 전기배선 육안검사 5. 보기류 장착상태 점검
	17. 항공기왕복 엔진 냉각 계통 점검	1. 왕복엔진 냉각계통 점검	1. 냉각 핀 점검 2. 냉각 배플 점검 3. 플랩 점검
	18. 항공기왕복 엔진 시동 계통 점검	1. 왕복엔진 시동 계통 점검	1. 시동기 점검 2. 시동기 릴레이 교환 3. 시동 스위치 점검 4. 전기배선 점검

Part 03 | 기체 정비

Part 04 | 기관 정비

Part 05 | 최종 점검 모의고사

Part 06 | 기출복원문제

PART
01

항공기 일반

1 대기의 성질

(1) 대기의 조성 분포

지표면에서 약 80km까지는 거의 일정한 비율로 분포하며 질소 78%, 산소 21%, 아르곤 0.9%, 이산화탄소 0.03%로 조성되어 있으며, 네온 이하의 미량의 기체는 모두 합쳐도 0.01%를 초과하지 않는다.

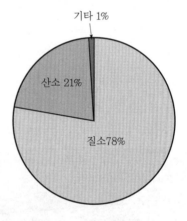

기체	분자기호	분자량	부피비
질소	N_2	28.0134	78.09
산소	O_2	31.9988	20.95
아르곤	Ar	39.948	0.93
이산화탄소	CO_2	44.010	0.03
네온	Ne	20.183	0.001818
헬륨	He	4.0026	0.000524
메탄	CH_4	16.043	0.0002
크립톤	Kr	83.800	0.000114
수소	H	2.015	0.00005
크세논	Xe	131.300	1×10^{-6}
오존	O_3	48.000	1×10^{-6}
라돈	Rn	222.000	6×10^{-18}

▲ 해면상의 순수, 건조한 공기의 성분(ICAO)

(2) 대기권의 구조

① 대류권(지표면으로부터 약 11km까지의 대기층)

가) 공기가 상하로 잘 혼합되어 있다.

나) 구름 생성, 비, 눈, 안개 등의 기상현상이 일어난다.

다) 고도가 증가할수록 T(온도), P(압력), ρ(밀도)가 감소되며, 11km까지 1km 올라갈 때마다 기온이 약 6.5도씩 낮아진다.

라) 대류권 계면: 대류권과 성층권의 경계면으로 대기가 안정되어 구름이 없고, 기온이 낮으며, 공기가 희박하고 제트기류가 존재하여 제트기의 순항고도로 적합하다.

② 성층권(10km 높이에서 약 50km 높이까지의 대기층)

가) 대류권 계면의 온도는 극에서 높고 적도에서 가장 낮다.

나) 성층권 윗부분에 오존층이 있어 자외선을 흡수한다.

다) 성층권 계면: 성층권과 중간권의 경계면이다.

라) 고도 변화에 따라 기온 변화가 거의 없다.

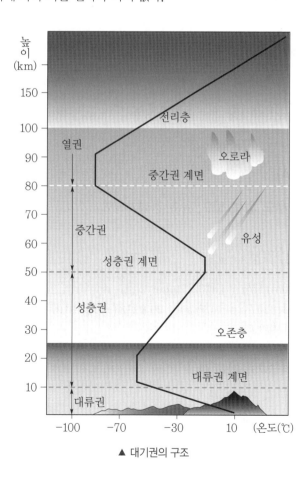

▲ 대기권의 구조

③ 중간권(50km 높이에서부터 약 80km까지의 대기층)

가) 성층권과 열권 사이를 말한다.

나) 높이에 따라 기온이 감소한다.

다) 중간권 계면: 중간권과 열권의 경계면이며 기온이 가장 낮다.

라) 대기권 중에서 온도가 가장 낮다.

④ 열권(80km 높이에서부터 500km까지의 대기층)

가) 고도에 따라 온도가 높아지고, 공기가 매우 희박하다.

나) 전리층: 태양이 방출하는 자외선에 의해 대기가 전리되어 자유전자의 밀도가 커지는 층이며, 전파를 흡수 · 반사하는 작용을 하여 통신에 영향을 준다.

다) 극광이나 유성이 밝은 빛의 꼬리를 길게 남기는 현상이 일어난다.

⑤ 극외권(500km 이상 높이의 대기층)

대기가 아주 희박하고 기체 분자들이 서로 충돌의 방해를 받지 않는 층이다. 각 원자와 분자는 지상에서 발사된 탄환과 같이 궤적을 그리며 운동을 한다.

> **참고**
>
> 고도 11km까지는 기온이 일정한 비율(1000m당 6.5℃씩)로 감소하고, 그 이상의 고도에서는 −56.5℃로 일정한 기온을 유지한다고 가정한다.

(3) 국제 표준대기(ISA)

① 해발고도에서의 온도, 압력, 밀도, 음속, 중력가속도

- 온도 $T_0 = 15℃ = 288.16°K$
  $\quad 59°F = 518.688°R$

- 압력 $P_0 = 760mmHg = 1013.25mbar$
  $\quad = 101,325Pa = 14.7psi = 29.9213inHg = 101425.0N/m^2$
  $\quad = 2,116psf$

- 밀도 $\rho_0 = 1.2250kg/m^3 = 0.12499kg_f s^2/m^4$
  $\quad = 0.0023769slug/ft^3$

- 음속 $a_0 = 340m/s = 1,224km/h$

- 중력가속도 $g_0 = 9.8066m/s^2 = 32.17\ ft/s^2$

② **지오퍼텐셜 고도(geopotential altitude)**

실제로 중력가속도는 고도가 증가함에 따라 변화하는데, 고도 변화를 고려하여 정한 고도이다.

$$H = \frac{1}{g_0} \int_0^h g\,dh$$

③ **기하학적 고도(geometrical height)**

지구 중력가속도가 고도에 관계없이 일정하다고 가정하여 정한 고도이다.

$$dH = \frac{g}{g_0}\,dh$$

2 공기 흐름의 성질과 법칙

(1) 유체의 흐름과 성질

정상흐름 (steady flow)	유체에 가하는 압력은 시간이 지나도 일정하게 유지하면, 관 안의 주어진 한 점을 흐르는 속도, 압력, 밀도, 온도가 시간이 지나도 일정한 값을 가지는 경우의 흐름
비정상 흐름 (unsteady flow)	유체에 가하는 압력이 시간의 경과에 따라 주어진 한 점에서의 속도, 압력, 밀도, 온도가 시간에 따라 변하는 흐름
압축성 유체 (compressible fluid)	압력 변화에 의해 밀도가 변하는 유체
비압축성 유체 (incompressible fluid)	압력 변화에 의해 밀도 변화가 거의 없는 유체
실제유체(real fluid)	점성이 존재하는 유체
이상유체(ideal fluid)	점성의 영향을 고려하지 않는 유체

(2) 연속방정식

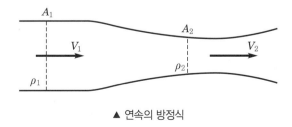

▲ 연속의 방정식

① 압축성 유체일 때 연속방정식: $A_1 V_1 \rho_1 = A_2 V_2 \rho_2 =$ 일정

② 비압축성 유체일 때 연속방정식: $A_1 V_1 = A_2 V_2 =$ 일정

　※ ρ: 밀도, A: 단면적, V: 속도

(3) 베르누이 정리

① 정압(P: pressure): 유체의 운동 상태와 관계없이 항상 모든 방향으로 작용하는 압력이다.

② 동압(q: dynamic pressure): 유체가 가진 속도에 의하여 생기는 압력으로 유체의 흐름을 직각되게 막았을 때 판에 작용하는 압력이다.

$$동압(q) = \frac{1}{2}\rho V^2$$

③ 전압(P_t: total pressure): 정압흐름에서 정압과 동압의 합은 항상 일정하다. 즉, 압력(정압)과 속도(동압)는 서로 반비례한다는 것이다.

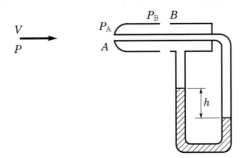

▲ 피토우관 또는 피토 정압관

점 A(A: 전압공, $P + \frac{1}{2}\rho V^2$)와 점 B(B: 정압공, P)의 압력 차는 U형 마노미터의 높이차로 나타나며, 다음의 식이 성립한다.

$$P_A - P_B = P + \frac{1}{2}\rho V^2 - P$$
$$= \frac{1}{2}\rho V^2 = rh$$
$$\therefore V = \sqrt{\frac{2r}{\rho}h}$$

④ 압력계수(CP): 항공기속도 변화 범위가 크고 압력 변화도 크며, 밀도도 변하는 경우에는 항공기 주위의 압력 분포를 압력계수인 정압과 동압의 비로서 나타낸다.

$$C_P = \frac{P - P_0}{\frac{1}{2}\rho V_0{}^2} = 1 - (\frac{V}{V_0})^2$$

※ P: 날개골 주위의 압력, V: 날개골 주위의 속도,
P_O: 날개골 상류의 압력, V_O: 날개골 상류의 속도

3 공기의 점성효과

① **동점성계수**(v : kinematic viscosity): 점성계수(μ)를 밀도(ρ)로 나눈 값

$$\nu = \frac{\mu}{\rho}$$

② **레이놀즈수**(R_e: Reynolds number): 관성력과 점성력의 비

$$R_e = \frac{관성력}{점성력} = \frac{압력항력}{마찰항력} = \frac{\rho VL}{u} = \frac{VL}{\nu}$$

※ ρ: 밀도, ν: 동점성계수, u: 절대점성계수, V: 대기속도, L: 시위 길이

③ **층류와 난류**

가) 층류(laminar flow): 유동속도가 느릴 때 유체 입자들이 층을 형성하듯 섞이지 않고 흐르는 흐름이다. [$R_e \langle 2300$]

나) 난류(turbulence flow): 유동속도가 빠를 때 유체 입자들이 불규칙하게 흐르는 흐름이다. [$R_e \rangle 4000$]

다) 천이(transition): 층류에서 난류로 변하는 현상이다. [$2300 \langle R_e \langle 4000$]

라) 천이점(transition point): 층류에서 난류로 변하는 점, 즉 천이가 일어나는 점이다.

마) 임계 레이놀즈수(Critical Reynolds number): 층류에서 난류로 변할 때의 레이놀즈수, 즉 천이가 일어나는 레이놀즈수

바) 와류발생장치: 날개 표면에 돌출부를 만들어 고의로 난류 경계층을 형성시켜 주는 장치로 박리를 방지한다.

사) 흐름의 떨어짐(flow separation)

• 경계층 속의 유체 입자가 마찰력으로 인해 운동량을 잃게 되므로 인해 표면을 따라 흐르지 못하고 떨어져 나가는 현상이다.

- 박리(separation) 발생: 역류 현상으로 인해 와류현상을 나타내며, 층류 경계층에서 쉽게 일어난다.
- 난류 경계층 유도: 와류발생장치(vortex generator)로 박리가 후방으로 연장될 수 있도록 한다.

아) 경계층(boundary layer): 자유흐름 속도의 99%에 해당하는 속도에 도달한 곳을 경계로 하여 점성의 영향이 거의 없는 구역과 점성의 영향이 뚜렷한 구역으로 구분할 수 있는데, 점성의 영향이 뚜렷한 벽 가까운 구역의 가상적인 층을 경계층이라 한다.

- 층류 경계층

$$두께: \quad \delta_x = \frac{5.2x}{\sqrt{Re_x}}$$

- 난류 경계층

$$두께: \quad \delta_x = \frac{0.37x}{\sqrt{Re_{x^{0.2}}}}$$

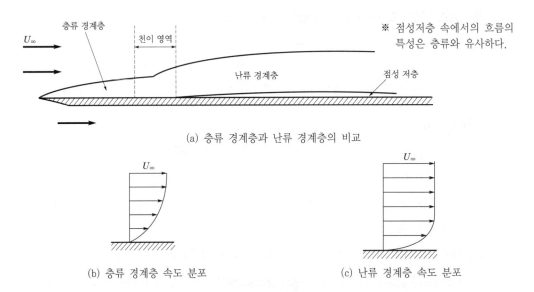

(a) 층류 경계층과 난류 경계층의 비교

※ 점성저층 속에서의 흐름의 특성은 층류와 유사하다.

(b) 층류 경계층 속도 분포   (c) 난류 경계층 속도 분포

▲ 평판 위의 경계층

참고 층류와 난류의 비교

- 난류는 층류에 비해서 마찰력이 크다.
- 층류에서는 근접하는 두 개의 층 사이에 혼합이 없고, 난류에서는 혼합이 있다.
- 박리(이탈점)는 난류에서보다 층류에서 더 잘 일어난다.
- 이탈점은 항상 천이점보다 뒤에 있다.
- 층류는 항상 난류 앞에 있다.
- 층류의 경계층은 얇고 난류의 경계층은 두껍다.

④ **항력 계수(drag coefficient)**

가) 항력계수: 단위 면적당 항력과 운동 에너지의 비

$$C_D = \frac{\text{항력}}{\frac{1}{2}\rho V^2 S}$$

※ C_D : 항력계수, ρ : 밀도, V : 속도, S : 날개면적

나) 형상항력(pressure drag)

- 압력항력(pressure drag): 물체 표면에서 떨어져 하류 쪽으로 와류를 발생시키기 때문에 생기는 항력으로 유선형일수록 압력항력이 작다.
- 마찰항력(friction drag): 공기의 점성 때문에 생기는 항력이다.
- 아음속 항공기에 생기는 전체 항력계수이다.

$$C_D = \text{형상항력계수}(C_{DP}) + \text{유도항력계수}(C_{Di})$$
$$= \text{압력항력계수} + \text{마찰항력계수} + \text{유도항력계수}$$

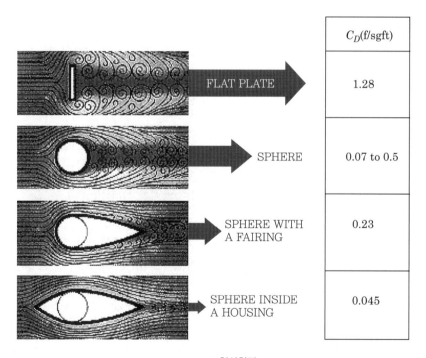

	C_D(f/sgft)
FLAT PLATE	1.28
SPHERE	0.07 to 0.5
SPHERE WITH A FAIRING	0.23
SPHERE INSIDE A HOUSING	0.045

▲ 형상항력

(1) 음속(C)

공기 중에 미소한 교란이 전파되는 속도로서 온도가 증가할수록 빨라진다. "0도"인 공기 중에서 음속은 331.2m/s이다.

- $C = \sqrt{kRT}$ $R = 287 [J/kg \cdot °k]$
- $C = \sqrt{kgRT}$ $R = 29.97 [kgf \cdot m/kg \cdot °k]$

여기서, k: 공기의 비열비(1.4), g: 중력가속도, R: 공기 기체상수(29.27kg · m /kg), T: 절대온도(273+℃)

(2) 마하수(Mach Number, M.N)

물체 속도와 그 고도에서의 소리 속도(음속)와의 비를 말하며, 관계 유체의 압축성 특성을 잘 나타내는 무차원의 수이다.

① **임계 마하수**: 날개 윗면에서 최대속도가 마하수 1이 될 때, 날개 앞쪽에서의 흐름의 마하수

$$M_a = \frac{비\,행\,체\,의\,속\,도}{소\,리\,의\,속\,도} = \frac{V}{C}$$

② **항력발산 마하수**: 비행 중인 항공기가 충격파로 인해 항력이 급격히 증가할 때의 마하수

영역	마하수	흐름의 특성
음속(C)	0.3 이하	아음속 흐름, 비압축성 흐름
아음속(sub sonic)	0.3~0.75 이하	아음속 흐름, 압축성 흐름
천음속(tran sonic)	0.75~1.2	천음속 흐름, 압축성 흐름, 부분적인 충격파 발생
초음속(super sonic)	1.2~5.0	초음속 흐름, 압축성 흐름, 충격파 발생
극초음속 (hyper sonic)	5.0 이상	극초음속 흐름, 충격파 발생

> **참고** 항력 발산 마하수를 높이는 방법
>
> - 얇은 날개를 사용하여 표면에서의 속도 증가를 억제한다.
> - 날개에 뒤젖힘 각을 준다.
> - 종횡비가 작은 날개를 사용한다.
> - 경계층 제어 장치를 사용한다.

(3) 충격파(Shock Wave)

물체의 속도가 음속보다 커지면 자신이 만든 압력보다 앞서 비행하므로 이 압력파들이 겹쳐 소리가 나는 현상이다.

① 충격파를 지나온 공기 입자의 압력과 밀도는 증가되고 속도는 감소된다.

② 충격파에서 충격파의 앞쪽과 뒤쪽의 압력 차가 충격파의 강도를 나타낸다.

③ 다이아몬드형 날개골 주위의 초음속 흐름

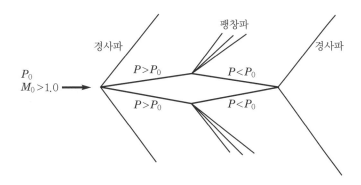

가) 수직 충격파(nomal shock wave): 초음속 흐름이 수직 충격파를 지난 공기 흐름은 항상 아음속이 되고 압력과 밀도는 급격히 증가하며, 온도는 불연속적으로 증가한다.

나) 경사 충격파(oblique shock wave): 경사 충격파를 지난 공기 흐름은 아음속이 될 수도 있고 초음속이 될 수도 있다. 즉 경사 충격파를 지나는 마하수는 항상 앞의 마하수보다 작다.

다) 팽창파(expansion wave): 유동 단면적이 넓어지는 영역을 공기가 초음속으로 흐를 때 발생하며, 팽창파 이후 흐름에서는 속도가 증가하고 압력은 감소한다.

④ 충격파에 의한 항력

가) 조파항력(wave drag): 초음속 흐름에서 충격파로 인하여 발생하는 항력

나) 초음속 날개의 전항력: 마찰항력+압력항력+조파항력

다) 조파항력에 영향을 끼치는 요소: 날개골의 받음각, 캠버선의 모양, 길이에 대한 두께비

참고 조파항력을 최소로 하기 위한 방법

- 앞전을 뾰족하게 한다(원호형이나 다이아몬드형).
- 두께는 가능한 한 얇게 한다.

01 실력 점검 문제

01 대기 중 음속의 크기와 가장 밀접한 요소는?

① 대기의 밀도
② 대기의 비열비
③ 대기의 온도
④ 대기의 기체상수

> **해설**

음속을 구하는 식은 다음과 같다.

- $a = \sqrt{\gamma g RT}$
- a: 음속
- γ: 비열비(공기는 1.4)
- g: 중력가속도(9.8m/s^2)
- R: 기체상수(R=29.27)
- T: 절대온도(T=273+℃)

02 다음 중 대기가 안정하여 구름이 없고 기온이 낮으면, 공기가 희박하여 제트기의 순항고도로 적합한 곳은?

① 대류권과 성층권의 경계면 부근
② 성층권과 중간권의 경계면 부근
③ 중간권과 열권의 경계면 부근
④ 열권과 극외권의 경계면 부근

> **해설**

대류권(11km까지)은 고도가 증가할수록 온도, 밀도, 압력이 감소하고, 고도가 1km 증가할수록 기온이 6.5℃씩 감소한다. 고도 10km 부근(대류권 계면)에 제트기류가 존재하고 대기가 안정되며, 구름이 없고 기온이 낮아 항공기의 순항고도로 적합하다.

03 대기권에서 전리층이 존재하는 곳은 어디인가?

① 중간권
② 열권
③ 극외권
④ 성층권

> **해설**

열권은 고도가 올라감에 따라 온도는 높아지지만, 공기는 매우 희박해지는 구간이다. 전리층이 존재하고, 전파를 흡수·반사하는 작용을 하여 통신에 영향을 끼친다. 중간권에 열권의 경계면을 중간권 계면이라고 한다.

04 대기권은 성분비가 일정한 균질권과 고도에 따라 성분비가 다른 비균질권으로 구성된다. 균질권의 평균 고도는 몇 km인가?

① 11
② 50
③ 80
④ 500

> **해설**

대기의 성질

- 지구를 둘러싸고 있는 기체를 총칭하여 대기 또는 대기권이라 한다.
- 균질권: 성분비가 일정하다.
- 비균질권: 성분비가 일정하지 않다.

05 일반적으로 대류권에서 공기온도는 고도가 1,000m 높아질 때마다 6.5℃씩 감소한다. 해발고도에서의 공기온도가 30℃일 때, 고도 10,000m에서의 온도는 몇 도인가?

① −25℃
② −35℃
③ −45℃
④ −55℃

⊛ 정답 01. ③ 02. ① 03. ② 04. ③ 05. ②

해설

$T = T_0 - 0.0065h$

06 국제표준대기로 정한 해면 고도의 특성값이 틀린 것은?

① 온도 20℃

② 압력 1013.25hPa

③ 해면고도 0m

④ 압력 29.921inHg

해설

표준 해면 고도에서의 압력(P_0), 밀도(ρ_0), 음속(a_0), 중력가속도(g_0), 온도(t_0)

t_0: 15℃=288.16˚K=59˚F=518.688˚R

P_0: 760mmHg=29.92inHg=14.7psi=1,013mbar=2,116psf=101,325Pa(1Pa=1N/m²)

P_0: 0.12492kgs²/m⁴=1/8kgs²/m⁴=0.002378 slug/ft³

a_0: 340m/sec=1,224km/h

g_0: 9.8066m/sec²=32.17ft/sec²

K(c): 273.16

R(f): 459.688

07 절대압력을 가장 올바르게 설명한 것은?

① 표준 대기 상태에서 해면상의 대기압을 기준값 0으로 하여 측정한 압력이다.

② 계기 압력에 대기압을 더한 값과 같다.

③ 계기 압력으로부터 대기압을 뺀 값과 같다.

④ 해당 고도에서의 대기압을 기준값 0으로 하여 측정한 압력이다.

해설

절대압력=대기압+계기압력

08 압력을 표시하는 단위에 속하지 않는 것은?

① N/m²

② mmHg

③ mmAq

④ lb−in

해설

P_0: 760mmHg=29.92inHg=14.7psi=1,013mbar=2,116psf=101,325Pa(1Pa=1N/m²)

09 베르누이의 정리에 따른 압력에 대한 설명으로 옳은 것은?

① 전압이 일정하다.

② 정압이 일정하다.

③ 동압이 일정하다.

④ 전압과 동압의 합이 일정하다.

해설

P(정압)+q(동압)=Pt(전압)=일정

$P + \dfrac{1}{2}\rho V^2 = Pt = 일정$

$P_1 + \dfrac{1}{2}\rho V_1{}^2 = P_2 + \dfrac{1}{2}\rho V_2{}^2 = 일정$

10 연속방정식을 식으로 옳게 표시한 것은?

(단, A1: 흐름의 입구면적, V1: 흐름의 입구속도, A2: 흐름의 출구면적, V2: 흐름의 출구속도)

① A1×V1=A2×V2

② A1×V2=A1×V1

③ A1×V1²=A2×V2²

④ A1×V2²=A2×V1²

해설

연속 방정식(질량 보존의 법칙)

• 압축성 흐름: $\rho_1 A_1 V_1 = \rho_2 A_2 V_2 = $ 항상 일정

• 비압축성 흐름: $A_1 V_1 = A_2 V_2 = $ 항상 일정

✈정답 06. ① 07. ② 08. ④ 09. ① 10. ①

11 관의 입구 지름이 10cm이고, 출구의 지름이 20cm이다. 이 관의 출구에서의 흐름 속도가 40cm/s일 때, 입구에서의 흐름 속도는 약 몇 cm/s인가?

① 20   ② 40

③ 80   ④ 160

해설

비압축성 흐름

$A_1 V_1 = A_2 V_2$ = 항상 일정

$\frac{\pi}{4} d^2 \times x = \frac{\pi}{4} d^2 \times 40$

$\frac{\pi}{4} 10^2 \times x = \frac{\pi}{4} 20^2 \times 40$, 여기서 $\frac{\pi}{4}$을 약분하면

$100 \times x = 400 \times 40$, $100 \times x = 16,000$, $x = 160$

12 날개골 상류의 속도 V_0, 날개골 상의 임의의 점의 속도를 V라고 할 때, 그 점에서의 압력계수를 표현한 식으로 옳은 것은?

① $1 - (\frac{V}{Vo})$ ② $1 - (\frac{V}{Vo})^2$

③ $1 - (\frac{Vo}{V})$ ④ $1 - (\frac{Vo}{V})^2$

해설

압력계수는 속도의 비를 이용하여

$C_p = \dfrac{P - P_0}{\frac{1}{2} \rho V_0^2} = 1 - (\frac{V}{V_0})^2$

13 고도 1,000m에서 공기의 밀도가 0.1kgf.sec²/ m⁴이고, 비행기의 속도가 720km/h일 때, 이 비행기 피토관 입구에 작용하는 동압은 몇 kgf/m²인가?

① 7,200   ② 4,000

③ 2,000   ④ 360

해설

동압(q): dynamic pressure

$q = \frac{1}{2} \rho V^2$, $0.5 \times 0.1 \times (\frac{720}{3.6})^2$

$0.5 \times 0.1 \times 200^2 = 2,000$

14 그림과 같은 벤튜리관으로 밀도가 1000kg/ m³인 물이 흘러가고 있다. 목 부분 a에서의 단면적이 4cm²이고, 출구 b에서 단면적이 16cm²이다. 출구 b에서 유체의 속도는 1m/ sec, 압력은 10⁴N/m²이다. 목 부분에서 유체의 압력은 몇 N/m²인가?

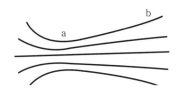

① 2,500   ② 5,000

③ 7,500   ④ 10,000

해설

비압축성 흐름

- $A_1 V_1 = A_2 V_2$ = 항상 일정

  $4 \times x = 16 \times 1$, $4x = 16$, $x = 4$

- $P_1 + \frac{1}{2} \rho V_1^2 = P_2 + \frac{1}{2} \rho V_2^2$ = 항상 일정

  $P_1 + 0.5 \times 1000 \times 4^2 = 10,000 + 0.5 \times 1000 \times 1^2$

  $P_1 + 8,000 = 10,500$, $P_1 = 10,500 - 8,000 = 2,500$

15 실제유체와 이상유체를 구분하는 주된 요인은?

① 운동에너지

② 점성

③ 유체의 압력

④ 유체의 속도

해설

- 이상 흐름(ideal flow) 또는 비점성 흐름(inviscid flow): 점성을 고려하지 않은 유체 흐름이다.
- 실제 흐름(real flow) 또는 점성 흐름(viscous flow): 점성의 영향을 고려하는 유체의 흐름이다.

✈ **정답**   11. ④   12. ②   13. ③   14. ①   15. ②

16 비행기 날개 시위에 따라 공기 흐름의 형태가 달라지는데, 이것은 다음 중 주로 어떤 것에 따라 변하는가?

① 웨버수

② 마하수

③ 레이놀즈수

④ 오일러수

해설

레이놀즈수(Reynolds number)

층류와 난류를 구분하는 데 사용되는 기준으로 무차원의 수

$$Re = \frac{관성력}{점성에 \ 의한 \ 마찰력} = \frac{\rho VL}{\mu} = \frac{VL}{\nu}$$

17 레이놀즈수에 대한 설명 중에서 가장 거리가 먼 내용은?

① 비행하는 물체에 작용하는 점성력의 특성을 나타낸다.

② 속도가 커지면 레이놀즈수도 커진다.

③ 레이놀즈수가 증가할수록 흐름은 안정한 상태가 된다.

④ 천이 현상이 일어나는 레이놀즈수를 임계 레이놀즈수라 한다.

해설

레이놀즈수(Reynolds Number)

유체의 흐름은 속도에 따라 저속에서는 층류(laminar flow)로, 고속일 때는 난류(turbulent flow)의 흐름 특성을 가진다. 층류란 유체가 나란히 흐트러지지 않고 흐르는 것을 말하고, 난류란 유체가 불규칙하게 뒤섞이어 흐르는 것을 말한다. 유체의 흐름이 층류에서 난류로 바뀌는 것을 천이(transition)라 하고, 천이가 일어나는 레이놀즈수를 임계 레이놀즈수(critical reynolds number)라 한다. 즉 레이놀즈수가 어느 정도를 넘으면 층류는 난류로 변한다. 레이놀즈수는 이러한 유체 흐름의 특성을 규정할 때 사용한다.

18 날개시위의 길이가 2m, 공기 흐름의 속도가 720km/h, 공기의 동점계수가 0.2cm²/sec일 때, 레이놀즈수를 구하면?

① 2×10^6

② 2×10^7

③ 4×10^6

④ 4×10^7

해설

레이놀즈수(Reynold's Number, R.N, Re)

$$Re = \frac{관성력}{점성력} = \frac{압력항력}{마찰항력} = \frac{\rho VL}{\mu} = \frac{VL}{\nu}$$

$$R_e = \frac{\frac{720 \times 1000 \times 100}{3600} \times 2 \times 100}{0.2} = 20,000,000 = 2 \times 10^7$$

19 날개의 시위 길이가 5m, 공기의 흐름 속도가 360km/h, 공기의 밀도는 1.21kg/m³, 점성계수가 18.1×10⁻⁶N −s/m²일 때, 레이놀즈수는 약 얼마인가?

① 2×10^7

② 2×10^9

③ 3×10^7

④ 3×10^9

해설

레이놀즈수(Reynold's Number, R.N, Re)

$$Re = \frac{관성력}{점성력} = \frac{압력항력}{마찰항력} = \frac{\rho VL}{\mu} = \frac{VL}{\nu}$$

$$R_e = \frac{\frac{360 \times 1,000 \times 100}{3600} \times 5 \times 100}{18.1 \times 10^{-6}} = 30,000,000 = 3 \times 10^7$$

20 층류에서 난류로 변하는 원인에 해당하지 않는 것은?

① 유속

② 유체의 점성

③ 유체의 강성

④ 관의 지름

해설

층류에서 난류로 변하는 요인

• 유속

• 유체의 점성

• 관의 지름

✈ 정답 16. ③ 17. ③ 18. ② 19. ③ 20. ③

21 표준상태(T=273.15°K, P=1.0332×10⁴[kgf/m²])에서의 공기의 비체적 V =1/1.2992[m³/kg]이라면, 공기의 기체상수 R은 얼마인가?

① 27.29   ② 28.89

③ 29.27   ④ 32.21

해설

기체상수

기체	기체상수 (Kg · m /kg · K)
공기	29.27
산소(O_2)	26.49
질소(N_2)	30.26
수소(H_2)	420.55
일산화탄소(CO)	30.27
이산화탄소(CO_2)	19.26

22 비행기에 작용하는 공기력 중에서 압력항력과 점성항력을 합한 것을 무엇이라 하는가?

① 조파항력   ② 유도항력

③ 형상항력   ④ 마찰항력

해설

날개의 항력

• 유도항력(induced drag, D_i): 내리흐름(down wash)으로 인해 유효받음각이 작아져서 날개의 양력 성분이 기울어져 항력 성분을 만드는데, 이것은 유도속도 때문에 생긴 항력이므로 유도항력이라 하고, 이때의 속도를 유도속도라 한다.

• 형상항력(profile drag): 마찰항력 + 압력항력

• 조파항력(wave drag, D_w): 날개 표면의 초음속 흐름에서 충격파 발생으로 생기는 항력으로 양력계수의 제곱에 비례한다.

• 유해항력(parasite drag): 양력에는 관계하지 않고 비행을 방해하는 모든 항력, 즉 유도항력을 제외한 모든 항력을 말한다.

23 마하수에 대한 설명으로 가장 올바른 것은?

① 비행속도가 일정하면 마하수는 온도가 높을수록 비례하여 커진다.

② 비행속도가 일정하면 고도에 관계없이 마하수도 일정하다.

③ 마하수의 단위는 m/s이다.

④ 마하수는 음속에 반비례한다.

해설

마하수(Mach Number, M.N, Ma)의 정의

물체의 속도(비행기의 속도)와 그 고도에서의 소리의 속도(음속)와의 비를 말하며, 관계 유체의 압축성 특성을 잘 나타내는 무차원의 수이다.

$$Ma = \frac{물체의속도(비행기의속도)}{소리의속도} = \frac{V}{C}$$

※ V: 물체의 속도, C: 음속

24 마하수와 흐름의 특성이 잘못 설명되어 있는 것은?

① M≤0.3: 아음속 흐름, 압축성 흐름

② 0.3≤M≤0.75: 아음속 흐름, 압축성 흐름

③ 0.75≤M≤1.2: 천음속 흐름, 압축성 흐름

④ M ≤0.5: 극초음속 흐름, 충격파 흐름

해설

마하수와 흐름의 특성

• 0.3 이하: 아음속 흐름, 비압축성 흐름

• 0.3~0.75: 아음속 흐름, 압축성 흐름

• 0.75~1.2: 천음속 흐름, 압축성 흐름, 부분적 충격파 발생

• 1.2~5.0: 초음속 흐름, 압축성 흐름, 충격파 발생

• 5.0 이상: 극초음속 흐름, 충격파 발생

✈ **정답**   **21.** ③   **22.** ③   **23.** ④   **24.** ①

25 720km/h로 비행하는 비행기 마하계의 눈금이 0.6을 지시했다면, 이 고도에서의 음속(m/sec)은?

① 340　　　　② 333
③ 327　　　　④ 322

해설

$$Ma = \frac{물체의 속도(비행기의 속도)}{소리의 속도} = \frac{V}{C}$$

$$Ma = \frac{\frac{720}{3.6}}{0.6} = 333 m/\sec$$

26 날개골에서 충격파가 발생할 때 충격파 후면에서의 밀도, 온도, 압력의 변화를 옳게 설명한 것은?

① 밀도, 온도, 압력 모두 증가한다.
② 밀도, 온도, 압력이 모두 감소한다.
③ 온도와 밀도는 증가하고 압력은 감소한다.
④ 밀도와 압력은 증가하고 온도는 감소한다.

해설

충격파(shock wave)

물체의 속도가 음속보다 커지면 자신이 만든 압력보다 앞서 비행하므로 이 압력파들이 겹쳐 소리가 나는 현상(충격파 전후에서 속도, 압력, 밀도, 온도가 급격히 변화하고, 충격파 뒤의 속도는 급격히 감소하며 압력, 밀도, 온도는 급격히 증가한다. 또 비가역 과정이고 엔트로피가 급격히 증가한다).

27 다음 중 압축성 흐름이고 부분적으로 충격파가 발생하는 흐름으로 가장 적정한 것은?

① 아음속　　　　② 초음속
③ 천음속　　　　④ 극초음속

해설

0.75~1.2: 천음속 흐름, 압축성 흐름, 부분적 충격파 발생

28 비교적 두꺼운 날개를 사용한 비행기가 천음속 영역에서 비행할 때, 발생하는 가로 불안정의 특별한 현상은?

① 커플링
② 디프실속
③ 날개 드롭
④ 더치롤

해설

날개 드롭(wing drop)
• 비행기가 천음속 영역에 도달하면 한쪽 날개가 실속을 일으켜서 갑자기 양력을 상실하여 급격한 옆놀이를 일으키는 현상이다.
• 도움날개의 효율이 떨어져 회복이 어렵다.
• 두꺼운 날개를 가진 비행기가 천음속으로 비행 시 발생한다.

29 날개에 충격파를 지연시키고 고속 시에 저항을 감소시킬 수 있으며, 음속으로 비행하는 제트항공기에 가장 많이 사용되는 날개는?

① 직사각형 날개
② 타원날개
③ 테이퍼 날개
④ 뒤젖힘 날개

해설

• 뒤젖힘 날개(후퇴 날개)
• 후퇴익의 장점
  – 충격파의 발생을 지연시킨다.
  – 고속 시 저항을 감소시킬 수 있어 여객기 등에 사용된다.
• 후퇴익의 결점
  – 익단 실속(wing tip stall)이 일어나기 쉽다.
  – 고속 비행 시 공력 탄성 문제가 있다(너무 뒤젖힘 각을 많이 주면 날개 뿌리 부근의 연결 부분이 구조적으로 약하다).

✈ **정답** 　25. ② 　26. ① 　27. ③ 　28. ③ 　29. ④

30 경사 충격파와 수직 충격파가 발생하는 곳에 관한 설명으로 옳은 것은?

① 경사 충격파는 천음속 흐름에서 생기고, 수직 충격파는 초음속 흐름에서 생긴다.

② 경사 충격파는 초음속 흐름에서 생기고, 수직 충격파는 천음속 흐름에서 생긴다.

③ 경사 충격파는 천음속 흐름에서 생기고, 수직 충격파는 아음속 흐름에서 생긴다.

④ 경사 충격파는 아음속 흐름에서 생기고, 수직 충격파는 천음속 흐름에서 생긴다.

[해설]

충격파

• 압력과 밀도는 증가하고 속도는 감소

• 경사 충격파(oblique shock wave): 경사 충격파를 지난 공기 흐름은 아음속이 될 수도 있고 초음속이 될 수도 있다. 수직 충격파를 지나면 속도가 급격하게 변화 감소하여 아음속이 되지만, 경사 충격파를 지난 공기 흐름은 속도가 급격하게 변화되지 않기 때문에 초음속 또는 아음속이 될 수 있다.

• 수직 충격파(normal shock wave): 수직 충격파를 지난 공기 흐름은 반드시 아음속이 되고 압력과 밀도는 급격히 증가하며, 온도는 불연속적으로 증가한다. 속도는 급격히 감소한다.

• 수축 단면의 공기 흐름: 통로가 일정 단면을 유지하다가 급격히 좁아지면 급격한 벽면으로부터 경사 충격파가 발생한다.

• 확대 단면(convex coner)의 초음속 흐름: 팽창파가 발생하고 팽창파를 지난 공기 흐름은 속도가 빨라진다.

CHAPTER 02 날개 이론

1 날개의 모양과 특성

(1) 날개골의 모양

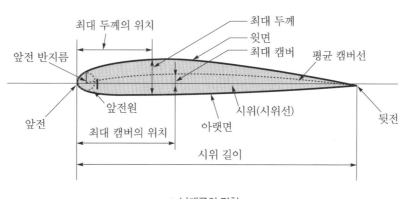

▲ 날개골의 명칭

① **앞전(leading edge):** 날개골 앞부분의 끝을 말하며 둥근 원호나 뾰족한 쐐기 모양을 하고 있다.

② **뒷전(trailing edge):** 날개골 뒷부분의 끝을 말한다.

③ **시위(chord):** 날개골의 앞전과 뒷전을 이은 직선으로 시위선의 길이를 "C"로 표시하고 특성 길이의 기준으로 쓰인다.

④ **두께:** 시위선에서 수직선을 그었을 때 윗면과 아랫면 사이의 수직거리를 말한다.

   • 최대 두께: 가장 두꺼운 곳의 길이

   • 두께비: 두께와 시위선과의 비

⑤ **평균 캠버선(mean camber line):** 두께의 이등분 점을 연결한 선으로, 날개의 휘어진 모양을 나타낸다.

⑥ **앞전 반지름:** 앞전에서 평균 캠버선 상에 중심을 두고, 앞전 곡선에 내접하도록 그린 원의 반지름을 말하며, 앞전 모양을 나타낸다.

⑦ **최대 두께의 위치:** 앞전에서부터 최대 두께까지의 시위선 상의 거리를 말하며, 시위선 길이와의 비로 나타낸다.

⑧ **최대 캠버의 위치:** 앞전에서부터 최대 캠버까지의 시위선 상의 거리를 말하며, 그 거리는 시위선 길이와의 비(%)로 나타낸다.

⑨ **캠버(camber):** 평균 캠버선과 시위 사이의 거리로, 날개의 양력 특성에 큰 영향을 받는다.

(2) 날개골의 공력 특성

① **양력(lift)과 항력(drag)**

가) 양력: 날개골에 흐르는 흐름 방향에 수직인 공기력

나) 항력: 날개골에 흐르는 흐름 방향과 같은 방향의 공기력

$$L(양력) = C_L \frac{1}{2} \rho V^2 S \qquad C_L(양력계수) = \frac{2W}{\rho V^2 S}$$

$$D(항력) = C_D \frac{1}{2} \rho V^2 S \qquad C_D(항력계수) = \frac{2W}{\rho V^2 S}$$

여기서 ρ: 공기밀도, V: 속도, C_L: 양력계수, S: 날개 면적, C_D: 항력계수

다) 양력과 항력은 밀도(ρ), 면적(S)에 비례하고 속도 제곱(V^2)에 비례한다.

라) 날개골은 최대양력계수가 크고, 최소항력계수가 작을수록 좋다.

마) 마하수가 음속 가까이 되면 항력계수는 급격히 증가하고, 양력계수는 감소한다.

② **받음각(angle of attack):** 공기 흐름의 속도 방향과 날개골 시위선이 이루는 각이다.

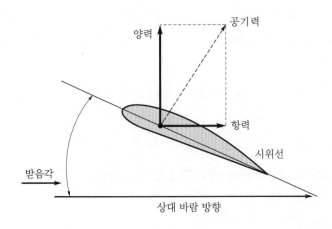

③ 받음각과 양력계수, 항력계수와의 관계

가) 양력계수와 받음각과의 관계

- 받음각이 특정 각일 때 양력이 0일 경우, 이때의 받음각을 영 양력 받음각(zero lift of attack)이라 한다.
- 받음각이 증가함에 따라 양력계수는 거의 직선적으로 증가한다.
- 받음각이 특정 각일 때 양력계수는 최대가 되는데, 이때의 양력계수를 최대 양력계수라 한다. 또 이때의 받음각을 실속각(stalling angle of attack)이라 한다.
- 실속각을 넘으면 양력계수는 급격히 감소하는데, 이를 실속이라 한다.

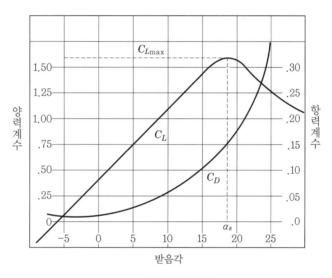

▲ 날개골의 양항 특성

나) 항력계수와 받음각과의 관계

- 항력계수가 "0"이 되는 점은 없고 특정 받음각일 때 항력계수는 최소가 되는데, 이를 최소항력계수(C_{Di})라 한다.
- 받음각이 증가할수록 항력계수는 증가하고 실속각을 넘으면 항력은 급격히 증가한다.
- 항력계수는 받음각이 "−" 값을 가져도 항상 "+" 값을 갖는다.

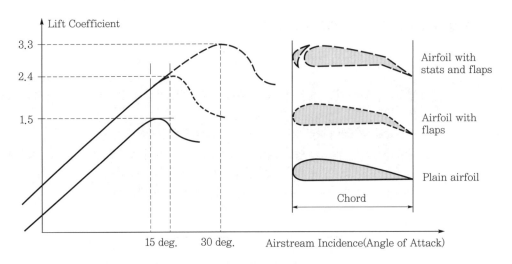

▲ 양력계수와 받음각과의 관계

④ 날개골 모양에 따른 특성

가) 두께

- 받음각이 작을 때: 두꺼운 날개보다 얇은 날개가 항력이 작다.
- 받음각이 클 때: 두꺼운 날개보다 얇은 날개가 항력이 크다.

나) 캠버: 캠버가 클수록 양력이 크고 항력도 크다. 실속각은 작다.

다) 앞전 반지름

- 앞전 반지름이 작은 날개골: 받음각이 작을 때 항력이 작지만, 받음각이 일정한 값 이상 커지면 항력은 급증한다.
- 앞전 반지름이 큰 날개골: 받음각이 작을 때 항력은 크지만, 받음각이 클 경우 흐름의 떨어짐이 적어 최대 받음각이 커진다.

라) 시위 길이: 시위 길이가 길수록 큰 받음각에서도 흐름의 떨어짐이 일어나지 않는다.

(3) 압력 중심과 공기력 중심

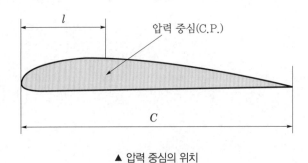

▲ 압력 중심의 위치

① 압력 중심(C.P: Center of Pressure, 풍압 중심)

날개골의 윗면과 아랫면에서 작용하는 압력이 시위선 상의 어느 한 점에 작용하는 지점을 말한다. 받음각이 증가하면 압력 중심은 앞전 쪽으로 이동한다.

$$CP = \frac{l}{c} \times 100 (\%)$$

② 공기력 중심(A.C: Aerodynamic Center)

받음각이 변하더라도 모멘트 값이 변하지 않는 점을 말한다. 일정한 점을 말하며, 공기력 중심은 보통 날개 시위의 25%에 위치한다.

$$M(공기력\ 모멘트) = C_m \frac{1}{2} \rho V^2 S C$$

※ C_m: 모멘트 계수, C: 시위 길이, S: 날개 면적

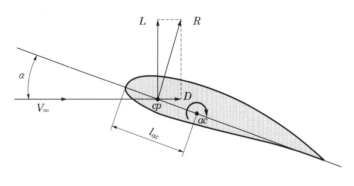

▲ 공기력과 모멘트

(4) 날개골의 종류

① 날개골의 호칭

가) 4자 계열: 최대 캠버의 위치가 시위 길이의 40% 뒤쪽에 위치한 날개골이다.

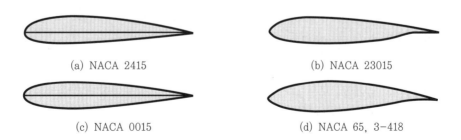

(a) NACA 2415   (b) NACA 23015

(c) NACA 0015   (d) NACA 65, 3-418

> NACA 2415
> – 2: 최대 캠버의 크기가 시위의 2%이다.
> – 4: 최대 캠버의 위치가 앞전에서부터 시위의 40% 뒤에 있다.
> – 15: 최대 두께가 시위의 15%이다.

나) 5자 계열: 4자 계열 날개골을 개선하여 만든 것으로, 최대 캠버의 위치를 앞쪽으로 옮겨 양력계수를 증가시킨 날개골이다.

> NACA 23015
> – 2: 최대 캠버의 크기가 시위의 2%이다.
> – 3: 최대 캠버의 위치가 시위의 15%이다.
> – 0: 평균 캠버선의 뒤쪽 반이 직선이다(1일 경우 뒤쪽 반이 곡선임을 뜻한다).
> – 15: 최대 두께가 시위의 15%이다.

다) 6자 계열(층류형 날개골): 최대 두께 위치를 중앙 부근에 놓이도록 하여 설계 양력계수 부근에서 항력계수가 작아지도록 하고, 받음각이 작을 때 앞부분의 흐름이 층류를 유지하도록 한 날개골이다.

> NACA 65,215
> – 6: 6자 계열의 날개골이다.
> – 5: 받음각이 0일 때 최소 압력이 시위의 50%에 생긴다.
> – 1: 항력 버킷의 폭이 설계 양력계수를 중심으로 해서 ±0.1이다.
> – 2: 설계 양력계수가 0.2이다.
> – 최대 두께가 시위의 15%이다.

참고 항력 버킷

어떤 양력계수 부근에서 항력계수가 갑자기 작아지는 부분을 말한다. 두께가 얇을수록 또는 레이놀즈수가 클수록 항력 버킷은 좁고 깊어진다.

라) 초음속 날개골: 모든 날개골의 앞전은 칼날과 같이 뾰족한 모양을 하여 조파항력을 줄이기 위해 만든 날개골이다.

1S −(50) (03) − (50) (03)

- 1: 일련번호(1: 쐐기형, 2: 원호형)
- S: 초음속 날개
- (50): 윗면 최대 두께의 위치가 시위의 50%에 있다.
- (03): 윗면 최대 두께가 시위의 $\frac{3}{100}$에 해당한다.
- (50): 밑면 최대 두께의 위치가 시위의 50%에 있다.
- (03): 밑면 최대 두께가 시위의 $\frac{3}{100}$에 해당한다.

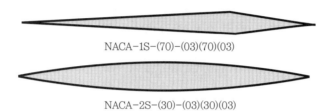

NACA−1S−(70)−(03)(70)(03)

NACA−2S−(30)−(03)(30)(03)

참고 | **조파항력**

날개골이 초음속 흐름에 놓이면, 날개골에 충격파가 생기므로 해서 압력의 변화가 생기고, 이 압력의 변화에 의해 생기는 항력이다. 날개골의 앞전이 뾰족하고 얇을수록 작아진다.

② 고속기의 날개골

층류 날개골	최대 두께의 위치를 중앙 부근(40~50%)에 위치하게 하여 항력계수가 작아지도록 하고, 받음각이 작을 때 앞부분의 흐름이 층류를 유지하도록 한 날개골이다.
피키 날개골	충격파의 발생으로 인한 항력의 증가를 억제하기 위해 시위 앞부분의 압력 분포를 뾰족하게 만든 날개골이다.
초임계 날개골	날개 주위에 초음속 영역을 넓혀서 충격파를 약하게 하여 항력의 증가를 억제하여 비행속도를 음속에 가깝게 한 날개골로써 임계마하수를 0.99까지 얻을 수 있다.

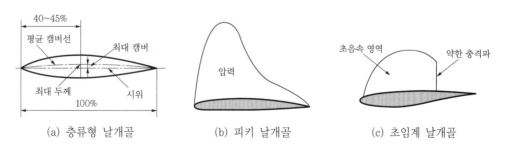

(a) 층류형 날개골 (b) 피키 날개골 (c) 초임계 날개골

(5) 날개의 용어

① **날개 면적(S)**: 보통 날개 윗면의 투영 면적을 말하며, 동체나 엔진 나셀(nacelle)에 의해 가려진 부분도 포함한다.

② **날개 길이(b)**: 한쪽 날개 끝에서 다른 쪽 날개 끝까지의 길이이다.

③ **시위(C)**: 날개골의 앞전과 뒷전을 이은 직선으로, 보통 시위라고 하면 평균 시위를 말한다.

> **참고** 평균 공력 시위(MAC: Mean Aerodynamic Chord)
>
> 주 날개의 항공역학적 특성을 대표하는 부분의 시위로, 날개를 가상적 직사각형 날개라 가정했을 때 시위이다. 무게중심 위치가 MAC의 25%라 함은 무게중심이 MAC의 앞전에서부터 25%의 위치에 있음을 말한다.

④ **날개의 가로세로비(AR: Aspect Ratio)**

$$AR = \frac{b}{c} = \frac{b^2}{S} = \frac{S}{c^2}$$

※ 여기서 c=시위 길이, b=날개 길이, S=날개 면적

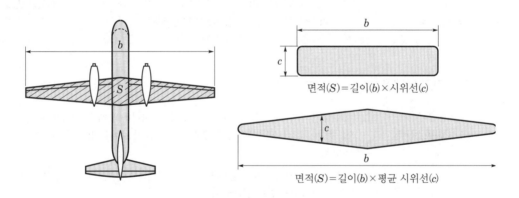

면적(S)=길이(b)×시위선(c)

면적(S)=길이(b)×평균 시위선(c)

▲ 항공기 날개 용어

> **참고**
>
> 가로세로비가 커지면 유도항력은 작아지고, 종횡비가 클수록 활공 성능은 좋아진다.

⑤ **테이퍼 비**: 날개 뿌리 시위 길이(Cr)와 날개 끝 시위(Ct)와의 비

$$테이퍼비\,(\lambda) = \frac{C_t}{C_r}$$

- 직사각형 날개의 테이퍼 비: 1
- 삼각 날개의 테이퍼 비: 0

⑥ **뒤젖힘 각(sweep back angle):** 앞전에서 25%C 되는 점들을 날개 뿌리에서 날개 끝까지 연결한 직선과 기체의 가로축이 이루는 각, 뒤젖힘 각이 클수록 고속 특성이 좋아진다.

⑦ **쳐든각(상반각):** 기체를 수평으로 놓고 보았을 때 날개가 수평을 기준으로 위로 올라간 각이다.
- 쳐든각의 효과: 옆놀이(rolling) 안정성이 좋아 옆미끄럼(sideslip)을 방지한다.

⑧ **붙임각:** 기체의 세로축과 날개 시위선이 이루는 각이다.

⑨ **기하학적 비틀림:** 날개 끝의 붙임각을 날개 뿌리의 붙임각보다 작게 한 것이다.

> **참고** **날개에 기하학적 비틀림을 주는 이유**
>
> 날개 끝에서 실속이 늦게 일어나 날개 끝 실속을 방지한다. 날개 뿌리의 받음각보다 2~3° 정도 작게 기하학적 비틀림을 주면 날개 끝에서 실속이 늦게 일어난다.

(6) 날개의 모양

① **직사각형 날개:** 제작이 쉽고 소형 항공기에 사용한다. 날개 끝 실속 경향이 없어 안정성이 있다.
- 날개 실속: 날개 뿌리 부근에서 먼저 실속이 발생한다.

② **테이퍼 날개:** 날개 끝과 날개 뿌리의 시위 길이가 다른 날개이며, 많이 사용한다.
- 날개 실속: 날개 끝에서 먼저 실속이 발생한다.
- 실속 예방: 날개에 비틀림을 주어서 날개 끝 실속을 방지한다.

③ **타원 날개:** 날개 길이 방향의 유도 속도가 일정하고 유도항력이 최소이다.
- 날개 실속: 날개 길이를 걸쳐 균일하게 발생한다.

④ **앞젖힘 날개:** 날개 전체가 뿌리에서부터 날개 끝에 걸쳐 앞으로 젖혀진 날개이다. 공기 흐름이 날개 뿌리 쪽으로 흐르는 특성으로 날개 끝 실속이 발생하지 않고 고속 특성도 좋다.

⑤ **뒤젖힘 날개:** 날개 전체가 뿌리에서부터 날개 끝에 걸쳐 뒤로 젖혀진 날개이다.
- 충격파의 발생을 지연시키고, 고속 시 저항을 감소시켜 음속 근처의 속도로 비행하는 제트 여객기에 사용한다.
- 뒤젖힘 각을 크게 하면 구조적으로 약하다.

⑥ **삼각 날개:** 뒤젖힘 날개를 더 발전시킨 날개로 초음속 항공기에 적합한 날개이다.

- 장점: 날개 시위 길이를 길게 할 수 있어 두께비를 작게 할 수 있고, 뒤젖힘 각도가 커서 임계 마하수가 높고 구조적으로도 강하다.
- 단점: 최대 양력이 크지 않아 날개 면적이 커야 되고, 이착륙 시 조종 시계가 나쁘다.

⑦ **오지 날개(반곡선 날개):** 양호한 초음속 특성과 저속 시 안정성을 가지도록 설계된 날개로 콩코드 날개에 사용한다.

⑧ **가변 날개:** 저속 시에는 날개가 뒤젖힘이 없는 직선 날개로 하여 저속 공력 특성을 좋게 하고, 고속 시에는 뒤젖힘 각을 주어 고속 특성이 좋도록 설계한 날개이다.

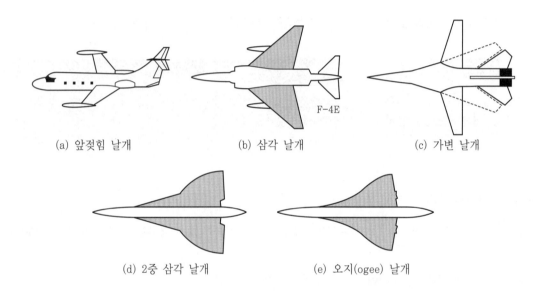

(a) 앞젖힘 날개   (b) 삼각 날개   (c) 가변 날개

(d) 2중 삼각 날개   (e) 오지(ogee) 날개

▲ 날개의 모양

(7) 고속형 날개

① 뒤젖힘 날개(후퇴 날개)

가) 후퇴익의 장점

- 충격파의 발생을 지연시킨다.
- 고속 시 저항을 감소시킬 수 있어 여객기 등에 사용된다.

나) 후퇴익의 결점

- 날개 끝(익단) 실속(wing tip stall)이 일어나기 쉽다.
- 너무 뒤젖힘 각을 많이 주면 날개 뿌리 부근의 연결 부분이 구조적으로 약하다(공력 탄성에 문제가 생긴다).

② 삼각 날개

- 후퇴 날개의 문제점을 해결한 날개이다.
- 공력 탄성에 충분히 견딜 만한 강성을 가지고 있다.
- 고속으로 비행할 경우에는 날개 끝 실속이 일어나기 어렵다.
- 공력 중심의 이동이 작다.
- 가로세로비가 작아 양력이 작다.
- 조종석의 전방 시계가 나쁘다.
- 날개 앞전에 와류 플랩(vortex flap) 설치로 높은 양항비를 얻도록 한다.

③ 오지 날개

- 날개의 평면형은 시위가 길고 날개 길이가 길며, 최소 면적을 가지는 날개로 콩코드 여객기가 여기에 속한다.

④ 경사 날개

- 저속 비행 시에는 직선 날개이다.
- 고속 비행 시에는 한쪽 날개는 앞젖힘 날개, 다른 한쪽 날개는 뒤젖힘 날개이다.
- 가변 날개보다 양력 중심의 이동이 작아서 공력하중을 감소시킨다.

2 　 날개의 공기력

(1) 날개의 양력

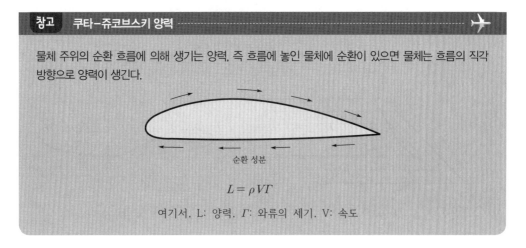

> **참고**　쿠타-쥬코브스키 양력　✈
>
> 물체 주위의 순환 흐름에 의해 생기는 양력, 즉 흐름에 놓인 물체에 순환이 있으면 물체는 흐름의 직각 방향으로 양력이 생긴다.
>
> 순환 성분
>
> $$L = \rho V \Gamma$$
>
> 여기서, L: 양력, Γ: 와류의 세기, V: 속도

① **출발 와류(starting vortex):** 날개 뒷전에서 흐름의 떨어짐이 있게 되어 생기게 되는 와류이다.

② **속박 와류(bound vortex):** 출발 와류가 생기면 날개 주위에 크기가 같고 방향이 반대인 와류가 발생하는 와류현상이다. 이 속박 와류로 인해 양력이 발생한다.

③ **날개 끝 와류(wing tip vortex):** 날개를 지나는 흐름은 윗면에서 부압(−), 아랫면에서 정압(+)이기 때문에 날개 끝의 날개 아랫면에서 윗면으로 말려드는 와류현상이다.

④ **말굽형 와류(horse shoe vortex):** 테이퍼 날개에서 날개 끝 와류가 날개 길이 중간에도 생겨 말굽 모양의 와류가 발생하는 와류현상이다.

⑤ **내리흐름(down wash):** 날개 끝이 있는 날개는 날개 끝에 날개 끝 와류가 발생되며, 이것은 날개 뒤쪽 부분의 공기 흐름을 아래로 향하게 하는 흐름이다.

⑥ **겉보기 받음각(기하학적 받음각):** 내리흐름에 의한 영향을 고려하지 않고 자유 흐름의 방향과 날개골의 시위선이 이루는 받음각이다.

⑦ **유효 받음각:** 내리흐름에 의해 날개 흐름에 대한 받음각은 겉보기 받음각보다 작아지는데, 이 받음각을 유효 받음각이라 한다.

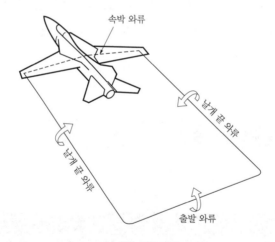

▲ 날개에 의한 와류

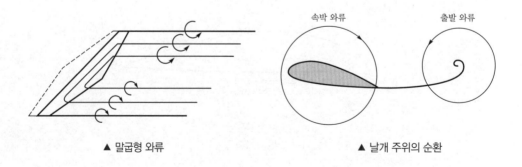

▲ 말굽형 와류   ▲ 날개 주위의 순환

(2) 날개의 항력

① **유도항력:** 내리흐름(down wash)으로 인해 유효 받음각이 작아져서 날개의 양력 성분이 기울어져 항력 성분을 만드는데, 이것은 유도속도 때문에 생긴 항력이므로 유도항력이라 하고, 이때의 속도를 유도속도라 한다.

$$D_i = \frac{1}{2}\rho V^2 C_{D_i} S \qquad\qquad C_{D_i} = \frac{C_L{}^2}{\pi e A R}$$

※ C_{D_i}: 유도항력계수, AR: 가로세로비, e: 스팬 효율계수

가) 유도항력은 가로세로비에 반비례한다.

나) 타원형 날개가 유도항력이 가장 작다.

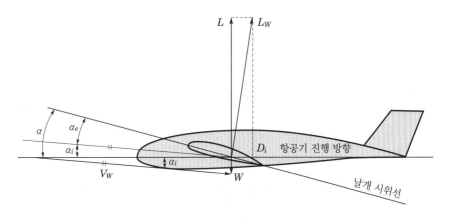

▲ 유도항력

다) 유도각(α_i) 가로세로비의 관계식

$$\alpha_i = \frac{C_L}{\pi e A R}$$

라) 날개 면적은 동일하고, 날개 길이를 2배로 할 경우: 가로세로비는 4배 증가하고, 유도항력은 $\frac{1}{4}$배 증가한다.

마) 날개 면적은 동일하고 날개 길이를 2배, 양력계수를 $\frac{1}{2}$배로 할 경우: 가로세로비는 4배 증가하고 유도항력은 $\frac{1}{16}$배 증가한다.

바) 스팬 효율계수(e): 타원 날개의 경우 "e"의 값은 "1"이 되고, 그 밖의 날개는 "e"의 값이 "1"보다 작다.

※ 스팬 효율계수(e)를 크게 하면 유도항력은 작아진다.

사) 유해항력: 양력에는 관계하지 않고, 비행을 방해하는 모든 항력을 유해항력이라 한다. 유도항력을 제외한 모든 항력을 말한다.

② **형상항력**: 물체의 모양에 따라서 다른 값을 가지는 항력으로, 공기가 점성을 가지고 있기 때문에 발행하는 항력이다.

참고

형상항력(profile drag) = 마찰형력 + 압력항력

가) 압력항력(pressure drag): 흐름이 물체 표면에서 떨어져 하류 쪽으로 와류를 발생시키기 때문에 생기는 항력으로 유선형일수록 압력항력이 작다.

나) 마찰항력(friction drag): 물체 표면과 유체 사이에서 발생되는 점성 마찰에 의한 항력을 말한다.

※ 아음속 항공기에 생기는 전체 항력계수(C_D)

$$C_D = C_{DP} + C_{Di} = C_{DP} + \frac{C_{L^2}}{\pi e AR}$$

C_{DP}: 형상항력계수, C_{Di}: 유도항력계수

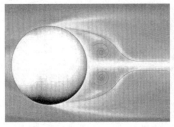 

▲ 형상항력

③ **조파항력(wave drag)**: 날개 표면의 초음속 흐름 시 충격파 발생으로 충격파 뒤에 흐름의 떨어짐 현상으로 항력이 증가하게 되어 생기는 항력으로, 받음각의 제곱과 두께비의 제곱에 비례한다.

가) 부착 충격파(attached shock wave): 뾰족한 물체 앞에 생기는 약한 충격파이다.

나) 이탈 충격파(detached shock wave): 뭉툭한 물체 앞에 생기는 강한 충격파이다.

(3) 날개의 실속

① 실속 (stall)

가) 무동력 실속(power off stall): 엔진의 출력을 줄일 때 비행기 속도가 작아져서 양력이 비행기 무게보다 작게 되어 비행기가 침하하는 경우의 실속이다.

나) 동력 실속(power on stall): 엔진의 출력은 충분히 크나 날개의 받음각이 너무 커서 날개 윗면의 흐름이 떨어짐으로 인하여 양력을 발생하지 못하여 비행기가 고도를 유지할 수 없는 상태의 실속이다.

다) 완만한 실속 특성을 갖는 날개골: 가로세로비가 작고, 날개 두께가 두껍고, 앞전 반지름과 캠버가 크다.

② 날개 모양에 따른 실속 특성

가) 직사각형 날개: 실속이 날개 뿌리에서부터 발생한다.

나) 테이퍼형 날개

- 테이퍼 비가 0.5보다 작은 날개: 날개 끝부터 실속이 일어난다.
- 테이퍼 비가 0.5일 때: 날개 전체에 걸쳐 일어난다.

다) 타원 날개: 날개 길이 전체에 걸쳐 실속이 발생한다.

라) 뒤젖힘 날개: 날개 끝에서 실속이 시작된다.

③ 날개 끝 실속 방지법

가) 날개의 테이퍼 비를 너무 크게 하지 않는다.

나) 날개 끝으로 갈수록 받음각이 작아지도록 날개의 앞내림(wash out)을 준다(기하학적 비틀림).

다) 날개 끝부분에 두께비, 앞전 반지름, 캠버 등이 큰 날개골을 사용하여 실속각을 크게 한다(공력적 비틀림).

라) 날개 뿌리에 스트립(strip)을 붙여 받음각이 클 때 흐름을 강제로 떨어지게 하여 날개 끝보다 먼저 실속이 생기게 한다.

마) 날개 앞전 앞쪽에 슬롯(slot)을 설치하여 흐름의 떨어짐을 방지한다.

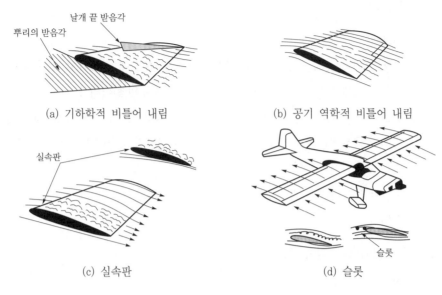

(a) 기하학적 비틀어 내림   (b) 공기 역학적 비틀어 내림

(c) 실속판   (d) 슬롯

▲ 날개의 실속 끝 방지 방법

3 날개의 공력 보조장치

양력이나 항력을 목적에 따라 변화시키기 위해 날개 면이나 동체에 덧붙인 장치로 양력을 증가시키는 고양력 장치는 이륙 시에 많이 사용되고, 항력을 크게 하는 고항력 장치는 공중에서와 착륙할 때 사용한다.

(1) 고양력 장치(high lift device)

① **뒷전 플랩(flap)**: 날개 뒷전을 아래로 구부려 캠버를 증가시켜 최대 양력을 증가시키는 장치이다.

단순 플랩 (plain flap)	날개 뒷전을 단순히 밑으로 굽혀 날개의 캠버만 증가시켜 준다. 소형 저속기에 많이 사용한다.
스플릿 플랩 (split flap)	날개 뒷전 밑면의 일부를 내림으로써 날개 윗면의 흐름을 강제적으로 빨아들여 흐름의 떨어짐을 지연시킨다. 뒷전에 흐름의 떨어짐이 생기게 되어 항력이 두드러지게 증가한다.

슬롯 플랩 (slot flap)	플랩을 내렸을 때 플랩의 앞전에 슬롯의 틈이 생겨 이를 통하여 날개 밑면의 흐름을 윗면으로 올려 뒷전 부분 흐름의 떨어짐을 방지한다. 플랩 각도를 크게 할 수 있어 최대 양력계수가 커진다.
파울러 플랩 (fowler flap)	플랩을 내리면 날개 면적과 캠버를 동시에 증가시켜 양력을 증가시킨다. 이 플랩은 날개 면적을 증가시키고, 틈의 효과와 캠버 증가의 효과로 다른 플랩보다 최대 양력계수 값이 가장 크게 증가한다.
이중, 삼중 슬롯 플랩	랩 앞쪽 틈에 베인(vane)을 설치하여 틈이 두 개 또는 세 개가 생기도록 한 것으로 흐름의 떨어짐을 일으키지 않고 큰 플랩 각을 취할 수 있어 최대 양력계수는 아주 커진다.

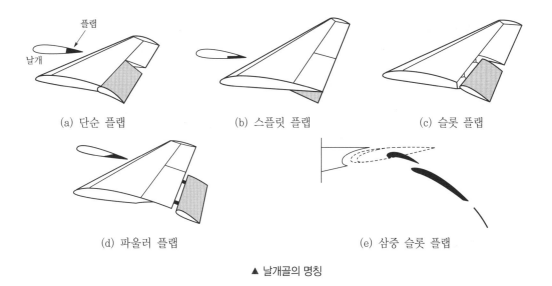

(a) 단순 플랩　　　　　(b) 스플릿 플랩　　　　　(c) 슬롯 플랩

(d) 파울러 플랩　　　　　(e) 삼중 슬롯 플랩

▲ 날개골의 명칭

② **앞전 플랩(leading edge flap):** 실속 속도를 충분히 작게 할 수 있는 강력한 고양력 장치이며, 날개의 앞전 반지름을 크게 하는 것과 같은 효과를 내며, 큰 받음각에서도 흐름의 떨어짐이 일어나지 않는 장치이다.

슬롯과 슬랫 (slot and slat)	날개 앞전의 약간 안쪽 밑면에서 윗면으로 틈을 만들어, 큰 받음각일 때 밑면의 흐름을 윗면으로 유도하여 흐름의 떨어짐을 지연시킨다. • 고정 슬롯, 자동 슬롯 • 자동 슬롯에서 앞쪽으로 나간 부분을 슬랫(slat)이라 한다.
크루거 플랩 (kruger flap)	날개 밑면에 접혀져 날개 일부를 구성하고 있으나, 조작하면 앞쪽으로 꺾여 구부러지고 앞전 반지름을 크게 하여 효과를 얻는다.
드루프 앞전 (drooped leading edge)	날개 앞전부를 구부려 캠버를 크게 함과 동시에 앞전 반지름을 크게 하여 양력을 증가시키는 장치이다.

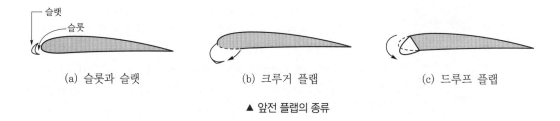

| (a) 슬롯과 슬랫 | (b) 크루거 플랩 | (c) 드루프 플랩 |

▲ 앞전 플랩의 종류

③ **경계층 제어장치:** 받음각이 클 때 흐름의 떨어짐을 직접 방지하는 장치이다.

불어날림(blowing) 방식	고압의 공기를 날개면 뒤쪽으로 분사하여 경계층을 불어 날리는 방식이다.
빨아들임(suction) 방식	날개 윗면에서 흐름을 강제적으로 빨아들여 흐름의 가속을 촉진함과 동시에 흐름의 떨어짐을 방지하는 방식이다.

(2) 고항력 장치

① **스포일러(spoiler):** 날개 중앙 부위에 부착된 일종의 평판으로, 이것을 날개 윗면이나 밑면에서 펼침으로써 흐름을 강제적으로 떨어지게 하여 양력을 감소시키고 항력을 증가시키는 장치이다.

공중 스포일러 **(flight spoiler)**	고속비행 시 대칭적으로 펼치면 공기 브레이크 기능을 하고, 도움날개와 연동하여 좌우 스포일러를 다르게 움직여 도움날개의 역할을 도와주는 기능이다.
지상 스포일러 **(ground spoiler)**	착륙 시 펼쳐서 양력을 감소시키고 항력을 증가시키는 역할을 한다.

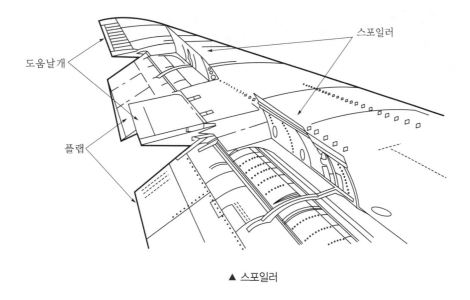

▲ 스포일러

② **역추력 장치**(thrust reverser): 제트엔진에서 배기가스를 역류시켜 추력의 방향을 반대로 바꾸는 장치로 착륙거리를 단축하기 위해 사용한다.

　• 역피치 프로펠러: 프로펠러 비행기에서 프로펠러의 피치를 반대로 해서 추력을 반대로 형성시켜 착륙거리를 단축시키기 위해 사용한다.

③ **드래그 슈트**(drag chute): 일종의 낙하산과 같은 것으로 착륙거리를 짧게 하거나 비행 중 스핀에 들어갔을 때 회복 시 이용하는 것으로 기체의 뒷부분으로 펼쳐서 속도를 감소시킨다.

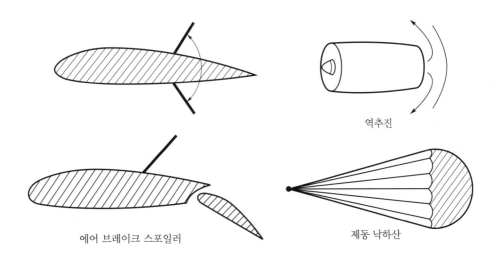

역추진

에어 브레이크 스포일러　　　　　제동 낙하산

01 날개의 2등분한 점을 연결한 선을 무엇이라고 하는가?

① 시위　　　　　② 캠버

③ 평균 캠버선　　④ 캠버선

해설

평균 캠버선(mean camber line)은 날개의 두께를 이등분한 선으로 날개의 휘어진 모양을 나타낸다.

02 기체 세로축과 날개 단면의 시위선이 이루는 각은?

① 받음각　　　　② 붙임각

③ 쳐든각　　　　④ 처진각

해설

붙임각(incidence Angle)은 동체의 기준선, 즉 동체 세로 축선(longitudinal axis)과 시위선(chord line)이 이루는 각을 말한다. 정확한 붙임각은 항력 특성과 세로 안정성(longitudinal stability) 특성을 좋게 한다.

03 날개골의 받음각이 증가하여 흐름의 떨어짐 현상이 발생할 때, 양력과 항력의 변화로 가장 올바른 것은?

① 양력과 항력 모두 증가한다.

② 양력과 항력 모두 감소한다.

③ 양력은 증가하고 항력은 감소한다.

④ 양력은 감소하고 항력은 증가한다.

해설

양력계수(C_L)와 받음각과의 관계

- 받음각이 $-5.3°$일 때 C_L은 0이다. 즉, 양력 $L=0$이다. 이때의 받음각을 0양력 받음각(zero lift of attack)이라 한다.
- 받음각이 증가함에 따라 C_L은 거의 직선으로 증가한다.
- 받음각이 $18°$ 근처일 때 C_L은 최대가 되는데, 이때의 양력계수를 최대 양력계수(C_{Lmax})라 한다. 또 이때의 받음각을 실속각(stalling angle)이라 한다.
- 실속각을 넘으면 C_L은 급격히 감소하는데, 이를 실속이라 한다.

04 비행기의 날개골 캠버가 날개골의 공력 특성에 미치는 영향에 대하여 가장 올바르게 설명한 것은?

① 캠버가 크면 양력이 증가하며 항력도 증가한다.

② 캠버가 크면 양력이 증가하나 항력은 감소한다.

③ 캠버가 크면 양력이 감소하나 항력은 증가한다.

④ 캠버가 크면 양력이 감소하고 항력도 감소한다.

해설

캠버가 증가하면 어느 정도까지는 C_{Lmax}가 증가하고 동시에 C_{Dmin}도 증가한다. 저익 비행기에서는 캠버가 큰 날개골을 사용하고, 고속기에서는 캠버가 작은 날개를 사용한다. 플랩은 날개의 뒤쪽에 붙어있는 보조면(auxiliary surface)으로써 플랩을 내려 에어포일의 캠버를 증가시키고, 날개의 면적을 크게 함으로써 C_L과 C_D 값을 증가시킨다.

✈️ **정답** 01. ③　02. ②　03. ④　04. ①

05 날개골의 모양에 따른 공력 특성에 대한 설명 중 가장 관계가 먼 내용은?

① 얇은 날개골은 받음각이 작으면 항력이 작아진다.

② 앞전 반지름이 큰 날개골은 받음각이 작으면 앞전 반지름이 작을 때보다 항력이 작아진다.

③ 같은 받음각에 대해서 캠버가 큰 날개일수록 큰 양력을 얻을 수 있다.

④ 시위 길이가 길면 큰 받음각에서도 쉽게 흐름의 떨어짐이 생기지 않는다.

해설

날개골 모양에 따른 특성

• 캠버의 영향: 캠버가 증가하면 어느 정도까지는 C_{Lmax}가 증가하고 동시에 C_{Dmin}도 증가한다. 저익 비행기에서는 캠버가 큰 날개골을 사용하고, 고속기에서는 캠버가 작은 날개를 사용한다.

• 두께의 영향: 두께가 얇으면 양·항력이 작아진다. 두께가 얇은 날개는 실속각이 작아지는 경향이 있는데, 고속기에서는 얇은 날개가 임계 마하수를 높일 수 있어서 유리하지만, 강도 면에서 불리하다(저속기에서는 보통 시위의 12%의 두께를 가진 에어포일이 좋다).

• 앞전 반지름(앞전 반경)의 영향: 어느 정도까지는 앞전 반경이 클수록 양·항력이 커진다(고속 항공기에서는 두께가 얇고 앞전 반경이 작은 것이 좋다).

• 시위 길이의 영향: 같은 모양의 날개골이라 하더라도 시위 길이가 짧은 날개골보다 시위 길이가 긴 날개골이 큰 받음각에서 흐름의 떨어짐이 작다.

06 날개골 각 부분의 명칭 중 앞전과 뒷전을 연결하는 직선을 무엇이라 하는가?

① 시위
② 캠버
③ 받음각
④ 날개골 두께

해설

시위(chord)는 날개의 앞전과 뒷전을 이은 직선으로 시위선(익현선)이라 하며, "C"로 표시하고 특성 길이의 기준으로 쓰인다.

07 날개 전체를 대표하는 시위는 어느 것인가?

① 공력시위
② 평균시위
③ 공력평균시위
④ 기하학적시위

해설

평균 공력 시위(M.A.C: Mean Aerodynamic Chord)
실용적으로는 날개 모양에 면적 중심을 통과하는 기하학적인 평균 시위를 평균 공력시위라 하고, 날개의 공기 역학적인 특성을 대표하는 부분의 시위이다.

08 비행기 날개에서의 압력 중심에 관한 설명 내용으로 가장 올바른 것은?

① 비행기의 안전성과 날개의 구조 강도상 이동이 작은 것이 좋다.

② 받음각에 관계없이 일정하다.

③ 캠버 길이의 1/4 정도인 곳에 위치한다.

④ 비행기가 급강하할 때 앞으로 이동한다.

해설

압력 중심(CP: Center of Pressure: 풍압 중심)

• 받음각이 클 때 압력 중심은 앞(앞전)으로 이동한다. 시위의 1/4 지점

• 받음각이 작을 때 압력 중심은 뒤(뒷전)로 이동한다. 시위 길이의 1/2 정도

• 항공기가 급강하 시 압력 중심은 크게 뒤쪽으로 이동한다.

정답 05. ② 06. ① 07. ③ 08. ①

09 비행기 날개골의 양항력 특성이 좋다는 것은 어떤 의미인가?

① C_{Lmax}가 크고 C_{Dmin}이 작다.

② C_{Lmax}가 크고 C_{Dmin}이 크다.

③ C_{Lmax}가 작고 C_{Dmin}이 작다.

④ C_{Lmax}가 작고 C_{Dmin}이 크다.

[해설]

날개골의 최대 양력계수($C_{L\ MAX}$)가 크고 최소 항력계수($C_{D\ MIN}$)가 작으며, 압력 중심의 변화가 작을수록 좋다. 또한 실속속도가 작을수록 이착륙거리가 단축되어 유리하다.

10 NACA 2415 날개골에서 15는 무엇을 표시하는가?

① 최대 두께의 위치가 앞전으로부터 시위의 15%이다.

② 최대 캠버가 시위의 15%이다.

③ 최대 두께가 시위의 15%이다.

④ 최대 캠버의 위치가 앞전에서부터 시위의 15%이다.

[해설]

NACA 2415

• 2: 최대 캠버의 크기가 시위의 2%이다.

• 4: 최대 캠버의 위치가 앞전에서부터 시위의 40% 뒤에 있다.

• 15: 최대 두께가 시위의 15%이다.

11 NACA 651–215 날개골에서 설계 양력계수는 얼마인가?

① 0.1   ② 0.2

③ 0.5   ④ 0.6

[해설]

NACA 651–215

• 6: 6자 계열의 날개골이다.

• 5: 받음각이 $0°$일 때 최소 압력이 시위의 50%에 생긴다.

• 1: 항력 버킷의 폭이 설계 양력계수를 중심으로 해서 ±0.1이다.

• 2: 설계 양력계수가 0.2이다.

• 15: 최대 두께가 시위의 15%이다.

> **참고 항력 버킷(drag bucket)**
>
> 어떤 양력계수 부근에서 항력계수가 갑자기 작아지는 부분을 말하며, 이 곡선 중심의 양력계수가 설계 양력계수이다.

12 NACA 5자 계열의 날개골을 표시한 다음에서 밑줄 친 '20'이 의미하는 것은?

NACA 23020

① 최대 두께가 시위의 20%

② 최대 캠버의 크기가 시위의 20%이다.

③ 최대 캠버의 위치가 시위의 20%이다.

④ 평균 캠버선의 뒤쪽 20%가 직선이다.

[해설]

NACA 23020

• 2: 최대 캠버의 크기가 시위의 2%이다.

• 3: 최대 캠버의 위치가 시위의 15%이다.

• 0: 평균 캠버선의 뒤쪽 반이 직선이다(1이면 뒤쪽 반이 곡선임을 뜻한다).

• 20: 최대 두께가 시위의 15%이다.

13 다음의 날개골 중에서 층류 날개골이라고 할 수 있는 것은?

① NACA 2412

② NACA 23015

③ NACA 651 – 215

④ Clark – Y

해설

6자 계열(NACA 651 – 215) 날개골

- 층류 날개골(laminal flow airfoil)
- 최대 두께가 시위의 중앙부에 위치(약 40~50% 지점)
- 앞부분에 층류 흐름이 길게 유지 → 항력 감소 → 고속비행

14 다음 중 윗면과 아랫면이 대칭을 이루는 NACA 표준 날개는?

① NACA 0015

② NACA 1115

③ NACA 2415

④ NACA 4415

해설

4자 계열은 주로 00xx, 24xx, 44xx로 표시(00xx는 대칭익)

15 초임계 날개골을 사용함으로써 얻을 수 있는 장점이 아닌 것은?

① 같은 두께비인 경우 순항 마하수가 증가한다.

② 동일한 순항 마하수에 항력을 증가시키지 않고 두께비를 감소시킨다.

③ 날개의 구조무게 감소

④ 저속에서 양력 증가

해설

초임계 날개골의 특징

- 같은 두께비에서 순항 마하수가 15% 증가
- 동일 순항 마하수에서 항력의 증가 없이 두께비가 증가하여 날개 구조의 두께를 줄일 수 있다.
- 저속에서 양력이 증가하고, 후퇴각도 감소시킬 수 있다.

16 시위의 앞부분에서 압력 분포를 뾰족하게 하여 초음속 비행을 가능하게 한 날개골은?

① 층류 날개골

② 초임계 날개골

③ 피키 날개골

④ 난류 날개골

해설

피키 날개골(peaky airfoil)은 충격파 발생으로 인한 항력 증가를 억제하기 위해 시위의 앞부분에 압력 분포를 뾰족하게 만든 날개골이다.

17 날개의 최대 두께 위치를 40~50%에 위치하여 설계 양력계수 부근에서 항력계수가 작아지도록 하고, 받음각이 작을 때 앞부분의 흐름이 층류를 유지하도록 한 날개골은 무엇인가?

① 층류 날개골

② 피키 날개골

③ 초임계 날개골

④ 아음속 날개골

해설

층류 날개골(laminal flow airfoil)은 최대 두께의 위치를 중앙 부근(40~50%)에 위치하게 하여 항력계수가 작아지도록 하고, 받음각이 작을 때 앞부분의 흐름이 층류를 유지하도록 한 날개골이다.

18 다음 중 오지 날개에 관한 설명으로 틀린 것은?

① 반곡선 날개라고도 한다.

② 날개를 가변시킬 수 있다.

③ 콩코드 초음속기에 사용되고 있다.

④ 이중 삼각 날개를 완만한 S자 곡선으로 만든 것이다.

정답 14. ① 15. ③ 16. ③ 17. ① 18. ②

해설

삼각 날개와 오지 날개

- 공탄성에 의한 변형 문제 해결 → wing root 부분의 두께비를 크게 한다.
- 저속 시 큰 받음각으로 비행: 실속 발생 우려
- 박리 유도: 와류의 내부에는 저압 형성 → 큰 양력 발생
- Vortex generator: 작은 받음각에서도 충분한 박리 유도
- 받음각, 마하수에 따른 공력 특성이 우수

※ 오지 날개: 날개 평면 시위가 길고, 최소의 면적 와류발달 촉진 → 앞전의 곡선을 안으로 굽어지게 함 → 이상적인 흐름의 떨어짐

---

19 고속형 날개에서 발생하는 항력 발산 마하수에 대한 설명으로 가장 관계가 먼 것은?

① 임계마하수보다 조금 작다.

② 대개 천음속에서 발생한다.

③ 항력이 급격히 증가하는 마하수이다.

④ 이 마하수를 넘으면 양력이 증가한다.

해설

- 항력 발산 마하수(Mdiv: drag divergence Mach number)는 날개골의 특성이 크게 달라지는 어떤 마하수로, 이때 항력이 급증하므로 비행기 속도를 증가시키려면 상당한 추력이 필요하다.
- 항력 발산 마하수를 높이는 방법
  - 얇은 날개를 사용하여 표면에서의 속도 증가를 억제한다.
  - 날개에 뒤젖힘 각을 준다.
  - 종횡비가 작은 날개를 사용한다.
  - 경계층 제어 장치를 사용한다.

---

20 비행기의 동체 길이가 16m, 직사각형 날개의 길이가 20m, 시위 길이가 2m일 때, 이 비행기 날개의 가로세로비는?

① 1.2　　　　② 5

③ 8　　　　　④ 10

해설

- 가로세로비(Aspect Ratio): 날개의 길이(b: wing span)와 시위(c: chord)의 비를 말한다. 날개의 길이(wing span)는 날개 끝(wing tip)에서 날개 끝까지의 길이를 말한다.
- 시위(chord)는 직사각형 날개의 경우 일정하나, 테이퍼 날개(taper wing)나 타원형 날개의 경우 평균 시위를 적용한다.

※ 가로세로비(AR: Aspect Ratio)는 다음과 같다.

$$AR = \frac{b}{c} = \frac{S}{c^2} = \frac{b^2}{S}, \quad \frac{b}{c} = \frac{20}{2} = 10$$

---

21 날개의 가로세로비가 커지는 경우 유도항력은 어떻게 변하겠는가?

① 감소한다.　　　② 증가한다.

③ 일정하다.　　　④ 관계없다.

해설

유도항력과 가로세로비

- 날개 면적은 동일하고 날개 길이를 2배로 할 경우
  - 가로세로비: 4배 증가
  - 유도항력: $\frac{1}{4}$배 증가
- 날개 면적은 동일하고 날개 길이를 2배, 양력계수를 $\frac{1}{2}$배로 할 경우
  - 가로세로비: 4배 증가
  - 유도항력: $\frac{1}{16}$배 증가

---

22 임계 마하수를 증가시키는 방법은?

① 후퇴 날개를 사용한다.

② vortex generator를 사용한다.

③ 하반각을 사용한다.

④ 경계층 격리판을 사용한다.

해설

- 후퇴 날개의 장점
  - 천음속에서 초음속까지 항력이 적다.

정답 19. ①　20. ④　21. ①　22. ①

– 충격파 발생이 느려 임계 마하수를 증가시킬 수 있다.

– 후퇴 날개 자체에 상반각 효과가 있기 때문에 상반각을 크게 할 필요가 없다.

– 직사각형 날개에 비해 마하 0.8까지 풍압 중심의 변화가 적다.

– 비행 중 돌풍에 대한 충격이 적다.

– 방향 안정 및 가로 안정이 있다.

- 후퇴 날개의 단점
  – 날개 끝 실속이 잘 일어난다.
  – 플랩 효과가 적다.
  – 뿌리 부분에 비틀림 모멘트가 발생한다.
  – 직사각형 날개에 비해 양력 발생이 적다.

23 항력 발산 마하수를 높게 하기 위한 방법 중 틀린 것은?

① 날개 표면에서의 속도 증가를 줄인다.
② 날개에 뒤젖힘각을 준다.
③ 가로세로비가 큰 날개를 사용한다.
④ 경계층을 제어한다.

해설

항력 발산 마하수를 높게 하기 위한 방법
- 얇은 날개를 사용하여 표면에서의 속도 증가를 억제한다.
- 날개에 뒤젖힘 각을 준다.
- 종횡비가 작은 날개를 사용한다.
- 경계층 제어 장치를 사용한다.

24 날개의 양력계수(C_L)0.5, 날개 면적(S)10m² 인 비행기가 밀도(ρ)0.1kgf·sec²/m⁴인 공기 중을 50m/s로 비행하고 있다. 이때 날개에 발생하는 양력은 약 몇 kgf인가?

① 425 ② 527
③ 625 ④ 728

해설

양력 $L = \frac{1}{2} \rho V^2 C_L S$

$L = \frac{1}{2} \times 0.1 \times 50^2 \times 0.5 \times 10 = 625$

25 유도항력의 크기에 관한 설명으로 틀린 것은?

① 양력의 크기에 비례한다.
② 날개의 가로세로비에 비례한다.
③ 날개의 길이에 반비례한다.
④ 양력계수의 제곱에 비례한다.

해설

$CDi = \frac{C_L^2}{\pi e AR}$

26 날개의 뒷전에 출발 와류가 생기게 되면 앞전 주위에도 이것과 크기가 같고 방향이 반대인 와류가 생기는데, 이것을 무엇이라 하는가?

① 속박 와류 ② 말굽형 와류
③ 유도 와류 ④ 날개 끝 와류

해설

날개가 움직이면 날개 뒷전에 출발 와류가 생기는데, 날개 주위에도 이것과 크기가 같고 방향이 반대인 와류가 생긴다. 날개 주위에 생기는 이 순환은 항상 날개에 붙어 다니므로 속박 와류라 하고, 이 와류로 인하여 날개에 양력이 발생한다.

27 날개의 가로세로비가 6, 양력계수가 0.8이며, 스팬 효율계수가 1일 때, 유도항력계수는 얼마 정도인가?

① 0.034 ② 0.042
③ 0.054 ④ 0.061

해설

$CDi = \frac{C_L^2}{\pi e AR} = \frac{(0.8)^2}{3.14 \times 1 \times 6} = 0.0339 = 0.034$

정답 23. ③ 24. ③ 25. ② 26. ① 27. ①

28 쳐든각이란 무엇인가?

① 날개가 수평을 기준으로 위로 올라간 각

② 날개가 수평을 기준으로 아래로 내려간 각

③ 기체의 세로축과 날개의 시위선이 이루는 각

④ 앞전에서 25% 되는 점들을 날개 뿌리에서 날개 끝까지 연결한 직선과 기체의 가로축이 이루는 각

해설

• 쳐든각(상반각)은 기체를 수평으로 놓고 보았을 때 날개가 수평을 기준으로 위로 올라간 각이다.

• 쳐든각의 효과: 옆놀이(rolling) 안정성이 좋아 옆미끄럼(side slip)을 방지한다.

• 처진각: 기체를 수평으로 놓고 보았을 때 날개가 수평을 기준으로 내려간 각이다.

29 날개는 비행기의 가로 안정에서 가장 중요한 요소이다. 특히 기하학적으로 날개의 가로 안정에 가장 중요한 요소는 어느 것인가?

① 쳐든각

② 승강키

③ 수평 안정판

④ 도움날개

해설

정적 가로 안정은 수평 비행 상태로부터 가로 방향으로의 공기력은 옆미끄럼을 유발시켜 수평 비행 상태로 복귀시키는 옆놀이 모멘트(rolling moment)를 발생시킨다. 옆놀이 모멘트 계수가 음(−)의 값을 가질 때 가로 안정이 있다(가로 정안정은 날개에 쳐든각을 줌으로써 얻어진다).

30 뒷전 플랩 중 하나로 날개의 일부가 쪼개진 모양으로 내림으로써 날개 윗면의 흐름을 강제적으로 빨아들여 흐름의 떨어짐을 지연시키는 플랩은?

① 슬롯과 슬랫

② 스플릿 플랩

③ 크루거 플랩

④ 드루프 플랩

해설

Split flap

날개 윗면의 흐름을 강제적으로 내리흐름을 유도 캠버 증가

PLAIN

SLOTTED

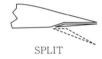
SPLIT

FOWLER

⭐ **정답** 28. ① 29. ① 30. ②

CHAPTER 03 | 비행 성능

1 항력과 동력

(1) 비행기에 작용하는 공기력

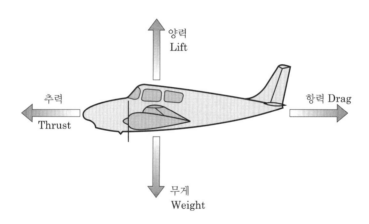

비행기가 공기 중을 수평 등속도로 비행하게 되면 비행경로 방향으로 추력(T), 비행경로 반대 방향으로 항력(D), 비행경로에 수직 아래 방향으로 무게(W), 중력과 반대 방향으로 양력(L)이 작용하게 된다.

① **항력의 종류: 마찰항력, 압력항력, 유도항력, 조파항력, 간섭항력 등이 있다.**

　가) 형상항력(profile drag) = 마찰항력 + 압력항력

　나) 비행기의 항력

$$D(전체항력) = D_P(유해항력) + D_i(유도항력)$$

② **아음속 흐름에서 날개에 작용하는 총 항력**

유도항력 + 형상항력 = 유도항력 + 압력항력 + 마찰항력

③ **유해항력(parasite drag):** 비행기에서 양력에 관계하지 않고 비행을 방해하는 모든 항력을 말한다. 유도항력을 제외한 모든 항력을 유해항력이라 한다.

④ **간섭항력:** 날개, 동체 및 바퀴다리 등 동체의 각 구성품을 지나는 흐름이 간섭을 일으켜서 생기는 항력이다.

⑤ **조파항력(wave drag):** 초음속 흐름에서 충격파로 인하여 발생하는 항력이다.

⑥ **유도항력:** 날개 끝에 생기는 와류현상에 의해 유도되는 항력으로 그 크기는 날개의 가로세로비에 반비례하고 양력계수의 제곱에 비례한다.

$$C_{D_i} = \frac{C_L{}^2}{\pi e AR}$$

(2) 필요마력(Required Horse Power: P_r)

비행기가 항력을 이기고 전진하는 데 필요한 마력이다.

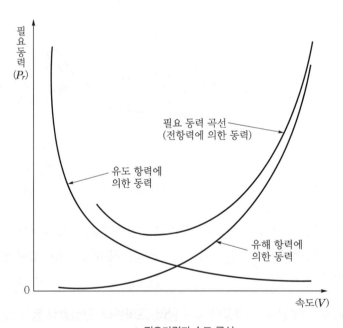

▲ 필요마력과 속도 곡선

$$P_r = \frac{DV}{75} = \frac{1}{150} \rho V^3 C_D S = \frac{W}{75} \sqrt{\frac{2W}{\rho S}} \frac{C_D}{C_L^{\frac{3}{2}}}$$

※ D: 항력, V: 속도, W: 무게, S: 날개 면적

(3) 이용마력(Available Horse Power: P_a)

비행기가 가속 또는 상승시키기 위해 엔진으로부터 발생시킬 수 있는 출력이다.

① 왕복엔진을 장비한 프로펠러 비행기의 이용마력

$$P_a = \frac{TV}{75} = \eta \times BHP$$

※ η: 프로펠러 효율, BHP: 제동마력(PS), T: 추력

② 제트비행기의 이용마력

$$P_a = \frac{TV}{75} \qquad ※\, \text{T: 추력, V: 속도}$$

③ 여유마력(잉여마력, Excess Horse Power)
이용마력과 필요마력과의 차를 여유마력이라 하며, 비행기의 상승 성능을 결정하는 중요한 요소가 된다. 상승률을 좋게 하려면 이용마력이 필요마력보다 훨씬 커야 한다.

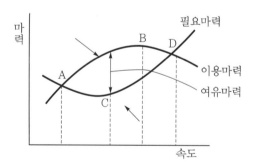

※ A : 수평비행이 가능한 최소속도
B : 수평비행이 가능한 최대속도

(1) 상승 비행

① 동력비행

가) 상승 비행 시 평형 조건

- 비행기 진행 방향과 힘의 평형식($T = W sin\theta + D$)

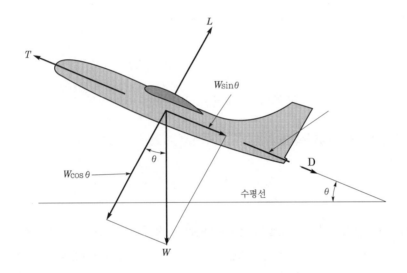

▲ 상승비행 시 힘의 작용

- 진행 방향에 직각인 방향의 힘의 평형식

상승 비행 시 양력을 구하는 식 ($L = W cos\theta$)

나) 프로펠러 효율(η)

$$\eta = \frac{출력}{입력} = \frac{TV}{75 \times BHP}$$

※ 입력: BHP(제동마력), 출력(P_a): $\dfrac{TV}{75}$ (이용마력)

참고

이용마력을 프로펠러 효율로 나타내면 $P_a = \dfrac{TV}{75} = \eta \times BHP$

② 상승률(R.C: Rate of Climb)

$$R.C = \frac{75}{W}(P_a - P_r) = V\sin\theta$$

※ P_a: 이용마력, P_r: 필요마력, W: 무게, θ=상승각

참고 상승률을 크게 하려면

- 중량(W)이 작아야 한다.
- 여유마력이 커야 한다. 즉, 이용마력이 필요마력보다 커야 한다.
- 프로펠러 효율이 좋아야 한다.

③ **고도의 영향**

가) 해발고도와 일정 고도에서의 속도 관계식

$$V = V_0 \sqrt{\frac{\rho_0}{\rho}}$$

※ V: 일정 고도에서의 속도, V_0: 해발고도에서의 속도,

ρ: 일정 고도에서의 공기밀도, ρ_0: 해발고도에서의 공기밀도

나) 해발고도와 일정 고도에서의 필요마력 관계식

$$P_r = P_{r0} \sqrt{\frac{\rho_0}{\rho}}$$

※ P_r: 일정 고도에서의 필요마력, P_{r0}: 해발고도에서의 필요마력,

ρ: 일정 고도에서의 공기밀도, ρ_0: 해발고도에서의 공기밀도

참고

해발고도와 일정 고도에서 동일한 받음각으로 비행하는 비행기에 대해 속도와 필요마력은 밀도비($\frac{\rho_0}{\rho}$)의 제곱근에 비례하여 증가한다.

④ **상승한계**

절대 상승한계 (absolute ceiling)	이용마력과 필요마력이 같아 상승률이 0m/s인 고도이다.
실용 상승한계 (service ceiling)	상승률이 0.5m/s인 고도로 절대 상승한계의 약 80~90%에 해당한다.
운용 상승한계 (Operation ceiling)	비행기가 실제로 운용할 수 있는 고도로 상승률이 2.5m/s인 고도이다.

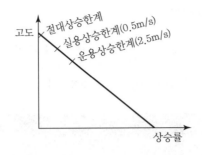

⑤ 상승시간(t)

$$t = \frac{\text{고도변화}}{\text{평균상승률}} = \Sigma \frac{\triangle h}{(R.C)_m}$$

※ t: 상승시간, $\triangle h$: 고도의 변화율, $(R.C)_m$: 평균 상승률 $= \dfrac{\text{고도 변화}}{\text{상승 시간}}$

(2) 수평비행

① 수평비행

가) 등속 수평비행 조건

T＝D, L＝W

T: 추력, D: 항력, L: 양력, W: 중력

나) 힘의 평형

- T〉D이면 가속도 전진 비행

- T＝D이면 등속도 전진 비행

- T〈D이면 감속도 전진 비행

다) 실속속도(최소속도: $V_{\min} = V_S$)

양력계수가 최대가 되었을 때의 속도를 말하며, 이때 받음각을 실속각이라 한다.

$$V_{\min} = V_S = \sqrt{\frac{2W}{\rho C_{Lmax}S}}$$

※ $V_{\min}$: 최소속도, W: 비행기 무게, S: 날개 면적, C_{Lmax}: 최대 양력계수, ρ: 밀도

② 순항 성능

가) 순항: 비행기가 어떤 지점에서 목적지까지 비행하는 경우에 이륙, 착륙, 상승, 그리고 하강하는 구간을 제외한 비행 구간에서는 수평비행 하는 것을 말한다.

나) 순항비행 방식

장거리 순항 방식	연료를 소비함에 따라 비행기 무게가 감소하므로 순항속도를 점차 줄여 기본 출력을 감소시킴으로써 경제적으로 비행하는 방식이다(연료소비량 절약).
고속 순항 방식	비행기의 무게는 연료를 소비함에 따라 감소하는 것을 고려하여 순항속도를 증가시키는 방식이다(엔진의 출력을 일정하게 유지하고 소요시간을 절약).

다) 항속시간(endurance): 비행기가 출발할 때부터 탑재한 연료를 다 사용할 때까지의 시간이다.

• 프로펠러 연료 소비율(c): 엔진 출력의 1마력당 1시간에 소비하는 연료 소비량(kgf)을 의미한다.

• 1초당 연료 소비량

$$초당\ 연료\ 소비량 = \frac{(엔진\ 출력 \times 시간당\ 연료\ 소비율)}{3,600}$$

• 항속 시간(t)

$$항속\ 시간(t) = \frac{연료\ 탑재량(kgf)}{초당\ 연료\ 소비량(kgf/s)}$$

$$= \frac{연료\ 탑재\ 비행기의\ 출발\ 시\ 무게 - 연료\ 사용\ 후\ 비행기의\ 무게}{초당\ 연료\ 소비량}$$

라) 항속거리(range)

• 프로펠러 비행기의 항속거리

$$R = \frac{540\eta}{C} \times \frac{C_L}{C_D} \times \frac{W_1 - W_2}{W_1 + W_2} [km]$$

※ C: 연료 소비율, R: 항속거리, $\frac{C_L}{C_D}$: 양항비, W: 착륙 시 중량, η: 프로펠러 효율, W_1: 연료를 탑재하고 출발 시의 비행기 중량(전 비중량), W_2: 연료를 전부 사용했을 때의 비행기 중량

• 제트기의 항속거리

$$R = 3.6 \times \frac{C_L^{\frac{1}{2}}}{C_D} \sqrt{\frac{2}{\rho} \cdot \frac{W}{S}} \times \frac{B}{C_t \cdot W} \ [\text{km}]$$

③ 등속도 비행에서의 최대속도($V_{\max}$)

$$V_{\max} = \sqrt{\frac{2 \times 75 \times \eta BHP}{\rho S C_D}}$$

※ ρ: 공기밀도, η: 프로펠러 효율, S: 날개 면적, C_D: 항력계수, BHP: 출력

(3) 하강 비행

① 활공(gliding)비행

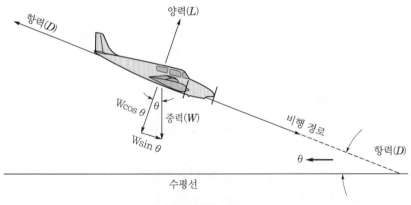

▲ 활공비행 시 힘의 작용

• 활공하는 비행기에 작용하는 힘

$$L = W\cos\theta$$
$$D = W\sin\theta$$

가) 활공각

$$\tan\theta = \frac{C_D}{C_L} = \frac{1}{\text{양항비}}, \quad \text{양항비} = \frac{C_L}{C_D}$$

참고

활공각 θ는 양항비($\frac{C_L}{C_D}$)에 반비례한다. 즉, 멀리 활공하려면 활공각이 작아야 되며, 활공각이 작으려면 양항비가 커야 한다.

나) 활공비

$$\text{활공비} = \frac{L}{h} = \frac{C_L}{C_D} = \frac{1}{\tan\theta} = \text{양항비}$$

※ L: 활공거리, h: 활공고도

참고

활공비를 좋게 하려면, 즉 멀리 비행하려면 활공각(θ)이 작아야 한다. θ가 작다는 것은 양항비($\frac{C_L}{C_D}$)가 크다는 것이다.

다) 하강속도

$$\text{하강속도} = -V\sin\theta = \frac{DV}{W} = \frac{75 \times \text{필요마력}}{W}$$

참고

음(−)의 부호는 하강을 의미한다. 비행기 무게가 정해지면 최소 침하속도는 필요마력이 최소일 때이다.

② 급강하(diving)

가) 종극속도(terminal velocity, V_D): 비행기가 급강하할 때 더 이상 속도가 증가하지 않고 일정 속도로 유지되는 속도이다. [급강하 시 힘의 평형: W=D, L=0(zero)]

$$V_D = \sqrt{\frac{2}{\rho}\frac{W}{S}\frac{1}{C_D}}$$

※ ρ: 밀도, W: 비행기 무게, S: 날개 면적, C_D: 항력계수

③ 이륙

가) 이륙(take-off)

안전 이륙속도	실속속도의 1.2배
이륙거리	비행기가 정지상태에서 출발하여 프로펠러기는 15m, 제트기는 10.7m가 될 때까지의 지상 수평거리이다. (이륙거리=지상 활주거리+상승거리)
상승거리 (장애물 고도)	프로펠러 비행기는 15m(50ft), 제트기는 10.7m(35ft)

나) 이륙 활주거리

$$S = \frac{W}{2g} \times \frac{V^2}{(T-F-D)}$$

※ S: 이륙거리, V: 착륙속도, T: 추력, D: 항력, F: 지면에 대한 마찰력($F = \mu(W-L)$), μ: 마찰계수

다) 이륙거리를 짧게 하는 방법

- 비행기 무게(W)를 작게 한다.
- 추력(T)을 크게 한다.
- 맞바람으로 이륙한다.
- 항력이 작은 활주자세로 이륙한다.
- 고양력 장치를 사용한다.

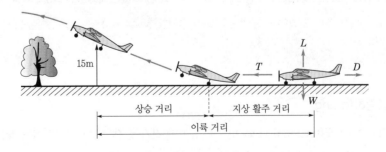

추력(T) > 항력(D)   추력(T) > 항력(D)
양력(L) > 무게(W)   양력(L) < 무게(W)

④ **착륙(landing)**

가) 착륙거리: 비행기가 활주로 끝 상공에서 장애물 고도(프로펠러기 15m, 제트기 10.7m)를 지나서 완전히 정지할 때까지의 수평거리이다.

[착륙거리＝착륙 진입거리＋지상 활주거리]

$$S = \frac{W}{2g} \times \frac{V^2}{(D + \mu W)}$$

※ S: 착륙거리, μ: 착륙 시 마찰계수, V: 착륙속도

나) 접지속도(진입속도): 실속속도의 1.3배

다) 착륙 시 강하각: 2.5~3°

라) 착륙거리를 짧게 하는 방법

- 착륙 무게(W)가 가벼워야 한다.
- 접지속도가 작아야 한다.
- 착륙 활주 중에 항력을 크게 한다.

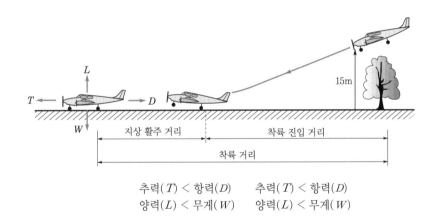

추력(T) ＜ 항력(D)   추력(T) ＜ 항력(D)
양력(L) ＜ 무게(W)   양력(L) ＜ 무게(W)

---

3 특수 성능

(1) 실속 성능

① **실속받음각:** 양력 계수값이 최대일 때의 받음각

② **실속속도(V_S):** $V_S = \sqrt{\dfrac{2W}{\rho S C_{Lmax}}}$

③ 실속 시 일어나는 현상

　가) 버핏 현상 발생

　나) 승강키의 효율 감소

　다) 조종간에 의해 조종이 불가능해지는 기수 내림(nose down) 현상

④ 실속의 종류

부분 실속 (partial stall)	실속상태에 들어가기 전에 실속경보장치가 울리게 되고, 이때 조종간을 풀어 주어 승강키를 내리게 되면 실속상태에서 벗어난다.
정상 실속 (normal stall)	실속경보가 울린 후에도 조종간을 당기고 있으면, 비행기의 기수가 내려 갈 때 조종간을 풀어 준다.
완전 실속 (complete stall)	실속 경보가 울린 후에도 계속 조종간을 당긴 상태에서 기수가 완전히 내려가 거의 수직 강하 자세가 된 상태에서 조종간을 풀어주어 회복한다.

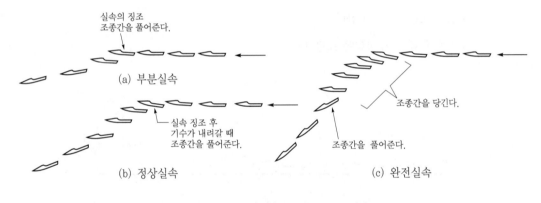

▲ 실속의 종류

(2) 스핀 성능

① **자동회전(auto-rotation):** 받음각이 실속각보다 클 경우, 날개 한쪽 끝에 가볍게 교란을 주면 날개가 회전하는데, 이때 회전이 점점 **빨라져** 일정하게 계속 회전하는 현상이다.

② **스핀(spin):** 자동회전과 수직강하가 조합된 비행이다. 비행기가 실속상태에 빠질 때, 좌우 날개의 불평형 때문에 어느 한쪽 날개가 먼저 실속상태에 들어가 회전하면서 수직강하 하는 현상이다.

　가) 정상 스핀(normal spin): 하강속도와 옆놀이 각속도가 일정하게 유지하면서 하강을 계속하는 상태이다.

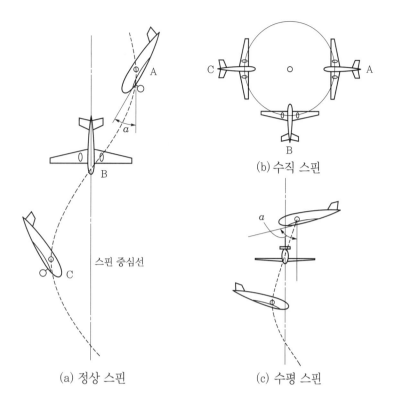

(a) 정상 스핀   (c) 수평 스핀

수직 스핀	비행기의 받음각이 20~40° 정도이고, 낙하속도는 비교적 작은 40~80m/s 정도로 회복이 가능한 비행법이다.
수평 스핀	수직 스핀의 상태에서 기수가 들린 형태로 수평 자세로 되면서 회전속도가 빨라지고 회전 반지름이 작아져서 회복이 불가능한 상태에 이르게 하는 스핀이다.
스핀 운동	조종간을 당겨서 실속시킨 후, 방향키 페달을 한쪽만 밟아 준다.
스핀 회복	조종간을 반대로 밀어서 받음각을 감소시켜 급강하로 들어가서 스핀을 회복해야 한다.

4 기동 성능

(1) 선회비행

① **정상 선회**: 수평 면 내에서 일정한 선회 반지름을 가지고 원운동을 하는 비행이다. 정상 선회 시에는 원심력과 구심력이 같다.

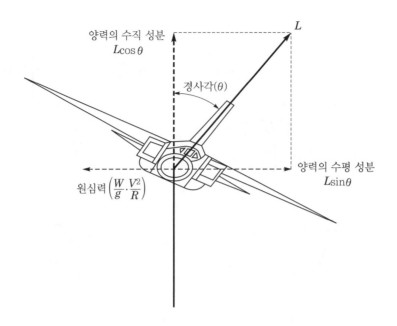

양력의 수직 성분
$L\cos\theta$

경사각(θ)

L

양력의 수평 성분
$L\sin\theta$

원심력 $\left(\dfrac{W}{g}\cdot\dfrac{V^2}{R}\right)$

▲ 선회비행 시 작용하는 힘

가) 선회 반지름(R)

$$R=\frac{V^2}{g tan\theta}$$

※ R: 선회 반지름, θ: 경사각, V: 선회속도, g: 중력가속도

참고 ✈

선회 반지름을 작게 하려면 선회속도를 작게 하거나 경사각을 크게 하면 된다.

나) 선회 시 양력(L)

$$L=\frac{W}{\cos\theta}$$

다) 원심력(C.F)

$$C.F=\frac{WV^2}{gR}=W tan\theta$$

② 선회 경사의 분류

▲ 균형 선회   ▲ 외활 선회   ▲ 내활 선회

가) 균형 선회(coordinated turn): 선회 시 원심력과 중력이 같으며, 볼은 중앙에 위치한다.

나) 내활 선회(slip turn): 선회 시 구심력이 원심력보다 크고, 볼이 선회계 바늘과 같은 방향으로 치우친다. 즉, 선회 방향 안쪽으로 미끄러지는 현상이다.

다) 외활 선회(skid turn): 선회 시 원심력이 구심력보다 크고, 볼이 선회계 바늘과 반대 방향으로 치우친다. 즉, 원심력 때문에 선회 방향의 바깥쪽으로 미끄러지는 현상이다.

③ 선회속도(V_t)

가) 직선비행 시 속도(V)와 선회비행 시 속도(V_t)와의 관계식

$$V_t = \frac{V}{\sqrt{\cos\theta}}, \quad \theta : 경사각$$

나) 수평비행 시 실속속도(V_s)와 선회 중의 실속속도(V_{ts})와의 관계식

$$V_{ts} = \frac{V_s}{\sqrt{\cos\theta}}$$

④ 선회 중의 하중배수

가) 하중배수(load factor: n): 어떤 비행상태에서 양력과 무게와의 비

$$하중배수\,(n) = \frac{L}{W}$$

※ 수평비행 시 하중배수: 1 또는 1g

나) 선회비행 시 하중배수(n)

$$하중배수 = \frac{L}{W}$$

• 60° 선회비행 시 하중배수: 2
• 30° 선회비행 시 하중배수: 1.15

⑤ 비행 하중

가) 가속운동 시 하중배수

- 1) 비행기 무게의 n배가 되면

$$하중배수(n) = \frac{L}{W}$$

$$n = \frac{비행기\ 무게 + 관성력}{비행기\ 무게} = 1 + \frac{관성력}{비행기\ 무게}$$

- 2) 지구의 중력가속도를 g라 하면

$$관성력 = 비행기\ 질량 \times 가속도$$

$$= \frac{비행기\ 무게}{g} \times 가속도$$

- 1), 2)를 대입하면

$$n = 1 + \frac{가속도}{g}$$

나) 안전계수

- 제한 하중(limit load): 비행 중에 생길 수 있는 최대 하중이다.
- 극한 하중(ultimate load): 비행기에 예기치 않는 과도한 하중이 작용하더라도 최소 3초간은 안전하게 견딜 수 있는 하중이다. [극한 하중=제한 하중×안전계수(1.5)]

안전계수 범위	적용
1.5~1.2	구조부재에 적용
1.33	조종케이블(control cable)
1.15	피팅(fitting)

- 제한 하중배수

감항류별	제한 하중배수	제한운동
A류(acrobatic)	6(곡기비행기)	곡예비행에 적합
U류(utility)	4.4(실용비행기)	제한된 곡예비행 가능
N류(normal)	2.25~3.8(보통비행기)	곡예비행 불가
T류(transport)	2.5(수송기)	수송기의 운동 가능 곡예비행 불가

다) V–n 선도: 항공기속도(V)와 하중배수(n)를 두 직교축으로 하여 항공기속도에 대한 한계 하중배수를 나타내어 항공기의 안전한 비행 범위를 정해 주는 선도이다.

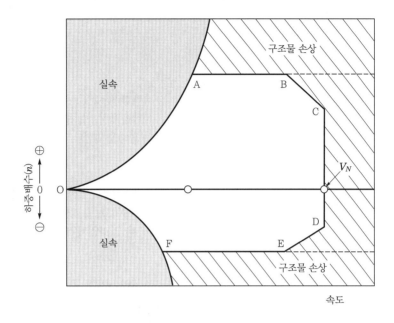

※ 항공기가 OABCDEF 내부에서 운동할 때는 구조 강도상의 보장을 받을 수 있다.

01 다음 등식이 성립되는 것은?

> 전체항력 = (   ) + (   )

① 유해항력, 마찰항력

② 유해항력, 유도항력

③ 유도항력, 마찰항력

④ 마찰항력, 점성항력

해설

D(전체항력)=Dp(유해항력)+Di(유도항력)

· 유해항력: 양력을 발생시키지 않고 비행기의 운동을 방해하는 항력을 통틀어 말한다.

· 유도항력: 유한 날개 끝에서 생기는 와류 때문에 발생하는 항력을 일컫는다.

02 비행기에 작용하는 항력의 종류가 아닌 것은?

① 추력항력   ② 마찰항력

③ 유도항력   ④ 조파항력

해설

· 유도항력(induced drag, Di)은 내리흐름(down wash)으로 인해 유효받음각이 작아져서 날개의 양력 성분이 기울어져 항력 성분을 만드는데, 이것은 유도 속도 때문에 생긴 항력이므로 유도항력이라 하고, 이 때의 속도를 유도속도라 한다.

· 형상항력(profile drag)은 '마찰항력+압력항력'이다.

· 조파항력(wave drag, D_w)은 날개 표면의 초음속 흐름에서 충격파 발생으로 생기는 항력으로 양력계수의 제곱에 비례한다.

· 유해항력(parasite drag)은 양력에는 관계하지 않고 비행을 방해하는 모든 항력, 즉 유해항력을 제외한 모든 항력을 말한다.

03 프로펠러 비행기에서 제동마력(BHP)이 250 PS이고, 프로펠러 효율이 0.78이면, 이용마력은 얼마인가?

① 140PS   ② 195PS

③ 200PS   ④ 320PS

해설

P_a (이용마력) $= \eta \times bHP$

η : 프로펠러 효율, bHP : 제동마력[PS]

04 프로펠러 비행기의 비행속도가 98.4m/s이고 프로펠러의 회전수가 1,250rpm, 프로펠러 지름이 3.4m일 때, 이 프로펠러의 진행률은 약 얼마인가?

① 0.98   ② 1.08

③ 1.39   ④ 2.43

해설

$$J = \frac{V}{nD}$$

먼저, n=1,250rpm 분당 회전수를 초당 회전수로 단위 환산한다.

$$J = \frac{V}{nD} = \frac{98.4}{20.83 \times 3.4} = 1.389 = 1.39$$

✈ 정답 01. ② 02. ① 03. ② 04. ③

05 프로펠러 진행율(j)을 나타내는 식 $j = \dfrac{V}{nd}$ 에서 n이 의미하는 것은?

① 프로펠러의 날개 수

② 프로펠러의 회전반지름

③ 프로펠러의 1초당 회전수

④ 프로펠러의 1초당 회전거리

해설

D: 프로펠러의 직경

n: rpm(초당 회전수)

V: 비행속도

06 프로펠러에서 유효피치를 가장 올바르게 설명한 것은?

① 비행기가 최저속도에서 프로펠러가 1초간 전진한 거리

② 비행기가 최고속도에서 프로펠러가 1초간 전진한 거리

③ 공기 중에서 프로펠러가 1회전할 때 실제로 전진한 거리

④ 공기를 강체로 가정하고 프로펠러를 1회전할 때 이론적으로 전진한 거리

해설

유효피치(EP: Effective Pitch)는 프로펠러 1회전에 실제로 얻은 전진 거리이다.

$EP = V \times \dfrac{60}{n} = 2\pi\gamma \times tan\emptyset$

07 프로펠러의 자이로 모멘트의 특성은 자이로스코프의 어떤 특성에 기인하는가?

① 강직성   ② 진자효과

③ 섭동성   ④ 회전효과

해설

자이로의 특성을 이용한 계기

• 강직성을 이용한 계기: 방향 자이로 지시계(정침의)

• 섭동성을 이용한 계기: 선회계

• 강직성과 섭동성을 이용한 계기: 자이로 수평 지시계(인공 수평의)

08 속도 50m/s로 비행하는 비행기의 항력이 1,000kgf라면, 이때 비행기의 필요마력은 약 몇 HP인가?

① 529   ② 667

③ 720   ④ 854

해설

$Pr = \dfrac{75}{DV} = \dfrac{1,000 \times 50}{75} = 666.6 \fallingdotseq 667$

09 항공기가 5,000m의 고도를 360km/h로 비행하고 있다. 날개의 면적은 30m²이고, 항력계수는 0.03일 때, 필요마력은 얼마인가? (단, 공기밀도는 0.075kg · s²/m⁴)

① 3,499마력   ② 58마력

③ 699마력   ④ 450마력

해설

$Pr(필요마력) = \dfrac{DV}{75} = D = C_D \dfrac{1}{2} \rho V^2 S$ 이므로

$P_r = \dfrac{1}{150} C_D \rho V^3 S$

$= \dfrac{1}{150} \times 0.03 \times 0.075 \times (\dfrac{360}{3.6})^3 \times 30 = 450$

10 비행기의 동체와 날개를 유선형으로 설계하는 가장 큰 이유는?

① 마찰항력을 최소화하기 위하여

② 압력항력을 최소화하기 위하여

③ 압력항력을 최소화하기 위하여

④ 조파항력 감소를 최소화하기 위하여

✈ **정답** 05. ③ 06. ③ 07. ③ 08. ② 09. ④ 10. ②

해설

압력항력(pressure drag)은 물체 표면에서 떨어져 하류 쪽으로 와류를 발생시키기 때문에 생기는 항력으로 유선형일수록 압력항력이 작다.

11 비행기의 상승한계를 고도가 높은 것에서부터 낮은 순서로 나열한 것은?

① 운용상승한계 – 절대상승한계 – 실용상승한계

② 운용상승한계 – 실용상승한계 – 절대상승한계

③ 절대상승한계 – 운용상승한계 – 실용상승한계

④ 절대상승한계 – 실용상승한계 – 운용상승한계

해설

- 절대상승한계: 이용마력과 필요마력이 같아 상승률이 0m/sec인 고도
- 실용상승한계: 상승률이 0.5m/sec(100ft/min)인 고도로 절대상승한계의 약 80~90%에 해당한다.
- 운용상승한계: 비행기가 실제로 운용할 수 있는 고도로 상승률이 2.5m/sec인 고도

12 비행기의 실용상승한계는 절대상승한계의 약 몇 %로 정하는가?

① 60~70%   ② 70~80%

③ 80~90%   ④ 90~100%

해설

실용상승한계: 상승률이 0.5m/sec(100ft/min)인 고도로 절대상승한계의 약 80~90%에 해당한다.

13 비행기의 무게가 1,500kgf이고, 여유마력이 150마력일 경우에 상승률은 얼마인가?

① 0.75m/s   ② 7.5m/s

③ 75m/s   ④ 750m/s

해설

$$R.C = \frac{75}{W}(Pa - Pr) = \frac{75}{1500} \times 150 = 7.5$$

14 비행기가 360km/h의 속도로 비행하고 있다. 이때 상승각이 6°라면, 상승률은 얼마인가? (단, sin 6°=0.10, cos 6°=0.99, tan 6°=0.11로 한다.)

① 3.6m/s   ② 9.9m/s

③ 10m/s   ④ 11m/s

해설

$$V \sin\theta = \frac{360}{3.6} \times \sin 6 = 100 \times 0.10 = 10$$

15 비행기의 속도가 200km/h이다. 상승각이 6°이면, 상승률은 약 몇 km/h인가?

① 12.4   ② 18.7

③ 20.9   ④ 60.2

해설

$$V \sin\theta = 200 \times \sin 6 = 20.9$$

16 비행기가 가속도 운동을 할 때 하중배수(load factor)를 구하는 식은? (단, g는 지구의 중력 가속도이다.)

① $1 + \dfrac{가속도}{g}$ ② $1 - \dfrac{가속도}{g}$

③ $1 + \dfrac{g}{가속도}$ ④ $1 - \dfrac{g}{가속도}$

✈ **정답** 11. ④ 12. ③ 13. ② 14. ③ 15. ③ 16. ①

해설

하중배수(load factor)는 항공기가 비행 시 수직으로 작용하는 힘(양력)과 비행기 무게(W)와의 비이다.

$$하중배수(n) = \frac{비행기에\ 작용하는\ 힘}{비행기\ 무게} = \frac{L}{W}$$

수평비행 시(L=W) 하중배수=1 또는 1g

$$n = 1 + \frac{관성력}{비행기\ 무게} = 1 + \frac{가속도(a)}{g}$$

→ 가속도로 인해 발생하는 하중배수

17 그림은 등속도 비행하는 비행기에 작용하는 힘을 나타낸 것이다. 비행 방향, 즉 항공기의 진행 방향에 대한 힘의 평형식으로 옳은 것은?

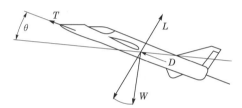

$$L = W\cos\theta, \quad D = W\sin\theta$$

① $T = W\cos\theta + D$

② $T = W\tan\theta + D$

③ $T = W\sin\theta + D$

④ $T = W\cos\theta + D\sin\theta$

해설

비행기 진행 방향의 힘의 평형식
$$T = W\sin\theta + D$$

18 등속도 수평비행 중 비행기에 작용하는 힘의 관계가 옳은 것은 다음 중 어느 것인가?

① 양력=항력, 항력=추력

② 양력=중력, 항력=추력

③ 양력>중력, 항력>추력

④ 양력>중력, 항력=추력

해설

등속 수평비행 조건
$$T = D, \ L = W$$

19 활공기가 고도 1,000m에서 20km의 수평활공거리를 활공할 때, 양항비는 얼마인가?

① 0.05

② 0.2

③ 20

④ 50

해설

$$활공비 = \frac{활공거리}{활공고도} = \frac{L}{h} = \frac{C_L}{C_D} = \frac{1}{\tan\theta} = 양항비$$

$$\frac{L}{h} = \frac{20,000}{1000} = 20$$

20 활공거리를 가장 길게 하려면?

① 날개 길이를 짧게 한다.

② 형상항력을 작게 하고 유도항력을 크게 한다.

③ 가능하면 양력계수에 비하여 항력계수를 크게 한다.

④ 양항비를 크게 한다.

해설

$$활공비 = \frac{활공거리}{활공고도} = \frac{L}{h} = \frac{C_L}{C_D} = \frac{1}{\tan\theta} = 양항비$$

활공거리 = 활공비 × 활공고도

• 멀리 비행하려면 활공각(θ)이 작아야 한다.

• θ가 작다는 것은 양항비($\frac{C_L}{C_D}$)가 크다는 것이다.

21 다음 (   ) 안에 알맞은 것은?

"(   ) 값이 클수록 프로펠러 비행기는 적은 동력으로 장거리 비행이 가능하다."

① 받음각

② 양항비

③ 추력

④ 항력

✈ **정답** 17. ③ 18. ② 19. ③ 20. ④ 21. ②

프로펠러 항공기의 항속거리를 크게 하기 위한 조건

- 프로펠러 효율을 크게 한다.
- 연료 소비율을 작게 한다.
- 양항비가 최대인 받음각으로 비행한다.
- 연료를 많이 실을 수 있어야 한다.

22 비행기의 이륙활주거리를 짧게 하기 위한 조건 중 잘못된 것은?

① 맞바람을 받지 않도록 한다.
② 비행기 무게를 가볍게 한다.
③ 엔진의 추력을 크게 한다.
④ 고양력 장치를 사용한다.

이륙 활주 거리를 짧게 하기 위한 조건

- 비행기의 무게를 가볍게 한다.
- 추력을 크게 한다(가속도 증가).
- 항력이 적은 자세로 이륙한다.
- 맞바람을 맞으면서 이륙한다(정풍 비행).
- 고양력 장치를 사용한다.
- 마찰 계수(μ)를 작게 한다.

23 비행기의 무게가 2,000kg이고, 날개 면적이 50m²이며, 실속 받음각에서의 양력계수가 1.6일 때, 실속속도는 얼마인가? (단, 공기의 밀도는 1/8kg · sec²/m⁴이다.)

① 68km/h   ② 70km/h
③ 72km/h   ④ 76km/h

$$V_S = \sqrt{\frac{2W}{\rho S C_{Lmax}}} = \sqrt{\frac{2 \times 2,000}{0.125 \times 50 \times 1.6}}$$
$$= 20\,m/\sec \times 3.6 = 72 Km/h$$

24 비행기의 이착륙 방법에 따라 분류한 것은?

① 겹 날개 비행기, 중간 날개 비행기, 높은 날개 비행기, 낮은 날개 비행기
② 단발 비행기, 쌍발 비행기, 다발 비행기
③ 육상 비행기, 수상 비행기, 수륙양용 비행기, 비행정
④ 활공기, 회전날개 항공기, 전환식 항공기

이착륙 방법에 따른 분류

- 육상 비행기: 육지에 착륙하도록 바퀴로 된 형식
- 수상 비행기: 물 위를 활주하여 뜨고 내리는 형식
- 수륙양용 비행기: 육상과 수상의 혼합 형식
- 비행정: 물 위에서 뜨고 내리는 비행기 형식

25 비행기의 중량이 2,500kg, 날개의 면적이 80m² 지상에서의 실속속도가 180km/h이다. 이 비행기의 최대 양력계수는 얼마인가? (단, 공기밀도는 1/8kg · s²/m⁴이다.)

① 0.2   ② 0.4
③ 0.6   ④ 0.8

$$C_{Lmax} = \frac{2W}{\rho\,V^2\,S} = \frac{2 \times 2500}{0.125 \times (\frac{180}{3.6})^2 \times 80} = 0.2$$

26 확실한 실속이 있는 다음 기수가 강하게 내려 간 후 회복하는 현상을 무엇이라 하는가?

① 정상 실속   ② 부분 실속
③ 완전 실속   ④ 특별 실속

- 부분 실속: 실속의 징조를 느끼거나 경보장치가 울리면 회복하기 위하여 바로 승강키를 풀어주어 회복시켜야 한다.

정답 22. ① 23. ③ 24. ③ 25. ① 26. ①

- 정상 실속: 확실한 실속 징조가 생긴 다음 기수가 강하게 내려간 후에 회복하는 경우이다
- 완전 실속: 비행기가 완전히 실속할 때까지 조종간을 당기는 경우이다.

- 방향키만 조작 시 빗놀이와 옆놀이 동시 발생→공력 커플링
- 관성 커플링: 질량 분포에 따라 발생되는 힘, 즉 원심력에 의해 발생되는 모멘트

27 버핏에 대한 설명 내용으로 가장 올바른 것은?

① 박리에 대한 효과가 주날개에 작용하는 상승 성능을 좋게 한다.
② 박리에 대한 영향이 동체에 작용하여 전진 성능을 방해한다.
③ 박리에 대한 후류의 영향으로 날개나 꼬리 날개를 진동시켜 발생하는 현상이다.
④ 박리에 의한 영향으로 최대 항속거리를 유지할 수 있다.

해설

- 버핏: 흐름의 떨어짐의 후류 영향으로 날개나 꼬리날개가 진동하는 현상이다.
- 저속 버핏: 저속에서 실속했을 경우 날개가 와류의 위해서 진동하는 현상이다.
- 고속 버핏: 충격파에 의해서 기체가 진동하는 현상이다.

28 방향키만 조작하거나 옆 미끄럼 운동을 했을 때 빗놀이와 동시에 옆놀이 운동이 생기는 현상은?

① 관성 커플링(inertia coupling)
② 날개 드롭(wing drop)
③ 슈퍼 실속(super stall)
④ 공력 커플링(aerodynamic coupling)

해설

옆놀이 커플링
- 한 축에 대한 교란 발생 시 다른 축에도 교란이 발생하는 현상(cross effect)

29 무게가 $9,000 kgf$인 항공기가 30°의 경사각으로 정상 선회를 할 때, 원심력은 몇 kgf인가? (단, sin30°=0.5, cos30°=0.866, tan30°=0.577이다.)

① 4,500
② 5,196
③ 7,794
④ 18,000

해설

$$원심력(C \times F) = \frac{W}{g} \times \frac{V^2}{R} = W \, \tan\theta$$

$$= 9,000 \tan 30 = 5,196 kgf$$

30 조종사가 5,000m 상공을 일정 속도로 낙하산으로 하강하고 있다. 조종사의 무게가 90kgf, 낙하산 지름이 6m, 항력계수가 2.0일 때, 속도는 몇 m/s인가? (단, 공기의 밀도는 ρ=1.0kgf/m³이고 g는 중력가속도이다.)

① $\sqrt{\dfrac{g}{\pi}}$
② $\sqrt{\dfrac{10g}{\pi}}$
③ $10\sqrt{\dfrac{g}{\pi}}$
④ $10\sqrt{\dfrac{10g}{\pi}}$

해설

$$W = \frac{1}{2}\rho V^2 S C_D, \quad V = \sqrt{\frac{2W}{\rho C_D S}},$$

여기서 자유 낙하하므로

$$V = \sqrt{\frac{2W}{\rho C_D S} \times g} \rightarrow \sqrt{\frac{2 \times 90}{1 \times 2 \times 9\pi} \times g} \rightarrow$$

$$\sqrt{\frac{180}{18\pi} \times g} \rightarrow \sqrt{\frac{10}{\pi}g}$$

✈ **정답** 27. ③ 28. ④ 29. ② 30. ②

04 항공기의 안정과 조종

1 조종면

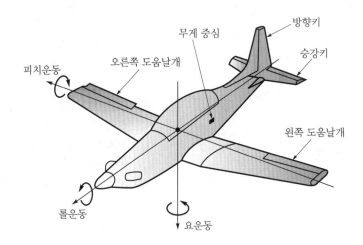

(1) 조종면의 효율

① **주 조종면(primary control surface):** 도움날개(aileron), 승강키(elevator), 방향키(rudder)

② **부 조종면(secondary control surface):** 플랩(flap), 탭(tab), 스포일러(spoiler)

③ **조종면의 효율 변수(flap or control effectivenessParameter):** 플랩 변위의 효과는 각도에 대한 C_L의 곡선 기울기 값

(2) 힌지 모멘트와 조종력

조종면은 힌지 축을 중심으로 위·아래로, 또는 좌우로 변위하도록 되어 있다.

① **힌지 모멘트(hinge moment, H):** 조종면으로 흐르는 압력 분포의 차이로, 힌지 축을 중심으로 회전하려는 힘이다. 힌지 모멘트는 모멘트 계수, 동압, 조종면의 크기에 비례한다.

$$H = C_h \frac{1}{2} \rho V^2 b \, \bar{c}^2 = C_h q b \, \bar{c}^2$$

※ H: 힌지 모멘트, C_h: 힌지 모멘트 계수, b: 조종면의 폭, $\bar{c}$: 조종면의 평균시위

② **조종력(F_e)과 승강키 힌지 모멘트(H_e) 관계식**

$$F_e = K \times H_e = K \times q \times b \times \bar{c}^2 \times C_h$$

※ F_e: 조종력, H_e: 승강키 힌지 모멘트, K: 조종계통의 기계적 장치에 의한 이득

> **참고** 조종력은 비행속도의 제곱에 비례하고 $b\bar{c}^2$ 에 반비례한다.
>
> • 속도의 2배가 되면, 조종력은 4배가 필요하다.
> • 조종면의 폭과 시위의 크기를 2배로 하면 조종력은 8배가 필요하다.

(3) 공력 평형장치

조종면의 압력 분포를 변화시켜 조종력을 경감시키는 장치이다.

앞전 밸런스 (leading edge balance)	조종면의 힌지 중심에서 앞전을 길게 하여 조종력을 감소시키는 장치이다.	
혼 밸런스 (horn balance)	밸런스 역할을 하는 조종면을 플랩의 일부분에 집중시킨 것	
	비보호 혼	밸런스 부분이 앞전까지 뻗쳐 나온 것을 비보호 혼(un-shielded horn)이라 한다.
	보호 혼	밸런스 앞에 고정면을 가지는 것을 보호 혼(shielded horn)이라 한다.
내부 밸런스 (internal balance)	플랩의 앞전이 밀폐되어 있어서 플랩의 아래 윗면의 압력 차에 의해서 앞전 밸런스와 같은 역할을 하도록 한다.	
프리즈 밸런스 (frise balance)	도움날개에 자주 사용되는 밸런스로서, 연동되는 도움날개에서 발생되는 힌지 모멘트가 서로 상쇄되도록 하여 조종력을 경감시킨다.	

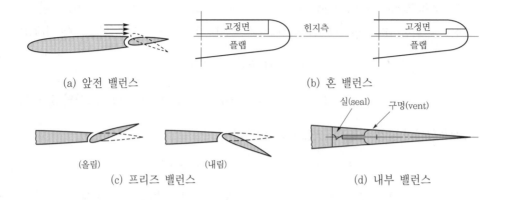

(a) 앞전 밸런스

(b) 혼 밸런스

(올림)　(내림)

(c) 프리즈 밸런스

(d) 내부 밸런스

(4) 탭(tab)

조종면의 뒷전 부분에 부착시키는 작은 플랩의 일종으로, 조종면 뒷전 부분의 압력 분포를 변화시켜 힌지 모멘트에 변화를 생기게 한다.

탭 종류	특 징
트림 탭(trim tab)	조종면의 힌지 모멘트를 감소시켜 조종사의 조종력을 "0"으로 조종해 준다.
평형 탭 (balance tab)	조종면이 움직이는 방향과 반대 방향으로 움직이도록 기계적으로 연결되어 있다.
서보 탭 (servo tab)	조종석의 조종장치와 직접 연결되어 탭(tab)만 작동시켜 조종면을 움직이며, 조종력이 감소되어 대형 비행기에 주로 사용된다.
스프링 탭 (spring tab)	혼(horn)과 조종면 사이에 스프링을 설치하여 탭(tab)의 작용을 배가시키도록 한 장치이다.

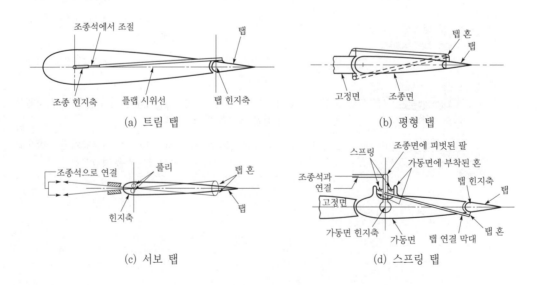

(a) 트림 탭

(b) 평형 탭

(c) 서보 탭

(d) 스프링 탭

(1) 정적 안정과 동적 안정

① 정적 안정

정적 안정 종류	내용
정적 안정 (static stability)	양(+)의 정적 안정, 평형상태로부터 벗어난 뒤에 어떤 형태로든 움직여서 원래의 평형상태로 되돌아가려는 경향이 있다.
정적 불안정 (static unstability)	음(-)의 정적 안정, 평형상태에서 벗어난 물체가 처음 평형상태로부터 더 멀어지려는 경향이 있다.
정적 중립 (neutral static stability)	평형상태에서 벗어난 물체가 이동된 위치에서 평형상태를 유지하려는 경향이 있다.

② 동적 안정

동적 안정 종류	내용
동적 안정 (dynamic stability)	양(+)의 동적 안정, 어떤 물체가 평형상태에서 이탈된 후 시간이 지남에 따라 운동의 진폭이 감소되는 상태이다. 동적 안정이면 반드시 정적 안정이다.
동적 불안정 (dynamic unstability	음(-)의 동적 안정, 어떤 물체가 평형상태에서 이탈된 후 시간이 지남에 따라 운동의 진폭이 점점 증가되는 상태이다.
동적 중립 (neutral dynamic stability)	어떤 물체가 평형상태에서 이탈된 후 시간이 경과하여도 운동의 진폭이 변화가 없는 상태이다.

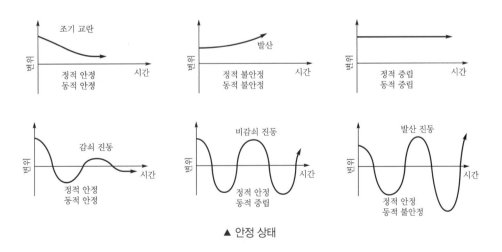

▲ 안정 상태

※ 일반적으로 정적 안정이 있다고 동적 안정이 있다고는 할 수 없지만, 동적 안정이 있는 경우에는 정적 안정이 있다고 할 수 있다.

③ 평형과 조종

평형상태	비행기에 작용하는 모든 힘의 합이 0이며, 키놀이(pitching), 옆놀이(rolling) 및 빗놀이(yawing) 모멘트의 합이 "0"인 경우를 말한다.
조종	조종사가 조종간으로 조종면을 움직여서 비행기를 원하는 방향으로 운동시키는 것이다.
안정과 조종	비행기의 안정성이 커지면 조종성이 나빠진다. 서로 반비례한다.

④ 비행기의 기준 축

무게중심을 원점에 둔 좌표축으로서 기준 축을 사용하며, 이를 기체 축(body axis)이라 한다.

기준 축	내용
세로축 (X축)	• 비행기의 앞과 뒤를 연결한 축이다. • 세로축에 관한 모멘트: 옆놀이 모멘트(rolling moment) • 옆놀이를 일으키는 조종면: 도움날개(aileron) • 옆놀이에 대한 안정: 가로 안정
가로축 (Y축)	• 비행기의 날개 길이 방향으로 연결한 축이다. • 가로축에 관한 모멘트: 키놀이 모멘트(pitching moment) • 키놀이 모멘트를 일으키는 조종면: 승강키(elevator) • 키놀이에 대한 안정: 세로 안정
수직축 (Z축)	• 비행기의 상하축이다. • 수직축에 관한 모멘트: 빗놀이 모멘트(yawing moment) • 빗놀이 모멘트를 일으키는 조종면: 방향타(rudder) • 빗놀이에 대한 안정: 방향 안정

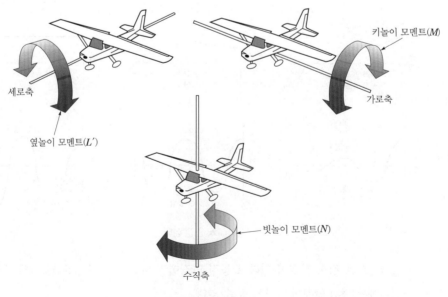

키놀이 모멘트(M)

세로축

가로축

옆놀이 모멘트(L')

빗놀이 모멘트(N)

수직축

▲ 비행기 기체축

⑤ 조종계통

기준 축	내용
도움날개 (aileron)	• 옆놀이 모멘트를 일으키는 조종면이다. • 조종간을 좌측으로 하면 좌측 도움날개는 올라가고, 우측 도움날개는 내려가 비행기는 좌측으로 경사지게 된다. • 차동조종장치: 비행기에서 올림과 내림의 작동범위를 다르게 한 것으로 도움 날개에 이용된다. 도움날개 사용 시 유도항력의 크기가 다르기 때문에 발행하는 역빗놀이(adverse yaw)를 작게 한다.
승강키 (elevator)	• 키놀이 모멘트를 일으키는 조종면이다. • 조종간으로 당기면 승강키는 올라가고 기수도 올라간다.
방향키 (rudder)	• 빗놀이 모멘트를 일으키는 조종면이다. • 왼쪽 페달을 밟으면 방향타는 왼쪽으로 움직이고 기수는 왼쪽으로 향한다.

▲ 도움날개

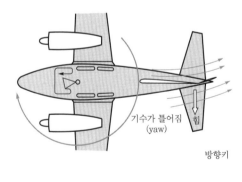

▲ 방향키

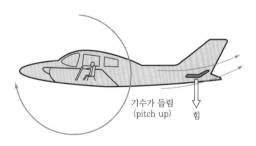

▲ 승강키

(2) 세로 안정과 조종

① **정적 세로 안정:** 비행기가 비행 중 외부 영향이나 조종사 의도에 의해 승강키가 조작되어 키놀이 모멘트가 변화되었을 때, 처음 평형상태로 되돌아가려는 경향이 있다. 받음각이 증가되면 양력계수 값이 증가되어 기수가 올라가면 기수 내림(−) 키놀이 모멘트가 발생하여 평형점으로 돌아가려는 경향이 있을 때, 정적 세로 안정성이 있다고 한다.

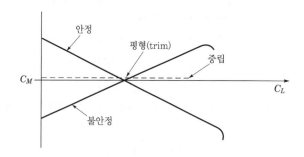

▲ 정적 세로 안정

가) 정적 세로 안정은 비행기의 받음각과 키놀이 모멘트의 관계에 의존한다.

나) 키놀이 모멘트 관계식

$$M = C_M \times q \times S \times \bar{c} \quad \text{또는} \quad C_M = \frac{M}{q \times S \times c}$$

※ M: 무게중심에 관한 키놀이 모멘트, 기수를 드는 방향이 (+)방향

q: 동압, S: 날개 면적, $\bar{c}$: 평균 공력 시위, C_M: 키놀이 모멘트 계수

다) 날개와 꼬리날개에 의한 무게중심 주위의 키놀이 모멘트(M_{cg})

$$M_{cg} = M_{cg\ wing} + M_{cg\ tail}$$

※ $M_{cg\ wing}$: 날개 만에 의한 키놀이 모멘트

$M_{cg\ tail}$: 수평 안정판에 의한 키놀이 모멘트

라) 비행기 전체의 무게중심 모멘트 계수

$$C_{Mcg} = C_{Mac} + C_L \frac{a}{c} - C_D \frac{b}{c} - C_{Lt} \frac{q_t \times S_t \times l}{qS\bar{c}}$$

※ S_t: 수평 꼬리날개 면적, q_t: 수평 꼬리날개 주위 동압, C_{Lt}: 수평 꼬리날개 양력계수, a: 무게중심에서 양력까지의 거리, b: 무게중심에서 항력까지의 거리, l: 무게중심에서 꼬리날개 압력 중심까지의 거리

② 세로조종의 임계 조건들을 충족시키기 위한 주요 비행상태

　　가) 기동조종 조건

　　나) 이륙조종 조건

　　다) 착륙조종 조건

③ **동적 세로 안정(dynamic longitudinal stability):** 돌풍 등 외부 영향을 받는 비행기가 키놀이 모멘트가 변화된 경우에 진폭 시간에 따라 감소하는 경우를 동적 안정이라 말하며, 진폭이 시간에 따라 증가하는 경우를 동적 불안정이라 말한다.

　　가) 비행기 세로운동의 주요 변수: 비행기의 키놀이 자세, 받음각, 비행속도, 조종간 자유 시 승강키 변위

　　나) 동적 세로 안정의 진동 형태

운동	내용
장주기 운동	진동 주기가 20초에서 100초 사이이다. 진동이 매우 미약하여 조종사가 알아차릴 수 없는 경우가 많다.
단주기 운동	진동 주기가 0.5초에서 5초 사이이다. 주기가 매우 짧은 운동이며, 외부 영향을 받은 항공기가 정적 안정과 키놀이 감쇠에 의한 진동 진폭이 감쇠되어 평형상태로 복귀된다. 즉, 인위적인 조종이 아닌 조종간을 자유로 하여 감쇠하는 것이 좋다.
승강키 자유운동	진동 주기가 0.3초에서 1.5초 사이이다. 승강키를 자유롭게 하였을 때 발생하는 아주 짧은 진동이며, 초기 진폭이 반으로 줄어드는 시간은 대략 0.1초이다.

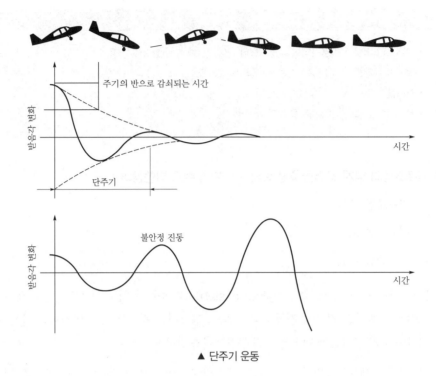

▲ 단주기 운동

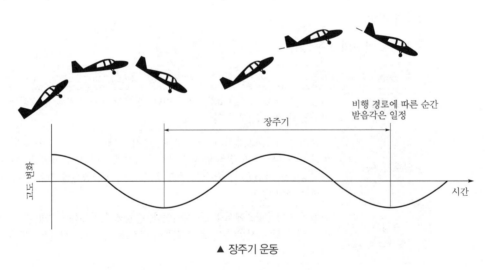

▲ 장주기 운동

(3) 가로 안정과 조종

① **정적 가로 안정(static lateral stability):** 비행기가 양(+)의 옆미끄럼 각을 가지게 될 경우 음(−)의 옆놀이 모멘트가 발생하면 정적 가로 안정이 있다고 한다.

가) 옆놀이 모멘트(L')

$$L' = C_{1'} \times q \times S \times b \quad \text{또는} \quad C_{1'} = \frac{L'}{q \times S \times b}$$

※ L': 옆놀이 모멘트(오른쪽이 (+) 값), q: 동압, S: 날개 면적, $C_{1'}$: 옆놀이 모멘트 계수

> **참고** 가로 안정에 영향을 주는 요소
>
> • 날개: 가로 안정에 가장 중요한 요소이다. 날개의 쳐든각 효과는 가로 안정에 가장 중요한 요소이다.
> • 쳐든각(상반각)의 효과: 옆미끄럼(side slip)을 방지하고, 가로 안정성을 좋게 한다.
> • 동체: 동체 위에 부착된 날개는 2°나 3°의 쳐든각 효과가 있다.
> • 수직꼬리날개: 옆미끄럼에 대해 옆놀이 모멘트를 발생시켜 가로 안정에 도움을 준다.

② **동적 가로 안정**

운동	내용
방향 불안정 (directional divergence)	초기의 작은 옆미끄럼에 대한 반응이 옆미끄럼을 증가시키는 경향을 가질 때 발생하는 동적 안정에서 가장 주의해야 할 요소이다. 정적 방향 안정성을 증가시키면 방향 불안정은 감소한다.
나선 불안정 (spiral divergence)	정적 방향 안정성이 정적 가로 안정보다 훨씬 클 때 발생한다.
가로 방향 불안정 (dutch roll)	가로진동과 방향진동이 결합된 것으로 대개 동적으로 안정하지만, 진동하는 성질 때문에 문제가 된다. 정적 방향 안정보다 쳐든각 효과가 클 때 일어난다.

(4) 방향 안정과 조종

① **방향 안정:** 비행 중 옆미끄럼 각이 발생했을 때 옆미끄럼을 감소시켜 주는 빗놀이 모멘트가 발생하면 정적 방향 안정성이 있다고 한다.

가) 양의 빗놀이각(ψ): 비행기의 기수가 상대풍이 오른쪽에 있을 때 각도

나) 옆미끄럼 각(β): 상대풍이 비행기 중심선의 오른쪽으로 이동했을 때 각도

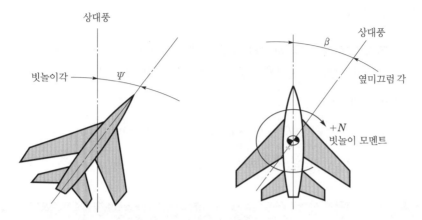

▲ 옆미끄럼 각과 빗놀이각

• 빗놀이 모멘트(N)

$$N = C_N \times q \times S \times b \ \text{또는} \ C_N = \frac{N}{q \times S \times b}$$

※ N: 빗놀이 모멘트, C_N: 빗놀이 모멘트 계수, q: 동압, S: 날개 면적, b: 날개 길이

참고 **방향 안정에 영향을 끼치는 요소** ✈

• 수직꼬리날개: 방향 안정에 일차적으로 영향을 준다.
• 동체, 엔진 등에 의한 영향: 동체와 엔진은 방향 안정에 있어 불안정한 영향을 끼치는 가장 큰 요소이다.
• 도살 핀(dorsal fin): 수직꼬리날개가 실속하는 큰 옆미끄럼 각에서도 방향 안정성을 증가시킨다.
• 추력 효과: 프로펠러 회전면이나 제트기 공기 흡입구가 무게중심 앞에 위치했을 때 불안정을 유발한다.

참고 **도살 핀 장착 시 효과** ✈

• 큰 옆미끄럼 각에서의 동체 안정성을 증가시킨다.
• 수직꼬리날개의 유효 가로세로비를 감소시켜 실속각을 증가시킨다.

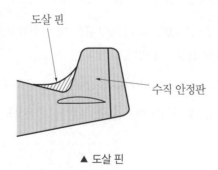

▲ 도살 핀

- 정적 방향 안정성이 가장 심각하게 요구되는 경우

  - 큰 옆미끄럼 각

  - 낮은 속도에서의 높은 출력

  - 큰 받음각

  - 큰 마하수

② 방향 조종

가) 방향 조종 능력을 가져야 하는 이유

- 균형선회

- 추력 효과의 평형

- 옆미끄럼 및 비대칭 추력의 균형

나) 부유각(float angle): 방향키를 자유로 하였을 때 공기력에 의하여 방향키가 자유로이 변위 되는 각이다.

(5) 현대의 조종계통

항공기의 조종성과 안정성을 적절히 조화시켜 조종하기 위해서는 조종계통이 필요하고, 비행기의 조종계통 형식은 비행기의 크기, 제작 목적과 비행속도에 결정된다.

① 기계적인 조종계통

가) 소형기에 적합한 조종계통이다.

나) 조종력을 유지하기 위해 공력평형장치(aerodynamic balance), 태브(tab), 스프링 밥 웨이트(bob weight)를 사용하여 조종력을 감소시킨다.

② 유압장치를 이용한 조종계통

가) 기계적인 조종계통과 작동기를 동시에 사용한다.

나) 요구되는 조종력을 작동기를 통해 정해진 배율에 따라 공급하여 고속에서 조종력을 감소시킨다(작동기는 조종력 1에 대해 14배의 힘을 제공한다).

③ 전기신호를 이용하는 조종계통

가) 플라이 바이 와이어(fly by wire) 시스템은 모든 기계적인 연결을 전기적인 연결로 바꾸어 조종하는 계통이다.

나) 조종장치에 연결된 케이블이 늘어나거나 연결방식에 있어서의 단점을 보안하였으나 전자장애, 번개, 전원이 차단될 경우 조종이 안 되는 단점을 갖고 있다.

④ **광신호를 이용하는 조종계통:** 플라이 바이 와이어보다 신속성과 정밀도를 개선한 플라이 바이 라이트(fly by light) 시스템은 구리선 대신 광섬유 케이블을 통해 신호를 감지장치에서 컴퓨터로 옮기고, 다시 조종면으로 전송하여 조종면을 제어하는 조종계통이다.

---

3 고속기의 비행 불안정

(1) 세로 불안정

① **턱 언더(tuck under):** 비행기가 음속 가까운 속도로 비행하게 되면, 속도를 증가시킬 때 기수가 오히려 내려가 조종간을 당겨야 하는 조종력의 역작용 현상이다.

> **참고** **턱 언더의 수정 방법**
>
> 마하 트리머(mach trimmer) 및 피치 트림 보상기(pitch trim compensator)를 설치한다.

② **피치 업(pitch up):** 비행기가 하강 비행을 하는 동안 조종간을 당겨 기수를 올리려 할 때 받음각과 각속도가 특정 값을 넘게 되면 예상한 정도 이상으로 기수가 올라가는 현상이다.

> **참고** **피치 업의 원인**
>
> • 뒤젖힘 날개의 날개 끝 실속: 뒤젖힘이 큰 날개일수록 피치 업도 크다.
> • 뒤젖힘 날개의 비틀림
> • 날개의 풍압 중심이 앞으로 이동
> • 승강키 효율의 감소

③ **딥 실속(deep stall, 슈퍼 실속):** 수평꼬리날개가 높은 위치에 있거나, T형 꼬리날개를 가지는 비행기가 실속할 때 후류의 영향을 받는 꼬리날개가 안정성을 상실하고, 조작을 해도 승강키 효율이 떨어져 실속 회복이 불가능한 현상이다.

(2) 가로 불안정

① **날개 드롭(wing drop):** 비행기가 수평비행이나 급강하로 속도를 증가하면 천음속 영역에서 한쪽 날개가 충격 실속을 일으켜서 갑자기 양력을 상실하여 급격한 옆놀이를 일으키는 현상이다.

　가) 비교적 두꺼운 날개를 사용하는 비행기가 천음속으로 비행할 때 발생한다.

　나) 얇은 날개를 가지는 초음속 비행기가 천음속으로 비행할 때 발생하지 않는다.

② **옆놀이 커플링:** 한 축에 교란이 생길 경우 다른 축에도 교란이 생기는 현상으로, 이를 방지하기 위해 벤트럴 핀(ventral fin(배지느러미))을 사용한다.

　가) 공력 커플링: 방향키만을 조작하거나 옆 미끄럼 운동을 했을 때, 빗놀이와 동시에 옆놀이 운동이 생기는 현상이다.

　나) 관성 커플링: 기체 축이 바람 축에 대해 경사지게 되면 바람 축에 대해서 옆놀이 운동을 하게 되며, 원심력에 의해 키놀이 모멘트가 발생하는 현상이다.

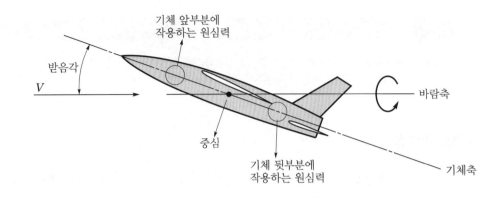

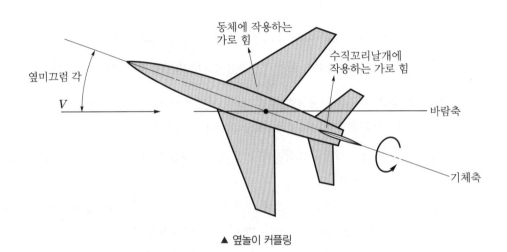

▲ 옆놀이 커플링

04 실력 점검 문제

01 비행기의 동적 가로 안정의 특성과 관계 없는 것은?

① 방향 불안정　　② 세로 불안정

③ 나선 불안정　　④ 더치롤

해설

- 방향 불안정
  - (−)의 방향(수직축에 대한 왼쪽 회전) 안정으로 발생
  - 작은 옆미끄럼에 대한 반응이 옆미끄럼을 증가 →상대풍 방향으로 돌아가기 전까지 빗놀이 운동 계속
- 나선 불안정
  - 정적 방향 안정성이 정적 가로 안정보다 훨씬 클 때 발생
  - 나선 운동에서의 발산율은 아주 작기 때문에 회복이 용이
- 가로 방향 불안정(dutch roll)
  - 가로진동과 방향진동이 결합
  - 옆놀이와 빗놀이 운동이 결합
  - 정적 방향 안정보다 쳐든각 효과가 클 때 발생

02 다음 ( ) 안에 알맞는 말은?

> an airplane is controlled directionally about it's vertical axis by the ( )

① rudder　　② elevator

③ ailerons　　④ flap

해설

항공기는 러더에 의해 수직축의 방향이 조정된다.
directionally: 방향, vertical: 수직, axis: 축

03 비행기의 기준 축과 각축에 대한 회전 각운동에 대해 가장 올바르게 나타낸 것은?

① 세로축–X축–옆놀이

② 세로축–X축–키놀이

③ 가로축–Z축–옆놀이

④ 가로축–Z축–키놀이

해설

- X축
  - 세로축 운동, 옆놀이 모멘트(rolling),
  - 가로 안정 → 도움날개 → 조종간 좌우 조작
- Y축
  - 가로축 운동, 키놀이 모멘트(pitching)
  - 세로 안정 → 승강키 → 조종간 전후 조작
- Z축
  - 수직축, 빗놀이 모멘트(yawing)
  - 방향 안정 → 방향키 → pedal의 전후 조작

04 비행기의 평형을 이루게 하는 장치가 아닌 것은?

① 트림 탭　　② 플랩

③ 방향키　　④ 도움날개

정답 01. ②　02. ①　03. ①　04. ②

플랩은 날개의 뒤쪽에 붙어있는 보조면(auxiliary surface)으로, 플랩을 내려 에어포일의 캠버를 증가시키고, 날개의 면적을 크게 함으로써 CL과 CD 값을 증가시킨다.

05 다음 중 빗놀이각에 대한 설명으로 옳은 것은?

① 항공기 진행 방향과 시위선이 이루는 각

② 옆미끄럼 각과 크기가 같고 방향이 반대인 각

③ 비행기의 가로축과 비행기의 중심선이 이루는 각

④ 방향키를 자유로이 했을 때 공기력에 의하여 방향키가 자유로이 변위 되는 각

해설

방향 안정은 수직축에 대한 모멘트와 빗놀이 및 옆미끄럼 각과의 관계를 포함한다.

$$N = C_N qSb, \quad C_N = \frac{N}{qSb}$$

(+)의 옆미끄럼 각일 때 빗놀이 모멘트의 계수값이 (+)일 때 안정

06 비행기의 3축 운동과 조종면과의 상관관계를 가장 옳게 연결한 것은?

① 키놀이와 승강키

② 옆놀이와 방향키

③ 빗놀이와 승강키

④ 옆놀이와 승강키

해설

축	모멘트	조종면
X축(세로)	옆놀이(롤링)	도움날개
Y축(가로)	키놀이(피칭)	승강키
Z축(수직)	빗놀이(요잉)	방향키

07 비행기 조종날개 중 스포일러(spoiler)의 기능은?

① 플랩을 보조하는 기능

② 도움날개를 보조하는 기능

③ 승강타를 보조하는 기능

④ 방향타를 보조하는 기능

해설

- 공중 스포일러(air spoiler): 비행 중 사용
  - 좌·우 날개에 대칭적으로 사용할 때(에어 브레이크 역할)
  - 보조날개(aileron)와 연동하여 비대칭적으로 사용 시 보조 날개의 역할을 보조하는 기능
- 지상 스포일러(ground spoiler)
  - 착륙 접지 후 항력 증가 및 타이어의 지면 마찰 증가로 착륙 거리 단축
  - 전체 스포일러(지상 및 공중)가 모두 작동

08 프리즈 밸런스를 올바르게 설명한 것은?

① 조종면의 앞전을 길게 하여 조종력을 경감시키는 장치

② 연동되는 도움날개에서 발생되는 힌지 모멘트가 서로 상쇄되도록 하여 조종력을 경감

③ 조종면의 힌지 모멘트를 감소시켜서 조종력을 0으로 조정하는 장치

④ 밸런스 역할을 하는 조종면을 플랩의 일부분에 집중시킨 장치

해설

- 앞전 밸런스
  - 조종면의 앞전을 길게 하여 조종력을 감소
- 혼 밸런스
  - 비보호 혼: 앞전 앞까지 연결된 혼
  - 보호 혼: 고정면을 가지는 혼
- 내부 밸런스

정답 05. ② 06. ① 07. ② 08. ②

- 플랩의 앞전이 airfoil의 내부에서 상 하부 밀폐→
  상하부의 압력 차에 의해 경감
- 프리즈 밸런스
  - Aileron에서 주로 사용. 양쪽 조종면에서 발생되는
    힌지 모멘트가 서로 상쇄

09 조종면을 조작하기 위한 조종력과 가장 관계
가 먼 것은?

① 조종면의 폭

② 조종면의 평균시위

③ 비행기의 속도

④ 조종면의 표면상태

> **해설**

- 조종면을 조작하기 위한 조종력은 힌지 모멘트의 크
  기에 관계된다.

  $Fe = K \times He$

  Fe: 조종력, K: 기계적 이득 상수, He: 힌지 모멘트
- 힌지 모멘트는 힌지 모멘트 계수(Ch), 동압(q), 조종
  력의 크기에 비례한다.

  $$H = Ch \times \frac{1}{2} \rho V^2 S \bar{c}$$
  $$= Ch \times q\, b\, \bar{c}^2$$
  $$Ch = \frac{H}{q\, b\, \bar{c}^2}$$

- ※ H: 힌지 모멘트, Ch: 힌지 모멘트 계수, q: 동압, b:
  조종면의 폭, $\bar{c}$: 조종면의 평균 시위
- 고속, 대형 항공기는 조종력이 커야 하므로 공력 평
  형장치 및 탭(tab)을 이용하여 조종력을 경감시킨다.

10 조종간과 승강키가 기계적으로 연결되어 있
을 때, 조종력과 승강키의 힌지 모멘트(hinge
moment) 관계식은?

① Fe=K×He

② Fe=K÷He

③ Fe=K²×He

④ Fe=He÷K

> **해설**

조종면을 조작하기 위한 조종력은 힌지 모멘트의 크기
에 관계된다.

$Fe = K \times He$

11 항공기의 트림 탭(trim tap)의 조절은 다음 어
느 축에 대해서 항공기에 영향을 주는가?

① 세로축

② 가로축

③ 수직축

④ 수평축

> **해설**

- 트림 탭(trim tab): 평형 유지 장치→조종사에 의한
  임의 조정 가능
- 평형 탭(blance tab): 조종면이 움직이는 방향과 반
  대 방향으로 움직임
- 서보 탭(servo tab): 탭을 작동함으로써 조종면 작동
- 스프링 탭(spring tab): 혼과 조종면 사이에 스프링을
  설치 → 탭의 작용을 배가시킴
  스프링의 장력으로써 조종력을 조절

12 비행 중 비행기의 세로 안정을 위해 마련되어
있으며, 대형 고속 제트기의 경우 조종계통의
트림(Trim) 장치에 의해 움직이도록 되어 있는
것은?

① 수직 안정판

② 방향키

③ 수평 안정판

④ 승강키

> **해설**

세로 안정성을 좋게 하기 위한 방법

- 무게중심이 공력 중심 앞에 위치
- 날개가 무게중심보다 높은 위치에 위치
- 수평 안정판의 면적 또는 무게중심과의 거리가 커야
  한다.
- 꼬리날개 효율이 커야 한다.

✈ **정답** 09. ④ 10. ① 11. ② 12. ③

13 비행기의 정적 가로 안정을 가장 좋게 하기 위한 방법은 무엇인가?

① 동체를 원형으로 만든다.

② 쳐든각 날개를 단다.

③ 꼬리날개를 작게 한다.

④ 날개의 모양을 원형으로 한다.

정적 가로 안정은 수평 비행 상태로부터 가로 방향으로의 공기력은 옆 미끄럼을 유발시켜 수평 비행 상태로 복귀시키는 옆놀이 모멘트(rolling moment)를 발생시킨다. 옆놀이 모멘트 계수가 음(−)의 값을 가질 때 가로 안정이 있다(가로 정안정은 날개에 쳐든각을 줌으로써 얻어진다).

14 비행기가 비행 중 돌풍이나 조종에 의해 평형상태를 벗어난 뒤에 다시 평형상태로 되돌아오려는 초기의 경향을 무엇이라 하는가?

① 정적 불안정   ② 정적 안정

③ 정적 중립   ④ 동적 안정

• 평형상태 : 물체에 작용하는 모든 힘의 합과 모멘트의 합이 무게중심에서 각각 "0"인 경우

• 정적 안정 : 평형상태로부터 벗어난 뒤에 다시 원래의 평형상태로 되돌아가려는 비행기의 초기 경향

• 정적 불안정 : 평형상태에서 벗어나 원래의 상태로부터 더욱 멀어지려는 경향

• 정적 중립 : 평형상태에서 벗어나 그냥 그 상태를 유지하는 경향

15 비행기가 비행 중 돌풍이나 조종에 의해 평형상태에서 벗어난 후에도 다시 평형상태로 되돌아오지 않고 평형상태에서 벗어난 방향으로도 이동하지 않는 것을 무엇이라 하는가?

① 정적 불안정   ② 정적 안정

③ 정적 중립   ④ 동적 안정

정적 중립은 평형상태에서 벗어나 그냥 그 상태를 유지하는 경향이다.

16 비행기가 정적 중립인 상태일 때 가장 올바르게 설명한 것은?

① 받음각이 변화된 후 원래의 평형상태로 돌아간다.

② 조종에 대해 과도하게 민감하며, 교란을 받게 되면 평형상태로 되돌아오지 않는다.

③ 비행기의 자세와 속도를 변화시켜 평형을 유지시킨다.

④ 반대 방향으로의 조종력이 작용되면 원래의 평형상태로 되돌아간다.

정적 중립은 평형상태에서 벗어나 그냥 그 상태를 유지하는 경향이다.

17 큰날개와 꼬리날개에 의한 무게중심 주위의 키놀이의 모멘트 관계식은? (단, M_{cg} : 무게중심 주위의 키놀이 모멘트, $M_{cg\ wing}$: 큰 날개에 의한 키놀이 모멘트, $M_{cg\ tail}$: 꼬리날개에 의한 키놀이 모멘트)

① Mc.g=Mc.g WING−Mc.g TAIL

② Mc.g=Mc.g WING+Mc.g TAIL

③ Mc.g=Mc.g WING×Mc.g TAIL

④ Mc.g=Mc.g WING÷Mc.g TAIL

$M_{cg} = M_{cg\ wing} + M_{cg\ tail}$

$M_{cg\ wing}$: 날개 만에 의한 키놀이 모멘트

$M_{cg\ tail}$: 수평 안정판에 의한 키놀이 모멘트

✈ **정답** 13. ② 14. ② 15. ③ 16. ② 17. ②

18 날개의 공기 역학적 중심이 비행기의 무게중심 앞 0.05c에 있고, 공기 역학적 중심 주의의 키놀이 모멘트 계수는 −0.016이다. 양력 계수 C_L이 0.45인 경우, 무게중심 주위의 모멘트 계수는 얼마인가? (단, 공기 역학적 중심과 무게중심은 같은 수평선상에 놓여 있다.)

① 0.45　　　　　② 0.05

③ 0.0065　　　　④ −0.016

해설

$$C_{M\ CGWING} = C_{MAX} + C_L \frac{a}{c} - C_D \frac{b}{c}$$
$a = 0.005c,\ b = 0,\ C_L = 0.45,\ C_{MAX} = -0.016$
$= -0.016 + 0.45(0.05) = 0.0065$

19 비행기의 기수가 회전 방향과 반대인 방향으로 틀어져 있는 움직임을 무엇이라 하는가?

① 스핀(spin)

② 역틀림(adverse yaw)

③ 젖힘효과(swept back effect)

④ 가로진동(lateral oscillation)

해설

항공기가 Turnig 하려고 할 때, Aileron을 먼저 사용하게 되면 좌우 Wing의 Aileron이 서로 반대 방향으로 움직이고, 그로 인하여 양력의 차이가 생긴다. 이 양력의 차이로 인하여 항공기는 Rolling에 들어가게 되는데, 이때 발생하는 양력만큼 비례하여 발생하는 Induced Drag의 증가로 좌우 Drag Balance가 무너지게 되는 현상이 발생한다.

20 다음 중 비행기의 정적 세로 안정을 좋게 하기 위한 설명으로 틀린 것은?

① 꼬리날개 효율이 클수록 좋아진다.

② 꼬리날개 면적을 작게 할 때 좋아진다.

③ 날개가 무게중심보다 높은 위치에 있을 때 좋아진다.

④ 무게중심이 날개의 공기 역학적 중심보다 앞에 위치할수록 좋아진다.

해설

세로 안정성을 좋게 하기 위한 방법

- 무게중심이 공력 중심 앞에 위치
- 날개가 무게중심보다 높은 위치에 위치
- 수평 안정판의 면적 또는 무게중심과의 거리가 커야 한다.
- 꼬리날개 효율이 커야 한다.

21 비행기의 세로 안정에서의 평형점(trim-point)이란 다음 중 어떠한 점인가? (단, CM은 키놀이 모멘트 계수이다.)

① $C_M = 0$　　　　② $C_M > 0$

③ $C_M < 0$　　　　④ $C_M \times 0$

해설

평형상태(trim)는 물체에 작용하는 모든 힘의 합과 키놀이, 옆놀이, 빗놀이 모멘트의 합이 각각 0일 때(가속도가 없고, 정상비행 상태)

22 동적 세로 안정의 단주기 운동에서 승강키 자유운동에 대한 설명 내용으로 가장 올바른 것은?

① 승강키의 플래핑운동에서 발생한다.

② 대개 작은 감쇄를 가진다.

③ 큰 감쇄를 갖기 위해서는 10초에서 100초 사이의 시간이 소요된다.

④ 일반적으로 승강키에 임의의 플래핑을 주어 감쇄시킨다.

해설

승강키 자유운동

- 승강키를 자유로 했을 때 발생하는 아주 짧은 주기의 진동으로 0.3~1.5초 사이이다.
- hinge 선에 대한 승강키 flapping 운동이며 큰 감쇄를 갖는다.

✈ 정답　18. ③　19. ②　20. ②　21. ①　22. ①

23 비행기의 동적 세로 안정에 있어서 받음각이 거의 일정하며 주기가 매우 길고 조종사가 느끼지 못하는 운동은 어느 것인가?

① 단주기 운동   ② 장주기 운동

③ 승강키 자유운동   ④ 플래핑 운동

[해설]

장주기 운동
- 주기가 매우 긴 진동 운동으로 20~100초 사이의 값이다.
- 키놀이 자세, 고도와 비행 속도는 변하나 수직 방향의 가속도와 받음각은 변하지 않는다.

24 정적 안정과 동적 안정에 대한 설명으로 옳은 것은?

① 동적 안정이 음(−)이면 정적 안정은 반드시 음(−)이다.

② 정적 안정이 음(−)이면 동적 안정은 반드시 양(+)이다.

③ 정적 안정이 양(+)이면 동적 안정은 반드시 양(+)이다.

④ 동적 안정이 양(+)이면 정적 안정은 반드시 양(+)이다.

[해설]

- 정적 안정(static stability)
  - 평형상태: 물체에 작용하는 모든 힘의 합과 모멘트의 합이 무게중심에서 각각 "0"인 경우
  - 정적 안정: 평형상태로부터 벗어난 뒤에 다시 원래의 평형상태로 되돌아가려는 비행기의 초기 경향
  - 정적 불안정: 평형상태에서 벗어나 원래의 상태로부터 더욱 멀어지려는 경향
  - 정적 중립: 평형상태에서 벗어나 그냥 그 상태를 유지하려는 경향
- 동적 안정(dynamic stability)
  - 시간의 변화에 따라 운동이 변화하는 상태
  - 동적 안정: 운동의 진폭이 시간이 지남에 따라 감

소되는 상태
  - 동적 불안정: 운동의 진폭이 시간이 지남에 따라 증가되는 상태
  - 동적 중립: 운동의 진폭이 시간이 지남에 따라 변화가 없는 상태

※ 정적 안정이라도 반드시 동적으로 안정하다고 정의할 수 없으나, 동적 안정인 경우 반드시 정적 안정하다.

25 비행기의 안전성 및 조종성의 관계에 대한 설명으로 틀린 것은?

① 안정성이 클수록 조종성은 증가된다.

② 안정성과 조종성은 서로 상반되는 성질을 나타낸다.

③ 안정성과 조종성 사이에는 적절한 조화를 유지하는 것이 필요하다.

④ 안정성이 작아지면 조종성은 증가되나, 평형을 유지시키기 위해 조종사에게 계속적인 주의를 요한다.

[해설]

안정성(stability)과 조종성(control)은 항상 상반된 관계를 갖는다. 안정성이란 교란이 생겼을 때 항상 교란을 이기고 감소시켜 원 평형 비행 상태로 돌아오려는 성질이고, 반면 조종성은 교란을 주어서 항공기를 원 평형상태에서 교란된 상태로 만들어 주는 행위이기 때문이다.

26 방향키 부유각에 대한 설명 내용으로 가장 올바른 것은?

① 방향키를 자유로이 하였을 때 공기력에 의해 방향키가 자유로이 변위 되는 각

② 방향키를 작동시켰을 때 방향키가 왼쪽으로 변위 되는 각

③ 방향키를 작동시켰을 때 방향키가 오른쪽으로 변위 되는 각

④ 방향키를 작동시켰을 때 방향키가 왼쪽/오른쪽으로 변위 되는 각

✈ 정답   23. ②   24. ④   25. ①   26. ①

해설

방향키 부유각(rudder float angle)은 방향키를 자유로 했을 때 공기력에 의하여 방향키가 자유로이 변위 되는 각이다.

27 한국형 중등 훈련기 KT-1에는 도살 핀의 적용이 두드러지게 나타나는데, 이러한 도살 핀을 장착하는 주된 목적으로 옳은 것은?

① 가로 안정성을 증가시키기 위함

② 가로 및 세로 안정성을 동시에 증가시키기 위함

③ 큰 받음각에서도 세로 안정성을 증가시키기 위함

④ 큰 옆미끄럼 각에서도 방향 안정성을 증가시키기 위함

해설

도살 핀(dorsal fin)은 수직 꼬리날개가 실속하는 큰 옆미끄럼 각에서 방향 안정을 증가시킨다.

28 음속에 가까운 속도로 수평 비행하는 비행기의 속도를 증가시킬 경우 기수가 내려가는 경향으로 조종간을 당겨야 하는 현상을 조정하기 위한 장치는?

① 요 댐퍼(yow damper)

② 드래그 슈트(drag chute)

③ 마하 트리머(mach trimer)

④ 오버행 밸런스(overhang balance)

해설

턱 언더 수정은 마하 트리머(mach trimmer) 또는 피치 트림 보상기(pitch trim compensator)를 설치하여 수정한다.

29 피치 업 현상이란?

① 비행기가 하강 비행을 하는 동안 조종간을 당겨 기수를 올리려 할 때, 조종성의 한계로 인하여 기수를 올리는 것이 불가능한 상태가 되는 것을 말한다.

② 비행기가 상승 비행을 하는 동안 조종간을 당겨 기수를 올리려 할 때, 조종성의 한계로 인하여 기수를 올리는 것이 불가능한 상태로 되는 것을 말한다.

③ 비행기가 하강 비행을 하는 동안 조종간을 당겨 기수를 올리려 할 때, 받음각과 각속도가 특정 값을 넘게 되면 예상한 정도 이상으로 기수가 올라가고, 이를 회복할 수 없는 현상이 생기는 것을 말한다.

④ 비행기가 상승 비행을 하는 동안 조종간을 밀어서 기수를 내리려 할 때, 반대로 기수가 올라가려는 경향을 갖는 것을 말한다.

해설

피치 업(pitch up)은 하강 비행에서 조종간 pull up 시 기수가 상승 회복 불가하다.

30 비행기 좌표축에서 어떠한 축 주위에 교란을 줄 때, 다른 축 주위에도 교란이 생기는 것은?

① 디프 실속   ② 날개 드롭

③ 버핏   ④ 커플링

해설

옆놀이 커플링

• 한 축에 대한 교란 발생 시 다른 축에도 교란이 발생하는 현상(cross effect)

• 방향키만 조작 시 빗놀이와 옆놀이 동시 발생→공력 커플링

• 관성 커플링: 질량 분포에 따라 발생되는 힘, 즉 원심력에 의해 발생되는 모멘트

✈ **정답**   27. ④   28. ③   29. ③   30. ④

프로펠러 및 헬리콥터의 비행 원리

1 **프로펠러의 추진 원리**

(1) 프로펠러의 역할과 구성

① **프로펠러의 역할:** 엔진으로부터 동력을 전달받아 회전함으로써 비행에 필요한 추력(thrust) 으로 바꾸어 준다.

② **프로펠러의 구성:** 허브(hub), 생크(shank), 깃(blade), 피치 조정 부분

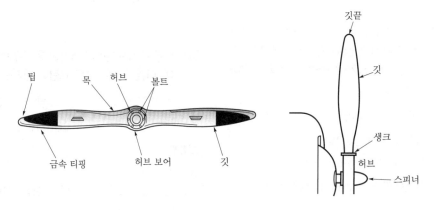

▲ 프로펠러 구조

(2) 프로펠러 성능

① **프로펠러 추력**

가) 프로펠러 추력(T)

$$T \backsim (공기밀도) \times (프로펠러 회전면의 넓이) \times (프로펠러 깃의 선속도)^2$$

$$T \sim \rho \times \frac{\pi D^2}{4} \times (\pi D n)^2$$

$$T = C_t \rho n^2 D^4$$

※ C_t: 추력계수, ρ: 공기밀도, n: 회전속도, D: 프로펠러 지름

나) 프로펠러에 작용하는 토크 또는 저항 모멘트(Q)

$$Q = C_q \rho n^2 D^5 \quad C_q: \text{토크계수}$$

다) 엔진에 의해 프로펠러에 전달되는 동력(P)

$$P = C_p \rho n^3 D^5 \quad C_p: \text{동력계수}$$

라) 프로펠러 깃 단면에서의 추력(T), 토크(Q)

$$T = L\cos\phi - D\sin\phi$$
$$Q = D\cos\phi + L\sin\phi$$

※ L: 깃 요소양력, D: 깃 요소항력, ϕ: 유입각

② **프로펠러 효율(η_p)**

엔진으로부터 프로펠러에 전달된 축동력과 프로펠러가 발생한 추력과 비행속도의 곱으로 나타낸다.

$$\eta_p = \frac{T \times V}{P} = \frac{C_t \rho n^2 D^4 V}{C_p \rho n^3 D^5} = \frac{C_t}{C_p} \times \frac{V}{nD}$$

③ **진행률(J)**

깃의 선속도(회전속도)와 비행속도와의 비를 말하며, 깃 각에서 효율이 최대가 되는 곳은 1개뿐이다. 진행률이 작을 때는 깃 각을 작게(이륙과 상승 시) 하고 진행률이 커짐에 따라 깃 각을 크게(순항 시) 해야만 효율이 좋아진다.

$$J = \frac{V}{nD}$$

※ J: 진행률, V: 항공기속도, n: rpm(분당 회전수), D: 프로펠러 지름

④ **프로펠러 슬립(propeller slip)**: 기하학적 피치에서 유효피치를 뺀 값을 평균 기하학적 피치의 백분율로 표시한다.

참고 기하학적 피치(GP) & 유효피치(EP) ✈

- 기하학적 피치(GP: Geometric Pitch) (GP$=2\pi\gamma\times\tan\beta$): 공기를 강체로 가정하고 이론적으로 얻을 수 있는 피치
- 유효피치(EP: Effective Pitch) (EP$=V\times\dfrac{60}{n}=2\pi\gamma\times\tan$): 프로펠러 1회전에 실제로 얻은 전진거리

2 프로펠러에 작용하는 힘과 응력

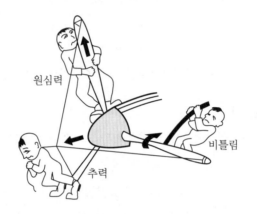

▲ 프로펠러에 작용하는 힘과 응력

① **추력과 휨 응력:** 추력에 의한 프로펠러 깃은 앞으로 휘어지는 휨 응력을 받으며 프로펠러 깃을 앞으로 굽히려는 경향이 있으나, 원심력과 상쇄되어 실제로는 그리 크지 않다.

② **원심력에 의한 인장 응력:** 원심력은 프로펠러의 회전에 의해 일어나며, 깃을 허브의 중심에서 밖으로 빠져나가게 하는 힘을 발생하며, 이 원심력에 의해 깃에는 인장 응력이 발생한다. 프로펠러에 작용하는 힘 중 가장 큰 힘은 원심력이다.

③ **비틀림과 비틀림 응력:** 회전하는 프로펠러 깃에는 공기력 비틀림 모멘트와 원심력 모멘트가 발생한다. 공기력 비틀림 모멘트는 깃의 피치를 크게 하는 방향으로 작용하며, 원심력 모멘트는 깃이 회전하는 동안 깃의 피치를 작게 하는 방향으로 작용한다.

> **참고** 　헬리콥터(helicopter)의 특징(비행기와 다른 점) ··
>
> • 회전날개의 회전면을 기울여 추력의 수평 성분을 만들고, 이것을 이용하여 전진, 후진, 횡진 비행이 가능하다.
> • 공중 정지 비행(hovering)이 가능하다.
> • 비행 중 엔진 정지 시 자동회전(auto rotation)이 가능하다.

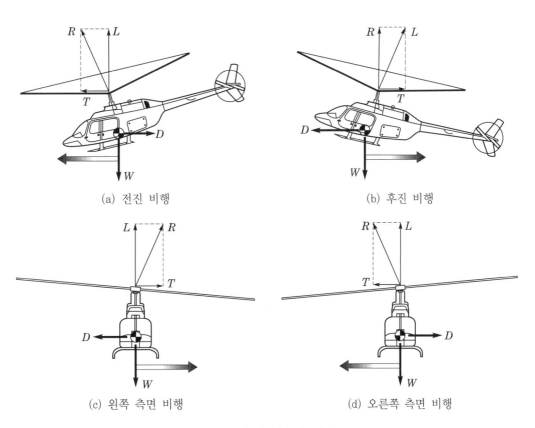

(a) 전진 비행 　　　　　　　 (b) 후진 비행

(c) 왼쪽 측면 비행 　　　　　 (d) 오른쪽 측면 비행

▲ 헬리콥터에 작용하는 힘

(1) 헬리콥터의 종류

① **단일 회전날개 헬리콥터(single rotor helicopter):** 하나의 주 회전날개와 꼬리회전날개로 구성하는 가장 기본적인 형식의 헬리콥터이다. 꼬리회전날개의 피치각을 변화시켜 방향을 조종한다.

가) 장점

- 주 회전날개 회전축 중심에서 꼬리회전날개 회전축 중심까지 거리가 길어 토크를 보상하기에 다른 종류의 헬리콥터에 비해 작다.
- 조종계통이 단순하고, 출력 전달 계통의 고장이 적다.
- 조종성과 성능이 양호하며 가격이 싸다.

나) 단점

- 동력의 일부를 꼬리회전날개의 구동에 사용한다.
- 꼬리회전날개는 토크의 보정을 위해 사용되므로 양력 발생에 도움이 되지 않는다.
- 긴 꼬리로 인해 격납 시 불편하고, 지상에서 꼬리날개 회전은 위험을 줄 수 있다.

② **동축 역-회전식 회전날개 헬리콥터(coaxial contra-rotating rotor type helicopter):** 동일한 축 위에 2개의 주 회전날개를 아래위로 겹쳐서 반대 방향으로 회전시키는 헬리콥터이다.

가) 장점

- 2개의 주 회전날개가 서로 반대 방향으로 회전하면서 토크를 서로 상쇄시키므로 조종성도 좋고 양력도 커진다.
- 구동축이 수직으로 되어 있어 지면과 주 회전날개와의 간격이 커서 지상 작업자에게 안전하다.

나) 단점

- 동일한 축에 2개의 주 회전날개로 인해 조종기구가 복잡하다.
- 2개의 회전날개에 의해 발생되는 와류(vortex)의 상호작용에 의해 성능이 저하된다.
- 2개의 주 회전날개가 충돌하지 않도록 하기 위해 기체의 높이가 높다.

③ **병렬식 회전날개 헬리콥터(side by side system rotor helicopter):** 가로 안정성을 좋게 하기 위해 옆(좌, 우)으로 2개의 회전날개를 배치한 형식이다.

가) 장점

- 좌우에 회전날개가 있어 가로 안정성이 매우 좋다.
- 동력을 모두 양력 발생에 효과적으로 사용할 수 있다.
- 꼬리 부분에 토크 상쇄용 기구가 필요 없어 기체 길이를 짧게 할 수 있다.
- 회전날개가 좌우에 배치되어 와류가 서로 간섭하지 않으므로 유도손실이 적다.
- 좌, 우의 날개를 부착하는 곳을 날개처럼 해 줌으로써 고속 수평 비행 시 추가 양력이 발생한다.

나) 단점

- 전면 면적이 커서 수평 비행 시 유해 항력이 크다.
- 세로 안정성이 좋지 않아 꼬리날개를 달아야 한다.
- 무게중심이 세로 방향으로의 이동 범위가 제한되기에 대형 항공기에 부적합하다.
- 좌, 우 회전날개 중심거리가 회전날개 지름보다 짧을 경우 충돌의 위험이 있어 추가적인 장치를 설치해야 한다.

▲ 단일 회전날개 헬리콥터

▲ 동축 회전날개 헬리콥터

▲ 직렬 회전날개 헬리콥터

▲ 병렬 회전날개 헬리콥터

④ **직렬식 회전날개 헬리콥터(tandem rotor helicopter):** 2개의 주 회전날개를 비행 방향에 앞뒤로 배열시킨 형식으로 대형화에 적합하다.

가) 장점

- 앞, 뒤로 배치되어 세로 안정성이 좋고, 무게중심 위치의 이동 범위가 커서 물체의 운반에도 적합하다.
- 전면 면적이 적고, 기체의 폭이 작다.
- 구조가 간단하다.

나) 단점

- 동력을 전달하는 기구가 복잡하다.
- 가로 안정성이 나쁘기 때문에 수직 안정판을 설치해야 한다.
- 앞, 뒤 주 날개가 교차되므로 회전속도를 동조시키는 장치가 필요하다.
- 수평 전진 비행 시 전방의 회전날개와 후방의 회전날개가 동일 평면상에 있을 경우 전방 날개에 의한 와류로 전체적인 유도손실이 증가한다.

⑤ **제트 반동식 회전날개 헬리콥터(tip jet rotor type helicopter):** 회전날개의 깃 끝에 램제트엔진(ram jet engine)을 장착하여 그 반동에 의해 회전날개를 구동시키며 고속용 헬리콥터에 적합하다.

가) 장점

- 토크를 보상하는 장치가 필요 없다.
- 연료 보급용 배관만 필요하고, 동력 전달 기구가 필요 없다.
- 조종계통이 간단하다.
- 동체의 크기를 작게 할 수 있어서 저항이 작아진다.

나) 단점

- 깃 끝에 장착한 제트엔진은 회전속도의 제한 때문에 효율이 떨어진다.
- 연료 소모율이 커서 항속 거리에 제한을 받는다.
- 열역학적인 문제와 소음 문제가 있다.

(2) 회전익 항공기의 구조

① 각 부의 명칭

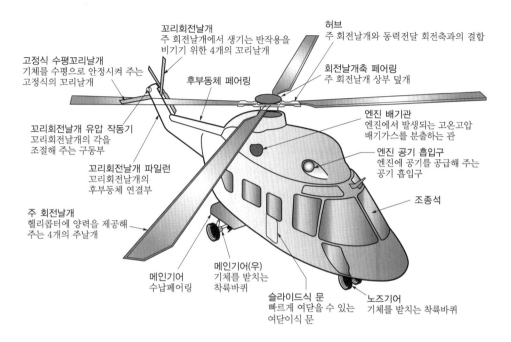

꼬리회전날개
주 회전날개에서 생기는 반작용을 비기기 위한 4개의 꼬리날개

허브
주 회전날개와 동력전달 회전축과의 결합

고정식 수평꼬리날개
기체를 수평으로 안정시켜 주는 고정식의 꼬리날개

후부동체 페어링

회전날개축 페어링
주 회전날개 상부 덮개

엔진 배기관
엔진에서 발생되는 고온고압 배기가스를 분출하는 관

꼬리회전날개 유압 작동기
꼬리회전날개의 각을 조절해 주는 구동부

엔진 공기 흡입구
엔진에 공기를 공급해 주는 공기 흡입구

꼬리회전날개 파일런
꼬리회전날개의 후부동체 연결부

조종석

주 회전날개
헬리콥터에 양력을 제공해 주는 4개의 주날개

메인기어
수납페어링

메인기어(우)
기체를 받치는 착륙바퀴

슬라이드식 문
빠르게 여닫을 수 있는 여닫이식 문

노즈기어
기체를 받치는 착륙바퀴

가) 허브(hub): 주 회전날개의 깃(blade)이 엔진의 동력을 전달하는 회전축과 결합되는 부분이다.

나) 주 회전날개(main rotor): 양력과 추력을 발생시키는 부분으로 여러 개의 깃(blade)으로 구성된다.

다) 꼬리회전날개(tail rotor): 주 회전날개에 의해 발생되는 토크(torque)를 상쇄하고, 방향 조종을 하기 위한 장치이다.

라) 플래핑 힌지(flapping hinge): 회전날개 깃이 위·아래로 자유롭게 움직일 수 있도록 한 힌지로 좌우 날개의 양력 불균형을 해소한다.

마) 리드-래그 힌지(lead-lag hinge): 회전날개가 회전면 안에서 앞뒤 방향으로 움직일 수 있도록 한 힌지로 기하학적 불균형을 해소한다. 회전면 내에서 발생하는 진동을 감소시키기 위해 리드-래그 감쇠기(lead-lag damper), 일명 댐퍼(damper)를 장착한다.

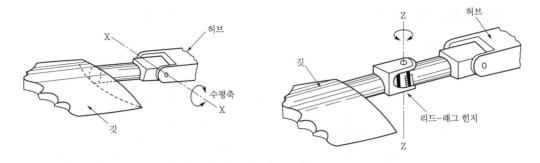

▲ 플래핑 힌지와 리드-래그 힌지

바) 회전원판(rotor disk): 회전날개의 회전면을 회전원판 또는 날개 경로면(tip path plane)이라 한다.

사) 원추각(coning angle, 코닝 각): 회전면과 원추의 모서리가 이루는 각이다. 회전날개 깃은 양력과 원심력의 합에 의해 원추각이 결정된다.

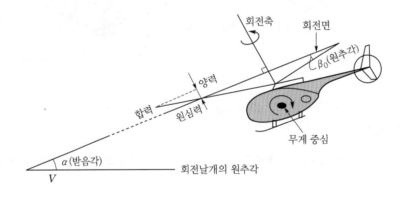

▲ 회전날개의 원추각

아) 받음각(angle of attack): 회전면과 헬리콥터의 진행 방향에서의 상대풍이 이루는 각이다.

자) 비틀림 각(torsion angle): 회전날개 깃에서 일정한 양력을 발생시키기 위해 깃 끝부분은 비틀림 각을 작게 하고, 깃 뿌리 부분은 크게 해 준다.

차) 회전 경사판(swash plate): 깃의 피치각을 만들어 주는 기구로 조종간을 움직이면 두 회전 경사판이 같이 움직인다.

• 회전 경사판: 회전날개와 함께 회전한다.

• 비회전 경사판: 동체에 결합되어 회전하지 않는 경사판이다.

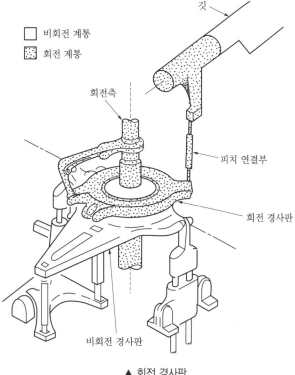

비회전 계통

회전 계통

깃

회전축

피치 연결부

회전 경사판

비회전 경사판

▲ 회전 경사판

(3) 헬리콥터의 회전날개

① 회전날개 설계 시 고려해야 할 주요 변수

가) 회전날개 지름

- 우수한 정지 비행을 위해서는 지름이 클수록 좋다.
- 가벼운 무게와 적은 비행을 위해서는 지름이 작을수록 좋다.

나) 깃 끝 속도

- 전진 비행 시 후퇴 깃의 성능이 좋아야 하고, 무게가 가벼운 경우 깃 끝 속도가 빨라야 한다.
- 전진 비행 시 전진 깃의 공기 역학적 한계와 소음을 줄이기 위해서는 깃 끝 속도가 느려야 한다.
- 소음 제한의 깃 끝 속도: 225m/s, 깃 끝 속도가 150m/s 이하면 소음이 적다.

다) 깃의 면적

- 고속에서 좋은 기동성을 위해서는 깃 면적이 커야 한다.
- 좋은 정지 비행 성능을 위해서는 깃 면적이 작아야 한다.

라) 깃의 수

- 저 진동을 위해서는 깃 수가 많아야 한다
- 적은 비행, 적은 허브 항력, 가벼운 허브 무게, 보관하기 위해서는 깃 수가 적어야 한다.

마) 깃 비틀림 각

- 좋은 정지 비행 성능과 후퇴하는 깃의 실속을 지연시키기 위해서는 비틀림 각이 커야 한다.
- 정지 비행 시 작은 진동과 깃 하중(blade loading)을 위해서는 비틀림 각이 작아야 한다.

바) 깃 끝 모양

- 압축성 효과의 지연, 소음 감소, 적당한 동적 비틀림을 위해선 깃 끝 모양이 직사각형이 되어선 안 된다.
- 설계와 제작비용을 최소화하기 위해선 깃 끝이 직사각형 모양을 가져야 한다.

사) 깃 테이퍼

- 좋은 정지 비행 성능을 위해서는 테이퍼가 커야 한다.
- 적은 제작비용과 설계, 시험을 위해선 테이퍼가 없어야 한다.

아) 깃 뿌리의 길이

- 전진하는 깃의 항력 감소를 위해 길이를 짧게 할수록 좋다.
- 후퇴하는 깃의 항력 감소를 위해서는 길이를 길게 할수록 좋다.

자) 회전 방향: 회전 방향은 문제가 되지 않으며 습관에 따라 달라진다. 미국은 전진 깃이 오른쪽으로(시계 방향) 회전하고, 러시아는 전진 깃이 왼쪽으로(반시계) 회전하고, 유럽은 양쪽(양 방향)으로 회전한다.

차) 회전날개 허브: 설계에 요구되는 특징으로는 가벼운 무게, 적절한 조종력, 적은 항력, 적은 부품 수, 적은 제작비용, 간단한 정비, 긴 수명 등이다.

카) 깃 단면: 깃의 단면은 운용 요구에 따라 선정된다. 깃 단면을 선정하는 데 많은 어려움이 있다. 전진 깃은 작은 받음각에서 큰 항력 발산 마하수를 갖도록 깃이 얇고 캠버가 없어야 한다. 후진 깃은 적당한 마하수에서 큰 실속 받음각을 갖고, 깃이 두껍고, 캠버가 커야 한다. 또한, 전진 깃과 후퇴 깃은 적은 키놀이 모멘트를 가져야 하기 때문에 어렵게 선정된다.

| 과거의 날개골 | 현대의 날개골 | 미래의 날개골 |

▲ 깃 단면의 발달 과정

(4) 헬리콥터의 공기역학

① **정지 비행(hovering):** 헬리콥터가 전후좌우 방향으로 이동하지 않고 일정한 고도를 유지하며 공중에 떠 있는 상태를 말한다.

• 깃 단면의 선속도

$$V_r = \Omega \times r$$

※ Ω: 회전 각속도, r: 회전축으로부터의 거리

회전날개의 추력을 구하는 방법에는 운동량 이론(momentum theory), 깃 요소 이론(blade element theory), 와류 이론(vortex theory)이 있다.

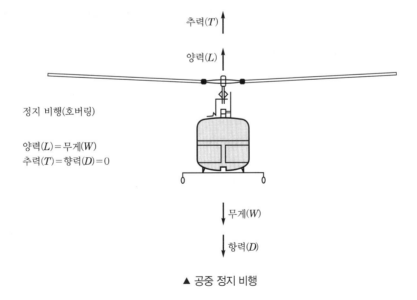

정지 비행(호버링)

양력(L)＝무게(W)
추력(T)＝항력(D)＝0

추력(T)

양력(L)

무게(W)

항력(D)

▲ 공중 정지 비행

가) 운동량 이론(momentum theory): 작용과 반작용의 법칙을 이용하여 회전익 항공기의 회전날개에 의해서 만들어지는 회전면에서의 운동량 차이를 이용하여 추력을 구하는 방법이다.

- 회전날개의 추력(T)

$$T = 2\rho \times A \times V_1^2$$

※ ρ: 공기밀도, A: 회전면의 면적, V_1^2: 유도속도

- 유도속도(V_1): 블레이드에 의해 가속되어진 블레이드 직후의 공기속도

$$V_1 = \sqrt{\frac{T}{2\rho A}} = \sqrt{\frac{D.L}{2\rho}} \quad 회전면 하중(D.L) = \frac{T}{A}$$

- 회전면 하중(disk loading, 원판하중 $D.L$): 헬리콥터 전체 무게(W)를 헬리콥터의 회전날개에 의해 만들어지는 회전면의 면적(πR^2)으로 나눈 값이다.

$$D.L = \frac{W}{\pi R^2}$$

- 마력하중(horse power loading): 헬리콥터의 전체 무게(W)를 마력(HP)으로 나눈 값이다.

$$마력하중 = \frac{W}{HP}$$

나) 깃 요소 이론(blade element theory): 깃의 한 단면에 작용하는 공기 흐름으로부터 양력, 항력 성분을 구하고, 이 힘들 중 수직한 성분을 회전날개의 깃 뿌리에서부터 깃 끝까지 합하고 깃의 개수와 곱하여 회전날개 면에서 발생하는 추력을 구하는 방법이다.

$$T = \left[\sum_{깃 뿌리}^{깃 끝} (양력의 수직 성분 + 항력의 수직 성분)_{단면}\right] \times 깃의 수$$

다) 와류 이론(vortex theory): 깃의 뒷전에서 떨어져 나가는 와류에 의한 영향을 포함하여 깃에서의 정확한 유도속도를 계산하기 위한 방법이다.

② **수직비행(vertical flight)**

가) 와류 고리(vortex ring): 위로 향하는 흐름의 속도가 회전날개에 의한 아래 방향 흐름의 속도와 같아지도록 빠르게 할 때, 헬리콥터 주위를 둘러싸는 고리 모양의 흐름이다.

나) 풍차식 제동(windmill brake): 위쪽으로 향하는 흐름의 속도가 회전날개에 의한 아래 방향의 속도보다 커지면 전체 흐름은 위로 향하는 현상이다.

③ 전진 비행(forward flight)

가) 전진 비행 때 깃의 양력과 항력

- 전진 방향의 추력 $T = \sin\alpha$ (α : 받음각)
- 깃 요소가 받은 상대풍 속도(V_ϕ): 상대풍 속도(V_ϕ)는 방위각이 90°일 때 회전속도와 전진속도가 같은 방향으로 합이 되어 최대값이 되고, 270°일 때 최소값이 된다.

$$V_\phi = V cos\alpha \sin\phi + r\cos\beta_0 \,\Omega$$

※ V: 상대풍 속도, r: 깃 뿌리로부터의 거리, Ω: 회전날개의 회전 각속도, ϕ: 방위각

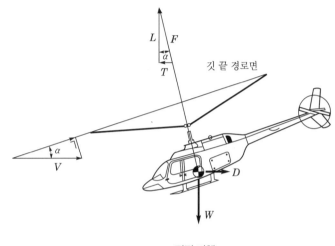

▲ 전진 비행

나) 역풍 지역: 방위각 270° 부근에서 회전날개에 의한 속도보다 전진속도가 더 크게 되어 깃의 앞전이 아닌 뒷전에서 상대풍이 불어오는 상태로, 이 부분의 회전날개는 양력을 발생하지 못하게 되므로 전진속도에 한계가 생기게 된다.

다) 양력 불균형: 깃의 피치각을 일정하게 하여 전진 비행을 하게 되면, 서로 다른 상태의 풍속도가 깃에 작용하므로 회전면에서 발생하는 깃에 의한 양력은 오른쪽은 올라가고 왼쪽은 내려가는 양력 불균형이 일어난다. 시에르바는 양력 불균형을 없애기 위해 플래핑 힌지를 사용했다.

참고 플래핑 힌지

전진하는 깃의 피치각은 감소시켜 받음각을 작게 하고, 후퇴하는 깃의 피치각은 크게 하여 받음각을 크게 함으로써 양력 분포의 평형을 이루어 양력 불균형을 해소한다.

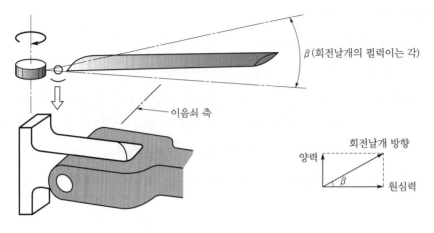

β(회전날개의 펄럭이는 각)

이음쇠 축

회전날개 방향

양력

원심력

β

▲ 플래핑 힌지

- 전진 비행 시 회전날개의 회전
  - 방위각 90° 위치: 플래핑 속도가 최대
  - 방위각 180° 위치: 회전날개 깃이 제일 높은 위치
  - 방위각 270° 위치: 플래핑 속도가 최소
  - 방위각 360° 위치: 회전날개 깃이 가장 낮은 위치

라) 동적실속(dynamic stall): 받음각이 주기적으로 변화되는 깃에서의 실속으로 깃이 후퇴하는 영역인 방위각 270° 부근이며, 이곳에서 전진 속도 V와 깃이 회전 선속도 $V_r = (\Omega_r)$와의 차이 때문에 합성속도가 작고, 아래 방향으로의 플래핑 운동 속도가 크므로 받음각이 커지기 때문이다.

④ 플래핑(flapping)과 리드-래그(lead-lag)

가) 플래핑(flapping): 좌우 날개의 양력 불균형을 해소한다.

나) 리드-래그(lead-lag): 기하학적 불균형(geometric un balance)을 해소한다.

다) 리드-래그 감쇠기(lead-lag damper): 회전면에서 발생하는 진동을 감소시킨다.

라) 회전 경사판(swash plate): 조종사의 조종을 쉽게 하기 위해 회전 경사판이라는 장치를 조종간에 연결하여 조종사가 회전면을 경사지게 함으로써 주기적으로 회전날개의 피치를 변화시켜 준다.

⑤ 자동회전(autorotation): 회전날개 축에 토크가 작용하지 않는 상태에서도 일정한 회전수를 유지해야 하고, 자동 회전하면서 급격히 하강하지 않도록 추력을 발생시켜야 하며, 위치 에너지가 운동 에너지로 변환되면서 상쇄되어야 한다.

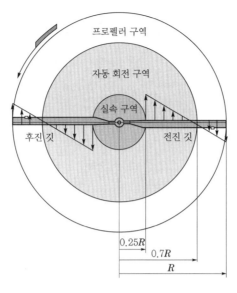

▲ 자동회전 비행

⑥ **지면효과(ground effect):** 회전익 항공기도 고정익 항공기와 마찬가지로 이·착륙을 할 때 지면에서 거리가 가까워지면 양력이 더 커지는 현상이다. 가깝다는 뜻은 낮은 고도에 있어서 날개의 후류가 지면에 압축성 영향을 받게 된다는 것을 말한다.

　　가) 회전날개의 회전면이 회전날개의 반지름 정도의 높이에 있는 경우 추력의 증가는 5~10% 정도이다.

　　나) 회전날개의 회전면 높이가 회전날개의 지름보다 커지면 지면효과가 거의 나타나지 않는다.

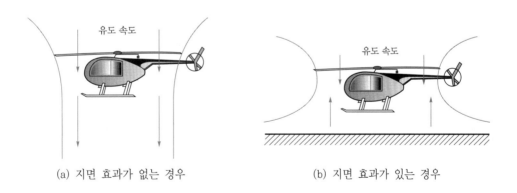

(a) 지면 효과가 없는 경우　　　　　　　　　(b) 지면 효과가 있는 경우

⑦ **수평 최대속도:** 이용마력과 필요마력이 같을 때 수평 최대속도가 된다.

- 후퇴하는 깃의 날개 끝 실속
- 후퇴하는 깃 뿌리의 역풍 범위
- 전진하는 깃 끝의 마하수 영향

(5) 회전익 항공기의 성능

① **상승한계:** 고도가 올라가면 엔진의 마력은 떨어지고 여유마력이 감소한다. 어느 고도가 되면 기체는 더 이상 상승할 수 없게 되는 고도를 말한다.

　가) 최대 상승률이나 최대 상승한계는 여유마력이 최대인 속도, 즉 필요마력 곡선이 최소가 되는 점에서의 속도에서 구해진다.

　나) 정지 비행 상승 한계(hover ceiling): 속도가 "0"인 경우의 상승한계

② **최대 항속거리가 최대가 되는 속도:** 원점으로부터 필요마력 곡선에 접하는 직선을 그었을 때 만나는 점에서의 속도이다.

③ **최대 순항속도:** 최대 항속거리 때의 속도보다 약간 큰 속도로 선택한다.

④ **최대 제공시간 속도:** 필요마력이 최소가 되는 속도이다.

⑤ **비항속거리(specific range:** $S.R$)

$$S.R = \frac{단위시간당 비행거리}{단위 시간당 연료소모량} = \frac{V}{HP_{req} \times s.f.c}$$

　　※ V: 속도, HP_{req}: 필요마력, $s.f.c$: 비연료 소모율

4　헬리콥터의 안정과 조종

(1) 회전익 항공기의 안정

① **평형상태:** 회전익 항공기에 작용하는 모든 외력과 외부 모멘트의 합이 각각 0이 되는 상태이다.

② **양(+)의 정적 안정:** 회전익 항공기의 움직임이 초기의 평형상태로 되돌아가려는 경향을 말한다.

③ **동적 불안정:** 회전익 항공기의 움직임이 시간이 지남에 따라 평상상태로 돌아가지 못하고, 그 벗어난 폭이 점점 커지는 상태이다.

④ **회전익 항공기의 안정성에 기여하는 요소:** 회전날개, 꼬리회전날개, 수평 안정판, 수직 안정판, 회전날개의 회전에 의한 자이로 효과(gyro effect) 등이다.

(2) 회전익 항공기의 균형과 조종

① **회전익 항공기의 균형(trim):** 직교하는 3개의 축에 대하여 힘과 모멘트의 합이 각각 "0"이다.

② **헬리콥터의 세로 균형:** 주기적 피치 제어간(cyclic pitch control lever)과 동시 피치 제어간(collective pitch control)을 사용한다.

　가) 주기적 피치 제어간(cyclic pitch control lever): 회전날개의 피치를 주기적으로 변하게 하면서 회전 경사판을 경사지게 하여 추력의 방향을 경사지게 하며 전진, 후진, 횡진 비행을 할 수 있게 한다.

　나) 동시 피치 제어간(collective pitch control): 주 회전날개의 피치를 동시에 크게 하거나 작게 해서 기체를 수직으로 상승, 하강시킨다. 대개 스로틀(throttle)과 함께 작동된다.

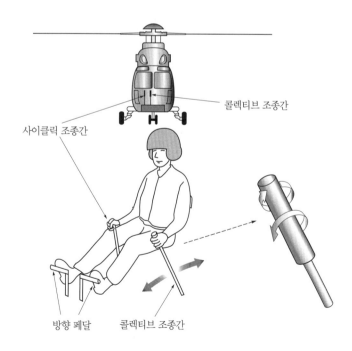

콜렉티브 조종간

사이클릭 조종간

방향 페달　　콜렉티브 조종간

▲ 헬리콥터 조종

③ **헬리콥터의 가로균형과 방향균형:** 주기적 피치 제어간과 꼬리회전날개에 연결되어 있는 페달(pedal)을 사용한다.

　가) 페달(pedal): 주 회전날개가 회전함으로써 생기는 토크(torque)를 상쇄하기 위해 꼬리회전날개의 피치를 조절하여 방향을 조종한다.

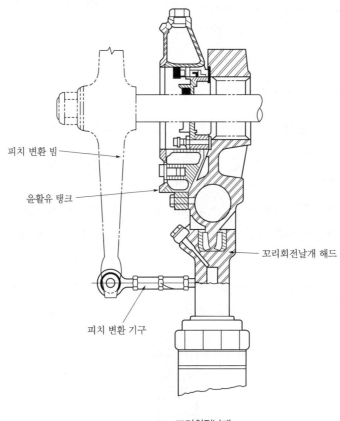

피치 변환 빔

윤활유 탱크

꼬리회전날개 해드

피치 변환 기구

▲ 꼬리회전날개

④ **헬리콥터의 조종**

　가) 상승·하강 비행의 조종: 동시적 피치 제어간을 위, 아래로 변화시켜 조종한다.

　나) 전진·후진·회전비행 조종: 주기적 피치 제어간을 움직여 조종한다.

　다) 좌우 방향 비행의 조종: 페달을 밟아서 조종한다.

[그리스 문자]

A	α	Alpha	알파	N	ν	Nu	뉴
B	β	Beta	베타	$\varXi$	ξ	Xi	크사이
$\varGamma$	γ	Gamma	감마	O	o	Omicron	오미크론
$\varDelta$	δ	Delta	델타	$\varPi$	π	Pi	파이
E	ε	Epsilon	입실론	P	ρ	Pho	로
Z	ζ	Zeta	제타	$\varSigma$	σ	Sigma	시그마
H	η	Eta	에타	T	τ	Tau	타우
$\varTheta$	θ	Theta	씨타	$\varUpsilon$	υ	Upsilon	웁실론
I	ι	Iota	이오타	$\varPhi$	φ	Phi	화이
K	κ	Kappa	카파	X	χ	Chi	카이
$\varLambda$	λ	Lambda	람다	$\varPsi$	ψ	Psi	프사이
M	μ	Mu	뮤	$\varOmega$	ω	Omega	오메가

01 헬리콥터의 회전날개 지름에 대한 설명 중 맞는 것은?

① 무게에 비례하여 지름을 크게 할수록 좋다.

② 좋은 정지 비행 성능을 위해서는 지름을 크게 할수록 좋다.

③ 성능만 우수하다면 비용 관계는 전혀 고려할 필요가 없다.

④ 필요한 성능이 될 수 있는 한 최대 지름의 회전날개를 선정한다.

[해설]

회전날개 지름
• 좋은 정지 비행 성능: 지름이 커야 한다.
• 경량화, low cost: 작은 지름

02 헬리콥터에서 wheel형 착륙장치가 스키드착륙장치보다 좋은 점은?

① 유지비가 저렴하다.

② 정비가 용이하다.

③ 지상 활주가 가능하다.

④ 구성품이 간단하다.

[해설]

• 스키드 기어(skid gear)
 – 구조 간단, 정비 용이(소형 헬리콥터)
 – 지상 운전 및 취급의 어려움→지상 이동용 휠 장착
 – 주기 시에는 스키드가 지면에 닿아야 한다.
 – 스키드 슈: 스키드의 부식과 손상 방지
• 휠 기어(wheel gear)
 – 용도: 대형 헬리콥터에 사용, 지상 활주 가능

 – 구성: 완충 버팀대, 휠, 타이어
 – 고속의 경우: 접개들이식

03 헬리콥터가 전진 비행을 할 때 회전날개 깃에 발생하는 양력 분포의 불균형을 해결할 수 있는 방법으로 가장 올바른 내용은?

① 전진하는 깃의 피치각은 감소시키고 후퇴하는 깃의 피치각은 증가시킨다.

② 전진하는 깃의 피치각과 후퇴하는 피치각 모두를 증가시킨다.

③ 전진하는 깃의 피치각과 후퇴하는 깃의 피치각 모두를 감소시킨다.

④ 전진하는 깃의 피치각은 증가시키고 후퇴하는 깃의 피치각은 감소시킨다.

[해설]

양력 불균형의 해소
• 플래핑 힌지는 양력의 불균형 해소 목적으로 회전날개가 축(mass)을 중심으로 위·아래로 움직이는 운동을 허용→여러 개의 깃을 가진 헬리콥터
• 시소 구조는 전진 깃은 상승하고 후진 깃은 하강 운동을 하게 함→반고정 회전날개에 사용

04 헬리콥터 회전날개 깃의 면적을 정하는 데 있어서 고려해야 할 사항이 아닌 것은?

① 무게

② 비용

③ 정지 비행 시의 성능

④ 재질

해설

- 가벼운 깃 무게와 비용, 좋은 정지 비행 성능을 위해서는 깃 면적이 작아야 한다. 물론 너무 작으면 안 된다.
- 고속에서의 좋은 기동성을 위해서는 깃 면적이 커야 한다.

05 헬리콥터의 회전날개 설계 시 회전날개 지름에 대한 설명으로 가장 올바른 것은?

① 비용면을 고려하여 가능한 한 크게 한다.

② 좋은 정지 성능을 위하여 가능한 한 작게 한다.

③ 필요한 성능을 낼 수 있는 최소의 크기로 한다.

④ 성능과는 상관 없이 임의로 만든다.

해설

- 우수한 정지 비행 성능을 위해서는 지름이 클수록 좋다.
- 가벼운 무게와 적은 비용을 위해서는 지름이 작을수록 좋다.

06 작용과 반작용의 법칙을 이용하여 헬리콥터의 회전날개에 의해서 만들어지는 회전면에서의 운동량의 차이를 이용하여 추력을 구하는 이론은?

① 회전면 이론

② 추력 이론

③ 운동량 이론

④ 날개 이론

해설

운동량 이론: 작용과 반작용의 법칙 근거, 회전면에서의 운동량 차이를 이용하여 추력을 구하는 방법이다.

07 헬리콥터의 깃 끝 속도를 음속 이하로 하기 위해 일반적으로 제한하는 속도는?

① 200m/sec

② 225m/sec

③ 250m/sec

④ 275m/sec

해설

설계자의 목표는 소음과 같은 제약 조건에서 가장 빠른 깃 끝 속도를 선정하는 것이다. 일반적으로 통용되는 소음 제한의 깃 끝 속도는 225m/sec이고, 깃 끝 속도가 150m/sec 이하가 되면 조용하다.

08 헬리콥터에서 정지 비행 시 회전날개의 회전축으로부터 r의 위치에 있는 깃 단면의 회전속도 Vr를 산출하는 표현식은? (단, Ω은 회전날개의 각속도, r는 회전축으로부터 깃단면까지 거리)

① $V_r = \Omega \times r^2$　②$V_r = \Omega \times r$

③ $V_r = \dfrac{r^2}{\Omega}$　④$V_r = \dfrac{\Omega}{r^2}$

해설

정지 비행을 할 때 회전하는 날개 깃의 단면에 작용하는 공기 흐름의 상대 속도가 깃의 회전축으로부터의 거리에 따라 다르기 때문이다. 정지 비행을 할 경우의 회전축 주위의 공기 흐름 속도는 아래 식처럼 "0"에 가깝지만, 회전날개의 깃 끝 쪽으로 가면 회전축으로부터의 거리 r에 비례하여 증가하기 때문이다.

$V_r = \Omega \times r$

여기서, V_r은 회전날개의 회전축으로부터 r의 위치에 있는 깃 단면의 회전 선속도, r은 회전축으로부터의 거리, Ω는 회전 각속도이다. 따라서, 회전날개의 각 단면에서 발생되는 양력과 항력의 크기도 단면의 위치에 따라 다르게 된다.

✈ **정답** 05. ③　06. ③　07. ②　08. ②

09 헬리콥터의 공기역학에서 자주 사용되는 마력하중(horse power loading)을 구하는 식은?

① 마력하중 $= \dfrac{W}{\pi HP}$

② 마력하중 $= \dfrac{\pi HP}{W}$

③ 마력하중 $= \dfrac{HP}{W}$

④ 마력하중 $= \dfrac{W}{HP}$

해설

- 마력하중(horse power)은 헬리콥터의 전체 무게를 마력으로 나눈 값이다.
- 마력하중 $= \dfrac{W}{HP}$

10 헬리콥터 회전날개의 원판하중을 가장 올바르게 설명한 것은?

① 회전날개 깃 전체의 무게를 회전날개에 의해 만들어지는 회전면의 면적으로 나눈값이다.

② 헬리콥터 전체의 무게를 회전날개에 의해 만들어지는 회전면의 면적으로 나눈 값이다.

③ 회전날개에 의해 만들어지는 회전면의 면적을 헬리콥터 전체의 무게로 나눈 값이다.

④ 헬리콥터 전체의 무게를 회전날개에 깃의 수로 나눈 값이다.

해설

회전면 하중(disc loading, 원판하중)은 회전익 항공기 전체의 무게를 회전익 항공기의 회전날개에 의해 만들어지는 회전면의 면적으로 나눈 값이다.

$$DL = \dfrac{W}{\pi R^2}$$

11 헬리콥터의 총중량이 700kg, 회전날개의 반지름이 2.5m, 회전날개 깃 수가 2개일 때의 원판하중은 약 얼마인가?

① $30.65 kg/m^2$

② $35.65 kg/m^2$

③ $61.30 kg/m^2$

④ $142.60 kg/m^2$

해설

$$DL = \dfrac{W}{\pi R^2} = \dfrac{700}{\pi \times 2.5^2} = 35.65\,kg/m^2$$

12 일반적으로 헬리콥터의 수평 방향(전후좌우) 조종은 어느 것으로 하는가?

① 페달 조종

② 동시 피치 조종

③ 스로틀 조종

④ 주기적 피치 조종

해설

- 주기적 피치 제어간(cyclic pitch control lever)은 회전날개의 피치를 주기적으로 변하게 하면서 회전 경사판을 경사지게 하여 추력의 방향을 경사지게 하며, 전진, 후진, 횡진 비행을 할 수 있게 한다.
- 동시 피치 제어간(collective pitch control)은 주 회전날개의 피치를 동시에 크게 하거나 작게 해서 기체를 수직으로 상승 및 하강시킨다. 대개 스로틀(throttle)과 함께 작동된다.

13 헬리콥터에서 주 회전날개의 피치를 동시에 크게 하거나 작게 해서 수직으로 상승, 하강시키는 조종장치는?

① 꼬리날개

② 동시 피치 제어간

③ 방향 페달

④ 주기적 피치 제어간

✈ **정답** 09. ④ 10. ② 11. ② 12. ④ 13. ②

동시 피치 제어간(collective pitch control)은 주 회전날개의 피치를 동시에 크게 하거나 작게 해서 기체를 수직으로 상승 및 하강시킨다. 대개 스로틀(throttle)과 함께 작동된다.

14 회전익 항공기에서 회전축에 연결된 회전날개 깃이 하나의 수평축에 대해 위·아래로 움직이는 운동은?

① 플래핑 운동　　② 리드-래그 운동
③ 자동 회전 운동　④ 스핀 운동

해설

플래핑 힌지(flapping hinge): 회전날개 깃이 위·아래로 자유롭게 움직일 수 있도록 한 힌지로 좌우 날개의 양력 불균형을 해소한다.

15 헬리콥터에서 코닝의 발생 원인과 가장 관계가 깊은 것은?

① 회전력과 원심력
② 기하학적 불균형
③ 양력과 원심력
④ 기하학적 비틀림

해설

회전면과 원추의 모서리가 이루는 각을 원추각 또는 코닝각(coning angle)이라 하고, 일반적으로 회전날개의 무게는 원심력이나 양력에 비해 작으므로 무시할 수 있으며, 원추각은 원심력과 양력의 합에 의해 결정된다.

16 헬리콥터에서 회전날개의 깃이 앞서고 뒤로 처지는 현상은?

① 플래핑　　　　② 리드-래그 운동
③ 호버링　　　　④ 오토 로테이션

해설

회전익 항공기의 회전날개가 회전할 때 회전면 내에서 앞뒤 방향으로 움직일 수 있도록 하기 위해 힌지를 장착하여 리드-래그 운동할 수 있다. 이 힌지를 리드-래그 힌지(lead-lag hinge)라 한다.

17 헬리콥터에서 전진과 후퇴 시에 깃의 피치각을 변화시키는 운동을 무엇이라 하는가?

① 페더링　　　　② 실속
③ 플래핑　　　　④ 풍차식 제동

해설

회전익 항공기의 회전날개의 피치각을 변화시키는 것은 페더링 힌지에 의해 피치각을 변화시킨다.

18 헬리콥터에서 회전날개의 회전면과 원추 모서리와 이루는 각을 무엇이라 하는가?

① 받음각　　　　② 피치각
③ 코닝각　　　　④ 쳐든각

해설

코닝(coning)은 회전날개에 피치각이 주어지면 양력이 발생하게 되는데, 이때 양력은 회전날개에 수직으로 작용하게 되고 양력과 원심력이 합쳐져 깃이 위로 쳐든 형태가 된다. 이러한 형태를 회전날개의 코닝(coning)이라 하고, 이때의 각도를 코닝각(coning angle)이라 한다.

19 헬리콥터의 주 회전날개의 회전면과 진행 방향이 이루는 각을 무엇이라 하는가?

① 원추각　　　　② 코닝각
③ 받음각　　　　④ 피치각

해설

회전익 항공기의 회전날개의 회전면과 헬리콥터의 진행 방향에서의 상대풍이 이루는 각을 받음각이라 한다.

20 헬기의 좌우 방향을 조절하는 데 사용되는 것은?

① 방향 페달
② 동시 피치 제어간
③ 꼬리날개
④ 주기적 피치 제어간

해설

헬리콥터의 가로균형과 방향균형은 주기적 피치 제어간과 꼬리회전날개에 연결되어 있는 방향 페달을 사용한다.

21 헬리콥터에서 플래핑 힌지를 사용함으로써 생기는 장점이 아닌 것은?

① 회전축을 기울이지 않고 회전면을 기울일 수 있다.
② 기하학적인 불평형을 제거할 수 있다.
③ 뿌리 부위에 발생되는 굽힘력을 없앨 수 있다.
④ 돌풍에 의한 영향을 제거할 수 있다.

해설

플래핑 힌지(flapping hinge)는 회전날개 깃이 위·아래로 자유롭게 움직일 수 있도록 한 힌지로, 좌우 날개의 양력 불균형을 해소한다.

22 헬리콥터 리드-래그 힌지를 장착하는 가장 큰 목적은?

① 정적인 균형을 유지하기 위하여
② 동적인 불균형을 제거하기 위하여
③ 기하학적 불평형을 제거하기 위하여
④ 회전날개 깃 끝에 발생되는 굽힘모멘트를 제거하기 위하여

해설

리드-래그 힌지(lead-lag hinge)는 회전날개가 회전면 안에서 앞뒤 방향으로 움직일 수 있도록 한 힌지로 기하학적 불균형을 해소한다. 회전면 내에서 발생하는 진동을 감소시키기 위해 리드-래그 감쇠기(lead-lag damper), 일명 댐퍼(damper)를 장착한다.

23 회전익 항공기에서 자동회전(auto rotation)이란?

① 주 회전날개의 반작용 토크(torque)에 의해 항공기 기체가 자동적으로 회전하려는 경향을 말한다.
② 전진하는 깃(blade)과 후퇴하는 깃의 양력 차이에 의하여 항공기 자세에 불균형이 생기는 것을 말한다.
③ 꼬리회전날개에 의해 항공기의 방향 조종을 하는 것을 말한다.
④ 회전날개 축에 토크가 작용하지 않는 상태에서도 일정한 회전수를 유지하는 것을 말한다.

해설

자동회전(autorotation)은 회전날개 축에 토크가 작용하지 않는 상태에서도 일정한 회전수를 유지해야 하며, 자동 회전하면서 급격히 하강하지 않도록 추력을 발생시켜야 하며, 위치 에너지가 운동 에너지로 변환되면서 상쇄되어야 한다.

24 오토자이로가 헬리콥터처럼 공중에서 할 수 없는 비행의 종류는?

① 전진 비행
② 하강 비행
③ 상승 비행
④ 정지 비행

해설

오토자이로는 헬리콥터와 외견상 유사하지만, 주 회전날개에 동력 전달 없이 프로펠러에서 추진력을 얻어 비행하는 비행체로, 주 회전날개는 전진 비행 시 상대풍에 의해 자유 회전을 한다.

✈ 정답 20. ① 21. ② 22. ③ 23. ④ 24. ④

25 헬리콥터의 호버링(Hovering) 조건을 옳게 나타낸 것은? (단, 항공기의 중력 W, 추력 T, 양력 L, 항력 D이다.)

① L=W, T〈D

② L=W, T=D=O(Zero)

③ L〉W, D〉T

④ L=T, D=L

해설

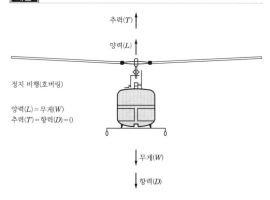

정지 비행(호버링)

양력(L) = 무게(W)
추력(T) = 항력(D) = 0

26 헬리콥터의 지면효과가 있을 때 일어나는 현상으로 틀린 것은?

① 양력의 크기가 증가한다.

② 항력의 크기가 증가한다.

③ 회전날개 깃의 받음각이 증가한다.

④ 같은 엔진의 출력으로 많은 무게를 지탱할 수 있다.

해설

지면효과(ground effect)는 회전익 항공기도 고정익 항공기와 마찬가지로 이·착륙을 할 때 지면에서 거리가 가까워지면 양력이 더 커지는 현상이며, 가깝다는 뜻은 낮은 고도에 있어서 날개의 후류가 지면에 압축성 영향을 받게 된다는 것을 말한다.

27 동력장치가 없고 고정날개를 가진 공기보다 무거운 항공기는?

① 비행선   ② 활공기

③ 오토자이로   ④ 기구

해설

구분	대분류	동력에 대한 분류	기준에 의한 분류
항공기	공기보다 가벼운 항공기	무동력 항공기	자유기구
			계류기구
		동력 항공기	비행선
	공기보다 무거운 항공기	무동력 항공기	연
			활공기
		동력 항공기	고정날개 항공기
			회전날개 항공기
			날개치기 항공기

28 동축 역회전식 회전날개 헬리콥터의 장점에 대한 설명으로 가장 올바른 것은?

① 두 개의 주 회전날개가 서로 반대 방향으로 회전함으로써 각각의 회전날개에서 발생되는 토크는 서로 상쇄되어 조종성이 좋다.

② 동일한 축에 두 개의 주 회전날개를 부착시키므로 조종기구가 간단해진다.

③ 기체의 높이를 매우 낮게 할 수 있다는 점이 장점이다.

④ 주 회전날개가 앞뒤로 배치되어 있으므로 세로 안정성이 좋고, 무거운 물체의 운반에 적합하다.

해설

동축 역회전식 회전날개 헬리콥터(coaxial contra-rotating rotor type helicopter)는 동일한 축 위에 2개의 주 회전날개를 아래위로 겹쳐서 반대 방향으로 회전시키는 헬리콥터로, 2개의 주 회전날개가 서로 반대 방향으로 회전하면서 토크를 서로 상쇄시키므로, 조종성도 좋고 양력도 커진다. 또한, 구동축이 수직으로 되어 있어 지면과 주 회전날개와의 간격이 커서 지상 작업자에게 안전하다.

정답 25. ② 26. ② 27. ② 28. ①

29 헬리콥터의 한 종류로 회전날개를 비행 방향을 기준으로 좌우에 배치한 형태이며, 가로 안정이 가장 좋은 것은?

① 단일 회전날개 헬리콥터
② 동축 회전날개 헬리콥터
③ 병렬식 회전날개 헬리콥터
④ 직렬식 회전날개 헬리콥터

해설

병렬식 회전날개 헬리콥터(side by side system rotor helicopter)는 가로 안정성을 좋게 하기 위해 옆(좌, 우)으로 2개의 회전날개를 배치한 형식이다.

30 제트 반동 회전날개 헬리콥터(tip jet rotor type helicopter)에 관한 설명으로 옳은 것은?

① 제트의 반동을 이용하므로 토크를 보상하는 장치가 필요 없다.
② 복잡한 동력 전달 기구가 필요하며, 조종계통이 복잡하다.
③ 회전날개의 깃 끝에 장착된 제트엔진은 회전속도의 제한을 받지 않으므로 효율이 증가한다.
④ 연료 소모율이 낮으므로 항속거리가 길고 소음이 적다.

해설

제트 반동식 회전날개 헬리콥터의 장점
• 토크를 보상하는 장치가 필요 없다.
• 연료 보급용 배관만 필요하고, 동력전달기구가 필요 없다.
• 조종계통이 간단하다.
• 동체의 크기를 작게 할 수 있어서 저항이 작아진다.

정답 **29.** ③ **30.** ①

PART

02

정비 일반

01 정비의 개요

1 정비의 개념

고장의 발생 요인을 미리 발견하여 제거함으로써 지속적으로 본래의 완전한 기능을 유지할 수 있는 것이다.

(1) 정비의 목적

항공기와 사용되는 부품은 오랫동안 계속 사용하면 언젠가는 고장이 발생한다. 고장의 원인에는 여러 가지가 있으나, 주로 설계 결함, 품질 불량, 조절 불량, 부적절한 운용과 재료의 마모 및 주의 조건에 의한 퇴화, 부식 등을 들 수 있다.

항공기는 고장이 언제 어떻게 발생할지는 예측할 수 없고, 수백만 개의 부품으로 이루어진 만큼 고장이 발생할 수 있는 확률이 높다. 더욱이 항공기는 지상이 아닌 공중에서 사용되기 때문에 고장이 발생하면 치명적인 사고를 초래할 수 있다. 따라서 항공기를 안전하게 운항하기 위해서는 항공기를 구성하는 모든 요소가 각각 제 기능을 다할 수 있도록 사전에 예방 정비가 이루어져야 한다.

항공기가 비행 중에 그 기능을 다하여 안전하게 운항할 수 있는지 판단할 수 있는 상태를 항공기의 감항성(airworthiness)이라 한다. 그리고 감항성을 유지하기 위한 행위를 정비(maintenance)라고 한다.

(2) 정비 방침

항공기, 엔진 및 장비품 등이 제 기능을 유지하려면 다음과 같은 방침에 의해 정비가 이루어져야 한다.

감항성	항공기가 운항 중에 고장 없이 그 기능을 정확하고 안전하게 운항할 수 있는 능력 (인명과 재산보호)
쾌적성	항공기가 운항 중에 객실(기내) 안의 청결 상태를 유지하는 능력 (승객에게 만족감과 신뢰감을 부여)
정시성	항공기가 종착 기지로 착륙해서 다음 기지로 운항하기 위해 시간 내에 작업을 끝내는 정시 출발 목적 달성을 위한 능력
경제성	최소의 정비 비용으로 최대의 효과를 얻기 위하여 모든 정비작업을 경제적으로 운용하는 능력

(3) 정비의 분류

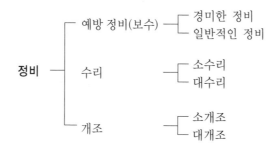

① 예방 정비

가) 경미한 정비: 항공기의 지상 취급, 세척, 보급 등 어느 정도 경험과 지식 및 기능을 가진 작업자가 유자격 정비사의 감독하에서 할 수 있는 작업이다.

나) 일반적인 정비: 감항성에 영향을 끼치는 항공기 각 부분의 점검, 조절, 검사 및 부품의 교환 등 반드시 유자격 정비사의 확인을 받아야 한다.

② 수리

항공기나 부품 및 장비의 손상이나 기능 불량 등을 원래의 상태로 회복시키는 작업이다.

가) 소수리: 감항성에 큰 영향을 끼치지 않는 기체나 부품의 수리 및 수정작업 및 교환작업이다.

나) 대수리: 감항성에 큰 영향을 끼치는 수리로써 엔진, 프로펠러 부품의 수리작업으로 관계 기관의 확인이 필요하다.

- 기본 구조 부분의 강도와 관계되는 수리 작업
- 엔진, 프로펠러, 주요 장비품의 성능에 영향을 끼치는 작업
- 내부 부품의 복잡한 분해 작업

- 특수한 시설과 장비를 필요로 하는 작업
- 예비품 검사 대상 부품의 오버홀
- 기체의 일부 또는 전체 오버홀

③ **개조:** 항공기나 장비 및 부품에 대한 원래의 설계를 변경하거나 새로운 부품을 추가로 장착시킬 때 실시하는 작업이다.

가) 대개조: 항공기 중량, 강도, 엔진의 성능, 비행 성능 및 그 밖의 감항성 등에 중대한 영향을 끼치는 개조 작업으로 관계 기관의 확인이 필요한 작업이다.

- 기체에서 중량 및 중심 한계의 변경
- 날개 형태의 변경
- 항공기 표피 및 조종능력의 변경
- 그 밖에 각 계통의 개조, 엔진이나 장비에서 성능이나 구조의 변경

나) 소개조: 그 외의 작업

(4) 정비의 단계

① **운항정비:** 항공기를 정비 대상으로 하는 정비로 비행 전 점검, 중간 점검, 비행 후 점검, 기체의 정시점검(A, B점검) 등이 있다.

(A, B점검)은 운항 정비 쪽에 가깝고, (C, D점검)은 공장 정비 쪽에 가깝다.

② **공장정비:** 항공기를 정비하는 데 많은 정비시설과 오랜 정비시간을 요구하며 항공기의 장비 및 부품을 장탈하여 공장에서 정비하는 것이다.

가) 기체의 공장정비: 운항정비에서 할 수 없는 항공기의 정시점검과 기체의 오버홀

나) 엔진의 공장정비: 항공기로부터 장탈한 엔진의 검사, 엔진 중정비, 엔진의 상태 정비, 엔진의 오버홀

다) 장비의 공장정비: 장비의 벤치체크, 장비의 수리 및 오버홀

- 벤치체크: 장비의 기능검사로서 장비를 시험벤치에 설치하여 적절히 작동하는가를 확인
- 오버홀: 장비를 완전히 분해하여 상태를 검사하고, 손상된 부품을 교체하는 정비 절차(ZERO SETTING)

(5) 정비의 등급

① **일선 정비의 종류:** 비행 전 점검, 비행 후 점검, 중간 점검, A점검, B점검

② **후방 정비:** C점검, 부서 정비

③ **창 정비(샵 정비):** 오버홀

(6) 정비 기지의 종류

① **모기지:** 정비작업을 위하여 설비 및 인원 부분품 등을 충분히 갖추고 정시 점검 이상의 정비작업을 수행할 수 있는 기지

② **그 밖의 기지의 종류**

가) 출발기지: 항공기가 감항성에 영향을 주지 않을 정도로 정비를 마치고 이륙 준비를 하는 기지

나) 종착기지: 항공기가 안전하게 운항을 마치고 착륙을 위해서 종착하는 기지

다) 반환기지: 항공기가 갑작스럽게 어떠한 부분에 결함이 발생했을 때 다시 정비를 위해 출발기지로 돌아가는 반환기지

---

2 정비관리

최소의 정비 비용으로 최대의 효과를 얻기 위하여 모든 정비작업을 계획, 통제, 집행 및 분석하는 것이다.

(1) 정비방식

항공기 정비작업을 효율적으로 수행하여 정비의 기본 목적을 달성할 수 있도록 유지하는 정비체계

① **시한성 정비(HT: Hard Time):** 장비나 부품의 상태는 관계하지 않고 정비 시간의 한계 및 폐기 시간의 한계를 정하여 정기적으로 분해, 점검하거나 폐기 한계에 도달한 장비나 부품을 새로운 것으로 교환하는 방식이다.

※ 오버홀, TRP(Time Regulated Parts: 시한성 부품) 등에 해당한다.

② **상태 정비(OC: On Condition):** 정기적인 육안검사(보어스코프, 바이옵틱스코프)나 측정 및 기능 시험 등의 수단에 의해 장비나 부품의 감항성이 유지되고 있는지를 확인하는 정비방식이다. 성능 허용한계, 마멸한계, 부식한계를 가지는 장비나 부품에 활용한다.

③ **신뢰성 정비(CM: Condition Monitoring):** 항공기가 안정성에 직접 영향을 주지 않으며 정기적인 검사나 점검을 하지 않은 상태에서 고장을 일으키거나 그 상태가 나타날 때까지 사용할 수 있는 일반 부품이나 장비에 적용하는 것으로, 고장률이나 운항 상황 등의 데이터를 분석하여 필요한 부분만을 정비하는 방식이다.

> **참고** 신뢰성 정비가 가능하게 된 이유
>
> • 최근에 와서 항공기의 설계, 제작 기술이 크게 발전됨에 따라 구조의 부분적 손상 또는 장비품의 단독 고장 등 경미한 결함이 생기더라도 2중 시스템이나 3중 시스템 채택 등으로 비행의 안정이나 비행 능력에 거의 영향을 미치지 못한다.
> • 비파괴 검사 기술의 발전과 OC 방식이 가능한 구조 개선으로 기체 구조, 엔진 및 장비품의 내부 상태까지를 외부에서 손쉽게 점검할 수 있다.
> • 컴퓨터를 이용한 고장 데이터의 처리와 모니터링 기술의 발달로 기재의 신뢰성이 언제나 확인될 수 있다.

(2) 정비 관리 방식

감항성을 확보하고 항공 기재의 품질을 향상시키는 정비작업이다.

① **예방 정비관리:** 장비나 부품의 고장 발생을 전제로 하여 그 상태에 관계없이 그 장비나 부품이 일정한 한계에 도달하면 항공기로부터 장탈하여 정기적으로 분해하여 관리하는 방법이다.

> **참고** 모순점
>
> • 본래의 사용 시간과 고장과는 상관관계가 없는 부품이 많고 장시간 만족스럽게 작동되는 장비나 부품을 고의로 장탈한다.
> • 장비나 부품을 장탈하거나 또는 분해 조립 시 고장 발생의 가능성
> • 만족스럽게 작동되는 부품을 조기에 장탈하기 때문에 본래의 결점을 파악하기 어려워 품질 개선이 이루어지지 않는다.

② **신뢰성 정비관리:** 항공 기재의 품질상태를 상태 정비 방식이나 신뢰성 정비방식 등에 의해 수시로 감시하고 미리 설정된 품질 수준이 지켜지지 않을 때는 바로 원인 규명, 대책 및 조치한 후에 다시 정보 수집을 하는 일련의 활동을 기능적으로 수행하는 방법이다.

(3) 정비 기술 관리

제작회사 자체의 기술 지원 체제로 확립되어 정비방식 및 관리방식에 의한 정비 규정 및 정비 기술 도서를 작성하여 관장하며, 정비 품질을 개선하기 위해 정비 기술 지시 등을 통제하고 관리하는 것이다.

① **정비 규정:** 항공법을 기준으로 하여 항공회사가 정비작업에 관한 안정성 확보 및 효과적인 정비작업의 수행을 목적으로 설정된 기술적인 규칙과 기준이다.

② **정비 기술 도서:** 항공기와 엔진 및 기타 장비를 운용하고 정비하는 데 요구되는 모든 기술 자료를 수록하고 있는 간행물로서 미국항공운송협회(ATA: Air Transport Association of America)의 규격에 따라 체계 구성된 기술자료이다.

가) 정비 기술 정보: 정비 교범(AMM: Aircraft Maintenance Manual), 검사 지침서, 오버홀 교범(Overhaul Manual), 전기 배선도 교범(WDM: Wiring Diagram Manual)

나) 작동 기술 정보: 비행 교범(작동교범, POH: Pilot's Operating Handbook)

다) 부품 기술 정보: 부품 도해 목록(IPC: Illustrated Parts Catalog), 구매 부품 목록, 가격 목록

③ **정비기술 지시(EO):** 정비작업에 있어서 정비 규정 이외의 기술적인 지시를 망라하는 것으로 항공기의 개조, 계획적인 대수리, 일시검사, 부품의 제작, 정비사항의 긴급한 실시 등의 특별 작업을 지시하는 데 사용하는 기술자료이다.

가) 감항성 개선 명령(AD: Airworthiness Ddirective)

나) 정비 지원 기술 정보(SB: Service Bulletin)

다) 시한성 기술 지시(TCTO: Time Compliance Technial Order)

※ AD(민간 항공기용), TCTO(군용 항공기용)는 강제적으로 수행되어야 하는 구속력을 가진다.

(1) 정비 업무 체제

① **기술 관리 부서:** 기술 관리 부서는 정비 계획서를 발행하며 정비 계획서에 의해 정비 요목을 결정하고, 이를 항공기별로 적용하여 점검할 수 있도록 점검 카드 작성 및 운영 지침, 한계 사용 부품(TRP: Time Regulated Parts) 관리 지침, 항공기 수명 제한 부품(LLP: Life Limited Part) 운영 지침 및 작업 카드 관리 지침 등을 설정하여 적용하는 부서이다.

> **참고** 정비 기술 관리 부서에서 수행하는 업무 예
>
> • 정비 기준 및 정책 설정
> • 정비방식 설정
> • 항공기 특별 점검, 항공기 사양 관리 및 개조
> • 현장 기술 지원과 관련 부서 기술 지원
> • 기술 도서 관리

② **품질 관리 부서:** 품질(quality)은 각종 품목의 전체적인 고유 특성이 주어진 요구 조건에 충족하는 정도를 말하고, 품질관리는 수요자가 요구하는 모든 품질을 확보 및 유지하기 위하여 기업이 품질 목표를 세우고 이것을 합리적, 경제적으로 달성할 수 있도록 수행하는 모든 활동을 의미한다.

품질 관리 부서는 품질 관리 및 신뢰성 관리 체제를 운영하며, 정비 요목의 변경 검토가 요구되는 경우에 신뢰성 검토 자료를 기술관리 부서에 통보하는 역할을 한다.

> **참고** 품질 관리 부서에서 수행하는 업무 예
>
> • 품질 보증 체제(수령검사 → 예비검사 → 공정검사 → 완성검사)
> • 수령검사: 항공기 정비에 사용되는 부품 및 자재를 사용하기 전에 해당 품목의 상태를 확인하여 불량상태를 발견하기 위한 검사
> • 예비검사: 요구되는 작업 범위 및 요구되는 정비 또는 개조 행위가 무엇인지 확인하기 위하여 품목을 평가하는 검사
> • 공정검사: 항공기 정비작업을 수행할 때에 해당 작업 실시 과정을 검사하는 검사
> • 완성검사: 정비작업을 완료한 후 사용 승인을 하기 전에 각 품목에 대하여 수행하는 검사

③ **정비 수행 부서:** 정비 수행 부서에서는 관리 부서에서 설정한 점검 카드 운영 지침, 한계
사용 부품 관리 지침, 항공기 수명 제한 부품 운영 지침 등에 의한 조치를 취하고 작업
계획에 의거하여 점검하는 역할을 수행한다. 그리고 점검 수행 중에 발견된 결함이 신뢰성
관리 체제에 의해 수정될 수 있도록 관련 자료를 작성하여 품질 관리 부서에 넘기는 역할도
겸한다.

4 안전관리(SMS)

항공안전관리시스템(SMS: Safety Management System)은 새로운 항공안전 관리 기법으로 사고
위험 요인을 사전에 파악하고 분석하며, 허용 가능한 수준의 안전 목표를 설정하고 달성하기 위하여
위험 요소를 관리하는 사전 예방적인 항공 안전관리 방식을 의미한다.

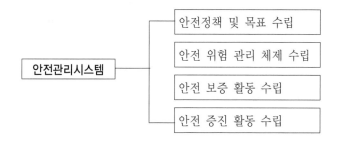

01 항공기가 운항 중에 고장 없이 그 기능을 정확하고 안전하게 발휘할 수 있는 능력을 무엇이라 하는가?

① 감항성　　　② 쾌적성

③ 정시성　　　④ 경제성

해설

① 감항성: 항공기가 운항 중에 고장 없이 그 기능을 정확하고 안전하게 발휘할 수 있는 능력이다.

② 쾌적성: 항공기를 이용하는 사람은 항공기에 대하여 만족과 신뢰감을 가질 수 있어야 한다.

③ 정시성: 정비계획의 정확성을 유지하고 항공기의 고장을 예방하기 위해 철저한 정비가 수행되어 계획된 시간에 차질없이 운항되도록 하는 것이다.

④ 경제성: 항공기 정비는 최소의 경비로 최대의 효과를 얻을 수 있도록 운영해야 하고, 최소의 비용으로 수행되어야 한다.

02 다음 중 감항성에 대한 설명으로 가장 옳은 것은?

① 쉽게 장 · 탈착할 수 있는 종합적인 부품 정비

② 항공기에 발생하는 고장 요인을 미리 발견하는 것

③ 항공기가 운항 중에 고장 없이 그 기능을 정확하고 안전하게 발휘할 수 있는 능력

④ 제한 시간에 도달되면 항공 기재의 상태와 관계없이 점검과 검사를 수행하는 것

해설

• 예방정비: 항공기에 발생하는 고장 요인을 미리 발견하는 것

• 감항성: 항공기가 운항 중에 고장 없이 그 기능을 정확하고 안전하게 발휘할 수 있는 능력

• 시한성 정비: 제한 시간에 도달되면 항공기의 상태와 관계없이 점검과 검사를 수행하는 것

03 "감항성은 항공기가 비행에 적합한 안전성 및 신뢰성이 있는지의 여부를 말하는 것이다."에서 밑줄 친 감항성을 영어로 올바르게 표시한 것은?

① Maintenance

② Comfortability

③ Inspection

④ Airworthiness

해설

Maintenance(정비), Comfortability(쾌적성), Inspection(검사), Airworthiness(감항성)

04 항공기 기체, 엔진, 및 장비 등의 사용 시간을 "0"으로 환원시킬 수 있는 정비작업은?

① 항공기 오버홀　　② 항공기 대수리

③ 항공기 대검사　　④ 항공기 대개조

해설

오버홀은 항공기 기체, 엔진 및 장비 등의 사용 기간을 "0"으로 환원 시킬 수 있는 정비작업이다.

정답 01. ① 02. ③ 03. ④ 04. ①

05 항공기와 그 부품, 장비의 손상 및 기능 불량 등을 원래의 상태로 회복시키는 작업은?

① 경미한 보수

② 일반적인 보수

③ 개조

④ 수리

해설

수리는 항공기나 부품 및 장비의 손상이나 기능 불량 등을 원래의 상태로 회복시키는 작업이다.

06 정기적인 육안검사나 측정 및 기능 시험 등의 수단에 의해 장비나 부품의 감항성이 유지되고 있는지를 확인하는 정비방식에 해당되는 것은?

① 상태 정비   ② 기록 정비

③ 감항성 정비   ④ 오버홀 정비

해설

• 시한성 정비방식(HT): 장비나 부품의 상태는 관계하지 않고 정비 시가의 한계 및 폐기 한계를 정해서 정기적으로 분해 점검 또는 교환하는 방식

• 상태 정비(OC): 장비나 부품을 정기적인 육안검사나 측정 및 기능 시험 등의 방법에 의해 감항성이 유지되고 있는지를 확인하는 방식

• 신뢰성 정비(CM): 고장에 관한 자료와 품질에 대한 자료를 감시 분석하여 문제점을 발견하고 이것에 대한 처리대책을 강구하는 방식

07 항공기가 발착하는 지점으로 출발기지, 중도 귀환기지, 종착기지 및 반환기지 등으로 분류되는 기체 정비 방식에 관한 용어는?

① 기지

② 모기지

③ 운항 정비 기지

④ 운항 정비 모기지

해설

• 기지: 항공기가 출발·도착하는 지점(종류: 출발기지, 중간 기항지, 종착기지, 반환기지)

• 모기지: 장비, 설비 및 인원, 부품 등을 충분히 갖추고, 정시 점검 이상의 정비작업을 수행 할 수 있는 기지

08 정비기술 도서 중 정비기술정보의 종류에 해당하는 것은?

① 비행 교범

② 전기 배선도 교범

③ 작동 교범

④ 부품 교범

해설

정비기술정보는 정비 교범, 오버홀 교범, 기체 구조 수리 교범, 전기 배선도 교범, 계획 검사 및 정비 요구 교범, 동력장치 조립 교범, 검사 지침서

09 항공 정비 도서에서 기술자료의 구성은 이용 편의를 위해 다음과 같이 번호를 부여한다. 밑줄 친 "34"가 의미하는 것은?

12 - <u>34</u> - 56

① unit

② sub – system

③ system

④ Page

해설

12–34–56(12: 계통(system), 34: 서브 계통(sub–system), 56: 유닛(unit))

10 계류시간, 구성품 및 부품 부족 등으로 감항성에 영향을 주지 않는 범위 내에서 규정에 의거하여 정비작업을 다음 정비 기지나 이후 정시 점검 시까지 보류한다는 의미의 항공정비 용어는?

① 하드 타임
② 온–컨디션
③ 정비 이월
④ 컨디션 모니터링

정비 이월은 계류 시간, 구성품 및 부품 부족 등으로 감항성에 영향을 주지 않는 범위 내에서 규정에 의거하여 정비작업을 다음 정비 기지나 이후 정시 점검 시까지 보류하는 행위이다.

11 항공기 기체의 중량 및 중심 한계의 변경, 날개 형태의 변경, 항공기 표피 및 조종능력의 변경 등을 행하는 정비작업은?

① FDM 작업
② 보수작업
③ 수리작업
④ 개조작업

- 개조작업: 항공기 기체의 중량 및 중심 한계의 변경, 날개 형태의 변경, 항공기 표피 및 조종능력의 변경 등을 행하는 정비작업이다.
- 보수작업: 항공기의 지상 취급, 세척, 보급 등을 유자격 정비사의 감독하에 할 수 있는 작업이다.
- FDM 작업: 비행자료 수립장치(flight data monitoring)이다.
- 수리작업: 항공기나 부품 및 장비의 손상이나 기능 불량 등을 원래의 상태로 회복시키는 작업이다.

12 다음 중 항공기 운항정비에 속하지 않는 것은?

① 항공기 기체 오버홀
② 항공기 비행 전 점검
③ 항공기 기체의 A점검
④ 항공기의 비행 후 점검

- 항공기 기체 오버홀 – 공장정비(C, D 점검)
- 항공기 비행 전 점검 – 운항정비(B 점검)
- 항공기 기체의 A점검 – 운항정비(A 점검)
- 항공기의 비행 후 점검 – 운항정비(B 점검)

13 On Condition 정비 기법에 대한 설명으로 틀린 것은?

① 장비품이 정기적으로 장탈·분해되어 정비되는 것을 요한다.
② 주어진 점검주기를 요한다.
③ 주기 점검에서 반복적으로 행하는 Inspection, Check, Test, Service 등을 요한다.
④ 감항성 유지에 적절한 점검 및 작업방법이 적용되어야 하며, 효과가 없을 경우에는 CM으로 관리할 수 있다.

- HT: 장비나 부품의 상태는 관계하지 않고 정비 시간의 한계 및 폐기 한계를 정해서 정기적으로 분해 점검 또는 교환한다.
- OC: 장비나 부품을 정기적인 육안검사나 측정 및 기능 시험 등의 방법에 의해 감항성이 유지되고 있는지를 확인하는 정비 방식이다.
- CM: 고장에 관한 자료와 품질에 대한 자료를 감시 분석하여 문제점을 발견하고 이것에 대한 처리 대책을 강구한다.
- 신뢰성 정비 관리를 기본으로 한다.

14 대수리 작업과 가장 거리가 먼 것은?

① 객실 내 의자 및 화장실 수리작업
② 특수한 시설 및 장비를 필요로 하는 작업
③ 내부 부품의 복잡한 분해작업
④ 예비품 검사대상 부품의 오버홀

✈ 정답 10. ③ 11. ④ 12. ① 13. ① 14. ①

[해설]

객실 내 의자 및 화장실 수리작업은 소수리에 해당한다.

15 항공기에 장착된 상태로 계통 및 구성품이 규정된 지시대로 정상 기능을 발휘하고 허용 한계값 내에 있는가를 점검하는 것은?

① 트림 점검(trim check)
② 기능 점검(function check)
③ 벤치 체크(bench check)
④ 오버홀(overhual)

[해설]

• 기능 점검: 항공기에 장착된 상태로 계통 및 구성품이 규정된 지시대로 정상 기능을 발휘하고 허용 한계값 내에 있는가를 점검한다.
• 벤치 체크: 공장 정비의 하나로 구성품을 장탈 후 시험 벤치에 설치하여 기능점검을 수행한다.

16 다음은 공장정비 내용의 순서이다. 가장 올바른 것은?

① 검사–분해–세척–수리–조립–시험/조종–보존 및 방부처리
② 분해–검사–세척–수리–조립–시험/조종–보존 및 방부처리
③ 수리–세척–검사–분해–조립–시험/조종–보존 및 방부처리
④ 분해–세척–검사–수리–조립–시험/조종–보존 및 방부처리

[해설]

공장정비 순서: 분해–세척–검사–수리–조립–시험/조종–보존 및 방부처리

17 정비 규정의 비행 조건에서 정하는 주간비행이란?

① 일출 1시간 전과 일몰 1시간 사이에 이·착륙이 정해지는 비행
② 일출 30분 전과 일몰 후 30분 사이에 이·착륙이 정해지는 비행
③ 일출 30분 전과 일몰 후 1시간 사이에 이·착륙이 정해지는 비행
④ 일출 1시간 전과 일몰 후 30분 사이에 이·착륙이 정해지는 비행

[해설]

주간비행은 일출 1시간 전과 일몰 후 30분 사이에 이·착륙이 정해지는 비행이다.

18 항공기가 이륙하기 위하여 바퀴가 지면에서 떨어지는 시간부터 착륙하여 착지하는 순간까지의 시간으로 정비 분야에서 사용하는 시간은?

① 시험비행(test flight)
② 사용시간(time in service)
③ 한계시간(time limit)
④ 비행시간(flight time)

[해설]

• 비행시간: 항공기가 비행을 목적으로 주기장에서 자력으로 움직이기 시작한 순간부터 착륙하여 정지 시까지의 시간
• 사용시간: 이륙하여 바퀴가 지면에서 떨어지는 시간부터 착륙 접지 시까지의 시간

✈ 정답 15. ② 16. ④ 17. ④ 18. ②

19 항공기 정비 시 품질관리를 위한 과정이 옳게 나열된 것은?

① 계획(plan)→실시(do)→검토(check)→
   조치(action)

② 실시(do)→검토(check)→계획(plan)→
   조치(action)

③ 검토(check)→계획(plan)→실시(do)→
   조치(action)

④ 검토(check)→실시(do)→계획(plan)→
   조치(action)

해설

품질관리 과정: 계획→실시→검토→조치

20 항공기 정비에 사용되는 부품 및 자재에 대하여 창고에 저장하기 전에 요구되는 품질 기준을 확인하는 검사는?

① 최종검사　　　② 수령검사
③ 공정검사　　　④ 성능검사

해설

수령검사는 항공기 정비에 사용되는 부품 및 자재에 대하여 창고에 저장하기 전에 요구되는 품질 기준을 확인하는 검사이다.

CHAPTER

02 측정기기 및 공구류

1 측정기기의 명칭과 사용법

(1) 버니어 캘리퍼스(Vernier Calipers)

① 버니어 캘리퍼스의 종류 및 구조

가) M1형 버니어 캘리퍼스: 가장 많이 사용되고 있는 버니어 캘리퍼스 형태로서 그림과 같이 아들자에는 측정물의 바깥쪽과 안쪽을 각각 측정할 수 있는 외측용 조(jaw)와 내측용 조가 있다. 일반적으로 호칭 치수 300mm 이하의 것에는 깊이를 측정하는 깊이 바가 있다.

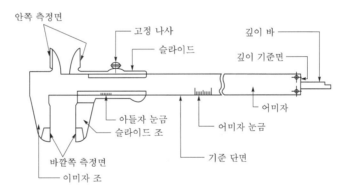

나) M2형 버니어 캘리퍼스: M1형과 비슷하나 이송바퀴를 부착시켜 아들자를 이송 나사에 의해 미세하게 움직일 수 있도록 한 것이 M2형이다.

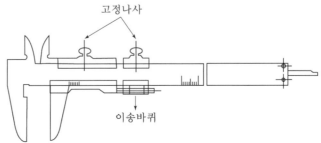

다) CB형 버니어 캘리퍼스: 브라운 샤프(Brown & Sharp)형 또는 스타렛(Starrett)형이라 불리며 슬라이드가 상자형으로 되어있고, 어미자의 조는 안쪽은 외측 측정 면, 바깥쪽은 내측 측정 면으로 구성되어 있다. 내측 측정의 경우 측정 면의 두께 때문에 5mm 이하의 내경이나 홈을 측정할 수 없는 것이 단점이고, M2형과 마찬가지로 미세 조정 장치로 슬라이드를 이동할 수 있으나 깊이자는 없다.

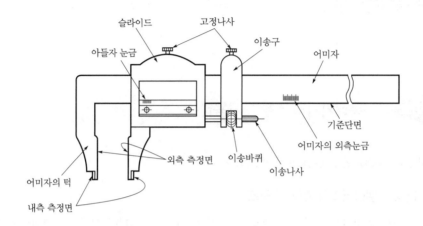

라) CM형 버니어 캘리퍼스: 독일형 또는 모젤형이라고 불리며 아들자는 홈형으로 되어있고, 측정 면은 조가 내측과 외측 양용으로 되어 있다. 어미자 눈금이 아래쪽은 외측, 위쪽은 내측 눈금으로 되어 있고 아들자의 눈금도 상하 각각 따로 있는 것이 특징이다. CB형과 같이 내측 측정의 경우 측정 면의 두께 때문에 5mm 이하의 내경이나 홈을 측정할 수 없는 것이 단점이다.

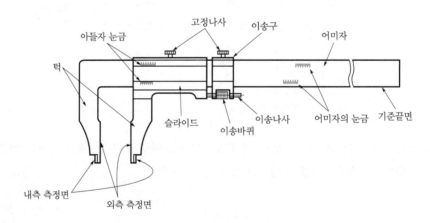

종류	호칭 치수	눈금		
		최소 눈금 읽기 길이	주 척	버니어
M형 버니어 캘리퍼스	15/20/30cm	1/20mm	1mm	19mm를 20등분 한 것
CB형 버니어 캘리퍼스	15/20/30/60/100cm	1/50mm	0.5mm	12mm를 25등분 한 것
CM형 버니어 캘리퍼스	15/20/30/60/100cm	1/50mm	1mm	49mm를 50등분 한 것

참고 버니어 캘리퍼스의 호칭 치수 및 눈금

② **버니어 캘리퍼스의 원리**

가) 미터식 버니어 캘리퍼스의 원리: 버니어 캘리퍼스는 어미자와 아들자에 각각 눈금이 새겨져 있으며, 어미자의 눈금을 일정하게 등분한 아들자가 있다. 예를 들면, 어미자 눈금의 길이 9mm를 10등분 한 아들자가 있다면, 이때 아들자의 한 눈금의 크기는 9/10mm이므로 0.9mm가 된다. 그러므로 어미자와 아들자의 기준 눈금이 서로 일치할 때 어미자의 각 눈금과 아들자의 각 눈금 차이가 0.1mm, 0.2mm, … 1.0mm가 됨을 알 수 있다. 즉, 측정값은 0이 된다. 그러나 아들자를 오른쪽으로 약간만 이동시켜도 어미자와 아들자의 눈금이 일치하는 부분이 0이 아닌 다른 점으로 이동하게 된다. 여기서는 어미자의 눈금 4와 아들자의 눈금 4가 일치되어 있으므로 이 두 눈금의 차이 0.4mm가 어미자와 아들자의 기준 눈금에서 나타난다. 따라서 측정값은 0.4mm가 된다.

나) 인치식 버니어 캘리퍼스의 원리: 인치식 버니어 캘리퍼스는 최소 측정값이 1/128in, 1/1,000in인 것 두 가지가 존재한다. 최소 측정값 1/128in인 경우는 7/16in를 8등분하여 어미자와 아들자의 각 눈금 차이가 1/128in, 1/64in, … 1/16in가 된다. 읽는 원리는 미터식 버니어 캘리퍼스와 같다.

③ **버니어 캘리퍼스의 사용법**

가) 미터식 최소 측정값 1/20mm인 버니어 캘리퍼스의 눈금 읽는 법

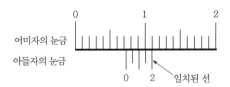

- 아들자의 0점 기선 바로 왼쪽에 있는 어미자의 눈금을 읽는다. 그림에서는 7번째 눈금으로서 7mm를 뜻한다.

- 어미자와 아들자의 눈금이 일치하는 아들자의 눈금을 읽는다. 그림에서는 4번째 눈금으로서 0.05×4=0.2, 즉 0.2mm를 뜻한다.

- 측정값은 7mm+0.2mm=7.2mm가 된다.

나) 인치식 최소 측정값 1/128in인 버니어 캘리퍼스의 눈금 읽는 법

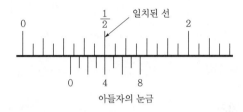

- 아들자의 0점 기선 바로 왼쪽에 있는 어미자의 눈금을 읽는다. 그림에서는 4번째 눈금으로서 1/4in를 뜻한다.

- 어미자와 아들자의 눈금이 일치하는 아들자의 눈금을 읽는다. 그림에서는 4로서 4/128in 를 뜻한다.

- 측정값은 1/4in+4/128in=9/32in가 된다.

(2) 마이크로미터(Micrometer)

마이크로미터는 정확한 피치의 나사를 이용하여 길이를 측정하는 기기이다. 용도에 따라 여러 종류가 있으며, 버니어 캘리퍼스보다 정밀도가 높아 미터용은 1/100mm와 1/1,000mm 단위까지를 측정할 수 있고, 인치용은 1/1,000in와 1/10,000in까지 측정할 수 있다.

① 마이크로미터의 종류와 구조

가) 외측 마이크로미터

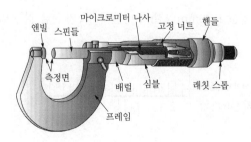

나) 내측 마이크로미터

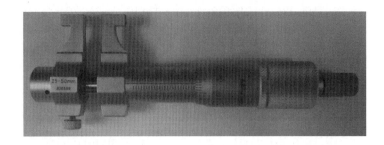

다) 깊이 측정 마이크로미터

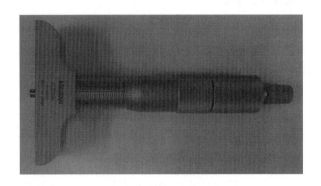

② **마이크로미터의 원리:** 마이크로미터는 수나사와 암나사의 끼워 맞춤을 이용한 것으로 심블을 한 바퀴 돌리면 스핀들이 1피치만큼 움직이게 된다. 만일 1피치가 0.5mm이면 심블을 한 바퀴 돌렸을 때 스핀들은 0.5mm만큼 움직이게 됨을 의미한다.

③ **마이크로미터의 사용법**

가) 마이크로미터의 눈금 읽기

- 최소 측정값 1/100mm인 마이크로미터의 눈금 읽기
  - 슬리브의 1mm 단위의 눈금을 읽는다. 여기서는 8로 8mm를 뜻한다.
  - 슬리브의 0.5mm 단위의 눈금을 읽는다. 여기서는 0.5로 0.5mm를 뜻한다.
  - 심블의 1/100mm 단위의 눈금을 읽는다. 여기서는 25로 0.25mm를 뜻한다.
  - 측정값은 8mm, 0.5mm, 그리고 0.25mm를 합하여 8.75mm가 된다.
- 최소 측정값 1/1,000mm인 마이크로미터의 눈금 읽기
  - 슬리브의 1mm 단위의 눈금을 읽는다. 여기서는 7.5로 7.5mm를 뜻한다.
  - 심블의 1/100mm 단위의 눈금을 읽는다. 여기서는 24로 0.24mm를 뜻한다.
  - 슬리브의 1/1,000mm 단위의 눈금을 읽는다. 여기서는 3으로 0.003mm를 뜻한다.
  - 측정값은 7.5mm, 0.24mm, 그리고 0.003mm를 합하여 7.743mm가 된다.

- 최소 측정값 1/1,000in인 마이크로미터의 눈금 읽기
  - 슬리브의 0점 기선의 위의 1/10in 단위의 눈금을 읽는다. 여기서는 2로 0.2in를 뜻한다.
  - 슬리브의 0점 기선 아래의 1/40in 단위의 눈금을 읽는다. 여기서는 1로 0.025in를 뜻한다.
  - 심블의 1/1,000in 단위의 눈금을 읽는다. 여기서는 16으로 0.016in를 뜻한다.
  - 측정값은 0.2in, 0.025in, 그리고 0.016in를 합하여 0.241in가 된다.

④ 마이크로미터의 사용방법

가) 외측 마이크로미터로 측정할 때 먼저 0점이 맞는지를 확인하여야 한다. 확인하는 방법은 먼저 앤빌과 스핀들의 측정 면을 깨끗이 닦아 내고, 일정한 힘을 가하여 0점과 슬리브의 기준선이 일치하는지를 확인한다.

나) 오른손으로 래칫을 가볍게 돌려 스핀들의 측정 면이 일감의 중심에 오게 밀착시킨다.

다) 따르락 하는 소리가 2~3회 나도록 래칫을 가볍게 돌려 측정 면에 완전히 닿도록 한다.

라) 마이크로미터의 눈금을 읽을 때는 일감에 마이크로미터가 접촉된 상태에서 직접 읽는다.

마) 자세의 불안정 등으로 시차가 발생할 우려가 있어 마이크로미터를 일감에서 떼어 낼 때는 클램프를 잡고 가볍게 떼어 낸 후 눈금을 읽는다. 마이크로미터를 사용한 후에는 부식을 막기 위하여 앤빌과 스핀들이 서로 맞닿게 하지 않는다. 또, 정확성을 유지하기 위해서 블록 게이지를 이용하여 정기적으로 점검한다.

⑤ 다이얼 게이지

가) 직접 측정: 기준면에서의 깊이 또는 높이를 직접 측정한다.

나) 비교 측정: 기준 게이지와 비교하여 그 값을 측정한다(높이 측정, 원통의 진원상태 측정, 축의 굽힘 측정, 평면도, 런 아웃 측정).

⑥ 블록 게이지: 공구, 다이, 부품 등의 정밀도 측정, 기계 조립과 제작 중인 부품과 제작된 부품의 점검, 조종계기와 지시계기의 기준 설정, 검사계기의 점검, 플러그 게이지, 링 게이지 및 스냅 게이지 등 특수 게이지의 정밀도와 마멸상태의 점검, 그리고 마름질할 때의 가공상태 점검 등에 사용된다.

※ 표준 측정온도는 평균기온보다 조금 낮은 20도이다.

⑦ 그 밖의 게이지

가) 두께 게이지: 철강제의 얇은 편으로 되어 있으며, 접점 또는 작은 홈의 간극 등의 점검과 측정에 사용한다.

나) 나사 피치 게이지: 나사의 피치를 알고자 할 때 사용하며 1인치당 나사골의 수가 새겨져 있다.

다) 센터 게이지: 나사의 절삭 바이트의 기준 측정에 사용되며 게이지 위에 있는 스케일은 1인치당 나사수를 정하는 데 사용한다.

라) 텔레스코핑 게이지: 내측 마이크로미터로 측정할 수 없는 안지름이나 홈을 측정하기 위한 보조 측정 기구이다.

2 일반 공구, 특수 공구의 명칭과 사용법

(1) 해머(hammer)

해머의 머리는 금속 또는 비금속으로 만들어져 있으며, 이것은 가공물을 성형하거나 두드려야 할 경우에 사용된다. 특히 비금속 재료로 만들어진 해머는 펀치의 머리, 볼트 및 못 등을 때리면 손상되기 쉽다. 해머의 종류로는 볼 핀 해머, 스트레이트 핀 해머, 크로스핀 해머, 멜릿 해머 등이 있다.

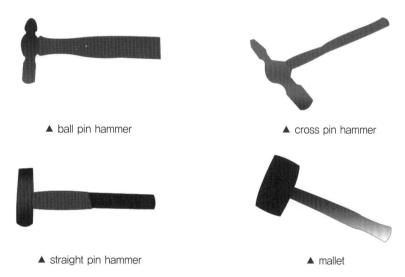

▲ ball pin hammer   ▲ cross pin hammer

▲ straight pin hammer   ▲ mallet

(2) 스크루 드라이버(Screw Driver)

스크루 드라이버는 날의 모양, 형태, 길이로 분류한다. 일반적으로 스크루 드라이버는 −형, +형이 많이 사용된다. 이것은 주로 스크루를 풀고 조일 목적으로 사용한다. 작업 시 스크루 드라이버 날이 최소 스크루 홈에 80% 정도 채워지도록 해야 한다.

(3) 플라이어(Plier)

플라이어는 여러 가지 형태와 규격이 있으며, 이것은 손으로 잡을 수 없는 소재를 잡는 데 사용한다.

① **콤비네이션 플라이어(combination plier=slip joint plier):** 콤비네이션 플라이어는 금속 조각이나 전선을 잡거나 구부리는 데 사용한다.

② **바이스 그립 플라이어(vise grip plier):** 바이스 그립 플라이어는 물림 턱에 잠금장치가 되어 있어 한 번 조절되어 잠금되면 부품을 고정하는 데 사용한다.

③ **롱 노즈 플라이어(long nose plier):** 롱 노즈 플라이어는 좁은 지점까지 도달할 수 있는 긴 물림턱을 가지고 있다. 손가락으로 접근할 수 없는 좁은 장소에 있는 부품을 집거나 얇은 금속판을 정교하게 구부리는 데 사용하기도 한다.

④ **커넥터 플라이어(connector plier):** 커넥터 플라이어는 전기 커넥터를 접속하거나 분리할 때 사용한다.

⑤ **인터널 링 플라이어(internal plier):** 인터널 링 플라이어는 스냅 링과 같은 종류를 오므릴 때 사용한다.

⑥ **익스터널 링 플라이어(external plier):** 익스터널 링 플라이어는 스냅 링과 같은 종류를 벌려 줄 때 사용한다.

⑦ **워터 펌프 플라이어(water pump plier=interlocking plier):** 워터 펌프 플라이어는 물림 턱의 간격을 쉽게 조절할 수 있어서 여러 가지 작업에 적합하며 물림 턱이 깊어서 강력하게 잡을 수 있다.

⑧ **다이아고널 커팅 플라이어(diagonal cutting plier):** 다이아고널 커팅 플라이어는 물림 턱이 짧고 날이 있다. 이것은 전선, 안전결선, 리벳, 스크루 및 코터 핀 등을 자르는 데 사용한다.

(4) 렌치

① **오프셋 박스 렌치(offset box wrench):** 오프셋 박스 렌치는 너트나 볼트를 풀거나 조이는 데 사용한다.

② **오픈 엔드 렌치(open end wrench):** 오픈 엔드 렌치는 스패너라고도 부른다. 이것의 양 끝에는 서로 다른 규격의 너트나 볼트를 돌릴 수 있는 홈이 있다. 머리 부분은 손잡이 쪽에 대하여 좌우 방향으로 15도의 각도를 취하고 있는데, 이것은 좁은 공간에서의 회전 동작을 고려한 것이다.

③ **콤비네이션 렌치(combination wrench):** 콤비네이션 렌치는 한쪽은 오프셋 박스 렌치이고, 다른 쪽은 같은 규격의 오픈 엔드 렌치이다. 조여진 너트나 볼트를 오프셋 박스 렌치를 이용하여 헐겁게 한 후, 오픈 엔드 렌치를 사용하여 빨리 풀어내는 데 사용한다.

④ **라쳇팅 박스 엔드 렌치(ratcheting box end wrench):** 라쳇팅 박스 엔드 렌치는 최근에 고안된 가장 간편한 렌치이다. 한쪽 방향으로만 움직이고 반대쪽 방향은 잠금이 되며, 오프셋 박스 렌치를 사용하는 것보다 작업 속도가 훨씬 빠르다.

⑤ **어저스터블 렌치(adjustable wrench):** 조절 렌치는 오픈 엔드 렌치와 같은 용도로 사용된다. 이것의 한쪽 물림 턱은 고정되어 있고 다른 쪽 턱은 손잡이에 설치된 나사형 스크루를 조작하여 크기를 조절할 수 있게 되어 있다.

⑥ **소켓 렌치(socket wrench):** 소켓 렌치는 소켓이라고 하는 너트나 볼트를 풀거나 조일 때 사용하는 것을 끼워서 사용하는 렌치로, 빠른 작업을 가능하게 하는 렌치이다.

⑦ **알렌 렌치(allen wrench):** 알렌 렌치는 6각 렌치를 의미하고, 이것은 6각 구멍을 가진 볼트를 풀거나 조일 때 사용한다.

⑧ **스트랩 렌치(strap wrench=belt wrench):** 벨트 렌치는 원통 모양의 물건을 표면에 손상을 주지 않고 돌리기 위해서 사용된다. 돌리고자 하는 물건 둘레를 벨트로 감고 끌어당기면서 핸들을 돌리며 사용한다.

(5) 핸들

① **스피드 핸들(speed handle):** 스피드 핸들은 소켓을 신속하게 돌릴 수 있다. 작업 공간이 협소하지 않고, 많은 너트나 볼트를 풀고 조이는 데 사용한다.

② **브레이커 바(breaker bar):** 브레이커 바는 너트나 볼트를 푸는 데 사용한다. 브레이커 바는 단단히 조여 있는 너트나 볼트를 풀 때 지렛대 역할을 할 수 있도록 하여 너트나 볼트를 풀 수 있는 방향으로 돌려 사용한다.

③ **래칫 핸들(ratchet handle):** 래칫 핸들은 너트나 볼트를 풀 때, 한쪽 방향으로만 잠금이 되고, 또 조일 때는 반대 방향으로 잠금이 걸리게 되어 있다. 래칫 핸들에 부착되어 있는 레버는 래칫 작동의 방향을 바꿔주는 역할을 한다. 이것은 단단히 조여 있는 너트나 볼트를 풀거나 조일 때 사용한다.

④ **T 핸들(T handle):** T 핸들은 손잡이 양쪽 끝에 똑같은 힘을 가할 수 있으며, 소켓을 돌리는 데 사용한다.

(6) 부착 공구

① **익스텐션 바(extension bar):** 익스텐션 바는 좁은 공간에 있는 너트나 볼트를 풀거나 조일 때, 래칫 핸들이나 T 핸들에 연결하여 사용한다.

② **유니버설 조인트(universal joint):** 유니버설 조인트는 좁은 장소에서 작업할 때에 굴곡이 필요할 경우 래칫 핸들, 스피드 핸들, 소켓 또는 익스텐션 바와 함께 사용된다.

③ **크로우 풋(crow foot):** 크로우 풋은 오픈 엔드 렌치로 작업할 수 없는 좁은 장소의 작업에 사용되며 적절한 핸들과 익스텐션 바와 같이 사용한다.

④ **어댑터(adapter):** 어댑터는 소켓과 핸들에 사용된다. 예를 들면, 1/4″ 소켓을 3/8″ 소켓으로 바꾸어서 사용할 때 스피드 핸들이나 래칫에 끼워서 사용한다.

(7) 줄

줄은 가공물을 직각으로 또는 둥글게 가공하거나 거친 부분을 제거하거나 구멍이나 홈을 내는 작업, 불규칙한 면을 매끄럽게 하는 작업 등에 사용된다.

01 다음 중 버니어 캘리퍼스에 대한 설명으로 틀린 것은?

① 어미자와 아들자로 구성되어 있다.

② 용도에 따라 M1형, M2형, CB형, CM형이 있다.

③ 측정물의 안지름, 바깥지름, 깊이 등을 측정한다.

④ 정확한 피치의 나사를 이용하여 실제 길이를 측정한다.

해설

버니어 캘리퍼스의 종류와 구조
• 어미자와 아들자가 하나의 몸체로 조립되어 있다.
• 측정물의 안지름, 바깥지름, 깊이 등을 측정할 수 있다.
• 측정 용도에 따라 M1형, M2형, CB형, CM형이 있다.
• 치수가 미터식인 경우 150mm, 200mm, 300mm, 600mm 및 1000mm 로 구분되고, 인치식은 경우 $\frac{1}{128}in$, $\frac{1}{1000}in$가 있다.

02 최소 측정값이 1/50mm인 버니어 캘리퍼스에서 다음 그림의 측정값은 얼마인가?

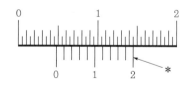

① 4.52 ② 4.70
③ 4.72 ④ 4.75

해설

아들자의 0점 기준 바로 왼쪽의 어미자의 눈금 4.5mm이고, 어미자와 아들자의 눈금이 일치하는 아들자의 눈금이 0.20mm이다. 즉, 4.5+0.20=4.70mm이다.

03 다음 그림과 같은 캘리퍼스의 종류는?

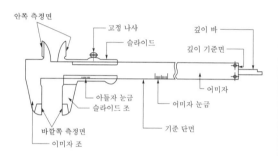

① CB형 ② M1형
③ CM형 ④ M2형

해설

M1형 버니어 캘리퍼스는 가장 많이 사용되고 있다.

04 최소 측정값이 1/1000″인 버니어 캘리퍼스 아래 그림의 측정값은 얼마인가?

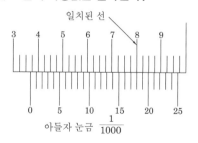

① 0.366″ ② 0.367″
③ 0.368″ ④ 0.369″

정답 01. ④ 02. ② 03. ② 04. ③

아들자의 0점 기준 바로 왼쪽의 어미자의 눈금 0.350″이고, 어미자와 아들자의 눈금이 일치하는 아들자의 눈금이 0.018″이다. 즉, 0.350+0.018=0.368″이다.

05 다음은 정밀 측정기인 마이크로미터에 대한 설명이다. 가장 거리가 먼 내용은 어느 것인가?

① 보통 0.01mm와 0.001mm까지 측정할 수 있다.

② 측정기 하나로 내측, 외측, 깊이를 모두 측정할 수 있는 장점이 있다.

③ 앤빌과 스핀들이라는 명칭이 사용되는 구조 부분이 있다.

④ 심블과 슬리브라는 명칭이 사용되는 구조 부분이 있다.

마이크로미터

• 측정단위는 미터용은 0.01mm, 0.001mm 단위까지 측정할 수 있고, 인치용은 0.001in, 0.0001in 단위까지 측정할 수 있다.

• 버니어 캘리퍼스와는 달리 외측 마이크로미터는 외측을 측정하고, 내측 마이크로미터는 내측을 측정하고, 깊이 마이크로미터는 깊이를 측정할 수 있다.

• 마이크로미터의 주요 구조 명칭으로는 앤빌, 스핀들, 프레임, 심블, 래칫스톱, 클램프 레버가 있다.

06 외측 마이크로미터의 각부 기능을 설명한 것으로 가장 올바른 것은?

① 앤빌과 스핀들은 마이크로미터를 보관할 때 0점 조정을 위해 사용한다.

② 클램프와 슬리브 사이에는 측정물을 끼워 넣을 수 있게 되어 있다.

③ 래치스톱은 측정력 이상의 힘이 작용되면 공회전하도록 되어 있다.

④ 래치노브는 심블의 안쪽 둘레에 설치되어 있다.

외측 마이크로미터 사용법

• 작은 측정물을 측정할 때는 측정물을 잡고, 다른 손으로 마이크로미터를 잡는다. 측정물에 앤빌을 대고 엄지손가락과 집게손가락으로 심블 또는 래칫을 돌려 측정한다.

• 큰 측정물을 측정할 때는 측정물을 바이스에 고정하여 측정한다. 측정물이 평평한 경우에는 여러 곳을 측정한다.

• 축 지름을 측정할 때는 한 손으로 마이크로미터 프레임을 잡고, 다른 손으로 심블 또는 래칫을 돌려 측정한다. 원통 축 지름을 측정할 때는 측정 각도를 달리하여 여러 번 측정하여 편심을 정확히 알 수 있다.

07 마이크로미터를 좋은 상태로 유지하고, 측정값의 정확도를 높이고자 할 때의 주의사항으로 가장 관계가 먼 내용은?

① 마이크로미터를 보관할 때 앤빌과 스핀들이 서로 맞닿게 하여 흔들림을 방지해야 한다.

② 마이크로미터 스크루는 블록 게이지를 사용하여 장기적으로 점검한다.

③ 마이크로미터 기구에 이물질이 끼어 원활하지 못할 때는 이를 닦아 낸다.

④ 심블을 잡고 프레임을 돌리면 스크루가 마멸되므로 주의한다.

마이크로미터 손질 및 사용 시 주의사항

• 보관 시 앤빌과 스핀들이 서로 맞닿게 해서는 안 된다.

• 스크루에 방청유를 주유하고, 장시간 보관할 경우에는 방청유를 마이크로미터 전체에 가볍게 바른 후 기름종이로 감싸서 보관한다.

• 심블은 손바닥으로 비벼 돌려서는 안 되고, 심블을 잡고 프레임을 돌리면 스크루가 마멸된다.

• 사용 전 앤빌과 스핀들을 깨끗이 닦고, 그 사이에 종이를 끼워 두었을 때는 이를 떼어낸다.

• 마이크로미터는 자유롭게 움직이고 헛돌아서는 안 된다. 헛돌거나 빡빡하면 제작회사에 보내어 수리한다.

정답 05. ② 06. ③ 07. ①

08 아래 그림은 미터식 마이크로미터의 눈금을 나타낸 것이다. 최소 측정값 1/100mm인 마이크로미터의 측정값은?

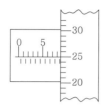

① 0.75mm　② 8.75mm
③ 8.55mm　④ 8.25mm

해설

1/100mm인 마이크로미터의 눈금 읽기

• 슬리브의 1mm 단위의 눈금을 읽는다. 여기서는 8로 8mm를 뜻한다.
• 슬리브의 0.5mm 단위의 눈금을 읽는다. 여기서는 0.5로 0.5mm를 뜻한다.
• 심블의 1/100mm 단위의 눈금을 읽는다. 여기서는 25로 0.25mm를 뜻한다.
• 측정값은 8+0.5+0.25=8.75mm가 된다.

09 최소 측정값이 1/1000mm인 마이크로미터의 아래 그림이 지시하는 측정값은?

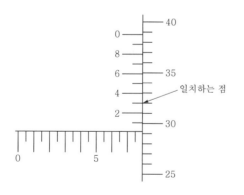

일치하는 점

① 7.763mm　② 7.753mm
③ 7.793mm　④ 7.703mm

해설

1/1000mm인 마이크로미터의 눈금 읽기

• 슬리브의 1mm 단위의 눈금을 읽는다. 여기서는 7로 7mm를 뜻한다.
• 슬리브의 0.5mm 단위의 눈금을 읽는다. 여기서는 0.5로 0.5mm를 뜻한다.
• 심블의 1/100mm 단위의 눈금을 읽는다. 여기서는 29로 0.29mm를 뜻한다.
• 버니어붙이의 1/1000mm 단위의 눈금을 읽는다. 여기서는 3으로 0.003mm를 뜻한다.
• 측정값은 7mm+0.5mm+0.29mm=7.793m가 된다.

10 그림과 같은 최소 눈금 1/1,000인치식 마이크로미터 눈금은 몇 in인가?

기선

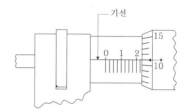

① 0.215　② 0.236
③ 2.116　④ 2.411

해설

인치식 마이크로미터의 눈금 읽기

• 배럴의 0점 기선 위의 $\frac{1}{10}in$ 단위 눈금을 읽는다. 여기서 2는 0.2in를 뜻한다.
• 배럴의 0점 째선 아래의 $\frac{1}{40}$ 단위의 눈금을 읽는다. 여기서 첫 번째 눈금으로 0.025in를 뜻한다.
• 배럴의 0점 기선 위에 있는 $\frac{1}{1000}in$ 단위의 눈금을 읽는다. 여기서 11은 0.011in를 뜻한다.
• 측정값은 0.2in+0.025in+0.011in=0.236in

정답 08. ② 09. ③ 10. ②

11 다음은 어댑터의 설명이다. 가장 적합한 것은?

① 크기가 서로 다른 핸들(handle)과 어태치먼트(attachment)를 연결할 때 사용한다.
② 핸들(handle)의 길이를 늘일 때 사용한다.
③ 핸들(handle)의 양끝에 똑같은 힘을 가할 때 사용한다.
④ 크기가 서로 같은 핸들(handle)과 어태치먼트(attachment)를 연결할 때 사용한다.

<u>해설</u>

어댑터는 결합되는 곳의 크기가 서로 다른 핸들과 소켓의 사용을 가능하게 해주는 공구이다.

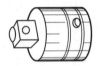

12 물림 턱의 간격을 쉽게 조절할 수 있으며, 물림 턱이 깊어서 강력하게 잡을 수 있는 그림과 같은 공구의 명칭은?

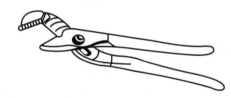

① 커넥터 플라이어
② 콤비네이션 플라이어
③ 워터 펌프 플라이어
④ 익스터널 링 플라이어

<u>해설</u>

워터 펌프 플라이어는 물림 턱의 간격을 쉽게 조절할 수 있어서 여러 가지 작업에 적합하며 물림 턱이 깊어서 강력하게 잡을 수 있다.

13 측정물 평면의 상태검사, 원통의 진원검사등에 이용되는 측정기기는?

① 버니어 캘리퍼스　② 다이얼 게이지
③ 마이크로미터　　④ 깊이 게이지

<u>해설</u>

다이얼 게이지는 직접적인 측정이 아닌 기준치에 대한 비교 측정에 사용되는 정밀 측정 공구로써 높이 측정, 원통의 진원상태 측정, 축의 굽힘 측정, 평면도, 런 아웃 측정 등에 많이 사용된다.

14 공구, 부품 등의 정밀도 측정에 사용되고 기계 기구의 점검, 그밖에 길이의 기준용으로 사용되고 있는 측정원기 중의 하나인 측정기는?

① 두께 게이지　　② 마이크로미터
③ 다이얼 게이지　④ 블록 게이지

<u>해설</u>

블록 게이지는 공구, 다이, 부품 등의 정밀도 측정, 기계 조립과 제작 중인 부품과 제작된 부품의 점검, 조종계기와 지시계기의 기준 설정, 검사 계기의 점검, 플러그 게이지, 링 게이지 및 스냅 게이지 등 특수 게이지의 정밀도와 마멸상태의 점검, 그리고 마름질할 때의 가공상태 점검 등에 사용된다.

15 너트나 볼트 헤드까지 닿을 수 있는 거리가 굴곡이 있는 장소에 사용되는 그림과 같은 공구의 명칭은?

① 알렌 렌치　　　② 익스텐션 바
③ 래칫 핸들　　　④ 플렉시블 소켓

<u>해설</u>

플렉스 소켓은 여러 각도로 움직일 수 있는 유니버셜 조

인트가 장착되어 있어 일반 소켓으로 작업하기 어려운 각도에서 작업 시 사용된다.

16 판재를 범핑가공할 때 판재에 손상을 주지 않고 충격을 가할 수 있는 망치는?

① 볼핀해머   ② 클로해머
③ 보디해머   ④ 멜릿해머

해설

멜릿해머는 판재를 범핑가공할 때 해머와 같은 목적으로 사용되고, 타격 부위에 변형을 주지 않아야 할 경우 사용하는 망치이다.

17 보통 안지름이나 홈을 측정하는 보조 측정기구는?

① 버니어 캘리퍼스   ② 두께 게이지
③ 텔레스코핑 게이지 ④ 실린더 게이지

해설

텔레스코핑 게이지는 내측 마이크로미터로 측정할 수 없는 안지름이나 홈을 측정하기 위한 보조 측정기구이다.

18 크로우풋에 대한 설명으로 가장 옳은 것은?

① 소켓 렌치로 작업할 때 연장공구와 함께 사용한다.
② 오픈 – 엔드 렌치로 작업할 수 없는 좁은 공간에서 작업할 때 연장공구와 함께 사용한다.
③ 소켓 렌치로 좁은 공간에서 작업할 때 함께 사용한다.
④ 오픈 – 엔드 렌치로 작업할 때 함께 사용한다.

해설

크로우풋은 오픈 엔드 렌치로 작업할 수 없는 좁은 장소의 작업에 사용되며, 적절한 핸들과 익스텐션 바와 함께 사용하는 공구이다.

19 다음 중 오픈 엔드 렌치의 사용법에 대하여 가장 옳게 설명된 것은?

① 볼트나 너트의 머리에는 한 사이즈 더 큰 렌치를 선택하여 작업한다.
② 가볍게 돌아가는 볼트와 너트에서는 오픈 엔드 렌치가 박스렌치보다 작업속도가 느리다.
③ 너트를 처음 푸는 작업이나 마무리 죄기에 사용한다.
④ 렌치를 밀어내야만 할 때는 렌치를 손으로 감아 잡지 말고 손을 벌린 채 손바닥으로 밀도록 한다.

해설

오픈 엔드 렌치(open end wrench)
• 볼트 머리나 너트에 꼭 맞는 렌치를 선택한다.
• 렌치의 사용 폭이 제한된 곳에 있는 볼트나 너트에는 오프셋 오픈 엔드 렌치를 사용한다. 너트를 죌 때는 렌치를 반대 방향으로 끼워 사용한다.
• 렌치를 잡아당기는 위치에서 작업 중 정확한 작업을 실시하지 못할 때는 렌치가 미끄러져 다칠 우려가 있으니 안전의 주의한다.
• 렌치를 밀어 내야만 할 때는 렌치를 손으로 감아 잡지 말고 손을 벌린 채 손바닥의 힘으로만 밀어 작업하도록 한다.

20 다량의 bolt나 nut를 신속하게 풀고 조이는 데 사용되는 공구와 가장 관련이 있는 공구는?

① 스피드 핸들   ② 조합렌치
③ 박스렌치   ④ 오픈 엔드 렌치

해설

스피드 핸들(speed handle)은 소켓을 신속하게 돌릴 수 있다. 작업 공간이 협소하지 않고, 많은 너트나 볼트를 풀고 조이는 데 사용한다.

정답 16. ④   17. ③   18. ②   19. ④   20. ①

03 정비작업

1 정비작업

(1) 정비작업의 종류

① **정상작업:** 정상작업은 정비사항에 따라 일정한 기간마다 반복하여 수행되는 계획적인 정비작업, 또는 불가항력으로 발생한 정비사항을 필요에 따라 비계획적으로 수행하는 정비작업을 말한다.

　가) 계획정비: 감항성을 유지하고 확인하기 위한 점검, 검사, 보급, 정기적인 부품 교환 등을 포함하는 정비작업으로 넓은 의미에서 정시 점검과 시한성 부품의 교환 등으로 나눈다.

　나) 비계획 정비: 예측할 수 없는, 불가항력으로 발생한 항공기 및 계통의 고장에 대한 수리 점검, 고장 탐구 및 항공 기재의 상태가 특정한 조건에 해당하였을 경우 수행하는 정비이다.

② **특별작업:** 특별작업은 항공 기재의 품질을 향상하거나 항공기 및 관련 장비의 기능 변경을 목적으로 하여 설계 변경을 시키는 개조작업 및 일시적인 검사(AD, TCTO) 등을 수행하는 작업을 말한다.

(2) 기체의 정비작업

① 비행 조건

　가) 최소 구비 장비목록(MEL: Minimum Equipment List): 경미한 결함의 수정이나 감항성에 영향이 없는 장비의 교환작업이 정시성에 해를 끼치게 될 경우에 안정성을 보장할 수 있는 한계에서 다음 기지까지 정비작업을 이월시켜 운항하도록 하기 위한 것이다(비행조종계통, 엔진계통, 착륙장치 등은 제외).

나) 부족 허용 부품 목록(MPL: Missing Part List): 감항성을 저해하는 요소가 없는 범위 내에서 운항 중에 분실 또는 멸실된 부품에 대하여 정시성의 확보를 목적으로 운항을 허용하기 위한 것으로, 자재와 설비 및 시간이 확보될 때는 즉시 원상태로 복원하는 것이다(정시성의 확보를 목적으로 설정된 개념).

② **기체의 점검:** 기체 정비의 일환으로 비행 전·후 점검, 정시 점검 및 정기 점검, 기체의 오버홀

가) 비행 전 점검과 비행 후 점검

㉠ 비행 전 점검(T-check): 비행 전에 외부 점검과 세척, 운항 중에 소비할 액체 및 기체의 보충, 엔진 및 필요한 계통의 점검, 그 밖에 항공기 시동의 지원 및 지상 동력장비의 지원 등을 통하여 항공기의 출발을 준비하는 것이다.

- 비행 전 점검 내부 점검 사항: 외부 조명계통의 작동상태
- 비행 전 점검 외부 점검 사항: 각 계통의 배유 및 배수 상태 점검, 동·정압공의 가열 및 청결상태 점검, 조종계통의 장착 및 점검 상태 점검
  - 비행 후 점검: 최종 비행을 마치고 수행하는 점검으로 항공기 내부와 외부의 세척, 탑재물의 하역 액체 및 기체의 보급, 운항 중에 발생한 결함을 교정하여 다음 날의 비행을 준비하는 것이다.

나) 정시 점검: 일정한 점검 주기를 가지고 반복하여 점검할 수 있도록 하는 정비이다.

- A 점검: 항공기의 소모성 액체나 기체를 보급하고 비행 중 손상되기 쉬운 조종면, 타이어 제동장치, 엔진들을 중심으로 행하는 점검으로 운항하는 사이사이 시간을 이용한다(결함 수정, 기내 청소).
- B 점검: A 점검의 점검 항목에 보충해서 엔진 점검을 위주로 하며 운항 중의 시간을 이용하여 행한다.
- C 점검: A 점검과 B 점검 이외에 모든 계통의 배관과 배선, 엔진, 착륙장치 등에 대한 점검 항목, 기체 구조의 외부 점검 및 작동 부위의 윤활과 시한성 부품의 교환 등이 행해지는 점검으로 2~3일 정도 운항을 중지하고 점검한다.
- D 점검: 오버홀 점검, 주로 기체 구조나 내부 검사가 본래의 목적이지만 A 점검, B 점검, C 점검의 점검 항목 이외의 계통의 작동 점검이나 기능 점검 및 기체 중심의 측정 등과 항공기 도장을 포함한다(감항성을 유지하기 위한 기체 점검의 최고 단계).
- 내부 구조 검사(ISI): 감항성에 일차적인 영향을 끼칠 수 있는 기체 구조를 중심으로 검사하여 감항성을 유지하기 위한 기체 내부 구조에 대한 표본 검사이다.

기종	A 점검	B 점검	C 점검	D 점검
F-27	매 비행 전	50	30,000	
A-300	매 비행 전		500	3,000
B-727	매 비행 전	50	300	1,600
DC-10	매 비행 전		750	4,000
B-747	매 비행 전	100	1,600	8,000

다) 정기 점검: 일정한 기간 동안 비행을 하지 않았다면 비행시간을 기준하여 행해져야 하는 정시 점검이 수행되지 않게 된다. 그러나 각 부분에는 비행시간의 경과와는 관계없이 노화되는 부분이 있다. 따라서 이러한 부분은 비행시간에 관계 없이 일정한 기간이 지나면 정기적으로 점검하여야 하는데, 이러한 점검을 정기 점검이라 한다.

라) 기체의 오버홀: 항공기 기체 및 각 계통의 수리 순환 품목을 분해, 세척, 수리 및 조립하여 새것과 같은 상태로 만드는 것으로 사용시간을 "0"으로 환원한다.

마) 분할 오버홀(약 45일 정도 걸린다.): 오버홀 점검 항목을 분할하여 일정한 시간마다 단계적으로 수행함으로써 일정한 시간이 지나면 항공기 전체가 오버홀 되도록 하는 정비방식으로 정비시간을 단축할 수 있는 장점이 있다.

바) HT(Hard Time): 일정한 사용시간에 도달한 장비품 등을 항공기에서 장탈하여 정비하거나 폐기하는 정비 기법으로 폐기 및 오버홀 등을 요구한다.

사) 수리 순환 품목: 부품을 사용 후 수리 또는 오버홀하여 다시 항공기에 사용하고 항공기에서 장탈하여 다시 수리나 오버홀 과정을 거치는 품목이다.

(3) 엔진의 정비작업

① 엔진의 검사

가) 윤활유 분광 검사(SOAP: Spectrometric Analysis Program): 정기적으로 사용 중인 윤활유를 채취하고 분광 분석장치에 의해 혼합된 미량의 금속을 분석하여(추출된 샘플을 전기용광로에서 연소시켜 분광계로 분석) 윤활유가 순환되는 작동 부위의 이상 상태를 탐지한다.

나) 엔진의 보어스코프 검사: 보어스코프(간접 육안검사)를 이용하여 엔진의 압축기 부분이나 터빈 부분의 결함 상태를 확인 검사하는 방법이다.

다) 고열 부분의 검사(HSI: Hot Section Inspection): 연소실이나 터빈 등 고열 부분만을 중점적으로 점검하고 나머지 부분은 그대로 조립하는 검사 방법이다.

  ※ 목적: 엔진의 감항성을 확인하기 위해서 뿐만 아니라 엔진의 사용시간 연장, 불필요한 분해 정비를 하지 않기 위해 정비시간 단축

② **엔진 중정비(engine heavy maintenance)**: 엔진을 기체로부터 정기적으로 계획한 시간 간격으로 장탈하여 각 구성 부품에 따라 정해진 검사, 수리, 교환 등을 수행하는 정비이다.

③ **엔진 상태 정비(on condition maintenance)**: 가스터빈엔진의 효율적인 운영과 신뢰성 관리를 위하여 엔진 정비에서의 점검과 검사 및 수리 등의 결과 부품 교환 상황, 운항 중의 고장 상황 등 관련된 정보를 수집하고 분석하여 필요한 시기에 필요한 부품에 대해 요구되는 정비이다.

  가) FDM(Flight Data Monitoring, 비행자료 수집 장치): 배기가스 온도, 연료 유량 및 진동 등을 기록하고 이것의 수치 변동 경향으로부터 엔진 부품의 변형 등을 밝혀내는 데 활용된다.

  나) AIDS(Aircraft Integrated Data System, 비행기록 집적장치): 엔진을 비롯하여 모든 계통의 각 부분에 감지기를 붙여 비행 중의 압력, 유량, 온도 및 변위 등의 신호를 연속적으로 기록하고 이상이 있는 자료를 지상의 전자계산기로 처리하여 부품의 기능 저하 결함의 탐지나 고장을 탐구하는 데 활용된다.

④ **엔진의 오버홀**: 시한성 정비방식에 의해 사용시간 한계 내에서 기체로부터 엔진을 장탈하여 완전 분해 수리함으로써 사용시간을 "0"으로 환원한다(주로 왕복엔진에 적용).

(4) 장비의 정비작업

① 부품 상태 구분

  가) 사용 가능 부품: 노란색 표찰(yellow tag)

  나) 수리 요구 부품: 초록색 표찰(green tag)

  다) 폐기품: 빨간색 표찰(red tag)

  라) 수리 중 부품: 파란색 표찰(blue tag)

② **기능 점검**: 항공기의 계통 및 구성품의 작동이나 각종 작동유, 연료 등의 흐름상태, 온도, 압력 등이 규정된 지시 상태로 정상 기능을 발휘하여 허용한계 값 내에 있는가를 결정하기 위한 세부 검사로서 항공기에 장착된 상태에서 수행하는 정비이다.

③ **벤치 체크:** 작동 점검이나 기능 점검으로 구성품의 기능이나 성능을 알 수 없을 때 구성품을 장탈하여 전문 공장에서 시험 장비를 이용하여 작동시험 및 측정을 해보고 필요한 경우에 분해 세척한 후 단순한 조치를 취하는 단계까지의 정비작업이다.

④ **장비의 수리:** 육안검사, 비파괴 검사 및 그밖의 벤치 체크 등을 수행하여 고장의 원인을 알아낸 다음 고장 부분을 수리 또는 교환함으로써 정상 작동 기능을 가지도록 하는 작업으로 사용시간이 "0"으로 환원되지 않는다.

　가) 비행시간: 항공기가 자력으로 움직이기 시작해서 바퀴가 떨어져 비행 후 착륙하여 바퀴가 완전히 정지할 때까지의 시간

　나) 사용시간: 항공기가 활주로에서 바퀴가 떨어질 때부터 비행 후 바퀴가 땅에 닿는 시점까지의 시간

⑤ **장비의 오버홀:** 분해, 세척, 검사, 수리, 품목의 교환, 조립, 시험 등의 정비 단계를 거쳐 처음과 같은 상태로 만드는 정비작업으로, 부품의 사용시간을 "0"으로 환원한다.

　※ 오버홀 순서: 분해→세척→검사→수리 및 부품의 교환→조립→시험

2　항공기 기계요소(체결)

(1) 항공기용 기계요소

① **규격:** 표준이란 제품의 수치, 용량, 품질 및 성분 등을 측정하고 평가하는 데 있어서 비교의 기준이나 규약으로 설정된 사항을 의미하며, 좁은 의미에서의 규격이란 제품의 개별적인 특성과 치수 및 독특한 특성에 관해 상세하게 기술된 세부적인 지정 사항을 말한다.

　가) AN: Airforce Navy Aeronautical Standard

　나) MS: Military Standard

　다) NAS: National Aircraft Standard

　라) MIL: Military Specification

　마) AMS: Aeronautical Material Specifications

　바) AA: Aluminium Association of America

　사) AS: Aeronautical Standard

　아) ASA: America Standard Association

　자) ASTM: America Society for Testing Materials

차) NAF: Navy Aircraft Factory

카) SAE: Society of Automotive Engineers

(2) 항공기용 볼트(BOLT)

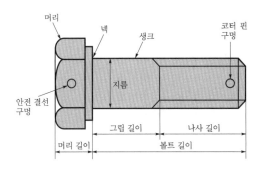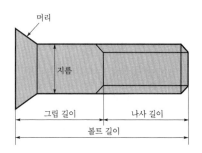

① **볼트의 재질:** 항공기용 볼트는 일반적으로 니켈강이나 알루미늄 합금을 사용한다.

② **볼트의 구성:** 두부(head)와 생크(shank)로 구성된다.

　가) 생크(shank): 나사에서 머리 부분을 제외한 나머지 몸통의 길이이다.

　나) 그립(grip): 생크에서 나사산 부분을 제외한 나사의 길이로서 체결하고자 하는 부품의 두께와 같거나 더 커야 하며, 절대로 그립의 길이가 작아서는 안 된다. 접시머리 볼트 (countersunk head bolt)의 경우 그립의 길이는 헤드까지 포함된 전체 길이에서 나사산 부분의 길이를 뺀 나머지 길이이다.

③ **AN 볼트 규격**

　예 AN 3 DD H 10 A

　　• AN: 규격명

　　• 3: 볼트의 지름(3/16in)

　　• DD: 재질(2024 – T)

　　• H: 볼트의 구멍 유무 표시

　　• 10: 볼트의 길이(10/8in)

　　• A: 나사 끝 구멍의 유무 표시(A: 없다, 무표시: 있다)

④ **나사산 피치의 종류 및 나사의 등급**

　가) 나사산 피치의 종류

　　• NF(American National Fine Pitch): 1인치당 나사산 수가 14개인 나사

- UNF(American Standard Unified Fine Pitch): 1인치당 나사산 수가 12개인 나사

- NC(American National Coarse)

- UNC(American Standard Unified Coarse)

나) 나사등급의 종류

- 1등급(CLASS 1): LOOSE FIT

- 2등급(CLASS 2): FREE FIT

- 3등급(CLASS 3): MEDIUM FIT−NF계열 나사산을 사용한다.

- 4등급(CLASS 4): CLOSE FIT

  - 항공기용 볼트는 CLASS 3, NF계열 나사산을 사용한다.

  - 4등급은 너트를 볼트에 끼우기 위해서는 렌치가 필요하다.

⑤ 볼트 식별과 종류

가) 볼트 머리 기호 식별

머리 기호	종류	허용 강도	비고
—	내식성 볼트		
=	내식성 볼트		
+	합금강 볼트	125,000~145,000psi	
△	정밀공차 볼트		
◬	정밀공차 볼트	160,000~180,000psi	고강도 볼트
⬙	정밀공차 볼트	125,000~145,000psi	합금강 볼트
R	열처리 볼트		
− −	알루미늄 합금 볼트		
=	황동 볼트		

나) 항공기용 볼트의 종류

- 육각 볼트(hex head)(AN 3~20): 일반적인 인장 및 전단 하중을 담당하는 구조부재용 볼트로서 모든 목적에 사용된다.

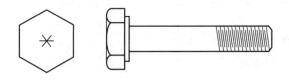

  - 직경이 1/4in 이하의 AL 합금 볼트는 일차 구조 부분에 사용 불가하다.

  - 카드뮴 도금 강철 볼트에 알루미늄 합금 너트는 이질금속의 부식 때문에 해상

항공기에는 사용 불가하다.

　– 알루미늄 합금 볼트나 너트는 정비 및 점검 목적으로 자주 장탈하는 부분에 사용해서는 안 된다.

• 정밀공차 볼트(AN 173~186): 일반 볼트보다 정밀하게 가공된 볼트이다.

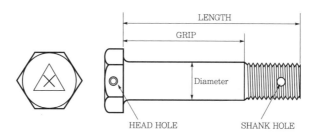

　– 심한 반복운동이나 진동이 발생하는 곳과 같이 단단히 조여야 할 곳에 사용한다.

　– 12~14 온스의 망치로 쳐야 제 위치로 들어간다.

• 인터널 렌치 볼트(MS 20004~MS 20024): 내부 렌치 볼트라고도 한다.

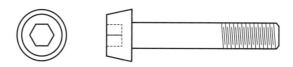

　– 고강도강으로 만들어졌으며 특수 고강도 너트와 함께 사용한다.

　– 인장과 전단이 작용하는 부분에 사용하는 것이 좋다.

　– AN 육각 머리 볼트와 강도 차이 때문에 교체 사용이 불가능하다.

　– 볼트 체결 시 육각형의 L 렌치를 사용한다.

• 드릴 헤드 볼트(AN 73~AN 81)

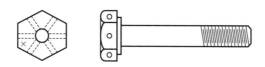

　– 안전결선 구멍이 마련되어 있으며 머리 부분의 두께는 일반적으로 두껍다.

• 클레비스 볼트

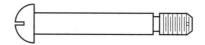

보통 스크루 드라이버를 사용하여 장착하며 전단 하중만 작용하는 곳에 사용되고 조종계통에 기계적 핀으로 자주 사용된다.

• 아이 볼트

외부에서 인장 하중이 작용하는 곳에 사용되며, 고리(EYE)는 턴버클, 클레비스 혹은 케이블 고리가 걸리도록 되어 있다.

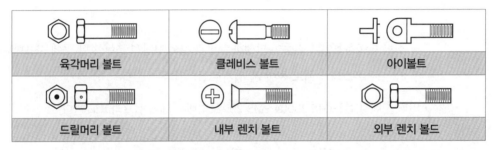

| 육각머리 볼트 | 클레비스 볼트 | 아이볼트 |
| 드릴머리 볼트 | 내부 렌치 볼트 | 외부 렌치 볼드 |

명칭	형태	규격
표준 육각머리 볼트		AN 3~AN 20
클레비스 볼트		AN 21~AN 36
아이볼트		AN 42~AN 49
드릴 헤드 볼트		AN 73~AN 81
정밀 공차 볼트(100°접시머리)		NAS 663~NAS 668
정밀 공차 볼트(육각머리)		NAS 673~NAS 678
정밀 공차 볼트		NAS 4104~NAS 4116
내부 렌치 볼트		NAS 144~NAS 158
12각 머리 볼트		MS 9033~MS 9039

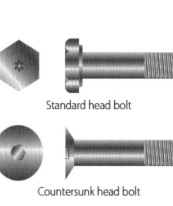

Standard head bolt

Drilled hex head bolt

Countersunk head bolt

Internal hex head bolt

Eyebolt

Clevis bolt

AN standard
steel bolt

AN standard
steel bolt

AN standard
steel bolt

AN standard
steel bolt
(corrosion
resistant)

AN standard
steel bolt

AN standard
steel bolt

AN standard
steel bolt

AN standard
steel bolt

AN standard
steel bolt

Special bolt

Special bolt

Drilled head
bolt

Special bolt

NAS close
tolerance bolt

Aluminium
alloy (2024)
bolt

Magnetically
inspected

Orange-dyed
magnetically
inspected

Clevis bolt

Reworked
bolt

Low strength
material bolt

• 로크 볼트(고정 볼트, lock bolt): 고강도 볼트와 리벳으로 구성되며 날개의 연결부, 착륙장치의 연결부와 같은 구조 부분에 사용된다. 재래식 볼트보다 신속하고 간편하게 장착할 수 있고 와셔나 코터 핀 등을 사용하지 않아도 된다.

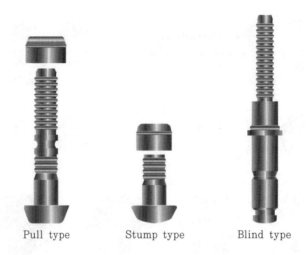

Pull type   Stump type   Blind type

　– 풀(pull)형 고정 볼트: 특수 공기총을 사용하여 혼자서 작업이 가능하다.

　– 스텀프(stump)형 고정 볼트: 공간이 매우 좁은 경우에 사용한다.

　– 블라인드(blind)형 고정 볼트: 한쪽 면에서만 작업이 가능한 부분에 사용한다.

⑥ **볼트의 체결 방법**: 볼트와 너트가 헐거워졌을 때는 빠지지 않도록 하기 위한 방법이다.

　가) 머리 방향이 비행 방향이나 위 방향으로 향하게 체결한다.

　나) 회전하는 부품에는 회전하는 방향으로 향하도록 체결한다.

　다) 볼트 그립의 길이는 결합 부재의 두께와 동일하거나 약간 긴 것을 선택하고, 길이가 맞지 않을 때는 와셔를 이용하여 길이를 조절해야 한다.

(3) 항공기용 너트(nut)

① 분류

　가) 비자동 고정 너트: 너트 자체만으로는 진동 등의 원인에 의해 너트가 풀리는 것에 대해 특별한 고정장치가 필요한 너트를 말한다(coter pin).

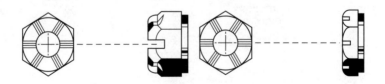

나) 자동 고정 너트: 너트를 조여주면 자동으로 고정되는 너트로 고정장치가 별도로 필요하지 않다.

(a) 금속형 너트(고온용)

(b) 파이버형 너트(저온형)

② **용도:** 볼트와 함께 사용되어 부품의 체결 시 사용되며 임의로 풀고 조일 수 있는 특징이 있다.

③ **비자동 고정 너트**

가) 캐슬 너트(castle nut, 성곽 너트)

- 용도: 생크에 안전핀 구멍이 있는 육각 볼트, 크레비스 볼트, 아이 볼트, 드릴 헤드 볼트 등에 사용하며 큰 인장 하중에 잘 견디는 특성이 있다.
- 고정장치: 코터 핀

나) 평 너트(plain nut)

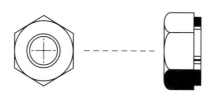

- 용도: 큰 인장 하중을 받는 곳에 적합하다.
- 고정장치: 체크 너트나 고정 와셔

다) 나비 너트(wing nut)

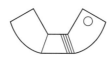

- 용도: 손가락으로 조일 수 있을 정도의 강도가 요구되는 부분이나 자주 장탈되는 곳에 사용된다.

라) 얇은 육각 너트

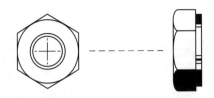

- 용도: 보통의 육각 너트보다 더 가벼운 너트로서 전단 하중이 작용하는 곳에 사용된다.
- 고정장치: 체크 너트나 고정 와셔

마) 평 체크 너트

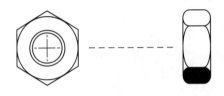

- 용도: 평 너트, 세트 스크루(set screw) 끝에 나사산 ROD 등에 고정장치로 사용된다.

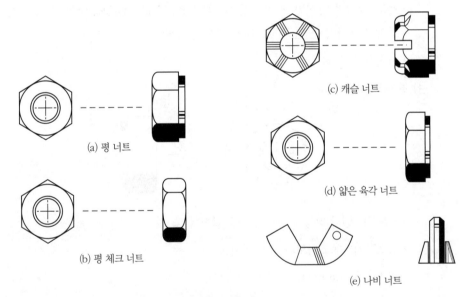

(a) 평 너트

(b) 평 체크 너트

(c) 캐슬 너트

(d) 얇은 육각 너트

(e) 나비 너트

▲ 항공기용 너트

④ 자동 고정 너트

가) 분류: 전금속형, 화이버형

나) 사용장소

- ANTIFRICTION(마찰방지 베어링)과 조종 풀리의 장착에 사용
- 보기 검사창 주위의 앵커 너트 및 작은 탱크의 장착 개구

- ROCKER BOX 덮개와 배기관
- ANTIFRICTION 베어링: 회전축에 지지가 되어 있는 클립 접촉의 베어링을 칭하며 볼 베어링, 롤러 베어링, 니들 베어링, 마찰 방지 베어링이 속한다.
- 자동 고정 너트는 과도한 진동하에서 쉽게 풀리지 않는 강도를 요하는 연결에 사용되며 볼트나 너트가 회전하는 연결부에 사용 불가하다.

다) 전금속형 자동 고정 너트: 전금속형은 스프링의 탄성을 이용하여 볼트를 꽉 잡아주어 고정되는 형태로 고온부에 주로 사용된다.

㉠ 화이버형 자동 고정 너트: 화이버 고정형 너트는 너트 안쪽에 파이버 칼라(fiber collar)를 끼워 탄력성을 줌으로써 자체가 스스로 체결되고, 동시에 고정작업이 이루어지는 너트이다. 일반적으로 자동 고정 너트는 사용 온도 한계인 121℃(250℉) 이하에서 제한 횟수만큼 사용할 수 있게 되어 있으나, 경우에 따라서는 649℃(1,200℉)까지 사용할 수 있는 것도 있다.

- 화이버형 자동 고정 너트의 재사용 가능 횟수

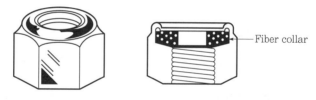

    - 화이버형: 약 15회   - 나일론형: 약 200회

    - 사용제한: 화이버형 자동 고정 너트는 보통 온도가 121℃ 이하에서 사용한다.

※ 자동 고정 너트의 교환 시기의 결정은 손으로 돌려 보아 돌아갈 때를 시기로 한다.

※ 최소 분리 회전력: 너트를 볼트에 완전히 끼웠을 때 일체의 축 방향 하중이 전혀 없는 상태에서 너트를 회전시키는 데 소요되는 최소 분리 회전력을 자동 고정 너트의 고정력이 해당 너트의 최소 분리 회전력 이하일 경우에는 사용을 금한다.

라) 플레이트 너트(plate nut): 앵커 너트(anchor nut)

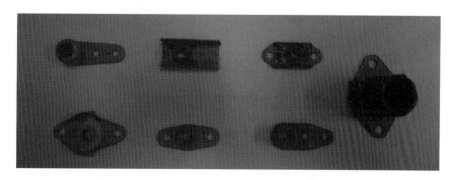

- 용도: 얇은 패널에 너트를 부착하여 사용할 수 있도록 고안되어 있으며 항공기 구조부의 폐쇄 표피에 점검창 등을 낼 때 사용한다.
  - 재질: 알루미늄 합금

⑤ 너트의 식별 기호

예 AN310 D – 5 R

AN310: 항공기용 캐슬 너트, D: AL 합금(2017T), 5: 사용 볼트의 직경(5/16″), R: 오른나사

(4) 항공기용 스크루(screw)

① 종류

구조용 스크루(NAS 220~227)	구조용 스크루(100°접시머리)(AN 509)
구조용 스크루(필리스터 머리)(AN 502, 503)	기계용 스크루(AN 526)
기계용 스크루(100°접시머리)(NAS 200)	자동 태핑 스크루(NAS 528)

가) 구조용 스크루: 볼트와 같은 그립을 가지고 있고, 머리 형태는 다르다.

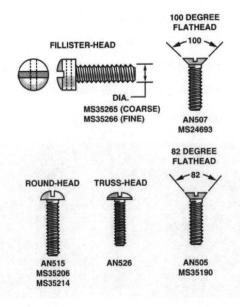

나) 기계용 스크루

스크루 중에서 가장 많이 사용되며, 둥근 머리 스크루, 납작 머리 스크루, 필리스터 스크루 등이 있다.

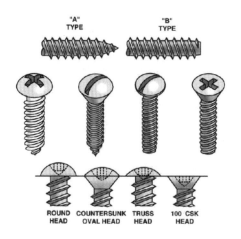

다) 자동 태핑 스크루

　　㉠ 기계용 스크루 태핑 스크루: 표찰과 같이 스스로 나사를 만들 수 있는 부품과 주물로 된 재료를 고정시키는 데 사용된다.

　　㉡ 자동 태핑 쉬트메탈 스크루: 리벳팅 작업 시 판금을 일시적으로 장탈시키는 데 사용되며, 비구조용 부재의 영구적인 고정물로 사용된다.

　　㉢ 드라이브 스크루: 주물로 된 표찰 혹은 튜브형 구조에서 부식 방지용 배수 구멍을 밀폐시키는 캡 스크루로 사용하며, 일단 장착 후에는 탈거해서는 안되며 자동 태핑 스크루는 1차 구조에 사용해서는 안 된다.

② **스크루와 볼트의 차이점**

가) 볼트보다 일반적으로 저강도이다.

나) 볼트보다 질이 낮다.

다) 명확한 그립을 가지고 있지 않다.

라) 나사 부분의 정밀도가 낮다.

마) 대부분 스크루 드라이버로 장탈된다.

③ **나사못의 식별방법**

가) AN 501 A B P 416 8

- AN: AN 표준 기호
- 501: 둥근 납작 머리 스크루(필리스터 머리 기계 나사)
- A: 나사에 구멍 유무(A: 있다, 무표시: 없다)
- B: 나사못의 재질
  (B: 황동, C: 내식강, DD: AL합금(2024T), D: AL합금(2017T))
- P: 머리의 홈(필립스)
- 416: 나사못의 축의 지름(4/16인치, 나사산의 수가 16개)
- 8: 나사못의 길이(8/16인치)

② AN 507 C 428 R 8

- AN: AN 표준 기호
- 507: 100° 납작머리
- C: 내식강
- 428: 축의 지름의 4/16, 1인치당 나사산의 수가 28개임
- R:+ 홈이 머리에 있음
- 8: 길이가 8/16인치

(5) 항공기용 와셔(WASHER)

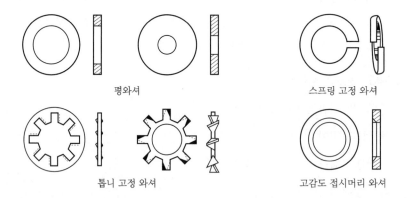

평와셔   스프링 고정 와셔

톱니 고정 와셔   고감도 접시머리 와셔

① 기능

가) 너트에 평활한 면압을 형성하여 부품의 파손을 방지한다.

나) 볼트와 너트 조립 시 알맞은 그립 길이를 확보한다.

다) 캐슬 너트 사용 시 볼트에 있는 코터 핀 구멍이 일치되도록 너트 위치를 조절한다.

라) 표면 재질을 손상시키지 않기 위하여 고정 와셔 밑에 사용한다.

마) 너트를 고정시키는 고정장치로 사용되기도 한다.

바) 고정 와셔일 경우 금속의 탄성을 이용하여 너트를 고정한다.

② **종류**

가) 평 와셔(plaen washer): AN 960, AN 970

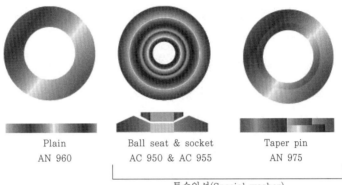

Plain	Ball seat & socket	Taper pin
AN 960	AC 950 & AC 955	AN 975

특수와셔(Special washer)

- 너트에 평활한 면압을 형성하여 부품의 파손을 방지한다.
- 볼트와 너트 조립 시 알맞은 그립 길이를 확보한다.
- 캐슬 너트 사용 시 볼트에 있는 코터 핀 구멍이 일치되도록 너트 위치를 조절한다.
- 표면 재질을 손상시키지 않기 위하여 고정 와셔 밑에 사용한다.
- 너트를 고정시키는 고정장치로 사용되기도 한다.

나) 고정 와셔(lock washer): AN 935, AN 936

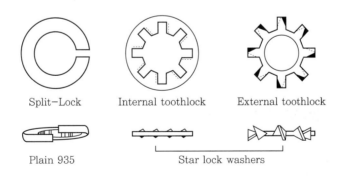

Split-Lock	Internal toothlock	External toothlock

Plain 935   Star lock washers

- 역할: 자동 고정 너트나 캐슬 너트가 적합하지 않는 곳에 기계용 스크루나 볼트에 함께 사용되는 고정장치이다.

- 종류
  - 스프링 와셔: AN 935로 진동에 강한 특성을 갖고 있으며 스프링의 탄성을 이용하여 너트를 고정한다. 또한 스프링 와셔는 재사용이 가능하다.
  - 스타 와셔: AN 936은 고온부에 사용되며 재사용 되지는 않는다.
- 고정 와셔가 사용될 수 없는 경우
  - 패스너와 함께 1차, 2차 구조에 사용할 경우
  - 패스너와 함께 항공기 어느 부품이든지 이 부품의 결함이 항공기나 인명에 손상이나 위험을 줄 수 있는 결과가 우려되는 곳
  - 결함으로 틈새가 생겨 연결 부위에서 공기 흐름이 누출되는 곳
  - 스크루가 빈번하게 제거되는 곳
  - 와셔가 공기 흐름에 노출되는 곳
  - 와셔가 부식 조건에 영향을 받는 곳
  - 표면의 결함을 막는 밑바닥에 평와셔가 없이 와셔가 직접 재료에 닿는 경우
- 특수 와셔(AN 950, AN 955): 볼 소켓 와셔와 볼 시트 와셔는 표면에 어떤 각을 이루고 있는 볼트를 체결하는 데 사용한다.

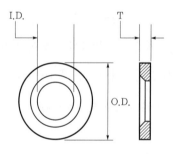

3 항공기 기계요소(안전, 고정)

(1) 안정 고정 작업

체결된 부품이 비행 중이나 작동 중에 진동에 의해 헐거워지거나 탈락되는 것을 방지하기 위해 체결 후 안전결선이나 코터 핀을 이용하여 부품을 고정시키는 작업이다.

① 안전결선(safety wire)

가) 복선식 안전결선: 두 가닥을 이용하여 체결하는 방법이다.

- 고정 작업해야 할 부품의 간격이 4~6in(10.2cm~15.2cm)일 때 3개까지 결선한다.
- 좁은 간격으로 떨어져 있을 때는 24in(61cm) 길이의 안전결선으로 함께 고정시킬 수 있는 범위까지 고정한다.

나) 단선식 안전결선: 3개 이상의 체결부품이 기하학적으로 밀착되어 복선식이 곤란하거나 전기계통 비상장치 등 단선식으로 작업이 적합할 때 사용하며, 단선식으로 고정작업 시 연속적으로 고정시킬 수 있는 부품 수는 24인치 길이의 안전결선으로 고정할 수 있는 숫자로 제한한다.

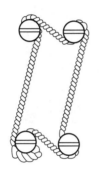 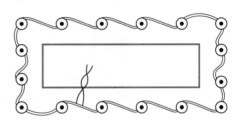

다) 안전결선 방법

- 한 번 사용한 와이어는 다시 사용해서는 안 된다.
- 와이어를 펼 때 피막에 손상을 입혀서는 안 된다.
- 와이어를 꼴 때 팽팽한 상태가 되도록 해야 한다.
- 안전결선은 당기는 방향이 부품을 죄는 방향이 되도록 한다.
- 매듭을 만들기 위해 자를 때는 자른 면이 직각이 되도록 하여 날카롭게 되지 않도록 한다.
- 플라이어로 과도하게 당기면 꼬임 시작점에 응력이 집중되어 끊어질 염려가 있으므로 심하게 당기지 않도록 한다.
- 안전결선 끝부분은 3~5회 정도 꼬아서 전단 후 구부린다.

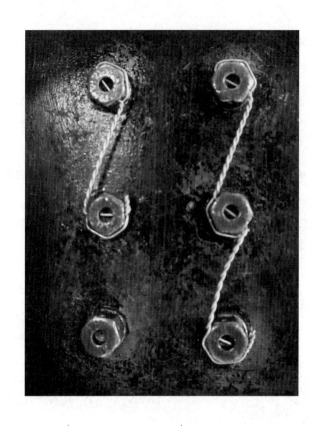

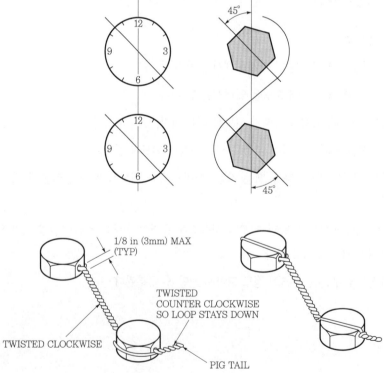

1/8 in (3mm) MAX
(TYP)

TWISTED
COUNTER CLOCKWISE
SO LOOP STAYS DOWN

TWISTED CLOCKWISE

PIG TAIL

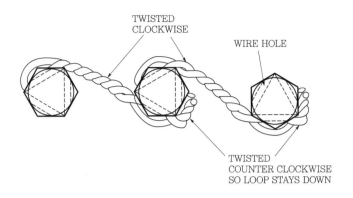

TWISTED
CLOCKWISE

WIRE HOLE

TWISTED
COUNTER CLOCKWISE
SO LOOP STAYS DOWN

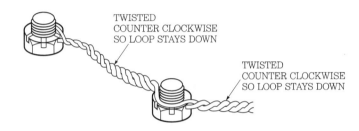

TWISTED
COUNTER CLOCKWISE
SO LOOP STAYS DOWN

TWISTED
COUNTER CLOCKWISE
SO LOOP STAYS DOWN

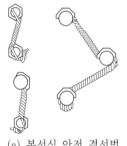

(a) 복선식 안전 결선법   (b) 부품이 1개인 경우   (c) 부품이 3개인 경우

② **코터 핀(cotter pin)을 이용한 안전 고정작업**

가) 볼트 상단으로 구부리는 방법: 볼트 상단으로 구부린 코터 핀의 가닥 길이가 볼트 지름을
벗어나서는 안 되고 아래쪽으로 구부린 가닥은 와셔의 표면에 얹히지 않도록 한다.

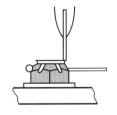

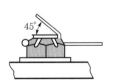

45°

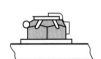

나) 너트 둘레로 감아 구부리는 방법: 코터 핀의 가닥이 너트 바깥지름을 벗어나지 않도록 한다.

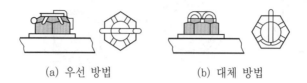

(a) 우선 방법   (b) 대체 방법

▲ 코터 핀 고정작업

 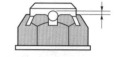

(a) 가장 바람직한 구멍과 홈의 위치   (b) 코터 핀의 반지름보다 더 나와서는 안 됨

▲ 코터 핀 구멍 위치

[코터 핀의 선택]

나사 지름(in)	핀 최소 크기(in)	핀 길이(in)
No.6	$\dfrac{1}{32}$	$\dfrac{1}{2}$
No.8 ~ $\dfrac{5}{16}$	$\dfrac{3}{64}$	$\dfrac{3}{4}$
$\dfrac{3}{8}$ ~ $\dfrac{1}{2}$	$\dfrac{5}{64}$	$\dfrac{3}{4}$
$\dfrac{9}{16}$ ~ 1	$\dfrac{3}{32}$	$1\dfrac{3}{4}$
$1\dfrac{1}{8}$ ~ $1\dfrac{1}{2}$	$\dfrac{1}{8}$	2

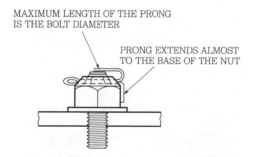

MAXIMUM LENGTH OF THE PRONG
IS THE BOLT DIAMETER

PRONG EXTENDS ALMOST
TO THE BASE OF THE NUT

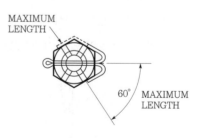

MAXIMUM
LENGTH

60° MAXIMUM
LENGTH

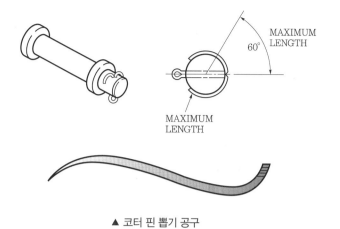

▲ 코터 핀 뽑기 공구

(1) 토크 렌치(Torque Wrench)

볼트와 너트에 가해지는 토크 값을 측정하기 위한 렌치(단위: kg-cm,kg-m, N/m, in-lb,ft-lb)

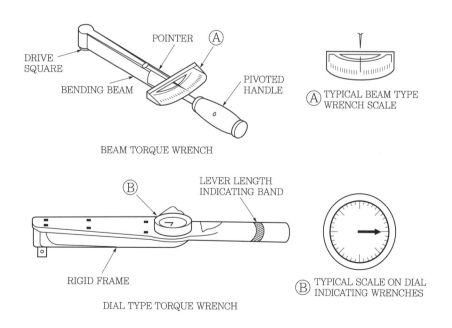

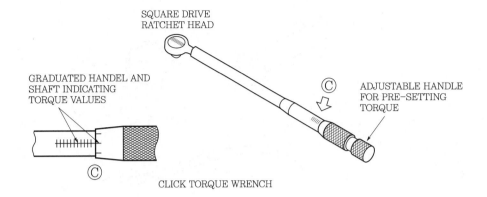

SQUARE DRIVE
RATCHET HEAD

GRADUATED HANDEL AND
SHAFT INDICATING
TORQUE VALUES

ⓒ ADJUSTABLE HANDLE
FOR PRE-SETTING
TORQUE

ⓒ

CLICK TORQUE WRENCH

① **토크 렌치의 용도:** 볼트와 너트를 규정된 죔 강도로 조여주는 공구이다.

② **토크 렌치의 종류**

가) 고정식 토크 렌치

- 프리셋 토크 드라이버(프리 타입): 스크루를 규정된 죔 값으로 조여주는 공구이다.

- 오디블 인디케이팅 토크 렌치(리밋 타입): 규정된 죔 값을 미리 설정한 후 그 값에 도달하여 "크릭"하는 소리를 내어 죔값을 알려주는 공구이다.

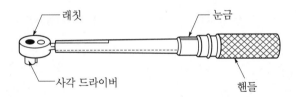

래칫   눈금

사각 드라이버   핸들

나) 지시식 토크 렌치

- 디플렉팅 빔 토크 렌치(빔 타입): 빔의 변형 탄성력을 이용하여 규정된 죔값으로 조여주는 공구이다.

- 리지드 프레임 토크 렌치(다이얼 타입): 다이얼의 눈금으로 죔값을 나타내 주는 공구이다.

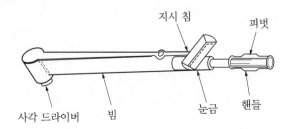

지시 침   피벗

사각 드라이버   빔   눈금   핸들

③ **토크 렌치 사용 시 주의사항**

가) 토크값을 측정할 때는 자세를 바르게 하고 부드럽게 죄어야 한다.

나) 토크 렌치를 사용할 때는 특별한 지시가 없으면 볼트의 나사산에 윤활유를 사용해서는 안 된다.

다) 토크 렌치를 사용할 때는 너트를 죄어야 한다.

라) 규정된 토크로 죄어진 너트에 안전결선이나 고정핀을 끼우기 위해서 너트를 더 죄어서는 안 된다.

④ **연장 공구를 사용하는 경우 죔값의 계산**

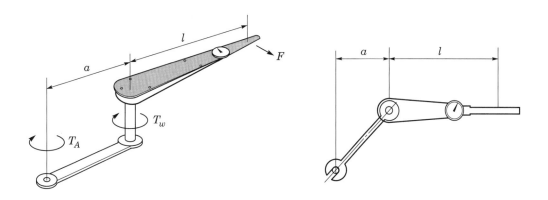

$$TW = \frac{TA \times L}{L \pm E} \quad \text{또는} \quad TA = \frac{(L \pm E)\,TW}{L}$$

- TW : 토크 렌치의 지시 토크 값
- TA : 실제 죔 토크 값
- L : 토크 렌치의 길이
- E : 연장공구의 길이

  예 토크 렌치의 길이가 6인치에 0.5인치의 어댑터를 연결하여 토크 값이 20in lb가 되게 볼트를 조였을 때, 볼트에 실제로 가해진 토크는 얼마인가?

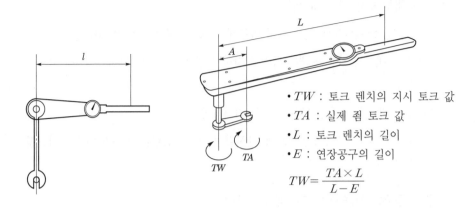

- TW : 토크 렌치의 지시 토크 값
- TA : 실제 죔 토크 값
- L : 토크 렌치의 길이
- E : 연장공구의 길이

$$TW = \frac{TA \times L}{L - E}$$

$$TA = \frac{(L \pm E)\,TW}{L} = \frac{(6+5)\,20}{6} = 21.66\,in-lb$$

예 어떤 볼트를 토크 렌치로 180in lb로 조이려고 한다. 토크 렌치의 길이가 10in이고, 이 토크 렌치에 2in의 어댑터를 직선으로 연결했을 때 토크 렌치가 지시되어야 할 토크 값은?

$$TW = \frac{TA \times L}{L \pm E} = \frac{180 \times 10}{10 + 2} = 150\,in-lb$$

(2) 턴버클과 케이블

① 턴버클(turn buckle)

가) 용도: 조종 케이블의 장력을 조절하는 데 사용된다.

나) 구성: 턴버클 배럴과 턴버클 단자로 구성된다.

※ 턴버클 배럴의 한쪽은 오른나사, 다른 한쪽은 왼나사로 되어 있어 배럴을 돌리면 동시에 잠기고 동시에 풀려 케이블의 장력을 규정된 장력으로 조일 수 있다.

다) 턴버클의 안전고정 작업

라) 턴버클 안전결선의 최소 지름

케이블의 재질과 지름	$\frac{3}{16}$ in	$\frac{3}{32}$, $\frac{1}{8}$ in	$\frac{3}{32} \sim \frac{5}{16}$ in
모넬, 인코넬	0.020	0.032	0.040
내식강	0.020	0.032	0.041
알루미늄, 탄소강	0.032	0.041	0.047

마) 단선식 결선법(single wrap method): 케이블 직경이 1/8인치 이하(3.3mm 이하)에 사용하며, 턴버클 엔드에 5~6회(최소 4회) 정도 감아 마무리한다.

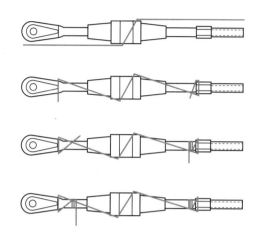

바) 단선 결선법 순서

- 턴버클의 죔이 적당한지 확인한다. 확인 방법은 나사산이 3개 이상 밖으로 나와 있으면 안 되며, 배럴 구멍에 핀을 꽂아보아 핀이 들어가면 제대로 체결되지 않은 것이다.
- 턴버클의 4배 정도가 되게 와이어를 자른다.
- 턴버클 배럴에 있는 구멍에 와이어를 끼운다.
- 턴버클이 죄어지는 방향으로 와이어를 반 회전시켜 턴버클 엔드, 접합기구의 구멍에 끼운 후 배럴의 중앙을 향하여 반대로 구부린다.
- 턴버클 생크 주위로 와이어를 5~6회(최소 4회) 감는다.
- 와이어를 절단하고 생크에 감아 안으로 구부린다.

사) 복선식 결선법(double wrap method): 케이블 직경이 1/8인치 이상(3.2mm 이상)인 경우에 사용한다.

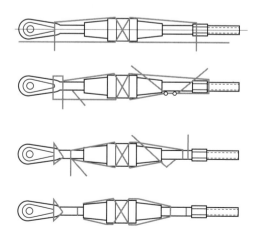

CABLE SIZE	TYPE OF WRAP	WIRE DIAMETER	MATERIAL
1/16	SINGLE	0.040	BRASS
1/8	SINGLE	0.040	STAINLESS STEEL
1/8	DOUBLE	0.040	BRASS
5/32	SINGLE	0.057(MIN)	STAINLESS STEEL
5/32	DOUBLE	0.051	BRASS

- 턴버클 길이의 4배 정도가 되도록 와이어를 두 가닥 자른다.

- 턴버클 중심에 있는 구멍에 2개의 와이어를 끼워 턴버클 끝을 향해 90도 되게 구부린다.

- 턴버클 안이나 포크 엔드의 갈라진 틈(yoke) 속으로 와이어 끝을 집어넣는다.

- 와이어를 양끝에서 턴버클 중심을 향하여 다시 좁힌다.

- 남은 와이어로 생크 주위의 와이어를 4번 감는다.

- 구멍을 통과한 선을 잡고 턴버클의 중심을 향하여 먼저 감은 선과 반대 방향으로 4번 감는다.

- 와이어 끝을 자른 다음에 이것을 생크의 몸통에 바싹 붙인다.

- 반대쪽도 같은 작업을 한다.

아) 고정 클립

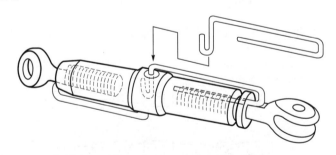

[고정 클립의 종류]

부품 번호	A	B	C	D	E	F
MS 21256-1	0.965	1.115	0.150	0.300	0.032	0.0286
MS 21256-2	1.875	2.000	0.150	0.315	0.032	0.0286
MS 21256-3	2.045	2.140	0.215	0.430	0.032	0.0286

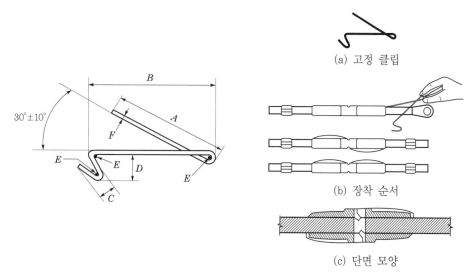

(a) 고정 클립

(b) 장착 순서

(c) 단면 모양

▲ 고정 클립의 치수

자) 턴버클의 고장 시 유의사항

- 배럴의 검사 구멍에 핀을 꽂아 보아 핀이 들어가지 않으면 제대로 체결된 것이다.
- 턴버클 엔드의 나사산이 배럴 밖으로 3개 이상 나와 있으면 충분히 체결되지 않은 것이다.
- 케이블 안내 기구(풀리, 페어리드)의 반경 2in 이내에 설치해서는 안 된다.

② 케이블

가) 용도: 배럴과 단자를 이음 작업하여 케이블의 장력을 유지한다.

나) 연결 방법

- 스웨이징 방법(swaging method): 스웨이징 케이블 단자에 케이블을 끼우고 스웨이징 공구나 장비로 압착하여 연결하는 방법으로, 연결 부분 케이블 강도는 케이블 강도의 100%를 유지하며 가장 일반적으로 많이 사용한다.

위쪽 롤러

스웨이징 단자

조종 케이블

아래쪽 롤러

래칫 핸들

- 5단 엮기 케이블 이음 방법(5 tuck woven cable splice method): 부싱(bushing)이나 딤블(thimble)을 사용하여 케이블 가닥을 풀어서 엮은 다음 그 위에 와이어로 감아 씌우는 방법으로, 7×7, 7×19 케이블로서 직경이 3/32인치 이상 케이블에 사용할 수 있다. 연결 부분의 강도는 케이블 강도의 75%이다.

- 랩 솔더 케이블 이음 방법(wrap solder cable splice): 케이블 부싱이나 딤블 위로 구부려 돌린 다음 와이어를 감아 스테아르산의 땜납 용액에 담아 땜납 용액이 케이블 사이에 스며들게 하는 방법으로, 케이블 지름이 3/32인치 이하의 가요성 케이블이거나 1×19 케이블에 적용한다. 접합 부분의 강도는 케이블 강도의 90%이고 고온 부분에는 사용을 금지한다.

- 니코프레스 이음 방법(nicopress cable splice method): 케이블 주위에 구리로 된 니코프레스 슬리브를 특수 공구로 압박하여 케이블을 조립하는 방법으로, 케이블을 슬리브에 관통시킨 후 심블을 감고, 그 끝을 다시 슬리브에 관통시킨 다음 압착한다.

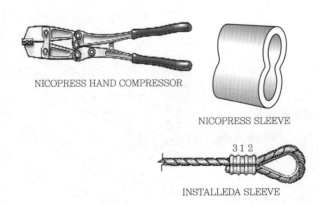

NICOPRESS HAND COMPRESSOR

NICOPRESS SLEEVE

3 1 2

INSTALLEDA SLEEVE

다) 케이블의 세척 방법

- 쉽게 닦아 낼 수 있는 녹이나 먼지는 마른 헝겊으로 닦아 낸다.

- 케이블 표면에 칠해져 있는 오래된 방부제나 오일로 인한 오물 등은 깨끗한 헝겊에 솔벤트나 케로신을 묻혀 닦아낸다.

- 세척한 케이블은 깨끗한 마른 헝겊으로 닦아낸 다음 부식에 대한 방지를 한다.

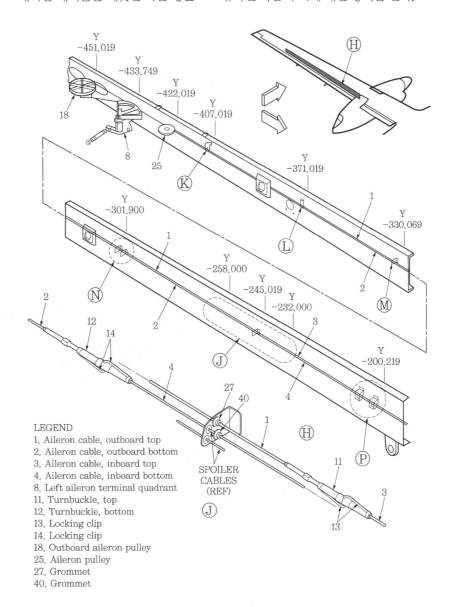

LEGEND

1. Aileron cable, outboard top
2. Aileron cable, outboard bottom
3. Aileron cable, inboard top
4. Aileron cable, inboard bottom
8. Left aileron terminal quadrant
11. Turnbuckle, top
12. Turnbuckle, bottom
13. Locking clip
14. Locking clip
18. Outboard aileron pulley
25. Aileron pulley
27. Grommet
40. Grommet

라) 케이블 검사 방법

- 케이블의 와이어에 잘림, 마멸, 부식 등이 없는지 검사한다.

- 와이어의 잘린 선을 검사할 때는 헝겊으로 케이블을 감싸서 다치지 않도록 검사한다.

- 풀리나 페어리드에 닿는 부분을 세밀히 검사한다.

- 7×7 케이블은 25.4mm당(1인치당) 3가닥, 7×19 케이블은 25.4mm당(1인치당) 6가닥이 잘려 있으면 교환해야 한다.

마) 케이블의 장력 측정

케이블 텐션 미터(cable tension meter): 케이블의 장력을 측정하는 측정기이다.

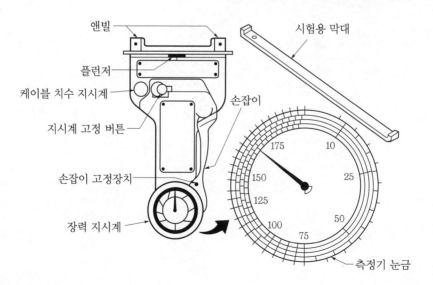

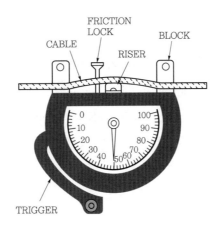

(3) 항공기용 리벳(Rivet)

① 기능: 구조 부재의 기계적 영구결합에 사용

가) 머리 모양에 따른 종류

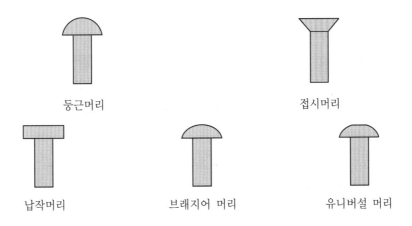

나) 둥근머리 리벳(round head rivet, AN 430, AN 435, MS 20435): 항공기 표면에는 공기 저항이 많아 사용하지 못하고 항공기 내부의 구조부에 사용되며 주로 두꺼운 금속판의 결합에 사용된다.

다) 납작머리 리벳(flat head rivet, AN 441, AN 442): 둥근머리 리벳과 마찬가지로 외피에 사용하지 못하고 내부 구조 결합에 사용된다.

라) 접시머리 리벳(counter sunk head rivet, AN 420, AN 425, MS 20426): 일명 FLUSH 리벳, 접시머리 리벳이라 불리고 항공기 외피용 리벳으로 결합한다.

마) 브래지어 리벳(AN 455): 둥근머리 리벳과 카운트 생크 리벳의 중간 정도로서 머리의 직경이 큰 대신 머리 높이가 낮아 둥근머리 리벳에 비하여 표면이 매끈하여 공기에

대한 저항이 적은 대신 머리 면적이 커서 면압이 넓게 분포되므로 얇은 판의 항공기 외피용으로 적합하다.

바) 유니버설 리벳(AN 470): 브래지어 리벳과 비슷하나 머리 부분의 강도가 더 강하고 항공기의 외피 및 내부 구조 결합용으로 많이 사용된다.

사) 고정 볼트(lock bolt): 고강도 볼트와 리벳의 특징을 결합한 것으로 날개 연결부, 착륙장치 연결부, 연료탱크 연결부, 론저론, 외피 및 기타 구조부에 사용된다. 일반 볼트나 리벳보다 연결이 신속하고 다른 고정장치가 필요 없다.

② 재질에 따른 분류

가) 1100(2 S) A: 순수 알루미늄 리벳으로 비구조용으로 사용한다.

나) 2117-T(AD) A 17 ST: 항공기에 가장 많이 사용되며 열처리를 하지 않고 상온에서 작업을 할 수 있다.

다) 2017-T(D) 17 ST Ice box rivet: 2117-T 리벳보다 강도가 요구되는 곳에 사용되며 상온에서 너무 강해 풀림처리 후 사용한다. 상온 노출 후 1시간 후에 50% 정도 경화되며 4일쯤 지나면 100% 경화된다. 냉장고에 보관하고 냉장고에서 꺼낸 후 1시간 이내에 사용해야 한다.

라) 2024-T(DD) 24 ST Ice box rivet: 2017-T보다 강한 강도가 요구되는 곳에 사용하며 열처리 후 냉장 보관하고 상온 노출 후 10~20분 이내에 작업을 해야 한다.

마) 5056(B): 마그네슘(Mg)과 접촉할 때 내식성이 있는 리벳이며, 마그네슘 합금 접합용으로 사용되며, 머리에 "+"로 표시한다.

바) 모넬 리벳(M): 니켈 합금강이나 니켈강 구조에 사용되며 내식강 리벳과 호환하여 사용할 수 있는 리벳이다.

사) 구리(C): 동합금, 가죽 및 비금속 재료에 사용한다.

아) 스테인리스강(F, CR steel): 내식강 리벳으로 방화벽, 배기관 브라켓 등에 사용한다.

③ 리벳의 머리 표시: 리벳의 재질 표시

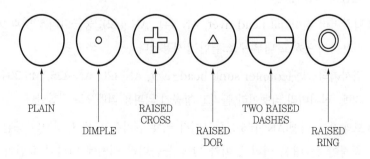

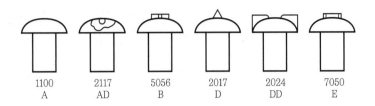

| 1100 | 2117 | 5056 | 2017 | 2024 | 7050 |
| A | AD | B | D | DD | E |

④ 리벳의 규격 및 식별

항공기용 AN 표준 규격 리벳은 종류와 재질, 직경 및 길이 등 리벳에 대한 필요한 사항을 나타낼 수 있는 다음과 같은 표시 기호가 정해진다.

예 AN 470 AD 3 − 5

- AN 470: 유니버설 리벳
- AD: 재질(2117)
- 3: 직경(3/32 인치)
- 5: 길이(5/16 인치)

예 AN 426 D 5 − 12

- AN 426: 카운트 생크 머리(100°)
- D: 재질(2017)
- 5: 직경(5/32 인치)
- 12: 길이(12/16 인치)

⑤ 특수 리벳

가) 체리 리벳(cherry rivet): 버킹 바(bucking bar)를 댈 수 없는 곳에 쓰이며 돌출 부위를 가지고 있는 스템(stem)과 속이 비어있는 리벳 생크, 머리로 되어 있다.

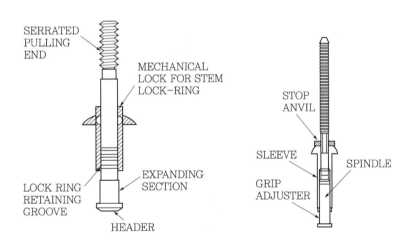

나) 리브 너트(rivnut): 생크 안쪽에 구멍이 뚫려 나사가 나와 있는 곳에 리브 너트를 끼워 시계 방향으로 돌리면 생크가 압축을 받아 오그라들면서 돌출 부위를 만든다. 항공기의 날개나 테일 표면에 고무제 제빙부츠를 장착하는 데 사용한다.

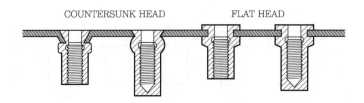

COUNTERSUNK HEAD   FLAT HEAD

다) 폭발 리벳(explosive rivet): 생크 끝 속에 화약을 넣어 리벳 머리에 가열된 인두로 폭발시켜 리벳작업을 하도록 되어 있다. 연료탱크나 화재 위험이 있는 곳에 사용을 금지한다.

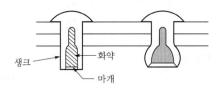

생크   화약

마개

▲ 폭발 리벳

라) 고전단 응력 리벳: 블라인드형 리벳이 아니며(재료의 양편에서 작업) 전단 응력만 작용하는 곳에 사용하고, 그립 길이가 생크의 직경보다 작은 곳에는 사용 불가하다.

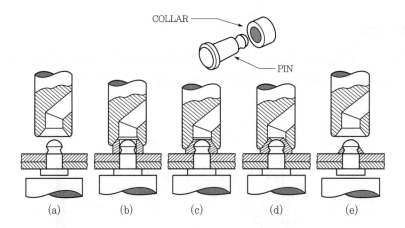

COLLAR

PIN

(a)   (b)   (c)   (d)   (e)

마) 리벳 장착 방법

• 고형 리벳의 장착 방법

– 리벳 장착 자리를 드릴로 구멍을 뚫어 준비한다.

– 알맞은 크기의 리벳을 장착하고 머리 반대쪽에 버킹 바(bucking bar)를, 머리 쪽에는 리벳 세트(rivet set)를 장착한 리벳 건을 위치시킨다.

– 적당한 공기압으로 조절된 리벳 건으로 진동을 주어 머리 반대쪽에 벅 테일을 형성시킨다.

- 벅 테일은 규정된 크기가 되어야 하며 작업 도중 상처가 나지 않도록 주의한다.
- 카운트 생크 리벳의 장착 방법
  - 리벳의 장착 자리를 마련한다.

두꺼운 판	카운트 생크 컷트로 장착하며, 이때 판의 두께는 최소한 리벳 머리의 두께와 같거나 더 커야 한다.
얇은 판	딤플링 & 카운터 싱킹

  - 알맞은 크기의 리벳을 장착하고 머리 반대쪽에 버킹 바를, 머리 쪽에는 리벳 세트를 장착한 리벳 건을 위치시킨다(리벳 세트는 리벳 머리 종류와 같은 종류의 한 사이즈 더 큰 것을 선택해야 한다).
  - 적당한 공기압으로 조절된 리벳 건으로 진동을 주어 머리 반대쪽에 벅 테일을 형성시킨다.
  - 벅 테일은 규정된 크기가 되어야 하며 작업 도중 상처가 나지 않도록 주의한다.
- 리벳 머리의 위치 선택: 리벳 작업하는 판 중 얇은 판 쪽에 위치
- WORK HARDENING(작업 경화 현상): 리벳 건을 사용하여 리벳 작업을 할 때 규정치 압력보다 낮은 압력으로 작업하면 재료가 단단해져서 작업이 곤란해지는 현상이다.

⑥ 리벳의 선택과 배치

가) 리벳 직경의 계산: 리벳의 직경은 접합하고자 하는 판 중 가장 두꺼운 판 두께의 3배이다.

나) 직경이 3/32in 이하의 리벳은 응력을 담당하는 구조부의 부품 접합에 사용해서는 안 된다.

다) 얇은 판에 지름이 큰 리벳을 사용하면 머리 성형에 의해 과다한 힘이 작용해 리벳 구멍이 파열되거나 확장된다.

라) 두꺼운 판에 지름이 작은 리벳을 사용하면 리벳의 전단 강도가 약하여 충분한 강도 확보가 어렵다.

마) 리벳 구멍이 리벳과 거의 크기가 같아 결합 시 힘이 드는 경우 리벳의 내식처리 피막이 벗겨진다.

바) 리벳 구멍이 리벳 직경보다 큰 경우 결합부가 헐거워지고 결합력이 저하된다.

사) 리벳의 길이: 결합하는 판 두께와 돌출 부분의 두께를 더한 길이가 필요하다.

- 일반적으로 머리 성형을 하기 위한 가장 적합한 돌출부의 길이는 리벳 직경의 1.5배이다.
- 리벳 길이가 너무 길면 머리 성형 시 리벳에 압력을 가할 때 구부러지는 경향이 있다.
- 리벳 길이가 너무 짧으면 충분한 크기의 머리 성형이 어렵다.

아) 벅 테일: 리벳을 쳐서 생긴 머리

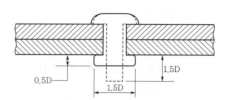

- 높이: 리벳 직경의 0.5배
- 직경: 리벳 직경의 1.5배

자) 리벳의 간격 및 연거리

- 리벳의 피치: 리벳 직경의 6~8배
- 최소 리벳 피치: 직경의 3배
- 열간 간격: 리벳의 열과 열 사이의 거리로 보통 리벳 직경의 4.5~6배
- 최소 열간 간격: 리벳 직경의 2.5배
- 연거리: 판 끝에서 가장 근접한 리벳 중심까지의 거리로서 리벳 직경의 2~4배
  ※ 접시머리 리벳의 최소 연거리는 리벳 직경의 2.5배

⑦ 리벳 수의 계산(응력을 알고 있을 때)

$$\text{리벳 수 } N : \quad 1.15 \frac{4L}{\pi} \frac{T}{D^2} \frac{UT}{Q}$$

※ D: 리벳 지름, T: 판의 두께, UT: 판의 폭, N: 판의 최대 인장 응력, Q: 리벳수, : 판의 최대 전단 응력

⑧ 리벳 구멍 뚫기

가) 리벳의 구멍 크기

- 리벳 직경보다 $\frac{2}{1,000} \sim \frac{4}{1,000} in$ 정도 큰 것이 좋다.
- 리벳 구멍이 너무 크면 리벳을 쳐도 그 공간을 충분히 채우지 못하여 결합부의 강도를 충분히 확보하기가 어렵다.
- 리벳 구멍이 너무 작으면 리벳 표피 손상을 가져와 내식 피막이 손상된다.
- 올바른 구멍을 만들기 위해서는 먼저 구멍을 뚫은 후 리머로 다듬는다.

나) 드릴 각의 선택

- 경질 재료 및 얇은 판: 드릴 각도 118°에 저속
- 연질 재료 및 두꺼운 판: 드릴 각도 90°에 고속

다) 재질에 따른 드릴날 끝 각

목재	75°	마그네슘	75°
주철	90~118°	저 탄소강	118°
AL	90~120°	스테인리스	140°

라) 드릴 작업의 중요 영어 설명

- 백 테이퍼: 드릴의 선단보다 자루 쪽으로 갈수록 약간의 테이퍼를 주어 구멍과 마찰을 줄이는 것이다.
- 마아진: 예비적인 날의 역할과 날의 강도를 보강하는 역할을 수행한다.
- 랜드: 마아진의 뒷부분이다.
- 웨이브: 홈과 홈 사이의 두께를 말하며 자루 쪽으로 갈수록 두꺼워진다.
- 디이닝: 직경이 큰 경우 절삭성이 저하되는 것을 방지하기 위해 연삭한 것이다.
- 치즐 포인트: 두 날이 만나는 접점이다.

⑨ 리벳의 제거 요령

가) 리벳 머리에 줄 작업을 해서 평평히 한다.

나) 줄 작업 후 센터 펀치로 드릴 작업 위치를 잡는다.

다) 드릴은 리벳 지름보다 한 단계 작은 치수로 머리 깊이까지 수직으로 뚫는다.

라) 펀치를 이용하여 리벳의 머리를 제거한다.

마) 펀치를 이용하여 몸 전체를 밀어서 제거한다.

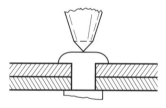

CENTER PUNCH THE EXACT CENTER
OF THE MANUFACTURED HEAD

DRILL THROUGH THE HEAD

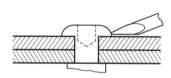

KNOCK THE HEAD OFF WITH A CAPE CHISEL

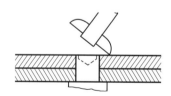

BREAK THE HEAD OFF USING A PIN PUNCH
AND A TIPPING MOTION

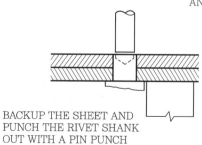

BACKUP THE SHEET AND
PUNCH THE RIVET SHANK
OUT WITH A PIN PUNCH

바) 리벳 이음의 특성

- 초 응력에 의한 잔류 변형률이 생기지 않으므로 취약 파괴가 일어나지 않는다.
- 구조물 등에서 현지 작업할 때는 용접 이음보다 쉽다.
- 경합금과 같이 용접이 곤란한 재료에는 신뢰성이 있다.
- 강판의 두께에 한계가 있으며 이음 효율이 낮다.

(4) 턴 록 패스너(Turn Lock Fastner)

① **용도:** 항공기에 있는 점검판, 창, 기타 장탈 가능한 판을 안전하게 고정시키며 검사와 정비를 목적으로 판넬을 쉽고 빠르게 장탈하는 데 사용한다.

② **종류**

가) 쥬스 패스너

- 구성: 스터드, 그로멧, 리셉터클
- 종류: 윙(wing), 플러쉬(flush), 오벌(ovel)
- 규격: 머리부에 몸체의 직경, 길이, 머리 모양을 표시

F : FLUSH HEAD

$6\frac{1}{2}$: 몸체 직경(6.5/16in)

50 : 몸체의 길이(50/100in)

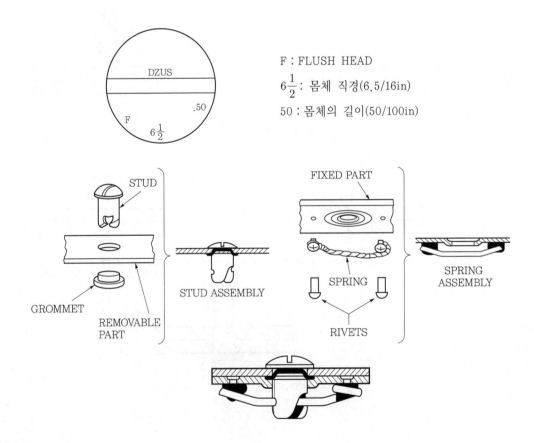

나) 캠록 패스너

- 구성: 스터드 어셈블리, 그로멧, 리셉터클
- 용도: 엔진의 카울링을 장착하는 데 주로 사용된다.

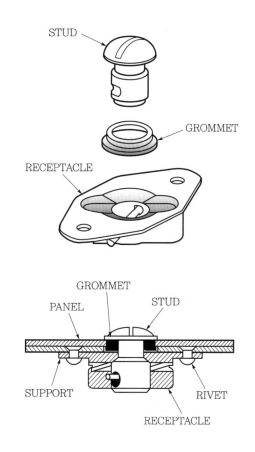

다) 에어록 패스너: 스터드, 크로스 핀, 리셉터클로 구성된다.

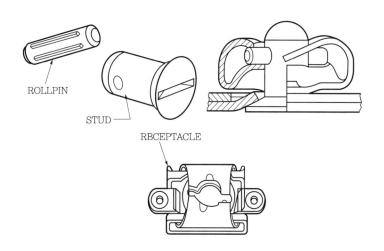

(5) 항공기용 고정핀

① **기능**: 연결부의 고정장치로 사용한다.

② **종류**

가) 테이퍼 핀

- 평 테이퍼 핀
- 나사산 테이퍼 핀
- 용도: 전단 하중을 전달하는 연결부와 유격이 있어서는 안 되는 곳에 사용된다.

나) 납작머리 핀(클레비스 핀)

- 용도: 타이로드(tie rod) 터미널과 계속적으로 작동하지 않는 부조종계통에 사용된다.
- 장착 방법: 보통 코터 핀으로 고정되며, 핀이 파손되었거나 빠졌을 경우에도 그곳에 남아있도록 항상 머리가 위로 향하도록 장착한다.

다) 코터 핀

- 용도: 볼트, 스크루, 너트, 핀 등의 안전장치로 사용된다.
- 주의사항: 재사용 불가

  ※ 부식 저항강 코터 핀은 비자성 물질이 필요한 곳이나 부식에 강한 재질이 요구되는 곳에 사용된다.

(6) 항공기용 튜브와 호스 접합 기구

① **튜브(tube)**

가) 용도: 상대운동을 하지 않는 두 지점 사이의 배관에 사용된다.

나) 튜브의 호칭 치수=바깥지름×두께

다) 튜브작업: 알루미늄 합금이나 강재의 튜브를 이용하여 필요한 형태로 가공하거나 튜브 접합 기구에 접속하는 작업이다.

- 접합 방식
- 플레어 방식

단일 플레어 방식	플레어 공구를 사용하여 나팔 모양으로 성형하여 접합에 사용된다.
이중 플레어 방식	직경이 3/8in 이하인 AI 튜브에 사용된다(플레어 표준 각도 : 37°).

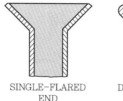

SINGLE-FLARED
END

DOUBLE-FLARED
END

– 플레어리스 방식: 플레어를 주지 않고 접합 기구를 사용하여 연결한다.

- 튜브의 절단 작업: 튜브의 중심선에
  대해 정확하게 90°로 튜브를 절단하는
  작업으로 일반적으로 활톱을 이용하며
  알루미늄, 구리, 연질 금속의 절단은
  표준 절단 공구를 사용한다.

- 튜브 굽힘 작업: 튜브를 구부릴 때 튜브 지름에 대해 최소 굽힘 반지름이 규정되어
  있으므로 그 이하의 반지름으로는 구부리지 않도록 한다.

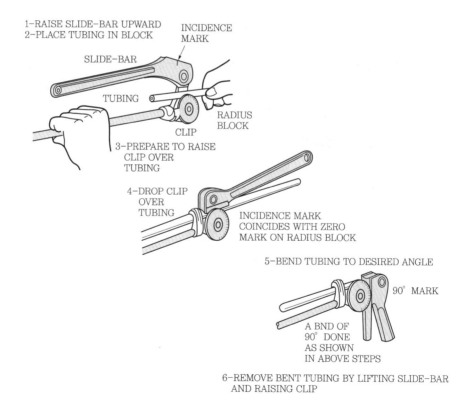

1-RAISE SLIDE-BAR UPWARD
2-PLACE TUBING IN BLOCK

INCIDENCE MARK

SLIDE-BAR

TUBING

RADIUS BLOCK

CLIP

3-PREPARE TO RAISE CLIP OVER TUBING

4-DROP CLIP OVER TUBING

INCIDENCE MARK COINCIDES WITH ZERO MARK ON RADIUS BLOCK

5-BEND TUBING TO DESIRED ANGLE

90° MARK

A BND OF 90° DONE AS SHOWN IN ABOVE STEPS

6-REMOVE BENT TUBING BY LIFTING SLIDE-BAR AND RAISING CLIP

※ 굽힘 작업 시 굽힘 부분의 직경이 원래 직경의 75% 이하가 되면 사용 불가

- 튜브 검사와 수리: 알루미늄 합금 튜브에서 긁힘이 튜브 두께의 10% 이내이면 사포 등으로 문질러 사용하고 튜브 교환 시 원래의 것과 동일한 것을 사용한다.

- 튜브의 사용 가능 압력
  - 알루미늄 합금 튜브: $140kg/cm^2$(2,000psi) 이하에 사용
  - 강철 튜브: $140kg/cm^2$(2,000psi) 이상에 사용
- 알루미늄관의 색 띠에 의한 구별 방법: 알루미늄관을 식별하기 위한 색 띠는 관의 양 끝이나 중간에 부착하며, 보통 10cm의 넓이를 가지고 있다. 두 가지 색깔로 표시되는 경우는 각각 절반의 너비를 차지한다.

알루미늄 합금 번호	색띠
1100	흰색
2003	녹색
2014	회색
2024	빨간색
5052	자주색
6053	검은색
6061	파란색과 노란색
7075	갈색과 노란색

• 자기 시험과 질산 실험에 의한 식별

재질	자기 시험	질산 시험
탄소강	강한 자성	갈색(느린 반응)
18-8강	자성 없음	반응이 없음
순수 니켈	강한 자성	회색(느린 반응)
모넬	자성이 조금 있음	푸른색(급한 반응)
니켈강	자성이 없음	푸른색(느린 반응)

• 테이프와 데칼에 의한 표지

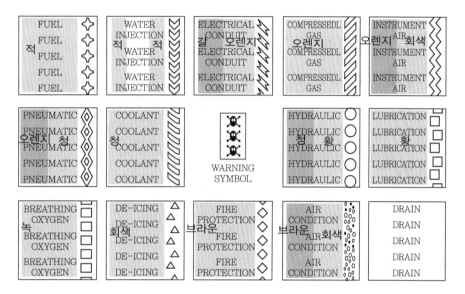

② 호스(hose)

가) 용도: 상대운동을 하는 두 지점 사이의 배관에 사용된다.

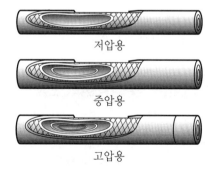

저압용

중압용

고압용

나) 호스의 치수=내경: 가요성 호스의 크기를 표시하는 방법은 호스의 안지름(내경)으로 표시하며, 1인치의 16분비(x/16in)로 나타낸다.

예 No.7인 호스는 안지름이 7/16인치인 호스를 말한다.

DASH SIZE	SIZE I.D.	MAXIMUM OPERATING P.S.I.
−2	4/8	600
−3	3/16	500
−4	1/4	400
−6	3/8	300
−8	1/2	250
−10	5/8	250

DASH SIZE	SIZE I.D.	MAXIMUM OPERATING P.S.I.
−2	1/8	3,000
−3	3/16	3,000
−4	1/4	3,000
−5	5/16	2,000
−6	13/32	2,000
−8	1/2	1,750
−10	5/8	1,500
−12	7/8	800
−16	1−1/8	600
−20	1−3/8	500
−24	1−13/16	350
−32	2−3/8	250
−40	3	200

DASH SIZE	SIZE I.D.	MAXIMUM OPERATING P.S.I.
−4	7/32	3,000
−6	11/32	3,000
−8	7/16	3,000
−10	9/16	3,000
−12	11/16	3,000
−16	7/8	3,000

다) 호스 작업: 테프론 호스나 고무 호스에 호스 접합 기구를 부착하여 배관용으로 사용할 수 있도록 호스를 조립하는 작업이다.

> **참고**　**호스 장착 시 유의 사항** ✈
>
> • 호스가 꼬이지 않도록 한다.
> • 압력이 가해지면 호스가 수축되므로 5~8% 여유를 준다.
> • 호스의 진동을 막기 위해 60cm마다 클램프로 고정한다.

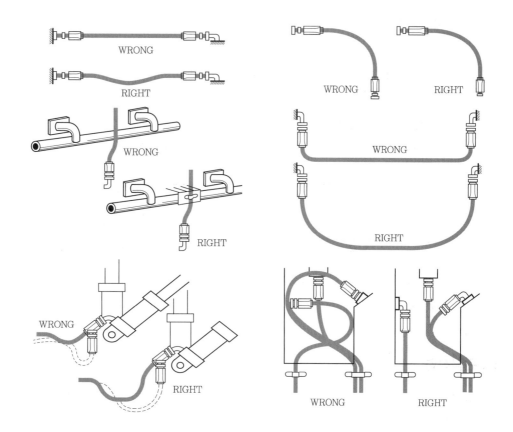

라) 압력에 따른 분류

- 중압용 호스: $125\,kg/cm^2$ 까지 사용
- 고압용 호스: $125{\sim}210\,kg/cm^2$ 까지 사용

마) 재질에 따른 분류

- 고무호스: 안쪽에 이음이 없는 합성 고무층이 있고 그 위에 무명과 철선의 망으로 덮여 있으며, 맨 마지막 층에는 고무에 무명이 섞인 재질로 덮여있다(연료계통, 오일 냉각 및 유압계통에 사용).

- 테프론 호스: 항공기 유압계통에서 높은 작동온도와 압력에 견딜 수 있도록 만들어진 가요성 호스이다(어떤 작동유에도 사용이 가능하고 고압용으로 많이 사용).

바) 부나 N: 석유류에 잘 견디는 성질을 가지고 있으며 SKYDROL용에 사용해서는 안 된다.

사) 네오프렌: 아세틸렌 기를 가진 합성고무로 석유류에 잘 견디는 성질은 부나 N보다는 못하지만, 내마멸성은 오히려 강하다(스카이드롤에 사용금지).

아) 부틸: 천연 석유제품으로 만들어지며 스카이드롤용에 사용할 수 있으나 석유류와 같이 사용해서는 안 된다.

※ Skydrol: 인산염에스테르 유압유로 운송용 항공기에 사용된다. 스카이드롤 유압유에 오염이 없다면 항공기 금속 재질에 영향을 주지 않으나, 인산염에스테르계로 인하여 비닐 성분, 유성페인트, 리놀륨, 아스팔트 등의 열가소성 수지에 노출 시 연수화(softened) 될 수 있기에 바로 비눗물로 깨끗이 닦아주어 손상을 방지해야 한다.

MIL-H8794:SIZE-6-2/68-MFG SYMBOL

자) 호스의 보관: 어둡고 서늘하고 건조한 곳에 보관하며 4년 이상 보관한 것은 사용을 금한다.

(7) 판금작업

① **정의:** 얇은 판재를 성형, 가공하는 작업으로 필요한 구조 부재를 제작하는 데 주로 사용하는 방법이다.

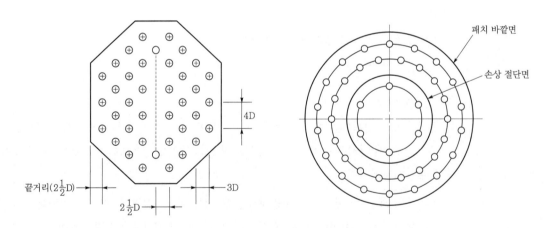

② **판금 설계**

가) 최소 굽힘 반지름: 판재를 최소 예각으로 굽힐 때 내접원의 반지름

- 풀림처리한 판재의 최소 굽힘 반지름: 그 두께와 같은 정도의 굽힘 반지름
- 보통 판재의 최소 굽힘 반지름: 판재 두께의 3배 정도

나) 굽힘 여유(BA: Bend Allowance, 굴곡 허용량): 평판을 구부려서 부품을 만들 때에 완전히 직각으로 구부릴 수 없으므로 굽히는 데 소요되는 여유 길이

$$BA = \frac{\theta}{360} \times 2\pi \left(R + \frac{1}{2}T\right)$$

※ θ: 굽힘 각도, R: 굽힘 반지름, T: 판재 두께

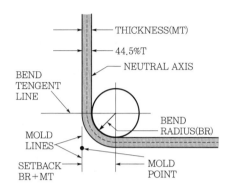

다) 세트 백(set back, SB): 굴곡된 판 바깥면의 연장선의 교차점과 굽힘 접선과의 거리

$$SB = K(R + T)$$

$$K = \tan\frac{\theta}{2} = \tan\frac{90}{2} = \tan45 = 1$$

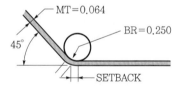

THIS IS A 135-DEGREE OPEN ANGLE, THE METAL
HAS ONLY BEEN BENT 45° , (K45=.414)
SB=(BR+MT)
 =(0.250+0.064)∗0.414
 =0.130

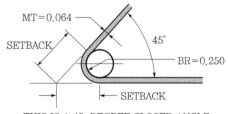

THIS IS A 45-DEGREE CLOSED ANGLE.
SETBACK=(BR+MT)(K135=2.414)
    =(0.250+0.064)∗2.414
    =0.758

• 굽힘점(mold point): 외부 표면의 연장선이 만나는 점을 말한다.

• 굽힘 접선(bend tangent line): 굽힘의 시작점과 끝점에서의 선을 말한다.

③ 판재의 절단 및 굽힘 가공

가) 전단가공: 판재 작업 시 불필요한 부분을 잘라내는 가공이다.

- 블랭킹(blanking): 펀치와 다이를 프레스에 설치하여 판금 재료로부터 소정의 모양을 떠내는 작업이다.
- 펀칭(punching): 필요한 구멍을 뚫는 작업이다.
- 트리밍(trimming): 가공된 제품의 불필요한 부분을 떼어내는 작업이다.
- 세이빙(shaving): 블랭킹 제품의 거스러미를 제거하는 끝 다듬질이다.

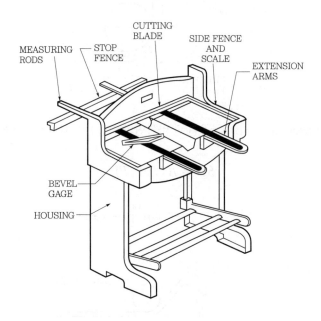

나) 굽힘가공: 얇은 판을 굽히는 작업이다.

- 굽힘가공(bending): 판을 굽히는 것이다.
- 성형가공(forming): 판 두께의 크기를 줄이지 않고 금속 재료의 모양을 여러 가지로 변형시키는 가공이다.
- 비딩(beading): 용기 또는 판재에 선모양의 돌기(비딩)를 만드는 가공이다.
- 버얼링(burling): 뚫려 있는 구멍에 그 안지름보다 큰 지름의 펀치를 이용하여 구멍의 가장자리를 판면과 직각으로 구멍 둘레에 테를 만드는 가공이다.
- 컬링(curling): 원통 용기의 끝부분에 원형 단면 테두리를 만드는 가공으로 제품의 강도를 높이고, 끝부분의 예리함을 없애 안전하게 하는 가공이다.
- 네킹가공(necking): 용기에 목을 만드는 것이다.
- 엠보싱(embossing): 소재의 두께를 변화시키지 않고 성형하는 것으로 상하가 서로 대응하는 형을 가지고 있다.

- 플랜징가공(flanging): 원통의 가장자리를 늘려서 단을 짓는 가공이다.
- 크림핑가공(crimping): 길이를 짧게 하기 위해 판재를 주름잡는 가공이다.
- 범핑가공(bumping): 가운데가 움푹 들어간 구형 면을 가공하는 작업이다.
- 포울딩(folding): 짧은 판을 접는 것이다.

다) 드로잉(drawing) 가공

- 딥 드로잉(deep drawing): 깊게 드로잉하는 것이다.
- 벌징(bulging): 용기를 부풀게 하는 것이다.
- 스피닝(spining): 일명 판금 선반이라 하며, 소재를 주축과 연결된 다이스에 고정한 후 주축을 회전시키며 가공 봉으로 성형 가공하는 것이다.
- 커핑(cupping): 컵 형상을 만드는 과정이며, 딥 드로잉을 하기 위한 과정이다.
- 마르폼법(marform press): 다이 측에 금속 다이 대신 고무를 사용하는 드로잉법이다.
- 액압성형법(hydro forming): 마르폼과 비슷한 형식이나 고무 대신 액체를 이용한 성형법을 말한다.

라) 압축가공

- 스웨이징(swaging): 소재를 짧고 굵게 만드는 것이다.
- 압인가공(coining): 동전이나 메달 등의 앞, 뒤쪽 표면에 모양을 만드는 것이다.

마) 이음가공: 판재를 서로 연결하거나 접합하는 가공이다.

- 시임작업(seaming): 판재를 서로 구부려 끼운 후 압착시켜 결합시키는 작업이다.
- 리벳작업(rivet): 리벳을 사용하여 영구 접합시키는 가공이다.
- 용접작업(welding): 용접기를 사용하여 금속을 녹여 접합시키는 작업이다.

(8) 용접 작업(Welding)

① 용접의 종류 및 장·단점

가) 용접의 종류

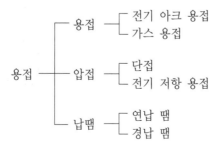

나) 용접의 장점

- 기밀을 요할 수 있다.

- 작업 속도가 빠르다.

- 재료를 10~15% 절약할 수 있다.

- 이음 효율이 향상된다.

- 주물보다 강도가 우수하고 중량이 경감된다.

다) 용접의 단점

- 용접부의 결함 검사가 곤란하다.

- 응력 집중 현상이 발생한다.

- 용접성은 용접 모재의 재질에 좌우된다.

② 산소-아세틸렌가스 용접

가) 호스(hose)

- 산소호스: 검은색 또는 초록색에 바른 나사 결합부

※ 연결부에 기름이나 그리스 등을 칠하면 폭발 위험이 있다.

나) 아세틸렌 호스: 빨간색에 왼나사 결합부

※ 연결장치에 동, 황동제 부속을 써서는 안 된다.

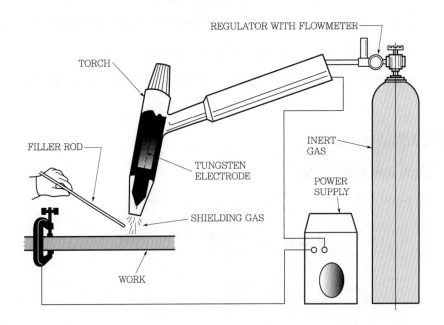

다) 가스(gas)

   ㉠ 아세틸렌가스(C_2H_2)

     • 성질

       – 무색, 무취, 무미로 비중은 0.9이다.

       – 연소속도 330ft/sec^2

       – 저온, 저압에서는 안정하나 15psi 이상에서는 불안정하고 29.4psi에서는 자동 폭발한다.

       – 아세톤에 용해시키면 250psi까지 안전하다.

       – 450~480℃에서 자연 발화하며, 505~515℃가 되면 자연 폭발한다.

     • 발생 방법에 따른 종류

       – 용해 아세틸렌

       – 규조토, 목탄, 석면 등과 같은 다공질의 물질을 넣고 아세톤을 흡수시킨 후 아세틸렌가스를 충전시켜 사용하며, 보통 15℃에서 15기압 정도로 가압하여 용해한 아세틸렌을 사용한다.

     • 용해 아세틸렌의 장점

       – 아세틸렌을 발생시키는 발생기와 부속 기구가 필요치 않다.

       – 운반이 용이하며 어떠한 장소에서든 간단히 작업할 수 있다.

       – 발생기를 사용하지 않으므로 폭발할 위험성이 적다.

       – 아세틸렌의 순도가 높으므로 불순물에 의해 용접부의 강도가 저하되는 일이 없다.

       – 카바이드(carbie)의 처리가 필요치 않다.

  ㉡ 산소가스

     • 성질

       – 무색, 무취, 무미로 비중은 1.105이다.

       – 자연 연소하지 않으나 그리스 및 기름 등과 접촉시키면 폭발 위험이 있다.

     • 제조 및 사용방법: 액체 공기의 분류나 물의 전기 분해로 제조하며, 35℃에서 약 150기압의 고압 용기에 담아서 사용한다(순도 99.5% 이상).

라) 압력 조절기(레귤레이터): 가스통 안의 높은 압력을 사용 가능한 압력으로 낮추어 주고 또한 압력을 일정하게 조절해 준다.

     • 산소 사용 압력: 3~4kg/cm^2

     • 아세틸렌 사용 압력: 0.1~0.5kg/cm^2

마) 용접 토치: 산소와 아세틸렌을 혼합하고 토치 팁에서 점화시켜 불꽃을 만들어 용접할 모재를 접합시키는 데 사용한다.

- 토치 취급 시 주의사항
  - 팁 구멍은 반드시 팁 크리너로 닦는다.
  - 토치에 기름이 묻지 않도록 한다.
  - 팁이 막혔을 때 산소만 분출시키면서 물속에서 냉각시킨다.

바) 토치 팁

- 독일식 팁: 용접작업에 사용되는 것은 용접해야 할 판의 두께에 따라 번호를 붙인다.
- 프랑스식 팁: 시간당 소비하는 아세틸렌양으로 표시한다.

사) 용접 불꽃

- 산소, 아세틸렌의 양에 따른 종류
  - 산화염: 아세틸렌보다 산소가 많을 때의 불꽃(황동, 청동, 납땜 등 고온이 필요한 곳에 사용)
  - 탄화염: 산소보다 아세틸렌양이 많을 때의 불꽃(스테인리스강, Al, 모넬메탈 등 산화하기 쉬운 금속에 사용)

– 중성염(표준염): 토치에서 산소와 아세틸렌의 혼합비가 1:1일 때의 불꽃으로 일반 용접에 사용한다.

▲ Neutral flame

▲ Carburizing(reducing) flame

▲ Oxidizing flame

- 불꽃의 구성
  – 백심: 환원성으로 가장 안쪽의 불꽃이며 백색이다(온도는 1,500℃).
  – 속불꽃: 무색에 가까우며 고열이 발생한다(온도는 3,200~3,500℃).
  – 겉불꽃: 완전 중성으로 온도는 2,000℃이다.

아) 불량현상
  - 역류: 산소가 아세틸렌 호스로 들어가는 것이다.
  - 역화: 가스 유출 속도보다 연소 속도가 빠를 때 토치 속으로 연소가 진행되는 현상이다.
  ※ 인화: 불꽃이 혼합실까지 들어가 그곳에서 연소하는 현상으로 '쉐액' 소리가 나고 혼합실이 뜨겁다.

③ **아크 용접:** 교류나 직류를 이용하여 모재와 용접봉 사이에 아크를 발생시켜 그 아크열로 용접하는 작업 방법이다.

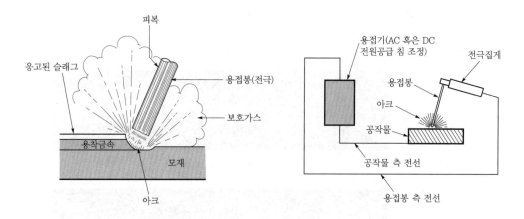

가) 직류 전원 아크 용접: 아크 발생이 안정하고 일정하다.

- 정극성: 모재에 +극을 연결하는 방법으로 양극에서 열이 더 많이 발생하므로 모재의 용입이 깊어 많이 사용하는 방법이다.

- 역극성: 모재에 −극, 용접봉에 +극을 연결하는 방법으로 모재의 용입이 얇아 박판, 주철, 고 탄소강, 합금강 및 비철금속 등의 용접에 사용된다.

나) 교류 전원 아크 용접: 아크 전원이 일정하지 않고 불안정하여 피복 용접봉을 사용하기 전에는 실효성이 없었다. 주파수 증가에 따른 미세하고 균일한 아크가 발생되는 이점 때문에 현재 교류 아크 용접기를 널리 사용한다.

다) 용접봉

- 심선: 용접봉에서 용융금속을 보충하는 역할을 하며 심선의 재질에 따라서 용접부에 큰 영향을 주므로 심선은 가능한 한 불순물이 적어야 한다. 심선은 직경이 3.2~6.0mm가 가장 많이 사용되며, 모재의 재질과 같은 재질의 심선을 사용해야 한다.

- 피복제 역할
  - 아크를 안정시킨다.
  - 용접물을 외부 공기와 차단시켜 산화를 방지한다.
  - 용착금속을 피복하여 급랭에 의한 조직 변화를 방지하여 작업 효율이 좋아진다.
  - 용착 금속의 기계적 성질을 개선한다.
  - 용착 금속에 적당한 합금 원소를 첨가한다.
  - 슬랙을 제거하고 비드를 깨끗이 한다.

라) 아크의 이상적 길이

- 3~5mm가 좋고 일정 간격, 속도를 유지할 필요가 있다.

- 아크 길이가 너무 길면 용입 불량, 공기와 접촉으로 재질 변화와 핀 홀(pin-hole)이 생기기 쉽다.

- 아크에 영향을 주는 요소: 전류의 세기, 전압, 전력

마) 아크 용접기의 종류

- 교류 용접기
  - 가동 철심형　　　　　　　　- 가동 코일형
- 직류 용접기
  - 전동기 발전형　　　　　　　- 엔진 구동형
  - 정류기형

바) 아크 용접 용구

- 헬멧 및 핸드실드: 아크나 유해 광선으로부터 작업자의 눈을 보호하기 위해서 사용한다.
- 장갑과 에이프런: 감전과 유해 광선을 피하기 위하여 가죽으로 만든 것을 사용한다.
- 슬랙 해머: 용접 시 발생한 슬랙을 제거하는 데 사용되는 망치이다.

④ **불활성 가스 아크 용접**

가) 원리: 용접이 진행되는 동안 용접 부위를 대기와 차단시키기 위하여 아크 둘레에 보호 덮개로 불활성 가스인 아르곤이나 헬륨 가스를 사용하는 용접이다.

나) 특징

- 작업이 쉽고 용접 속도가 빠르다.
- 용접 부위가 견고하여 부식에 대한 저항이 높다.
- 티타늄, 마그네슘, 내식강 및 산화되기 쉬운 금속에 매우 좋은 효과가 있다.

다) 텅스텐 불활성 가스 아크 용접(TIG 용접): 아크를 일으키는 데 소모되지 않는(비소모성) 텅스텐 전극이 사용되며, 용접작업 도중에 불활성 가스(아르곤, 헬륨)가 용접 부위의 공기를 차단하여 산화를 방지시키며, 텅스텐 전극은 단지 아크를 일으키기 위해 사용된다.

※ 정전류 특성 전원에 직류 역극성, 직류 정극성, 교류 등이 사용된다.

라) 금속 불활성 가스 아크 용접(MIG 용접): TIG 용접에서의 비소모성 텅스텐 전극 대신 소모성 금속 와이어를 이용하는 용접으로, 불활성 가스로는 보통 아르곤이 사용되고 경우에 따라 소량의 헬륨과 산소를 혼합하여 사용하기도 하며, 저 탄소강에는 이산화탄소와 아르곤에 산소가 2% 혼합된 가스를 사용한다.

※ 정전압 전원에 직류 역극성을 주로 사용한다.

마) 불활성 가스 아크 용접의 장점

- 모든 금속의 용접이 가능하다.
- 슬랙이 발생하지 않으며 용접 부분이 깨끗하다.
- 스패터 및 합금 성분의 손실이 적다.

- 용착 금속의 상태가 좋다.
- 용접 속도가 빠르고 변형이 적다.
- 용접이 가능한 판 두께의 범위가 넓다.
- 모든 자세의 용접이 가능하다.

바) 불활성 가스

- 성질: 화학적으로 안정하여 용접 부위의 산화를 방지하는 기능이 있다.
- 아르곤 가스: 알루미늄 합금이나 마그네슘 합금의 용접에 사용되며 가격이 저렴하고 헬륨보다 더 무거워 좋은 보호막의 역할을 수행하여 널리 사용된다.
- 헬륨 가스: 열전도율이 높은 무거운 금속의 용접에 사용된다.

⑤ **압점**

가) 단접: 용접부에 열을 가한 후 에어 해머 등으로 단조시켜 접합시키는 방법이다.

나) 전기 저항 용접

- 점 용접: 두 전극 사이에 놓인 모재에 전극으로 압력을 가하면 접촉 저항에 의한 열이 발생하고 플라스틱 상태가 되면 압력을 가해 접합시키는 방법이다.
- 시임 용접: 회전 롤러에 전선을 연결하고 롤러를 회전시키면 롤러 사이에 놓인 모재가 연속적으로 접합되며, 기밀을 유지할 필요가 있을 때 사용하는 접합법이다.
- 버트 용접: 두 전극 봉의 끝을 접촉시키면 접촉 저항열이 발생하고 충분히 달구어진 후 압력을 가해 접합시키는 방법이다.
- 플래시 방법: 두 전극 봉에 약간의 간격을 주면 아크가 발생하고 아크 열에 달구어진 후 압력을 가해 접합시키는 방법이다.
- 쇼트 용접: 고전압을 순간적으로 보내 짧은 시간 동안에 접합을 완료하는 방법이다.

⑥ **납땜**

가) 의미: 모재는 용융되지 않고 용가제만 용융되어 금속을 접합시키는 것이다.

나) 연납땜: 용융점이 450℃ 이하인 납땜으로 주석과 납의 합금이 이용된다.

다) 경납땜: 용융점이 450℃ 이상인 납땜으로 황동납, 양은납, 은납 등의 종류가 있다.

라) 납땜 인두: 열전도율이 높고 친화력이 있는 구리가 사용된다.

마) 용제(LUX): 납땜을 할 때 모재 표면에 산화막을 제거하여 깨끗이 하고 납땜 중에 생성된 금속 산화물을 용해시켜 액체 상태로 만들어 납의 흐름을 좋게 한다.

- 경납용 용제: 붕사 $[Na_2B_4O_7,\ 10H_2O]$
- 연납용 용제: 붕산 $[H_3BO_3]$

⑦ 이음의 종류에 따른 용접의 종류

가) 이음의 종류에 따른 용접의 종류

- 맞대기 용접(butting welding)
- 모서리 용접(edge welding)
- 플랜지 용접(flange welding)
- 필릿 용접(fillet welding)
- 플러그 용접(plug welding)
- T 용접(t-welding)

나) 용접을 진행하는 방법

- 좌진법은 왼쪽 방향으로 용접을 진행해 나가는 것으로 용접봉이 토치보다 앞에 있어서 전진법이라고도 한다.
- 우진법은 용접봉이 팁과 비드 사이에 있어 토치의 뒤를 용접봉이 따라가기 때문에 후진법이라고도 한다.
- 비교

항목	좌진법(전진법)	우진법(후진법)
열이용률	나쁘다.	좋다.
용접속도	빠르다.	느리다.
비드의 모양	매끈하다.	매끈하지 않다.
소요 홈 각도	크다. 80°	작다. 60°
용접 변형	크다.	작다.
용접 가능한 판 두께	얇다. 5mm까지	두껍다.
용접금속의 냉각도	급랭	서냉
산화의 정도	심하다.	약하다.
용착금속의 조직	거칠어진다.	미세하다.

다) 용접 자세의 종류

- 위보기 용접
- 수직 용접
- 수평 용접
- 아래보기 용접

라) 용접 결함의 종류

결함의 종류	결함의 형상	발생 원인
표면의 오목 자국	표면에 만들어진 눌린 흔적	높은 용접 전류, 긴 통진 시간, 과도한 가압력, 적은 전극 지름
튀어 나옴	모재 표면 또는 판 사이에 녹은 금속이 날려 튀어 나온 상태	판 표면 및 판 사이의 과열, 높은 용접 전류, 적은 가압력, 표면 처리 및 전극 형상의 불량
피트	표면이 패어 대부분 중앙에 만들어진 깊은 구멍	긴 통전 시간, 중립의 발생

오손	전극과 모재가 합금을 만든 것	높은 용접 전류, 적은 가압력, 표면 처리 불량
기공	용접 금속 내에 생긴 열쇠 구멍	높은 용접 전류, 긴 통전시간, 적은 가압력, 지지 시간의 부족
균열	용접부의 쪼개짐	높은 용접 전류, 긴 통전시간, 적은 가압력, 지지 시간의 부족
판의 구부러짐 (판의 분리)	판이 구부러져 판이 분리된 것	중립의 발생, 높은 용접 전류, 과도한 가압력, 전극 형상의 불량

⑧ 가스 절단법

가) 가스 절단 원리: 빨갛게 가열된 철사를 순수한 산소에 넣으면 불꽃을 내면서 연소한다. 따라서 절단 토치로 철판을 예열(약 800~1,000℃)하고, 순도 높은 산소를 분출시키면 철판은 급격한 연소 작용을 일으킨다. 이때 철판은 산화철이 되면서 연소열을 발생하고 계속 분출되는 산소에 의해 산화철은 밀려나면서 연소되지 않은 철판에 열을 전달한다. 이러한 열의 전달에 의해 연소가 계속되면서 철판의 절단이 진행된다.

나) 가스 절단의 조건

- 모재의 연소 온도가 모재의 융점보다 낮아야 한다.
- 생성된 산화물의 용융 온도는 모재의 융점보다 낮아야 한다.
- 생성된 산화물은 유동성이 좋아 잘 밀려 나가야 한다.
- 모재의 성분 중에는 연소되지 않는 물질이 없어야 한다.

다) 작업 최적 재료: 연강, 주강

※ 주철, 스테인리스강, 구리, 알루미늄 등은 위의 조건 중 한 가지 이상을 만족하지 않아 산화물 제거 용제를 사용하거나 아크 절단을 해야 한다.

5 수리작업

(1) 목재 및 천 외피의 수리작업

① 목재 수리작업

가) 날개보의 수리

- 한 번 수리한 부분은 어떠한 경우에도 수리하지 않는다.

- 주로 나무결 방향으로 균열이 생기는 이유: 목재가 수축하기 때문이다.
- 날개보를 수리한 부분에는 다른 체결 부품이 장착된 부분에 손상이 발생되었을 때는 수리할 수 없고 교환해야 한다.

② **리브의 수리**: 삽입재 사용 시 삽입재의 나무결 방향이 원래 부재의 나무결 방향과 가능한 한 일치되도록 한다.

③ **합판의 수리**

　가) 플러그 패치: 원형과 타원형으로 된 합판을 직각으로 절단 후 1/4in 두께의 이중판을 이용하여 접합하는 패치이다.

　나) 스플레이 패치: 1/10in 이하의 얇은 합판의 수리에 적용하는 패치로 손상 범위가 합판 두께의 15배 이상 되는 경우에 사용할 수 없다.

　다) 표면 패치: 합판 표피 외부에 부착하여 사용하는 패치이다.

　라) 스카프 패치: 응력 판넬의 수리에 적합해 가장 많이 사용하는 방법이다.

④ **목재의 특성**

　가) 목재의 함수율: 8~12%

　나) 목재 접착면에 묻어서는 안 되는 것: 기름, 왁스, 바니스, 락카, 에나멜, 도우프, 페인트, 먼지, 때, 크레용 등의 오물

　다) 목재 접착 시 가압 압력

- 연목: 125~150psi
- 경목: 150~200psi

　라) 가압 시간: 7시간 정도

　마) 목재 수리 부분 중 가장 강한 부분: 접합부로 강도가 100% 이상이다.

　바) 목재에 그리스나 오일이 묻었을 경우 제거 방법: 휘발유로 제거한다.

　사) 목재 접착면은 사포질을 금한다.

⑤ **도프 작업**

　가) 도프 종류

- 질산 도프: 유동성이 좋아 천에 바르기 쉽고 불에 잘 타는 성질이 있다. 질산에 목재펄프, 아마, 황마, 대마 등을 용해시켜 제조한다.
- 낙산 도프: 내구성이 있고 천에 침투 및 수축 효과가 좋다.
  - 낙산에 목재펄프, 아마, 황마, 대마 등을 용해시켜 제조한다.

- 보통 초기에 질산 도프를 칠하고 마른 다음 낙산 도프를 칠한다.

- 은분 도프: 투명 도프에 은분을 혼합해서 만든 것으로, 처음 투명 도프를 2~3회 칠한 다음 은분 도프칠을 하면 태양의 자외선으로부터 천을 보호하여 수명이 길어진다.

나) 은분 도프 혼합비: 은분 1.5파운드에 5갈론의 투명 도프를 혼합한다.

다) DOPE 작업 불량 현상이다.

- 브러싱(blushing) 현상: 다습한 기상 조건에서 도프 작업 시 도프의 희석제인 신나가 증발함으로써 날개 표면 온도가 강하하고 대기 중의 수증기가 응결하여 흰 반점이 나타나는 현상이다.

  - 브러싱 현상 방지책: 항브러싱 신나를 섞고 실내 온도를 약간 높여준다.

  - 도프 작업 시 가장 이상적인 기상조건: 온도 75℉ 이상, 상대습도 65% 이하

- 핀 홀: 먼저 칠한 도프가 충분히 마르기 전에 다음번 도프칠을 할 때 또는 희석이 충분치 못할 때 일어난다.

라) 도프 칠 횟수

- 투명 도프를 3번 칠하고 샌드페이퍼 작업을 한다.

- 은분 도프 3회 그리고 샌드페이퍼 작업을 한다.

- 색소 도프 3회 후 매끈하게 샌드페이퍼 작업을 하고 걸레로 문지른다.

마) 탈수공 그로메트

- 두 번째 도프칠을 한 후 날개나 가동익 뒷전에 되도록 리브에 접근해서 탈수공 그로메트를 장착하며, 동체에는 각 구간마다 중앙부에 붙이되 가장 탈수 효과가 좋은 곳을 골라야 한다.

- 도프가 완전히 굳은 다음에 조그마한 칼로 뚫는다(송곳이나 펀치로 구멍을 내서는 안 된다).

바) 방부 도프

- 제일 첫 번째 도프칠은 도프에 방부제를 섞어서 쓰는 것이 좋다.

- 방부용으로 맨 처음 칠할 때 천의 표피에 충분히 침투되도록 아주 묽게 타서 쓰는 것이 좋다.

사) 주의사항

- 한냉기에는 도프가 심하게 굳어지므로 75℉(24℃) 정도로 데워서 사용하는 것이 이상적이다.

- 주황색으로 보이거나 표면이 두툴거리는 것은 도프의 희석이 부적당하거나 스프레이건을 너무 멀리서 사용했을 때 발생한다.

- 스프레이 장비는 사용 전에 탈수 및 탈유를 충분히 해야 한다.
- 도프가 부분적으로 잘 건조하지 않는 것은 오일이나 비누 기타의 자국을 완전히 닦아 내지 않았을 때 나타나는 현상이다.

아) 도프 작업의 효과

- 우포가 팽팽해진다.
- 강도가 증가한다.
- 공기와 수분을 차단한다.
- 수명을 연장시킨다.

⑥ 우포(천 외피-fabric)

가) 우포의 등급: 날개의 익면 하중과 최대 속도로 결정된다.

나) 우포의 허용 퇴화율: 30%

다) 우포에 묻은 그리스나 오일 제거 방법: 아세톤으로 제거한다.

라) 8~10번 바느질 후 매듭을 지어야 한다.

마) 피복방법: 담요식, 봉투식

(2) 샌드위치 구조재 수리 작업

① 샌드위치 구성: 외피, 코어, 접착제

가) 외피, 코어의 재질: 알루미늄 또는 강화 플라스틱(FRP)

나) 접착제: 에폭시 계통의 열경화성(페놀수지, 폴리우레탄, 에폭시) 수지

② 샌드위치 구조의 특성

가) 장점: 가볍고 무게에 대한 강도비가 크며 충격에 강하다.

나) 단점: 우그러지기 쉽고 접착부로 습기가 스며들어 부식이 생길 수 있다. 또한, 스며든 수분이 응결하여 팽창함으로써 외피가 부풀어 오르거나 모서리의 박리현상이 생길 수 있다.

③ 손상의 검사

가) 손상의 종류: 우그러짐, 균열, 뚫림, 외피 분리, 모서리의 박리

나) 손상 검사 벙법

- 육안검사
- 비파괴 검사: X선 검사, 초음파 검사
- 금속 조각으로 두드려 소리로 판단하는 방법이다.

6 부식방지 처리

(1) 부식의 종류

① 표면 부식: 금속 표면에 존재하는 수분에 의해 발생한다.

② 동전기 부식(이질금속 간 부식): 서로 다른 금속이 전해물질에 노출될 때 전해작용에 의해 부식한다.

③ 입자 간 부식: 부적절한 열처리에 의해 발생되며, 항공기 구조 부재에 가장 큰 손상을 입히는 부식이다.

④ 응력 부식: 금속 재료가 인장 응력을 받거나 냉간가공에 의한 조직의 변화가 일어나 부식이 발생한다.

(2) 부식처리

① 알로다인 처리: 알루미늄을 크롬산 용액으로 처리하는 방법이다.

② 양극처리: 얇은 산화 피막을 형성하는 방법이다.

③ 다우처리: 마그네슘을 크롬산 용액으로 처리하는 작업이다.

④ 알카리 착색법: 철금속에 산화물의 피막을 형성시키는 작업이다.

⑤ 파커라이징: 철금속에 인산염 피막을 형성시키는 작업이다.

7 중량과 평형

(1) 항공기의 중량

① 무게와 구분

가) 유효하중: 승무원, 승객, 화물, 무장계통, 연료, 윤활유 등의 무게를 포함한 것으로 최대 총 무게에서 자기 무게를 뺀 것을 말한다.

나) 기본 빈 무게(기본 자기 무게)

- 승무원, 승객 등의 유용하중, 사용 가능한 연료, 배출 가능한 윤활유의 무게를 포함하지 않는 상태에서의 항공기 무게이다.

- 기본 빈 무게에는 사용 불가능한 연료, 배출 불가능한 윤활유, 엔진 내의 냉각액의 전부, 유압계통의 무게도 포함한다.

다) 운항 빈 무게(운항 자기 무게): 기본 빈 무게에서 운항에 필요한 승무원, 장비품, 식료품을 포함한 무게이다. 승객, 화물, 연료 및 윤활유를 포함하지 않는 무게이다.

라) 최대 무게: 항공기에 인가된 최대 무게이다.

마) 영 연료 무게: 연료를 제외하고 적재된 항공기의 최대 무게이다.

바) 테어 무게: 항공기 무게를 측정할 때 사용하는 잭, 블록, 촉과 같은 부수적인 품목의 무게를 말한다.

사) 설계 단위 무게: 항공기 탑재물에 대한 무게를 정하는 데 기준이 되는 설계상의 무게이다.
- 남자 승객: 75kg, 여자 승객: 65kg
- 가솔린: 1리터당 0.7kg, JP-4 1리터당: 0.767kg
- 윤활유의 무게 1리터당 0.9kg

② **비행상태와 하중**

가) 비행 중 기체에 작용하는 하중: 인장 하중, 압축 하중, 굽힘 하중, 전단 하중, 비틀림 하중

나) 하중배수
- 선회비행 시 하중배수: $n = \dfrac{1}{\cos\theta}$
- 제한 하중배수

감항류별	제한 하중배수	제한운동
A류(acrobatic)	6	곡예비행에 적합
U류(utility)	4.4	제한된 곡예비행 가능
N류(normal)	2.25~3.8	곡예비행 불가
T류(transport)	2.5	수송기의 운동 가능

- 속도-하중배수 선도

다) 설계 급강하 속도: 구조강도의 안정성과 조종면에서 안전을 보장하는 설계상의 최대허용속도이다.

라) 설계 순항 속도: 순항성능이 가장 효율적으로 얻어지도록 정한 설계 속도이다.

마) 설계 운용 속도: 항공기가 어떤 속도로 수평비행을 하다가 갑자기 조종간을 당겨 최대 양력 계수의 상태로 될 때, 큰 날개에 작용하는 하중배수가 그 항공기의 설계제한 하중배수와 같게 되었을 때의 속도이다. 설계 운용속도 이하에서는 항공기가 어떤 조작을 해도 구조상 안전하다는 것이다.

바) 설계돌풍 운용속도: 어떤 속도로 수평비행 시 수직 돌풍속도를 받았을 때 하중배수가 설계제한 하중배수와 같아질 때의 수평 비행속도를 말한다.

③ 힘과 모멘트

가) 힘: 물체에 작용하여 그 물체의 형태와 운동상태를 바꾸려는 것을 힘이라 한다.

나) 모멘트: 회전이 얼마나 크게 이루어지는가 하는 정도, 힘의 회전 능률을 말한다.

다) 평형 방정식

- 지지점과 반력

롤로 지지점	수직 반력만 생긴다.
힌지 지지점	수직, 수평 반력이 생긴다.
고정 지지점	수직, 수평, 회전 모멘트의 반력이 생긴다.

---

8 헬리콥터의 중량과 평형

(1) 세척

① 세척의 종류: 내부 세척, 외부 세척

② 축전지 오염 시 중화 방법

가) 황산으로 오염 시: 20% 희석된 중탄산나트륨 용액으로 중화시킨 후 세척한다.

나) 수산화칼륨으로 오염 시: 3% 희석된 붕산으로 중화시킨 후 세척한다.

③ 세척 방법: 아래에서 위로 세척한다.

(2) 진동 특성

① 저주파수 진동

가) 2/3회 진동: 회전날개의 감쇄 장치가 원활하게 작동되지 않을 때 발생하는 진동이다.

나) 1회 진동: 주 회전날개의 헤드나 회전날개 깃이 불평형 상태가 되었을 때 발생하는 진동으로 궤도가 벗어났을 때 발생한다.

다) 가로 방향의 횡전 진동: 회전날개의 회전수가 너무 낮아 회전날개 자체의 하중을 지탱할 정도의 양력이 발생하지 못하는 경우에 회전날개 깃이 궤도를 벗어남으로써 발생한다.

라) 꼬리 진동: 회전날개에 의해 교란된 공기 흐름이 헬리콥터의 꼬리회전날개에 영향을 끼칠 때 발생한다.

② **중간 주파수 진동:** 주 회전날개가 1회전 시 주 회전날개의 깃수 만큼 진동이 발생하는 것으로 회전날개 깃의 공기 역학적인 하중 분포가 다를 때 발생하며, 특히 전진 비행 시 진동 효과가 커진다.

③ **고주파수 진동:** 엔진이나 동력 구동장치 등에 의해 발생된다.

(3) 회전날개의 궤도 점검: 저주파수 진동의 원인 제거 방법

① 궤도 점검용 깃발 사용법

가) 회전날개 깃 선단에 수성 펜으로 각기 다른 색을 칠한다.

나) 회전날개 깃을 회전시켜 점검용 깃발을 스치게 한다.

다) 깃발에 찍힌 색깔을 확인하여 해당 회전날개 깃의 궤도를 수정한다.

② 스트로보스코프 이용법

가) 자기 발생장치에서 나오는 자력선을 차단 장치가 차단할 때 전자 파동 신호가 발생한다.

나) 이 파동 신호에 의해 스트로보의 섬광이 반사 표적에 반사되어 회전날개깃 영상이 스트로보스코프에 나타난다.

다) 궤도 이탈된 날개깃의 궤도를 조절한다.

③ 궤도 조절 방법

가) 완속 상태에서의 궤도 조정: 피치 조종 로드의 길이를 조절하여 궤도를 수정한다.

나) 고속 상태에서의 궤도 조정: 회전날개 깃의 조종탭을 조절하여 궤도를 수정한다.

(4) 평형 점검

① 시행 착오법

가) 평형이 맞지 않는다고 판단되는 선회깃 선단에 약 5cm 폭의 테이프를 부착 후 비행하여 진동을 측정한다.

나) 진동의 세기가 감소하면 테이프를 더 붙여 진동이 사라질 때까지 한 후 테이프의 무게와 같은 추를 선단에 부착한다. 단, 진동이 증가할 경우 반대쪽 선단에 테이프를 부착한다.

② 전자 평형 장비 이용법

가) 스트로보스코프에서 얻은 전자 파동 신호와 가속도계에 의하여 감지된 진동 특성 신호를 전자 평형 기기에 입력시켜 계산함으로써 평형 점검 자료를 산출한다.

나) 자료로부터 도표를 이용하여 평형추의 위치, 무게를 구한다.

(5) 자동 회전 비행 수 점검

① 회전수 증가법: 동시 피치 조종 로드의 길이를 증가

② 회전수 감소법: 동시 피치 조종 로드의 길이를 감소

(6) 꼬리회전날개의 작동 점검 및 조절

① **궤도 점검:** 궤도 점검 후 궤도가 벗어난 경우 꼬리회전날개를 통째로 교환한다.

※ 평형 점검 전에 수행하는 것이 바람직하다.

② **평형 점검:** 아버 지시계로 확인한다.

(7) 동력 구동장치 계통의 정비

① **변속기와 기어박스:** 변속기와 기어박스의 점검은 주로 윤활유와 연관된 것이다.

가) 점검사항
- 윤활유의 누설 점검
- 윤활유의 오염 상태 점검
- 기어박스의 사용 점검

나) 변속기의 고장 탐구: 변속기의 고장은 주로 윤활유와 관계가 있다.
- 변속기 윤활유 압력 계기의 지시값이 흔들리는 경우: 전기적 접속 상태가 헐겁거나 계기 및 변환기에 결함이 있음을 의미한다.
- 윤활유 압력이 낮게 지시되는 경우: 윤활유 섬프의 윤활유 수준이 낮거나 윤활유 펌프가 고장일 수 있으며 방열기가 막혔을 수도 있다.

다) 기어박스의 고장 탐구

- 현상: 기어박스에 고장이 생기면 고주파수 진동이 발생한다.
- 원인: 장착 볼트의 헐거움, 기어박스 베어링의 결함, 기어의 손상 및 기어의 불확실한 정렬 상태 등이 있다.

② **동력 구동축**

가) 점검사항: 기계적인 손상과 변형 및 부식상태에 대한 육안점검을 하며, 필요에 따라 비파괴 검사를 통하여 균열상태를 점검한다.

나) 동력 구동축의 고장 탐구

- 현상: 기어박스에 고장이 생기면 고주파수 진동이 발생한다.
- 원인: 구동축의 부착 프랜지의 너트와 볼트의 헐거움, 구동축의 장착 상태의 불량, 구동축 및 구동축 커플링의 손상, 구동축의 불량한 평형상태 및 지지 베어링의 결함이다.

9 항공기 검사

(1) 육안검사의 정의와 적용

① **육안검사**

가) 개요: 가장 오래된 비파괴 검사 방법으로 결함이 계속해서 진행되기 전에 빠르고 경제적으로 탐지하는 방법이다. 검사자의 능력과 경험에 따라 신뢰성이 달려있다.

나) 검사 방법

ㄱ) 플래시 라이트를 이용한 균열 검사

- 검사하고자 하는 구역을 솔벤트로 세척한다.
- 플래시 라이트를 검사자의 5~45도의 각도로 향하도록 유지한다.
- 확대경을 사용하여 검사한다.

ㄱ) 보어스코프 검사: 육안으로 검사물을 직접 볼 수 없는 곳에 사용한다.

ㄱ) 파이버옵틱 스코프(fiberoptic scope): 검사하기 어려운 위치의 검사물을 검사하는 데 사용되는 비디오스코프 검사 방법이다.

(2) 비파괴 시험검사의 정의와 적용

① 침투탐상 검사

가) 특징

- 육안검사로 발견할 수 없는 작은 균열이나 결함 등을 발견하는 데 사용한다.
- 금속, 비금속의 표면 결함에 사용된다.
- 검사 비용이 저렴하다.
- 표면이 거친 검사에는 부적합하다.

나) 순서

- 검사물을 세척하여 표면의 이물질을 제거한다.
- 적색 또는 형광 침투액을 뿌린 후 5~20분 기다린다.
- 세척액으로 침투액을 닦아낸다.
- 현상제를 뿌리고 결함 여부를 관찰한다.

② 자분탐상 검사

가) 특징

- 피로균열 등과 같이 표면 결함 및 표면 바로 밑의 결함을 발견하기가 좋다.
- 검사 비용이 비교적 저렴하다.
- 검사원의 숙련이 필요 없다.
- 강자성체만 사용이 가능하다.

나) 순서: 전처리→자화→자분의 적용(습식, 건식)→검사→탈자→후처리

③ 와전류 검사: 변화하는 자기장 내에 도체를 놓으면 표면에 와전류가 발생하는데, 이 와전류를 이용하는 검사 방법이다.

- 검사결과가 전기적 출력으로 얻어지므로 자동화 검사가 가능하다.
- 검사속도가 빠르고 검사 비용이 싸다.
- 표면 및 표면 부근의 결함을 검출하는 데 적합하다.

④ 초음파 검사: 고주파 음속파장을 사용하여 부품의 불연속 부위를 찾는 방법으로, 항공기의 파스너 결함부나 파스너 구멍 주변의 의심나는 주변을 검사하는 데 많이 사용된다.

- 검사비가 싸고, 균열과 같은 평면적인 결함 검사에 적합하다.
- 검사 대상물의 한쪽 면만 노출되면 검사가 가능하다.

- 판독이 객관적이다.

- 재료의 표면상태 및 잔류 응력에 영향을 받는다.

- 검사 표준 시험편이 필요하다.

⑤ **방사선 투과 검사**

- 기체 구조부에 쉽게 접근할 수 없는 곳이나 결함 가능성이 있는 구조 부분의 검사에 사용된다.

- 검사 비용이 많이 들고 방사선의 위험성이 있다.

- 제품의 형태가 복잡한 경우 검사가 어렵다.

01 제작회사나 관련 기관으로부터 전달되는 기술 지시에서 AD는 무엇을 나타내는가?

① 시한성 기술 지시
② 감항성 개선 명령
③ 도해 부품 목록
④ 최소 구비장비 목록

해설

시한성 기술 지시(TCTO), 감항성 개선 명령(AD), 도해 부품 목록(IPC), 최소 구비장비 목록(MEL)

02 항공기 운항을 목적으로 수행되는 점검으로 액체 및 기체류의 보급과 비행 시 발생한 결함의 교정 등 기본적으로 수행하는 정비행위를 무엇이라 하는가?

① 운항 정비   ② 정시점검
③ 수리   ④ 개조

해설

운항정비는 항공기 운항을 목적으로 수행되는 점검으로 액체 및 기체류의 보급과 비행 시 발생한 결함의 교정 등 기본적으로 수행하는 정비행위이다.

03 항공기 기체, 엔진, 및 장비 등의 사용 시간을 "0"으로 환원시킬 수 있는 정비작업은?

① 항공기 오버홀
② 항공기 대수리
③ 항공기 대검사
④ 항공기 대개조

해설

오버홀은 항공기 기체, 엔진 및 장비 등의 사용 기간을 "0"으로 환원시킬 수 있는 정비작업을 말한다.

04 항공기의 수리 순환 부품에 초록색 표찰이 붙어 있다. 이것은 무엇을 뜻하는가?

① 수리 요구 부품
② 사용 가능 부품
③ 폐기품
④ 오버홀

해설

• 사용 가능 부품: 노란색 표찰
• 수리 요구 부품: 초록색 표찰
• 폐기품: 빨간색 표찰
• 수리 중 부품: 파란색 표찰

05 다음은 공장정비 내용의 순서이다. 가장 올바른 것은?

① 검사–분해–세척–수리–조립–시험/조종–보존 및 방부처리
② 분해–검사–세척–수리–조립–시험/조종–보존 및 방부처리
③ 수리–세척–검사–분해–조립–시험/조종–보존 및 방부처리
④ 분해–세척–검사–수리–조립–시험/조종–보존 및 방부처리

✈ 정답   01. ②   02. ①   03. ①   04. ①   05. ④

해설

공장정비 순서: 분해-세척-검사-수리-조립-시험/조종-보존 및 방부처리

06 볼트 머리 기호 중 삼각형(△)은 무엇을 의미하는가?

① 내식성 볼트　　② 합금강 볼트

③ 정밀공차 볼트　④ 열처리 볼트

해설

볼트 머리 기호 식별

머리 기호	종류
—	내식성 볼트
=	내식성 볼트
+	합금강 볼트
△	정밀공차 볼트
◇	정밀공차 볼트
⬨	정밀공차 볼트
R	열처리 볼트
– –	알루미늄 합금 볼트
=	황동 볼트

07 AN21~AN36으로 분류되고, 머리 형태가 둥글고 스크루 드라이버를 사용하도록 머리에 홈이 파여 있는 모양의 볼트는?

① 아이 볼트　　　② 클레비스 볼트

③ 육각 볼트　　　④ 인터널 렌칭 볼트

해설

클레비스 볼트(AN 21~36)는 보통 스크루 드라이버를 사용하여 장착하며, 전단 하중만 작용하는 곳에 사용되고, 조종계통에 기계적 핀으로 자주 사용된다.

08 육각머리 볼트 중에서 생크에 구멍이 나 있는 볼트나 아이 볼트, 스터드 볼트 등과 함께 사용되는 큰 인장 하중에 잘 견디며, 코터 핀 작업 시 사용되는 너트는?

① 체크 너트　　　② 캐슬전단 너트

③ 캐슬 너트　　　④ 나비 너트

해설

캐슬 너트는 너트 자체만으로는 진동 등의 원인에 의해 너트가 풀리는 것에 대해 특별한 고정장치가 필요한 너트를 말한다(고정장치: 코터 핀).

09 안전결선 작업에 대한 내용으로 틀린 것은?

① 안전결선은 당기는 방향이 부품을 죄는 반대 방향이 되도록 한다.

② 안전결선은 한 번 사용한 것은 다시 사용하지 않는다.

③ 복선식 안전결선에서 부품의 구멍지름이 0.045in 이상일 때는 ø0.032in 이상의 안전결선을 사용한다.

④ 복선식 안전결선에서 부품의 구멍지름이 0.045in 이하일 때는 ø0.020in인 안전결선을 사용한다.

해설

안전결선은 당기는 방향이 부품을 죄는 방향이 되도록 결선작업을 해야 한다.

10 케이블을 케이블 단자에 압착할 때 사용되는 공구는?

① 패스너 공구

② 트위스터 공구

③ 스웨이징 공구

④ 버킹 바

정답 06. ③　07. ②　08. ③　09. ①　10. ③

스웨이징 방법(swaging method)은 스웨이징 케이블 단자에 케이블을 끼우고 스웨이징 공구나 장비로 압착하여 접착하는 방법으로, 연결 부분 케이블 강도는 케이블 강도의 100%를 유지하며 가장 일반적으로 많이 사용한다.

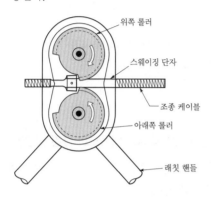

위쪽 롤러

스웨이징 단자

조종 케이블

아래쪽 롤러

래칫 핸들

11 토크 렌치에 사용자가 원하는 토크 값을 미리 지정(setting) 시킨 후 볼트를 죄면 정해진 토크 값에서 소리가 나는 토크 렌치의 종류는?

① 디플렉팅−빔형(deflecting−beem type) 토크 렌치

② 오디블 인디게이팅형(audible indicating type) 토크 렌치

③ 리지드 프레임형(rigid frame type) 토크 렌치

④ 토션 바형(torsion bar type) 토크 렌치

오디블 인디게이팅 토크 렌치는 규정된 죔값을 미리 설정한 후 그 값에 도달하여, "크릭"하는 소리를 내어 죔 값을 알려주는 공구이다.

12 케이블 장력 측정기(cable tension meter)를 이용하여 직경이 1/8″인 케이블의 장력을 측정하려고 한다. 이때 사용해야 할 라이저의 NO는 1번이었다. 만약 지시치가 19였다면 이때 케이블의 장력은?

N0 1	라이저
1/8	LB
9	30
16	40
22	50
27	60
:	:
:	:

① 35LBS   ② 40LBS

③ 45LBS   ④ 50LBS

케이블 장력 측정기로 측정 시 3회 이상 측정하여 평균값을 확인한다. 예문과 같이 지시치가 16과 22 사이인 19라면, 40과 50 사이의 45lbs로 읽는다.

13 다음과 같은 리벳의 규격에 대한 설명으로 옳은 것은?

MS 20470 D 6 - 16

① 접시머리 리벳이다.

② 특수 표면처리 되어 있다.

③ 리벳의 지름은 6/16인치이다.

④ 리벳의 길이는 16/16인치이다.

• 20470: 유니버설 리벳이다.
• D: 2017−T, 두랄루민으로 아이스박스 리벳이라 한다.
• 6: 리벳 지름은 6/32″이다.
• 16: 리벳 길이는 16/16″이다.

✈ 정답   11. ②   12. ③   13. ④

14 0.032인치(inch) 두께의 알루미늄 두 판을 접합시키는 데 필요한 유니버설(univesal) 리벳은?

① AN430 AD−4−3

② AN470 AD−4−4

③ AN426 AD−3−5

④ AN442 AD−4−4

해설

• 470: 유니버설 리벳
• AD: 2117−T, 항공기에 가장 많이 사용된다.
• 4: 리벳 지름은 4/32″이다.
• 4: 리벳 길이는 4/16″이다.

15 생크 속에 화약을 넣어 인두기로 폭발시켜 작업할 수 있는 리벳은?

① 체리 리벳

② 솔리드 생크 리벳

③ 리브 너트

④ 폭발 리벳

해설

폭발 리벳은 생크 끝 속에 화약을 넣어 리벳 머리에 가열된 인두로 폭발시켜 리벳작업을 할 수 있다. 연료 탱크나 화재 위험이 있는 곳에 사용을 금지한다.

16 리벳작업 시 판재가 너무 얇아 카운터 싱크를 할 수 없는 경우 적용하는 방법은?

① 본딩

② 챔퍼링

③ 드릴링

④ 딤플링

해설

딤플링은 판재의 두께가 0.040in 이하로 얇아서 카운트 싱크 작업이 불가능할 경우에 적용되는 작업이다.

17 리벳 선택 시 리벳의 직경은 판재 두께의 몇 배가 가장 적당한가?

① 1

② 3

③ 5

④ 10

해설

리벳 선택 시 리벳의 직경은 가장 두꺼운 판 두께의 3D이다.

18 두께 1mm와 2mm의 판재로 리벳팅 작업을 하려 한다. 리벳트의 지름(D)으로 가장 올바른 것은?

① 6mm

② 1mm

③ 2mm

④ 3mm

해설

리벳 선택 시 리벳의 직경은 가장 두꺼운 판 두께의 3D이다. 즉, $3 \times 2 = 6$mm

19 다음 중 리벳의 제거 작업 시 가장 먼저 해야 할 작업은?

① 줄 작업

② 센터 펀치

③ 드릴링

④ 펀치 제거

해설

리벳 제거 순서
① 리벳 머리에 줄 작업을 해서 평평히 한다.
② 줄 작업 후 센터 펀치로 드릴 작업 위치를 잡는다.
③ 드릴은 리벳 지름보다 한 단계 작은 치수로 머리 깊이까지 수직으로 뚫는다.
④ 펀치를 이용하여 리벳의 머리를 제거한다.
⑤ 펀치를 이용하여 몸 전체를 밀어서 제거한다.

정답 14. ② 15. ④ 16. ④ 17. ② 18. ① 19. ①

20 다음 파스너 중 스터드(stud), 크로스 핀(cross pin), 리셉터클(receptacle)로 구성된 파스너는?

① 캠 로크 파스너(cam lock fastener)

② 주스 파스너(dzus fastener

③ 에어 로크 파스너(air lock fastener)

④ 볼 로크 파스너(ball lock fastener)

해설

• 쥬스 패스너: 스터드, 그로멧, 리셉터클
• 캠록 패스너: 스터드 어셈블리, 그로멧, 리셉터클
• 에어로크 패스너: 스터드, 크로스 핀, 리셉터클

21 주스 파스너(Dzus Fastener)에 그림과 같은 표식이 되어있을 때 "50"이 의미하는 것은?

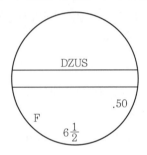

① 길이가 $\frac{50}{16}$ in

② 몸체의 직경이 $\frac{50}{100}$ in

③ 길이가 $\frac{50}{100}$ in

④ 몸체의 직경이 $\frac{50}{50}$ in

해설

• F: FLUSH HEAD

• $6\frac{1}{2}$: 몸체 직경($\frac{6.5}{16}in$)

• 50: 몸체의 길이($\frac{50}{100}in$)

22 스테인리스 강으로 된 재료에 있어 드릴 작업을 하려고 하는 경우, 드릴 비트 각도는 얼마로 하여야 하는가?

① 59° ② 90°

③ 118° ④ 140°

해설

재질별 드릴날 끝 각
• 목재, 마그네슘: 75° • 주철: 90~118°
• 저 탄소강: 118° • 알루미늄: 90°
• 스테인리스강: 140°

23 계기계통의 배관을 식별하기 위하여 일정한 간격을 두고 색깔로 구분된 테이프를 감아두는데, 이때 붉은색은 어떤 계통의 배관을 나타내는가?

① 윤활계통 ② 압축공기계통

③ 연료계통 ④ 화재방지계통

해설

24 이중 플레어링(double flaring) 방식에 대한 설명으로 틀린 것은?

① 심한 진동을 받는 곳에 사용된다.

② 계통의 압력이 높은 곳에 사용된다.

③ 튜브 연결 부분이 누설되는 것을 방지하기 위하여 사용된다.

④ 지름이 비교적 두꺼운 3/8in 이상의 튜브에 적용된다.

정답 20. ③ 21. ③ 22. ④ 23. ③ 24. ④

해설

플레어 방식

- 단일 플레어 방식: 플레어 공구를 사용하여 나팔 모양으로 성형하여 접합에 사용된다.
- 이중 플레어 방식: 직경이 3/8in 이하인 알루미늄 튜브에 사용된다(플레어 표준 각도 37°).

25 계기계통의 배관을 식별하기 위하여 일정한 간격을 두고 색깔로 구분된 테이프를 감아두는데, 이때 노란색은 어떤 계통의 배관을 나타내는가?

① 윤활계통　　　　② 압축공기계통
③ 연료계통　　　　④ 화재방지계통

해설

```
LUBRICATION  □
LUBRICATION  □
        활
LUBRICATION  □
LUBRICATION  □
LUBRICATION  □
```

26 항공기 계통의 고온, 고압의 작동 요구 조건에 맞도록 제작된 호스의 재질로서 진동과 피로에 강하며 강도가 높고, 고무호스보다 부피의 변형이 적은 특징을 가진 것은?

① 부틸　　　　　　② 부나-N
③ 테프론　　　　　④ 네오프렌

해설

- 부나 N: 석유류에 잘 견디는 성질을 가지고 있으며 스카이드롤용에 사용해서는 안 된다.
- 네오프렌: 아세틸렌 기를 가진 합성고무로 석유류에 잘 견디는 성질은 부나 N보다는 못하지만, 내마멸성은 오히려 강하다(스카이드롤에 사용금지).
- 부틸: 천연 석유제품으로 만들어지며 스카이드롤용에 사용할 수 있으나 석유류와 같이 사용해서는 안 된다.

27 유압계통이나 연료계통에 튜브(tube) 대신에 호스(hose)가 사용되는 주된 이유는?

① 호스가 경제적이기 때문
② 내열성 및 강도를 증가시키기 위해서
③ 움직이는 부분에 유연성을 주기 위해서
④ 튜브보다 호스가 장착하기 편리하기 때문

해설

호스는 상대운동을 하는 두 지점 사이의 배관에 사용되며, 장착 시 호스가 꼬이지 않고, 5~8%의 여유와 60cm마다 클램프로 고정하여 사용한다.

28 다음 중 굴곡작업에 관한 용어를 설명한 것으로 틀린 것은?

① 세트백은 굽힘 접선에서 성형점까지의 길이를 말한다.
② 성형점은 접어 구부러진 재료의 안쪽에서 연장한 직선의 교점이다.
③ 판재의 굽힘 반지름은 구부리는 판재의 안쪽에서 측정한 반지름을 말한다.
④ 굽힘여유는 굽힘 각도, 굽힘 반지름, 금속 두께 등의 요소에 따라 결정된다.

해설

성형점은 외부 표면의 연장선이 만나는 점을 말한다.

29 기체 판금 작업 시 두께가 0.2cm인 판재를 굽힘 반지름 40cm로 하여 60°로 굽힐 때, 굽힘여유(B.A)는 얼마인가? (단, π는 3으로 계산한다.)

① 35.72cm　　　　② 31.19cm
③ 20.1cm　　　　④ 40.1cm

해설

$$BA = \frac{\theta}{360} 2\pi \left(R + \frac{1}{2}T \right)$$
$$= \frac{60}{360} \times 2 \times 3 \times \left(40 + \frac{1}{2} \times 0.2 \right) = 40.1$$

✈ **정답**　25. ①　26. ③　27. ③　28. ②　29. ④

30 판재의 두께가 0.051인치이고 판재의 굽힘 반지름이 0.125in일 때, 90° 구부릴 때에 생기는 세트백은 얼마인가?

① 0.074in
② 0.176in
③ 1.45in
④ 2.45in

해설

$$SB = K(R + T)$$
$$= \tan\frac{90}{2}(0.125 + 0.051) = 0.176$$

31 산소-아세틸렌 용접에서 사용되는 아세틸렌 호스 색은?

① 백색
② 적색
③ 녹색
④ 흑색

해설

• 산소 호스 색: 초록색
• 아세틸렌 호스 색: 빨간색

32 다음 중 아크 용접에서 피복제의 역할이 아닌 것은?

① 아크를 안정시킨다.
② 용접물의 산화를 방지한다.
③ 용접 부위의 조직 변화를 방지한다.
④ 용접 부위의 냉각속도를 증가시킨다.

해설

피복제의 역할
• 아크를 안정시킨다.
• 용접물을 외부 공기와 차단시켜 산화를 방지한다.
• 용착금속을 피복하여 급랭에 의한 조직 변화를 방지하여 작업 효율이 좋아진다.
• 용착 금속의 기계적 성질을 개선한다.
• 용착 금속에 적당한 합금 원소를 첨가한다.
• 슬랙을 제거하고 비드를 깨끗이 한다.

33 이질 금속 간의 부식은 어느 것인가?

① 응력 부식
② 동전기 부식
③ 입자 간 부식
④ 표면 부식

해설

• 응력 부식: 금속 재료가 인장 응력을 받거나 냉간가공에 의한 조직의 변화가 일어나 부식이 발생한다.
• 입자 간 부식: 부적절한 열처리에 의해 발생되며, 항공기 구조 부재에 가장 큰 손상을 입히는 부식이다.
• 표면 부식: 금속 표면에 존재하는 수분에 의해 발생한다.

34 화학적으로 알루미늄 합금의 표면에 0.00001~0.00005인치의 크로멧처리를 하여 내식성과 도장작업의 접착효과를 증진시키기 위한 부식 방지 처리작업은?

① 다우처리
② 양극처리
③ 파커라이징
④ 알로다인처리

해설

• 양극처리: 얇은 산화 피막을 형성하는 방법이다.
• 다우처리: 마그네슘을 크롬산 용액으로 처리하는 작업이다.
• 파커라이징: 철금속에 산화물의 피막을 형성시키는 작업이다.

35 알루미늄 합금의 부식을 방지하는 표면 처리 방법이 아닌 것은?

① 양극처리
② 쇼트 피닝 처리
③ 알로다인 처리
④ 인산염 피막처리

해설

부식 방지의 종류에는 양극산화처리(아노다이징), 도금처리, 파커라이징(인산염 피막처리), 벤더라이징, 음극 부식 방지법, 알크래드 알로다인이 있다.

36 부품을 파괴하거나 손상시키지 않고 검사하는 방법을 무엇이라 하는가?

① 내부 검사
② 비파괴 검사
③ 내구성 검사
④ 오버홀 검사

해설

비파괴 검사(non-destructive inspection)는 검사 대상 재료나 구조물이 요구하는 강도를 유지하고 있는지, 내부 결함이 없는지를 검사하기 위하여 그 재료를 파괴하지 않고, 물리적 성질을 이용하여 검사하는 방법이다.

37 다음 중 형광침투 검사의 순서를 올바르게 나열한 것은?

(a) 침투	(b) 현상
(c) 검사	(d) 세척
(e) 사전처리	(f) 유화처리

① (e) − (f) − (b) − (a) − (d) − (c)
② (e) − (a) − (f) − (d) − (b) − (c)
③ (e) − (d) − (a) −(b) − (f) − (c)
④ (e) − (a) − (b) − (c) − (f) − (d)

해설

침투탐상검사 순서

• 전처리: 세척액으로 표면의 오염물을 제거한다.
• 침투처리: 표면 장력이 적은 적색 또는 형광물질이 들어 있는 액체를 재료 표면에 침투액을 도포 후 5~20분 정도 방치한다.
• 유화처리: 침투제에 유화처리함으로써 물 수세가 가능하게 되고, 침투력이 높아진다.
• 세척: 헝겊에 세척액을 분사하여 깨끗이 세척한다.
• 현상: 현상제를 뿌리면 균열 속에 침투되어 있던 침투액이 빨려 나오게 된다.
• 검사: 눈으로 결함을 직접 확인하거나, 형광침투인 경우 암실에서 블랙라이트(black light)로 자외선을 비춰 결함을 검출한다.

38 세라믹, 플라스틱, 고무로 된 항공기 재료를 검사할 때 가장 적절한 비파괴 검사는?

① 자분탐상 검사
② 색조침투 검사
③ 와전류탐상 검사
④ 자기탐상 검사

해설

침투탐상검사의 특징

• 금속, 비금속(세라믹, 플라스틱, 고무 등)의 표면 결함 검사에 적용된다.
• 검사 비용이 적다.
• 주물과 같이 거친 다공성 표면의 검사에는 부적합하다.

39 코인태핑 검사에 대한 설명으로 틀린 것은?

① 동전으로 두드려 소리로 결함을 찾는 검사이다.
② 허니컴 구조 검사를 하는 가장 간단한 검사이다.
③ 숙련된 기술이 필요 없으며 정밀한 장비가 필요하다.
④ 허니컴 구조에서는 스킨분리 결함을 점검할 수 있다.

해설

coin 검사는 판을 두드려 sound의 차이에 의해 들뜬 부분검사이며, 허니컴 구조 검사를 하는 가장 간단한 방법이다. 숙련된 기술이 필요 없으며 정밀한 장비가 필요 없다.

40 X선이나 감마선 등과 같은 방사선이 공간이나 물체를 투과하는 성질을 이용한 비파괴 검사는?

① 와전류탐상 검사
② 초음파탐상 검사
③ 방사선 투과 검사
④ 자분탐상 검사

해설

방사선 투과 검사는 방사선이 물질 내에서 재질에 따라 투과하고 흡수되는 정도가 다른 성질을 이용하여 거의 모든 재질을 검사할 수 있다. 검사결과는 필름으로 영구적인 기록을 남길 수 있다.

정답 36. ② 37. ② 38. ② 39. ③ 40. ③

04 지상 안전 및 지원

1 항공기의 지상 안전

(1) 지상 안전의 책임과 사고 방지

① **지상 안전의 책임: 모든 작업자에게 그 책임이 있다.**

가) 작업 감독자의 책임

- 작업자에게 작업 절차와 작업규칙 및 장비와 기기의 취급에 대한 교육을 실시한다.
- 각종 재해에 대한 예방조치를 하여야 한다.
- 필요한 안전시설 및 작업자의 작업상태 등을 항상 점검한다.
- 위험하거나 사고의 우려가 있는 상태에 대한 수정 조치를 철저하게 취해야 한다.

나) 작업자의 책임

- 작업 시에 반드시 규정과 절차를 준수하여 작업한다.
- 보호장구 착용이 필요한 작업 시에는 반드시 보호장구를 착용한다.

※ 회전 장비(절삭 공구) 사용 시에는 장갑 착용을 금한다.

- 작업장의 상태를 항상 청결히 유지한다.
- 정리 정돈하여 사고의 잠재 요인을 제거한다.

② **사고 방지**

가) 사고의 원인과 결과

- 사람의 불안정한 행위: 88%
- 불안정한 조건: 10%
- 불가항력: 2%

※ 사고 중 98%가 인적 요인 및 물리적 요인에 의한 사고이므로 예방이 가능하다.

나) 불안정한 행위의 요인: 작업자의 능력 부족, 규칙, 질서 및 규정의 무시, 주의력 집중의 산만, 불안정한 습관, 신체적 및 정신적 부적합, 작업지시에 대한 결함

- 심리적 원인: 무지, 과실, 숙련도의 부족, 난폭, 흥분, 소홀 및 고의적 행위
- 생리적 원인: 체력의 부적응, 신체의 결함, 질병, 음주, 수면, 피로

다) 사고의 분석

- 하루 중 재해가 가장 많이 발생하는 시간: 오후 2~3시경
- 근무 기간으로 사고가 가장 많이 발생하는 기간: 근무 후 3~6개월 정도
- 재해가 가장 많이 발생하는 계절: 여름철(8월)

라) 사고 방지의 원리

- 안전에 대한 깊은 인식
- 규칙 이행
- 반복적인 교육과 훈련에 의한 해당 업무 숙달

마) 일반적인 안전수칙

- 바른 복장을 한다.
  - 모자를 바로 쓴다(안전모 착용).
  - 작업복의 단추를 모두 채운다.
  - 상의의 옷자락은 허리에 단단히 조여 맨다.
  - 하의는 걷어 올리지 않는 것이 좋다.
  - 구두는 작업하기 수월하고 안전한 것이 좋다.
  - 작업에 따라 안전화를 신는다.
- 보호구를 착용한다(보호복, 보호장갑, 보호장화, 안전화, 신발커버, 안전모, 방진두건, 방독마스크, 귀마개, 보호안경 등).
- 정리정돈을 잘한다.
- 통행 및 통로를 제대로 시행 및 설치한다.
  - 주로 통로는 1.8m 이상 잡으며 바닥에 백색 선을 그려야 한다.
  - 기계와 기계 간의 간격은 80cm 이상 잡는다.
  - 통로를 깨끗이 청소한다.
- 운반 시 안전에 유의한다(등이나 허리가 다치지 않도록 조심).
- 채광과 조명을 충분히 한다(태양광선을 충분히 받아 조명).
- 환기 통풍을 충분히 한다(공기 흐름의 속도는 1m/s 정도).

- 온도와 습도를 알맞게 유지한다.
  - 온도: 20℃
  - 습도: 55%
- 안전표지를 설치한다.
- 안전색채를 규정에 맞게 칠한다.

③ 안전 및 구급 조치

가) 화상 치료제

나) 화상 습포제: 냉수, 붕산수

다) 치료제: 참기름, 간유

라) 각성제: 암모니아수

마) 인사불성 및 허약체질자의 흥분제: 포도주(알코올)

바) 삼각건 밑변의 길이: 1.5m

사) 방사선의 영향: 방사선의 거리의 제곱에 반비례하여 감소하기 때문에 방사선 발원지에서 멀리 떨어져야 한다.

(2) 항공기의 지상 안전

① 엔진 작동 시의 안전

가) 감시 요원과 소화기 비치

나) 주변 청결

다) 통행 제한

라) 귀마개 착용(제트엔진 시동 시)

※ 제트엔진 조작 시 안전수칙: 공기 흡입구 흡입 부분은 팬형 엔진일 경우 25피트 주위는 위험지역으로 power run up 시 항공기 전방 200ft, 후방 500ft 이내에는 이유 없이 접근하지 말 것

② 항공기 급유 및 배유 시 안전

가) 3점 접지: 항공기, 연료차, 지면

나) 지정된 위치에 소화기와 감시 요원 배치(15m 이내 흡연 금지)

다) 연료 차량은 항공기와 충분한 거리 유지(최소 3m 유지)

라) 번개 치는 날 급배유 작업 금지

마) 15m 이내에 고주파 장비 작동 금지

바) 급유 후 15분 이내에 전원 장비 작동 금지

③ 가스 취급 시의 안전

가) 산소 취급 시 안전

- 반드시 유자격자가 취급

- 소화기를 비치하고 취급(15m 이내에서 담배를 피우거나 인화성 물질 취급금지)

- 산소 취급 장비, 공구 및 취급자의 의류 등에 유류가 묻지 않도록 해야 하고, 산소 보급 및 취급 시 환기가 잘되도록 한다.

- 액체 산소 취급 시 인체에 노출되지 않도록 장갑, 앞치마, 고무장화 등을 착용하고, 취급 시 그리스나 오일 등에 혼합되면 폭발하므로 주의한다.

나) 히드라진(유독성 무기 화합 물질) 취급 시 안전

- 유자격자가 취급

- 피부에 묻으면 물로 씻고 의사의 진찰을 받을 것

- 환기를 철저히 할 것

- 누설 시 구간을 폐쇄하고 제독 요원에게 제독을 요청

다) 독극물 취급 시 안전사항

- 유자격자가 취급할 것

- 뚜껑이 있는 견고한 용기에 보관하고 용기 표면에는 독극물 표시를 할 것

- 관계자 외 접근을 금할 것

라) 소음에 대한 안전

※ 엔진계통 업무에 종사하는 사람은 2년에 한 번씩 청력 검사를 해야 한다.

※ 귀마개의 종류

- 제1종 귀마개: 저음부터 고음까지 차단

- 제2종 귀마개: 고음만 차단

마) 항공기 주기 시의 안전

- 주위를 깨끗이 할 것

- 겨울에는 눈이나 얼음을 제거할 것

- 비행 조종계통은 중립상태에 고정

- 엔진 흡입구나 배기부 및 피토관 등에 덮개를 씌울 것
- 휠 촉을 괸다.
- 항공기를 접지시킨다.

※ 글리콜: 얼음이 어는 것을 방지해 주는 부동액으로 주성분은 에틸렌, 프로필렌, 적색 또는 오렌지색 색소가 첨가되어 있으며, 글리콜 사용 시 서리 또는 눈이 쌓이는 것을 방지하도록 상태를 유지할 수 있는 시간은 10~12시간 정도이나 매우 추운 날씨에는 1시간~1시간 30분 정도 그 기능을 유지한다.

2 항공기의 지상 취급

(1) 항공기의 지상 취급

운항을 준비하거나 정비 및 보존을 목적으로 항공기를 지상에서 다루는 작업이다.

① **지상 유도:** 항공기 자체동력을 사용하여 지상에서 운행 시 안전을 위해 유도하는 작업이다.

※ 조종사가 잘 보이는 위치에 유도수가 위치한 후 두 팔을 높이 올리고 조종사와 눈이 마주친 후부터 유도를 시작한다.

② **견인작업:** 항공기 엔진은 정지한 상태에서 외부의 힘으로 지상에서 이동시키는 작업으로 견인차, 견인봉으로 작업한다.

가) 유자격자가 작업한다.

나) 견인 시 3~7명이 필요하며, 작업 조건이 좋을 때는 3명에서도 견인이 가능하다.

다) 견인 속도는 8km/h(5MPH) 이내로 한다.

라) 견인 요원은 날개 끝, 꼬리 부분 등에 배치한다.

마) 견인차에는 1명만 탑승한다.

바) 조종석에 탑승한 자는 위급한 상황이 아니면 브레이크를 조절해서는 안 된다.

사) 주변의 장애물은 사전에 제거한다.

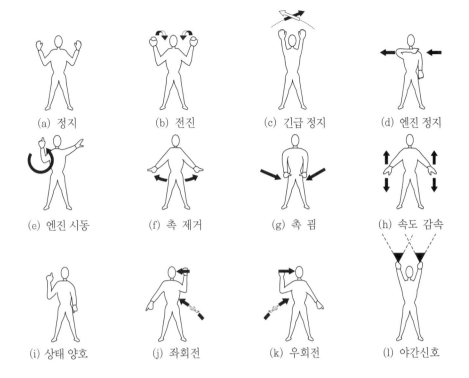

(a) 정지	(b) 전진	(c) 긴급 정지	(d) 엔진 정지
(e) 엔진 시동	(f) 촉 제거	(g) 촉 굄	(h) 속도 감속
(i) 상태 양호	(j) 좌회전	(k) 우회전	(l) 야간신호

③ **계류작업:** 지상에 주기시켜 놓은 항공기를 강풍으로부터 보호하기 위해 지상에 고정한다.

※ 기수는 바람이 부는 방향으로 향한다.

참고   계류 시 주의 사항 ✈

- 항공기를 바람 방향으로 주기 시킨다.
- 모든 바퀴에는 굄목(chock)을 끼운다.
- 계류 밧줄이나 케이블을 이용하여 앵커 말뚝에 느슨하게 묶어 고정한다.
- 비행조종계통은 중립위치에 놓고 잠금장치를 해야 한다.
- 플랩, 스포일러 및 수평 안정판은 gust lock으로 고정한다.
- 항공기 무게를 증가시키는 것이 좋다.
- 엔진 흡입구, 배기구, 피토관 등에 FOD(Foreign Object Damage) 예방을 위해 덮개를 씌운다.
- 접지를 필히 실시해야 한다.

---

④ **호이스트 및 잭 작업**

가) 호이스트 작업: 항공기를 공중에 매다는 작업으로 소형기에만 적용 가능하다.

나) 잭 작업: 잭을 사용하여 항공기를 위로 들어 올리는 작업이다.

  • 표면이 단단하고 평평한 장소에서 수행한다.

• 풍속이 24km/h 이내인 경우에만 작업한다.

• 작업장 주변을 완전히 정리한 후 작업한다.

• 수평으로 서서히 들어 올린다.

※ 잭 작업 시 가장 먼저 할 사항: 응력 판넬의 위치를 확인한다.

3 화재 및 예방

(1) 화재 예방

① 화재의 분류

가) A급 화재: 나무, 종이, 직물, 각종 가연성 물질에 의해 발생되는 화재이다.

• 진화 방법: 냉각법(물)

나) B급 화재: 윤활유, 휘발유, 그리스 등에 의한 화재이다.

• 진화 방법: 질식법(이산화탄소 소화기, 브로모 클로로메탄 소화기, 포말소화기 등을 사용)

• B급 화재에는 물을 절대로 사용할 수 없다.

다) C급 화재: 전기기기, 전기계통 등에 의한 화재이다.

• 진화 방법: 부도체인 소화액 사용, 질식법, 냉각법

라) D급 화재: 마그네슘, 티타늄, 두랄루민과 같은 금속 가루에 발생하는 화재이다.

• 진화 방법: 분말소화기

마) E급 화재: LPG, LNG 가스로 인한 화재이다.

• 진화 방법: 차단법(AFFF, FFFP, 분말, CO_2, 할론)

② 소화기의 종류

가) 물 소화기: 물로 연소에 필요한 산소를 차단하고, 가연물을 냉각시키는 소화기로 "A급 화재"에 적합하다. "B급 화재"에 사용은 바람직하지 않고, "C급 화재"에 물 소화기를 사용할 경우에는 모든 전원 OFF, 배터리 및 코일에 있는 잔류 전기를 제거해야 한다. 또한, "D급 화재"에 물 소화기를 사용할 경우 냉각효과로 금속이 폭발할 수 있으니 절대 사용해서는 안 된다.

나) 이산화탄소 소화기: 가스의 질식작용에 의해 소화시키는 방식으로 "A급 화재", "B급 화재", "C급 화재"에 사용하고, "D급 화재"에는 이산화탄소의 냉각효과로 금속이 폭발할 수 있으니 절대 사용을 금한다. 이산화탄소 소화기 사용 시에는 모든 부분에 냉각을 시키고 산소 차단 및 산소 농도를 저하시키기 때문에 사용자는 반드시 보호장구 착용과 밀폐되지 않은 장소에서 사용해야 한다. 소화 시 1~3m 단거리에서 사용한다.

- 20LB 이산화탄소 소화기: 3~6ft에서 사용한다.
- 35~50LB 이산화탄소 소화기: 7~9ft에서 사용한다.

다) 할로겐화탄화수소: "B, C급 화재"에 가장 효과적인 소화기이며, "A, D급 화재"에도 사용할 수 있으나 성능이 좋지는 않다. 할로겐 화합물로는 냉매, 세제, 발포제, 분사 추진제, 용재 및 소화제로 사용되고 있으나, 오존층을 파괴함에 있어 생산 및 사용을 중지하고 일부 생산 및 사용을 유예하고 있다. 현재까지 할로겐 소화 약재와 같은 소화효과 및 안정성이 확보된 소화 약재가 개발되지 않아 소화기를 유효하게 사용하되, 다만 함부로 방사되지 않도록 해야 한다.

라) 분말 소화기: "D급 화재"에 가장 효과적인 소화기이며, "B, C급 화재"에도 사용이 가능하다. 중탄산칼륨, 나트륨, 인산염 등을 화학적으로 분말 형태로 만들어 소화 용기에 넣어 가압상태에서 보관되어 있기 때문에 소화 시 잔류 분말이 민감한 전자장비 등에 손상을 줄 수 있어 금속화재를 제외한 항공기 사용에 권하지 않는다.

③ **소화제 구비 조건**

가) 소량으로 높은 소화 능력을 갖춰야 한다.

나) 장기간 안정되고 저장이 쉬워야 한다.

다) 충분한 방출압력을 유지하고 있어야 한다.

라) 항공기 기체 구조물을 부식시키지 않아야 한다.

4 안전 표식

(1) 표식

① **붉은색 안전색채:** 고압선, 폭발물, 인화성 물질, 위험한 기계류 등의 비상 정지 스위치, 소화기, 화재 경보 장치 및 소화전 등에 표시한다.

② **노란색 안전색채:** 충돌, 추돌, 전복 및 이에 유사한 사고의 위험이 있는 장비 및 시설물에 표시한다.

③ **녹색 안전색채:** 안전에 직접 관련된 설비 및 구급용 치료 설비 등에 사용한다.

④ **파란색 안전색채:** 장비 및 기기 수리, 조절 및 검사 중일 때, 이들 장비의 작동을 방지하기 위해 사용한다.

⑤ **오렌지색 안전색채:** 기계 또는 전기 설비의 위험 위치를 식별하도록 사용한다.

5 항공기 세척 및 지상 보급

(1) 세척

① **외부 세척:** 기체 외부의 금속 표면이나 도장한 부분 및 배기계통 등을 세척한다.

   가) 습식세척: 윤활유나 그리스 또는 탄소부착물, 부식과 산화피막을 제외한 대부분의 오물을 세척하는 것으로, 알칼리나 에멀션 세척제를 분사하거나 물로 세척한다.

   나) 건식세척: 먼지 및 오물과 흙 등의 축적물을 제거하는 데 스프레이, 밀걸레, 천 등을 활용하여 사용되며, 특히 엔진의 배기 부분에 있는 탄소, 그리스 또는 오일의 심한 퇴적물을 제거하는 데 적합하지 않다.

   다) 연마작업: 페인트칠이 되어 있지 않은 항공기 표면의 광택을 재생시키거나 산화 피막이나 부식을 제거하는 것이다.

② **내부 세척:** 항공기의 내부를 깨끗하게 세척한다. 중성세제나 알카리성 세제를 사용하여 세척한다.

③ 세척제

   가) 알카리 세척제: 위험성이 없으며 세척효과가 우수해 널리 쓰인다. 또한, 독성이 없어 페인트칠 한 부분이나 플라스틱 표면에 대해 부작용이 없다.

   나) 솔벤트 세척제: 추운 날씨나 오염이 심한 경우에 사용한다.

   ※ 건식 세척용 솔벤트는 산소와 혼합하면 폭발의 위험이 있다.

(2) 지상 보급: 필요한 연료, 작동유, 윤활유, 산소 등을 항공기에 보급하는 작업이다.

① **연료의 보급**

    가) 항상 소화기를 비치한다.

    나) 15m 이내에 인화성 물질이나 흡연을 금지한다.

    다) 모든 동력장치의 작동을 중지한다.

    라) 항공기와 연료차, 지면을 3점 접지시킨다.

    마) 연료 보급 후 15분 이내에 지상 장비 가동을 금지한다.

    바) 연료차와 항공기는 가급적 많이 띄우며 최소한 3m 이상의 거리를 유지한다.

    사) 번개 치는 날 급 · 배유 작업을 금한다.

    아) 15m 이내에서 고주파 장비의 작동을 금한다.

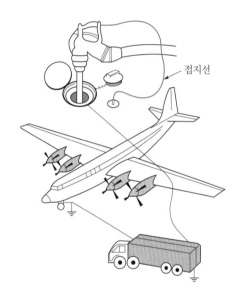

접지선

② **윤활유의 보급**

정확한 양을 검사하기 위해 엔진을 정지시킨 후 충분한 시간 경과 후 확인하여 정확한 양을 보급한다.

③ **작동유의 보급**

    가) 종류

        • 광물성 작동유: 빨간색

        • 합성유: 자주색

나) 주의사항

- 깨끗이 취급할 것

- 다른 종류를 서로 혼합시키지 않는다.

- 한 번 사용한 작동유는 다시 사용해서는 안 된다.

- 작동유 계통 세척 시에는 솔벤트를 사용한다.

④ **산소의 보급**

가) 15m 이내에 화기나 흡연을 금지한다.

나) 통풍이 잘되는 장소에서 보급한다.

다) 동상에 대비하여 보호구를 착용한다.

※ 기체 산소가 그리스나 오일에 접촉하면 폭발의 위험이 있으므로 주의를 요한다.

01 지상 안전의 책임은 누구에게 있는가?

① 감독자　　　② 모든 작업자

③ 관계 기관　　④ 총 책임자

해설

지상 안전의 책임은 지상에 있는 모든 작업자에게 그 책임이 있다.

02 감독자의 책임과 가장 관계 먼 것은?

① 새로운 장비를 인수하였거나, 작업 방법이 지시되었을 때는 교육을 실시한다.

② 모든 작업자들이 규정된 절차에 따라서 일을 할 수 있도록 이끌어 주고, 독촉해야 한다.

③ 불안정한 요소를 보고 받았거나 발견 시에는 해당 작업자에게 그에 해당하는 제지를 가한다.

④ 사용되고 있는 안전정비 및 이에 부수되는 자재들을 지원해야 한다.

해설

작업 감독자의 책임

• 작업자에게 작업 절차와 작업규칙 및 장비와 기기의 취급에 대한 교육을 실시한다.

• 각종 재해에 대한 예방 조치를 하여야 한다.

• 필요한 안전시설 및 작업자의 작업상태 등을 항상 점검한다.

• 위험하거나 사고의 우려가 있는 상태에 대한 수정 조치를 철저하게 취해야 한다.

03 작업자의 책임과 관계없는 것은?

① 작업자는 작업 시 반드시 규정과 절차를 준수해야 한다.

② 작업 시 보호장구가 필요할 때는 반드시 보호장구를 착용해야 한다.

③ 작업장 및 주위 환경보다 자기가 하고 있는 작업에 몰두한다.

④ 작업장의 상태를 청결히 하고 정리, 정돈하여 사고의 잠재 요인을 제거하도록 노력한다.

해설

작업자의 책임

• 작업 시에 반드시 규정과 절차를 준수하여 작업한다.

• 보호장구 착용이 필요한 작업 시에는 반드시 보호장구를 착용한다.

• 회전 장비(절삭 공구) 사용 시에는 장갑 착용을 금한다.

• 작업장의 상태를 항상 청결히 유지한다.

• 정리 정돈하여 사고의 잠재 요인을 제거한다.

04 불안전한 행위로 발생되는 사고와 거리가 먼 것은?

① 지시상의 결함

② 정돈 불량

③ 작업자의 능력 부족

④ 규칙, 절차 무시

정답 01. ②　02. ③　03. ③　04. ②

- 불안정한 행위의 요인: 작업자의 능력 부족, 규칙, 질서 및 규정의 무시, 주의력 집중의 산만, 불안정한 습관, 신체적 및 정신적 부적합, 작업지시에 대한 결함
- 심리적 원인: 무지, 과실, 숙련도의 부족, 난폭, 흥분, 소홀 및 고의적 행위
- 생리적 원인: 체력의 부적응, 신체의 결함, 질병, 음주, 수면, 피로

05 재해의 원인 중에서 생리적인 원인은 어떤 것인가?

① 작업자의 피로
② 안정장치의 불안정
③ 작업자의 무지
④ 작업자의 부적당

해설

4번 문제 해설 참고

06 제트엔진의 지상 작동 중 일반적으로 접근을 금하거나 극히 위험한 지역은 어디인가?

① 앞쪽 30m, 뒤쪽 150m, 흡입구 30m
② 앞쪽 45m, 뒤쪽 200m, 흡입구 45m
③ 앞쪽 60m, 뒤쪽 150m, 흡입구 45m
④ 앞쪽 60m, 뒤쪽 150m, 흡입구 10m

해설

제트엔진 조작 시 안전수칙: 공기 흡입구 흡입 부분은 팬형 엔진일 경우 25ft(7.62m) 주위는 위험지역으로 power run up 시 항공기 전방 200ft(60.96m), 후방 500ft(152.4m) 이내에는 이유 없이 접근하지 말 것

07 다음 보기에서 격납고 내의 항공기에 배유 작업이나 정비작업 중의 접지(ground) 점을 모두 나타낸 것은?

> 항공기 기체, 연료차, 지면, 작업자

① 연료차, 지면
② 항공기 기체, 작업자
③ 항공기 기체, 연료차, 지면
④ 항공기 기체, 연료차, 지면, 작업자

해설

항공기 급유 및 배유 시 3점 접지는 항공기, 연료차, 지면이다.

08 작업 중에 반드시 접지를 하지 않아도 되는 것은?

① 연료의 급유 작업
② 연료의 배유 작업
③ 항공기의 정비작업
④ 항공기 시운전

해설

항공기 접지는 급유 작업, 배유 작업, 정비작업 시에는 반드시 접지를 해야 한다. 시운전 시에는 접지를 하지만, 반드시 하지 않아도 된다.

09 항공기의 급유 및 배유 시 유의사항으로 가장 거리가 먼 내용은?

① 3점 접지를 해야 한다.
② 지정된 위치에 소화기를 배치해야 한다.
③ 지정된 위치에 감시 요원을 반드시 위치시킬 필요는 없다.
④ 연료 차량은 항공기와 충분한 거리를 유지해야 한다.

✈ 정답 05. ① 06. ④ 07. ③ 08. ④ 09. ③

해설

항공기 급유 및 배유 시 안전

- 3점 접지: 항공기, 연료차, 지면
- 지정된 위치에 소화기와 감시 요원 배치(15m 이내 흡연 금지)
- 연료 차량은 항공기와 충분한 거리 유지(최소 3m 유지)
- 번개 치는 날 급·배유 작업 금지
- 15m 이내에 고주파 장비 작동 금지
- 급유 후 15분 이내에 전원 장비 작동 금지

10 귀보호 장구의 설명 내용으로 가장 올바른 것은?

① 1종 귀보호 장구는 고음에서만 차음되는 귀마개

② 2종 귀보호 장구는 저음에서 차음되는 귀마개

③ 1종 귀보호 장구는 고음, 저음에서 모두 차음되는 귀마개

④ 2종 귀보호 장구는 고음, 저음에서 모두 차음되는 귀마개

해설

- 제1종 귀마개: 저음부터 고음까지 차단
- 제2종 귀마개: 고음만 차단

11 히드라진 취급에 관한 사항으로 틀린 것은?

① 히드라진이 항공기 기체에 묻었을 경우 즉시 마른 헝겊으로 닦아 낸다.

② 유자격자가 취급해야 하고, 반드시 보호장구를 착용해야 한다.

③ 히드라진이 누설되었을 경우 불필요한 인원의 출입을 제한한다.

④ 히드라진을 취급하다 부주의로 피부에 묻으면 즉시 물로 깨끗이 씻고, 의사의 진찰을 받아야 한다.

해설

히드라진(유독성 무기 화합 물질) 취급 시 안전

- 유자격자가 취급해야 한다.
- 피부에 묻으면 물로 씻고 의사의 진찰을 받아야 한다.
- 환기를 철저히 해야 한다.
- 누설 시 구간을 폐쇄하고 제독 요원에게 제독을 요청한다.
- 조종계통의 작동을 위한 비상 동력원으로 사용된다.

12 다음 중 항공기의 지상 취급작업에 속하지 않는 것은?

① 세척작업   ② 견인작업

③ 계류작업   ④ 지상 유도작업

해설

항공기의 지상 취급작업

- 지상 유도: 항공기 자체 동력을 사용하여 지상에서 운행 시 안전을 위해 유도하는 작업이다.
- 견인작업: 항공기 엔진은 정지한 상태에서 외부의 힘으로 지상에서 이동시키는 작업으로 견인 차, 견인 봉으로 작업한다.
- 계류작업: 지상에 주기시켜 놓은 항공기를 강풍으로부터 보호하기 위해 지상에 고정한다.
- 호이스트 및 잭 작업
  - 호이스트 작업: 항공기를 공중에 매다는 작업으로 소형기에만 적용 가능
  - 잭 작업: 잭을 사용하여 항공기를 위로 들어 올리는 작업

13 강풍이 부는 기상상태에서 항공기를 계류시킬 경우 주의사항으로 틀린 것은?

① 모든 바퀴에 굄목을 끼운다.

② 항공기를 바람 방향으로 주기 시킨다.

③ 항공기 무게를 증가시키는 것이 좋다.

④ 항공기를 계류 밧줄이나 케이블을 이용하여 다른 항공기와 단단히 연결한다.

✈ 정답 10. ③   11. ①   12. ①   13. ④

해설

계류 시 주의사항

• 항공기를 바람 방향으로 주기 시킨다.

• 모든 바퀴에는 굄목(chock)을 끼운다.

• 계류밧줄이나 케이블을 이용하여 앵커 말뚝에 느슨하게 묶어 고정한다.

• 비행조종계통은 중립위치에 놓고 잠금장치를 해야 한다.

• 플랩, 스포일러 및 수평 안정판은 gust lock으로 고정한다.

• 항공기 무게를 증가시키는 것이 좋다.

• 엔진 흡입구, 배기구, 피토관 등에 FOD(Foreign Object Damage) 예방을 위해 덮개를 씌운다.

• 접지를 필히 실시해야 한다.

14 그림과 같은 항공기 표준 유도신호의 의미는?

① 후진   ② 엔진 정지

③ 피스톤   ④ 스로틀 밸브

해설

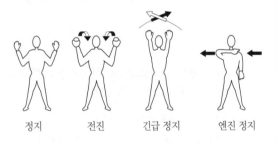

정지   전진   긴급 정지   엔진 정지

15 그림은 지상에서 항공기 표준 유도신호를 나타낸 것이다. 신호가 뜻하는 것은?

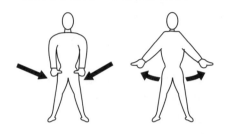

① 속도 감소   ② 촉 장착

③ 정지   ④ 후진

해설

촉 굄   촉 제거

16 항공기의 잭 작업 시에 잭 포인트는 지침서에 표시되어 있으며 정비사는 반드시 지침서에 의거 작업을 실시하여야 한다. 잭 작업 시 잭 포인트에 설치하여야 할 작업공구를 무엇이라고 하는가?

① 응력 패널(stressPanel)

② 계류 로프(tie-down rope)

③ 촉(chock)

④ 잭 패드(jackPad)

해설

잭 작업은 항공기를 아래에서 위로 들어 올리는 작업으로 가장 먼저 지상 고정장치를 설치하고, 항공기의 잭 포인트(jack point)에 잭 패드(jack pad)를 장착하고, 잭을 잭 받침에 위치하여 3개의 잭에 각각의 작업자를 배치하고, 감독자에 의해 항공기를 수평을 유지하면서 항공기를 들어 올린다.

17 화재의 분류 중 전기가 원인이 되어 전기기기 또는 전기계통에 일어나는 화재의 종류는?

① A급 화재   ② B급 화재

③ C급 화재   ④ D급 화재

해설

- A급 화재: 나무, 종이, 직물, 각종 가연성 물질에 의해 발생되는 화재이다.
- B급 화재: 윤활유, 휘발유, 그리스 등에 의한 화재이다.
- C급 화재: 전기기기, 전기계통 등에 의한 화재이다.
- D급 화재: 마그네슘, 티타늄, 두랄루민과 같은 금속 가루에 발생하는 화재이다.
- E급 화재: LPG, LNG 가스로 인한 화재이다.

18 화재의 종류별 진화 방법이 잘못 연결된 것은?

① A급 화재−냉각법

② B급 화재−냉각법

③ D급 화재−질식법

④ C급 화재−질식법과 냉각법

해설

- A급 화재 진화 방법: 냉각법(물)
- B급 화재 진화 방법: 질식법(이산화탄소 소화기, 브로모 클로로메탄 소화기, 포말소화기 등을 사용)
- C급 화재 진화 방법: 부도체인 소화액 사용, 질식법, 냉각법
- D급 화재 진화 방법: 분말소화기
- E급 화재 진화 방법: 차단법(AFFF, FFFP, 분말, CO_2, 할론)

19 노란색 안전색채를 설명한 것 중 틀린 것은?

① 노란색 안전색채의 장비 및 시설물은 직접 인체에 위험을 준다.

② 충돌, 추락, 전복 및 이에 유사한 사고위험이 있는 장비 및 시설물에 표시한다.

③ 보통 검은색과 노란색을 번갈아 가며 칠한다.

④ 노란색 안전색채의 장비 및 시설물은 주의하지 않으면 사고의 위험이 있음을 알려주는 역할을 한다.

해설

- 붉은색 안전색채: 고압선, 폭발물, 인화성 물질, 위험한 기계류 등의 비상 정지 스위치, 소화기, 화재 경보 장치 및 소화전 등에 표시한다.
- 노란색 안전색채: 충돌, 추돌, 전복 및 이에 유사한 사고의 위험이 있는 장비 및 시설물에 표시한다.
- 녹색 안전색채: 안전에 직접 관련된 설비 및 구급용 치료, 설비 등에 사용한다.
- 파란색 안전색채: 장비 및 기기 수리, 조절 및 검사 중일 때 이들 장비의 작동을 방지하기 위해 사용한다.
- 오렌지색 안전색채: 기계 또는 전기 설비의 위험 위치를 식별하도록 사용한다.

20 항공기 외부 세척작업의 종류가 아닌 것은?

① 습식 세척   ② 건식 세척

③ 광택 작업   ④ 블라스트 세척

해설

- 외부 세척: 기체 외부의 금속 표면이나 도장한 부분 및 배기계통 등을 세척한다.
- 습식 세척: 윤활유나 그리스 또는 탄소 부착물, 부식과 산화 피막을 제외한 대부분의 오물을 세척하는 것으로, 알칼리나 에멀션 세척제를 분사하거나 물로 세척한다.
- 건식 세척: 먼지 및 오물과 흙 등의 축적물을 제거하는 데 스프레이, 밀걸레, 천 등을 활용하여 사용되며, 특히 엔진의 배기 부분에 있는 탄소, 그리스 또는 오일의 심한 퇴적물을 제거하는 데 적합하지 않다.
- 연마 작업: 페인트칠이 되어 있지 않은 항공기 표면의 광택을 재생시키거나 산화 피막이나 부식을 제거하는 것이다.

정답 **17.** ③ **18.** ② **19.** ① **20.** ④

05 항공 영어

1 기본적인 항공기 용어

(1) Airfoil(날개골)

The front edge of the wing is called the leading edge. The rear edge of the wing is called the trailing edge. The curved surface on the top of the wing is called the camber. and then, Wing has a high degree of camber and low degree of camber, High degree camber produces more lift than low degree of camber.

해석

날개의 전방 모서리를 날개 전면부라고 부르며, 날개의 후방 모서리를 후면부라고 부른다. 날개의 위쪽 표면 곡면 부분을 캠버라고 한다. 그리고, 날개는 높은 각도를 가진 캠버와 낮은 각도를 가진 캠버가 존재하는데, 높은 캠버 각도를 가진 날개는 낮은 각도의 캠버보다 더 많은 양력을 발생시킨다.

중요용어

Front: 전방, Rear: 후방, Edge: 모서리, Camber: 시위, Degree: 각도

(2) Force(힘)

The air above the camber also flows through a constricted area. The increase in air speed over the wing creates a low pressure area and the wing is forced to lift. Pressure has one characteristic. That is, the pressure flows from high pressure to low pressure. We now know what lifts an aircraft, but we don't know how it moves forward. How does it move forward? The force which moves the aircraft forward is called thrust. The engines produce thrust. When an object moves through the air, that causes resistance. This is called drag.

캠버 위의 공기는 제한된 지역을 흐르게 된다. 날개 위쪽의 공기속도 증가는 낮은 압력을 발생시키고 그 날개는 띄우는 힘인 양력을 발생한다. 압력은 하나의 특성을 갖고 있는데, 그것은 바로 압력은 높은 곳에서 낮은 곳으로 흐르려고 하는 것이다. 우리는 현재 항공기를 띄우는 힘인 양력을 알고 있다. 그러나 우리는 비행기가 앞으로 전진을 하는 방법은 모른다. 어떻게 앞으로 갈까? 비행기를 앞으로 움직이는 힘을 추력이라고 한다. 추력은 엔진에서 발생된다. 비행기가 공기를 통과하여 움직일 때 공기는 저항을 야기시킨다. 이러한 저항을 항력이라고 한다.

중요용어

Lift: 양력, Thrust: 추력, Drag: 항력, Characteristic: 특성, Resistance: 저항

(3) Fuselage(동체)

The fuselage is the main structure of the airplane. It provides space for cargo, controls, accessories,Passengers, and other equipment.

해석

동체는 항공기의 주요 구조이며, 동체는 화물, 조종 장치, 부속품, 승객, 그리고 기타 장비품에 대한 공간을 제공한다.

중요용어

Cargo: 화물, Controls: 조종 장치, Accessories: 부속품, Passenger: 승객, Equipment: 장비품

(4) Taxiing(지상 활주)

Taxiing is the movement of an aircraft on the ground, under its own power, in contrast to towing or push-back where the aircraft is moved by a tug. The aircraft usually moves on wheels, but the term also includes aircraft with skis or floats.

해석

Taxiing은 비행기를 타력에 의해 움직이는 견인 또는 푸시 백과 달리 자체의 힘으로 지상에서 항공기가 움직이는 경우이다. 항공기는 일반적으로 바퀴로 움직이지만, 이 용어는 스키식 또는 플로트식(수상용 착륙장치) 항공기도 포함한다.

중요용어

in contrast to: ~와 대비되다./~와 달리, Tug: 끌다./잡아당기다.

(1) Elevator(승강키)

Ensure personnel and equipment are clear of horizontal stabilizer and elevator surfaces before moving elevator. Elevators will move rapidly in neutral when hydraulic power is operated and may cause injury to personnel or damage to equipment could occur.

해석

승강키를 움직이기 전에 사람과 장비가 수평 안정판 및 승강키 표면에 없는 것을 확실히 해야 한다. 유압이 작동될 때 승강키는 급속히 중립 상태로 움직일 것이다. 그러면 사람을 다치게 하거나 장비의 손상을 주는 일이 발생할 수 있다.

중요용어

Personnel: 인원, Equipment: 장비, Horizontal stabilizer: 수평 안정판, Elevator: 승강키, hydraulic power: 유압, Injury: 상해, Damage: 손상

(2) Rudder(방향키)

Restrict access to areas below rudders. Falling objects can cause injury to personnel or damage to equipment. Then, move rudder pedals smoothly and slowly. Minimum time which is used for complete cycle should be 8 seconds. Otherwise the rudder control systems could be damaged.

해석

방향키 아래쪽 지역의 접근을 제한하시오. 떨어진 물건이 사람에게 해를 줄 수 있고 장비의 손상을 야기할 수 있다. 또, 방향키 페달은 부드럽게 그리고 천천히 움직여라. 완전히 작동하기 위한 주기 시간은 최소 8초이다. 만약 그렇지 않으면 방향키 조종장치는 손상된다.

(3) Seal

Seals must be compatible with the type of fluid specified on the shock strut nameplate or seal deterioration and fluid contamination will occur.

밀봉제는 완충지 지대에 표시된 적당한 종류의 유체여야 한다. 그렇지 않으면 밀봉 저하와 유체 오염이 발생할 것이다.

중요용어

deterioration: 저하, contamination: 오염

(4) Oil

Some oils are not suitable to mixed. Unless compatibility is assured, do not mix with other brand oils.

해석

대부분의 오일은 혼합이 적합하지 않다. 적합성이 보호되지 않는 한 각기 다른 회사의 제품을 혼합하지 말아야 한다.

중요용어

compatibility: 적합성

(5) Overhaul

Overhaul: Disassembly as recommended by the manufacturer of the component concerned or to the point where allParts subject to wear, breakage, contamination or corrosion can be adequately inspected. For example, Replacement or rework of defective Parts and replacement of seals, bearings, etcetera as may be recommended by the manufacturers. thorough cleaning, corrosion treatment, lubrication or other recommended finishing of bits and pieces. Reassembly in accordance with manufacturer's instructions. Complete test using test equipment capable of accomplishing at least minimum testing recommended by the manufacturer and of desired accuracy. Final inspection and tagging.

해석

오버홀: 부품의 제작회사가 추천하는 방법으로 분해하거나 마모나 파손, 오염, 부식을 받기 쉬운 부품을 모두 적절히 검사받을 수 있는 지점까지 분해하는 것을 말한다. 예를 들면, 제작회사가 추천하는 방법에 따라 결함 부품을 교환 또는 수리하거나 밀봉제나 베어링 등을 교환하는 것, 작은 부품을 철저한 세척, 방식 처리, 윤활 및 다른 적절한 방법으로 마무리하는 것, 제작회사의 지시에 따라 다시 조립하는 것, 제작회사가 추천하는

최저 한도의 시험을 할 수 있고 또 신뢰성 있는 시험기기를 사용하여 완벽히 시험하는 것, 최종 검사를 하고 합격품에 사용 가능한 태그를 붙이는 것이다.

> wear: 마모, corrosion: 부식, accuracy: 정확, 정확성

(6) Inspect

> Inspect: "inspect" means an examination, visually, with or without magnifying glass or any other accepted methods, to determine, insofar as possible, the condition, serviceability or airworthiness of an aircraft, component or unit.

해석

검사: "검사"는 항공기나 장비품의 상태, 사용 가능성 또는 감항성을 결정하기 위해 확대경을 사용하거나 육안 또는 다른 일반적으로 인정되고 있는 방법을 써서 조사하는 것이다.

(7) Check

> Check: the term "check" usually means the actual operation, movement or measurement of an assembly or component to determine the operating condition of the equipment and examination or comparison of its operational characteristics with the normal operational characteristics of the equipment.

해석

점검: "점검"이라는 용어는 장비의 작동 상태가 적정한지를 결정하기 위해 장비품을 실제로 작동시키거나 움직이거나 혹은 측정하거나 하는 것, 또 그 장비의 정상적인 작동 특성과 장비품의 작동 특성을 조사하거나 비교하거나 하는 것을 의미한다.

중요용어

> operation: 작동, determine: 결정하다, examination: 조사, 검사, comparison: 비교

(8) Repair

> Repair: the term "Repair" is applied to the restoration of an item, aircraft or component to fully serviceable condition according to FAR(Federal Aviation Regulations)

수리: "수리"라고 하는 용어는 항공기 또는 장비품을 FAR(미연방항공국 규정)에 따라 충분히 사용 가능한 상태로 복원시키는 것을 의미한다.

중요용어

restoration: 복원, serviceable: 사용 가능한

(9) Service

Service: To perform certain predetermined maintenance work generally known to be required by the Company or recommended by the manufacturer for aircraft assemblies or systems. This term will include an inspection of pertinent characteristics during the course of the maintenance work.

해석

서비스: 항공기 전체 또는 각 계통에 대해 회사가 일반적으로 필요하다고 생각거나 제조사가 추천하는 미리 정해진 일정한 정비를 의미한다. 서비스에는 장비 작업 진행 중에 특성이 적정한지의 여부를 검사하는 것도 포함된다.

중요용어

predetermined: 미리 결정하다, pertinent: 적절한

(10) Functional Check

Functional Check: A check or test of the designed function and operation of a unit in the aircraft using equipment, procedure and limits established in the Maintenance Manual or other applicable manuals.

해석

기능 점검: 정비 교범이나 다른 적용 가능한 교범에 정해져 있는 장비나 절차 및 한계를 이용하여 항공기에 탑재되어 있는 장비품이 설계대로의 기능을 갖고 있는지, 또 작동하는지의 여부를 점검하거나 시험하는 것을 말한다.

중요용어

established: 안정된, 인정받는, applicable: 적용 가능한

(11) Bench Check

Bench Check: The unit shall be removed from the aircraft and checked or tested using appropriate procedures to determine that the unit is operating within the manufacturer⊠s tolerance with respect to performance, wear or deterioration.

해석

벤치 체크: 항공기에서 탈착한 장비품의 성능이나 마모 및 열화 등에 관해서 제작사의 허용 범위 이내에서 그 장비품이 작동하는지를 결정하기 위해 적절한 절차를 사용하여 점검하거나 시험하거나 하는 것이다.

중요용어

appropriate: 적절한, tolerance: 허용 오차, 공차

(12) Towing Bar

Towing Bar: this is light and well balanced, and ideal push-pull towing of airplanes in normal ramp use. The coupling level is adjustable with hydraulic hand pump and its towheads are interchangeable.

해석

토잉 바: 이것은 경량으로 균형이 잘 잡혀져 있으며 램프상에서 비행기를 밀거나 당기거나 하는 데 이상적이다. 결합 부분의 레벨은 수동의 유압 펌프로 조절 가능하며, 토우 헤드는 교환 가능하다.

중요용어

coupling: 결합, adjustable: 조절 가능한, hydraulic: 유압의, interchangeable: 교체할 수 있는

3 항공 관련 영어 단어

(1) 기체(Airframe)

① A/C: aircraft(항공기)의 약자

② Aileron: 도움날개라고 하며, 세로축으로 비행기의 자세를 조정하기 위해 날개 뒤편에 붙어있는 조종면이다.

③ **Attitude:** 항공기의 자세를 의미한다.

④ **Buffeting:** 실속의 초기 증상으로, 조종면에서 양력을 잃어버림으로써 발생하는 진동현상이다.

⑤ **Bulkhead:** 격벽이라고도 하며, 비행기의 구조적 강도를 제공하고 여압을 위해 수직으로 세워진 판이다.

⑥ **Empennage:** 비행기 후방에 위치한 동체의 일부분을 의미한다.

⑦ **Longeron:** 동체의 주 수평 방향 부재를 의미하며, 강도가 스트링거보다 강하다.

⑧ **Root:** 동체에 부착되는 날개의 뿌리를 의미, 날개의 끝은 tip이라고 한다.

⑨ **Spar:** 날개 끝에서 날개 뿌리 방향을 잇는 날개의 주요 구조 부재를 의미한다.

⑩ **Stringer:** 동체나 날개에서 외피의 모양을 잡아주고 강도를 보강하는 수평 방향 부재이다.

(2) 조종(Controls)

① **Bell Crank:** 조종장치에서 케이블에 적용된 힘의 방향을 변경하기 위해 사용되는 장치이다.

② **Control Wheel:** 조종장치가 도움날개(aileron)와 승강키(elevator)를 조절할 수 있는 장치를 의미한다.

③ **Elevator:** 비행기의 Pitch(상승, 하강)를 조종하기 위해 사용되는 꼬리날개에 붙어 움직일 수 있는 수평 조종면을 의미한다.

④ **Flaps:** 주 날개 뒤에 붙어있는 일종의 부 조종면으로 이륙 시 양력을 증가시키는 기능을 한다.

⑤ **Pully:** 움직이는 조종 케이블의 방향을 변경하기 위해 사용되는 홈이 패여 있는 바퀴 모양 장치이다.

⑥ **Rudder:** 항공기의 방향을 변경하기 위해 사용하는 수직꼬리날개에 붙어있는 조종면이다.

⑦ **Spoiler:** 항공기 주 날개 윗면에 붙어있는 부 조종면으로 양력을 감소시키는 제동장치 역할을 한다.

⑧ **Stabilizer:** 비행기 꼬리날개에 있는 수평, 수직으로 되어 있는 고정된 면이다.

⑨ **Stable:** 조종사의 별도 조종 없이 항공기 자세를 지속적으로 유지하는 상태를 의미한다.

⑩ **Tab:** 주 조종면 뒤에 붙어있는 작은 조종면으로, 항공기 조종 시스템의 작동 압력을 완화시켜주는 장치이다.

⑪ **Tension:** 주로 케이블에 연관되어 사용되며, 케이블의 장력을 의미한다.

⑫ **Travel:** 조종면의 움직임 정도나 그 움직임 자체를 의미한다.

⑬ **Trim:** 조종면에 작용되는 힘이 '0'일 때를 의미한다.

⑭ **Turnbuckle:** 케이블 장력을 조정하기 위해 케이블 사이에 끼워 넣는 장치를 의미한다.

(3) 기타

① **APU:** Auxiliary Power Unit: 보조 동력 장치

② **ATA:** Air Transport Association: 항공운송협회

③ **Actual Time of Arrival:** 실제의 도착 시간

④ **ATC:** Air Traffic Control: 항공 교통 관제

⑤ **CW:** Clockwise: 시계 방향

⑥ **DME:** Distance Measuring Equipment: 거리 측정 장치

⑦ **EPR:** Engine Pressure Ratio: 엔진 압력비

⑧ **FAA:** Federal Aviation Administration: 미국연방항공국

⑨ **FAR:** Federal Aviation Regulation: 미국연방항공규칙

⑩ **FCU:** Fuel Control Unit: 연료 조절 장치

⑪ **FOD:** Foreign Object Damage: 외부 이물질에 의한 손상

⑫ **GPU:** Ground Support Equipment: 지상 지원 장비

⑬ **IATA:** International Air Transport Association: 국제항공운송협회

⑭ **IACO:** International Civil Aviation Organization: 국제민간항공기구

⑮ **ILS:** Instrument Landing System: 계기 착륙장치

⑯ **MM:** Maintenance Manual: 정비 교범, 정비 기준

⑰ **NDI:** Non−destructive Inspection: 비파괴 검사

⑱ **OAT:** Outside Air Temperature: 외기 온도

⑲ **rpm:** Revolution Per Minute: 분당 회전수

⑳ **TBO:** Time Between Overhaul: 오버홀 시간 한계

㉑ **VTOL:** Vertical Take off and Landing: 수직 이 · 착륙기

㉒ **W/B:** Weight and Balance: 중심 측정

01 다음 영문의 내용으로 가장 옳은 것은?

"Personnel are cautioned to follow maintenance manual procedures."

① 정비를 할 때는 상사의 업무지시에 따른다.
② 정비 교범절차에 따라 주의를 해야 한다.
③ 정비 교범절차에 꼭 따를 필요는 없다.
④ 정비를 할 때는 사람을 주의해야 한다.

해설

• maitenance manual procedures: 정비 교범절차
• cautioned to: ~을 주의하다.

02 다음 문장 중 밑줄 친 부분의 내용으로 올바른 것은?

"all pressure and temperature equipment and gauges shall be tested and calibrated semiannually by qualified assurance personnel."

① 분기마다   ② 매년
③ 시기에 맞게   ④ 반년마다

해설

• quarterly: 분기마다
• annually: 매년
• every time: 시기마다

03 다음 (   ) 안에 알맞는 말은?

fair leads should never deflect the alignment of a cable more than (   )

① 12°   ② 8°
③ 5°   ④ 3°

해설

페어리드는 조종 케이블을 3° 이내로만 방향 전환이 가능하다.

04 다음 (   ) 안에 알맞은 말은?

(   ) is used to maintain constant tension on the control cable, compensating for length changes resulting from temperature.

① turnbuckle
② Tension regulator
③ Pully
④ Tension meter

해설

장력 조절기는 온도로 인한 길이 변화를 보상하면서 조종 케이블의 장력을 일정하게 유지하는 데 사용된다.

정답 01. ② 02. ④ 03. ④ 04. ②

05 다음 (   ) 안에 알맞는 말은?

> (   ) should never deflect the alignment of a cable more than 3°.

① Fair leads ② Pulley
③ Stopper ④ Hinge

해설
페어리드: 최소의 마찰력으로 케이블과 접촉하여 직선운동 3° 이내에서 방향 유도

06 다음 (   ) 안에 알맞은 말은?

> (   ) is used to maintain constant tension on the control cable.

① Tension meter
② Pulley
③ Turnbuckle
④ Tension regulator

해설
턴버클은 조종 케이블이 일정한 장력을 유지하는 데 사용된다.

07 다음 (   ) 안에 알맞은 말은?

> An airplane is controlled directionally about it's vertical axis by the (   )

① rudder ② elevator
③ ailerons ④ flap

해설
항공기는 수직축의 방향키에 의해 방향이 조정되어 진다.
vertical axis: 수직축, rudder: 방향키

08 다음 설명 중 밑줄 친 부분의 의미로 옳은 것은?

> The tail surfaces consist of the horizontal and vertical stabilizer and movable control surfaces.

① 수평축
② 수직 안정판
③ 수직축
④ 수평 안정판

해설
꼬리날개는 수평과 수직 안정판, 그리고 움직일 수 있는 조종면으로 구성된다.

09 밑줄 친 부분을 의미하는 올바른 단어는?

> An aluminum alloy bolts are marked with two raised dashes.

① 부식 ② 강도
③ 합금 ④ 응력

해설
알루미늄 합금 볼트에는 쌍 대시가 표시되어 있다.
alloy: 합금

✈ 정답 05. ① 06. ③ 07. ① 08. ② 09. ③

10 "다음 영문의 내용에 대한 옳은 값은?

"Express 1/4 as a percent."

① 0.25   ② 2.5

③ 20   ④ 25

해설

1/4을 백분율로 나타낸 것이다.

11 다음 ( ) 안에 알맞은 내용은?

"Aspect ratio of a wing is defined as the ratio of the ( )."

① wing span to the wing root

② wing span to the wing span

③ wing span to the mean chord

④ square of the chord to the wing span

해설

날개의 가로세로비는 날개 면적과 시위와의 비를 의미한다.

aspect ratio: 가로세로비, defined: 의미함, wing span: 날개 면적, mean chord: 평균시위

12 다음 ( ) 안에 알맞은 말은?

The two major divisions of aircraft engines used are the ( ) engine and ( ) engine types.

① Reciprocating, Gas turbine

② Ram, Pulse

③ turbojet, turbofan

④ opposed, Radial

해설

항공기 엔진은 중요한 두 가지로 나눌 수 있으며, (왕복) 엔진 및 (가스터빈) 엔진 유형으로 사용된다.

13 다음 ( ) 안에 알맞은 말은?

( ) entering the cockpit to start the engine, always inspect the air intake ducts for objects that may be sucked into the compressor.

① After   ② Before

③ On   ④ During

해설

엔진 시동을 위해 조종석에 들어가기 전에, 압축기가 어떤 물체를 빨아들일 수 있을지 모르니 항상 공기 흡입구를 검사해야 한다.

14 다음 빈칸에 들어갈 말로 알맞은 것은?

The ( ) is the main structure of the airplane. It provides space for cargo, controls, accessories, Passengers, and other equipment.

① fuselage

② wing

③ tail wing

④ landing gear

해설

동체는 비행기의 주요 구조물이다. 그것은 화물, 제어장치, 부속품, 승객 및 기타 장비를 위한 공간을 제공한다.

✈ **정답**   10. ④   11. ③   12. ①   13. ②   14. ①

15 다음 문장에서 밑줄 친 부분에 해당하는 내용으로 옳은 것은?

> "The primary flight control surfaces, located on the wings and <u>empennage</u>, are aileron, elevators, the rudder."

① 날개(주익)

② 보조날개

③ 꼬리날개(미익)

④ 도움날개

해설

- 날개: wing
- 보조날개: aileron
- 꼬리날개: empennage
- 도움날개: aileron

16 다음 괄호 안에 들어간 말로 적절한 것은 무엇인가?

> Some (   ) are not suitable to mixed. Unless compatibility is assures, do not mix with other brand oils.

① seals

② oils

③ lifts

④ equipment

해설

대부분의 오일은 혼합이 적합하지 않다. 적합성이 보호되지 않는 한 각기 다른 회사의 제품을 혼합하지 말아야 한다.

17 다음은 무엇에 대한 설명인가?

> It is applied to the restoration of an item, aircraft or component to fully serviceable condition.

① check

② inspection

③ repair

④ overhaul

해설

수리는 항공기 또는 장비품을 충분히 사용 가능한 상태로 복원시키는 것을 의미한다.

18 다음 빈칸에 들어갈 말로 알맞은 것은?

> (   ) must be compatible with the type of fluid specified on the shock strut nameplate or seal deterioration and fluid contamination will occur.

① Seal

② Wing

③ Oil

④ Fuel

해설

실(seal)은 충격 완화 장치 명판에 지정된 유형의 오일과 호환되어야 하며, 실의 성능이 저하되면 오일이 오염된다.

19 What's not the primary group of the control surface?

① The aileron

② The elevators

③ The rudder

④ The tab

✈ **정답** 15. ③ 16. ② 17. ③ 18. ① 19. ④

해설

1차 조종면에 속하지 않는 것은?

1차 조종면: 도움날개(aileron), 승강키(elevators), 방향타(rudder)

20 다음 문장이 뜻하는 계기로 옳은 것은?

"An instrument that measures and indicates height in feet."

① Turn and slip indicator

② Air speed indicator

③ Vertical velocity indicator

④ Altimeter

해설

피트 단위로 고도를 측정하고 지시하는 계기이다.

① 선회계, ② 속도계, ③ 수직 속도계, ④ 고도계

정답 20. ④

PART
03

기체 정비

01 기체의 구조

1 기체 구조의 개요

(1) 기체의 구조

동체 (fuselage)	비행 중 항공기에 작용하는 하중을 담당하고 날개, 꼬리날개, 착륙장치 등을 장착하며 승무원과 승객 및 화물을 수용한다. 착륙장치를 접어 넣을 수 있는 공간이 마련되어 있다.
날개 (wing)	공기역학적으로 양력을 발생하여 항공기를 뜨도록 하며, 착륙장치, 엔진, 조종장치, 각종 고양력장치 등이 부착되어 있다. 날개 내부 공간은 연료탱크로 이용된다.
꼬리날개 (tail wing-horizontal & vertical)	동체의 꼬리 부분에 부착되어 안정성과 조종성을 제공한다. 수평 안정판에 승강키가 있고 수직 안정판에 방향키가 부착되어 있다.
착륙장치 (landing gear)	항공기가 이륙, 착륙, 지상 활주 및 지상에서 정지해 있을 때 항공기의 무게를 감당하고 진동을 흡수하며, 착륙 시 항공기의 수직 속도 성분에 해당하는 운동 에너지를 흡수한다.
엔진 마운트 및 나셀 (engine mount & nacelle)	엔진 마운트는 엔진의 무게를 지지하고 엔진의 추력을 기체에 전달하는 구조로서 항공기 구조물 중 하중을 가장 많이 받는 곳 중의 하나이고, 나셀은 기체에 장착된 엔진을 둘러싼 부분을 말하며, 엔진 및 엔진에 부수되는 각종 장치를 수용하기 위한 공간을 마련하고 나셀의 바깥면은 공기 역학적 저항을 작게 하기 위해 유선형으로 한다.

▲ 항공기 기체 구조

(2) 기체 구조의 형식

① 1차 구조와 2차 구조

가) 1차 구조: 항공기 기체의 중요한 하중을 담당하는 구조 부분으로 비행 중 파손이 생길 경우 심각한 결과를 가져올 수 있다.

- 날개: 날개보(spar), 리브(rib), 외피(skin)
- 동체: 벌크헤드(bulk-head), 세로대(longer-on), 프레임(frame)
- 기체에 작용하는 하중의 종류

인장력 (tension force)	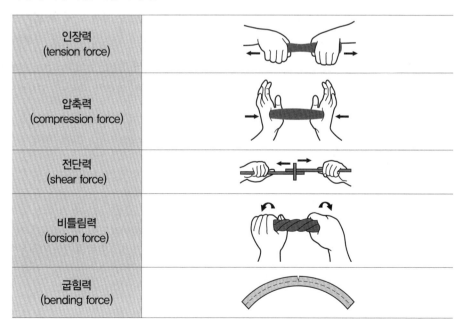
압축력 (compression force)	
전단력 (shear force)	
비틀림력 (torsion force)	
굽힘력 (bending force)	

나) 2차 구조: 비교적 적은 하중을 담당하는 구조 부분으로 파손 시 적절한 조치에 따라 사고를 방지할 수 있는 구조 부분이다. 하지만 항공 역학적 성능 저하는 발생할 수밖에 없다.

② **트러스 구조:** 두 힘 부재들로 구성된 구조로 설계와 제작이 용이하고, 초기의 항공기 구조에 사용하였고, 현재에도 경항공기에 사용되는 구조이다. 목재나 강관으로 트러스를 구성하고, 외피는 천 또는 얇은 합판이나 금속판을 입힌 형식으로 항공 역학적 외형을 유지하여 양력 및 항력을 발생시킨다. 트러스 구조는 제작이 쉽지만, 공간 마련이 어려워 승객 및 화물을 수송할 수 없다.

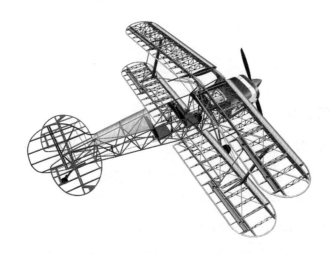

③ **세미 모노코크 구조:** 트러스 구조의 단점을 개선한 구조로써 원통 형태로 만들어져서 공간 마련이 용이하게 만들었으나 하중을 담당할 골격이 없고, 모든 하중을 외피가 받아야 하는 구조를 모노코크(monocoque) 구조라 한다. 이 구조는 항공기 구조로 적합하지 않아 현재 미사일 구조로 사용되고 있고, 이를 보완하여 나온 구조가 세미 모노코크(semi monocoque) 구조라 하며, 모노코크 구조와 세미 모노코크 구조를 외피가 응력을 담당하여 응력 외피 구조(stressed-skin structure)라 한다.

④ **페일세이프 구조**

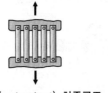 다경로(redundant) 하중구조	여러 개의 부재를 통하여 하중이 전달되도록 하여 어느 하나의 부재가 손상되더라도 그 부재가 담당하던 하중을 다른 부재가 담당하여 치명적인 결과를 가져오지 않는 구조

 이중(double) 구조	두 개의 작은 부재를 결합시켜 하나의 부재와 같은 강도를 가지게 함으로써, 어느 부분의 손상이 부재 전체의 파손에 이르는 것을 예방하는 구조
 대치(back-up) 구조	부재가 파손될 것을 대비하여 예비적인 대치 부재를 삽입해 구조의 안정성을 갖는 구조
 하중 경감(load dropping) 구조	부재가 파손되기 시작하면 변형이 크게 일어나므로 주변의 다른 부재에 하중을 전달시켜 원래 부재의 추가적인 파괴를 막는 구조

⑤ **손상 허용 설계(damage tolerance design) :** 항공기를 장시간 운용할 때 발생할 수 있는 구조 부재의 피로 균열이나 혹은 제작 동안의 부재 결함이 어떤 크기에 도달하기 전까지는 발견할 수 없기 때문에 그 결함이 발견되기까지 구조의 안전에 문제가 생기지 않도록 보충하는 것, 부재가 파손되기 시작하면 변형이 크게 일어나므로 주변의 다른 부재에 하중을 전달시켜 원래 부재의 추가적인 파괴를 막는 구조이다.

(3) 항공기 위치 표시방식

① **동체 위치선(FS: Fuselage, BSTA: Body Station):** 기준이 되는 0점 또는 기준선으로부터의 거리, 기준선은 기수 또는 기수로부터 일정한 거리에 위치한 상상의 수직 면으로 설명되며, 주어진 점까지의 거리는 보통 기수에서 테일 콘의 중심까지 있는 중심선의 길이로 측정된다.

② **동체 수위선(BWL: Body Water Line):** 기준으로 정한 특정 수평 면으로부터의 높이를 측정하는 수직거리이다.

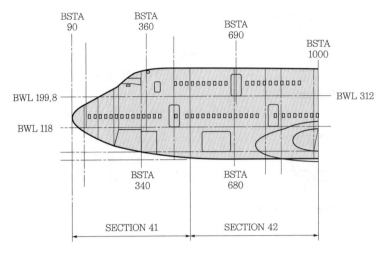

▲ 항공기 동체 위치선

③ **버턱선(BBL: Body Buttock Line, WBL: Wing Buttock Line):** 동체 중심선을 기준으로 좌, 우 평행한 동체와 날개의 폭을 나타내며, 동체 버턱선(BBL: Body Buttock Line)과 날개 버턱선(WBL: Wing Buttock Line)으로 구분된다.

④ **날개 위치선(WS: Wing Station):** 날개보가 직각인 특정한 기준면으로부터 날개 끝 방향으로 측정된 거리이다.

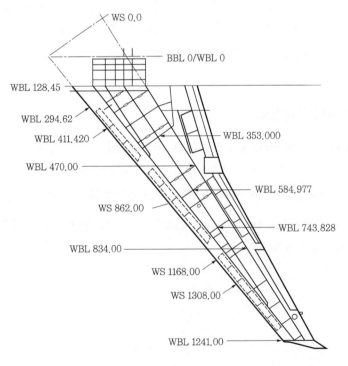

▲ 항공기 날개 위치선

(1) 동체 구조의 형식

① 트러스 구조형 동체

삼각형 뼈대로 된 구조 부재가 기체에 작용하는 모든 하중을 감당하는 구조이며, 외피가 외형을 유지하고 항공 역학적인 공기력을 발생시킨다.

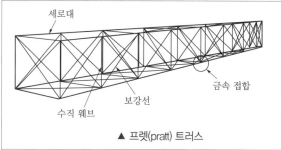 ▲ 프렛(pratt) 트러스	세로대(longeron)와 수직 웨브 및 수평 웨브의 대각선 사이에 보강선을 설치하여 강도를 유지하는 동체이다.
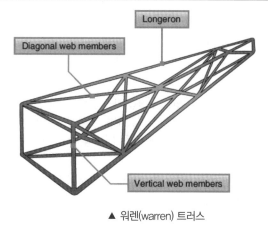 ▲ 워렌(warren) 트러스	웨브나 보강선의 설치 없이 강재 튜브의 접합 점을 용접함으로써 웨브나 보강선의 설치가 필요 없는 구조로 트러스형 구조의 동체에 많이 이용된다.

② 응력 외피 구조형 동체

모노코크 동체 (monocoque)	정형재, 벌크헤드, 외피에 의해 동체 형태가 이루어지고 대부분의 하중을 외피가 담당하는 구조, 미사일 구조 등에 사용한다. • 장점: 내부 공간 마련이 쉽다. • 단점: 외피의 두께가 두꺼워 무게가 무겁고, 균열 등의 작은 손상에도 구조 전체가 약화된다.
세미 모노코크 동체 (semi monocoque)	외피가 하중의 일부를 담당하여 외피와 뼈대가 같이 하중을 담당하는 구조로, 현대 항공기의 동체 구조로서 가장 많이 사용한다. • 수직 방향 부재: 벌크헤드, 정형재, 프레임, 링 • 길이 방향 부재: 세로대, 세로지

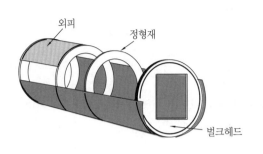

▲ 모노코크 구조

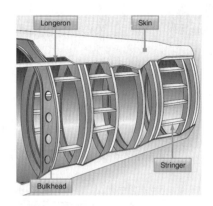

▲ 세미 모노코크 구조

가) 각 부재의 역할

스트링거(세로지) (stringer)	세로대보다 무게가 가볍고 훨씬 많은 수를 배치한다. 스트링거는 어느 정도 강성을 가지고 있지만, 주로 외피 형태에 맞추어 부착하기 위해서 사용되며 외피의 좌굴을 방지한다.
세로대(longeron)	세로 방향의 주 부재로 굽힘 하중을 담당한다.
프레임(링) (frame)	합금판으로 성형되었고, 수직 방향의 보강재로서 세로지와 합쳐 축하중과 휨하중에 견디도록 50cm 간격으로 배치하여 외피를 보호한다.
벌크헤드 (bulkhead)	동체의 앞뒤에 하나씩 있으며 집중 하중을 외피에 골고루 분산하고, 동체가 비틀림에 의해 변형되는 것을 방지한다. 여압식 동체에서 객실 내의 압력을 유지하기 위해 격벽 판(pressure bulkhead) 역할을 한다.
외피(skin)	동체에 작용하는 하중에서 전단력과 비틀림을 담당한다.
프레임(frame)	합금판으로 성형되었고, 축하중과 휨하중에 견디도록 해야 한다.

③ 동체 구조의 구분

전방 동체 (forward section)	동체의 앞쪽 부분으로 조종실이 마련되며, 공기저항을 최소화하기 위해 항공역학적 특성과 비행 중 조종사의 시계 확보가 되어야 한다.
중간 동체 (middle section)	주로 승객, 화물을 탑재하기 위한 공간과 날개 및 주 착륙장치 등이 부착되는 부분이다.
후방 동체 (after section)	승객 및 화물이 탑재되는 공간이며 후방 몸체와 연결되어 있다.

(2) 여압 상태의 동체 구조

① 여압실의 구조

항공기가 고고도 비행 시 대기압은 낮아지고, 기내 압력을 0.8로 유지시킴으로써 내부와 외부의 압력 차인 차압이 커지게 된다. 따라서 차압에 의한 하중이 증가하여 설계 제작 시 한계 값에 가까워지므로 어느 한계고도 이상에서는 차압이 일정하게 유지되도록 되어 있다.

가) 여압실의 강도 보강 장소: 불연속적으로 응력이 집중되므로 스트링거로 간격을 좁히거나, 강한 스트링거를 사용하여 윈드 실드(sind shield), 객실 창문 및 출입문(door) 등의 절개 부분에 보강해야 한다.

나) 이중 거품형 여압실: 단면을 봤을 때 동체의 높이를 증가시키지 않고 넓은 탑재 공간을 마련할 수 있어 많이 사용되고 있다.

② 여압실의 압력 유지

여러 개의 외피 판을 접합시킬 때에 부재와 부재 사이 및 리벳과 부재 사이에서 압력누설이 발생할 수 있어 이를 방지하기 위해 밀폐제(sealant)를 사용한다.

• 스프링과 고무 실에 의해 기체의 외부와 내부를 완전히 밀폐시킨다.

• 그리스와 와셔 등의 실을 사용하여 기밀을 유지한다.

• 고무 콘을 사용하여 기체 내부와 외부를 밀폐시킨다.

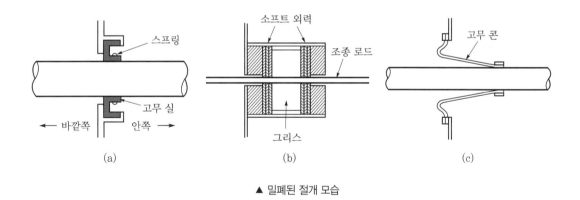

▲ 밀폐된 절개 모습

③ 창문 및 출입문의 구조와 기밀

가) 윈드실드 구조: 윈드실드 바깥 판의 안쪽 면은 전도성이 좋은 금속피막(conductive coating)을 입혀 전기를 통하게 하여 방빙(anti-icing) 및 서리 제거(anti-fog)를 할 수 있다.

나) 윈드실드 강도 기준: 여압에 의한 파괴 강도를 가져야 하기 때문에 바깥쪽 판은 최대 여압실 압력의 7~10배, 안쪽 판은 최대 여압실 압력의 3~4배 이상을 유지해야 한다. 또한 새 등의 충돌에 의한 충격 강도는 무게 1.8kg의 새가 순항속도 비행 시 충돌하더라도 파괴되지 않을 정도여야 한다.

다) 출입문의 기밀: 여압실의 기밀에 해를 주는 요소이며, 동체 강도 및 그 이상의 강도를 유지해야 한다. 동체 안으로 여는 밀폐형 실과 동체 밖으로 여는 팽창식 실이 있는데, 동체 안으로 여는 플러그형 출입문(plug type door)이 가장 많이 사용된다. 이 문은 여압 공기의 기밀을 유지하기 위해 밀폐용 실(seal)로 여압이 되는 출입문의 실이 바깥벽인 출입문의 프레임에 밀착되어 더욱 기밀을 유지한다.

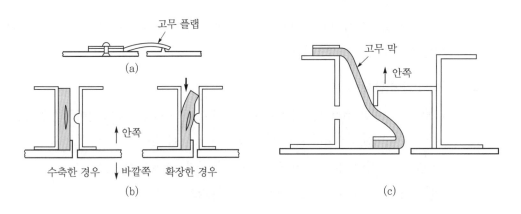

3 날개

날개에는 비행 중에 공기력, 중력, 관성력, 추력에 의해 굽힘 하중과 비틀림 하중이 반복적, 복합적으로 작용한다.

(1) 날개 구조의 형식과 구조 부재

① **트러스형 날개:** 소형 항공기에 사용되는 트러스 구조는 날개보, 리브, 강선, 외피로 구성되었으며, 외피는 얇은 금속 및 합판, 우포를 사용하여 항공 역학적 형태를 유지한다.

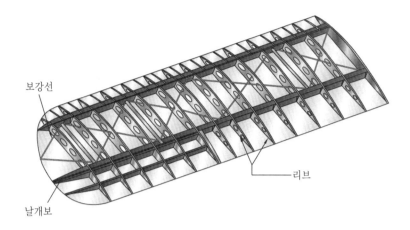

보강선

리브

날개보

② **세미 모노코크형 날개:** 중·대형 항공기에 사용되는 세미 모노코크 구조는 날개보, 리브, 외피, 스트링거로 구성되어 있다.

③ **날개의 구조 부재**

날개보(spar)	날개에 작용하는 하중 대부분을 담당하며, 굽힘 하중과 비틀림 하중을 주로 담당하는 날개의 주 구조 부재이다.
리브(rib)	공기 역학적인 날개골을 유지하도록 날개 모양을 만들어주며 외피에 작용하는 하중을 날개보에 전달한다.
스트링거(stringer)	날개의 굽힘 강도를 크게 하고, 날개의 비틀림에 의한 좌굴을 방지한다.
외피(skin)	전방 및 후방 날개보 사이에 외피는 날개 구조상 큰 응력을 받아 응력 외피라 부르며 높은 강도가 요구된다.

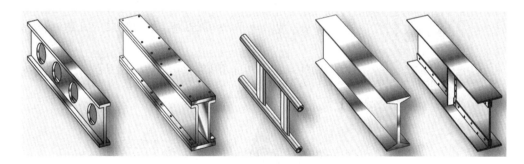

▲ 날개보

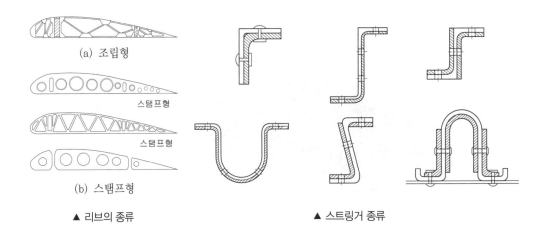

(a) 조립형

스탬프형

스탬프형

(b) 스탬프형

▲ 리브의 종류　　　　　　　　　▲ 스트링거 종류

(2) 날개의 장착과 내부 공간

① 날개의 장착

지주식 날개 (braced type wing)	날개 장착부와 동체, 착륙장치, 날개 지지점이 서로 3점을 이루는 트러스 구조이며, 구조가 간단하고 무게가 가볍지만 공기 저항이 커서 소형 항공기에 사용한다.
외팔보식 날개 (cantilever type wing)	모든 응력이 날개 장축부에 집중되어 복잡해지므로 충분한 강도를 가져야 하고, 항력이 작아 고속기에 적합하나 무게가 무겁다.

② 날개의 내부 공간

인티그럴 연료탱크	날개의 내부 공간을 밀폐시켜 내부 그대로 연료탱크로 사용되며, 보통 여러 개로 나누어져 있다. 대형 항공기에 가장 많이 사용되며 무게가 가볍다.
셀 연료탱크	알루미늄 합금 및 스테인리스강으로 만든 연료탱크로 구식 군용기에 많이 사용된다.
블래더형 연료탱크	나일론 천이나 고무주머니 형태의 연료탱크로 민간항공기의 중앙 날개 탱크에 일부 사용하고 있다.

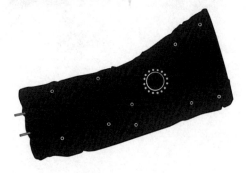

▲ 블래더형 연료탱크

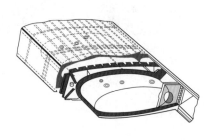

▲ 셀형 연료탱크

(3) 날개의 부착 장치와 조종면

날개의 부착 장치로는 고양력장치와 속도 제어장치 및 조종면 등이 있다.

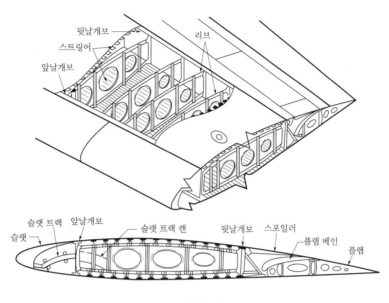

▲ 여객기의 날개

① **앞전 고양력 장치(leading edge high lift device):** 항공기 날개 앞전 쪽에 부착하는 것으로 슬랫(slat), 고정 슬롯(fixed slot), 드룹 노즈(droop nose), 핸들리 페이지 슬롯(handley page slot), 크루거 플랩(kruger flap), 로컬 캠버(local camber) 등이 있다. 앞전 고양력 장치는 날개 앞부분에서 씻어 올림(up wash)을 유도하여 날개 위로 높은 에너지를 유도함으로써 큰 받음각에서도 박리(separation)를 지연하여 실속을 방지하는 역할을 한다.

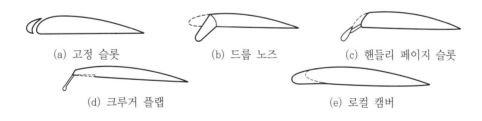

슬랫 & 슬롯 (slat & slot)	날개 앞전에 공기가 씻어올릴 수 있는 틈(slot)을 만들어 날개가 큰 받음각에서도 박리를 지연시키는 장치이며, 아음속 여객기에 주로 사용된다.
크루거 플랩 (kruger flap)	날개 앞전 밑면에 접혀 날개를 구성하고 있으나 작동 시 앞쪽으로 나와 날개 면적과 앞전 반지름을 크게 하여 양력을 증가시킨다.
드룹 노즈 (droop nose)	앞전이 아래로 꺾어지면서 앞전 반지름과 캠버가 증가하여 양력을 증가시킨다. 앞전이 얇거나 뾰족한 초음속기에 사용되며, 저속에서 내리고 고속에서 들어 올린다.

② **뒷전 고양력 장치(trailing edge high lift device):** 항공기 날개 뒷전에 있는 고양력 장치로써, 플레인 플랩(plain flap), 스플릿 플랩(split flap), 슬롯 플랩(slotted flap), 파울러 플랩(fowler flap), 블로 플랩(blow flap), 블로 제트(blow jet) 등이 있고, 이륙거리를 짧게 하기 위해 양력계수를 증가시키는 장치이다.

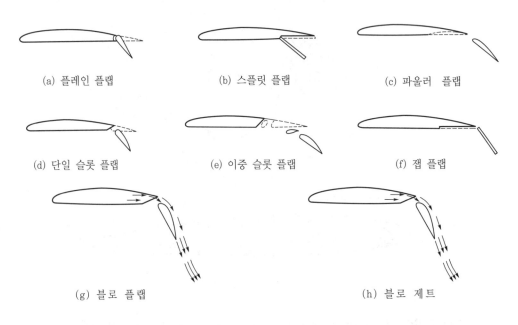

(a) 플레인 플랩 (b) 스플릿 플랩 (c) 파울러 플랩

(d) 단일 슬롯 플랩 (e) 이중 슬롯 플랩 (f) 잽 플랩

(g) 블로 플랩 (h) 블로 제트

플레인(단순) 플랩 (plain flap)	스플릿 플랩에 비해 효율은 떨어지나 얇은 날개에 장착하기가 쉬워 전투기에 사용된다.
스플릿(분할) 플랩 (split flap)	날개의 아랫면에 부착되는 것으로 구조가 간단하고 무게가 가볍지만, 효율이 떨어져 잘 사용하지 않는다.
단일 슬롯 플랩 (slotted flap)	특수한 모양의 슬롯이 있어 플랩 앞전의 부압효과로 인해 안정되어 있고, 안정된 경계층으로 인해 플랩을 40° 이상 내릴 수 있다.
이중 슬롯 플랩 (double slotted flap)	플랩 내림각의 범위가 월등히 넓고 이중 슬롯을 가짐으로써 플랩 윗면의 박리현상을 지연시킬 수 있다. 여객기 등에 많이 사용된다.
삼중 슬롯 플랩 (triple slotted flap)	날개 하중을 크게 높일 수 있으므로 대형 여객기에 사용한다.
파울러 플랩 (fowler flap)	날개 캠버를 증가시키는 동시에 유효면적도 증가시켜 아주 낮은 항력 증가에 비해 플랩 중 최대양력계수가 가장 높은 고양력 장치이다.
블로우 플랩 (blow flap)	구조는 슬롯 플랩과 같으나, 양력을 높이기 위해 엔진의 배기가스를 사용한다는 점이 다르다.

③ **도움날개:** 옆놀이 운동을 하기 위해 날개 뒷전에 위·아래로 움직이기 위해 설치되어 있다. 도움날개는 안쪽 도움날개, 바깥쪽 도움날개가 좌·우 2개씩 있으며, 저속 비행 시에는 모두 작동하고, 고속 비행 시에는 안쪽 도움날개만 작동한다. 또한, 좌·우측 도움날개는 서로 반대 방향으로 작동된다.

④ **스포일러**

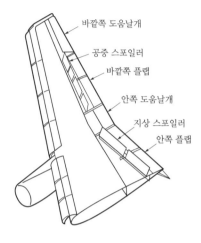
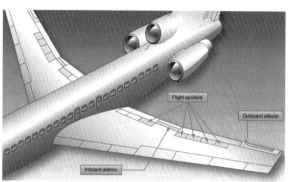

▲ 날개의 가동 장치

지상 스포일러 (ground spoiler)	착륙활주 중 지상 스포일러를 수직에 가깝게 세워 항력을 증가시켜 착륙 거리를 짧게 한다.
공중 스포일러 (air spoiler)	비행 중에 날개 바깥쪽 스포일러의 일부를 좌우로 따로 움직여서 도움날개를 보조하거나 공중에서 비행속도를 감소시킨다.

⑤ **방빙장치 및 제빙장치**

방빙 장치	전열식	날개 앞전의 내부에 전열선을 설치하고 전류를 흐르게 하여 날개 앞전을 가열한다.
	가열공기식	날개 앞전 내부에 설치된 덕트를 통하여 가열 공기를 공급하여 앞전 부분을 가열하여 서리 형성을 방지한다. 엔진 압축기 블리드 에어를 사용한다.
제빙 장치	알코올 분사식	날개 앞전의 작은 구멍을 통해 알코올을 분사하여 어는점을 낮추어 얼음을 제거한다.
	제빙부츠	압축공기를 맥동적으로 공급, 배출시켜 부츠가 주기적으로 팽창, 수축되도록 하여 부츠 위에 얼어있던 얼음을 제거한다.

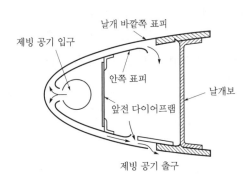

▲ 방빙장치

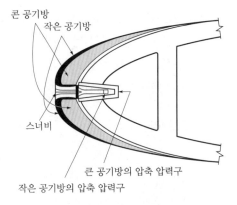

▲ 제빙부츠

꼬리날개

(1) 꼬리날개의 형태

꼬리날개는 동체의 꼬리 부분에 부착되어 있어 안정성과 조종성을 제공한다. 그에 따른 형태는 다음과 같다.

V형 꼬리날개	V형 꼬리날개로 수평과 수직꼬리날개의 기능을 겸하고 있어 뒷전에는 승강키와 방향키를 겸하는 방향승강키(rudder vator)를 가지고 있다.
T형 꼬리날개	수직꼬리날개의 윗부분에 수평꼬리날개를 부착한 형태이다. 수평꼬리날개와 동체와 날개 후류의 영향을 받지 않아 수평꼬리날개의 성능이 좋고, 무게 경감에 도움이 되지만, 딥 실속에 걸리는 단점을 갖고 있다.
일반 꼬리날개	동체 꼬리 부분에 수평과 수직꼬리날개가 있다.

(2) 꼬리날개의 구성

수평 꼬리 날개	수평 안정판 (horizontal stabilizer)	비행 중 날개의 씻어내림(down-wash)을 고려해 수평보다 조금 윗방향으로 붙임각이 형성되어 있고, 항공기의 세로 안정성을 담당한다.
	승강키 (elevator)	비행 조종계통에 연결되어 비행기를 상승, 하강시키는 키놀이(pitching) 모멘트를 발생시킨다.
수직 꼬리 날개	수직 안정판 (vertical stabilizer)	비행 중 비행기의 방향 안정성을 담당한다.
	방향키(rudder)	페달과 연결되어 비행기의 빗놀이(yawing) 모멘트를 발생시킨다.

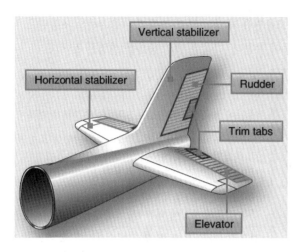

▲ 꼬리날개

5 조종계통

(1) 조종면의 구조

① 주 조종면과 항공기 운동

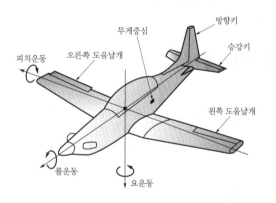

▲ 항공기 기체축과 조종면

축	운동	조종면	안정
X축 (세로축, 종축)	옆놀이 (rolling)	보조날개 (aileron)	가로 안정 (상반각, 하반각)
Y축 (가로축, 횡축)	키놀이 (pitching)	승강키 (elevator)	세로 안정 (수평 안정판)
Z축 (수직축)	빗놀이 (yawing)	방향타 (rudder)	방향 안정 (수직 안정판, 도살 핀, 날개 의 뒤 젖힘각)

② **부 조종면:** 주 조종면을 제외한 보조 조종계통에 속하는 조종면을 부 조종면이라 하며, 플랩, 스포일러, 탭 등이 속한다. 다음은 탭의 종류를 설명한 것이다.

트림 탭 (trim tab)	주 조종면 뒷전에 붙어 있는 작은 날개로 정상비행을 하는데 조종력을 "0"으로 맞추어 주는 장치로, 조종사가 조종력을 장시간 가할 경우 대단히 피로하고 힘이 들어 조종력을 "0"으로 조종하여 조종력을 편하게 하기 위한 것이다.
밸런스 탭 (balance tab)	조종면 뒷전에 붙인 작은 키로서 탭은 항상 조종면이 움직이는 방향과 반대로 움직인다. 조종계통이 1, 2차 조종계통에 연결되어 서로 반대 방향으로 작용한다.
서보 탭 (servo tab)	1차 조종면에 조종계통이 연결되지 않고 조종계통이 2차 조종면에 연결되어 탭을 작동해 풍압에 의해 1차 조종면을 작동한다(대형 항공기에 주로 사용).
스프링 탭 (spring tab)	겉으로 보기에는 트림 탭과 비슷하지만 그 기능은 전혀 다르다. 스프링 탭은 조종사가 주 조종면을 움직일 때 도움을 주기 위한 보조 역할로 사용되도록 작동하는 탭, 즉 조종사가 주 조종면을 움직일 때 도움을 주기 위한 보조 역할을 하는 데 사용한다.

양력을 증가시키는 보조 조종면	항공기 날개의 양력을 증가시키는 데 사용되는 보조 조종면으로 날개 뒷전 플랩과 날개 앞전의 슬랫(slat)과 슬롯(slot)이 있다.
양력을 감소시키는 보조 조종면	항공기가 활주할 때 브레이크 작용을 해주는 지상 스포일러와 비행 중 도움날개의 조작에 따라 항공기 세로조종을 보조해 주는 공중 스포일러가 있다.

(2) 조종계통의 구조

옆놀이 조종계통	조종간을 왼쪽으로 기울이면 오른쪽 도움날개는 내려가고, 왼쪽 도움날개는 올라가 비행기를 왼쪽으로 옆놀이 운동을 하고, 조종간을 오른쪽으로 기울이면 오른쪽 도움날개는 올라가고, 왼쪽 도움날개는 내려가 비행기를 오른쪽으로 옆놀이 운동을 한다.
키놀이 조종계통	조종간을 당기면 승강기가 올라가 비행기 기수는 상승하고, 조종간을 밀면 승강기가 내려가 비행기 기수는 내려간다. 고속 항공기에서 수평 안정판(horizontal stabilizer)이 승강키 역할을 하여 수평 안정판 전체를 움직여 앞전을 올리거나 내리도록 하여 키놀이 모멘트를 일으키게 된다.
빗놀이 조종계통	왼쪽 페달을 밟으면 방향타가 왼쪽으로 움직이고 기수는 왼쪽으로 향하고, 오른쪽 페달을 밟으면 방향타는 오른쪽으로 움직이고 기수는 오른쪽으로 향한다. 또한 두 개의 페달을 같이 밟으면 지상 브레이크 작동이 된다.

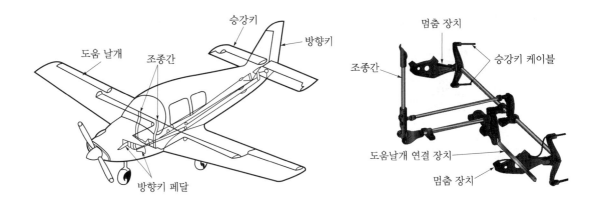

(3) 운동 전달 방식

① 수동 조종장치

조종사가 가하는 힘과 조작범위를 기계적으로 조종하는 방식으로 값이 싸고 가공과 정비가 쉬우며, 무게가 가볍고 동력원이 필요 없다. 신뢰성이 높아 소형, 중형 항공기에 널리 이용된다.

가) 케이블 조종계통: 케이블을 이용하여 조종면을 움직이게 하는 조종계통으로 소형, 중형기에 널리 사용된다.

장점	무게가 가볍고, 느슨함이 없어 방향 전환이 자유롭고, 가격이 싸다.
단점	마찰이 커 마멸이 많으며 케이블에 주어져야 할 공간이 필요하고, 큰 장력이 필요하여 케이블이 늘어난다.
구성	케이블 어셈블리, 턴버클, 풀리, 페어리드, 케이블 가이드, 케이블 드럼 등이 있다.

나) 푸시풀 로드 조종계통: 케이블 대신 로드(rod)가 조종력을 전달한다.

장점	• 케이블 조종계통에 비해 마찰이 적다. • 온도 변화에 대한 팽창이 거의 일어나지 않는다. • 늘어나지 않는다.
단점	• 무게가 무겁고 관성력이 크다. • 느슨함이 있을 수 있다. • 값이 비싸다.

다) 토크 튜브 조종계통: 조종력을 조종면에 전달 시 튜브의 회전에 의해 전달된다.

레버 형식 조종계통	무게가 무겁고 비틀림에 의한 변형을 막기 위해 지름이 큰 튜브를 사용한다. 플랩 조종계통에 주로 사용한다.
기어식 조종계통	기어를 이용하여 회전토크를 줌으로써 조종면을 원하는 각도만큼 변위시키는 장치로 방향 변환이 쉽고, 필요한 공간과 마찰력을 줄일 수 있다.

② 동력 조종장치

가역식 조종방식 (유압부스터방식)	장점	• 조종력을 사람의 힘보다 몇 배 크게 할 수 있다. • 유압계통 고장 시 인력으로 조종이 가능하다.
	단점	• 부스터 비를 크게 할 수 없다. • 고장 시 인력으로 조종할 경우 적은 이득밖에 얻지 못한다. • 아음속 초음속 비행 시 조종 감각을 얻기 곤란하다.
비가역식 조종방식 (인공감각장치)		• 가역식 조종방식의 단점을 개선하여 대형기에 사용한다. • 속도를 하나의 변화 요소로 간주하여 저속에서는 감지 스프링의 감각을, 고속에서는 유압의 힘을 사용하여 조종간의 움직이는 양과 조종면에 작용하는 힘을 인공적으로 조종사가 느낄 수 있게 되어 있다.

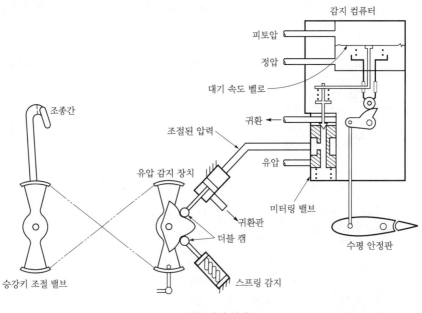

▲ 인공 감각 장치

③ **플라이 바이 와이어 조종장치:** 기체에 가해지는 중력가속도와 기울어짐을 감지하는 감지 컴퓨터로써 조종사의 감지 능력을 보충한 장치이다. 조종간이나 방향키 페달의 움직임을 전기적인 신호로 변환시켜 컴퓨터에 입력시키고, 이 컴퓨터에 의해 전기 또는 유압 작동기를

동작하게 함으로써 조종계통을 작동시켜 급격한 자세 변화에도 원만한 조종성을 발휘할 수 있다. 이 조종장치는 실용화로 성능이 매우 우수하고, 조종성과 안정성이 월등한 항공기에 제작이 가능하여 대형 항공기에 이 방식을 적용하여 사용하고 있다.

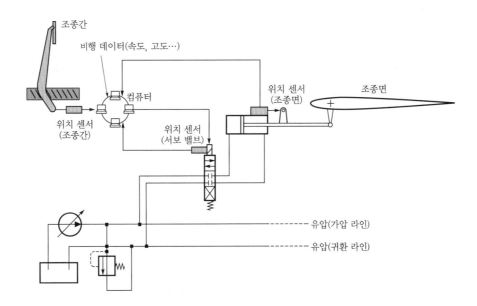

④ **자동 조종장치**: 비행기를 장시간 조종하게 되면 조종사는 육체적, 정신적으로 피로하게 되는데, 자이로에 의해 검출된 변위량을 기계식 또는 전자식에 의해 조종신호로 바꾸어 자동으로 조종하도록 한다. 즉, 장시간 비행에 있어서 조종사를 돕는다. 자동 조종장치에는 변위를 수정하기 위해 조종량을 산출하는 서보앰프(계산기), 조종신호에 따라 작동하는 서보모터(servomotor), 변위를 검출해 내는 자이로스코프(gyroscope)를 이용한다.

(4) 조종면의 평형

① 정적평형과 동적평형

가) 정적평형(static balance): 어떤 물체가 자체의 무게중심으로 지지되고 있는 경우, 정지된 상태를 그대로 유지하려는 경향을 말하며, 효율적인 비행을 하려면 조종면의 앞전을 무겁게 제작해야 한다.

과소평형 (under balance)	조종면을 평형대에 장착하였을 때 수평 위치에서 조종면의 뒷전이 내려 가는 현상("+"상태)이다.
과대평형 (over balance)	조종면을 평형대에 장착하였을 때 수평 위치에서 조종면의 뒷전이 올라 가는 현상("-"상태)이다.

나) 동적평형(dynamic balance): 물체가 운동하는 상태에서 이 물체에 작용하는 모든 힘들이 평형을 이루게 되면, 그 물체는 원래의 운동상태를 유지하려는 평형상태를 말한다.

② 평형 방법

조종면 중심선의 앞부분에 무게를 첨가시키는 방법으로 평형을 잡으며, 방법은 다음과 같다.

- 항공기의 수리 부분에서 제거하는 자재무게와 작업에 소요되는 자재무게를 측정하고, 실제로 첨부되는 무게를 구한다.
- 수리지점의 중심과 중심선과의 거리를 측정한다.
- 측정된 길이와 수리에 소요된 자재의 무게를 곱하여 계산한다.

(5) 작동점검 및 조절

① 조종기구 조절

가) 목적: 조종장치를 작동시킴에 따라 조종면의 정확한 작동이 이루어지도록 하고, 작동범위 및 평형상태를 맞추어 주며, 조종 케이블의 장력을 정확하게 조절하는 데 있으며, 이를 리그 작업(rigging)이라 한다.

리그작업 순서	❶ 고정기구를 이용하여 조종장치를 중립에 고정한다. ❷ 조종면이 중립에 오도록 로드 길이를 조절 및 케이블의 장력을 조절한다. 장력 조절은 조종기구 조절 시마다 조절해야 한다.
장착상태 확인	• 로드 단자(control rod end)는 조종로드에 있는 검사 구멍에 핀이 들어 있지 않을 정도로 장착해야 한다. • 턴버클 단자의 나사산이 3회 이상 나와선 안 된다. • 케이블 안내기구 2인치 범위 내에 케이블 연결기구나 접합기구가 없어야 한다.

② 조종 케이블의 장력 측정

케이블의 치수에 따라 정확한 장력을 측정하기 위해서는 케이블 텐션미터(cable tension meter)를 사용하여 측정하며, 타입은 C-8과 T-5가 있다. 다음 측정순서는 C-8형 텐션미터의 측정 순서이다.

❶ 측정 전 케이블을 케로신으로 깨끗이 세척한다.

❷ 텐션미터의 플런저와 앤빌 사이에 케이블을 고정한다.

❸ 케이블 치수 지시계에서 지시하는 케이블 지름을 확인한다.

❹ 텐션미터를 떼어내어 지시계에서 지시한 케이블 지름의 기준으로 장력계의 원점을 조절한다.

❺ 핸들을 누른 상태에서 앤빌과 플런저 사이에 케이블을 넣고 핸들을 서서히 놓아 지시계 지침을 확인한다.

❻ 지시계 눈금을 읽기 어려울 때는 고정버튼을 눌러 고정시킨 후 케이블에서 떼어내어 장력 값을 읽는다.

❼ 장력 값 확인 후 다시 케이블에 고정시키고, 고정버튼을 눌러 잠금을 해제 후 텐션미터를 떼어낸다.

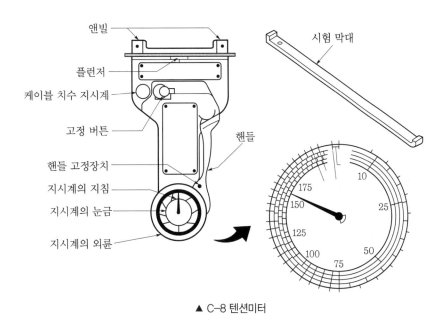

▲ C-8 텐션미터

③ 조종면의 각도 측정

❶ 각도판 조절기를 돌려 각도판의 기준점과 링의 기준점을 맞춘 후 각도판 링 고정장치로 고정한다.

❷ 조종면을 중립에 놓고 각도기를 조종면에 설치한 다음, 링 조절기를 돌려 각도판과 링을 회전시켜 중앙 수준기의 공기 방울이 센터에 올 때까지 돌린다.

❸ 링 프레임 고정장치로 링을 고정시킨 후 조종면을 최대 작동 한계까지 이동시킨다.

❹ 각도판 링 고정장치를 푼 후 각도판 조절기를 이용하여 중앙 수준기의 공기 방울이 센터에 올 때까지 돌려준다.

❺ 위와 같이 조작한 다음 회전각도를 읽는다. 이 각도가 조종면 회전각도를 의미하며 회전각도는 $\frac{1}{10}°$ 까지 읽을 수 있다. 또한 코너 수준기는 프로펠러 각도를 측정할 때 사용한다.

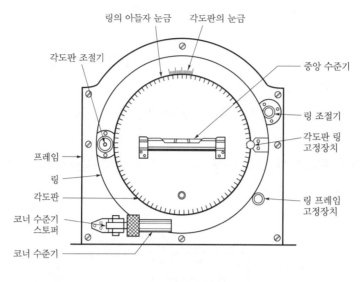

▲ 각도기

(1) 착륙장치의 종류

① **사용 목적에 따른 분류:** 육상에서 사용하는 바퀴형, 눈 위에서 사용하는 스키형, 물 위에서 사용하는 플로트형이 있다.

② **장착 방법에 따른 분류**

고정식 착륙장치	공기저항이 커서 경비행기에 주로 사용되며, 구조가 간단하여 제작이나 정비가 쉽다.
접개들이식 착륙장치	유압, 공기압 또는 전기 동력으로 작동되며 구조가 복잡하다. 동력원 고장 시에는 수동으로 조작할 수 있는 보조계통이 있어야 한다. 조항에 따른 앞바퀴형과 뒷바퀴형이 있다.

[앞바퀴형(nose gear type)과 뒷바퀴형(tail gear type)]

앞바퀴형	• 동체 후방이 들려 있어 이륙 시 저항이 적고 착륙성능이 좋다. • 조종사의 시계(시야)가 좋다. • 프로펠러 항공기 브레이크 작동 시 프로펠러 손상 위험이 없다. • 제트엔진의 배기가스 배출이 용이하다. • 중심이 주 바퀴 앞에 있어 지상전복의 위험이 적다.

뒷바퀴형	동체 꼬리 부분에 뒷바퀴가 있다. 경비행기에 주로 사용되며, 무게중심은 주 바퀴 뒤에 있다.

③ 타이어 수에 따른 분류

단일식	타이어가 한 개인 방식으로 소형기에 사용한다.
이중식	타이어 2개가 1조로 된 형식으로 앞바퀴에 적용된다.
보기식	타이어 4개가 1조로 된 형식으로 주 바퀴에 적용된다.

(2) 완충장치(Shock Absorber)

착륙 시 항공기의 수직속도 성분에 의한 운동 에너지를 흡수함으로써 충격을 완화시켜 주기 위한 장치이다.

고무식 완충장치	고무의 탄성을 이용하여 충격을 흡수한다. 완충효율이 50% 정도이다.
평판 스프링식 완충장치	강철재 판의 탄성을 이용하여 충격을 흡수하는 형식으로 완충효율이 50% 정도이다.
공기 압축식 완충장치	공기의 압축성을 이용한 장치로 완충효율이 47% 정도이다.
올레오 완충장치	현대 항공기에서 가장 많이 사용하는 방식으로 항공기가 착륙할 때 받는 충격을 유체의 운동에너지와 공기의 압축성을 이용하여 충격을 흡수하는 장치로 완충효율이 70~80% 정도이다.

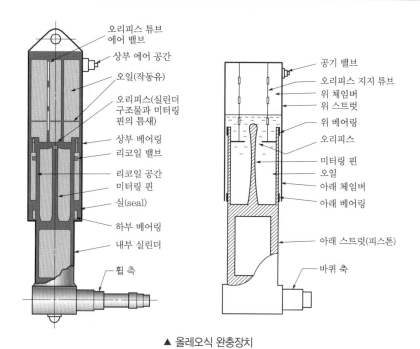

▲ 올레오식 완충장치

(3) 주 착륙장치(Main Landing Gear)

① 구조

트러니언	착륙장치를 동체 구조재에 연결하는 부분으로 양 끝은 베어링에 의해 지지가 되면, 이를 회전축으로 하여 착륙장치가 펼쳐지거나 접어 들여진다.
토션 링크	2개의 A자 모양으로 윗부분은 완충 버팀대에, 아랫부분은 올레오 피스톤과 축으로 연결되어 피스톤이 과도하게 빠지지 못하게 하고, 바퀴가 정확하게 정렬해 있도록, 즉 옆으로 돌아가지 못하도록 한다.
트럭	이·착륙할 때 항공기의 자세에 따라 힌지를 중심으로 앞과 뒤로 요동한다.
센터링 실린더	항공기가 착륙하는 과정에서 완충 스트럿과 트럭이 서로 경사지게 되었을 때, 이들이 서로 수직이 될 수 있도록 작동시켜 주는 기구이다.
스너버	센터링 실린더의 작동이 완만하게 이루어지도록 하고, 지상 활주 시 진동을 감쇄시키기 위한 장치이다.
제동평형로드	2개 또는 4개로 구성되며 활주 중에 항공기가 멈추려고 할 때 트럭의 앞바퀴에 하중이 집중되어 트럭의 뒷바퀴가 지면으로부터 들려지는 현상을 방지하여 트럭의 앞뒤 바퀴가 균일하게 항공기 하중을 담당하도록 한다.

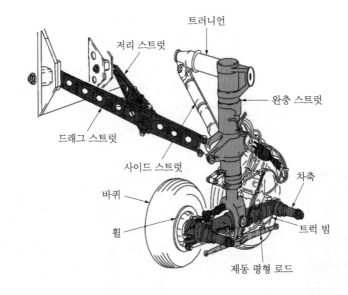

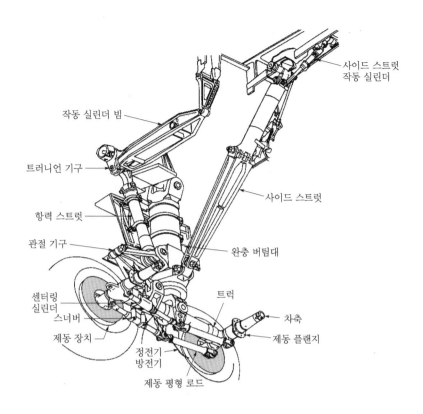

사이드 스트럿 작동 실린더

작동 실린더 빔

트러니언 기구

항력 스트럿

관절 기구

센터링 실린더

스너버

제동 장치

정전기 방전기

제동 평형 로드

사이드 스트럿

완충 버팀대

트럭

차축

제동 플랜지

② **착륙장치의 접개들이 장치(retraction and extraction system):** 비행 중 항공기의 항력 감소를 위해 동체 또는 날개 내부에 접어 들이는 방식으로 유압식, 전기식, 기계식이 있으며 이 중 유압식이 가장 널리 사용되고 있다.

기계식	체인과 스프로킷 또는 케이블과 레버를 이용한다.
전기식	전동기와 웜 기어를 이용한다.
유압식	가장 널리 이용한다.

가) 래치 장치

업 래치 **(up latch)**	착륙장치의 올림 위치에서 항공기에 진동이 생겼을 때 착륙장치의 무게로 인해 착륙장치가 내려가는 것을 방지한다.
다운 래치 **(down latch)**	착륙장치의 내림 위치에서 접지 충격을 받더라도 접혀지지 않도록 한다.

나) 착륙장치 내림 작동순서

1단계	업 래치가 잠겨 있고 도어는 닫혀 있다. 착륙 레버를 내림 위치에 놓는다.
2단계	업 래치는 열리고 도어는 열리기 시작한다.
3단계	도어가 완전히 열리고 랜딩기어가 내려간다.
4단계	다운 래치가 걸리면 내림과정이 완료된다.

(4) 앞 착륙장치(Nose Landing Gear)

착륙 중에 충격 흡수 및 지상에서 항공기 무게의 일부를 지탱하고, 지상 활주 중에 항공기 방향을 조절할 수 있도록 조향장치를 갖추고 있는 장치이다.

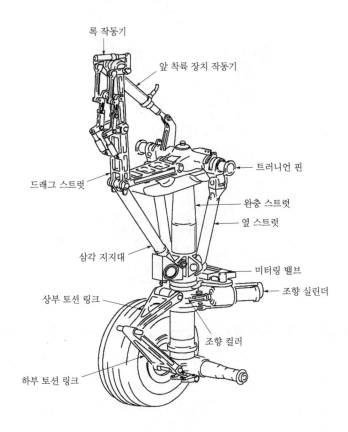

① **시미 댐퍼(shimmy damper):** 앞 · 뒤 착륙장치는 지상 활주 중 지면과 타이어의 마찰에 의해 타이어 밑면의 가로축 방향의 변형과 바퀴의 선회 축 둘레의 진동과의 합성진동이 좌 · 우로 발생한다. 이를 '시미'라 하며, 이와 같은 현상을 감쇠, 방지하기 위한 장치를 '시미 댐퍼'라 한다.

② **조향장치(steering system):** 항공기를 지상 활주시키기 위하여 앞바퀴의 방향을 변경시키는 장치이며, 조종사가 설정한 각 이상 작동되지 않도록 유압을 차단시키는 서밍 레버(summing lever)가 있다.

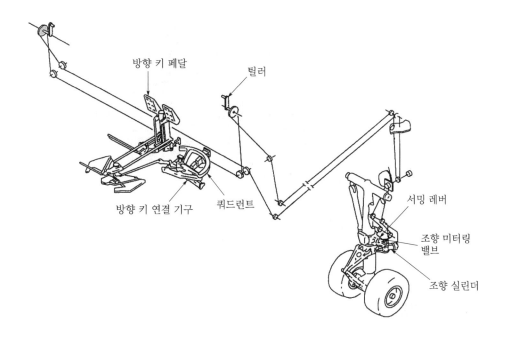

방향 키 페달
틸러
방향 키 연결 기구
쿼드런트
서밍 레버
조향 미터링 밸브
조향 실린더

기계식	소형기에 사용되며, 방향키 페달을 이용한다.
유압식	대형기에 사용되며, 작동유압에 의해 조향작동 실린더가 작동되어 앞바퀴의 방향을 전환할 수 있는 장치이다. 앞바퀴를 작은 각도 회전 시 방향키 페달을 작동하고, 큰 각도 회전 시 틸러(tiller)라는 조향 핸들을 돌려 조향한다.

(5) 뒤 착륙장치

뒷바퀴형 착륙장치에 사용되며 주로 소형기에 사용되고, 대형 항공기에 사용되는 경우에는 동체 꼬리 부분에 테일 스키드를 장착하여 기체 손상을 방지한다.

(6) 브레이크 장치

착륙장치의 바퀴 회전을 제동하는 것으로, 항공기를 천천히 이동시키고 지상 활주 시 방향을 바꿀 때 사용되며, 착륙 시에는 활주거리를 단축시켜 항공기를 정지 또는 계류시킨다.

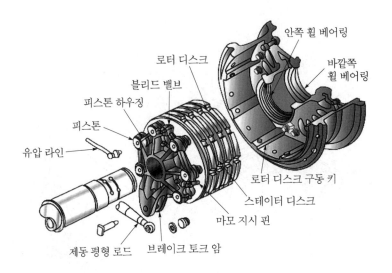

안쪽 휠 베어링
바깥쪽 휠 베어링
로터 디스크
블리드 밸브
피스톤 하우징
피스톤
유압 라인
로터 디스크 구동 키
스테이터 디스크
마모 지시 핀
제동 평형 로드
브레이크 토크 암

① 기능에 따른 분류

정상 브레이크	평상시에 사용한다.
파킹 브레이크	공항 등에서 장시간 비행기를 계류시킬 때 사용한다.
비상 및 보조 브레이크	정상 브레이크가 고장났을 때 사용하며, 정상 브레이크와 별도로 장착되어 있다.

② 구조형식에 따른 분류

팽창 튜브식 브레이크	무게가 가볍고 단단하여 소형기에 많이 사용된다. 페달을 밟으면 팽창튜브로 작동유가 들어가 튜브가 팽창하여 드럼과 접촉하여 제동이 걸린다.
싱글 디스크식 브레이크	소형 항공기에 널리 사용되는 브레이크이다. 페달을 밟으면 유압에 의해 피스톤이 라이닝을 눌러 디스크와 라이닝에 마찰력이 생겨 제동이 걸린다.
멀티 디스크식 브레이크	큰 제동력이 필요한 대형 항공기에 사용된다. 페달을 밟으면 압력판을 밀어 로터와 스테이터가 마찰력에 의해 제동이 걸린다.
세그먼트 로터 브레이크	특별히 고안된 중·대형 항공기에 사용된다. 로터가 여러 개의 조각으로 나뉘어 있는 특징을 갖고 있으면 제동은 멀티브레이크와 동일하다.

③ **안티 스키드 장치:** 항공기가 착륙 접지하여 활주 중에 갑자기 브레이크를 밟으면 바퀴에 제동이 걸려 회전하지 않고 지면과 마찰을 일으켜 타이어가 미끄러지는 스키드 현상이 발생한다. 스키드 현상이 일어나면서 타이어가 부분적으로 닳거나 파열되는 현상을 방지해 준다.

④ 브레이크 장치 계통점검

드래깅 현상 (dragging)	브레이크 장치계통에 공기가 차 있거나 작동기구의 결함에 의해 브레이크 페달을 밟은 후 제동력을 제거하더라도 브레이크 장치가 원상태로 회복이 안되는 현상이다.
그래빙 현상 (grabbing)	제동판이나 라이닝에 기름이 묻어 있거나 오염물질이 부착되어 제동상태가 원활하게 이루어지지 않고 거칠어지는 현상이다.
페이딩 현상 (fading)	브레이크 장치가 가열되어 라이닝 등이 마모됨으로써 미끄러지는 상태가 발생하여 제동효과가 감소하는 현상이다.

(7) 바퀴 및 타이어

① **바퀴 및 종류:** 항공기를 지지하는 가장 아랫부분의 장치로 2개의 베어링에 의해 축에 지지되고 타이어와 함께 회전한다.

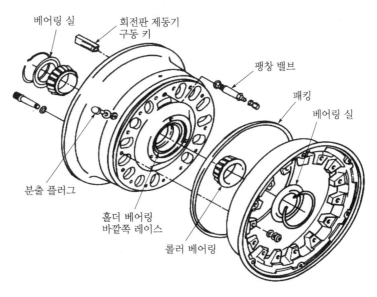

▲ 스플릿형 바퀴

가) 스플릿형 바퀴: 양쪽으로 분리되며 일반적으로 많이 사용된다. 재질은 알루미늄과 마그네슘 합금을 사용한다.

　※ 퓨즈 플러그: 브레이크의 과열 등으로 타이어 내부에 공기압력과 온도가 지나치게 높아졌을 때 퓨즈 플러그가 녹아 공기압력이 빠져나가게 하므로 타이어가 터지는 것을 방지한다. 퓨즈 플러그는 써멀 릴리프 플러그(thermal relief plug)라고도 한다.

나) 플랜지형 바퀴

다) 드롭 센터 고정 플랜지형 바퀴

② **타이어:** 고무와 철사 및 인견포를 적층하여 제작하며, 일반적으로 튜브리스(tubeless) 타이어를 사용한다. 또한, 타이어는 플라이 모양과 접착 방법에 따라 바이어스 형식(bias type)과 레디얼 형식(radial type)으로 구분되며, 현대 항공기는 신축성이 좋은 레디얼 형식을 사용하고 있다.

가) 타이어 구조

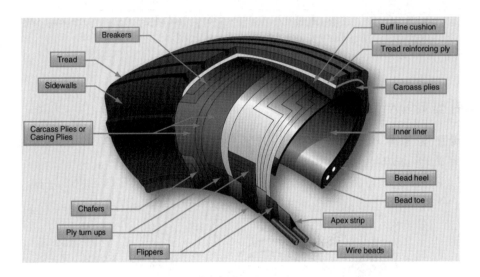

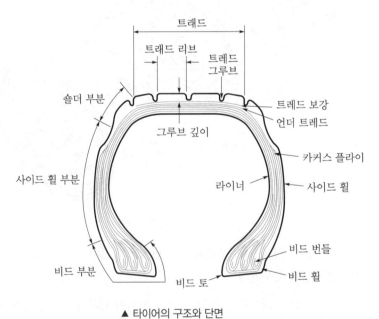

▲ 타이어의 구조와 단면

트레드 (tread)	직접 노면과 접하는 부분으로 미끄럼을 방지하고 주행 중 열을 발산, 절손의 확대 방지 목적으로 여러 모양의 무늬 홈이 만들어져 있다.

코어보디 (core body)	타이어의 골격 부분으로 고압 공기에 견디고 하중이나 충격에 따라 변형되어야 하므로 강력한 인견이나 나일론 섬유를 겹쳐 강하게 만든 다음 그 위에 내열성이 우수한 양질의 고무를 입힌다.
브레이커 (breaker)	코어보디와 트레드 사이에 있으며, 외부 충격을 완화시키고 와이어 비드와 연결된 부분에 차퍼(chafer)를 부착하여 제동장치로부터 오는 열을 차단한다.
와이어 비드 (wire bead)	비드 와이어라 하며, 양질의 강선이 와이어 비드부의 늘어남을 방지하고 바퀴 플랜지에서 빠지지 않도록 한다.

나) 타이어 규격

저압 타이어	타이어 넓이×타이어 안지름－코어보디의 층 수
고압 타이어	타이어 바깥지름×타이어 넓이－림의 지름

(8) 브레이크 계통의 점검 및 조절

① 공기 빼기: 브레이크 계통 내 공기가 들어 있을 경우 페달을 밟더라도 제동이 잘 걸리지 않는 현상(스펀지 현상)이 발생하는데, 이 경우 계통의 공기 빼기 작업을 해야 한다. 공기 빼기 작업 시 작동유와 공기가 함께 섞여 나오며 공기가 모두 빠지면 페달을 밟았을 때 약간 뻣뻣함을 느낄 수 있다.

② 작동유가 샐 때는 개스킷(gasket)과 실(seal)을 교환해야 한다.

③ 브레이크 드럼에 균열이 1인치 이상 균열 시 드럼을 교환해야 한다.

7 엔진 마운트 및 나셀

(1) 엔진 마운트

엔진의 무게를 지지하고 엔진의 추력을 기체에 전달하는 구조로서 항공기 구조물 중 하중을 가장 많이 받는 곳 중의 하나이다. 엔진 마운트는 쉽게 장·탈착할 수 있어야 하는데, 이와 같이 할 수 있는 기관을 QEC(Quick Engine Change) 기관이라 한다.

※ 방화벽(fire wall): 엔진 마운트와 기체 중간에 위치하여 엔진의 열이나 화염이 기체로 전달되는 것을 차단하는 장치이다. 왕복엔진에는 엔진 뒤쪽에 위치하며, 제트엔진에는 파일론과 기체와의 경계에 위치하고 있다. 재질은 스테인리스강 및 티탄으로 되어 있다.

(2) 카울링 및 나셀

① **카울링(cowling)**: 엔진이나 엔진에 관계되는 부품, 엔진 마운트, 방화벽 주위를 쉽게 접근할 수 있도록 장·탈착 할 수 있도록 하는 덮개를 말한다.

카울 플랩 (cowl flap)	나셀 안으로 통과하여 나가는 공기의 양을 조절하여 엔진의 냉각을 조절한다.
공기 스쿠프 (air scoop)	기화기에 흡입되는 공기 통로의 입구를 말한다.

② **나셀(nacelle)**: 기체에 장착된 엔진을 둘러싼 부분을 말하며, 엔진 및 엔진에 부수되는 각종 장치를 수용하기 위한 공간을 마련하고, 나셀의 바깥면은 공기 역학적 저항을 작게 하기 위해 유선형으로 만든다.

③ **역추력 장치(thrust reverser)**: 제트엔진의 나셀에 위치하며 팬 카울을 움직여 추력을 역방향으로 흐르게 하여 착륙거리를 단축시키기 위해 사용된다.

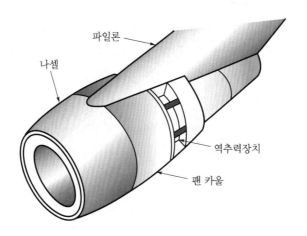

8 기체의 정비 및 수리

(1) 항공기용 기계 요소

① **규격**: 표준이란 제품의 수치, 품질 및 성분, 용량 등을 측정하고 평가하는 데 있어서 비교의 기준이나 규약으로 설정된 사항을 의미하며, 좁은 의미에서의 규격이란 제품의 개별적인 특성과 치수 및 독특한 특성에 관해 상세하게 기술된 세부적인 지정 사항을 말한다.

AN	Air force Navy
AND	Air force Navy Design
MS	Military Standard
NAS	National Aircraft Standard
MIL	Military Specification
AMS	Aeronautical Material Specifications
AA	Aluminium Association of America
AS	Aeronautical Standard
ASA	America Standard Association
ASTM	America Society for Testing Materials
NAF	Navy Aircraft Factory
SAE	Society of Automotive Engineers

② **취급:** 볼트, 너트, 스크루, 와셔, 특수 고정 부품, 케이블과 턴버클, 리벳과 특수 리벳, 튜브와 호스 및 접합기구를 취급할 때는 정확한 취급 요령에 의해 사용해야 한다.

가) 볼트(BOLT)

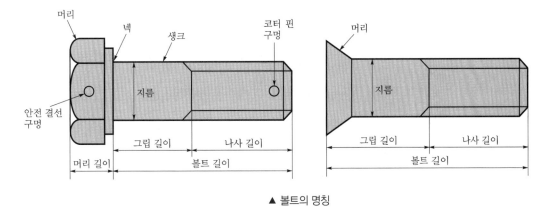

▲ 볼트의 명칭

㉠ 볼트 규격

📘 AN 3 DD H 10 A

- AN: Air force Navy이며, 육각머리 볼트(AN 3~20)이다.

- 3: 볼트의 지름이 3/16in이다.

- DD: 재질 초두랄루민(2024-T)이다.

- H: 머리에 홀이 있다는 표시이며, "DH"로도 표시된다.

- 10: 볼트의 길이가 10/8in이다.

- A: 나사 끝 구멍의 유무 표시(A: 없다, 무표시: 있다)

© 나사산 피치의 종류

- NF(American National Fine Pitch): 1인치당 나사산 수가 14개
- UNF(American Standard Unified Fine Pitch): 1인치당 나사산 수가 12개
- NC(American National Coarse)
- UNC(American Standard Unified Coarse

© 나사 등급의 종류

- 1등급(CLASS 1): LOOSE FIT
- 2등급(CLASS 2): FREE FIT
- 3등급(CLASS 3): MEDIUM FIT − NF계열 나사산 사용
- 4등급(CLASS 4): CLOSE FIT − 너트를 볼트에 체결 시 렌치 필요

② 볼트 식별 기호

머리 기호	종류	허용 강도	비고
—	내식성 볼트		
═	내식성 볼트		
+	합금강 볼트	125,000~145,000psi	
△	정밀공차 볼트		
◬	정밀공차 볼트	160,000~180,000psi	고강도 볼트
⋈	정밀공차 볼트	125,000~145,000psi	합금강 볼트
R	열처리 볼트		
− −	알루미늄 합금 볼트		
═	황동 볼트		

⑩ 볼트의 종류

명칭	형태	특징
육각 볼트 (AN 3~20)		• 인장 및 전단 하중 담당 • AL 합금 볼트는 1차 구조부에 사용 금지 • AL 합금 볼트는 반복 장·탈착 부분에 사용 금지

정밀공차 볼트 (AN 173~186)	LENGTH / GRIP / Diameter / HEAD HOLE / SHANK HOLE	• 심한 반복운동과 진동이 발생하는 곳에 사용 • 12~14 온스 망치로 쳐서 체결작업 가능
인터널 렌치 볼트 (MS 20004 ~ 20024)		• 내부 렌치 볼트라고도 한다. • 고강도강으로 만들어져 특수 고강도 너트와 함께 사용한다. • AN 볼트와 강도 차이로 교체 사용 불가능 • 육각형 L렌치 사용
드릴헤드 볼트 (AN 73~81)		• 안전결선 홀이 있어 일반적으로 두껍다.
클레비스 볼트 (AN 21~36)		• 조종계통에 기계적 핀으로 사용한다. • 스크루 드라이버를 사용하여 장착한다. • 전단 하중만 작용하는 곳에 사용한다.
아이 볼트 (AN 42~49)		• 인장 하중이 작용하는 곳에 사용한다.

ⓗ 볼트의 체결 방법

- 머리 방향이 비행 방향이나 윗방향으로 체결한다.

- 회전하는 부품에는 회전하는 방향으로 체결한다.

- 볼트 그립 길이는 결합 부재의 두께와 동일하거나 약간 긴 것을 선택하고, 길이가 맞지 않을 때에 와셔를 이용하여 길이를 조절한다.

나) 너트(NUT)

㉠ 너트 규격

예 AN 310 D − 5 R

- AN: Air force Navy이다.

- 310: 너트의 종류이며, 캐슬 너트이다.

- D: 재질 두랄루민(2017−T)이다.

- 5: 너트의 지름이 5/16in이다.

- R: 오른나사를 말한다. (L: 왼나사)

ⓛ 너트의 종류

- 금속형 자동고정 너트: 금속형은 스프링의 탄성을 이용하여 볼트를 꽉 잡아주어 고정되는 형태로 고온부에 주로 사용한다.
- 비금속형 자동고정 너트: 화이버 고정형 너트는 너트 안쪽에 파이버 칼라(fiber coller)를 끼워 탄력성을 줌으로써 스스로 체결과 고정작업이 이루어지는 너트이다. 일반적으로 자동고정 너트는 사용 온도 한계인 121℃(250℉) 이하에서 제한 횟수만큼 사용할 수 있게 되어 있으나, 경우에 따라서는 649℃(1200℉)까지 사용할 수 있는 것도 있다(사용 제한: 화이버형 약 15회, 나일론형 약 200회).

명칭	형태	특징
캐슬 너트 (AN 310)		• 성곽 너트라고 하며, 큰 인장 하중에 잘 견디며 코터 핀으로 완전 체결된다.
평 너트 (AN 315) (AN 355)		• 큰 인장 하중을 받는 곳에 적합하다. • 체크 너트나 고정 와셔로 고정한다.
체크 너트 (AN 316)		• 평 너트, 세트 스크루 끝에 나사산 로드 등에 고정장치로 사용한다.
나비 너트 (MS 35425)		• 손가락으로 조일 수 있을 정도이며, 자주 장탈되는 곳에 사용한다.
자동고정 너트 (MS 20503)		• 너트 스스로 완전 체결할 수 있으며, 심한 진동에 주로 사용한다.
플레이트 너트 (MS 21047)		• 특수 너트로 얇은 패널에 너트를 부착하여 사용하며, An-chor Nut라 불린다.

다) 스크루(SCREW)

㉠ 스크루의 종류

명칭	형태	특징
구조용 스크루 (NAS 220~227)		같은 크기의 볼트와 같은 전단 강도를 가지고 명확한 그립을 갖고 있다.
구조용 스크루 (100° 접시머리) (AN 509)		
구조용 스크루 (필리스터머리) (AN 502~503)		
기계용 스크루 (AN 526)		스크루 중 가장 많이 사용되며, 종류로는 둥근머리, 납작머리, 필리스터 스크루가 있다.
기계용 스크루 (100° 접시머리) (NAS 200)		
자동태핑 스크루 (NAS 528)		태핑 날에 의해 암나사를 만들면서 고정되는 부품으로 구조부의 일시적 합용이나 비 구조부의 영구 결합용으로 사용된다.

㉡ 스크루 규격

예 AN 510 A B P 416 8
- AN: Air force Navy이다.
- 510: 둥근 납작 머리 스크루(필리스터 머리 기계나사)
- A: 나사에 구멍 유무(A: 있다, 무표시: 없다)
- B: 나사못의 재질이며 황동이다.
  (C: 내식강, DD: AL합금(2024−T), D: AL합금(2017−T))
- P: 머리의 홈(필립스)
- 416: 나사못 축의 지름(4/16인치, 1인치당 나사산의 수가 16개)
- 8: 나사못의 길이(8/16인치)

예 AN 507 C 428 R 8
- AN: Air force Navy이다.
- 507: 100° 납작 머리 스크루
- C: 나사못의 재질이며 내식강이다.
- 428: 나사못 축의 지름(4/16인치, 1인치당 나사산의 수가 28개)
- R: "+"홈이 머리에 있다.
- 8: 나사못의 길이(8/16인치)

ⓒ 스크루와 볼트의 차이점

- 볼트보다 질이 낮고, 일반적으로 저강도이다.
- 나사산 부분의 정밀도가 낮고, 명확한 그립을 가지고 있지 않다.
- 대부분 스크루 드라이버로 장·탈착된다.

ⓓ 자동 태핑 스크루

기계용 태핑 스크루	표찰과 같이 스스로 나사를 만들 수 있는 부품과 주물로 된 재료를 고정시키는 데 사용한다.
자동 태핑 쉬트메탈 스크루	리벳팅 작업 시 판금을 일시적으로 장탈시키는 데 사용되며, 비구조용 부재의 영구적인 고정물로 사용한다.
드라이브 스크루	주물로 된 표찰 혹은 튜브형 구조에서 부식 방지용 배수 구멍을 밀폐시키는 캡 스크루로 사용하며, 일단 장착 후에는 탈거해서는 안 된다.

라) 와셔(washer)

ⓐ 와셔의 종류

명칭	형태	특징
평와셔 (AN 960)		• 너트에 평활한 면압을 형성하여 부품의 파손을 방지한다. • 볼트와 너트 조립 시 알맞은 그립 길이를 확보한다.
평와셔 (AN 970)		• 표면 재질을 손상시키지 않기 위해 고정 와셔 밑에 사용한다. • 캐슬 너트 사용 시 볼트에 있는 코터 핀 구멍이 일치하게 너트 위치를 조절한다.
고정 와셔 (AN 935)		• 스프링 와셔이며 진동에 강한 특성을 갖고 있다. • 스프링의 탄성을 이용하여 너트를 고정시키며, 재사용이 가능하다.
고정 와셔 (MS 35334)	톱	• 스프링의 탄성을 이용하여 너트를 고정시키며, 주로 고온부에 사용하지만 재사용되지는 않는다.
고정 와셔 (MS 35335)	와셔	
고정 와셔 (AN 950) (AN 955)	고감도 접시머리 와셔	• 특수 와셔로써 볼 소켓 와셔와 볼 시트 와셔는 표면에 각을 이루고 있는 볼트 체결 시 사용한다.

ⓛ 고정 와셔의 사용 제한

• 패스너와 함께 1,2차 구조에 사용할 경우

• 패스너와 함께 항공기의 어느 부품이든지 이 부품의 결함이 항공기나 인명에 손상이나 위험을 줄 수 있는 결과가 우려되는 곳

• 결함으로 틈새가 생겨 연결 부위에서 공기 흐름이 누출되는 곳

• 스크루가 빈번하게 제거되는 곳

• 와셔가 공기 흐름에 노출되는 곳

• 와셔가 부식 조건에 영향을 받는 곳

• 표면의 결함을 막는 밑바닥에 평와셔 없이 와셔가 직접 재료에 닿는 경우

마) 케이블과 턴버클(Cable & Turn Buckle)

㉠ 턴버클(turn buckle) 용도 및 구성: 턴버클은 조종 케이블의 장력을 조절하는 데 사용한다. 배럴의 한쪽은 오른나사, 다른 한쪽은 왼나사로 되어 배럴을 돌리면 동시에 잠기거나 풀려 케이블의 장력을 조일 수 있다.

㉡ 턴버클 안전결선의 최소지름

케이블의 재질과 지름	3/16in	3/32, 1/8in	5/32~5/16in
모넬, 인코넬	0.020	0.032	0.040
내식강	0.020	0.032	0.041
알루미늄, 탄소강	0.032	0.041	0.047

㉢ 결선법

결선법	내용
단선식 결선법 (single wrap method)	케이블 직경이 1/8in 이하(3.2mm 이하)인 경우에 사용한다. 턴버클 엔드에 5~6회(최소 4회) 정도 감아 마무리한다.
복선식 결선법 (double wrap method)	케이블 직경이 1/8in 이상(3.2mm 이상)인 경우에 사용한다. 턴버클 엔드에 5~6회(최소 4회) 정도 감아 마무리한다.

② 고정 클립

부품 번호	A	B	C	D	E	F
MS 21256-1	0.965	1.115	0.150	0.300	0.032	0.0286
MS 21256-2	7.875	2.000		0.315		
MS 21256-3	2.045	2.140	0.215	0.430		

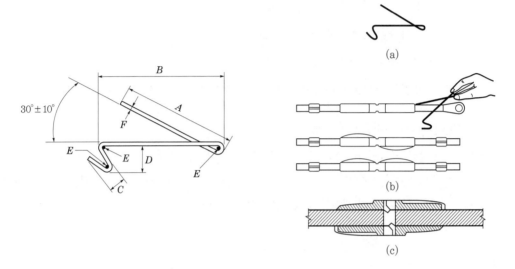

▲ 고정 클립의 치수

⑩ 턴버클의 고장 시 유의사항

• 배럴의 검사 구멍에 핀을 꽂아 보아 핀이 들어가지 않으면 제대로 체결된 것이다.

• 턴버클 앤드의 나사산이 배럴 밖으로 3개 이상 나와 있지 않으면 제대로 체결된 것이다.

• 케이블 안내 기구(풀리, 페어리드)는 반경 2in 이내에 설치해서는 안 된다.

⑪ 케이블 연결 방법

연결 방법	내용
스웨이징 방법 (swaging method)	스웨이징 케이블 단자에 케이블을 끼워 넣고 스웨이징 공구나 장비로 압착하여 접합하는 방법으로, 케이블 강도의 100%를 유지하며 가장 많이 사용한다.
니코프레스 방법 (nicopress method)	케이블 주위에 구리로 된 슬리브를 특수공구로 압착하여 케이블을 조립하는 방법으로, 케이블을 슬리브에 관통시킨 후 심블을 감고, 그 끝을 다시 슬리브에 관통시킨 다음 압착한다. 케이블의 원래 강도를 보장한다.

랩 솔더 방법 (wrap solder method)  ▲ 납땜 이음법	케이블 부싱이나 딤블 위로 구부려 돌린 다음 와이어를 감아 스테아르산의 땜납 용액에 담아 케이블 사이에 스며들게 하는 방법으로, 케이블 지름이 3/32인치 이하의 가요성 케이블이나 1×19 케이블에 적용한다. 케이블 강도가 90%이고, 주의사항은 고온 부분에는 사용을 금지한다.
5단 엮기 방법 (5 truck woven method) 	부싱이나 딤블을 사용하여 케이블 가닥을 풀어서 엮은 다음 그 위에 와이어로 감아 씌우는 방법으로 7×7, 7×19 가요성 케이블로써 직경이 3/32in 이상 케이블에 사용할 수 있다. 케이블 강도의 75% 정도이다.

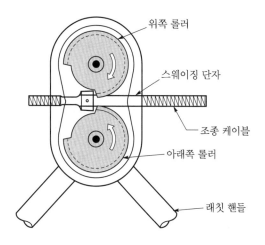

▲ 스웨이징 연결방법

MS 20663C	MS 20664C
볼 이중 생크 단자	볼 단일 생크 단자
MS 21259	MS 21260
긴 나사의 스터드 단자	짧은 나사의 스터드 단자
MS 20667	MS 20668
포크 단자	아이 단자

ⓐ 케이블의 세척 및 검사 방법

세척 방법	• 쉽게 닦아 낼 수 있는 녹이나 먼지는 마른 헝겊으로 닦는다. • 오래된 방부제나 오일로 인한 오물 등은 깨끗한 헝겊에 솔벤트나 케로신을 묻혀 세척한다. 이후 다시 깨끗한 헝겊으로 닦아내어 부식을 방지한다.
검사 방법	• 케이블 가닥의 잘림, 마멸, 부식 등이 없는지 검사한다. • 검사 시 헝겊으로 케이블을 감싸 다치지 않도록 검사하며 7×7 케이블은 1in당 3가닥, 7×19 케이블은 1in당 6가닥이 잘려있으면 교환한다. • 풀리나 페어리드는 맞닿는 부분을 세밀히 검사한다.

◎ 케이블 연결 구성

풀리	케이블의 방향을 바꾸어 주는 것
페어리드	최소의 마찰력으로 케이블과 접촉하여 직선운동 3° 이내에서 방향 유도
턴버클	케이블의 장력을 조절하는 것
케이블 커넥터	케이블과 케이블을 연결해 주는 것
벨 크랭크	회전운동을 직선운동으로 변경하는 것
토크튜브	조종계통에서 조종력을 튜브의 회전력으로 조종면에 전달하는 방식
텐션 레귤레이터	조종계통의 케이블이 온도 변화 또는 구조 변형에 따른 인장력이 변화하지 않도록 하기 위해 설치되어 항상 일정한 장력을 유지해 준다.
텐션 미터	케이블의 장력을 측정하는 기기

바) 리벳과 특수 리벳

㉠ 리벳 머리 모양 분류

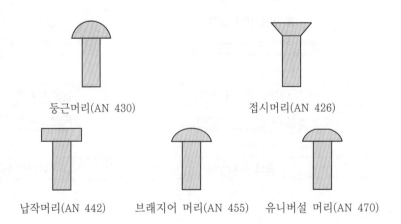

둥근머리(AN 430)   접시머리(AN 426)

납작머리(AN 442)   브래지어 머리(AN 455)   유니버설 머리(AN 470)

둥근머리 리벳	항공기 표면에는 공기 저항이 많아 사용하지 못하고 항공기 내부의 구조부에 사용되며, 주로 두꺼운 금속판의 결합에 사용한다.
납작머리 리벳	둥근머리 리벳과 마찬가지로 외피에 사용하지 못하고 내부구조 결합에 사용한다.
브래지어 리벳	둥근머리 리벳과 카운트 생크 리벳의 중간 정도로써 머리의 직경이 큰 대신 머리 높이가 낮아 둥근머리 리벳에 비해 표면이 매끈하여 공기에 대한 저항이 적은 대신 머리 면적이 커 면압이 넓게 분포되므로 얇은 판의 항공기 외피용으로 적합하다.
유니버설 리벳	브래지어 리벳과 비슷하나 머리 부분의 강도가 더 강하고 항공기의 외피 및 내부 구조 결합용으로 많이 사용한다.
접시머리 리벳	일명 FLUSH 리벳이라 불리고 항공기 외피용 리벳으로 결합한다.

ⓛ 리벳 머리 표시

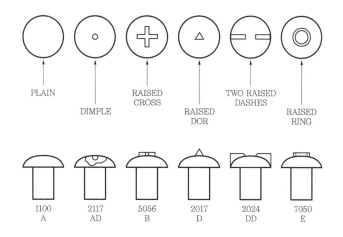

ⓒ 재질에 따른 분류

1100 (2 S)	순수 알루미늄 리벳으로 비구조용으로 사용한다.
2117-T (A 17ST)	항공기에 가장 많이 사용되며, 열처리를 하지 않고 상온에서 작업을 할 수 있다.
2017-T (17 ST)	2117-T 리벳보다 강도가 요구되는 곳에 사용되며 상온에서 너무 강해 풀림 처리 후 사용한다. 상온 노출 후 1시간 후에 50% 정도 경화되며, 4일쯤 지나면 100% 경화된다. 냉장고에 보관 사용한다.
2024-T (24 ST)	2017-T 리벳보다 강한 강도가 요구되는 곳에 사용하며, 열처리 후 냉장 보관하고 상온 노출 후 10~20분 이내에 작업을 해야 한다.
5056 (B)	마그네슘(Mg)과 접촉할 때 내식성이 있는 리벳이며, 마그네슘 합금 접합용으로 사용되며 머리에 "+"로 표시한다.
모넬 리벳 (M)	니켈 합금강이나 니켈강 구조에 사용되며 내식강 리벳과 호환적으로 사용할 수 있는 리벳이다.
구리 (C)	동 합금, 가죽 및 비금속 재료에 사용한다.
스테인리스강 (F, CR steel)	내식강 리벳으로 방화벽, 배기관 브라켓 등에 사용한다.

ⓔ 리벳 식별

　🅰 AN 470 AD 3 − 5

　　• AN: Air force Navy이다.

　　• 470: 유니버설 리벳이다(426은 접시머리 리벳(100°)이다).

　　• AD: 알루미늄 합금 2117−T를 말한다.

　　• 3: 리벳의 지름을 말하며 $\frac{3}{32}$ 인치이다.

　　• 5: 리벳의 길이를 말하며 $\frac{5}{16}$ 인치이다.

ⓜ 특수 리벳

체리 리벳	
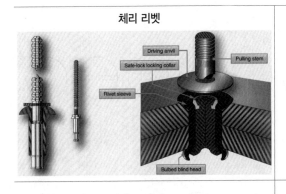	• 버킹 바를 댈 수 없는 곳에 쓰이며, 돌출 부위를 가지고 있는 스템과 속이 비어있는 리벳 생크, 머리로 되어 있다.
러브 너트 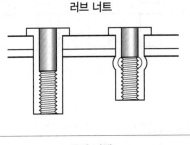	• 생크 안쪽에 구멍이 뚫려 나사가 나와 있는 곳에 리브 너트를 끼워 시계 방향으로 돌리면 생크가 압축을 받아 오그라들면서 돌출 부위를 만든다. • 항공기의 날개나 테일 표면에 고무재 제빙부츠를 장착하는 데 사용한다.
폭발 리벳 	• 생크 끝 속에 화약을 넣어 리벳 머리에 가열된 인두로 폭발시켜 리벳작업을 하도록 되어 있다. • 연료탱크나 화재위험이 있는 곳에 사용을 금지한다.
고 전단 응력 리벳	블라인드형 리벳은 아니며, 전단 응력만 작용하는 곳에 사용하고 그립 길이가 생크의 직경보다 작은 곳에는 사용할 수 없다.

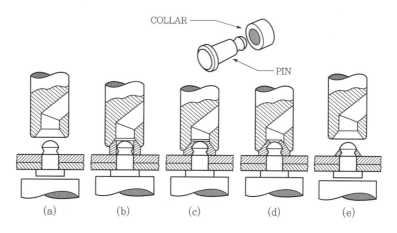

▲ 고전단 리벳 체결작업

ⓑ 리벳 장착 방법

두꺼운 판	카운트 싱크 컷으로 장착하며, 이때 판의 두께는 최소한 리벳 머리의 두께와 같거나 더 커야 한다.
얇은 판	딤플로 장착하며, 판재의 두께와 0.040in 이하로 얇아서 카운트 싱크 작업이 불가능할 때 딤플한다.

- 리벳 장착 자리를 마련한다.
- 알맞은 크기의 리벳을 장착하고 리벳팅을 준비하되, 리벳 세트는 리벳 머리 종류와 같은 종류의 한 사이즈 더 큰 것을 선택해야 한다.
- 리벳 머리는 얇은 판 쪽에 위치하여 적당한 공기압으로 리벳팅한다. 적당한 압력보다 낮은 압력으로 작업 시 리벳이 단단해지는 작업 경화 현상(work hardening)이 생겨 작업이 곤란해 질 수 있다.
- 벅 테일(성형머리)은 규정된 크기가 되어야 한다.

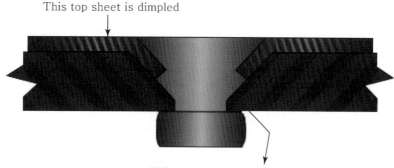

This top sheet is dimpled

Thick bottom material is countersunk

▲ 카운트 싱크 & 딤플

ⓐ 클레코의 종류와 선택: 판에 홀을 뚫은 후 판을 겹칠 때 판이 어긋나지 않도록 클레코를 사용하여 고정한다. 클레코 사용 시 클레코 플라이어를 이용하고, 클레코는 색깔로써 치수를 구분할 수 있게 되어 있다.

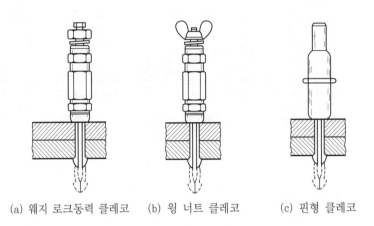

(a) 웨지 로크동력 클레코   (b) 윙 너트 클레코   (c) 핀형 클레코

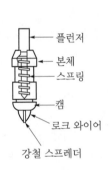

(d) 클레코의 구조

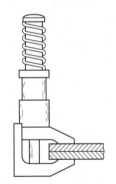

(e) 클레코의 클램프

리벳 지름	드릴 치수	색깔
3/32	# 40	은색
1/8	# 30	구리색
5/32	# 21	검은색
3/6	# 11	황색

◎ 리벳의 선택과 배치

- 리벳의 직경은 가장 두꺼운 판 두께의 3D이다.
- 직경이 3/32in 이하의 리벳은 구조부에 사용해서는 안 된다.

- 얇은 판에 지름이 큰 리벳을 사용하면 리벳 구멍이 파열 및 확장되고, 두꺼운 판에 지름이 작은 리벳을 사용하면 전단 강도가 약하여 강도 확보가 어렵다.

- 리벳 홀이 리벳과 동일하여 결합 시 힘이 들면 내식처리 피막이 벗겨지고, 리벳 홀이 리벳보다 큰 경우 헐거워져 결합력이 저하된다.

- 리벳의 길이는 결합할 판 두께와 돌출 부분의 두께를 더한 길이가 필요하며, 가장 적합한 돌출부의 길이는 리벳 직경의 1.5D이다.

- 벅 테일은 성형머리이며, 높이는 직경의 0.5D, 직경은 리벳 직경의 1.5D이다.

- 리벳의 간격 및 연 거리

  - 리벳 피치: 리벳 직경의 6~8D(최소 3D)

  - 열간 간격: 리벳 열과 열 사이의 간격으로 리벳 직경의 4.5~6D(최소 2.5D)

  - 연 거리: 판 끝에서 최 외곽열 리벳 중심까지의 거리로서 리벳 직경의 2~4D이며, 접시머리 리벳 최소 연 거리는 2.5D이다.

㉛ 드릴링 작업

- 리벳의 구멍 크기는 리벳 직경보다 0.002~0.004in가 적당하다.

- 드릴각의 선택에 있어 경질이며 얇은 판은 118°, 저속 연질이며 두꺼운 판은 90° 고속으로 드릴링한다.

목재	75°	마그네슘	75°
주철	90~118°	저 탄소강	118°
알루미늄	90~120°	스테인리스	140°

- 용어 설명

백 테이퍼	드릴의 선단보다 자루 쪽으로 갈수록 약간의 테이퍼를 주어 구멍과 마찰을 줄이는 것이다.
마아진	예비적인 날의 역할과 날의 강도를 보강하는 역할을 수행한다.
랜드	마아진의 뒷부분이다.
웨이브	홈과 홈 사이의 두께를 말하며 자루 쪽으로 갈수록 두꺼워진다.
디이닝	직경이 큰 경우 절삭성이 저하되는 것을 방지하기 위해 연삭한 것이다.
치즐 포인트	두 날이 만나는 접점이다.

ⓒ 리벳 제거 방법

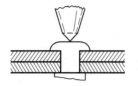  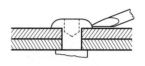

　　1. 펀치 작업　　　2. 한 치수 작은 드릴로 드릴링　　3. 정을 이용하여 리벳 머리 제거

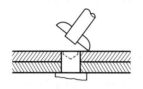 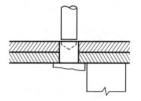

　　4. 리벳 머리와 생크를 분리　　　　　5. 리벳 생크 제거 작업

▲ 리벳 제거 순서

ⓚ 특수 고정 부품: 항공용 특수 고정 부품으로는 턴 로크 파스너(turn lock fastener), 고정 볼트(lock bolt), 고강도 고정 볼트(hi-strength lock bolt), 조 볼트(jaw bolt), 고전단 리벳(hi-shear rivet), 테이퍼 로크(taper lock) 등이 있다.

• 파스너의 종류

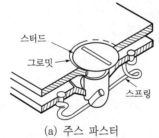 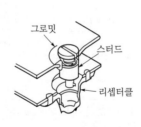 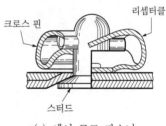

　(a) 주스 파스터　　　　　(b) 캠 로크 파스너　　　　(c) 에어 로크 파스너

▲ 턴 로크 파스너

• 파스너 식별: 머리 모양 - 윙(wing), 플러시(flush), 오벌(ovel)

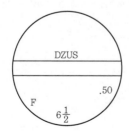

$6\frac{1}{2}$ (몸체 지름이 $\frac{6.5}{16}$ inch)

50(몸체 길이가 $\frac{50}{100}$ inch)

F : 플러시 머리

턴 로크 파스너	정비와 검사를 목적으로 쉽고 신속하게 점검 창(access panel)을 장탈 및 장착할 수 있게 되어 스크루 드라이버로 1/4회전시켜 풀거나 고정시킬 수 있다. 종류는 주스 파스너(dzus fastener), 캠 로크 파스너 (cam lock fastener), 에어로크 파스너 (air lock fastener) 등이 있다.
고 전단 리벳	높은 전단 강도가 요구되며, 그립의 길이가 몸체의 지름보다 큰 곳에 사용된다.
고정 볼트	높은 전단 응력을 받는 주요 구조부에 사용되는 부품으로, 고전단 리벳보다 진동에 강한 특성을 가지고 있다.
고강도 고정 볼트 & 조 볼트	영구 결합용 부품으로 사용되며 높은 전단력을 받는 구조 부분에 사용된다.
테이퍼 로크 파스너	그립이 특수하게 테이퍼 져 있어 응력이 크게 걸리는 날개보와 같은 부분결합이나 수리할 때 사용된다. 너트를 정해진 토크 값으로 죄면 고 응력 상태가 되어 균열이 쉽게 발생하지 않는다.

사) 튜브와 호스 및 접합기구

㉠ 튜브

- 튜브의 호칭 치수: 바깥지름×두께

- 접합방식

　－ 단일 플레어 방식: 플레어 공구를 사용하여 나팔 모양으로 성형하여 접합에 사용한다.

　－ 이중 플레어 방식: 직경이 $\frac{3}{8}$inch 이하인 AL 튜브에 사용한다.

　－ 플레어 표준 각도는 37°이다.

　－ 플레어리스 방식: 플레어를 주지 않고 접합기구를 사용하여 연결하여 사용한다.

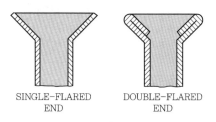

SINGLE-FLARED　　DOUBLE-FLARED
END　　　　　END

▲ 플레어 방법

㉡ 튜브의 굽힘 작업과 검사: 튜브를 구부릴 때 튜브 지름에 대해 최소 굽힘 반지름이 규정되어 있으므로 그 이하의 반지름으로는 구부리지 않도록 한다. 굽힘 작업 시 굽힘 부분의 직경이 원래 직경의 75% 이하가 되면 사용 불가하다. 알루미늄 합금 튜브에서 긁힘이 튜브 두께의 10% 이내이면 사포 등으로 문질러 사용하며, 교환 시 원래의 것과 동일한 것을 사용한다.

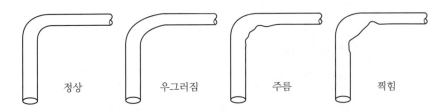

▲ 튜브 굽힘 검사

ⓒ 알루미늄 관의 색 띠에 의한 구별 방법: 알루미늄 관을 식별하기 위한 색 띠는 관의 양끝이나 중간에 부착하며, 보통 10cm의 넓이를 가지고 있고, 두 가지 색깔로 표시되는 경우는 각각 절반의 너비를 차지한다.

합금 번호	색 띠	합금 번호	색 띠
1100	흰색	5052	자주색
2003	녹색	6053	검은색
2014	회색	6061	파란색과 노란색
2024	빨간색	7075	갈색과 노란색

ⓔ 자기 실험과 질산 실험에 의한 식별

재질	자기 시험	질산 시험
탄소강	강한 자성	갈색(느린 반응)
18-8강	자성 없음	반응이 없음
순수 니켈	강한 자성	회색(느린 반응)
모넬	자성이 조금 있음	푸른색(급한 반응)
니켈강	자성이 없음	푸른색(느린 반응)

ⓜ 테이프와 데칼에 의한 표지

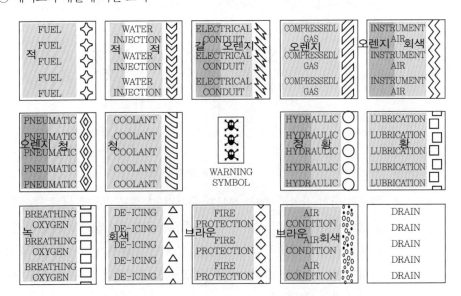

ⓑ 호스의 치수와 작업

호스는 색깔, 문자, 그림 등을 이용하여 식별하며, 가요성 호스의 크기를 표시하는 방법은 호스의 내경으로 표시하며 1inch의 16분으로 나타낸다. 예로 No. 7인 호스는 내경이 $\frac{7}{16}$ inch인 호스를 말한다. 호스 설치 시에는 다음과 같은 점에 유의해야 한다.

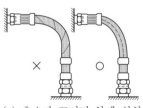
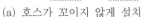
(a) 호스가 꼬이지 않게 설치

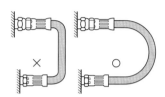
(b) 최소 굽힘을 주고 설치

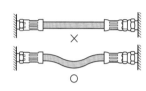
(c) 5~8% 정도 여유를 두고 부착

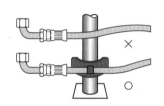
(d) 고온에 대비 열 차단판을 설치

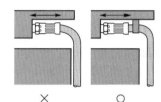
(e) 진동 방지를 위해 클램프 설치

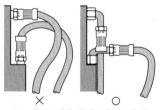
(f) 서로 접촉하지 않게 설치

▲ 호스 설치 방법

ⓢ 호스재질에 따른 분류

- 고무 호스: 안쪽에 이음이 없는 합성 고무 층이 있고 그 위에 무명과 철선의 망으로 덮여 있으며, 맨 마지막 층에는 고무에 무명이 섞인 재질로 덮여 있다(연료계통, 오일 냉각 및 유압계통에 사용).

- 테프론 호스: 항공기 유압계통에서 높은 작동온도와 압력에 견딜 수 있도록 만들어진 가요성 호스이다(어떤 작동유에도 사용이 가능하고 고압용으로 많이 사용).

부나 N	석유류에 잘 견디는 성질을 가지고 있으며 스카이드롤용에 사용해서는 안 된다.
네오프렌	아세틸렌 기를 가진 합성 고무로 석유류에 잘 견디는 성질은 부나 N보다는 못하지만, 내마멸성은 오히려 강하다(스카이드롤에 사용 금지).
부틸	천연 석유제품으로 만들어지며 스카이드롤용에 사용할 수 있으나 석유류와 같이 사용해서는 안 된다.

(2) 기본 작업

① 체결 작업

가) 토크 렌치

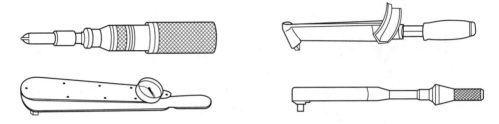

▲ 토크 렌치의 종류

고 정 식	프리셋토크 드라이버	스크루 드라이버 모양의 토크 렌치이며, 규정된 토크 값을 설정하여 사용 시 오버 토크가 발생하면 렌치가 맴돌게 된다.	프리타입
	오디블 인디케 이팅 토크 렌치	규정된 토크 값을 미리 설정한 후 그 값에 도달하여 "크릭" 하는 소리를 내어 토크 값을 알려주는 렌치이다.	리밋타입
지 시 식	디플렉팅 빔 토크 렌치	빔의 변형 탄성력을 이용하여 규정된 토크 값으로 조여 주는 렌치이다.	빔타입
	리지드 프레임 토크 렌치	2개의 다이얼이 있어 한 개의 바늘로 미리 규정된 토크 값을 지시한 후 조여주면서 토크 값을 주는 렌치이다.	다이얼 타입

나) 토크 렌치 사용 시 주의점

- 토크 값을 측정할 때는 자세를 바르게 하고 부드럽게 죄어야 한다.

- 토크 렌치를 사용할 때는 특별한 지시가 없으면 볼트의 나사산에 윤활유를 사용해서는 안 되며(과다 토크 방지), 조일 때는 너트를 죄어야 한다.

- 규정된 토크로 죄어진 너트에 안전결선이나 고정 핀을 끼우기 위해서 너트를 더 죄어서는 안 된다.

다) 연장 공구를 사용하는 경우의 죔값의 계산

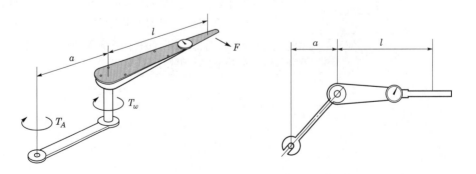

$$TW = \frac{TA \times L}{L \pm E} \ \text{또는} \ \ TA = \frac{(L \pm E) \times TW}{L}$$

- TW: 토크 렌치의 지시 토크 값
- TA: 실제 죔 토크 값
- L: 토크 렌치의 길이
- E: 연장공구의 길이

② 구조 부재 수리 작업

가) 구조 수리의 기본 원칙

원래의 강도 유지 (maintaining original strength)	• 판재 두께는 한 치수 큰 것을 사용해야 한다. • 원재료보다 강도가 약한 것을 사용 시에는 강도를 환산하여 두꺼운 재료를 사용해야 한다. • 형재에 있어 덧붙임판의 실제 단면적은 원래 형재 단면적보다 큰 재료를 사용해야 한다. • 수리 부재는 손상 부분 2배 이상, 덧붙임판은 긴 변의 2배 이상의 재료를 사용해야 한다.
원래의 윤곽 유지 (maintaining original contour)	• 수리 이후 표면은 매끄럽게 유지해야 한다. 고속 항공기에 있어 플러시 패치를 선택하고, 상황에 따라 오버패치를 해야 할 경우 양 끝 모서리를 최소 0.02in만큼 다듬어 준다.
최소 무게 유지 (keeping weight to a minimum)	• 구조 부재 개조 및 수리할 경우 무게가 증가하거나 균형이 맞지 않게 된다. 따라서 무게 증가를 최소로 하기 위해 패치 치수를 가능한 작게 하고, 리벳 수를 산출하여 불필요한 리벳팅을 하지 않게 한다.
부식에 대한 보호	• 금속과 금속이 접촉되는 부분은 부식이 발생하기에 정해진 절차에 따라 방식처리를 해야 한다.

나) 성형법

설계	• 평면전개(flat layout): 최소 굽힘 반지름과 굽힘 여유 및 세트 백을 고려해 설계한다. • 모형 뜨기(duplication of pattern): 항공기 부품으로 직접 모형을 떠야 할 때, 설계도가 없을 때 기준선을 잡고 적당한 간격을 유지하며 윤곽을 잡아 가며 설계한다. • 모형 전개도법(method of pattern development): 원통 및 파이프 부품을 제작할 때 사용되는 평행선 전개도법과 원뿔과 삼각뿔 부품을 제작할 때 사용되는 방사선 전개도법으로 설계한다.
최소 굽힘 반지름	• 판재가 본래의 강도를 유지한 상태로 굽힐 수 있는 최소 예각을 말하며, 풀림처리한 판재는 그 두께와 같은 정도로 굽힐 수 있고, 보통의 판재는 판재 두께의 3배 정도 굽힐 수 있다.

굽힘 여유	• 평판을 구부려 부품을 만들 때 완전히 직각으로 구부릴 수 없으므로 굽히는 데 소요되는 여유 길이이다.
세트백	• 굴곡된 판 바깥면의 연장선의 교차점과 굽힘 접선과의 거리이다. 외부 표면의 연장선이 만나는 점을 굽힘점(mold point)이라 하고, 굽힘의 시작점과 끝점에서의 선을 굽힘접선(bend tangent line)이라 한다.
절단 가공	• 블랭킹(blanking): 펀치와 다이를 프레스에 설치하여 판금 재료로부터 소정의 모양을 떠내는 작업이다. • 펀칭(punching): 필요한 구멍을 뚫는 작업이다. • 트리밍(trimming): 가공된 제품의 불필요한 부분을 떼어내는 작업이다. • 세이빙(shaving): 블랭킹 제품의 거스러미를 제거하는 끝 다듬질이다.
굽힘 가공	• 굽힘가공(bending): 판을 굽히는 것이다. • 성형가공(forming): 판 두께의 크기를 줄이지 않고 금속 재료의 모양을 여러 가지로 변형시키는 가공이다. • 비이딩(beading): 용기 또는 판재에 선 모양의 돌기(비딩)를 만드는 가공이다. • 버링(burling): 뚫려 있는 구멍에 그 안지름보다 큰 지름의 펀치를 이용하여 구멍의 가장자리를 판면과 직각으로 구멍 둘레에 테를 만드는 가공이다. • 컬링(curling): 원통 용기의 끝부분에 원형 단면 테두리를 만드는 가공으로 제품의 강도를 높이고, 끝부분의 예리함을 없애 안전하게 하는 가공이다. • 네킹가공(necking): 용기에 목을 만드는 것이다. • 엠보싱(embosing): 소재의 두께를 변화시키지 않고 성형하는 것으로 상하가 서로 대응하는 형을 가지고 있다. • 플랜징가공(flanging): 원통의 가장자리를 늘려서 단을 짓는 가공이다. • 크림핑가공(crimping): 길이를 짧게 하기 위해 판재를 주름잡는 가공이다. • 범핑가공 (bumping): 가운데가 움푹 들어간 구형 면을 가공하는 작업이다. • 포울딩(folding): 짧은 판을 접는 것이다.
드로잉 가공	• 딥 드로잉(deep drawing): 깊게 드로잉하는 것이다. • 벌징(bulging): 용기를 부풀게 하는 것이다. • 스피닝(spining): 일명 판금 선반이라 하며, 소재를 주축과 연결된 다이스에 고정한 후 축을 회전시키며 가공봉으로 성형 가공하는 것이다. • 커핑(cupping): 컵 형상을 만들기 위해 딥 드로잉을 하는 과정이다. • 마르폼법(marform press): 다이 측에 금속 다이 대신 고무를 사용하는 드로잉법이다. • 액압성형법(hydro forming): 마르폼과 비슷한 형식이나 고무 대신 액체를 이용한 성형법을 말한다.
압축가공	• 스웨이징(swaging): 소재를 짧고 굵게 만드는 것이다. • 압인가공(coining): 동전이나 메달 등의 앞, 뒤쪽 표면에 모양을 만드는 것이다.

이음가공	• 시임작업(seaming): 판재를 서로 구부려 끼운 후 압착시켜 결합시키는 작업이다. • 리벳작업(rivet): 리벳을 사용하여 영구 접합시키는 가공이다. • 용접작업(welding): 용접기를 사용하여 금속을 녹여 접합시키는 작업이다.
수축 및 신장가공	• 수축가공: 재료의 한쪽 길이를 압축시켜 짧게 하여 재료를 구부리는 방법이다. • 신장가공: 재료의 한쪽 길이를 늘려서 길게 하여 재료를 구부리는 방법이다.
범핑가공	• 가운데가 움푹 들어간 구형 면을 판금 가공하는 방법이다.

(3) 비파괴 검사

① 육안검사

가) 개요: 가장 오래된 비파괴 검사 방법으로 결함이 계속해서 진행되기 전에 빠르고 경제적으로 탐지하는 방법이다. 검사자의 능력과 경험에 따라 신뢰성이 달려있다.

나) 검사 방법

플래시 라이트	• 검사하고자 하는 구역을 솔벤트로 세척한다. • 플래시 라이트를 검사자의 5~45°의 각도로 향하도록 유지한다. • 확대경을 사용하여 검사한다.
보어스코프	• 육안으로 검사물을 직접 사용할 수 없는 곳에 사용한다.
바이옵틱 스코프	• 검사하기 어려운 위치의 검사물을 검사하는 데 사용되는 비디오스코프 검사 방법이다.

② 침투탐상 검사

가) 개요: 육안검사로 발견할 수 없는 작은 균열이나 결함 등을 발견하는 데 사용한다.

나) 특징 및 작업순서

특징	• 금속, 비금속의 표면 결함에 사용된다. • 검사 비용이 저렴하다. • 표면이 거친 검사에는 부적합하다.
작업순서	• 검사물을 세척하여 표면의 이물질을 제거한다. • 적색 또는 형광 침투액을 뿌린 후 5~20분 기다린다. • 세척액으로 침투액을 닦아낸다. • 현상제를 뿌리고 결함 여부를 관찰한다.

③ 자분탐상 검사

가) 특징 및 작업순서

특징	• 피로 균열 등과 표면 결함 및 표면 바로 밑의 결함을 발견하기에 좋다. • 검사 비용이 비교적 저렴하다. • 검사원의 숙련이 필요 없다. • 강자성체 사용이 가능하다.
작업순서	• 전처리→자화→자분 적용→검사→탈자→후처리

④ 와전류 검사

가) 개요: 변화하는 자기장 내에 도체를 놓으면 표면에 와전류가 발생하는데, 이 와전류를 이용하는 검사 방법이다.

특징	• 검사 결과가 전기적 출력으로 얻어지므로 자동화 검사가 가능하다. • 검사 속도가 빠르고 검사 비용이 싸다. • 표면 및 표면 부근의 결함을 검출하는 데 적합하다.

⑤ 초음파 검사

가) 개요: 고주파 음속파장을 사용하여 부품의 불연속 부위를 찾는 방법으로 항공기의 패스너 결함부나 패스너 구멍 주변의 의심가는 주변을 검사하는 데 많이 사용한다.

특징	• 검사비가 싸고 균열과 같은 평면적인 결함 검사에 적합하다. • 검사 대상물의 한쪽 면만 노출되면 검사가 가능하다. • 판독이 객관적이다. • 재료의 표면 상태 및 잔류 응력에 영향을 받는다. • 검사 표준 시험편이 필요하다.

⑥ 방사선 투과 검사

특징	• 기체 구조부에 쉽게 접근할 수 없는 곳이나 결함 가능성이 있는 구조 부분의 검사에 사용된다. • 검사 비용이 많이 들고 방사선의 위험성이 있다. • 제품의 형태가 복잡한 경우 검사가 어렵다.

01 항공기의 기체 구조 중 파괴 시 항행에 심각한 영향을 주는 부재를 1차 구조라 하는데, 이에 해당하지 않는 것은?

① 날개

② 카울링

③ 동체

④ 엔진 마운트

해설

항공기의 1차 구조는 기체의 중요한 하중을 담당하는 구조 부분으로 날개의 날개보(spar), 리브(rib), 외피(skin), 동체의 벌크헤드(bulk head), 세로대(longeron), 스트링거(stringer) 등이 속한다. 또한 꼬리날개, 착륙장치, 나셀, 엔진 마운트, 1차 구조에 속한다. 따라서 카울링은 나셀의 일부분으로 1차 구조가 아니다.

02 허니콤(honeycomb) 구조의 가장 큰 장점은?

① 검사가 필요치 않다.

② 무겁고 아주 강하다.

③ 비교적 방화성이 있다.

④ 무게에 비해 강도가 크다.

해설

허니컴 구조는 샌드위치 구조의 한 종류이고 샌드위치 구조는 무게가 경량인데 반해, 강도가 큰 장점이 있어 항공기에 사용된다는 것을 강조하여야 한다.

03 페일세이프 구조(failsafe structure)의 형식이 아닌 것은?

① 다경로 하중 구조   ② 응력 외피 구조

③ 하중 경감 구조   ④ 대치구조

해설

페일세이프 구조의 종류

• 다경로 하중 구조: 여러 개의 부재를 통하여 하중이 전달 되도록 하여 어느 하나의 부재가 손상되더라도, 그 부재가 담당하던 하중을 다른 부재가 담당하여 치명적인 결과를 가져오지 않는 구조

• 이중구조: 두 개의 작은 부재를 결합시켜 하나의 부재와 같은 강도를 가지게 함으로써 어느 부분의 손상이 부재 전체의 파손에 이르는 것을 예방하는 구조

• 대치구조: 부재가 파손될 것을 대비하여 예비적인 대치 부재를 삽입해 구조의 안정성을 갖는 구조

• 하중 경감 구조: 부재가 파손되기 시작하면 변형이 크게 일어나므로 주변에 다른 부재에 하중을 전달시켜 원래 부재의 추가적인 파괴를 막는 구조

04 링, 정형재, 벌크헤드, 세로대 부재는?

① 트러스 구조   ② 세미 모노코크

③ 모노코크   ④ BOX

해설

링, 정형제, 벌크헤드, 세로대는 세미 모노코크의 부재이다. 이 부재들은 국부적으로 가해진 집중 하중을 각 부재들을 통하여 광범위하고 균등하게 외피에 전달한다.

✈ 정답 01. ② 02. ④ 03. ② 04. ②

05 그림과 같은 동체 구조를 무엇이라 하는가?

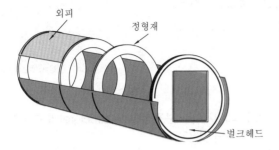

① 트러스트형
② 모노코크형
③ 세미 모노코크형
④ 샌드위치형

[해설]

하중을 담당하는 골격이 없고 외피와 벌크 헤드, 프레임만 있는 구조는 모노코크 구조이다.

06 다음 구조부재에 대한 설명 중 가장 올바른 것은?

① 봉재는 길이가 나비와 두께에 비하여 짧은 1차원 구조부재이다.
② 길이와 수직 방향으로 힘을 받음으로써 굽힘이 발생하는 부재는 보이다.
③ 봉재 중 비교적 긴 부재로서, 길이 방향으로 인장을 받는 부재는 기둥이다.
④ 막대로만 연결된 구조를 모노코크 구조라 하며, 외피는 하중을 담당한다.

[해설]

수직 방향으로 힘을 받고 굽힘이 발생하는 부재를 보라고 하며, 보에는 굽힘 또는 비틀림이 작용한다. 또한, 봉은 길이가 짧다고는 가정할 수 없는 것이 봉이다.

07 항공기 객실여압은 객실고도 2,400m(8,000ft)로 유지한다. 지상의 기압으로 하지 못하는 가장 큰 이유는?

① 인간에게 가장 적합하기 때문에
② 동체의 강도한계 때문에
③ 여압 펌프의 한계 때문에
④ 엔진의 한계 때문에

[해설]

객실고도가 8,000ft 여압을 유지하지 않을 경우 사람들이 저 산소증을 일으켜서 호흡이 가파르고 두통을 초래하며 심할 경우 사망에 이르게 된다. 만일 객실 기압을 지상의 1기압으로 유지한다면 항공기 동체의 강도한계가 발생한다.

08 고(高)고도를 비행하는 항공기는 고도에 따른 기압차에 의한 압력에 견딜 수 있도록 설계하여야 한다. 이렇게 설계된 동체 내부를 무엇이라 하는가?

① 여압실　　　　② 고장력실
③ 트러스실　　　④ 내부 응력실

[해설]

고고도를 비행하는 항공기는 고도에 따른 기압 차에 의한 압력에 견딜 수 있도록 설계하여야 하고, 이렇게 설계된 동체 내부를 여압실이라 한다.

09 캔틸레버식 날개(cantilever type wing)에 대한 설명 중 가장 올바른 것은?

① 지지보(strut) 대신에 장선(bracing wire)이 있다.
② 조절할 수 없는 지지보(strut)가 있다.
③ 외부 지지보(strut)가 필요 없다.
④ 좌우에 각각 한 개씩의 지지보가 있다.

해설

캔틸레버식 날개는 외팔보식 날개이다. 모든 응력이 날개 장착부에 집중되어 있어 장착 방법이 복잡해짐으로, 충분한 강도를 가지도록 설계해야 한다. 날개를 장착하는 동체의 골격은 벌크헤드와 프레임으로, 날개는 동체의 양쪽에 마련한 장착부에 앞, 뒤 날개보의 뿌리를 장착핀으로 장착함으로 외부 지지보가 필요 없다.

10 조종장치의 운동 및 조종면을 바르게 연결한 것은?

① lateral control system-rolling-aileron
② lateral control system-pitching-aileron
③ lateral control system-pitching-elevator
④ lateral control system-yawing-rudder

해설

- lateral control system: 가로 조종계통, 롤링, 에일러론
- longitudinal control system: 세로 조종계통, 피칭, 엘리베이터
- directional control system: 방향 조종계통, 요잉, 러더

11 조종사가 조종석에서 임의로 탭(tab)의 위치를 조절할 수 없는 탭(tab)은?

① 서보 탭(servo tab)
② 고정 탭(fixed tab)
③ 평형 탭(balance tab)
④ 스프링 탭(spring tab)

해설

- 서보 탭: 조종석에 조종장치가 직접 연결되어 탭만 작동시켜도 조종면이 움직이도록 설계된 것으로, 주로 대형 항공기에 사용한다.

- 고정 탭: 조종사가 조종석에서 임의로 탭의 위치를 조절할 수 없고 주 조종면에 고정으로 부착되어 있다.
- 밸런스 탭: 탭이 조종면과 반대 방향으로 움직이게 하여 조종력을 경감시킨다.
- 스프링 탭: 스프링의 장력으로 조절할 수 있도록 하는 장치로, 현대 항공기에선 거의 쓰이지 않는다.

12 Wing(날개)을 이루고 있는 Front Spar, Rear Spar 및 양쪽 끝의 Rib 사이의 공간을 연료탱크로 사용하며, 연료의 누설을 방지하기 위하여 모든 연결부는 특수 실란트로 Sealing되어 있다. 이러한 연료탱크를 무슨 탱크라 하는가?

① Integral Fuel Tank
② Reserve Tank
③ Bladder Type Fuel Cell Tank
④ Vent Surge Tank

해설

인티그럴 연료탱크는 날개의 내부 공간을 연료탱크로 사용하는 것으로, 앞 날개보와 뒷 날개보 및 외피로 이루어진 공간을 밀폐제를 이용하여 완전히 밀폐시켜 사용하며 여러 개의 탱크로 제작되었다. 장점으로는 무게가 가볍고 구조가 간단하다.

13 케이블 장력조절기(cable tension regulator)의 사용 목적으로 가장 올바른 것은?

① 조종계통의 케이블(cable) 장력을 조절한다.
② 조종사가 케이블(cable)의 장력을 조절한다.
③ 주 조종면과 부 조종면에 의하여 조절한다.
④ 온도 변화와 관계없이 자동으로 항상 일정한 케이블(cable)의 장력을 유지한다.

해설

여름철에 기온이 올라가면 케이블의 장력이 커지고 겨울철이나 고공비행을 할 경우에는 케이블 장력이 작아

진다. 이처럼 온도 변화와 관계없이 자동으로 일정한 장력을 유지하게 하는 것이 케이블 텐션 레귤레이터이다.

14 조종계통의 조종방식 중 기체에 가해지는 중력가속도나 기울기를 감지한 결과를 컴퓨터로 계산하여 조종사의 감지 능력을 보충하도록 하는 방식의 조종장치는?

① 유압 조종장치(hydraulic)

② 수동 조종장치(manual control)

③ 플라이 바이 와이어(fly-by-wire)

④ 동력 조종장치(powered control)

해설

플라이 바이 와이어 조종장치는 항공기의 조종장치 속에 기체에 가해지는 중력가속도나 기울기를 감지하는 센서와 컴퓨터를 내장해서 조종사의 감지 능력을 부착하도록 하는 것이다.

15 항공기의 조향장치에 대한 설명 중 가장 관계가 먼 내용은?

① 항공기가 지상 활주 시 앞바퀴를 회전시켜 원하는 방향으로 이동한다.

② 지상에서는 일반적으로 방향 키 페달을 이용하는데, 이때 방향키는 움직이지 않는다.

③ 대형 항공기에서는 큰 각도로 회전 시 틸러라는 조향핸들을 이용한다.

④ 앞바퀴를 작은 각도로 회전시킬 때는 방향키 페달을 사용한다.

해설

지상에서 방향키의 페달을 이용하는데, 이때 페달을 밟으면 방향키도 같이 움직인다.

16 랜딩기어의 부주의한 접힘을 방지하는 안전장치가 아닌 것은?

① 다운 락   ② 안전 스위치

③ 시미댐퍼   ④ 그라운드 락

해설

• 안전 스위치: 메인 랜딩거어 쇼크 스트러트 브라켓에 의해 장착된 안전 스위치는 랜딩기어 안전 회로에 의해 사용된다.

• 그라운드 락: 항공기가 지상에 있을 때 기어 풀림을 방지하는 장치이다.

• 다운 락: 항공기 기어가 다운 상태에서 풀림을 방지하는 장치이다.

17 다음 중 접개들이식 착륙장치의 작동순서가 올바르게 나열된 것은 어느 것인가?

① 착륙장치 레버 작동-다운래치 풀림-도어 열림-착륙장치 내려감-도어가 닫힘

② 착륙장치 레버 작동-도어 열림-다운래치 풀림-착륙장치 내려감-도어가 닫힘

③ 착륙장치 레버 작동-업래치 풀림-도어 열림-착륙장치 내려감-도어가 닫힘

④ 착륙장치 레버작동-도어 열림-업래치 풀림-착륙장치 내려감-도어가 닫힘

해설

접개들이식 착륙장치의 작동 순서: 착륙장치 레버작동-도어 열림-업래치 풀림-착륙장치 내려감-도어가 닫힘

18 항공기에는 엔진의 고온과 화재에 대비하여 방화벽을 설치한다. 다음 중 가장 올바르게 설명한 것은?

① 엔진 마운트와 기체 중간에 위치한다.

② 왕복엔진에서는 엔진 옆에 장착한다.

③ 구조 역학적으로 전혀 힘을 받지 않는다.

④ 제트엔진에서 방화벽은 엔진의 일부이다.

✈ **정답** 14. ③ 15. ② 16. ③ 17. ④ 18. ①

해설

방화벽(fire wall)은 엔진 마운트와 기체의 중간에 화재에 대비하여 기체와 엔진을 차단시키며, 방화벽의 재질은 스테인리스 및 티탄이 사용된다.

19 방화벽의 재료로 가장 적당한 것은?

① 오스테나이트계 스테인리스강
② 알루미늄 합금
③ 마그네슘강
④ 탄소강

해설

방화벽의 재료는 오스테나이트계 스테인리스강 또는 티탄을 쓴다.

20 나셀에 대한 설명으로 가장 거리가 먼 것은?

① 나셀은 기체에 장착된 엔진을 둘러싼 부분을 말한다.
② 나셀은 공기저항을 작게 하기 위하여 유선형으로 만든다.
③ 나셀의 구성요소 중 방화벽이란 엔진과 엔진 주위를 둘러싼 덮개를 말한다.
④ 나셀은 냉각과 연소에 필요한 공기를 유입하는 흡기구와 배기를 위한 배기구가 있다.

해설

나셀은 항공기의 엔진을 지지하기 위한 것으로 추력 하중을 항공기로 전달한다.

정답 19. ① 20. ③

CHAPTER

02 기체의 재료

1 기체 재료의 개요

(1) 기체 재료의 개요

라이트 형제가 최초로 동력 비행에 성공했을 때 기체의 재료는 목재, 섬유, 철강을 사용하였으나 최근 대형 항공기의 대부분은 금속 재료를 사용했으며, 구조의 일부분은 비금속 재료 및 복합재료가 사용되고 있다.

① 기체 구조 재료의 구성비(A 380)

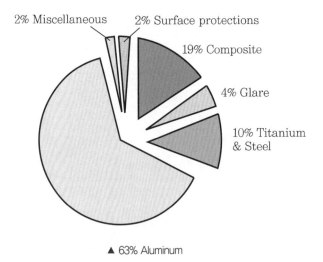

▲ 63% Aluminum

② 규격번호

AA	Aluminum Association of America 미국 알루미늄 협회 규격
ALCOA	Aluminum Company of American 미국 알루미늄 제작회사
SAE	Society of Automotive Engineers 미국 자동차 기술자 협회 규격
AISI	American Iron and Steel Institute 미국 철강협회 규격
AMS	Aeronautical Material Specifications 미국 자동차 기술 협회의 항공재료 규격
MIL	Military Specification 미국 군사 규격
ASTM	America Society for Testing Materials 미국 재료 시험 협회 규격

③ 항공기 기체 재료 사용 부분(B-747)

사용 재료	사용처	사용 재료	사용처
알루미늄 합금 (2024-T351)	날개 밑면, 동체 외피	고장력강 (4340M)	착륙장치 부품, 플랩 트랙
알루미늄 합금 (7075-T651)	날개 윗면, 날개보	티탄합금 (Ti-6Al-4V)	주 착륙장치 장착 빔
알루미늄 합금 (7075-T6)	스트링거, 수직 안정 판, 동체 뒤쪽 프레임	글라스 파이버 허니콤	방향키, 승강키, 도 움날개, 날개 끝
알루미늄 합금 (7075-T42)	엔진 카울링	알루미늄 허니콤	수평 안정판, 플랩

(2) 기체 재료

① 재료의 종류

종류	재료명
철강 재료	순철, 탄소강, 특수 용도강, 합금강, 내열 합금강 및 주철
비철금속 재료	알루미늄 합금, 마그네슘 합금, 구리합금, 티탄합금 및 초합금(니켈계 및 코 발트계 합금)
복합재료	플라스틱 복합재료(FRP), 금속계 복합재료(FRM), 세라믹계 복합재료(FRC)
비금속 재료	합성수지, 섬유, 고무, 도료, 세라믹, 접착제

② 금속 재료의 특성

- 전기 및 열전도성이 좋다.
- 상온에서 고체이며, 결정체이다.
- 가공성과 성형성이 우수하다.
- 열처리를 함으로써 기계적 성질을 변화시킬 수 있다.
- 열에 강하고, 금속 특유의 광택을 가지고 있다.
- 자원이 풍부하며, 원가가 저렴하다.

(3) 금속의 결정 구조

① 결정 구조

다결정체(polycrystalline substance)	원자가 무질서한 결정
결정입자(crystal grain)	하나하나의 결정체
결정립계(grain boundary) 또는 입계	결정 입자 사이의 경계
공간격자 & 결정격자 (space lattice & crystal lattice)	원자가 입체적이고 규칙적으로 배열
단위격자(unit lattice)	최소 단위격자 하나의 규격
격자상수(lattice constant)	단위격자의 모양과 각 모서리의 길이

② 결정격자의 종류

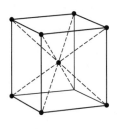 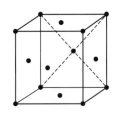 

▲ 체심입방격자   ▲ 면심입방격자   ▲ 조밀육방격자

체심입방격자	입방체의 8개의 구석에 각 1개씩의 원자와 입방체의 중심에 1개의 원자가 있는 결정격자이며, 가장 많이 볼 수 있는 구조의 하나이다. 이러한 결정을 가진 물질로는 W(텅스텐), Mo(몰리브덴), V(바나듐), Li(리튬), Fe(철), 나트륨(Na), 칼륨(Ca) 등이 있다.
면심입방격자	입방체에 있어서 8개의 꼭짓점과 6개 면의 중심에 격자점을 가지는 단위격자로 된 결정격자이며, 이러한 결정을 가진 물질로는 Al(알루미늄), Cu(구리), Au(금), Pb(납), Ni(니켈), Pt(백금) 등이 있다.

조밀육방격자	정육각 기둥의 각 위, 아랫면 꼭짓점의 중심에 정삼각 기둥의 중심에 원자가 배열한 결정격자이며, 이러한 결정을 가진 물질로는 Zn(아연), Mg(마그네슘), Co(코발트), Cd(카드뮴) 등이 있다

(4) 합금의 상태

① 합금의 특징

- 용융 온도가 낮아진다.
- 열 전도율과 전기 전도율이 저하된다.
- 경도가 높아진다.

② 합금의 조직 용어

공정 (eutectic)	다른 2개의 성분이 용융된 상태에서 균일한 액체를 형성하나, 응고할 때 일정한 온도에서 2종류의 금속성분이 일정한 비율로 석출하여 나온 혼합 조직을 형성하는 합금을 말한다.
공석 (eutectoid)	일정한 온도의 하나의 고용체에서 2종류의 고체가 일정한 비율로 동시에 석출하여 생긴 혼합물을 말한다.
고용체 (solid solution)	한 성분의 금속 중에 금속 또는 비금속이 용융시켜 합금이 되었을 때나 고체 상태에서 균일한 융합 상태로 되어 기계적인 방법으로 구분할 수 없을 때를 말한다.
금속간 화합물	친화력이 큰 성분의 금속이 화학적으로 결합하면 각 성분의 금속과는 현저하게 다른 성질을 가지는 독립된 화합물이다.

(5) 금속의 성질

비중 (specific gravity)	어떤 물질의 무게를 나타내는 경우, 물질과 같은 부피의 물의 무게와 비교한 값이다.
용융 온도 (melting temperature)	금속 재료를 용해로에서 가열하면 녹아 액체 상태로 되는 온도이다.
강도(strength)	재료에 정적인 힘을 가할 경우 인장 하중, 압축 하중, 굽힘 하중을 받을 때 견딜 수 있는 정도를 말한다.
경도(hardness)	재료의 단단한 정도를 나타내며 강도가 증가하면 경도도 증가한다.
전성(malleability)	얇은 판을 가공할 때 퍼지는 성질, 즉 퍼짐성을 말한다.
연성(ductility)	가는 선이나 관으로 가공할 수 있는 성질, 즉 뽑힘성을 말한다.
탄성(elasticity)	외력에 의해 변형을 일으킨 다음, 외력을 제거하면 원 상태로 되돌아가려는 성질이다.

메짐(brittleness)	주철의 경우 굽힘이나 변형이 거의 일어나지 않고 재료가 깨지게 되는데, 이를 메짐이라 말하며 취성(brittle)이라고도 한다.
인성(toughness)	재료의 질긴 성질을 말하며, 인성의 반대는 취성이다.
전도성(conductivity)	금속 재료에서 열이나 전기를 잘 전달하는 성질이다.
소성(plasticity)	원하는 모양으로 변형하게 되면 재료가 외력에 의해 탄성한계를 지나 영구 변형되는 성질이다.

(6) 금속의 가공 방법

	단조: 소재를 가열하여 공기해머로 단련 및 성형하는 것이며, 자유단조와 형단조로 나뉜다.
	압연: 회전 롤러 사이에 소재를 통과하여 원하는 판재를 만들며 봉재, 형재, 레일 등을 가공할 수 있다.
	프레스: 한 쌍의 프레스 형틀에 판재를 넣고 필요한 모양으로 압축 성형 가공을 말한다.
	압출: 재료를 실린더 모양의 용기에 넣고 작은 구멍을 통해 밀어내는 방법으로 봉재, 관재, 형재 등을 가공할 수 있다.
	인발: 재료를 원뿔형 모양에 넣고 원뿔 끝에서 봉재나 선재를 뽑아내는 가공을 말한다.

(1) 철강 재료의 분류

① 탄소 함유량의 분류

순철	탄소 함유량이 0.025% 이하이다.
강	탄소 함유량이 0.025~2.0% 이하이다.
주철	탄소 함유량이 2.0~6.68%인 탄소와 철의 합금이다.

② 탄소강과 특수강의 구분

탄소강 (carbon steel)	철에는 탄소(C), 규소(Si), 망간(Mn), 인(P), 황(S)의 원소가 함유된 강이다.
특수강 (special steel)	탄소강에 니켈(Ni), 크롬(Cr), 망간(Mn), 규소(Si), 몰리브덴(Mo), 텅스텐(W), 바나듐(V) 등의 원소를 한 가지 첨가한 강이며, 합금강(alloy steel)이라 한다.

③ 철강 재료의 이점

- 강도와 인성 등의 기계적 성질이 양호하고, 가공성이 우수하다.
- 열처리함으로써 강의 성질을 변화시킬 수 있다.
- 합금원소를 첨가하여 다양한 특성을 줄 수 있다.
- 용접하기 쉽다.

(2) 순철

순철은 철 중에서 불순물이 전혀 섞이지 않는 철을 말한다.

① 순철의 3개 동소체(α철, γ철, δ철)

α철	912℃ 이하, 체심입방격자
γ철	912℃~1394℃ 면심입방격자
δ철	1394℃ 이상, 체심입방격자

② 순철의 변태점

A1 변태점	723℃(철+Fe_3C(시멘 타이트))
A2 변태점	768℃(자기변태점) α철(결정 구조 변화하지 않음)
A3 변태점	912℃ γ철, 오스테나이트 조직(금속의 표준 조직)
A4 변태점	1394℃
동소 변태	원자 배열의 변화를 일으키는 변태(A3, A4)

(3) 탄소강

① 탄소강에 함유된 원소들의 영향

탄소(C)	• 인장강도와 경도를 증가시킨다. • 연신율과 충격 강도, 용접성은 떨어진다.
규소(Si)	• 용융 금속의 유동성을 좋게 한다. • 주조 제작이 쉽다. • 단접성, 냉간가공을 해치며, 충격 감도를 감소시킨다. 저 탄소강의 경우 함유량을 0.2% 이하로 제한한다.
망간(Mn)	• 강도와 고온 가공성을 증가시킨다. • 연신율의 감소를 억제시킨다. • 주조성과 담금질 효과를 향상시킨다. • 황화망간(MnS)이 적열 메짐의 원인인 황화철(FeS) 생성을 방해한다.
인(P)	• 함유량 증가 시 인장강도 및 경도를 증가시킨다. • 저 탄소강의 내식성 증가 및 절삭성 효과를 증진시킨다. • 연신율과 충격 저항을 감소시킨다. • 담금질 시 균열의 원인이 되고, 용접성도 나쁘다.
황(S)	• 고온 가공 시 균열을 발생시키고, 충격 저항을 감소시킨다. • 황이 함유된 탄소강에는 망간을 첨가하여 적열 메짐을 억제해 준다.

가) 연신율

$$\epsilon = \frac{l - l_o}{l_o} \times 100 \, (\%)$$

- ϵ =연신율
- l_o =재료의 원래 길이
- l =재료의 변형 후 길이

나) 메짐의 종류

청열 메짐(blue shortness)	탄소강 200~300℃에서 상온일 때보다 더 메지게 되는 것
적열 메짐(red shortness)	황을 많이 함유한 탄소강은 약 950℃에서 메지게 되는 것
저온 메짐(cold shortness)	인을 많이 함유한 탄소강은 상온 이하에서 메지게 되는 것

② 탄소강의 분류

저 탄소강	• 탄소를 0.1~0.3% 함유한 강이다. • 전성이 양호하여 절삭 가공용에 사용된다. • 항공기에는 안전결선 와이어, 케이블 부싱, 로드 등에 사용된다.
중 탄소강	• 탄소를 0.3~0.6% 함유한 강이다. • 차축, 크랭크축 등의 제조에 사용된다. • 고주파 및 화염 담금질로 표면경화를 하여 기어 등에 사용된다.
고 탄소강	• 탄소를 0.6~1.2% 함유한 강이다. • 경도, 강도가 크고, 마멸이나 전단에 강하다. • 인장 응력이 요구되는 철도 레일, 기체 바퀴, 공구강, 판재 스프링 및 코일 스프링에도 사용한다.

(4) 특수강(합금강)

탄소강에 규소, 망간, 인, 황 등의 5대 원소 이외에 원소를 1개 이상 첨가한 강을 말하며, 기계적 성질의 향상, 내열성, 내식성 등의 특수 성질을 가지게 된다.

① 합금강의 분류

가) 고장력강

크롬-몰리브덴강	• 용접성 열처리성을 향상한 강이다. • 열처리를 하여 인장강도를 $84.4~112.6kg/mm^2$로 높였다. • 항공기의 강력 볼트, 착륙장치, 엔진 부품에 사용된다.
니켈-크롬-몰리브덴강	• 고장력강으로 인성이 풍부하다. • 열처리에 의해 $175.9kg/mm^2$를 넘는 인장강도를 가진다. • 높은 강도를 요구하는 착륙장치와 엔진의 부품에 사용된다.

나) 내식강

마텐자이트계 스테인리스강	• 13Cr강이라고 하며, 자성이 있어 열처리가 가능하고 단조 및 열간 가공이 용이하다. • 기계 가공성이 내식강 중에서 가장 좋다. • 가스터빈엔진 흡입안내 깃, 압축기 깃에 사용된다.
오스테나이트계 스테인리스강	• 크롬 18%, 니켈 8%로 18-8 스테인리스강이라고도 한다. • 가공성과 용접성이 양호하고 비자성으로 열처리에 의해 강화시킬 수 없다. • 엔진 부품, 방화벽, 안전결선 와이어, 코터 핀 등에 사용된다.
석출 경화형 스테인리스강	• 마텐+오스테나이트 스테인리스강의 내식성을 가지고 있다. • 내열성 및 가공성, 용접성이 우수하다.

(5) 철강 재료의 식별법

① SAE에 의한 합금강의 의미

예 SAE 1025

- 1: 탄소강
- 0: 5대 기본 원소 이외의 합금 원소가 없다.
- 25: 탄소 0.25% 함유

② 합금강의 분류

합금 번호	종류	합금 번호	종류
1xxx	탄소강	43xx	니켈-크롬-몰리브덴강
13xx	망간강	5xxx	크롬강
2xxx	니켈강	52xx	크롬 2% 함유강
3xxx	니켈-크롬강	6xxx	크롬-바나듐강
4xxx	몰리브덴강	72xx	텅스텐-크롬강
41xx	크롬-몰리브덴강	92xx	규소-망간강

(1) 알루미늄과 알루미늄 합금

① **순수 알루미늄의 특성:** 비중이 2.7이고 흰색 광택을 내는 비 자성체이며, 내식성이 강하고 전기 및 열의 전도율이 매우 좋다. 또 무게가 무겁고 660도의 비교적 낮은 온도에서 용융되며, 유연하고 전연성이 우수하다. 그러나 인장강도가 낮아 구조 부분에서는 사용할 수 없으며 알루미늄 합금을 만들어 사용한다.

② **알루미늄 합금의 성질:** 알루미늄에 구리, 마그네슘, 규소, 아연, 망간, 니켈 등의 금속을 첨가하여 내열성을 향상시켜 사용한다.

알루미늄 합금의 특성	• 전성이 우수하여 성형 가공성이 좋다. • 내식성이 양호하다. • 강도와 연신율을 조절할 수 있다. • 상온에서 기계적 성질이 좋다. • 시효경화성이 있다.

③ **알루미늄 합금의 식별기호**

가) AA규격 식별기호: 알루미늄 협회에서 가공용 알루미늄 합금을 통일하여 지정한 합금 번호로서 네 자리 숫자로 되어 있다.

　㉠ 첫째 자리 숫자: 합금의 종류

　㉡ 둘째 자리 숫자: 합금의 개량 번호

　㉢ 나머지 두 자리 숫자: 합금의 분류 번호

합금 번호 범위	주 합금 원소	합금 번호 범위	주 합금원소
1xxx	순수 Al(99% 이상)	5xxx	Mg(마그네슘)
2xxx	Cu(구리)	6xxx	Mg+Si(마그네슘+규소)
3xxx	Mn(망간)	7xxx	Zn(아연)
4xxx	Si(규소)	8xxx	그 밖의 원소

예 2024-T6

• 2: 알루미늄-구리 합금을 의미한다.

• 0: 개량을 처리하지 않는 합금이다.

• 24: 합금의 종류가 24임을 나타낸다.

• T6: 열처리 방법(담금질한 후 인공 시효 처리한 것)

나) 식별 기호

F	주조상태 그대로 인 것
O	풀림 처리를 한 것
H	냉간 가공한 것
T	열처리한 것
T3	담금질한 후 냉간 가공한 것
T4	담금질한 후 상온시효가 완료된 것
T6	담금질한 후 인공 시효 처리한 것

다) 알루미늄 합금의 종류와 특성

㉠ 고강도 알루미늄 합금

2014	Al에 4.4%의 구리를 첨가한 알루미늄-구리-마그네슘 합금으로, 고강도의 장착대, 과급기, 임펠러 등에 사용한다.
2017	알루미늄에 구리 4%, 마그네슘 1.0~1.5%, 규소 0.5%, 망간 0.5~1.0%를 첨가한 합금으로 두랄루민이라 하는데, 비중은 강의 50% 정도로 리벳으로만 사용되고 있다(상온에서 1시간 이내 작업).
2024	구리 4.4%와 마그네슘 1.5%를 첨가한 합금으로 초두랄루민이라 하며, 대형 항공기의 날개 밑면의 외피나 여압을 받는 동체 외피 등에 사용된다.
7075	아연 5.6%와 마그네슘 2.5%를 첨가한 합금으로 ESD(Extra Super Duralumin)라 하며, 강도가 알루미늄 합금 중 가장 우수하다. 항공기 주 날개의 외피와 날개보, 기체 구조 부분 등에 사용된다.

㉡ 내열 알루미늄 합금

2218	알루미늄-구리-마그네슘 합금에 니켈을 약 2% 첨가하여 내열성을 개선한 합금으로 Y합금이라 한다.
2618	알루미늄-구리 합금에 내열성을 향상시키기 위해 1.2%의 니켈과 1.0%의 철을 첨가한 합금으로, 100~200도 온도 범위에서 가장 강도가 커서 초음속 여객기인 콩코드의 외피로 사용되었다.

㉢ 내식 알루미늄 합금

1100	99.0% 이상의 순수 알루미늄으로 내식성은 우수하나 열처리가 불가능하며 구조용으로 사용이 곤란하다.

② 알크래드 판: 알루미늄 합금판 양면에 열간압연에 의하여 순수 알루미늄을 약 3~5% 정도의 두께로 입힌 것을 말한다. 부식을 방지하고 표면이 긁히는 등의 파손을 방지할 수 있다.

(2) 티탄과 티탄 합금

① 티탄의 성질

- 비중 4.51로서 강의 0.6배 정도이며, 용융온도는 1,730도이다.
- 내열성이 크고 내식성이 우수하며 비강도가 커서 가스터빈엔진용 재료로 널리 이용된다.

(3) 구리합금의 종류와 특성

- 황동: 구리에 아연을 40% 이하로 첨가하여 주조성과 가공성을 양호하게 하고, 기계적 성질과 내식성을 향상한 합금으로 황금색을 띤다.
- 청동: 구리와 주석으로 조성된 합금으로, 강도가 크고 내마멸성이 양호하며, 주조성도 양호하다. 염분에 대한 부식 저항성이 우수하다.

(4) 니켈과 니켈 합금

① 니켈의 성질: 흰색을 띠며 인성과 내식성이 우수하고, 비중은 8.9이며, 용융점은 1,455도이다.

② 니켈 합금의 종류

가) 인코넬 600: 크롬 15%와 철 8%를 첨가한 합금으로 내식성과 내산화성을 향상시킨 합금이며, 성형성과 용접도 가능하다.

나) 인코넬 718: 700도까지 고온강도가 양호하며 터빈 디스크, 축 등에 사용한다.

다) 하스텔로이: 16%의 몰리브덴을 함유하여 고온에서 내식성을 함유한 합금으로 가스터빈 안내 깃 등에 사용된다.

(5) 마그네슘

비중이 1.7~2.0으로 실용금속 중 가장 가볍고, 비강도가 커서 경합금 재료로 적합하다 (알루미늄을 대체해서 사용이 가능하다).

(6) 금속 재료의 열처리 및 표면경화법

① 철강 재료의 열처리

가) 일반 열처리

담금질(퀜칭)	재료의 강도와 경도를 증대시키는 처리로서, 철강의 변태점보다 30~50도 정도 높은 온도로 가열한 후, 기름 등에서 급속 냉각시켜 경도가 강한 조직을 얻는 방법이다.
뜨임(템퍼링)	적당한 온도(500도~600도)에서 재가열한 후 공기 중에서 서서히 냉각시켜 재료의 인성을 증가시키고, 재료 내부의 잔류 응력을 제거하기 위한 방법이다.
풀림(어닐링)	철강 재료의 연화, 조직 개선 및 내부 응력을 제거하기 위한 처리로서 일정 온도에서 어느 정도의 시간이 경과된 다음 노 안에서 서서히 냉각시키는 열처리 방법이다.
불림(노멀라이징)	조직의 미세화, 주조와 가공에 의한 조직의 불균일 및 내부 응력을 감소시키기 위한 조작으로, 담금질의 가열온도보다 약간 높게 가열한 다음 공기 중에서 냉각하여 처리하는 방법이다.

나) 철강 재료의 표면경화법

침탄법	탄소나 탄화수소계로 구성된 침탄제 속에서 가열하면 강재 표면의 화학 변화에 의하여 탄소가 강재 표면에 침투되고 침탄층이 형성되어 표면이 단단해지는 표면경화법이다.
질화법	암모니아 가스 중에서 500~550도로 20~100시간 정도 가열하여 표면을 경화하는 방법이다.
침탄 질화법	시안화염을 주성분으로 한 염욕에 강을 가열한 후 담그면 침탄과 질화가 동시에 되는 표면경화법이다.
고주파 담금질법	철강에 고주파 전류를 이용하여 표면을 가열한 후 물로 급랭시켜 담금질 효과를 주어 표면경화를 하는 방법이다.
금속 침투법	강재를 가열하여 그 표면에 아연, 크롬, 알루미늄, 규소, 붕소 등과 같은 피금속을 부착시키는 동시에 합금 피복층을 형성시키는 처리법이다.
화염 담금질법	탄소강 표면에 산소-아세틸렌 화염으로 표면만을 가열하여 오스테나이트로 만든 다음 급랭하여 표면층만 담금질하는 방법이다.

② 금속의 부식처리 및 부식방지법

가) 부식의 종류

표면 부식	흔한 부식 생성물로서 가루 침전물을 수반하는 움푹 팬 모양으로 화학적, 전기 화학적 침식에 의해 발생한다.
이질 금속 간의 부식 (갈바닉, 동전기 부식)	서로 다른 금속이 접촉하면 접촉면 양쪽에 기전력이 발생하고 여기에 습기가 끼게 되면 전류가 흐르면서 금속이 부식되는 현상을 말한다. – A군: 1100, 3003, 5052, 6061 – B군: 2014, 2017, 2024, 7075 (A, B군은 서로 이질 금속이므로 접촉을 피해야 한다.)
입자 간 부식	합금의 결정입계 또는 그 근방을 따라 생기는 부식으로 합금 성분의 분포가 균일하지 못한 데서 일어나는 부식을 말한다.
응력 부식	강한 인장 응력과 적당한 부식 조건과의 복합적인 영향으로 발생하며, 알루미늄 합금과 마그네슘 합금에 주로 발생한다.
프레팅 부식	서로 밀착한 부품 간에 계속하여 아주 작은 진동이 일어날 경우 그 표면에 흠이 생기는 부식을 말한다.
공식 부식	금속 표면에서 일부분 부식 속도가 빨라서 국부적으로 깊은 홈을 발생시키는 부식이다.

나) 부식 방지의 종류

양극산화처리 (아노다이징)	금속 표면에 전해질인 산화피막을 형성하는 방법으로, 전해질인 수용액 중에서 방출되는 물질이 있기 때문에 양극의 금속 표면이 수산화물 또는 산화물로 변화되고 고착되어 부식에 대한 저항성을 향상시킨다.
도금처리	철강 재료의 부식을 방지하기 위한 방법으로 철강 재료의 경우 카드뮴이나 주석도금을 하여 부식을 방지한다.
파커라이징	철강의 부식방지법의 일종으로 검은 갈색의 인산염 피막을 철재 표면에 형성시켜 부식을 방지하는 방법을 말한다.
벤더라이징	철강 재료 표면에 구리를 석출시켜서 부식을 방지하는 방법을 말한다.
음극 부식방지법	부식을 방지하려는 금속 재료에 외부로부터 전류를 공급하여 부식되지 않는 부 전위를 띠게 함으로써 부식을 방지하는 방법이다.
알크래드	초강 합금의 표면에 내식성이 우수한 순알루미늄 또는 알루미늄 합금판을 붙여 사용하는데 이것을 알크래드라 하며, 표면에 접착하는 두께는 실제의 5~10% 정도에서 압연하여 접착하고 표면에 "AL-CLAD"라 표시한다.
알로다인	알루미늄 합금 표면에 크로멧처리를 하여 내식성과 도장작업의 접착효과를 증진시키기 위한 부식방지 처리작업이다.

(1) 플라스틱

① **열경화성 수지**: 한 번 가열하여 성형하면 다시 가열해도 연해지거나 용융되지 않는 성질로 페놀 수지, 에폭시 수지, 폴리우레탄 등이 있다.

가) 열경화성 수지의 종류

에폭시 수지	접착력이 매우 크고 성형 후 수축률이 작고 내약품성이 우수하다. 항공기 구조의 접착제나 도료로 사용된다. 전파 투과성이 우수하여 항공기의 레이돔, 동체 및 날개부의 구조재용 복합재료의 모재로도 사용된다.
폴리우레탄 수지	내수성, 내유성, 내열성 및 내약품성이 우수하여 항공기의 좌석, 배기 부분의 단열재로 사용된다.
페놀 수지	베이크라이트로 널리 알려진 수지로 전기적, 기계적 성질, 내열성 및 내약품성이 우수하여 전기계통의 각종 부품, 기계부품 등에 사용된다.

② **열가소성 수지**: 가열하여 성형한 후 다시 가열하면 연해지고, 냉각하면 다시 본래의 상태로 굳어지는 성질의 수지로 폴리염화비닐, 폴리에틸렌, 나일론, 폴리메타크릴산메틸 등이 있다.

가) 열가소성 수지의 종류

폴리염화비닐 (PVC)	전기 절연성, 내수성, 내약품성 및 자기 소화성을 가지고 있으나 유기용제에 녹기 쉽고 열에 약하며 비중이 크다. 전선의 피복재 또는 항공기 객실 내장재로 사용된다.
폴리메타크릴산메틸 (아크릴)	플렉시블글라스라고도 하며, 투명도가 우수하고 가볍고 강인하여 항공기용 창문 유리, 객실 내부의 안내판 및 전등덮개 등에 사용된다.

③ **세라믹**: 무기질 비금속 재료로써 고온에서의 내열성이 우수하고 성형 가공성도 우수하지만, 인장과 충격에 약하다. 내열성이 우수하여 항공기 엔진의 부품에 사용된다.

④ **고무**: 공기, 액체, 가스 등의 누설을 방지하고, 진동과 소음을 방지하기 위한 부분에 사용된다.

가) 고무의 종류

니트릴 고무	내유성, 내열성, 내마멸성은 우수하지만, 굴곡성과 유연성이 부족하며, 내오존성이 없고 저온 특성이 좋지 않다. 오일 실, 개스킷 연료탱크 호스 등에 사용한다.
부틸 고무	가스 침투 방지와 기후에 대한 저항성이 매우 우수하고, 내열 노화성, 내오존성이 좋다. 호스나 패킹, 진공실 등에 사용한다.

플루오르 고무	초내열성, 내식성의 고무로 오일 실, 패킹, 내약품성 호스에 사용한다.
실리콘 고무	내열성과 내한성이 우수하여 사용온도 범위가 매우 넓으며, 기후에 대한 저항성과 전기절연 특성이 매우 우수하다.

5 복합재료

고체상태의 강화재와 이들을 결합시키는 액체나 분말형태의 모재로 구성된다.

(1) 복합재료의 장점

① 무게당 강도비가 매우 높다(AL합금에 비해 20% 무게 감소, 30% 정도의 인장/압축강도 증가).

② 복잡한 형태나 공기 역학적인 곡선 형태의 부품제작이 쉽다.

③ 유연성이 크고 진동에 대한 내구성이 커서 피로강도가 증가한다.

④ 접착재가 절연체 역할을 하여 전기화학 작용에 의한 부식을 최소화할 수 있다.

⑤ 복합구조재의 제작이 단순하고 비용이 절감된다.

(2) 강화재

항공기 부품제작에 사용되는 복합재료에는 주로 섬유형태의 강화재가 사용되며 강화재에는 유리섬유, 탄소섬유, 아라미드섬유, 보론섬유, 세라믹섬유 등이 있다.

[강화재의 종류]

유리섬유 (흰색 천)	이산화규소의 가는 가닥으로 만들어진 섬유로 내열성과 내화학성이 우수하고 값이 저렴하여 가장 많이 사용되고 있다. 기계적 강도가 낮아 2차 구조물에 사용된다.
탄소섬유 (검은색 천)	열팽창 계수가 작기 때문에 사용온도의 변동이 크더라도 치수 안정성이 우수하다. 강도와 강성이 날개와 동체 등과 같은 1차 구조부의 제작에 쓰인다. 취성이 크고 가격이 비싸다.
아라미드 섬유 (노란색 천)	케블라라고도 하며 가볍고 인장강도가 크며 유연성이 크다. 알루미늄 합금보다 인장강도가 4배 높으며, 밀도는 알루미늄 합금의 50%의 밀도로 높은 응력과 진동을 받는 항공기 부품에 가장 이상적이다.
보론섬유	뛰어난 압축강도와 경도를 가지며 열팽창률이 크고 금속과의 점착성이 좋다. 작업할 때 위험성이 있고 값이 비싸기 때문에 일부 전투기에 사용된다.
세라믹 섬유	1,200℃에 도달할 때까지 강도와 유연성을 유지하며 높은 온도의 적용이 요구되는 곳에 사용한다.

(3) 모재

강화재를 결합시키며 전단 하중이나 압축 하중을 담당하고, 습기가 화학물질로부터 강화재를
보호한다.

[모재의 종류]

유리 섬유 보강 플라스틱(FRP)	항공기의 1차 구조재에 필요한 충분한 강도를 가지지 못하고, 취성이 강해 유리섬유와 함께 2차 구조재에 사용되었다.
섬유 보강 금속(FRM)	가볍고 인장강도가 큰 것을 요구할 때는 알루미늄, 티탄, 마그네슘과 같은 저밀도 금속을 사용하고, 내열성을 고려할 때는 철이나 구리계의 금속을 사용한다.
섬유 보강 세라믹(FRC)	내열합금도 견디지 못하는 1,000도 이상의 높은 온도에 내열성이 있다.

(4) 혼합 복합 소재

인트라플라이 혼합재	천을 생각하기 위해 2개 혹은 그 이상의 보강재를 함께 사용하는 방법이다.
인터플라이 혼합재	두 겹 혹은 그 이상의 보강재를 사용하여 서로 겹겹이 덧붙이는 형태이다.
선택적 배치	섬유를 큰 강도, 유연성, 비용 절감 등을 위해 선택적으로 배치하는 방법이다.

01 다음 중 휨이나 변형이 거의 일어나지 않고 부서지려는 금속의 성질은 무엇인가?

① 인성   ② 전성

③ 연성   ④ 취성

해설

- 인성: 재료의 질긴 성질, 찢어지거나 파괴가 잘되지 않으므로 가공하거나 구조용으로 많이 사용된다.
- 전성: 퍼짐성이라고도 하며, 얇은 판으로 가공할 수 있는 성질을 말한다. 이러한 성질은 판금 공작에 중요하며, 전성이 우수한 대표적인 금속 재료로는 구리가 있다.
- 연성: 뽑힘성이라 하며, 가는 선이나 관으로 가공할 수 있는 성질이다(예: 가래떡).
- 취성: 굽힘이나 변형이 거의 일어나지 않고 재료가 깨지는 성질을 말하며, 메짐이라 한다.

02 소성가공 중 용기(container)에 넣고 압력을 주어 봉재, 관재, 형재 등의 제품으로 가공하는 것을 무엇이라 하는가? (단, 날개보(spar)의 가공에 많이 이용된다.)

① 압출가공   ② 압연가공

③ 프레스가공   ④ 인발가공

해설

- 압출가공: 재료를 실린더 모양의 용기에 넣고 구멍을 통해 밀어내는 방법이며 봉재, 관재, 형재 등을 가공할 수 있다.
- 단조가공: 소재를 가열하여 공기 해머 등으로 단련 및 성형하는 것을 말한다. 단조의 종류에는 자유단조와 형단조가 있다.

- 압연가공: 회전하는 롤 사이에 소재를 통과시켜 원하는 판재를 만드는 것이며, 적당한 모양의 롤을 쓰면, 봉재, 형재, 레일 등으로 가공할 수 있다.
- 프레스: 금속 판재를 한 쌍의 프레스 형틀 사이에 넣고, 필요한 모양으로 압축, 성형하는 것이다.
- 인발: 인발은 원뿔형 구멍을 통해서 봉재나 선재를 뽑아내는 가공을 말한다.

03 항공기 재료로 사용되는 주조용 알루미늄 합금에서 주조의 의미를 옳게 설명한 것은?

① 알루미늄 합금을 두들기거나 눌러서 원하는 형상을 만드는 것

② 알루미늄 합금을 녹여 거푸집에 부어 원하는 형상을 만드는 것

③ 일정한 모양의 구멍으로 알루미늄 합금을 눌러 짜서 뽑아내어 길이가 긴 제품을 만드는 것

④ 회전하는 롤 사이에 가열한 알루미늄 합금을 넣어 일정한 모양으로 만드는 것

해설

거푸집은 금속을 녹여 어떤 물건을 만들기 위한 틀이다. 항공기 재료인 알루미늄 합금을 녹여 거푸집에 부어 원하는 형상을 만드는 것을 주조라고 한다.

04 안전 결선용 와이어, 부싱, 나사, 로드, 코터 핀 및 케이블 등 항공 요소에 쓰이는 철강 재료로 가장 올바른 것은?

① 순철   ② 탄소강

③ 특수강   ④ 주철

✈️ **정답** 01. ④   02. ①   03. ②   04. ②

탄소강은 생산성, 경제성, 기계적 성질, 가공성 등이 우수하기 때문에 강 중에서 사용량이 매우 많지만, 비강도 면에서 불리하기 때문에 항공기 기체 구조 재료로는 거의 쓰이지 않고, 안전 결선용 와이어, 부싱, 나사, 로드, 코터 핀 및 케이블 등에 일부 쓰이고 있다.

05 경질 공구용 합금 중 WC, Tic, Tac 등의 금속 탄화물을 Co로 소결한 비철 합금으로서 소결 탄화물 공구라고도 불리는 재료는?

① 고속도강   ② 스테인리스강

③ 스텔라이트   ④ 소결 초경합금

소결 초경합금은 경질 공구용 합금 중 WC, Tic, Tac 등의 금속 탄화물 Co로 소결한 비철 합금으로서 소결 탄화물 공구라고도 한다. 소결은 고체의 가루를 틀 속에 넣고 프레스로 적당히 눌러 단단하게 만든 다음 그 물질의 녹는점에 가까운 온도로 가열했을 때 가루가 서로 접한 면에서 접합이 이루어지거나 일부가 증착하여 서로 연결되어 한 덩어리로 되는 것을 말한다.

06 다음 중 강괴의 종류가 아닌 것은?

① 킬드강   ② 세미킬드강

③ 림드강   ④ 스테인리스강

강괴의 종류

- 킬드강: 완전히 탈산한 강으로 강괴의 중앙 상부의 큰 수축관이 생긴다.
- 세미 킬드강: 킬드강과 림드강으로 중간 정도로 탈산한 강이다.
- 림드강: 탈산 및 기타 가스 처리가 불충분한 상태의 강으로 주형의 외벽으로 림을 형성한다.
- 캡드강: 림드강을 변형시킨 강으로 비등을 억제시켜 림 부분을 얇게한 강이며, 탈산제로 Fe-Si, Ai, Fe-Mn 등이 쓰인다.

07 저 탄소강이란?

① 탄소가 0.10~0.30%를 함유한 탄소강을 말한다.

② 탄소가 0.30~0.60%를 함유한 탄소강을 말한다.

③ 탄소가 0.60~1.20%를 함유한 탄소강을 말한다.

④ 탄소가 1.20~5.00%를 함유한 탄소강을 말한다.

- 저 탄소강: 탄소를 0.10~0.30% 함유한 강으로서, 연강이라고도 한다. 저 탄소강은 전성이 양호하여 절삭 가공성이 요구되는 구조용 볼트, 너트, 핀 등에 사용된다.
- 중 탄소강: 탄소를 0.30~0.60% 함유한 강이다. 중 탄소강에서 탄소량이 증가하면 경도는 증대하지만, 연신율은 저하한다. 일반적으로 차축, 크랭크축 등의 제조에 이용되며, 화염 및 고주파 담금질 등으로 표면 경도를 향상시켜 기어 등에 이용된다.
- 고 탄소강: 탄소를 0.60~1.20% 함유한 강으로 경도가 매우 크며, 전단이나 마멸에 강한 강이다. 고 탄소강은 인장 응력이 요구되는 철도 레일, 기차 바퀴, 공구강 등에 사용되며, 판재 스프링 및 코일 스프링에도 사용된다.

08 다음 중 철강의 5원소가 아닌 것은?

① C   ② Si

③ Mn   ④ AI

철강의 5원소: 탄소(C), 규소(Si), 망간(Mn), 인(P), 황(S)

정답 05. ④ 06. ④ 07. ① 08. ④

09 다음 중 AISI(SAE) 4130에서 "30"에 대한 설명으로 가장 올바른 것은 어느 것인가?

① 탄소를 0.3% 포함한다.

② Ni을 30% 포함한다.

③ 탄소 함유량이 30%이다.

④ Ni의 함유량이 0.3%이다.

해설

SAE 4130

4: 몰리브덴강

1: 5대 기본 원소 이외의 합금 원소가 없다.

30: 탄소 0.30% 함유

10 합금강의 식별표시에 있어서 몰리브덴강의 표시는?

① 1XXX   ② 2XXX

③ 3XXX   ④ 4XXX

해설

SAE 철강 재료 분류 방법

합금 번호	종류
1xxx	탄소강
13xx	망간강
2xxx	니켈강
23xx	니켈 3% 함유강
3xxx	니켈-크롬강
4xxx	몰리브덴강
41xx	크롬-몰리브덴강
43xx	니켈-크롬-몰리브덴강
5xxx	크롬강
52xx	크롬 2% 함유강
6xxx	크롬-바나듐강
72xx	텅스텐-크롬강
81xx	니켈-크롬-몰리브덴강
92xx	규소-망간강

11 알루미늄의 성질을 잘못 설명한 것은 어느 것인가?

① 바닷물에 침식되지 않는다.

② 표면에 산화 피막을 만든다.

③ 전기 및 열의 전도가 양호하다.

④ 암모니아에 대하여 내식성이 크다.

해설

알루미늄은 바닷물과의 화학작용으로 부식 및 침식이 일어난다.

12 중량비로 볼 때 항공기 기체 구조재로서 가장 많이 사용되는 금속은?

① 플라스틱

② 철강 재료

③ 알루미늄합금

④ 티탄합금

해설

알루미늄은 지구상에서 규소 다음으로 매장량이 많은 원소이며, 항공기 기체 구조재의 70% 이상을 차지한다.

13 다음 중 미국 알루미늄 협회에서 사용하는 규격표시는?

① AISI 규격   ② SAE 규격

③ AA 규격   ④ MIL 규격

해설

• SAE: 미국자동차공학규격

• AA: 미국알루미늄협회규격

• AISI: 미국철강협회규격

• MIL: 미국육군표준규격

• ASTM: 미국재료시험협회 규격

✈ **정답**   09. ①   10. ④   11. ①   12. ③   13. ③

14 ALCOA 규격의 2S는 주 합금 원소가 무엇인가?

① 망간(Mn)　　② 구리(Cu)

③ 순수 알루미늄　　④ 규소(Si)

해설

알코아 규격

- 2S: 상업용 순수 알루미늄
- 3S~9S: 망간
- 10S~29S: 구리
- 30S~49S: 규소
- 50S~69S: 마그네슘
- 70S~79S: 아연

15 다음 중 미국규격협회(ASTM)에서 정한 성질별 기호 중 "O"는 무엇을 나타내는가?

① 가공 경화한 것

② 풀림 처리한 것

③ 주조한 그대로의 상태인 것

④ 담금질 후 시효경화가 진행 중인 것

해설

알루미늄 특성 기호

- F: 주조 상태 그대로 인 것
- O: 풀림 처리한 것
- H: 냉간 가공한 것
- W: 담금질한 후 상온 시효경화가 진행 중인 것
- T: 열처리 한 것

16 미국규격협회(ASTM)에서 알루미늄 합금의 열처리 상태를 표기하는 식별기호에 관한 설명으로 가장 올바른 것은?

① F: 풀림 처리를 한 것

② O: 담금질 후 시효경화가 진행 중인 것

③ H: 가공 경화한 것

④ W: 주조한 그대로의 상태의 것

해설

식별기호

- H1: 가공 경화만을 한 것
- H2: 가공 경화 후 적당히 풀림 처리한 것
- H3: 가공 경화 후 안정화 처리한 것
- T1: 고온 성형 공정으로부터 냉각 후 상온 시효를 끝낸 것
- T2: 풀림 처리한 것(주조 제품에만 사용)
- T3: 담금질한 후 냉간 가공한 것
- T4: 담금질한 후 상온 시효가 완료된 것
- T5: 고온 성형 공정에서 냉각 후 인공 시효 처리한 것
- T6: 담금질한 후 인공 시효 처리한 것
- T7: 담금질한 후 안정화 처리한 것
- T8: 담금질한 후 냉간 가공하여 인공 시효 처리한 것(T3을 인공 시효 처리한 것)
- T9: 담금질한 후 인공 시효 처리하여 냉간 가공한 것(T6를 냉간 가공한 것)
- T10: 고온 성형 공정에서 냉각 후 인공 시효 처리하여 냉간 가공한 것(T5를 냉간 가공한 것)

17 알루미늄-구리-마그네슘계 합금으로 일명 "초두랄루민"이라 하며 파괴에 대한 저항성이 우수하며, 피로강도도 양호하여 인장 하중에 크게 작용하는 대형 항공기 날개 밑면의 외피나 동체의 외피로 사용되는 것은?

① 2014　　② 2024

③ 7075　　④ 7179

해설

AL 2024: 구리 4.4%와 마그네슘 1.5%를 첨가한 합금으로서, 초 두랄루민이라고도 한다. 파괴에 대한 저항이 우수하고 피로강도도 양호하여, 인장 하중이 크게 작용하는 대형 항공기 날개 밑면의 외피나 여압을 받는 동체 외피 등에 주로 사용되고 있다.

✈ 정답 14. ③　15. ②　16. ③　17. ②

18 티타늄 합금의 기계적 성질을 설명한 것 중 옳지 않은 것은?

① 고온에서 산소, 질소, 수소 등과의 친화력이 매우 크다.

② 열전도 계수가 작으므로 열의 분산이 나쁘고 가공할 경우 인화를 일으키기 쉽다.

③ 티타늄 합금에도 열처리에 의해 강도를 올릴 수 있는 것과 없는 것이 있다.

④ 티타늄 합금에는 알루미늄이 전혀 포함되어 있지 않다.

해설

티탄은 알루미늄, 주석, 망간, 철, 크롬, 몰리브덴, 바나듐, 지르코늄 등을 첨가하여 고강도이면서 소성 가공성과 용접성을 향상시킨 합금으로서 사용되고 있다.

19 금속의 비중이 가벼운 것부터 순서대로 나열되어 있는 것은?

① Al〈Ti〈Mg〈스테인리스강

② Mg〈Al〈Ti〈스테인리스강

③ Mg〈스테인리스강〈Ti〈Al

④ Al〈Mg〈Ti〈스테인리스강

해설

- 마그네슘 비중: 1.5~2.0
- 알루미늄 비중: 2.7
- 티탄 비중: 5.54
- 스테인리스강: 6.0 이상

20 기체 손상의 유형 중 긁힘(scratch)에 대한 설명으로 틀린 것은?

① 손상 깊이를 가진다.

② 손상 길이를 가진다.

③ 날카로운 물체와 접촉되어 발생된다.

④ 단면적의 변화에는 영향을 주지 않는다.

해설

- scratch(긁힘): 얕게 긁혀진 손상으로, 외부 물체가 원인이다.
- crack(균열): 두 부분으로 갈라진 형상으로, 과도한 응력이 원인이다.
- dent(패임): 둥근 원기둥 모양의 패임으로, 외부의 큰 하중이 원인이다.
- corrosion(부식): 부식 생성물로, 전기, 화학적인 작용이 원인이다.
- abrasion(마멸): 마찰에 의한 손상이 원인이다.
- score(스코어): 긁힘보다 깊은 파임으로, 외부 압력이 원인이다.

기체 구조의 강도

1 비행 상태와 하중

(1) 비행 중 기체에 작용하는 하중

인장 하중, 압축 하중, 굽힘 하중, 전단 하중, 비틀림 하중

인장력 (Tension Force)	
압축력 (Compression Force)	
전단력 (Shear Force)	
비틀림력 (Torsion Force)	
굽힘력 (Bending Force)	

(2) 하중배수와 속도-하중배수 선도

① **하중배수:** 현재의 하중이 기본 하중의 몇 배 정도 되는지를 나타내며, 항공기의 수평 비행 시 발생하는 양력의 몇 배가 되는지를 정하는 수치를 말한다.

가) 하중배수 공식

급상승 시 하중배수	$n = \dfrac{V^2}{V_S^2}$, V: 속도, V_S: 실속속도
선회비행 시 하중배수	$n = \dfrac{1}{\cos\theta}$, θ: 선회비행 시 경사각
돌풍 시 하중배수	$n = 1 + \dfrac{KUVm\rho}{2\dfrac{W}{S}}$, KU: 유효돌풍속도, m: 양력곡선의 기울기

② **제한 하중배수**

감항류별	제한 하중배수	제한운동
A류(acrobatic)	6	곡예비행에 적합
U류(utility)	4.4	제한된 곡예비행 가능
N류(normal)	2.25~3.8	곡예비행 불가
T류(transport)	2.5	수송기의 운동 가능

③ **속도-하중배수 선도**

가) 설계 급강하 속도(VD): 구조 강도의 안정성과 조종면에서 안전을 보장하는 설계상의 최대 허용 속도이다.

나) 설계 순항 속도(VC): 순항성능이 가장 효율적으로 얻어지도록 정한 설계 속도이다.

다) 설계 운용 속도(VA): 항공기가 어떤 속도로 수평비행을 하다가 갑자기 조종간을 당겨 최대 양력 계수의 상태로 될 때, 큰 날개에 작용하는 하중배수가 그 항공기의 설계 제한 하중배수와 같게 되었을 때의 속도이다. 설계 운용 속도 이하에서는 항공기가 어떤 조작을 해도 구조상 안전하다는 것이다.

라) 설계 돌풍 운용 속도: 어떤 속도로 수평비행 시 수직 돌풍속도를 받았을 때 하중배수가 설계 제한 하중배수와 같아질 때의 수평 비행속도를 말한다.

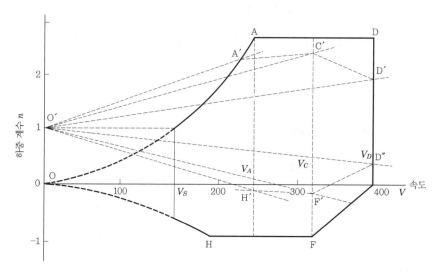

▲ 속도-하중배수 선도

(3) 힘과 모멘트

① **힘:** 물체에 작용하여 그 물체의 형태와 운동상태를 바꾸려는 것을 힘이라 한다.

　가) 벡터: 크기, 방향 및 작용점을 가진다.

　나) 스칼라: 크기만 가진다.

② **모멘트(Moment):** 힘이 물체에 작용하게 되면 그 물체는 힘에 의하여 운동하려고 하며, 또 이 힘에 의해 물체가 어떤 점이나 축에 대해 회전하려는 힘, 회전이 얼마나 크게 이루어지는가 하는 정도, 힘의 회전 능률을 말한다.

③ **짝힘:** 크기가 같고 방향이 반대인 두 힘이 서로 평행한 선상에 작용하는 두 힘을 말한다.

④ **보의 지지점과 반력**

롤러 지지점 (roller support)	수평 방향으로는 자유롭게 움직일 수 있으나, 수직 방향으로는 구속되어 있으므로 수직 반력만 생긴다.
힌지 지지점 (hinge support)	수직 및 수평 방향으로 구속되어 있어 2개의 반력이 생긴다.
고정 지지점 (fixed support)	수직 및 수평 반력과 동시에 저항 회전 모멘트 등 3개의 반력이 생긴다.

⑤ 보의 종류

가) 단순보: 일단이 부등한 힌지 위에 지지가 되어 있고, 타단이 가동 힌지점 위에 지지가 되어 있는 보이다.

나) 외팔보: 일단은 고정되어 있고 타단이 자유로운 보이다.

다) 돌출보: 일단이 부동 힌지점 위에 지지가 되어 있고 보의 중앙 근방에 가동 힌지점이 지지가 되어, 보의 한 지점이 지점 밖으로 돌출된 보이다.

라) 고정 지지보: 일단이 고정되어 타단이 가동 힌지점 위에 지지된 보이다.

마) 양단 지지보: 양단이 고정된 보이다.

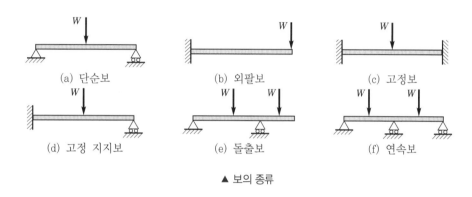

▲ 보의 종류

⑥ 평형 방정식: 외력을 받은 구조물이 그 지지점에서 반력이 생겨 평형을 유지한다면, 계에 작용하는 모든 외력과 반력의 총합은 0이 되어야 하고, 모멘트의 합도 0이 되어야 한다.

> **참고** 평면 구조물의 평형 방정식 ·· ✈
>
> - $\sum X = 0$: 모든 수평 분력의 합은 0
> - $\sum Y = 0$: 모든 수직 분력의 합은 0
> - $\sum M = 0$: 임의의 점에 대한 모멘트의 합은 0

(4) 무게와 평형

① 유효 하중: 승무원, 승객, 화물, 무장계통, 연료, 윤활유 등의 무게를 포함한 것으로 최대 총무게에서 자기 무게를 뺀 것을 말한다.

② 기본 빈 무게(기본 자기 무게)

가) 승무원, 승객 등의 유용 하중, 사용 가능한 연료, 배출 가능한 윤활유의 무게를 포함하지 않는 상태에서의 항공기 무게이다.

나) 기본 빈 무게에는 사용 불가능한 연료, 배출 불가능한 윤활유, 엔진 내 냉각액의 전부, 유압계통의 무게도 포함한다.

③ **운항 빈 무게(운항 자기 무게):** 기본 빈 무게에서 운항에 필요한 승무원, 장비품, 식료품을 포함한 무게이다. 승객, 화물, 연료 및 윤활유를 포함하지 않는 무게이다.

④ **최대 무게:** 항공기에 인가된 최대 무게이다.

⑤ **영 연료 무게:** 연료를 제외하고 적재된 항공기의 최대 무게이다.

⑥ **테어 무게:** 항공기 무게를 측정할 때 사용하는 잭, 블록, 촉과 같은 부수적인 품목의 무게를 말한다.

⑦ **설계 단위 무게:** 항공기 탑재물에 대한 무게를 정하는 데 기준이 되는 설계상의 무게이다.

　가) 남자 승객: 75kg(165lb), 여자 승객: 65kg(143lb)

　나) 가솔린: 1리터당 0.7kg, JP-4 1리터당: 0.767kg

　다) 윤활유의 무게 1리터당 0.9kg

⑧ **평균 공력 시위:** 항공기 날개의 공기역학적인 특성을 대표하는 시위로서 항공기의 무게중심은 평균 공력 시위상의 위치로 나타내며, 무게중심을 표시하는 방법은 % MAC로 표시한다.

2 구조 부재의 응력과 변형률

(1) 하중

① 하중의 종류

정하중	정지 상태에서 서서히 가해져 변하지 않는 하중, 사하중이라고 불리며, 천천히 가해지고 천천히 제거되는 하중도 포함한다.
동하중	하중의 크기가 수시로 변하는 하중으로 활하중이라고 한다.

가) 동하중의 종류

충격 하중	물체에 외력이 순간적으로 작용하는 하중이다.
교번 하중	하중의 크기와 방향이 변화하는 압축력과 인장력이 연속적으로 작용하는 하중이다.
반복 하중	크기와 방향이 같은 하중이 일정하게 되풀이되는 하중이다.

나) 작용방식에 따른 하중의 종류

비틀림 하중	축 중심에서 떨어져 작용하며, 축의 주위에 모멘트를 일으키고 재료의 단면에 상반된 작용으로 비틀림 현상의 하중이다.
휨하중	재료의 축에 대해 각도를 이뤄 작용하여 굽힘 현상을 일으키는 하중이다.
전단 하중	물체 면에 평행으로 전단 작용을 하는 하중이다.
축하중	분포 하중에는 합력의 작용선이 축선에 일치하고, 집중 하중에는 작용선이 축선에 일치하는 하중으로 인장 하중과 압축 하중이 있다.

② **응력과 변형률**

가) 응력: 물체에 외력이 작용하면 내부에서는 저항하려는 힘, 즉 내력이 생기는 데 단위 면적당 내력의 크기를 응력이라 한다.($\sigma = \dfrac{W}{A}$, σ: 인장응력, W: 인장력, A: 단면적)

나) 변형률: 변형 전의 치수에 대한 변형량의 비, 즉 늘어난 길이와 원래 길이와의 비를 변형률이라 한다.($\epsilon = \dfrac{\delta}{L}$, δ: 변형된 길이, L: 원래의 길이)

③ **응력-변형률 곡선**

가) A(탄성한계): 비례한도라 하고, 이 범위 안에서는 응력이 제거되면 변형률이 제거되어 원래의 상태로 돌아간다.

나) B(항복점): 응력이 증가하지 않아도 변형이 저절로 증가되는 점이다. 이때의 응력을 항복 응력이라 한다.

다) C(항복영역): 항복점과 극한강도 사이의 임의의 점으로, 이점까지 하중을 가한 상태에서 하중을 제거하면 그림과 같이 OD의 영구 변형이 남게 되고, 재료의 영구 변형이 생기는 현상을 소성이라 한다.

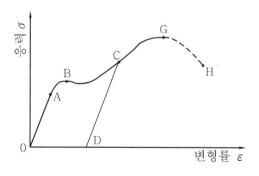

▲ 응력-변형률 곡선

(1) 강도와 안정성

① 크리프와 피로

가) 크리프: 일정한 응력을 받는 재료가 일정한 온도에서 시간이 경과함에 따라 하중이 일정하더라도 변형률이 변화하는 현상을 말한다.

나) 피로: 반복 하중에 의하여 재료의 저항력이 감소하는 현상을 말한다.

> **참고** 피로 파괴 ---
>
> 반복 하중을 받는 구조는 정하중에서의 재료의 극한강도보다 훨씬 낮은 응력에서 파단되는데, 이를 피로 파괴라 한다.

(2) 기둥의 좌굴

① **세장비**: 기둥의 좌굴은 기둥의 길이를 단면의 회전 반지름으로 나눈 비로, 이를 세장비라 한다.

가) 세장비(λ): $\dfrac{L}{R}$ (L: 기둥의 길이, R: 최소 단면 회전 반지름 ($\sqrt{\dfrac{d^2}{16}}$))

② **임계 하중**: 재료의 내부에서 좌굴이 발생하는 순간의 하중을 임계 하중 또는 좌굴 하중이라 한다.

(3) 안전여유

① 설계 하중과 안전여유

가) 설계 하중: 항공기는 한계 하중보다 큰 하중을 받지는 않으나 기체의 강도는 한계 하중보다 좀 더 높은 하중에서 견딜 수 있도록 설계해야 하는데, 이를 설계 하중 또는 극한 하중이라 한다. 일반적으로 기체 구조의 설계 시 안전계수는 1.5이다.

설계 하중=한계 하중×안전계수

나) 응력집중: 작은 구멍, 홈, 키, 필릿, 노치 등과 같이 변화하는 단면의 주위에서 국부적으로 큰 응력이 생기는 것을 응력집중이라 한다.

다) 안전여유: 구조부재가 받을 수 있는 최대 하중(허용 하중)과 실제 발생하는 최대 하중(실제 하중)을 나타내어 설계 시 반드시 고려해야 한다.

$$안전여유(MS) = \frac{허용\ 하중(허용\ 응력)}{실제\ 하중(실제\ 응력)}$$

(4) 구조시험

① **정하중 시험:** 비행 중 가장 심한 하중, 즉 극한 하중의 조건에서 기체의 구조가 충분한 강도와 강성을 가지고 있는지 시험하는 것으로 파괴시험도 포함된다.

　가) 강성시험: 한계 하중보다 낮은 하중 상태에서 기체 각 부분의 강성을 측정한다. 하중을 제거하면 원래 상태로 돌아온다.

　나) 한계 하중 시험: 위험을 초래하는 잔류 변형이 발생할 수 있으므로 확인해야 한다.

　다) 극한 하중 시험

　라) 파괴시험: 이론적으로는 예측하기 어려운 많은 자료를 얻을 수 있고, 기체 구조가 안전계수에 의해 설계, 제작되었기 때문에 파괴시험 하중은 대단히 높은 값을 가진다. 파괴시험을 하기 전까지의 응력 및 변형을 확실히 확인하면서 시험을 진행해야 한다.

② **낙하시험:** 실제의 착륙상태 또는 그 이상의 조건에서 착륙장치의 완충 능력 및 하중 전달 구조물의 강도를 확인하기 위하여 하는 시험이다. 착륙장치의 시험에는 자유낙하시험, 여유 에너지 흡수 낙하시험, 작동시험 등이 있다.

③ **피로시험:** 부분 구조의 피로시험과 전체 구조의 피로시험으로 나눈다. 기체 구조 전체의 피로시험은 기체 구조의 안정수명을 결정하기 위한 것이 주목적이며, 부수적으로 2차 구조의 손상 여부를 검토하기 위한 시험을 한다.

④ **지상 진동시험:** 기체의 구조는 정하중을 받을 때 뿐만 아니라 동하중을 받게 되는 경우에도 구조 강도가 보장되어야 한다. 동하중의 경우 정하중과 달리 심한 진동을 받게 됨으로 공진현상이 일어날 수 있고 기체 구조의 공진현상에 대해 기체 일부 또는 기체 구조 전체에 가진기로 인위적인 진동을 주어 구조의 고유 진동 수, 진폭 등을 조사하고 이를 측정하는 시험을 지상 진동시험이라 한다.

01 다음 중 항공기 구조부에 작용하는 내부 하중으로 가장 올바른 것은 어느 것인가?

① 압축, 전단, 비틀림, 인장
② 압축, 전단, 비틀림, 인장, 굽힘
③ 압축, 항력, 비틀림, 굽힘
④ 양력, 추력, 항력, 중력

해설

항공기의 내부 하중: 압축, 전단, 비틀림, 인장, 굽힘

02 비행 중 항공기 동체에 걸리는 응력에 대한 설명으로 맞는 것은 어느 것인가?

① 윗면에는 인장 응력이 작용하고, 아랫면에는 압축 응력이 작용한다.
② 윗면에는 압축 응력이 작용하고, 아랫면에는 인장 응력이 작용한다.
③ 윗면, 아랫면에 모두 압축 응력이 작용한다.
④ 윗면, 아랫면에 모두 인장 응력이 작용한다.

해설

비행 중 날개는 양력에 의해 위로 올라가게 되고, 동체는 중력에 의해 아래로 쳐지게 된다. 그러므로 날개의 윗면은 압축 응력, 아랫면은 인장 응력, 동체의 윗면은 인장 응력, 아랫면은 압축 응력이 작용한다.

03 물체의 외력이 작용하면 내력이 발생하는데, 내력을 단위 면적당의 크기로 표시한 것은?

① 응력
② 하중
③ 변형
④ 탄성

해설

응력은 외력이 작용하면 내력이 발생하는데, 내력을 단위 면적당 크기로 표시한 것이다.

04 비행 중 양력으로 인하여 날개에 굽힘(bending) 응력이 발생할 때, 날개 하면에 작용하는 응력은?

① 인장 응력
② 압축 응력
③ 전단 응력
④ 비틀림 응력

해설

양력으로 인해 날개는 위로 구부러지기 때문에 위쪽은 압축, 아래쪽은 인장 응력을 받는다.

05 그림과 같이 고정시켜 놓은 가운데 봉을 양쪽으로 당겼을 때, 봉에 발생하는 하중의 형태로 옳은 것은?

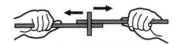

① 인장
② 압축
③ 전단
④ 비틀림

해설

전단 응력은 물체에 서로 평행이고 반대 방향인 힘이 작용하여 어떤 면을 경계로 한쪽 부분과 다른 쪽 부분이 서로 미끄러지듯 움직여 끊어지려는 현상이다.

✈ 정답 01. ② 02. ① 03. ① 04. ① 05. ③

06 비행 중 항공기의 날개(wing)에 걸리는 응력에 관해서 가장 올바르게 설명한 것은?

① 윗면에서는 인장 응력이 생기고 아랫면에는 압축 응력이 생긴다.

② 윗면에서는 압축 응력이 생기고 아랫면에는 인장 응력이 생긴다.

③ 윗면과 아랫면 모두 다 압축 응력이 생긴다.

④ 윗면과 아랫면 모두 다 인장 응력이 생긴다.

해설

2번 문제 해설 참고

07 항공기가 수평 비행할 때 날개의 상부와 하부, 그리고 단면에 작용하는 응력이 옳게 연결된 것은?

① 상부: 굽힘, 하부: 인장, 단면: 휨

② 상부: 압축, 하부: 인장, 단면: 전단

③ 상부: 인장, 하부: 압축, 단면: 굽힘

④ 상부: 휨, 하부: 굽힘, 단면: 압축

해설

양력으로 인해 날개는 위로 구부러지기 때문에 위쪽은 압축, 아래쪽은 인장 응력을 받는다.

08 항공기 날개 구조부에서 외피에 작용하는 하중은?

① 인장 하중   ② 압축 하중

③ 전단 하중   ④ 비틀림 하중

해설

외피(skin)는 날개의 외형을 형성하는데, 앞 날개보와 뒷 날개보 사이의 외피는 날개 구조상 응력이 발생하기 때문에 응력 외피라 하며 높은 강도가 요구된다. 비틀림이나 축력의 증가분을 전단 흐름의 형태로 변환하여 담당한다.

09 응력 외피형 구조 날개에 작용하는 하중에서 비틀림 모멘트를 담당하는 구조부재는?

① 스파   ② 외피

③ 리브   ④ 스트링거

해설

8번 문제 해설 참고

10 I자형 날개보에 작용하는 주요 하중에서 비행 중 압축 응력이 발생되는 부분은?

① 아랫면 플랜지   ② 윗면 플랜지

③ 웨이브   ④ 구조재

해설

날개보(spar)는 날개에 걸리는 굽힘 하중을 담당하고 날개의 주 구조부재이며, I형 날개보에서 비행 중 윗면 플랜지는 압축 응력을, 아랫면 플랜지는 인장 응력이 작용하고, 웨브(web)는 전단 응력이 작용한다.

11 날개에 걸리는 대부분의 하중을 담당하며, 특히 굽힘 하중을 담당하는 부재는 무엇인가?

① 날개보   ② 보강재

③ 세로대   ④ 응력 외피

해설

10번 문제 해설 참고

12 다음 중 기체가 동하중(dynamic load)을 받는 경우가 아닌 것은?

① 돌풍 하중

② 착륙 시 충격

③ 비행 중 갑작스러운 조작

④ 지상 하중

해설

지상 하중은 일정한 크기로 지속적으로 작용하는 정하중에 가깝다.

13 구조 전체에 작용하는 중력, 자기력 및 관성력과 같은 하중을 무엇이라 하는가?

① 면하중 ② 분포 하중
③ 집중 하중 ④ 체적 하중

해설

구조 하중
- 표면 하중: 집중 하중, 분포 하중
- 물체 하중(체적 하중): 중력, 자기력, 관성력
- 정하중: 일정한 크기로 지속적으로 작용
- 동하중: 시간에 따라 크기가 변화(반복 하중, 충격 하중, 교번 하중)

14 항공기가 이·착륙할 때 받는 추가적인 하중과 관련된 힘은?

① 구심력 ② 원심력
③ 관성력 ④ 표면장력

해설

이륙 시에 정지 상황에서 앞으로 나갈 때 받는 관성력과 착륙 시에 움직이는 항공기를 정지시키려고 받는 관성력이 있다.

15 다음 중 기체 강도 설계 시 설계하중(design load)을 고려하는 이유가 아닌 것은?

① 재료의 기계적 성질 등이 실제 값과 약간씩 차이가 있다.
② 재료가공 및 검사 방법 등에 따라 측정한 치수에 항상 오차가 있기 때문이다.
③ 항공역학 및 구조역학 등의 이론적 계산에서 많은 가정이 있다.
④ 기체의 강도는 한계 하중보다 좀 더 낮은 하중에서 견딜 수 있도록 설계되기 때문이다.

해설

설계 하중은 기체 강도를 한계 하중보다 높은 하중에서 견디도록 설계하며, 기체 구조의 설계에서 안전계수는 1.5이다.

※ 설계 하중=한계 하중×안전계수

16 속도−하중배수 선도에 나타나는 속도 중에서 가장 속도가 빠른 것은?

① 설계 급강하 속도
② 설계 순항 속도
③ 설계 운용 속도
④ 실속 속도

해설

- 설계 급강하 속도(VD): 속도−하중배수 선도에서 최대 속도를 나타내며, 구조 강도의 안정성과 조종면에서 안전을 보장하는 설계상의 최대 허용 속도이다.
- 설계 순항 속도(VC): 항공기가 이 속도에서 순항 성능이 효율적으로 얻어지도록 정한 설계 속도이다.
- 설계 운용 속도(VA): 플랩 올림 상태에서 설계 무게에 대한 실속 속도로 정하며, 운용 속도 이하인 속도에서는 항공기가 운용에 의해 속도가 변하더라도 구조상 안전하다는 것을 나타낸다.

17 V−n 선도에 대하여 옳게 설명한 것은?

① 양력을 항공기 속도에 대해 그래프로 나타낸 것
② 하중배수를 항공기 속도에 대해 그래프로 나타낸 것
③ 항공기의 수직 속도를 수평 속도에 대해 그래프로 나타낸 것
④ 등가대기속도를 항공기 속도에 대해 그래프로 나타낸 것

해설

V−N 선도는 하중배수를 항공기 속도에 대해 그래프로 나타낸 것이다.

✈ **정답** 13. ④ 14. ③ 15. ④ 16. ① 17. ②

18 안전여유(margin of safety)를 구하는 공식으로 올바른 것은?

① 안전여유= $\dfrac{\text{허용 하중(또는 허용 응력)}}{\text{실제 하중(또는 실제 응력)}} = -1$

② 안전여유= $\dfrac{\text{실제 하중(또는 실제 응력)}}{\text{허용 하중(또는 허용 응력)}} = -1$

③ 안전여유= $\dfrac{\text{허용 하중}}{\text{실제 하중}} = -1$

④ 안전여유= $\dfrac{\text{허용 하중}}{\text{실제 하중}} = -1$

해설

안전여유$(M \cdot S) = \dfrac{\text{허용 하중}}{\text{실제 하중}} = -1$

19 실속속도가 120km/h인 비행기를 240km/h의 속도로 수평비행 시 조종간을 당겨 최대 양력계수의 상태가 되었다면, 이때의 하중배수는?

① 2 　　　② 3

③ 4 　　　④ 5

해설

$\dfrac{V^2}{V_s^2} = \dfrac{240^2}{120^2} = \dfrac{57,600}{14,400} = 57,600 \div 14,400 = 4$

20 힘(force)은 크기, 방향, 작용점의 세 가지 요소를 가진다. 이와 같은 세 가지 요소를 가지는 물리량은?

① 모멘트(moment)

② 벡터(vector)

③ 스칼라(scalar)

④ 강도(strength)

해설

• 벡터는 크기, 방향, 작용점의 세 가지 요소를 가지고 있는 물리량이다.

• 스칼라는 크기만을 갖는 물리량이다.

CHAPTER

04 헬리콥터 기체 구조

---

1 헬리콥터 구조

(1) 기체의 일반적 구성

① 개요

헬리콥터는 구성 성분에 따라 여러 가지 형태와 재료로 제작된다. 기체 구조의 구성품은 제작사 및 기종에 따라 조금씩 다르지만, 몸체 구조(body structure), 아래 구조(buttom structure), 객실 부분(cabin section), 후방 구조(rear section), 테일붐, 착륙장치, 안정판으로 구성된다.

가) 몸체 구조(body structure): 동체의 중요 부분으로 양력 및 추력뿐 아니라 착륙 하중을 담당하고, 기체가 받는 대부분의 하중을 몸체 구조가 담당하며, 다른 구조의 하중도 몸체 구조로 전달된다.

나) 아래 구조(buttom structure): 몸체 구조의 앞부분에 위치하며 몸체 구조에서 연장된 2개의 세로 구조 부재에 여러 개의 가로 부재가 연결되어 만들어졌다. 객실의 하중을 지지하며 하중이 몸체 구조로 전달된다.

다) 객실 구조(cabin section): 윈드실드, 지붕, 수직 부재로 구성되어 있고, 대부분 합성수지로 만든다. 객실 구조 부재는 몸체 구조의 뒤 벌크헤드에 볼트로 연결되어 있다.

라) 후방 구조(rear section): 동체의 뒤쪽에 위치하며, 구조 부재는 몸체 구조와 연결되어 있다. 엔진이 뒤쪽에 있을 경우 엔진 지지대 역할도 하며, 방화벽을 설치해서 화물실로도 이용한다.

마) 테일 붐: 동체와 꼬리회전날개 사이에 있는 부분으로 모노코크 또는 세미 모노코크로 만들며, 동체의 뒷 부분에 볼트로 연결되어 있다.

바) 안정판: 수직 핀과 수평 안정판으로 구성되어 있으며, 수직 핀은 착륙 시 꼬리회전날개가 손상되지 않도록 꼬리날개 보호대가 설치되어 있다. 또한, 수직 핀은 위쪽과 아래쪽에 비대칭형으로 있는데, 이는 전진 중에 발생하는 토크를 줄어들게 하는 역할도 한다. 수평 안정판은 기체가 전진 비행을 할 때 공기력이 아래쪽으로 작용해 수평을 유지하게 해준다.

사) 착륙장치: 몸체 구조에 연결되며 지상에서 기체를 지지해 주고 회전날개가 회전 중일 때 진동을 줄여주는 역할도 한다.

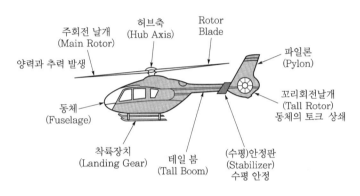

▲ 헬리콥터 기체구조

(2) 기체에 작용하는 힘

① **호버링:** 회전날개의 회전면이 수평이면서 양력과 무게가 평형을 이루면 헬리콥터는 제자리 비행을 하는데, 이것을 정지 비행 또는 호버링이라 한다.

② **수직 상승 및 하강:** 위쪽으로 작용하는 추력이 아래쪽에 작용하는 무게와 항력보다 클 경우 헬리콥터는 수직으로 상승하게 된다. 또한, 위쪽으로 작용하는 양력과 항력의 합력이 아래쪽으로 작용하는 무게보다 작을 경우 항공기는 수직으로 하강하게 된다.

③ **좌/우측 비행:** 회전날개의 회전면이 왼쪽으로 기울어질 경우 헬리콥터의 합력이 양력과 왼쪽 방향의 추력으로 나누어지는데, 추력이 항력보다 크고 양력이 무게와 같으면 헬리콥터는 수평으로 좌측 비행을 하게 된다. 우측 비행은 좌측 비행을 할 때와 반대로 작용한다.

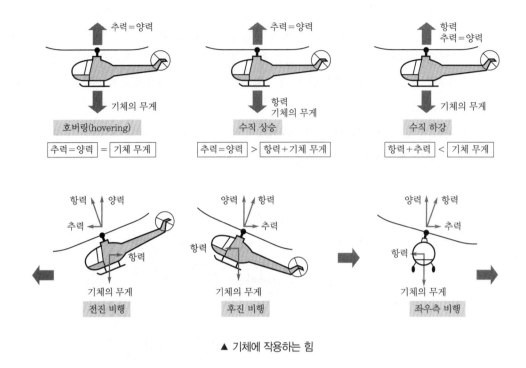

▲ 기체에 작용하는 힘

④ 회전날개에 의한 토크 발생

- 헬리콥터는 뉴턴의 작용과 반작용 법칙으로 주 회전날개가 회전하는 방향과는 반대 방향으로 회전하는 토크가 발생한다.
- 토크를 방지하기 위해 꼬리회전날개를 설치하여 토크 발생을 상쇄한다.

(3) 헬리콥터의 동체 구조 형식

① **트러스 구조**: 강관을 삼각 형태로 용접하여 만든 구조물로 길이 방향의 세로대와 가로대가 있다. 이 구조는 무게에 비해 높은 강도로 구조를 만들 수 있고 강관이 모든 하중을 담당하고 외피는 공기역학적 성능의 향상 역할을 한다.

② **모노코크 구조**: 동체는 링과 정형재 및 벌크헤드에 의해 동체가 구성되며, 이 위에 응력 외피를 부착했다. 이 외피는 동체에 작용하는 하중의 대부분을 차지하고, 다른 보강재가 없고 외피가 두꺼워 동체가 무겁다.

③ **세미 모노코크 구조**: 수직구조 부재와 수평구조 부재로 만들어 동체의 모양과 강도를 유지하고 그 위에 응력의 일부를 담당하는 외피를 입힌 구조이다. 모노코크 구조보다 무게가 가볍고 강도가 크기 때문에 오늘날 대부분의 헬리콥터 동체 구조로 이용된다.

2 회전날개

(1) 주 회전날개에 작용하는 힘

① **날개 처짐(droop):** 정지상태에 있을 때의 회전날개는 무게와 길이에 의해 밑으로 늘어지게 된다. 이러한 현상을 회전날개의 처짐(droop)이라 한다.

② **코닝(coning):** 회전날개에 피치각이 주어지면 양력이 발생하게 되는데, 이때 양력은 회전날개에 수직으로 작용하게 되고 양력과 원심력이 합쳐져 깃이 위로 쳐든 형태가 된다. 이러한 형태를 회전날개의 코닝(coning)이라 하고, 이때의 각도를 코닝 각(coning angle)이라 한다.

③ **회전면(rotor disk):** 회전날개가 회전할 때는 회전날개의 깃 끝이 원형을 그리게 되는데, 이때의 원형면을 회전날개의 회전면(rotor disk)이라 한다.

(2) 주 회전날개의 양력 불균형 및 플래핑 힌지

① **주 회전날개의 양력 불균형:** 깃의 피치각이 같을 경우 헬리콥터의 진행속도와 회전날개의 회전속도에 의해 전진 깃에서 발생하는 양력과 후진 깃에서 발생하는 양력과는 서로 차이가 있기 때문에 양력의 불균형이 발생한다.

② **플래핑 힌지**

가) 플래핑 운동: 전진하는 깃과 후진하는 깃의 양력 불균형 차이 때문에 회전날개가 위·아래로 움직이게 되는데, 이를 플래핑 운동이라 한다.

나) 플래핑 힌지: 회전날개를 위·아래로 플래핑 운동을 할 수 있게 해주는 힌지이다.

(3) 코리올리 효과와 항력힌지

① **코리올리 효과:** 회전날개의 전진 깃은 양력의 증가로 위로 올라가기 때문에 축에 가까워져 가속되어 전방으로 앞서게 되는 lead 운동을 하고, 후진 깃은 축에서 멀어져서 속도가 떨어지고 이로 인해 깃은 뒤로 쳐지게 되는 lag 운동을 하게 된다. 이와 같은 현상을 코리올리 효과라 한다.

② **항력힌지:** 회전날개 깃이 앞서게 되고 뒤로 쳐지는 현상에서 힌지를 설치하여 코리올리 효과에 의한 회전날개의 기하학적 불균형을 해결하는데, 이를 항력힌지(lead−lag힌지)라 한다. 또한, 깃의 이동을 제한하고 부드럽게 운동을 하기 위해 댐퍼를 설치한다.

(4) 주 회전날개의 형식과 구조

① 주 회전날개의 형식

관절형 회전날개	깃이 3개의 힌지에 의해 허브에 연결되는 형식으로, 3개의 힌지는 플래핑 힌지, 페더링 힌지, 항력힌지가 있다.
반고정형 회전날개	부분 관절형 회전날개로, 허브에 페더링 힌지와 플래핑 힌지는 가지고 있으나 항력힌지는 없다.
고정형 회전날개	페더링 힌지만 있는 방식으로, 양력 불균형을 해소하지 못해 오토자이로나 초기에 헬리콥터에만 이용됐다.
베어링리스 회전날개	3개의 힌지가 전부 없는 구조로, 깃의 탄성 변형에 의해 모든 운동이 가능하고 꼬리회전날개에 주로 사용한다.

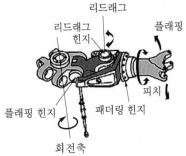

관절형 회전날개(깃이 3개 이상)
플래핑 힌지, 페더링 힌지, 항력 힌지

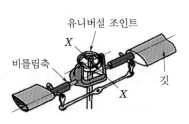

반고정형 회전날개(깃이 2개인 시소형)
플래핑 힌지, 페더링 힌지

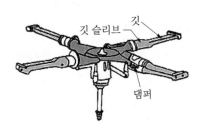

고정형 회전날개
페더링 힌지

베어링리스 회전날개
힌지가 없다.

② 주 회전날개 깃

목재 깃	• 자작나무, 전나무, 소나무, 발사 등을 여러 층으로 접합시켜 만든 것으로, 앞전은 얇은 나무판으로 만들고 중심에는 무게중심을 맞추기 위해 금속 코어를 넣는다. • 팁 포켓은 길이 방향의 평형을 맞추는 데 사용한다. • 회전날개 깃 2개를 한 조로 만들고 교환할 때도 한 쌍으로 교환해야 한다.

금속 깃	• 알루미늄 합금, 스테인리스강, 티탄 합금, 합금강으로 제작되고 동일한 성질의 제품을 만들 수 있어 1개씩 교환하는 것이 가능하다. • 그립 플레이트와 더블러는 깃의 뿌리에 장착되어 깃이 받는 하중은 허브에 전달한다. • 트림 탭은 날개 뒷전에 장착되며 깃의 궤도를 맞추는 데 사용한다. • 팁 포켓은 길이 방향의 평형을 맞추는 데 사용한다.
복합재료 깃	• 외피는 주로 유리섬유로 제작되는데, 유리섬유로 만든 깃은 수명이 길고, 부식이 없으며, 노치 손상에 잘 견디는 장점이 있다. • 유리섬유나 케블라를 외피로 사용하고, 티탄을 앞전으로 사용하며, 깃 내부는 허니콤 구조로 되어 있다.

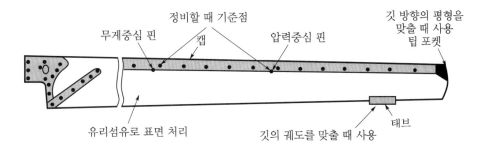

▲ 주 회전날개 목재 깃

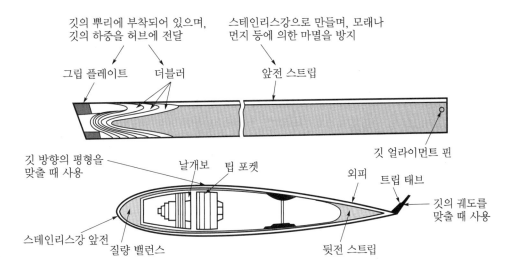

▲ 주 회전날개 금속 깃

(5) 주 회전날개의 진동 및 평형

① 진동

가) 개요: 엔진, 회전날개, 트랜스미션 및 그 밖의 작동 부품에서 진동이 발생한다. 헬리콥터의 진동은 저주파수 진동, 중간 주파수 진동, 고주파수 진동으로 구분한다.

나) 진동의 종류

저주파수 진동	• 가장 보편적인 진동으로 날개 1회전당 한 번 일어나는 진동을 1:1 진동이라 한다. • 종 진동은 궤도와 관계가 있고, 횡 진동은 깃의 평형이 맞지 않을 때 생긴다.
중간주파수 진동	• 날개 1회전당 4~6번 진동이 일어나게 되어 식별이 어려우며, 회전날개에 의해 발생한다. • 착륙장치나 냉각 팬과 같은 부품의 고정 부분이 이완되었을 때도 발생한다.
고주파수 진동	• 꼬리회전날개의 진동수가 빠를 때 발생하며, 이 진동이 발생할 경우 꼬리 회전날개의 궤도를 점검한다. • 궤도점검이 이상이 없을 경우 꼬리회전날개의 평형을 검사하고, 구동축의 굽힘이나 정렬상태를 검사한다. 방향 페달을 통해 진동을 느낄 수 있다.

② 주 회전날개의 정적평형

가) 개요: 동적평형 작업 전에 실시해야 하며, 시위 방향과 길이 방향의 평형에 의해 진동에 영향을 받게 되므로 회전날개가 정지상태에서 두 가지 방향의 평형 작업이 필요하다.

나) 평형 작업: 시위 길이 방향의 평형이 길이 방향 평형에 영향을 주기 때문에, 시위 방향의 평형 작업을 먼저 실시해야 한다. 평형 작업은 유니버설 평형 장비를 사용하여 작업하는데, 이 장비는 꼬리회전날개, 프로펠러, 기타 구성품의 평형 작업에도 사용된다.

③ 주 회전날개의 동적평형

가) 개요: 궤도 점검 후 헬리콥터의 가로 방향의 저주파수 진동이 발생할 경우 길이 방향과 시위 방향의 동적 평형 작업이 필요하다.

나) 평형 작업의 종류

길이 방향 동적평형	• 시행착오법은 깃 끝부분에 약 5cm 넓이의 테이프를 감은 다음 깃의 증가된 무게가 회전할 때 결과를 관찰한다. 가장 적은 진동에 도달했을 때 테이프와 같은 무게의 팁 포켓이나 리테이닝 볼트에 추가한다. • 전자식 평형방법은 검사 막대 등과 같은 재래식 방식에 의한 오차를 줄여주며, 정확한 궤도 및 평형 작업이 가능하다. • 비행 중에 실시하며 전자 파동 신호와 가속도계에 감지된 진동 특성 신호를 전자 평형 기기에 입력시켜 자료를 산출한 후 평형추의 무게와 위치를 계산한다.

시위 방향 동적평형	• 비행 중 주기 피치 조종이 늦어지며, 동시 피치 조종이 무거워질 경우 스위핑 작업을 통해 실시한다. 이 작업은 반고정형 회전날개에 사용한다.

(6) 회전날개의 궤도 점검

가) 개요: 주 회전날개가 회전할 때 각각의 깃이 그리는 회전 궤도가 일치하는지 여부를 검사하는 것이다. 궤도 점검 방법에는 검사 막대에 의한 방법, 궤도 점검용 깃발에 의한 방법, 광선 반사에 의한 방법, 스트로보스코프를 이용한 방법 등이 있다.

나) 궤도 점검의 종류

검사 막대에 의한 궤도 점검	지상에서만 사용되며 규정된 회전수로 회전할 때 검사 막대의 심지 부분을 접촉시켜 검사한다.
깃발에 의한 궤도 점검	지상에서만 사용하며 회전날개 한쪽 끝은 빨강, 한쪽 끝은 파랑으로 표시하여 규정된 회전수로 회전할 때 점검용 깃발을 접근시켜 깃발에 남겨진 표시를 검사한다.
광선 반사에 의한 궤도 점검	지상과 공중에서 모두 실시가 가능하며 반사판을 조종석에서 마주 보이도록 깃 끝에 장착한 다음 손전등을 조종석의 지정된 위치에 고정시키고 회전할 때 반사거울에 비추어 점검한다.
스트로보스코프에 의한 궤도 점검	지상과 공중에서 모두 실시가 가능하며 깃 끝에 반사판을 붙인 다음 스트로보스코프를 통해 깃의 궤도를 검사한다.

---

3 조종장치

(1) 헬리콥터의 비행조종 원리

① **수직 조종:** 헬리콥터가 상승, 하강하도록 조종하는 것으로, 기체의 무게와 양력에 관계가 있다. 헬리콥터 양력의 증감은 동시 피치 레버로 조절하며, 동시 피치 레버는 주 회전날개의 모든 깃의 피치각을 동시에 변화시켜 양력을 증감한다.

② **방향 조종:** 헬리콥터의 중심을 통과하는 수직축에 대한 운동으로서 방향조절 페달에 의해 조종한다. 꼬리회전날개에 의해 방향 안정을 유지하거나 꼬리회전날개의 피치각을 증감시켜 방향을 조정한다.

③ **좌우 조종:** 기체의 방향을 변화시키지 않고, 헬리콥터를 좌우로 이동하는 것으로 주기 조종간에 의해 조종한다. 기체의 세로축에 대해 좌우로 경사지게 한 다음 주 회전날개의 추력 성분에 의해 기체를 왼쪽 또는 오른쪽으로 진행시킨다.

④ **앞뒤 조종:** 좌우 조종과 마찬가지로 헬리콥터를 앞뒤로 이동하는 것으로 주기 조종간에 의해 조종한다. 날개의 회전면을 경사지게 하여 앞 또는 뒤로 기울여 기체를 진행시킨다.

(2) 헬리콥터의 조종장치 및 리그작업

① **조작장치:** 조종사가 조종하는 조작장치에는 주기 조종간과 동시 피치 레버, 방향조절 페달이 해당한다.

[조작장치의 종류]

주기 조종간	주 회전날개의 회전 경사판(swash plate)에 연결되어 조종간에 의해 회전면을 앞, 뒤, 좌, 우 방향으로 조종이 가능하다.
동시 피치 레버	주 회전날개의 회전 경사판(swash plate)에 연결되어 조작 레버를 통해 피치각을 동시에 증감시켜 상승 또는 하강 조종이 가능하다.
방향 조절 페달	페달에 의해 조종을 진행하며 꼬리회전날개의 피치각을 조절하여 토크의 균형을 변화시켜 방향을 조종한다.

② **조종장치 연결기구:** 토크 튜브, 푸시풀 로드, 벨 크랭크, 케이블 및 풀리 등으로 구성되어 있으며, 헬리콥터에는 주로 푸시풀 로드가 사용된다.

③ **작동기:** 조종력에 걸리는 큰 힘이 걸리는 회전날개나 다른 조종면을 조작하도록 하며 진동을 덜 받는 장점도 있다. 기계 유압식, 전기 유압식, 전식이 사용되며 헬리콥터엔 대부분 기계 유압식이 사용된다.

④ **센터링 장치:** 조종사의 조작에 따른 조종력을 감각적으로 느끼게 하며 조종사가 조종장치에서 손을 떼었을 때 중립 위치로 되돌아가도록 하는 장치다.

⑤ **리그작업:** 조종계통의 작동 변위를 조절하고, 주 회전날개와 조종장치, 꼬리회전날개와 조종장치, 조종장치 작동과 조종면의 작동이 일치하도록 하는 작업이다.

　가) 정적 리그작업: 조종계통을 정해진 위치에 놓고 조종면을 기준선에 맞춘 후 각도기, 지그 등을 이용하여 고정면과 조종면 사이에 변위를 측정하고 최대 작동거리를 조절하는 작업이다.

　나) 기능점검: 정적 리그작업이 끝난 후 실시하며 조종계통과 회전날개 움직임의 일치 상태, 조종장치의 운동 범위와 중립 위치의 정확성을 점검한다.

(1) 착륙장치의 종류

스키드 기어형	구조가 간단하고 정비가 용이하여 소형 헬리콥터에 사용되고 있으나, 지상운전과 취급에는 매우 불리하다.
바퀴형	지상에서 취급이 어려운 대형 헬리콥터에 주로 이용되며 지상 활주가 가능하다.

(2) 헬리콥터의 부착장비

① **높은 스키드 기어:** 헬리콥터의 동체를 높게 유지해 꼬리회전날개가 지상에서 충돌을 일으킬 가능성을 낮추는 목적을 가진다. 아무 장소에나 착륙할 수 있는 장점을 가진다.

② **플로트:** 높은 스키드 기어에 장착하여 물 위에 이·착륙할 때 사용한다.

③ **구조용 호이스트:** 주로 군, 경찰, 소방 헬리콥터에 사용되며, 위급 상황 시 사람을 끌어올릴 때 사용한다.

④ **카고 훅:** 중량물을 들어 올리거나 이동시킬 때 사용하는 장비로 기체의 무게중심에 위치해 있어야 한다.

01 헬리콥터에 관한 설명으로 틀린 것은?

① 수직 이·착륙과 공중 정지 비행이 가능하다.

② 3차원의 모든 방향으로 직선 이동이 불가능하다.

③ 꼬리회전날개의 회전으로 비행 방향을 결정한다.

④ 주 회전날개를 회전시켜 양력과 추력을 발생시킨다.

해설

회전익 항공기는 상승, 하강, 전진, 후진, 측면비행 등 3차원의 모든 방향으로 비행이 가능하다.

02 다음 그림의 헬리콥터 구조 형식은?

① 트러스(truss) 구조

② 모노코크(monocoque) 구조

③ 세미 모노코크(semi-monocoque) 구조

④ 응력 외피(skin stress) 구조

해설

그림은 세미 모노코크 구조로 수직 구조 부재와 세로 방향의 수평 구조 부재로 만들고 그 위에 외피를 부착하여 동체의 모양과 강도를 유지해 준다.

03 수직 구조 부재와 수평 구조 부재로 이루어진 구조에 외피를 부착한 구조를 이루며, 대부분의 헬리콥터 동체 구조로 사용되는 구조 형식은?

① 일체형

② 트러스형

③ 모노코크형

④ 세미 모노코크형

해설

세미 모노코크 구조로 수직 구조 부재와 세로 방향의 수평 구조 부재로 만들고 그 위에 외피를 부착하여 동체의 모양과 강도를 유지해 준다.

04 복합소재와 신소재로 만들어진 헬리콥터 기체의 구성 부분 중 기체가 받는 하중의 대부분을 담당하는 부분은?

① 중심 구조

② 하부 구조

③ 객실 구조

④ 후방 구조

해설

몸체 구조는 동체의 중요 구조 부분으로서, 양력과 추력뿐만 아니라 착륙 하중도 담당하고, 기체가 받는 하중의 대부분을 감당하며, 다른 구조에 가해진 힘도 몸체 구조(중심 구조)로 전달된다.

✈ 정답 01. ② 02. ③ 03. ④ 04. ①

05 헬리콥터의 동체 구조 중 모노코크형 기체 구조의 특징은?

① 무게가 가볍다.

② 유효공간이 크다.

③ 곡선과 형상을 정밀하게 가공할 수 없다.

④ 수평구조 부재가 있다.

해설

모노코크형의 특징

• 충분한 강도를 유지하도록 외피를 두껍게 제작하여 동체의 무게가 무겁다.

• 유효공간이 크다.

• 곡선과 형상을 정밀하게 가공할 수 있다.

• 동체 구조 전체보다는 조종실, 객실, 테일 붐과 같은 기체 일부 구조로 사용된다.

06 회전날개에서 양력과 원심력의 합력에 의해 깃의 위치가 정해지는 현상은 무엇인가?

① 드롭

② 코닝

③ 브레이드 팁

④ 슬라이딩

해설

회전날개에 페더링 힌지에 의해 피치각이 만들어지면 양력이 발생된다. 이때 양력은 회전날개에 수직으로 작용한다. 즉 양력과 원심력의 합력에 의해 깃이 위로 쳐든 형태가 되는데, 이를 코닝(coning)이라 한다.

07 헬리콥터에서 회전날개가 회전할 때 깃의 선속도에 대한 설명 중 가장 올바른 것은?

① 깃 끝이나 깃 뿌리에서의 선속도는 같다.

② 깃 뿌리에서 가장 빠르고, 깃 끝에서 가장 느리다.

③ 깃 뿌리에서 가장 느리고, 깃 끝에서 가장 빠르다.

④ 깃 중간이 가장 빠르고, 깃 뿌리와 깃 끝에서 가장 느리다.

해설

회전날개가 회전할 때의 선속도는 깃 뿌리(익근)에서 가장 느리고, 깃 끝(익단)에서 가장 빠르다.

08 헬리콥터 세미 모노코크 구조 중 수평부재는?

① 벌크헤드

② 세로대

③ 정형재

④ 링

해설

세미 모노코크 구조에서 수직구조 부재(벌크헤드, 정형재, 링)와 수평구조(세로대) 부재로 만들어 동체의 모양과 강도를 유지하고 그 위에 응력의 일부를 담당하는 외피를 입힌 구조이다.

09 초기의 헬리콥터 형식으로 많이 만들어졌으며 비교적 높은 강도를 가지고 있고 정비가 용이하나 유효공간이 적고 정밀한 제작이 어려운 구조형식은?

① 모노코크형

② 세미 모노코크형

③ 트러스형

④ 박스형

해설

초기의 헬리콥터는 강관으로 만들어 높은 강도를 갖고 있고, 정비가 용이하고, 유효공간이 적고, 정밀한 제작이 어려운 트러스 구조를 사용했다.

10 헬리콥터의 동체 구조가 아닌 것은?

① 트러스형 구조

② 테일콘형 구조

③ 세미 모노코크 구조

④ 모노코크형 구조

해설

헬리콥터 동체 구조로는 트러스형, 모노코크형, 세미 모노코크형이 있다.

✈ **정답** 05. ② 06. ② 07. ③ 08. ② 09. ③ 10. ②

11 그림에서 A, B의 명칭이 옳게 짝 지워진 것은?

① A: 테일 붐, B: 파일론
② A: 파일론, B: 테일 붐
③ A: 방향판, B: 파일론
④ A: 테일 붐, B: 방향판

해설

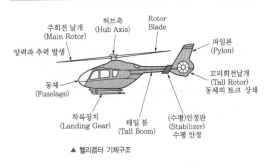

▲ 헬리콥터 기체구조

12 헬리콥터의 동체에 발생한 회전력을 공기압력을 이용하여 상쇄 또는 조절하기 위한 테일 붐 끝의 반동 추진장치를 무엇이라 하는가?

① 노타(NOTAR)
② 호버링(hovering)
③ 평형(balance type)
④ 역추력(reverse thrust)

해설

테일 붐 끝에 반동 추진장치를 통해 공기를 배출시킴으로써 토크를 조절할 수 있는 헬리콥터를 테일 로터리스 (tail rotorless) 또는 노타(NOTAR: No Tail Rotor)라 한다.

13 노타(NOTAR) 헬리콥터의 특징이 아닌 것은?

① 테일 붐 끝에 반동 추진장치가 있다.
② 무게를 감소시킬 수 있다.
③ 꼬리회전날개가 부딪칠 가능성이 더 크다.
④ 정비나 유지가 쉽다.

해설

노타 헬리콥터의 특징
• 조종이 용이하고 조종사의 작업 부담이 줄어든다.
• 꼬리회전날개가 부딪칠 위험 요소가 줄어들어 기동성이 향상된다.
• 꼬리회전날개 및 구동축, 기어 박스가 필요하지 않으므로 무게를 감소시킬 수 있고, 정비 및 유지하기가 쉽다.

14 다음 헬리콥터에서 그림과 같이 양력과 중력이 같을 때 헬리콥터는 어떤 비행을 하는가?

① 수직 상승
② 수직 하강
③ 호버링
④ 전진 비행

해설

호버링은 회전날개의 회전면이 수평이면서 양력과 무게가 평형을 이루면 헬리콥터는 제자리 비행을 하는데, 이것을 정지 비행 또는 호버링이라 한다.

15 다음 중 무게중심 이동 범위가 넓고, 무거운 물체 운반에 가장 적합한 회전날개 헬리콥터는 어느 것인가?

① 병렬식 회전날개 헬리콥터

② 직렬식 회전날개 헬리콥터

③ 동축 역 회전식 회전날개 헬리콥터

④ 단일 회전날개 헬리콥터

해설

직렬식 회전날개 헬리콥터는 회전날개의 회전력을 상쇄시키기 위해 2개의 회전날개를 직렬로 장착하여 서로 반대 방향으로 회전한다. 이는 무게중심 이동 범위가 넓고, 무거운 물체 운반에 적합한 헬리콥터이다.

16 헬리콥터의 주 회전날개 깃의 피치 각이 같을 때 양력의 불균형으로 인해 회전날개가 위아래로 움직이게 되는데, 이것을 무엇이라 하는가?

① 플래핑 운동

② 코리올리스 효과

③ 리드-래그 운동

④ 페더링

해설

플래핑 운동은 전진하는 깃과 후진하는 깃의 양력 불균형 차이 때문에 회전날개가 위·아래로 움직이게 되는데, 이는 플래핑 힌지가 있어서이다.

17 다음 중 헬리콥터의 회전날개 중 플래핑 힌지, 페더링 힌지, 항력힌지의 세 개의 힌지를 모두 갖춘 회전날개의 형식은 무엇인가?

① 관절형 회전날개

② 반고정형 회전날개

③ 고정식 회전날개

④ 베어링리스 회전날개

해설

관절형 회전날개는 깃이 3개의 힌지에 의해 허브에 연결되는 형식으로, 3개의 힌지는 플래핑 힌지, 페더링 힌지, 항력힌지이다.

18 헬리콥터에 목재로 된 주 회전날개 깃의 끝에 있는 팁 포켓의 역할은?

① 깃의 궤도를 맞추는 데 사용

② 깃 길이 방향의 평형을 맞추는 데 사용

③ 깃의 무게중심을 맞추는 데 사용

④ 진동을 감소시키는 데 사용

해설

목재 깃

• 자작나무, 전나무, 소나무, 발사 등을 여러 층으로 접합시켜 만든 것으로 앞전은 얇은 나무판으로 만들고 중심에는 무게중심을 맞추기 위해 금속 코어를 넣는다.

• 팁 포켓은 길이 방향의 평형을 맞추는 데 사용한다.

• 회전날개 깃 2개를 한 조로 만들고 교환할 때도 한 쌍으로 교환해야 한다.

19 헬리콥터의 주 회전날개 궤도 점검 방법이 아닌 것은?

① 광선 반사에 의한 방법

② 검사 막대에 의한 방법

③ 보어스코프를 이용한 방법

④ 궤도 점검용 깃발에 의한 방법

해설

궤도 점검 방법에는 검사 막대에 의한 궤도 점검, 깃발에 의한 궤도 점검, 광선 반사에 의한 궤도 점검, 스트로보 스코프에 의한 궤도 점검이 있다.

정답 15. ② 16. ① 17. ① 18. ② 19. ③

20 헬리콥터 꼬리회전날개의 전자장비를 이용한 궤도 점검 방법에서 회전날개 깃의 단면에 그림과 같이 반사테이프를 붙이고 장비를 작동시켰을 때, 정상궤도에서는 어떻게 상이 보이는가?

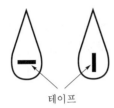

테이프

① −   ② |
③ +   ④ −|

해설

궤도 점검 방법에서 반사테이프를 붙이고 회전날개를 회전시켜 점검하는 방법으로 지상과 공중에서 모두 실시가 가능하며, 깃 끝에 반사판을 붙인 다음 스트로보스코프를 통해 깃의 궤도를 검사한다. 그림과 같이 반사판을 부착하여 정상궤도를 보게 되면 "+" 모양을 볼 수 있다.

✈ 정답 **20.** ③

CHAPTER

05 항공기 도면

1 도면의 기능과 종류

(1) 도면의 기능

① 도면은 아이디어를 구체화시키는 기능을 수행한다.

② 도면은 정보를 매우 쉽게 보관할 수 있는 수단이 된다.

③ 도면은 도면 작성자의 의사 및 도면 관련 정보를 간단하면서도 신속하고 정확하게 전달할 수 있도록 해 준다.

④ 도면을 작성할 때는 일정한 규칙을 적용할 수 있어야 한다. 또 도면을 읽을 때는 도면의 내용을 명확히 읽고 이해할 수 있어야 한다.

⑤ 도면의 내용을 변경할 때는 반드시 변경 내용을 명시한다.

(2) 도면의 종류

기초 3면도	정투상도라 하며 물체를 정면에서 투상하여 그린 정면도, 위에서 투상하여 그린 평면도, 우측에서 투상하여 그린 우측면도 이 3가지를 기초 3면도라 한다.
상세 도면	1개의 부품을 제작할 수 있도록 부품의 모든 치수를 나타내고 이해하기 쉽도록 확대하거나 다른 방향에서 투영한 도면을 상세 도면이라 한다.
조립 도면	2개 이상의 부품들로 구성된 조립품의 상호 위치 및 조립에 필요한 사항들을 명시한 도면으로, 제목란에 반드시 조립이라는 용어가 사용된다.
장착 도면	부품이나 조립체를 항공기 등에 장착하는 데 필요한 정보를 포함하는 도면을 말한다.
단면도	부품의 내부 구조나 형상을 나타낼 필요가 있을 때 가장 일반적으로 사용되는 도면을 말한다.
부품 배열도	부품의 분해나 조립, 모양, 부품명을 표시하는 도면을 말한다.

블록 다이어그램	복잡한 계통의 정비에 많은 어려움이 따르기 때문에 고장 난 부품을 찾아 교환하는 작업을 용이하게 해주는 도면을 말한다.
논리 흐름도	고장 탐구를 더욱 쉽게 하기 위한 도면으로, 특별한 설명 또는 정보 없이도 기계 및 전기·전자 등의 작용을 알 수 있게 나타내는 도면을 말한다.
전기 배선도	항공기의 모든 전기 회로를 복제하여 수록하는 도면 전기선의 굵기 터미널의 형태, 각 부품의 확인과 부품번호 및 일련번호를 알 수 있다.
계통도	개통도 내에서 서로 다른 부품들의 상호 관계되는 위치를 나타내는 도면을 말한다.

(3) 표제란과 위치 표시

① 표제란

모든 항공기 도면의 오른쪽 하단에 위치하며 부품 제작에 필요한 정보를 포함한다.

가) 제목: 부품의 명칭을 기록한다.

나) 크기: 도면의 크기를 영문 알파벳으로 표시한다.

- A 크기 도면: $8\frac{1}{2} \times 11$inch
- B 크기 도면: 11×17inch
- C 크기 도면: 17×22inch
- D 크기 도면: 22×34inch
- E 크기 도면: 34×44inch
- R 크기 도면: 34×88inch

다) 도면 번호: 제작회사나 도면 작성자에 의해 붙여진다.

라) 척도: 전체, 절반, 1인치, 1피트와 같이 표시한다.

마) 페이지: 전기 배선도와 같이 도면을 책으로 엮을 때 표시한다.

바) 책임: 도면 작성자의 서명, 도면 작업 완료 일자를 기입한다.

사) 표준: 회사의 제작 공차의 표준을 기록한다.

아) 자재 명세서: 부품에 사용되는 모든 재료의 목록을 기록한다.

자) 적용: 부품이 사용되는 위치를 표시, 항공기 모델, 수량을 표시한다.

② 위치 표시

가) 동체 스테이션: 동체 위치선이라고도 하며, 기준선에서 측정하여 동체의 전·후방을 따라 위치한다. 동체 전방 또는 동체 전방 근처의 면으로부터 모든 수평거리가 측정이 가능한 상상의 수직 면이다.

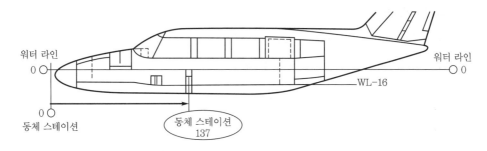

▲ 동체 위치선

나) 동체 버턱선: 동체 중심선에서 오른쪽이나 왼쪽으로 평행한 거리를 측정한 폭을 말한다.

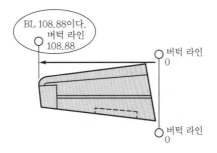

다) 동체 수위선: 워터라인이라고 하며, 0에서부터 수직으로 측정한 높이를 말한다.

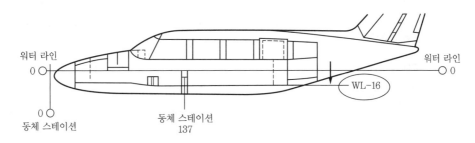

▲ 동체 수위선

2 스케치 및 도면관리

(1) 스케치

전문 제도사가 아닌 정비사 등이 수리나 간단한 부품 제작을 위해 그리는 것으로, 아주 단순하지만 부품을 만들거나 수리하기 위해 필요한 모든 정보를 포함해야 한다.

① 스케치의 특징

- 사물에 대한 생각을 시각적으로 보여준다.
- 아이디어의 내용을 쉽게 표현할 수 있다.
- 도면 제작 기간을 단축시킬 수 있다.
- 간단한 도구를 사용하여 작성한다.

② 스케치 기법을 이용하여 항공기 기체 결함 보고서를 작성하는 법

- 항공기 모델, 등록기호, 항공기 제작사, 총 비행시간, 총 비행 점검 주기 등과 같이 항공기 이력을 알 수 있는 참고 사항 등을 기록한다.
- 결함 발생 부위 근처에 이전에 어떤 형태의 유사한 수리가 수행되었는지를 포함하여 작성한다.
- 보고서에는 손상 부위의 위치 표시를 명확히 파악할 수 있도록 나타내야 한다.
- 손상된 부품의 이름, 확인 가능한 경우 부품 번호, 손상 유형, 결함의 길이와 깊이, 결함의 방향 등과 같은 결함의 정도와 상태를 상세히 기록한다.

③ 기체 손상의 유형

균열(crack)	주로 구조물에 가해지는 과도한 응력의 집중에 의해 생기며, 재료의 부분적 또는 완전하게 불연속이 생긴 현상이다.
눌림(dent)	표면이 눌려 원래의 외형으로부터 변형된 현상으로 단면적의 변화는 없고, 손상 부위와 손상되지 않은 부위와의 경계에 완만한 형상을 이루고 있다.
부식(corrosion)	화학적 또는 전기 화학적 반응에 의해 재료의 성질이 변화하는 현상이다.
골페임(gouge)	날카로운 물체와 접촉되어 재료의 연속적인 골이 생긴 현상이다.
구김(crease)	눌리거나 뒤로 접혀 손상 부위가 날카로우며 선이나 이랑으로 확연히 구분되는 손상이다.
긁힘(scratch)	날카로운 물체와 접촉되어 발생하는 결함으로 길이와 깊이를 가지며 선 모양의 긁힘 현상이다.
찍힘(nick)	구조물에서 재료의 표면이나 모서리가 외부 물체에 충격을 받아 재료가 떨어져 나갔거나 찍힌 현상이다.
마모(abrasion)	재료 표면에 외부 물체가 끌리거나 비벼지거나 긁혀서 표면이 거칠고 균일하지 않는 현상이다.
미세 표면 균열 (crazing)	판재의 표피 등에 나타나는 미세한 머리카락 모양의 표면 균열을 뜻하며, 균열이 커질 경우 큰 파괴를 일으킬 수 있다
찢어짐(distorsion)	비틀림이나 구부러짐과 같이 외형이 원래의 모양으로부터 영구 변형된 현상으로, 외부 물체의 충격이나 주변에 장착된 부품의 진동 때문에 발생되는 결함이다.

④ **도면관리**

가) 도면의 정리와 복사

㉠ 도면의 정리

도면의 번호	부품의 종류, 형식이나 조립도, 부분 조립도, 부품도의 구분, 도면에 크기에 따라 분류한다.
도면의 목록	모든 도면의 작성 날짜, 도면 번호, 도명, 보관 위치 등을 기입하여 도면의 일람표 역할을 한다.
도면 카드	도면마다 표제란 및 부품표와 같은 내용을 쓰고 카드로만 그 내용을 알 수 있게 한 것이다.

㉡ 도면의 복사

청사진법	청색 바탕에 원도와 같은 모양의 선이나 문자를 희게 나타내는 것으로, 음화 감광지를 청사진기에 넣어서 만든다.
백사진법	흰 바탕에 원도와 같은 모양의 선이나 문자를 청색, 자주색, 흑색 등으로 나타내는 것으로, 양화 감광지를 복사기에 넣어서 만든다.

나) 도면의 보관과 취급

㉠ 도면의 보관

트레이스도 보관	트레이스도는 접어서는 안 되므로 수평정리, 수직정리, 원통정리식으로 보관한다.
복사도 보관	복사도는 보통 접어서 보관하여 접은 치수가 A4가 되게 하고 도명, 도면 번호 등이 보이도록 보관한다.
마이크로필름 보관	마이크로카메라 자체 내에서 필름이 현상될 수 있도록 롤 필름을 한 장씩 분류하여 카드형식으로 보관한다.

㉡ 도면의 취급

원도 대장과 대출	원도는 대출을 하지 않는 것이 원칙이고, 도면이 필요할 경우 복사하여 도면 대출 카드를 통해 대출한다.

01 항공기 도면의 표제란에 "ASSY"로 표시되는 도면의 종류는?

① 생산 도면

② 조립 도면

③ 장착 도면

④ 상세 도면

해설

도면의 종류에는 실물 모형 도면, 기준 배치 도면, 설계 배치 도면, 생산 도면, 상세 도면, 조립 도면, 장착 도면, 배선도가 있다. 이 중 표제란에 표시되는 도면 중 조립 도면은 'ASSY', 장착 도면은 'INSTL'로 표기된다.

02 다음 중 여러 부품이 한 곳에 결합되어 조립체를 이루는 방법과 절차를 설명하는 도면은?

① 조립도

② 상세도

③ 장착도

④ 배선도

해설

- 상세도: 1개의 부품을 제작할 수 있도록 부품의 모든 치수를 나타내고 이해하기 쉽도록 확대하거나 다른 방향에서 투영한 도면을 상세 도면이라 한다.
- 장착도: 부품이나 조립체를 항공기 등에 장착하는 데 필요한 정보를 포함하는 도면을 말한다.
- 배선도: 항공기의 모든 전기 회로를 복제하여 수록하는 도면 전기선의 굵기 터미널의 형태, 각 부품의 확인과 부품번호 및 일련번호를 알 수 있다.

03 미국표준규격(CS)에서 규정하는 항공기 도면 중 D 표준 도면의 크기(inch)를 옳게 나타낸 것은?

① 11×17

② 17×22

③ 22×34

④ 34×44

해설

A: 크기 도면: 210mm × 279mm($8\frac{1}{2}$인치×11인치)

B: 크기 도면: 279mm × 431mm(11인치×17인치)

C: 크기 도면: 431mm × 558mm(17인치×22인치)

D: 크기 도면: 558mm × 863mm(22인치×34인치)

R: 크기 도면: 폭이 914mm×1066mm(36~42인치) 의 두루마리 종이로 만들어진 큰 도면

04 도면의 형식에서 영역을 구분했을 때, 주요 4요소에 속하지 않는 것은?

① 하이픈(hyphen)

② 도면(drawing)

③ 표제란(title block)

④ 일반 주석란

해설

도면의 형식으론 표제란, 변경란, 일반 주석란, 작도 부분 등 주요 4요소로 구분된다.

✈ 정답 01. ② 02. ① 03. ③ 04. ①

05 다음 중 도면상 항공기의 위치를 표시하는 방법에 대한 설명으로 틀린 것은?

① LBL 20과 RBL 20의 거리차는 40in이다.

② LBL 20은 BL 0을 기준으로 좌로 20in 떨어진 위치를 나타낸다.

③ STA 232는 Datum Line을 기준으로 232in 떨어진 곳을 뜻한다.

④ WL 110은 BL 0을 기준으로 높이의 위치를 표시하기 위하여 사용된다.

[해설]

WL(Water Line)은 동체 수위선이라 하며, 0에서부터 수직으로 측정한 높이를 말한다. WL 110은 WL 0에서 110인치만큼 위에 위치함을 말한다.

06 다음 중 적용 목록에 대한 설명이 아닌 것은?

① 도면에 표기되어 있는 부품번호별로 부품과 관련된 세부사항에 관한 정보를 기록한 목록이다.

② 도면에 도해되어 있는 부분품의 제작, 조립, 장착에 적용되는 재료, 상세부품, 표준문서 등을 기록한 문서이다.

③ 적용 목록 번호는 관련 도면 번호 앞에 AL이라는 문자가 추가되어 부여된다.

④ 적용 목록은 최신의 정보를 제공하게 되어 있다.

[해설]

• 적용 목록은 항공기 도면에 표기된 부품 번호별로 부품과 관련된 세부적인 사항 등에 관해 기록한 목록이다.

• 적용 목록 번호는 관련 도면 번호 앞에 AL이라는 문자가 추가되어 부여된다.

• 적용 목록과 부품 목록은 자동으로 개정되어 항상 최신의 정보를 제공한다.

07 항공기 제작 시 항공기 도면과 더불어 발생되는 도면 관련 문서가 아닌 것은?

① 적용 목록

② 부품 목록

③ 비행 목록

④ 기술변경서

[해설]

도면 관련 문서: 도면 한 장으로 모든 정보를 완전하게 표현할 수 없는 경우가 있기 때문에 도면 관련 문서가 첨부된다. 관련 문서로는 적용 목록, 부품 목록, 기술변경서, 도면 변경서, 도면 변경 사항 및 부품 목록 등이 있다.

08 다음 도면에서 기체 손상 부분의 외피 두께는 얼마인가?

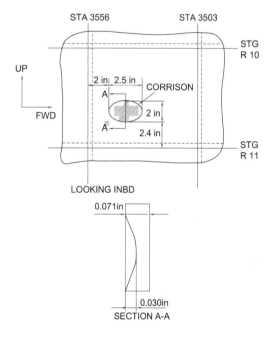

① 2.5in

② 2.0in

③ 0.71in

④ 0.030in

STA 3503과 STA 3556 사이에서 표면에 손상이 발생되었고, 장축 방향 폭 2.5in, 단축 방향의 폭 2in의 타원 모양을 형성하고 있다. 또한, STG 10번과 11번 사이에 위치해 있다. 부식의 깊이는 0.030in이고, 이 부분의 표피 두께는 0.071in이다. 또한, LOOKING INBD(INBOARD)는 기축선을 향해 쳐다보고 스케치했다는 방향 표시이다.

09 도면 관련 문서인 적용 목록에 기록되는 내용이 아닌 것은?

① 부품번호

② 조립 도해 목록

③ 항공기 모델

④ 일련번호 및 개정번호

적용 목록(application list)에는 부품 번호, 차상위 조립품 목록, 항공기 모델, 일련번호 및 개정 부호 등이 기록된다.

10 항공기 도면에서 다음의 표시는 어떤 공차의 종류인가?

| // | .003 | A |

① 경사공차   ② 위치공차

③ 자세공차   ④ 끼움공차

위 표시는 기하공차에서 자세공차를 나타낸 것으로 평행도에 대해 0.003in 이내의 공차임을 의미한다. 또한, 데이텀의 기준은 A로 표시된다.

11 스케치에 의한 항공기 결함 발생 보고서를 작성하는 일반적인 방법에 대한 설명 중 틀린 것은?

① 결함의 정도와 상태를 상세히 기록한다.

② 손상 부위 위치 표시를 명확히 파악할 수 있도록 나타낸다.

③ 손상 부위 근처의 과거 수리 이력은 기록하지 않아도 무방하다.

④ 항공기 모델, 등록기호, 항공기 제작회사 등을 기록한다.

결함 보고서 작성 방법

• 항공기 모델, 등록 기호, 항공기 제작사, 총 비행시간, 총 비행 점검 주기 등의 이력을 기록한다.

• 결함 발생 부위 근처에 이전에 어떤 형태의 유사한 수리가 수행되었는지까지 포함하여 기록한다.

• 손상 부위의 위치 표시를 명확히 파악할 수 있도록 표시해야 한다. 이를 표시하기 위해서는 직접 스케치하거나 구조 수리 지침서 등에 나와 있는 사본 그림으로 개력적인 위치를 표시한다. 상대위치 표시는 STA(Station), WL(Water Line), BL(Buttock Line), FRAME 번호, 리브 번호, 스트링거·세로대(stringer/longeron)번호, 날개보(spar), 벌크헤드(bulkhead)를 표시한다.

12 항공기 도면 관련 문서 중에서 기술 변경서의 처리번호(TC: Transaction Code) 란의 "D"는 무엇을 의미하는가?

① 신규   ② 추가

③ 삭감   ④ 개정

C-create(신규), A-add(추가), D-decrease(삭감), L-limit(제한), R-revise(개정)

정답 09. ② 10. ③ 11. ③ 12. ③

13 도면 관련 문서 중 그림과 같은 문서 영역의 일부를 갖는 것은?

JUN 14 1997		CONTRACT NO.		CAGEC 81755	① AL 16H1701
DRAWING TITLE : ② PIPING INSTALLATION-HYD, LG, BRAKE AND STEERING			DWG TYPE :	DISTRIBUTION CODE : AS	SIZE A	③ SHEET 1 OF 27
④ RELEASE DATE: 99-06-25	INTERPRETATION PER: 16Z001		AL ISSUE NO: 416	⑤ PL ISSUE NO: 410	⑦ AL/PL ISSUE DATE: 97-06-27	⑧ AL/PL REV LTR: NS
⑨ DRAWING SHEET STATUS	SH SZ RV SH SZ RV SH SZ RV SH SZ RV SH SZ RV					⑩ OUTSTANDING DWG REVISIONS
*** APPLICATION LIST ***						

① 적용 목록

② 기술 변경서

③ 부품 목록

④ 도면 변경서

해설

도면은 적용 목록의 문서 영역이고, 아래 그림은 부품 목록의 문서 정보 기록 영역이다.

KOREA AVATION JUN 14 1997		CONTRACT NO.		GAGEC 81755	PL 16HI701
DRAWING TITLE : PIPING INSTELLATION-HYD. LG.		DWG TYPE	DISTRIBUTION CODE : PO	SIZE A	SHEET 1 OF 27
RELEASE DATE: 99-06-25	INTERRETATION PER: 162001	ALL ISSUE NO	PL ISSUE NO: 410	AL/PL ISSUE DATE: 97-06-27	AL/PL REV/LTR: NS
*** PARTS LIST ***					

*** CHANGE HISTORY ***

DWG REV	PL REV	ECN	RELEASE DATE	INCORP STATUS	DWG REV	PL REV	ECN	RELEASE DATE	INCORP STATUS
-	LN	06X48	06/06/97		JJ	-	41157	01/16/90	
KT	LK	91U00	04/22/97		JE	JU	59A23	12/01/96	
KN	LE	36U95	11/14/96		-	JK	12254	08/19/88	
KK	LB	71T76	04/03/96		HY	JG	5X881	06/28/88	
JY	KP	23K66	04/01/93		HV	JG	1X719	06/11/88	
JS	KK	93P93	11/06/90						

*** PARTS LIST NOTES ***

A. VERIFICATION OF HT TREATMENT PER NDTS1500 REQD
B. VENDOR ITEM. SEE SPEC CONTROL DWG

14 항공기 도면에서 위치 기준선으로 사용되지 않는 것은?

① 버턱라인

② 워터라인

③ 동체 스테이션

④ 캠버라인

해설

- 동체 위치선(FS: Fuselage, BSTA: Body Station): 기준이 되는 0점 또는 기준선으로부터의 거리, 기준선은 기수 또는 기수로부터 일정한 거리에 위치한 상상의 수직 면으로 설명되며, 주어진 점까지의 거리는 보통 기수에서 테일 콘의 중심까지 있는 중심선의 길이로 측정된다.
- 동체 수위선(BWL; Body Water Line): 기준으로 정한 특정 수평 면으로부터의 높이를 측정하는 수직거리이다.
- 버턱선(BBL: Body Buttock Line, WBL: Wing Buttock Line): 동체 중심선을 기준으로 좌, 우 평행한 동체와 날개의 폭을 나타내며, 동체 버턱선(BBL: Body Buttock Line)과 날개 버턱선(WBL: Wing Buttock Line)으로 구분된다.
- 날개 위치선(WS: Wing Station): 날개보가 직각인 특정한 기준면으로부터 날개 끝 방향으로 측정된 거리이다.

15 다음의 기체 결함 스케치 도면은 어느 방향을 기준으로 작성된 것인가?

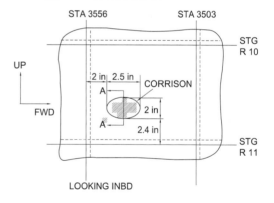

① 앞에서 뒤쪽을 쳐다본 경우

② 뒤에서 앞쪽으로 쳐다본 경우

③ 기축선을 향해 쳐다본 경우

④ 기축선 쪽에서 밖으로 쳐다본 경우

보는 방향	표시 방법
기축선을 향해 쳐다본 경우	LOOKING INBD
기축선 쪽에서 밖으로 쳐다본 경우	LOOKING OUT
뒤에서 앞쪽을 쳐다본 경우	LOOKING FWD
앞에서 뒤쪽을 쳐다본 경우	LOOKING AFT
위에서 아래로 내려다본 경우	LOOKING DOWN
아래에서 위로 쳐다본 경우	LOOKING UP

16 항공기 도면의 표제란에 "INSTL"로 표시되는 도면의 종류는?

① 생산 도면　　② 조립 도면
③ 장착 도면　　④ 상세 도면

도면의 종류에는 실물 모형 도면, 기준 배치 도면, 설계 배치 도면, 생산 도면, 상세 도면, 조립 도면, 장착 도면, 배선도가 있다. 이 중 표제란에 표시되는 도면 중 조립 도면은 'ASSY', 장착 도면은 'INSTL'로 표기된다.

17 스케치에 대한 설명 중 틀린 것은?

① 사물에 대한 생각을 시각적으로 보여준다.
② 정밀 도구를 주로 사용한다.
③ 아이디어의 내용을 쉽게 표현할 수 있다.
④ 도면 제작 기간을 단축시켜 준다.

스케치의 언어는 점, 선, 면, 문자로 되어 있는 시각적인 기호이다. 이는 어떤 아이디어가 단순하다거나, 하찮은 것이거나, 복잡하다거나, 매우 훌륭한 것에 관계 없이 4가지 기호로 표현할 수 있다. 즉, 스케치는 기호 언어로 그려진 그림이다.

18 다음과 같은 항공기용 도면의 이름을 부여하는 방식에 대한 설명으로 옳은 것은?

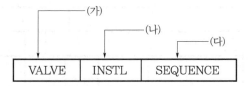

① (가)는 도면의 수정 부분을 의미한다.
② (나)는 도면의 형태를 의미한다.
③ (다)는 기본 부품 명칭을 의미한다.
④ 'INSTL'은 분해 도면을 의미한다.

(가)는 기본 부품 명칭을 의미하고, (나)는 도면 형태를 의미하고, (다)는 수정 부분을 말하고, INSTL은 장착 도면을 말한다. 여기서 ASSY는 조립 도면을 말한다.

19 항공기 기체 수리 도면에 리벳과 관련된 다음과 같은 표기의 의미는?

> 5 RVT EQ SP

① 길이가 같은 5개 리벳이 장착된다.
② 리벳이 5인치의 간격으로 장착된다.
③ 5개의 리벳이 같은 간격으로 장착된다.
④ 연거리를 같게 하여 5개 리벳이 장착된다.

5개의 리벳이 같은 간격으로 장착되어야 함을 의미한다. RVT: RIVET(리벳), EQ: EQUAL(동등한, 대등하다), SP: SPACE(공간), STAGGERED: 엇갈리다.

20 항공기 기체 수리 도면 내용이다. 다음과 같은 표기의 의미 중 틀린 것은?

⊕	ϕ .0020	J	N	B

① 위치 공차에서 위치도의 공차이다.
② 공차 지름은 0.0020mm이다.
③ 데이텀 순서는 알파벳 순서로 우선 적용한다.
④ 기하 공차이다.

해설

기하 공차를 표기하는 것이다. 위치 공차에서 위치도의 공차가 지름 0.0020in임을 나타낸다. 데이텀의 우선순위는 J, N, B 순으로 적용된다.

PART

04

기관 정비

01 동력장치의 개요

1 항공기 엔진의 분류

(1) 열기관의 일반적인 분류

① **원동기(prime mover):** 자연계의 여러 가지 에너지를 이용하여 사용 가능한 기계적 에너지, 즉 동력으로 바꾸는 기계이다.

② **열기관(heat engine):** 여러 에너지 중 열 에너지를 기계적 에너지로 바꾸는 장치이다.

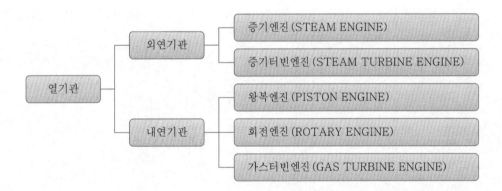

가) 외연기관: 연료가 엔진 외부에서 연소가 이루어져 열 에너지를 기계적 에너지로 변환시키는 엔진이다.

나) 내연기관: 연료가 엔진 내부에서 연소가 이루어져 열 에너지를 기계적 에너지로 변환시키는 엔진이다.

(2) 왕복엔진

1876년 독일의 니콜라우스 아우구스트 오토는 4행정으로 작동되는 왕복엔진을 최초로 제작하였다. 왕복엔진은 여러 가지 분류로 나뉘며, 분류로는 냉각 방법에 의한 분류, 실린더 배열에 의한 분류가 있다.

① 냉각 방법에 의한 분류

가) 액랭식: 자동차 엔진이나 선박에 주로 사용되고, 냉각방식은 물이나 에틸렌글리콜 (ethyleneglycol)을 많이 이용하는 방식으로, 구조가 복잡하고 무게가 무거워 항공기용으로 거의 쓰이지 않는다.

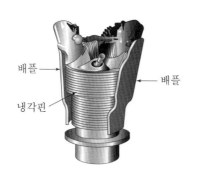

▲ 실린더의 냉각핀과 배플

▲ 카울 플랩

나) 공랭식: 프로펠러 후류나 팬에 의해 발생된 공기를 실린더 주위로 잘 흐르게 하여 냉각시키는 방식으로, 냉각 효율이 우수하고 제작비가 싸며 정비하기 쉬운 장점이 있다.

냉각핀 (Cooling Fin)	실린더 바깥 면에 부착된 핀으로 실린더의 열을 공기 중으로 방출하여 엔진을 냉각시킨다. 냉각핀은 부착된 부분의 재질과 같은 것을 사용해야만 열팽창에 따른 균열을 막을 수 있다. ※ 냉각핀의 재질은 실린더 헤드나 동체와 같은 재질을 사용한다.
배플 (Baffle)	실린더 주위에 설치된 금속판으로 실린더에 공기가 골고루 흐르도록 공기를 유도시키는 기능을 수행한다(재질: 알루미늄).
카울 플랩 (Cowl Flap)	엔진의 냉각을 조절하는 기능을 가진 장치로 조종사가 열고 닫을 수 있게 되어 있다. ※ 지상에서 시운전 시 카울 플랩을 완전히 열어준다.

② 실린더 배열 방법에 따른 분류

가) 왕복엔진의 출력을 증가시키는 방법

실린더 체적을 증가시키는 방법	• 연소가 원활하지 못하거나 데토네이션(detonation)이라는 불량현상이 발생하므로 체적 증가는 제한을 받는다.
실린더 수를 증가시키는 방법	• 엔진의 출력을 증가시키려면 허용된 범위에서 엔진의 체적을 증가시키고 실린더 숫자를 증가시키면 된다. • 실린더 숫자를 증가시키기 위해 배열이 달라져 V형, 직렬형, X형, 대향형, 성형이 있으며, 이 중 대향형과 성형이 사용된다.

나) 배열 방법에 따른 분류

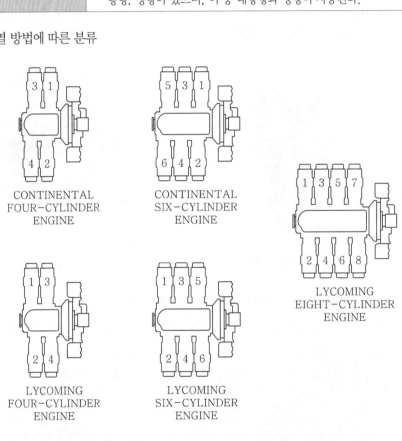

CONTINENTAL
FOUR-CYLINDER
ENGINE

CONTINENTAL
SIX-CYLINDER
ENGINE

LYCOMING
EIGHT-CYLINDER
ENGINE

LYCOMING
FOUR-CYLINDER
ENGINE

LYCOMING
SIX-CYLINDER
ENGINE

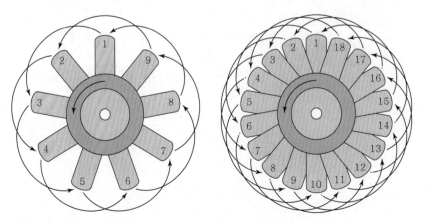

수평 대향형 (Opposed Type)	소형 엔진용으로 400마력까지 동력을 낼 수 있다. 실린더 수는 4개, 6개 등 짝수로 구성된다. • 장점 - 구조가 간단하고 엔진의 전면 면적이 작다. - 공기 저항이 적다. • 단점 - 실린더 수가 많아지면 길이가 길어져 대형 엔진에는 적합하지 않다. - 번호를 정하는 방법: (continental) 엔진 후면의 오른쪽 실린더가 1번이고 좌,우 교대로 번호를 부여한다. (lycoming) 엔진 전면의 오른쪽 실린더가 1번이고 좌,우 교대로 번호를 부여한다.
성형 (Radial Type)	중형 및 대형 항공기에 사용되며 실린더 수에 따라 200~3,500마력 정도의 동력을 낼 수 있다. • 장점 - 엔진당 실린더 수를 크게 할 수 있다. - 마력당 무게가 작고 신뢰성이 우수하며 효율이 높다. • 단점 - 전면 면적이 넓어 공기 저항이 크다. - 실린더 열 수가 증가할수록 뒷열의 냉각이 어렵다. - 성형엔진의 번호를 정하는 방법: 항공기 후면에서 보아 가장 위쪽의 실린더가 1번이고, 시계 방향으로 돌아가면서 번호를 부여한다.
V형	직렬형에 비해 마력당 중량비를 줄일 수 있다. 같은 크랭크 핀에 2개의 커넥팅 로드가 연결된다.
직렬형 (In-Lined Type)	엔진의 전면 면적이 작아 공기의 저항을 줄일 수 있지만, 엔진의 숫자가 많으면 냉각이 어려워 보통 6기통으로 제한한다.
X형	-

(3) 가스터빈엔진의 분류

압축기, 연소실, 터빈으로 기본 구성을 갖고 있으며, 고온 배기가스로 추력을 발생시키는 추력 발생엔진인 터보제트엔진, 터보팬엔진이 있고, 회전력을 얻는 회전동력엔진인 터보프롭엔진, 터보샤프트엔진이 있다.

① 터보제트엔진(Turbojet Engine)

가) 작동 원리: 흡입구에서 공기를 흡입하여 압축기로 보내고, 받은 공기를 압축하여 연소실로 보내고, 연소실에서 압축된 공기와 연료가 잘 혼합되어 연속 연소시켜 터빈으로 보내고, 고온·고압가스가 팽창되어 터빈을 회전시키게 되며, 남은 연소 가스는 배기 노즐에서 다시 팽창·가속되어 빠른 속도로 빠져나가면서 추력을 발생시킨다(작용과 반작용의 법칙─뉴턴의 제3법칙).

나) 구성: 디퓨저(diffuser), 압축기(compressor), 연소실(combusion chamber), 터빈(turbine), 배기 노즐(nozzle)

다) 장점

- 소형 경량으로 큰 추력을 얻는다(추력당 중량비가 적다).
- 고속에서 추진효율이 우수하다.
- 천음속에서 초음속의 범위(마하 0.9~3.0)까지 우수한 성능을 지닌다.
- 전면면적이 좁아 비행기를 유선형으로 만들 수 있다.
- 후기 연소기를 사용하여 추력을 증가시킬 수 있다.

라) 단점

- 저속에서는 추진효율이 불량하다.
- 배기 소음이 심하다.
- 저속, 저공에서 연료 소비율이 높다.
- 이륙 시 활주거리가 길다.

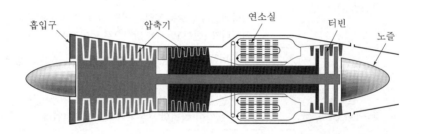

② **터보팬엔진(turbofan engine)**

가) 작동 원리: 흡입구에서 흡입된 공기는 팬으로 보내지고, 팬은 공기를 약간 압축하여 팬의 중심부를 통과한 공기는 압축기로 보내지고, 팬을 통과한 공기는 엔진 외부로 흘러 추력으로 이용된다. 중심부를 통과하여 압축된 공기는 연소실로 보내고, 연소실에서 공기와 연료가 잘 혼합되고 연소되어 터빈으로 보내어 추력을 발생시킨다. 팬을 지나 외부로 흐르는 공기를 바이패스 공기(bypass air)라 한다.

※ 바이패스 비: 바이패스 되는 공기량과 연소실을 통과하는 공기량의 비율로, 보통 5:1 정도의 값을 갖는다.

나) 구성: 흡입구(intake), 전방 팬(front fan), 압축기(compressure), 연소실(combution chamber), 터빈(turbine), 배기 노즐(nozzle)

다) 종류: 전방 터보팬, 후방 터보팬

라) 장점

- 아음속에서의 추진효율이 우수하다.

- 연료 소비율이 낮다.

- 소음이 적다.

- 이착륙 거리가 짧다.

- 날씨에 영향을 받지 않는다.

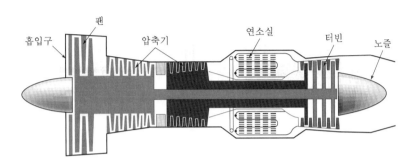

③ **터보프롭엔진**(turboprop engine)

가) 특징: 터보제트엔진에 프로펠러를 장착한 형식으로 프로펠러에서 75%의 추력을 얻고, 나머지는 배기가스에서 25%의 추력을 얻는다. 프로펠러의 효율 증가를 위해 감속기어를 장착했다.

나) 터빈 방식

- 고정 터빈 방식: 프로펠러 구동축과 압축기 및 터빈이 직접 연결된 방식이다.

- 자유 터빈 방식: 터빈이 압축기와 분리 가능한 방식이다.

다) 장점

- 저속에서 높은 추진효율을 갖는다.

- 추력당 연료 소비율(TSFC)이 낮다.

- 피치 변경 프로펠러를 사용하면 역피치가 가능하다.

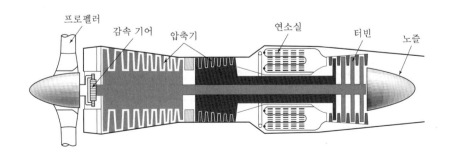

④ 터보샤프트엔진(turboshaft engine)

가) 작동 원리: 작동 원리는 배기가스에 의한 추력이 없다는 점 외에는 터보프롭엔진과 같다. 이 엔진은 가스 발생기 부분과 동력 부분으로 나누어지기 때문에 자유터빈엔진(free turbine engine)이라고 한다. 주로 헬리콥터에 사용되고 발전시설과 같은 산업용 및 선박용으로 사용된다.

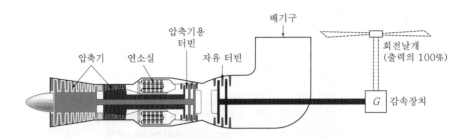

(4) 그 밖의 엔진 분류

① 펄스제트엔진(pulse-jet engine)

가) 작동 원리: 공기 흡입 플래퍼 밸브(air inlet flapper valve)라 하는 밸브 망을 가지고 있고, 밸브 망은 공기 흡입구와 연소실 경계에 장착되어 있다. 연소실 압력이 흡입구보다 높으면 밸브 망은 닫히고, 낮으면 열리면서 흡입한 공기를 연소실로 보내어 연소 이후 노즐로 빠져나가 추력이 발생한다.

나) 구성: 흡입구, 밸브 망, 연소실, 분사 노즐

다) 단점

- 밸브의 수명이 짧다.
- 폭발성이 강해 소음이 크다.
- 연속 흡입하기 어렵기 때문에 전면 면적이 넓어 공기 저항이 크다.

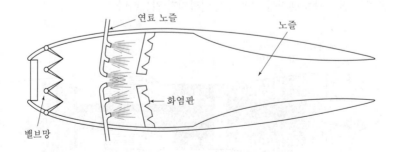

② 램제트엔진(ramjet engine)

가) 작동 원리: 빠른 속도로 흡입되는 공기를 흡입구에서 속도를 감소시키고 압력을 증가시켜 연소실로 보내어 연료와 혼합·점화시키고 연소 가스를 배기 노즐을 통해 배출시킨다.

나) 장점

- 구조가 가장 간단하다.
- 고속에서 우수한 성능을 발휘한다.

다) 단점: 흡입 공기속도가 마하 0.2 이상에서 작동되므로 저속에서는 작동되지 않는다. 이러한 단점으로 군용 무인 비행체에 사용되기도 한다.

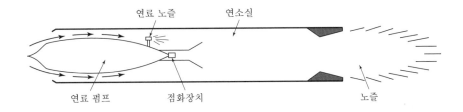

③ 로켓엔진(rocket engine)

가) 작동 원리: 엔진 내부에 연료와 산화제를 함께 갖고 있는 엔진으로서 공기가 없는 우주 공간에서도 비행이 가능하다.

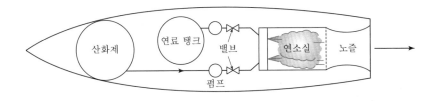

(1) 단위와 용어

① 기본 단위와 힘

가) 뉴턴의 제2법칙(가속도의 법칙): 물질에 가해지는 힘의 크기는 질량과 가속도를 곱한 값

$$F = ma$$

※ F = 힘, m = 질량, a = 가속도

나) 1kg의 질량이 중력가속도를 받았을 때

$$1kgf = 9.8kg_m \cdot m/s^2 = 9.8N$$

다) 1kg의 질량이 $1m/s^2$ 가속도를 받을 때

$$1N = 1kg \times 1m/s^2 = 1kg \cdot m/s^2$$

② 일과 동력

가) 일: 힘이 물체에 작용하여 물체를 움직이게 할 때[단위: $J = 1N \cdot m$]

$$W = F \times L$$

※ W: 일, F: 힘, L: 거리

나) 동력: 일을 시간으로 나눈 값[단위: 1PS=75kg·m/s=0.735kW]

$$P = \frac{W}{t} = \frac{\text{한 일의 양}}{\text{걸린 시간}} = \frac{F \cdot L}{t} = F \times \frac{L}{t} = F \times V$$

$$※ V(\text{속도}) = \frac{\text{거리}}{\text{시간}}$$

③ 온도와 절대온도

가) 섭씨(celsius)[℃]와 화씨(fahrenheit)[℉]

- 섭씨온도 단위: 어는점과 끓는점을 100등분, 어는점을 0℃, 끓는점을 100℃
- 화씨온도 단위: 어는점과 끓는점을 180등분, 어는점을 32℉, 끓는점을 212℉

나) 섭씨온도(t_c)와 화씨온도(t_f)의 관계식

$$t_c = \frac{5}{9}(t_f - 32) \text{ 또는 } t_f = \frac{9}{5}t_c + 32$$

다) 절대온도

$$T_c = (°C + 273)°K(\text{켈빈 절대온도})$$

$$T_F = (°F + 460)°R(\text{랭킨 절대온도})$$

④ **비열(specific heat):** 단위 질량을 단위 온도로 올리는 데 필요한 열량

　가) 정압 비열(specific heat at constant pressure): 압력이 일정한 상태에서 기체의 온도를 1℃ 높이는 데 필요한 열량이다.

　나) 정적 비열(specific heat at constant volume): 부피가 일정한 상태에서 기체의 온도를 1℃ 높이는 데 필요한 열량이다.

　다) 비열비: 정압 비열과 정적 비열의 비로 대개 1보다 큰 값을 갖으며, 비열비는 1.4이다.

$$K = \frac{C_P}{C_V} > 1$$

⑤ **비체적과 밀도**

　가) 비체적(specific volume): 단위 질량당의 체적 [단위: $v, m^3/kg$]

　나) 밀도(density): 단위 체적당의 질량 [단위: $\rho, kg/m^3$]

⑥ **압력(pressure):** 단위 면적에 수직으로 작용하는 힘의 크기 [단위: $kgf/cm^2, mmHg$]

　　　표준기압(atm)=$760mmHg$=$10.33mAq$=$1.033kgf/cm^2$
　　　=1.013bar=14.7psi

　가) 게이지 압력(gauge pressure): 대기압을 기준으로 측정하는 압력이다.

　나) 절대압력(absolute pressure): 완전 진공 상태의 기압을 기준으로 측정하는 압력이다.

　다) 절대압력=대기압+게이지 압력

⑦ **계와 작동 물질**

　가) 계와 주위

　　• 계(system): 관심의 대상이 되는 물질이나 장치의 일부분이다.

　　• 주위(surrounding): 계 밖의 모든 부분이다.

　　• 계와 주위는 경계(boundary)에 의해 구분한다.

　나) 밀폐계와 개방계

　　• 밀폐계(closed system): 비유동계로 에너지의 출입만 가능하다.

　　• 개방계(open system): 유동계로 에너지와 물질의 출입이 모두 가능하다.

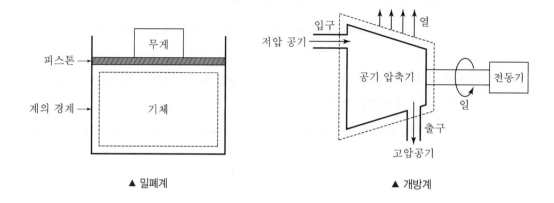

▲ 밀폐계   ▲ 개방계

(2) 열역학 제1법칙

열역학 제1법칙은 에너지 보존 법칙이며 줄의 실험은 이 법칙을 증명했다. "에너지는 여러 가지 형태로 변환이 가능하나, 절대적인 양은 일정하다."

① **줄의 실험:** 기계적인 일은 열로 변환될 수 있고, 열은 기계적인 일로 변환될 수 있다는 실험이고, 실험 내용으로는 추의 위치 에너지가 휘젓기 날개를 회전시키면 날개가 회전하면서 물의 온도를 증가하는 것이다. 즉, 위치 에너지는 기계적 에너지로 변환됨을 말한다.

② **열과 일의 관계**

가) 열의 일당량(mechanical equivalent of heat): 열을 일로 변환시키는 계수로써, 이 값은 1kcal의 열량이 427kg · m의 일로 변환한다.

나) 일의 열당량(heat equivalent of work): 일을 열로 변환시키는 계수로써, $W = JQ$

$$Q = \frac{1}{J} W, \quad \frac{1}{J} = \frac{1}{427} kcal/kg \cdot m$$

※ 비례상수 $J = 427 kg \cdot m/kcal = 4187 J/kcal$

③ **밀폐계의 열역학 제1법칙**

가) 밀폐계의 열과 일의 관계: 물체에 열을 가하면 열은 에너지 형태로 물체 내부에 저장되거나 물체가 주위에 일을 하게 되어 에너지를 소비한다.

$$Q = (U_2 - U_1) + W$$

※ • Q: 외부에서 계에 공급한 열량
   • W: 기체가 수축, 팽창하면서 계가 주위에 한 일
   • U_1: 계의 변화 시작 전의 내부 에너지
   • U_2: 계의 변화가 끝난 후의 내부 에너지

나) 열기관의 열효율

$$\eta_{th} = \frac{유효한\ 일}{공급된\ 열량} = \frac{W}{Q_1} = \frac{Q_1 - Q_2}{Q_1} = 1 - \frac{Q_2}{Q_1}$$

※ ・Q: 열기관에서 연료의 연소에 의해 공급되는 열량
　・Q_1: 냉각과 배기에 의해 방출되는 열량
　・Q_2: 열기관이 행한 순 일

다) 개방계의 열역학 제1법칙: 개방계에서는 에너지와 작동 물질도 계를 출입할 수 있고 이를 유동 일이라 한다. 개방계의 열역학 제1법칙은 유동 일을 포함하며, 내부 에너지와 유동 에너지를 합하여 엔탈피라는 성질을 정의한다.

　㉠ 유동 일(flow work): 개방계에서 압력의 차이가 있는 통로로 작동 물질을 이동시킬 때에 필요한 일이다.

$$W = PV$$

・엔탈피(enthalpy): 내부 에너지와 유동 일의 합이며, 단위 질량당 엔탈피를 비 엔탈피라 한다.

$$H = U + PV$$

※ H: 엔탈피, h: 비 엔탈피 [단위=$kg \cdot m/kg$], U: 내부 에너지, PV: 유동 일

　㉡ 개방계의 열과 일의 관계: 작동 물질이 계를 출입하므로 열, 일, 내부 에너지, 운동 에너지, 위치 에너지, 유동 에너지가 포함된다. 개방계의 열역학 제1법칙은 "계로 들어오는 에너지의 합과 계를 나가는 에너지의 합은 같다."

$$Q + U_1 + P_1 V_1 = W + U_2 + P_2 V_2$$

(3) 유체의 열역학적 특성

① 유체의 성질과 상태

가) 강성 성질: 물질의 양에 관계없는 압력, 밀도, 온도 및 비체적 등과 같은 성질이다.

나) 종량 성질: 질량, 체적 등과 같이 물질의 양에 비례하는 성질이다.

② 보일-샤를의 법칙

가) 보일의 법칙은 온도가 일정하면 기체의 부피는 압력에 반비례한다.

$$Pv = C \ \ 또는 \ \ P_1 v_1 = P_2 v_2$$

나) 샤를의 법칙은 기체의 부피가 일정할 때에 기체의 압력은 절대온도에 비례한다.

$$\frac{P}{T} = C \ \text{또는} \ \frac{P_1}{T_1} = \frac{P_2}{T_2}$$

③ 이상 기체 상태식

비열이 일정한 이상 기체에 대해 비체적(v), 압력(P), 온도(T)의 관계는 다음과 같다.

$$Pv = RT \ \text{또는} \ \frac{P_1 v_1}{T_1} = \frac{P_2 v_2}{T_2} \cdots$$

R은 기체상수이며, 단위는 $kg \cdot m/kg \cdot K$

기체	기체 상수	기체	기체 상수
공기	29.27	수소(H_2)	420.55
산소(O_2)	26.49	일산화탄소(CO)	30.27
질소(N_2)	30.26	이산화탄소(CO_2)	19.26

④ 기체의 비열과 내부 에너지

가) 기체 $m[kg]$이 일정한 부피에서 $Q_V[kcal]$의 열량을 공급받아 온도가 t_1에서 t_2로 올라갔을 때 관계식은 다음과 같다.

$$Q_v = m C_v (T_2 - T_1) = U_2 - U_1 \, (kcal / kg)$$

나) 기체 $m[kg]$이 일정한 압력에서 $Q_V[kcal]$의 열량을 공급받아 온도가 t_1에서 t_2로 올라갔을 때 관계식은 다음과 같다.

$$Q_p = m C_p (T_2 - T_1) = H_2 - H_1 \, (kcal / kg)$$

※ C_p, C_v의 단위는 $kcal / kg \cdot K$이다.

⑤ 과정과 사이클

가) 과정(process): 어떤 상태에서 다른 열변형 상태로 변화하는 경로

- 정압 과정: 압력이 일정하게 유지되면서 일어나는 상태 변화이다.
- 정적 과정: 체적이 일정하게 유지되면서 일어나는 상태 변화이다.
- 가역 과정: 계가 과정을 진행한 후 역으로 과정을 되돌아올 수 있는 과정이다.
- 비가역 과정: 자연계에서는 마찰로 인한 열 손실로 가역과정은 존재할 수 없고, 실제 발생하는 과정을 말한다.

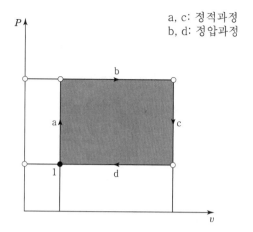

a, c: 정적과정
b, d: 정압과정

(4) 작동 유체의 상태 변화

상태 변화에는 등온과정, 단열과정, 정압과정, 정적과정, 폴리트로픽 과정이 있다. 과정별 이상기체 방정식을 $Pv=RT$를 따른다.

① **등온과정**(isothermal process): 온도가 일정하게 유지되는 상태 변화

$$T=\text{일정}, \ Pv=\text{일정}$$

② **정적과정**(constant volume process): 체적이 일정하게 유지되는 상태 변화

$$v=\text{일정}, \ \frac{P}{T}=\frac{R}{v}=\text{일정}$$

③ **정압과정**(constant pressure process): 압력이 일정하게 유지되는 상태 변화

$$P=\text{일정}, \ \frac{v}{T}=\text{일정}$$

④ **단열과정**(adiabatic process): 주위와 열의 출입이 차단된 상태 변화

$$Pv^k=\text{일정}$$

⑤ **폴리트로픽 과정**(polytropic process): 이상 기체의 가역과정

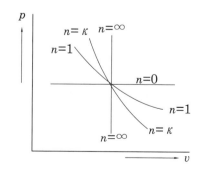

$Pv^n=$일정

- $n=0$일때, $P=C$(정압과정)
- $n=\infty$일때, $v=C$(정적과정)
- $n=1$일때, $Pv=C$(등온과정)
- $n=0$일때, $Pv^k=C$(단열과정)

(5) 열역학 제2법칙

에너지 변환의 법칙으로 열과 일의 변환에 어떠한 방향성이 있다는 법칙이다.

① 열역학 제2법칙의 필요성

계와 주위는 단열됨으로 열전달이 없다. 기체의 압축, 팽창이 마치면 계와 주위가 처음 상태로 되돌아오는 과정을 가역과정이라 한다. 열역학 제2법칙은 비가역과정으로 실제 발생 현상을 이해하고 방향성을 예측하여 현실적 응용하는 데 도움이 된다.

② 열의 방향성

가) 열의 이동 방향: 열은 고온에서 저온으로 이동할 수 있으나 저온에서 고온으로 이동하지 못한다.

나) 열의 변환 방향: 고온의 열을 일로 바꿀 때 열기관이 필요하며, 흡수한 열의 일부만 일로 바뀌고 나머지는 배출된다.

③ 열기관의 이상적 사이클

가) 카르노 사이클(carnot cycle): 열과 일을 변환시켜 가역적으로 작동한 최고의 효율을 가진 이상적 사이클이다.

나) 카르노 사이클 작동 원리

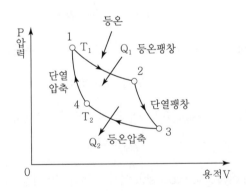

- 1→2(등온팽창): 고온열원 T_1에서 열량 Q_1을 공급받아 모두 일로 변환한다.
- 2→3(단열팽창): 고온열원 T_1이 낮은온도 T_2가 될 때까지 단열팽창 한다.
  상태 "3"은 내부 에너지의 일부가 열로 변환된 상태이다.
- 3→4(등온압축): 처음 상태로 복귀하기 위해 일을 받아 낮은온도 T_2에서 등온압축 되고, 외부에서 받은 일은 열량 Q_2로 변환되어 T_2에 방출하면서 상태 "4"가 된다.

- 4→1(단열압축): 상태 "4"의 유체는 외부 일을 받아 단열 압축되므로 내부 에너지가 증가하여 T가 증가하고, T_1이 될 때까지 압축되므로 작동유체는 처음 상태로 되돌아간다.

다) 카르노 사이클의 열효율

$$\eta_{th} = \frac{W}{Q_1} = \frac{Q_1 - Q_2}{Q_1} = 1 - \frac{Q_2}{Q_1}$$

이상적 열기관에서 $\dfrac{Q_2}{Q_1} = \dfrac{T_2}{T_1}$ 관계가 성립되어 다음과 같다.

$$\eta_{th} = \frac{W}{Q_1} = 1 - \frac{Q_2}{Q_1} = 1 - \frac{T_2}{T_1}$$

※ • Q_1: 공급받는 열량
　• Q_2: 방출되는 열량
　• T_1: 고온 열원의 절대온도
　• T_2: 저온 열원의 절대온도

④ **열량과 온도와의 관계**

열량과 온도와의 관계는 열역학 제2법칙인 에너지 변환의 법칙을 이해하는 데 도움을 주며, 사이클에서 발생한 에너지의 유용성, 상태 변화를 예측할 수 있고, 얼마나 안정된 상태인지 지표로 사용될 수 있다.

가) 엔트로피의 정의: 출입하는 열량 Q를 절대온도 T로 나눈 값, $[\frac{Q}{T} = 엔트로피]$

열량의 변화 ΔQ를 절대온도 T로 나눈 값, $[\Delta S(엔트로피\ 변화) = \frac{\Delta Q}{T}]$

나) 엔트로피의 열역학적 의미

$$\Delta S = \frac{\Delta Q}{T_2} - \frac{\Delta Q}{T_1} = \Delta Q \left(\frac{T_1 - T_2}{T_1 T_2} \right) > 0$$

$\triangle S$ =엔트로피 변화, T_1=고온 물체온도

$\triangle Q$ =열량의 변화, T_2=저온 물체온도

$\dfrac{\Delta Q}{T_1}$ =고온 물체 엔트로피, $\dfrac{\Delta Q}{T_2}$ =저온 물체 엔트로피

엔트로피 증가	• 어떤 일이 한 방향으로 일어나는 것은 자연계에 비가역적 상태가 많을 때 • 변화가 안정된 상태 쪽으로 일어날 경우 • 주위로 방출되는 열량이 많아져 일의 능력이 감소될 경우

다) T-S 선도: 엔트로피 S와 절대온도 T를 좌표축으로 하여 상태 변화를 나타낸 선도

(6) 왕복엔진의 기본 사이클

① **오토 사이클:** OTTO가 고안한 동력엔진의 사이클로 스파크 플러그에 의해 점화되는 내연기관의 정적 사이클이며, 2개의 정적과정과 2개의 단열과정으로 나눈다.

  가) 오토 사이클의 열효율

$$\eta_O = \frac{일}{공급열량} = 1 - \left(\frac{1}{\varepsilon}\right)^{k-1}$$

$$※\ \varepsilon = \frac{v_1}{v_2} : 압축비,\ k: 비열비 = 1.4$$

오토 사이클의 압축비가 너무 커지면 진동이 커지고, 엔진의 크기 및 중량이 증가하고, 디토네이션(detonation)이나 조기 점화(preigition)와 같은 비정상적인 연소현상이 일어나기에 압축비는 6~8:1로 제한한다.

    ㉠ 디토네이션(detonation): 폭발과정 중 아직 연소되지 않는 미연소 잔류가스에 의해 정상 불꽃 점화가 아닌 압축 자기 발화온도에 도달하여 순간적으로 재폭발하는 현상이다.

  나) 조기 점화(preigition): 정상 불꽃 점화가 되기 전에 실린더 내부의 높은 열에 의하여 뜨거워져서 열점이 되어 비정상적인 점화를 일으키는 현상이다.

    ㉡ 압축비(compressure ratio)

$$\varepsilon = \frac{v_c + v_d}{v_c} = 1 + \frac{v_d}{v_c}$$

피스톤이 하사점에 있을 때의 실린더 체적과 상사점에 있을 때의 실린더 체적이다.

② **작동 원리**

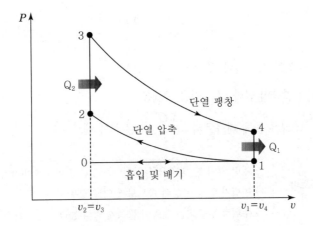

- 1→2(단열압축): 짧은 시간에 작동되기 때문에 열의 출입이 차단된 단열상태로 가정
- 2→3(정적연소): 작동속도가 상대적으로 느리기 때문에 체적이 일정한 상태에서 열을 공급하는 과정으로 가정
- 3→4(단열팽창): 짧은 시간에 이루어지므로 단열된 상태로 가정하며, 기체가 팽창하는 과정에서 외부에 일을 하게 된다.
- 4→1(정적방열): 연소과정과 마찬가지로 체적이 일정한 상태에서 열을 방출하는 과정
- 1→0(배기행정): 흡입 및 배기과정은 사이클 성능과 무관하기 때문에 사이클 해석에서는 제외

(7) 가스터빈엔진의 기본 사이클

① 브레이턴 사이클

P−v 선도에 2개의 정압과정과 2개의 단열과정으로 이루어진 가스터빈엔진의 이상적인 사이클로 정압 사이클이라고 한다.

가) 브레이턴 사이클의 열효율

$$\eta_B = 1 - \frac{T_1}{T_2} = 1 - \left(\frac{1}{\gamma_p}\right)^{\frac{k-1}{k}}$$

$$\gamma_p = \frac{P_2}{P_1} = \frac{P_3}{P_4} : 압력비$$

압력비(γ_p)가 클수록 열효율은 증가하고 터빈 입구 온도 T_3가 상승하여 어느 온도 이상 상승할 수 없도록 압력비(γ_p)는 제한을 받는다.

② 작동 원리

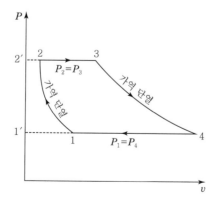

▲ 브레이턴 사이클의 P−v 선도

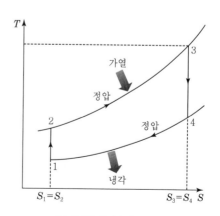

▲ 브레이턴 사이클의 T−S 선도

- 1→2(단열압축): 엔진에 흡입된 저온, 저압의 공기를 압축시켜 압력을 P_1에서 P_2로 상승 [엔트로피의 변화가 없다$(S_1=S_2)$]
- 2→3(정압가열): 연소실에서 연료가 연소되어 열을 공급하며 연소실 압력은 정압이 유지된다. $[P_2=P_3=C]$
- 3→4(단열팽창): 고온, 고압의 공기를 터빈에서 팽창시켜 축 일을 얻는다. 가역단열과정이므로 상태 3과 4는 엔트로피가 같다$(S_3=S_4)$.
- 4→1(정압방열): 압력이 일정한 상태에서 열을 방출한다(배기 및 재흡입 과정).

01 항공기용 왕복엔진의 분류 방법 중 실린더 배열에 따른 방법으로 분류한 것이 아닌 것은?

① V형 엔진 ② 대향형 엔진

③ 성형엔진 ④ 전기점화 엔진

해설

배열 방법에 따른 분류
- 대향형(opposed type)   • V형
- 열형(in-lined type)   • X형
- 성형(radial type, 방사형)

02 일반적으로 엔진의 분류 방법으로 사용되지 않는 것은?

① 냉각 방법에 의한 분류

② 실린더 배열에 의한 분류

③ 실린더의 재질에 의한 분류

④ 행정(cycle) 수에 의한 분류

해설

왕복엔진의 분류 방법
- 냉각 방법에 의한 분류
- 실린더 배열에 의한 분류
- 행정 수에 의한 분류

03 열기관을 내연기관과 외연기관으로 크게 분류할 때 외연기관은?

① 가스터빈엔진 ② 증기엔진

③ 가솔린 엔진 ④ 디젤엔진

해설

외연기관: 증기엔진, 증기터빈엔진

04 항공기 가스터빈엔진 중 주로 헬리콥터에 사용하는 엔진은?

① 터보팬엔진

② 터보제트엔진

③ 터보축엔진

④ 터보프롭엔진

해설

터보샤프트엔진(turboshaft engine)의 작동 원리
: 작동원리는 배기가스에 의한 추력이 없다는 점 외에는 터보프롭엔진과 같다. 이 엔진은 가스 발생기 부분과 동력 부분으로 나누어지기 때문에 자유터빈엔진(free turbine engine)이라고 한다. 주로 헬리콥터에 사용되고 발전시설과 같은 산업용 및 선박용으로 사용된다.

05 프로펠러 항공기에 주로 사용하는 가스터빈엔진은?

① 터보팬엔진

② 터보프롭엔진

③ 터보제트엔진

④ 터보샤프트엔진

해설

터보프롭엔진(turboprop engine)은 터보제트엔진에 프로펠러를 장착한 형식으로 프로펠러에서 75%의 추력을 얻고, 나머지는 배기가스에서 25%의 추력을 얻는다. 프로펠러의 효율 증가를 위해 감속기어를 장착했다.

정답 01. ④ 02. ③ 03. ② 04. ③ 05. ②

06 다음의 가스터빈엔진 중 배기 소음이 가장 심한 것은?

① 터보팬엔진

② 터보프롭엔진

③ 터보제트엔진

④ 터보샤프트엔진

해설

터보제트엔진(turbojet engine)의 단점

• 저속에서는 추진효율이 불량하다.

• 배기 소음이 심하다.

• 저속, 저공에서 연료 소비율이 높다.

• 이륙 시 활주 거리가 길다.

07 그림과 같은 엔진의 명칭은?

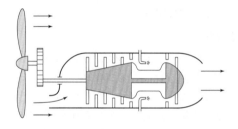

① 터보팬엔진

② 터보프롭엔진

③ 터보축엔진

④ 터보제트엔진

해설

회전날개를 쓰는 가스터빈엔진에는 터보프롭엔진(예문 그림)과 터보샤프트엔진(해설 그림)이 있다.

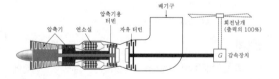

08 항공용 엔진에서 내부에 기계적 기구를 가지지 않고 디퓨저, 밸브 망, 연소실 및 분사 노즐로 구성된 엔진은?

① 펄스제트엔진

② 램제트엔진

③ 로켓

④ 프롭팬엔진

해설

펄스제트엔진(pulse-jet engine)은 공기 흡입 플래퍼 밸브(air inlet flapper valve)라는 밸브 망을 가지고 있고, 밸브 망은 공기 흡입구와 연소실 경계에 장착되어 있다. 연소실 압력이 흡입구보다 높으면 밸브 망은 닫히고, 낮으면 열리면서 흡입한 공기를 연소실로 보내어 연소 이후 노즐로 빠져나가 추력이 발생한다. 구성은 흡입구, 밸브 망, 연소실, 분사 노즐이 있다.

09 이 · 착륙거리의 단축, 추력 증가, 중량 감소, 아음속에서의 높은 추진효율, 경제성 향상, 소음 감소, 날씨 변화에 대한 적응이 우수하여 최근 제트기에 많이 사용하는 엔진은?

① 터보제트엔진

② 터보축엔진

③ 터보프롭엔진

④ 터보팬엔진

해설

터보팬엔진(turbofan engine)의 장점

• 아음속에서의 추진효율이 우수하다.

• 연료 소비율이 낮다.

• 소음이 적다.

• 이착륙 거리가 짧다.

• 날씨에 영향을 받지 않는다.

✈ **정답** 06. ③ 07. ② 08. ① 09. ④

10 항공기용 엔진 중 왕복엔진의 종류로 나열된 것은?

① 성형엔진, 대향형 엔진
② 로켓엔진, 터보샤프트엔진
③ 터보팬엔진, 터보프롭엔진
④ 터보프롭엔진, 터보샤프트엔진

해설

- 항공기 왕복엔진: 수평대향형, 수직대향형, 성형
- 항공기 가스터빈엔진: 터보제트엔진, 터보팬엔진, 터보프롭엔진, 터보샤프트엔진
- 그 밖의 엔진: 펄스제트엔진, 램제트엔진, 로켓엔진

11 다음 중 가스터빈엔진의 종류에 대한 설명으로 옳은 것은?

① 터보프롭엔진은 헬리콥터에 사용되며 바이패스(by-pass)되어 분사되는 배기가스의 양이 많아서 배기 소음이 증가한다.
② 터보제트엔진은 고고도, 저속상태에서 효율이 가장 좋기 때문에 상업용으로 사용이 증가하고 있다.
③ 터보샤프트엔진은 가스터빈엔진에 프로펠러를 적용한 것으로서 감속기어장치가 흡입구에 위치한다는 특징이 있다.
④ 터보팬엔진은 많은 깃을 갖는 덕트로 쌓여 있는 일종의 프로펠러 엔진으로 볼 수 있다.

해설

① 터보프롭엔진은 프로펠러를 장착한 형식으로 프로펠러에서 75%의 추력을 얻고, 나머지는 배기가스에서 25% 추력을 얻는다. 프러펠러의 효율 증가를 위해 감속기어를 장착했다.
② 터보제트엔진은 저속에서는 추진효율이 불량하고, 고속에서 추진효율이 우수하다.
③ 터보샤프트엔진은 배기가스에 의한 추력이 없다는 점 외에는 터보프롭엔진과 같다. 이 엔진은 가스 발생기

부분과 동력 부분으로 나누어지기 때문에 자유터빈 엔진(free turbine engine)이라고 한다. 주로 헬리콥터에 사용되고 발전시설과 같은 산업용 및 선박용으로 사용된다.

12 물질의 질량에 가해지는 힘의 크기는 질량과 가속도를 곱한 값에 비례한다는 법칙은?

① 브레이턴 법칙
② 뉴턴의 운동 제1법칙
③ 뉴턴의 운동 제2법칙
④ 뉴턴의 운동 제3법칙

해설

뉴턴의 제2법칙(가속도 법칙)으로 물질에 가해지는 힘의 크기는 질량과 가속도를 곱한 값으로 $F=ma$이다. F는 힘, m은 질량, a는 가속도이다.

13 열역학에서 사용되는 용어에 대한 다음 설명 중 틀린 것은?

① 비열은 1기압 상태에서 1g의 물을 273℃ 높이는 데 필요한 열량이다.
② 압력은 단위 면적에 작용하는 힘의 수직 분력이다.
③ 물질의 비체적은 단위 질량당 체적이다.
④ 밀도는 단위 체적당의 질량이다.

해설

비열은 단위 질량을 단위 온도로 올리는 데 필요한 열량으로 1kg의 물질의 온도를 1℃ 높이는 데 필요한 열량을 말한다.

14 단위 질량을 단위 온도로 올리는 데 필요한 열량을 무엇이라 하는가?

① 엔트로피 ② 엔탈피
③ 밀도 ④ 비열

- 엔트로피: 출입하는 열량 Q를 절대온도 T로 나눈 값으로, $\dfrac{Q}{T}$ = 엔트로피를 말한다.
- 엔탈피: 내부 에너지와 유동 일의 합으로, 단위 질량당 엔탈피를 비엔탈피라 한다.
- 밀도: 단위 체적당의 질량을 말한다. [단위: ρ, kg/m^3]

15 압력을 일정하게 유지하면서 단위질량을 단위 온도로 올리는 데 필요한 열량은?

① 비열비　　　　② 비열

③ 정압비열　　　④ 정적비열

정압비열은 압력이 일정한 상태에서 단위 질량을 단위 온도로 올리는 데 필요한 열량으로 공기의 정압비열은 실온에서 $1003.5[J/kg \cdot k]$이다.

16 열역학 사이클에서 가정들을 적용하여 이론적 인 해석을 가능하게 한 엔진의 이론적 사이클 은?

① 공기 표준 사이클

② 공기 사이클

③ 표준 사이클

④ 정압 사이클

공기 표준 사이클은 열역학 사이클에서 가정들을 적용하여 이론적인 해석이 가능한 사이클이다.

17 동일한 대기압과 온도 조건하에서 실제로 실린더 속으로 흡입된 혼합기의 부피와 실린더 배기량과의 비를 무엇이라 하는가?

① 열효율　　　　② 배기 효율

③ 부피 효율　　　④ 압축 효율

부피 효율은 동일한 대기압과 온도 조건하에서 실제로 실린더 속으로 흡입된 혼합기의 부피와 피스톤 배기량과의 비이다.

$$부피\ 효율 = \frac{실제\ 흡입된\ 부피}{피스톤\ 배기량} \times 100(\%)$$

18 이상기체(완전 가스)로 채워진 체적이 변하지 않는 밀폐용기를 외부에서 가열했을 때 상태 량 변화는?

① 내부 압력이 증가한다.

② 내부 압력이 감소한다.

③ 기체의 체적이 증가한다.

④ 기체의 체적이 감소한다.

정적 과정(constant-volume process): 체적이 일정 하게 유지되는 상태 변화

v=일정, $\dfrac{P}{T} = \dfrac{R}{v}$=일정

19 기체 m[kg]이 일정한 압력하에서 Q[kcal]의 열량을 공급받아 온도가 T₁에서 T₂로 높아졌 다. 관계식으로 가장 올바른 것은? (단, C_P: 정 압비열, C_V: 정적비열, U: 내부에너지, H: 엔 탈피)

① Q=1−Q₂/Q₁

② Q=mCp(T₂−T₁)=H₂−H₁

③ Q=(T₂−T₁)/T₁

④ Q=mCV(T₂−T₁)=U₂−U₁

기체 $m[kg]$이 일정한 압력에서 $Q_P[kcal]$의 열량을 공급받아 온도가 T_1에서 T_2로 올라갔다면, 정압비열(C_P)은 정적비열(C_V)보다 크며, 관계식은 다음과 같다.

$$Q_P = mC_P(T_2 - T_1) = H_2 - H_1$$

✈ 정답 　15. ③　16. ①　17. ③　18. ①　19. ②

20 다음 중 비체적(specific volume)에 대한 설명으로 옳은 것은?

① 비체적이란 단위 체적당 질량을 말한다.

② 비체적이란 단위 질량당 체적을 말한다.

③ 비체적이란 단위 밀도당 질량을 말한다.

④ 비체적이란 단위 밀도당 체적을 말한다.

해설

비체적과 밀도

① 비체적(specific volume: $v, m^3/kg$): 단위 질량당의 체적

② 밀도(density: $\rho, kg/m^3$): 단위 체적당의 질량

$$\rho = \frac{1}{\nu}$$

21 단위 시간에 할 수 있는 일의 능력을 표현한 것으로 틀린 것은?

① 동력

② 일률

③ 마력

④ 효율

해설

• 동력(power)은 단위 시간당에 행하는 일의 시간에 대한 비율로 이것을 공률 및 일률이라고도 한다. 단위는 보통 마력(PS), KW(Kilo Watt)를 사용한다. $1 PS = 75 kq \cdot m/s^2 = 0.735 kW$

• 마력은 단위 시간당 이루어진 일을 동력이라 하는데, 왕복엔진에서는 동력의 단위로 마력을 쓰며 KW로도 나타낸다.

22 물리적인 일에 관한 설명으로 틀린 것은?

① 모멘트의 단위와 같다.

② 기본 단위는 줄이다.

③ 일은 동력을 시간으로 나눈 값이다.

④ 힘이 물체에 작용하여 물체를 움직일 때 발생한다.

해설

힘이 물체에 작용하여 물체를 움직이게 할 때 일($W = F \times L$)을 했다고 한다. 일의 기본 단위는 줄(joule, $1 J = 1 N \cdot m$)이며, 모멘트의 단위와 같다.

23 다음 설명 중 틀린 것은?

① 비체적: 단위 질량당 체적을 말한다.

② 밀도: 단위 체적당 질량을 말한다.

③ 밀도의 단위는 m²/kg이다.

④ 비체적의 단위는 m³/kg이다.

해설

• 비체적: 단위 질량의 물질이 차지하는 체적(m^3/kg)

• 밀도: 단위 체적의 물질이 차지하는 질량(kg/m^3)

• 비중: 동일 체적의 물의 질량에 대하여 몇 배인가를 표시하는 무차원량

• 중량밀도: $1.225 \, kg/m^3$

• 밀도: $0.12492 \, kg \cdot \sec^2/m^4$

24 표준상태($T = 273.15 \, K$, $P = 1.0332 \times 10^4 \, kgf/m^2$)에서의 공기의 비체적 $V = \dfrac{1}{1.2922} \, m^3 \cdot kg$이라면, 공기의 기체상수 R은 얼마인가?

① 27.29

② 28.29

③ 29.27

④ 32.21

해설

기체	기체상수 (kg·m/kg·K)
공기	29.27
산소(O₂)	26.49
질소(N₂)	30.26
수소(H₂)	420.55
일산화탄소(CO)	30.27
이산화탄소(CO₂)	19.26

정답 20. ② 21. ④ 22. ③ 23. ③ 24. ③

25 연료가 산소와 화학반응하여 연소한 후 열을 발생하여 온도가 높아졌다가 원래의 온도로 냉각시키면 외부로 열을 내보낸다. 이때 연소 생성물 중 물이 액체상태로 존재하는 경우의 발열량에 해당되는 것은 무엇인가?

① 저 발열량 ② 화확 발열량

③ 물 발열량 ④ 고 발열량

해설

• 정적 발열량: 정적 상태하에서 연소하여 측정

• 정압 발열량: 정압 상태하에서 연소하여 측정

• 고 발열량: 연소 생성물 중 물이 액체로 존재하는 경우

• 저 발열량: 연소 생성물 중 물이 기체로 존재하는 경우

26 다음에서 섭씨온도(T_c)와 화씨온도(T_f)의 관계식을 가장 올바르게 나타낸 것은?

① $T_c = \dfrac{5}{9}(T_f + 32)$

② $T_f = \dfrac{5}{9}(T_c - 32)$

③ $T_f = \dfrac{9}{5}\ T_c + 32$

④ $T_c = \dfrac{9}{5}\ (T_f + 32)$

해설

• 섭씨 온도(celsius:℃): 표준 대기압에서 물이 어는점과 끓는점을 100 등분하여 어는 온도를 0℃, 끓는 온도를 100℃로 정한 온도의 단위이다.

$T_C = \dfrac{5}{9}(T_F - 32)$

• 화씨 온도(fahrenheit:℉): 표준 대기압하에서 물이 어는점과 끓는점을 180 등분하여 어는 온도를 32℉, 끓는 온도를 212℉로 정한 온도의 단위이다.

$T_F = \dfrac{9}{5}T_C + 32$

• 열역학의 절대온도 관계식

$T_c = t_c + 273$(캘빈 절대온도) 또는 $T_f = t_f + 460$(랭킨 절대온도)

27 온도의 척도로써 섭씨온도와 화씨온도 및 절대온도를 사용한다. 섭씨 850℃는 화씨(℉) 몇 도인가?

① 1562℉ ② 450℉

③ 1587.6℉ ④ 490℉

해설

$T_f = \dfrac{9}{5}\ t_c + 32 = \dfrac{9}{5} \times 850 + 32 = 1562\,℉$

28 27℃를 절대온도로 환산하면 얼마인가?

① 200k ② 300k

③ 400k ④ 500k

해설

$T_c = (t_c + 273) = 27 + 273 = 300(K)$

29 열역학에 있어서 계와 주위를 구분하여 주는 것은?

① 작동 물질 ② 경계

③ 에너지 ④ 열

해설

• 계(system): 문제의 대상이 되는 어떤 양의 물질이나 공간의 어떤 구역이다.

• 주위(surrounding): 계의 바깥 둘레의 모든 것이다.

• 계와 주위는 경계(boundary)에 의해 구분한다.

30 4,000kgf·m의 일이 완전히 열로 변환되었을 경우 일량은 몇 kcal가 되겠는가? (단, J=427kg·m/kcal)

① $9.36\,kcal$ ② $9.36 \times 10^3\,kcal$

③ $1.708 \times 10^3\,kcal$ ④ $1.708 \times 10^5\,kcal$

해설

일량 $= \dfrac{일}{열의\ 일당량} = \dfrac{4,000}{427} = 9.367 kcal$

✈ **정답** 25. ④ 26. ③ 27. ① 28. ② 29. ② 30. ①

02 왕복엔진

1 왕복엔진의 작동원리

(1) 엔진 사이클

① 오토 사이클

가) 평균 유효 압력(mean effective pressure)

㉠ 도시 평균 유효 압력(indicated effective pressure): 마찰을 고려하지 않고 나타나는 압력 값과 피스톤의 위치에 따라서만 결정된다.

㉡ 도시마력(indicated horsepower): 실린더 안의 가스가 피스톤에 작용하는 동력이다.

$$iHP = \frac{P_{mi} \times L \times A \times N \times K}{75 \times 2 \times 60}$$

※ • P_{mi}: 도시평균 유효압력(kg/cm^2)

• L: 행정길이(m)

• A: 피스톤 넓이(cm^2)

• N: 엔진의 분당 회전수(rpm)

• K: 실린더 수

㉢ 마찰마력(friction horsepower): 마찰 손실로 인하여 감소된 마력이다.

㉣ 제동마력(brake horsepower): 엔진에 의해서 만들어진 마력으로 프로펠러에 전달된 마력이다.

$$bHP = iHP - fHP = \frac{P_{mb} \times L \times A \times N \times K}{75 \times 2 \times 60}$$

※ • bHP: 제동마력   • iHP: 도시마력

• fHP: 마찰마력

ⓜ 기계효율(mechanical efficiency): 제동마력과 도시마력의 비

$$\eta_m = \frac{bHP}{iHP}$$

※ • η_m: 기계효율(약 85%~95%)

나) 제동 열효율과 비연료 소비율

ⓐ 제동 열효율(brake thermal efficiency): 제동마력과 단위 시간당 엔진이 소비한 연료 에너지의 비

$$\eta_b = \frac{제동마력}{단위\ 시간당\ 엔진의\ 소비한\ 연료\ 에너지} = \frac{75 \times bHP}{J \times W_f \times H_L}$$

※ • J: 열의 일당량(427$kg \cdot m/cal$)
  • W_f: 연료 소비율(kg/s)
  • H_L: 연료의 저 발열량($kcal/kg$)

ⓑ 비연료 소비율(specific fuel consump-tion): 1시간당 1마력을 내는 데 소비된 연료의 무게(g)

$$f_b = \frac{W_f \times 3,600 \times 10^3}{bHP}\ (g/PS-h)$$

※ • f_b: 제동 비연료 소비율
  • W_f: 연료 소비율

ⓒ 열 에너지의 분포

배기 손실	34%
냉각 손실	28.5%
제동일	28%
마찰 손실	9.55%

(2) 4행정 엔진의 원리

왕복엔진은 4행정(흡입, 압축, 폭발, 배기) 5현상(흡입, 압축, 폭발, 팽창, 배기)의 원리로 작동되며, 행정(stroke)이란 피스톤이 상사점에서 하사점으로 또는 하사점에서 상사점으로 움직인 거리를 말한다.

상사점 (TDC) ⇕ 행정 하사점 (BDC)	흡입행정 (Intake Stroke)	압축행정 (Compression Stroke)	폭발행정 (Explosion stroke)	배기행정 (Exhaust Stroke)
	← 배기 밸브 닫힘	점화플러그 → 점화		흡입 밸브→ 열림
		← 흡입 밸브 닫힘	배기 밸브→ 열림	

① 흡입행정(intake stroke)

- 피스톤이 상사점에서 하사점 쪽으로 하향 운동한다.
- 흡입 밸브가 열리고 혼합가스가 실린더 안으로 흡입된다.
- 흡입 밸브는 이론적으로는 상사점에서 열리고 하사점에서 닫히도록 되어 있으나, 실제로는 상사점 전에 열리고 하사점 후에 닫힌다.

② 압축행정(compression stroke)

- 피스톤이 하사점에서 상사점으로 상향운동 -혼합가스를 압축한다.
- 흡입 밸브와 압축 밸브가 모두 닫혀있다.
- 압축과정 중 상사점 전 20~35°에서 점화 플러그에 의해 점화된다.
- 압축비

  피스톤이 하사점에 있을 때 실린더 체적과 상사점에 있을 때 실린더 체적과의 비

  $$압축비 = \frac{연소실\ 체적 + 행정\ 체적}{연소실\ 체적} = \epsilon = \frac{v_c + v_d}{v_c} = 1 + \frac{v_d}{v_c}$$

  ※ 이상적인 압축비는 6~8:1로 제한하고 압축비가 이 이상 커지면 비정상적인 폭발(연소)현상이 발생된다.

③ 팽창행정(expansion stroke: 동력행정, 폭발행정)

- 압축된 혼합가스를 점화시켜 폭발시킨다.
- 흡입 밸브와 배기 밸브가 모두 닫혀있다.
- 상사점 후 10° 근처에서 실린더 안의 압력은 최대 압력($60kg/cm^2$)과 최고 온도($2,000℃$)에 도달된다.
- 점화가 피스톤이 상사점 전에 도달하기 전에 이루어지는 이유는 연료를 완전 연소시키고 최대 압력을 내기 위한 연소 진행 시간이 필요하기 때문이다.

④ 배기행정(exhaust stroke)

- 피스톤이 하사점에서 상사점으로 상향 운동한다.

- 배기 밸브가 열려 있다.

- 피스톤에 의해 연소 가스가 배기 밸브를 통하여 배출된다.

- 이론적으로는 배기 밸브가 하사점에서 열리고 상사점에서 닫히도록 되어 있으나, 실제로는 하사점 전에 열리고(밸브 앞섬) 상사점 후에 닫혀(밸브 지연) 잔류가스의 방출과 혼합가스의 흡입량을 증가시킨다.

2 왕복엔진의 구조

(1) 기본 구조

연료를 연소시켜 왕복운동을 회전운동으로 바꿔 회전동력을 발생시키며 실린더, 피스톤, 밸브와 밸브 작동기구, 크랭크축 및 크랭크 케이스, 커넥팅 로드 등으로 이루어져 있다.

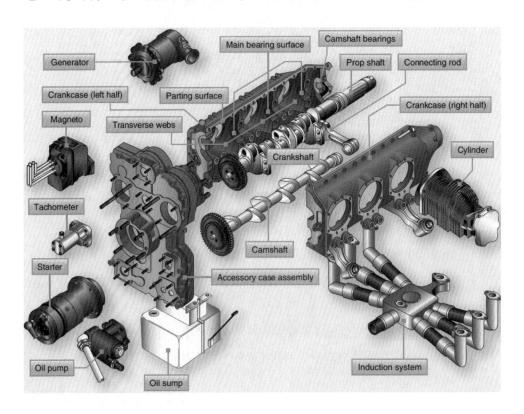

① 실린더(cylinder)의 구조

▲ 실린더 구조

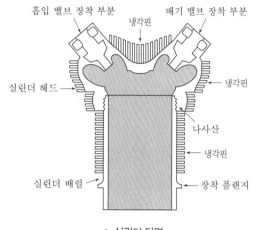

▲ 실린더 단면

가) 실린더 역할: 연료의 화학적인 열 에너지를 기계적인 에너지로 변환하여 피스톤과 커넥팅
로드를 통하여 크랭크축을 회전시킨다.

나) 실린더 구비조건

- 엔진이 최대설계 하중으로 작동할 때 발생하는 온도의 작용으로 생성되는 내부 압력에
충분히 견딜 수 있는 강도를 갖추어야 한다.
- 가벼워야 하고, 열전도성이 좋아서 냉각 효율이 커야 한다.
- 설계가 쉽고 제작과 검사 및 점검 비용이 적게 들어야 한다.

② 실린더의 구성요소

가) 실린더 헤드(cylinder head): 연소실이 있는 부분으로 고열을 받기 때문에 냉각핀이
길게 부착되어 있고 알루미늄 합금으로 제작된다. 특히 배기구의 경우 냉각핀이 더 많이
부착되어 있어 쉽게 구별할 수 있다.

나) 연소실의 종류: 원통형, 반구형, 원뿔형이 있으며, 이 중 연소가 가장 잘 이루어지는
반구형이 가장 많이 사용된다.

(a) 원통형

(b) 반구형

(c) 원뿔형

▲ 연소실의 모양

연소가 일어나는 실린더 내부의 연소실 최고 압력은 60kg/cm²이고, 최고 온도는 2,000℃이다.

다) 밸브장치

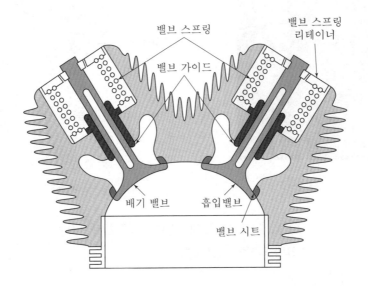

ⓐ 밸브 가이드: 밸브 가이드는 밸브 스템을 지지하고 안내하는 역할을 수행하며, 흡입 밸브 가이드는 청동으로, 배기 밸브 가이드는 강으로 제작된다. 밸브 가이드는 실린더 헤드에 열을 가하고 가이드는 냉각시켜 결합시키는 shrink fit를 사용하여 결합시킨다.

ⓑ 밸브 시트: 밸브 페이스와 닿는 부분으로 가스 누출을 방지하고 밸브와의 충격으로부터 헤드를 보호한다. 밸브 시트는 가장 단단하게 밀착되는 부품으로 shrink fit로 결합된다.

ⓒ 실린더 헤드와 배럴 연결 방법: 연결 방법에는 나사 연결법(threaded joint fit), 스터드 & 너트 연결법(stud & nut fit), 수축 연결법(shrink fit)이 있으나 현재는 나사 연결법을 사용하고 있다.

라) 실린더 동체

ⓐ 동체: 피스톤이 상하 운동하는 실린더의 몸통 부분을 말하며, 재질은 고강도 합금강인 크롬-몰리브덴강, 크롬-니켈-몰리브덴강으로 제작되고, 내부는 질화 처리로 표면을 경화시키거나 크롬 도금을 하면 황색 띠를 둘러 표시한다. 스커트(skirt)는 배럴 밑으로 나온 부분으로 유압 폐쇄(hydraulic lock)를 방지할 목적으로 하부 실린더는 스커트를 길게 한다(성형엔진).

ⓛ 초크 보어(choke bore) 실린더: 열팽창을 고려하여 실린더 상사점 부근을 하사점 부근보다 약간 작게 만든 것으로, 정상 작동 시 상사점 부근이 하사점보다 온도가 높아 열 팽창량이 크기 때문에 초크 보어를 준다. 정상 작동 시 상사점 부근에 열팽창이 되어 똑바른 내경을 유지한다.

ⓒ 유압 폐쇄(hydraulic lock): 성형엔진의 하부 실린더에 엔진 작동 후 정지 상태에서 묽어진 오일이나 습기 응축물이 중력에 의해 연소실 내에 갇히게 되어 유압 폐쇄 현상이 일어나게 된다. 이런 현상이 나타나면 모든 실린더의 스파크 플러그를 제거하고 하부 실린더 아래에는 오일 받침을 받쳐준 뒤 프로펠러를 수 회전 돌려 연소실 내부의 오일을 제거한다. 유압 폐쇄 현상이 일어나지 않게 원인을 찾아 스커트의 길이를 길게 하거나 실린더 내경 측정을 하여 검사결과에 따른 over size 규격에 의해 조치한다.

ⓡ 실린더의 압축시험: 엔진마다 차이가 있으니 정확한 검사법은 엔진의 정비 지침서를 참고해야 한다.

시험 압력	5,625kg /cm²(80psi)
공기 공급 장소	실린더의 점화 플러그 구멍에 연결
검사 방법	압력계의 압력 차가 규정 압력 이상으로 커지면 안 된다.
시험기의 구성	2개의 압력계기, 2개의 공기 제어 밸브, 공기 입구 연결 호스, 연결 호스 피팅 및 스파크 플러그 연결기

◎ 실린더의 오버 사이즈

표준 오버 사이즈의 크기와 색깔	
0.254mm(0.010in)	초록색
0.381mm(0.015in)	노란색
0.508mm(0.020in)	빨간색

③ **피스톤(piston)의 구조**

가) 역할: 실린더 내부의 연소된 가스 압력을 커넥팅 로드를 통해 크랭크축에 전달하고, 혼합가스를 흡입하고 배기가스를 배출한다(피스톤의 속도는 10~15m/s).

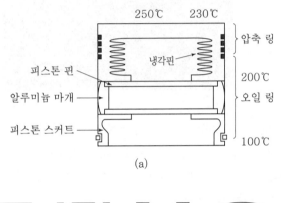

(a)

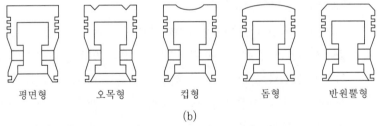

(b)

나) 재질: 피스톤은 왕복운동을 하므로 무게가 가벼워야 하고, 고온 · 고압에 잘 견디고 열전도율이 높아야 하기 때문에 알루미늄 합금으로 제작되며, 가스의 누설 또한 없어야 한다.

다) 구성

　㉠ 피스톤 헤드: 피스톤 헤드 안쪽에 냉각핀을 설치하여 냉각기능과 강도를 증가시키며 종류에는 평면형, 오목형, 컵형, 돔형, 반원뿔형 등이 있는데, 그중 평면형이 가장 많이 사용된다.

　㉡ 피스톤 링(piston ring): 피스톤 링은 기밀작용, 냉각(열전도)작용, 윤활유 조절의 기능을 잘 갖추어야 한다. 종류에는 압축 링(compression ring), 오일 링(oil ring)이 있다.

- 압축 링: 가스의 기밀을 유지하는 기능을 수행하며 가스의 누설을 최소로 줄이기 위해서 장착 시에 360°를 링의 숫자로 나누어 링 끝이 오도록 배치한다. 압축 링 단면의 모양은 맞대기형(butt joint), 경사형(angle joint), 계단형(step joint)으로 나눈다.

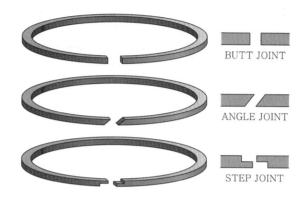

- 압축 링은 내식성을 증가시키기 위하여 표면에 크롬 도금을 하기도 하는데, 크롬 도금된 압축 링은 실린더 내벽이 크롬 도금된 곳에 사용해서는 안 되며, 가장 위쪽에 사용해야 한다. 압축 링은 보통 2~3개가 장착된다.
- 압축비가 떨어지는 이유
  - 부적당한 밸브 틈새
  - 부적당한 밸브 타이밍
  - 밸브 시트와 밸브 페이스의 접촉 불량
  - 마멸이나 손상된 피스톤의 사용
  - 링이나 벽의 과도한 마모
- 오일 링: 윤활 기능을 수행하며 종류에는 오일 조절링(oil-control ring)과 오일 제거 링(oil scraper ring)이 있다. 오일 조절링은 조절 구멍이 있어 피스톤의 홀을 통하여 피스톤 안쪽으로 흘러 나가 조절되며, 오일 제거 링은 스커트 부근에 한 개가 설치되고 내벽의 오일을 긁어내려 섬프로 떨어트린다.
- 실린더 내부로 오일 출입 시 발생 현상
  - 오일 소모량 증가
  - 배기가스 회색으로 배출
  - 엔진 내부 탄소 찌꺼기 발생
  - 실화나 디토네이션 원인 발생

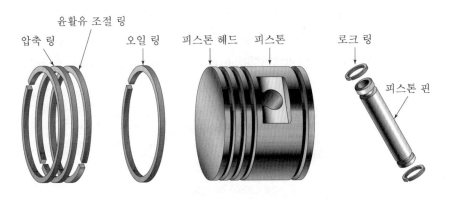

▲ 압축 링과 오일 링

ⓒ 피스톤 링의 구비 조건

- 기밀을 위해 고온에서 탄성을 유지할 것

- 마모가 적을 것

- 열팽창이 적을 것

- 열전도율이 좋을 것(재질: 주철(gray cast iron))

ⓒ 피스톤 링 배치

- 피스톤 링이 3개인 경우: 압축 링 2개, 오일 링 1개(윤활유 조절 링)

- 피스톤 링이 4개인 경우: 압축 링 2개, 오일 링 2개(윤활유 조절 링 1개, 윤활유 제거 링 1개)

- 피스톤 링이 5개인 경우: 압축 링 3개, 오일 링 2개(윤활유 조절 링 1개, 윤활유 제거 링 1개)

ⓜ 끝 간극

링 끝 간극	엔진 작동 시 발생하는 열에 의해 피스톤 링이 열팽창을 고려하여 끝이 밀착되지 않도록 미리 간격을 준 것이다.
끝 간격을 맞추는 방법	엔진 정지 시 피스톤 링을 실린더에 삽입하고 두께 게이지(thickness gauge)로 간극을 측정하여 규정된 값과 일치하도록 조절한다.
끝 간격이 너무 좁을 때	바이스에 링을 고정시킨 후 고운 줄로 갈아낸다.
끝 간격이 너무 클 때	링을 교환한다.

ⓗ 옆 간극

옆 간격	피스톤 링이 장착된 상태에서 링의 옆면과 링 그로브 사이의 간격으로 적절한 값을 가져야 한다.

옆 간격을 맞추는 방법	엔진 정지 시 피스톤 링을 링 위치에 끼우고 두께 게이지 (thickness gauge)로 간극을 측정하여 규정된 값과 일치하도록 조절한다.
옆 간극이 클 경우	피스톤 링을 교환한다.
옆 간극이 작을 경우	피스톤 링의 옆면을 래핑 콤파운드를 이용하여 "8"자로 래핑한다.

ⓐ 피스톤 핀: 피스톤의 힘을 커넥팅 로드로 전달하는 역할을 수행하며, 큰 하중을 받기 때문에 표면은 경화처리 되어 있고, 재질은 강철이나 알루미늄 합금으로 제작된다. 무게를 줄이기 위해 중공으로 제작되고, 피스톤 핀이 실린더 내벽에 닿지 않도록 양쪽 끝에 스냅 링(snap ring), 스톱 링(stop ring), 알루미늄 플러그로 고정한다. 종류로는 고정식, 반부동식, 전부동식이 있고, 그중 전부동식이 가장 많이 사용된다.

④ 밸브 및 밸브 기구(valve & valve assembly)

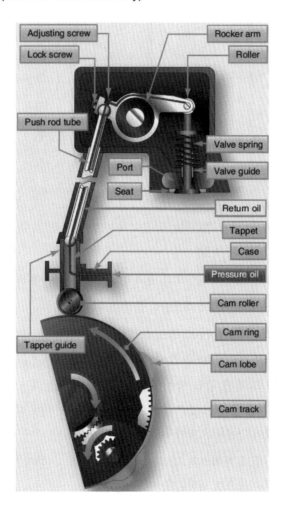

가) 역할

- 연료와 공기가 혼합된 혼합가스가 실린더 안으로 들어올 수 있도록 통로를 형성한다.
- 연소가 완료된 연소 가스가 밖으로 배출되도록 통로를 형성한다.
- 혼합가스가 압축되는 동안과 연소가 진행되는 동안에 가스가 새지 못하도록 기밀을 유지한다.

나) 밸브: 실린더의 가스 출입문으로 항공기용으로는 포핏 밸브(poppet valve)가 사용된다. 포핏 밸브의 머리는 버섯형(mushroom type), 튤립형(tulip type)으로 나눈다. 버섯형 내부에는 200℉(93.3℃)에서 녹을 수 있는 금속 나트륨(sodium)을 넣어 밸브의 냉각효과를 증대시킨다.

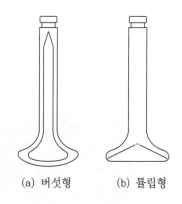

(a) 버섯형   (b) 튤립형

▲ 포핏 밸브

다) 밸브의 구성

- ㉠ 팁(tip): 로커 암과 접촉하는 부분이며 마멸에 잘 견딜 수 있도록 스텔라이트라는 초경질합금이 부착되어 있다.
- ㉡ 스템(stem): 밸브의 기둥으로 마모 저항을 높이기 위해 표면 경화 처리되어 있다.
- ㉢ 그루브(groove): 밸브 스프링을 붙잡아 주는 장치이다.

라) 밸브 페이스(valve face): 밸브 시트와 직접 접촉되는 부분으로 고성능 엔진의 배기 밸브의 경우에는 스텔라이트를 붙이며, 페이스의 각은 흡입: 30°, 배기: 45°이다.

라) 밸브의 재질 및 점검: 흡입 밸브의 재질은 Si-Cr강이고, 배기 밸브의 재질은 Ni-Cr강이다. 두 밸브는 사용 중 밸브 스프링의 인장력과 열로 인하여 길이가 늘어나게 되며, 점검은 스트레치 게이지(콘튜어 게이지)로 점검한다.

마) 밸브 시트: 밸브 페이스와 맞닿는 부분으로 밸브의 충격을 흡수한다. 재질로는 청동, 내열강, 알루미늄으로 제작된다.

바) 밸브 스프링: 흡입, 배기 밸브를 닫아주는 역할을 한다. 헬리 코일 스프링이라 하며, 감긴 방향이 서로 다르고 크기가 서로 다른 2개의 스프링이 장착되어 진동(서지현상)을 감소시키고, 1개가 부러져도 안전하게 작동될 수 있게 되어 있고, 위·아래에는 리테이너로 스프링을 지지하고 있다. 스프링은 규정된 탄성력을 유지해야 하며 정비 시 탄성력을 밸브 스프링 압축 시험기로 측정한다.

사) 밸브 개폐시기 선도

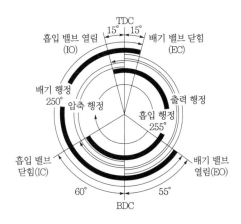

▲ 밸브 개폐 시기 선도

IO(Intake valve Open)	흡입 밸브 열림
IC(Intake valve Close)	흡입 밸브 닫힘
EO(Exhaust valve Open)	배기 밸브 열림
EC(Exhaust valve Close)	배기 밸브 닫힘
TDC(Top Dead Center)	상사점
BDC(Bottom Dead Center)	하사점
BTC(Before Top dead Center)	상사점 전
ATC(After Top dead Center)	상사점 후
BBC(Before Bottom dead Center)	하사점 전
ABC(After Bottom dead Center)	하사점 후

㉠ 흡입 밸브가 하사점 후(ABC) 20~60°에서 닫히는 이유: 흡입행정의 마지막에서 혼합가스의 흡입 관성을 이용하여 더 많은 혼합가스를 흡입하기 위함이다.

㉡ 흡입 밸브가 상사점 전(BTC) 10~25°에서 열리는 이유: 배기가스의 배출 관성을 이용하여 흡입 효과를 높이기 위함이다. 저속회전에서는 혼합가스의 유실과 백파이어(back fire)를 일으킬 위험이 있다.

ⓒ 배기 밸브가 하사점 전(BBC) 45~70°에서 열리는 이유: 팽창력을 이용하여 배기가스를 완전 배출시키고 실린더의 과열을 방지하기 위함이다.

ⓔ 배기 밸브가 상사점 후(ATC) 10~30°에서 닫히는 이유: 배기가스의 배출관성을 이용하여 연소 가스를 완전히 배기시키기 위함이다.

ⓜ 밸브 오버랩(valve overlap): 밸브 개폐시기 선도에서의 밸브 오버랩은 30°임을 알 수 있다.

아) 대향형 엔진의 밸브 기구

ⓐ 캠 로브 수: 실린더 블록당 흡입, 배기 밸브가 한 개씩 있으므로 "실린더 수×2"를 하여 로브 수를 구할 수 있다.

ⓑ 캠축의 회전속도: 크랭크축이 2회전 1사이클 하는 동안 밸브는 한 번씩 열리게 된다.

$$캠축의 회전속도 = \frac{크랭크축의 회전속도}{2}$$

자) 성형엔진의 밸브기구

ⓐ 구성

- 성형엔진은 둥근 원판인 캠 플레이트에 캠 로브를 장착한다.
- 하나의 캠 플레이트에 흡입, 배기 캠 플레이트가 앞, 뒤로 부착된다.
- 배기 밸브용 캠 로브가 전방에, 흡입 밸브용 캠 로브가 후방에 붙어있다.

ⓑ 캠 로브 수

$$n = \frac{N \pm 1}{2}$$
(단, N: 실린더 수)

ⓒ 속도비

$$r = \frac{1}{N \pm 1}$$

(단, +: 캠과 크랭크축의 회전 방향이 동일 방향일 때, −: 캠과 크랭크축의 회전 방향이 반대 방향일 때)

ⓓ 캠 플레이트 회전속도

$$\frac{1}{2 \times 로브 수} \times rpm$$

ⓔ 각 부분의 명칭

- 캠 플레이트: 성형엔진 1열마다 한 개의 캠 플레이트가 장착된다. 따라서 2열인 경우에는 2개가 설치된다. 2열 캠 트랙의 전열에는 배기, 후열에는 흡기 밸브용 캠 로브가 장착된다.

- 태핏: 캠 로브에 의해 올려진 힘을 푸시로드에 전달하며 충격 완화용 스프링이 장착되어 있고, 오일 통로가 내부에 형성되어 있다. 수평 대향형에는 유압식 리프트가 있어 밸브 간극을 없애주어 간극을 조절할 필요가 없고, 완충작용을 수행해 작동을 부드럽게 만들어 준다. 성형엔진은 유압 리프트가 없어 주기 점검 시 간극을 규정된 값으로 조절해 줘야 한다.
- 푸시로드: 캠 로브로부터 힘을 전달받아 로커 암을 밀어주는 역할을 수행한다. 주로 알루미늄 합금으로 제작되며, 오일이 흘러갈 수 있도록 내부에 구멍이 뚫려 있다. 외부에는 푸시로드 하우징이 장착되어 푸시로드를 보호하고 오일의 귀환 통로 역할을 수행한다. 오버홀 시 마모를 측정하여 교환 여부를 결정한다.
- 로커 암: 단조된 강으로 제작되고 로커 암 핀을 설치하여 지지시킨다. 암의 한쪽 끝은 푸시로드로, 다른 한쪽 끝은 밸브 팁과 접촉되어 시소운동을 하면서 밸브를 눌러 밸브를 열어 준다. 성형엔진의 경우 밸브 간극 조절나사가 설치되어 밸브 간극 조절이 가능하다. 조절나사를 시계 방향으로 돌리면 간극이 작아지고 반시계 방향으로 돌리면 간극이 넓어진다. 대향형 엔진에 유압식 밸브 리프터가 설치되는 경우에는 오버홀 시에만 간극을 조절한다.

ⓑ 밸브 간격(valve clearance): 로커 암과 밸브 끝 사이의 거리로 성형엔진의 경우 주기 점검 시 그 값을 적절하게 조절한다.

냉간 간격(cold clearance)	0.010inch(0.25mm)
열간 간격(hot clearance)	0.070inch(1.78mm)

- 밸브 간격이 맞지 않을 경우의 현상
  - 밸브 간격이 너무 좁을 경우: 밸브가 빨리 열리고 늦게 닫혀 밸브가 열린 시간이 길어진다.
  - 밸브 간격이 너무 넓은 경우: 밸브가 늦게 열리고 빨리 닫혀 밸브가 열린 시간이 짧아진다.

⑤ 커넥팅 로드(connecting rod)

가) 역할: 피스톤의 왕복운동을 크랭크축의 회전운동으로 바꾸어 주는 역할을 하므로 가볍고 충분한 강도를 가져야 되기에 고 탄소강 및 크롬강으로 제작된다.

나) 종류: 평형(plain type), 포크 & 블레이드형(fork & blade type), 마스터 & 아티큘레이터형(master & articulated type)

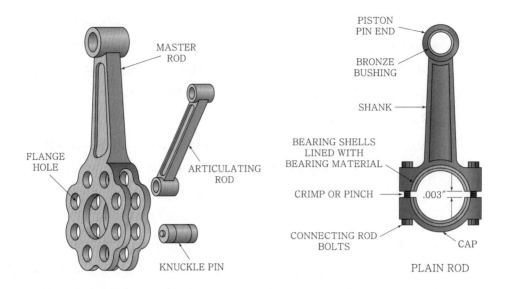

다) 단면의 종류: I, H형

    ㉠ 수평 대향형 엔진: 평형 커넥팅 로드를 사용하고 피스톤 핀에 연결되는 부분과 크랭크 핀과 연결되는 부분으로 구성되며, 끝은 한 몸체로 제작되는 경우와 나사로 결합시키는 방식이 있다.

    ㉡ 성형엔진(주 커넥팅 로드와 부 커넥팅 로드로 구성): 주 커넥팅 로드(master rod)는 1열에 하나씩 설치되며, 로드 중 가장 크고 강하고, 마스터 실린더에 결합되어 크랭크축 중심에 대하여 원운동을 하며, 분해 조립 시 가장 늦게 탈착하고 가장 먼저 장착된다. 부 커넥팅 로드는 주 커넥팅 로드의 큰 끝에 너클 핀으로 여러 개 연결되며, 부 커넥팅 로드는 마스터 로드의 끝에 붙게 되므로 각자 타원 궤적 운동을 한다.

⑥ 크랭크축(crank shaft)의 구조

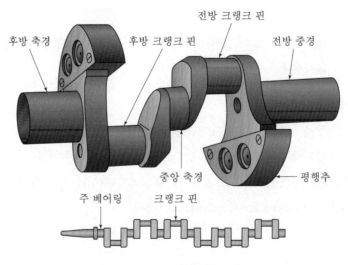

(a) 6기통 직렬형 엔진

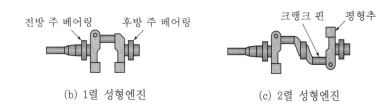

(b) 1렬 성형엔진   (c) 2렬 성형엔진

가) 역할: 피스톤 및 커넥팅 로드의 왕복운동을 회전운동으로 바꾸어 프로펠러 축에 동력(제동마력)을 전달한다. 종류에는 solid type(분해가 되지 않는 형태), split type(분해 가능한 형태)이 있다.

나) 구성요소

　㉠ 주 저널(main journal): 크랭크축의 회전 중심으로 주 베어링에 의해 지지되고, 표면은 질화 처리로 경화하여 사용한다.

　㉡ 크랭크 핀(crank pin): 커넥팅 로드의 큰 끝이 부착되는 부분으로, 속이 중공으로 되어 있어 무게가 경감되고 윤활유 통로 역할 및 침전물, 찌꺼기, 이물질 등이 쌓이는 슬러지 챔버(sludge chamber)의 역할을 수행한다.

　㉢ 크랭크 암(crank arm): 주 저널과 크랭크 핀을 연결하는 부분으로, 카운터 웨이트를 지지하고 크랭크 핀으로 가는 오일의 통로 역할을 수행한다.

　㉣ 평형추(counter weight)와 다이나믹 댐퍼(dynamic damper): 크랭크축의 진동을 경감시키고 가속을 증진하기 위해 설치된다.

　•평형추(균형추): 정적 안정

　•다이나믹 댐퍼: 동적 안정 및 크랭크축의 변형이나 비틀림을 방지

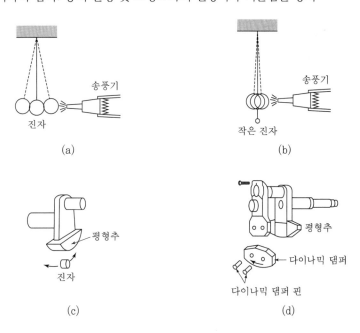

⑦ 크랭크 케이스(crank case)의 구조

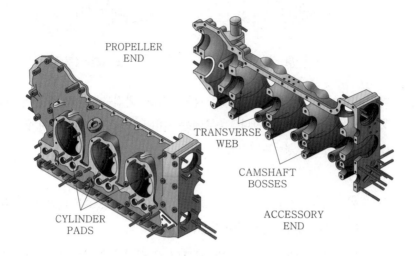

가) 역할: 엔진의 몸체를 이루고 있는 부분으로서 캠의 작동기구와 크랭크축의 베어링을 지지
한다. 재질은 알루미늄 합금으로 제작된다.

나) 구조: 수평 대향형은 수직상하 2부분으로 분리되고, 성형엔진은 3~7부분으로 분리된다.

⑧ 베어링(bearing)의 구조

㉠ 평면 베어링: 저출력 엔진의 커넥팅 로드, 크랭크축, 캠축 등에 사용된다.

㉡ 롤러 베어링: 고출력 항공기의 크랭크축을 지지하는 데 주 베어링으로 사용된다.

㉢ 볼 베어링: 마찰이 적어 성형엔진과 가스터빈엔진의 추력 베어링으로 사용된다.

(a) 평면 베어링   (b) 볼 베어링   (c) 롤러 베어링

(2) 흡입 및 배기계통

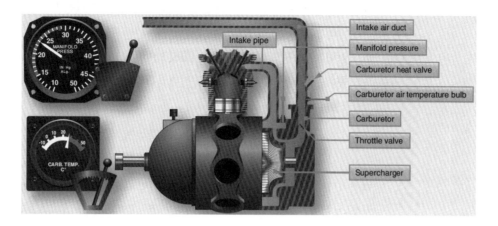

① 흡입계통(intake system)

흡입계통은 피스톤의 펌프 작용에 의해 흡입행정에서 공기와 연료를 혼합시켜 혼합가스를 만들어 각 실린더 내부에서 연소가 잘 이루어지도록 혼합가스를 공급하는 계통이다.

가) 공기 덕트(air duct): 공기를 받아들이는 통로로써 피스톤의 펌프작용, 프로펠러 후류, 램 공기(ram air) 압력에 의해 덕트로 들어온다.

㉠ 구성

공기 스쿠프 (air scoope)	램 공기를 빨아들이며 보통 프로펠러 후류에 의해 공급한다.	
공기 여과기 (air filter)	공기 스쿠프 앞쪽에 위치하며 공기 속의 먼지, 불순물을 걸러준다.	
알터네이트 공기 조절 밸브 (alternate air valve)	조종석의 기화기 공기히터 조종장치에 의해 조절한다.	
	히터 위치 (hot position)	주 공기 덕트는 닫히고 히터 덕트가 열려 엔진에 의해 뜨거워진 공기가 기화기에 공급된다.
	정상 위치 (cold position)	히터 덕트로 통하는 통로가 닫히고 주 공기 덕트가 열려 대기 중의 차가운 공기를 기화기로 공급한다.
히터 덕트 (heater duct)	배기관 주위로 공기를 통과시켜 이곳을 통과한 따뜻한 공기로 기화기 결빙을 방지한다. 고출력 시 히터 위치에 놓으면 디토네이션이 일어나 출력이 감소된다.	

㉡ 기화기(carburetor): 공기 덕트를 통해 들어온 공기와 연료계통에서 공급된 연료를 적당한 비율로 혼합하여 혼합가스를 만들어 주는 장치이다.

ⓒ 매니폴드(manifold): 기화기에서 만들어진 혼합가스를 각 실린더에 일정하게 분배, 운반하는 통로 역할을 하고, 실린더 수와 같은 수만큼 설치되어 있고, 매니폴드 압력계의 수감부가 여기에 장착된다.

- 매니폴드 압력: 매니폴드 관의 압력(Manifold Pressure: MAP 또는 MP)을 말하며, 수감부를 통하여 측정할 수 있는 것으로 절대압력인 inHg & mmHg로 표시한다.

  - 과급기가 없는 경우의 MP 압력: 대기압보다 항상 낮다.
  - 과급기가 있는 경우의 MP 압력: 대기압보다 높아질 수 있다.
  - 흡기압력계기(MAP Gage)를 장착하여야 할 엔진: 가변 피치 프로펠러(정속 프로펠러)를 장착한 엔진에는 반드시 흡기 압력계를 장착해야 기화기 결빙을 탐지할 수 있다.
  - 엔진 작동 시 대기압보다 MP 압력이 낮고, 정지 시 대기압과 MP 압력은 같다.

ⓓ 과급기(super charger): 압축기로 혼합가스 또는 공기를 압축시켜 실린더로 보내주어 고출력을 만드는 장치이다. 과급기의 사용목적은 이륙 시 고출력을 내거나, 높은 고도에서 최대 출력을 내기 위해 사용한다.

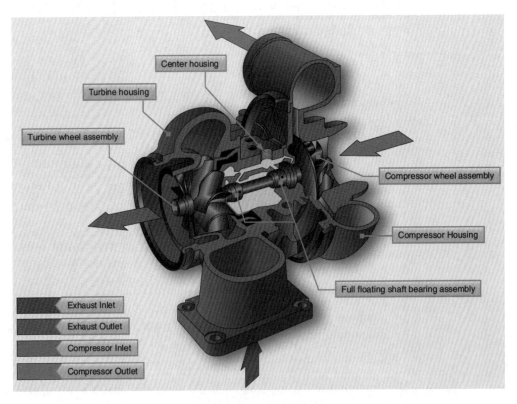

▲ 전형적인 터보 슈퍼 차저

• 과급기의 종류

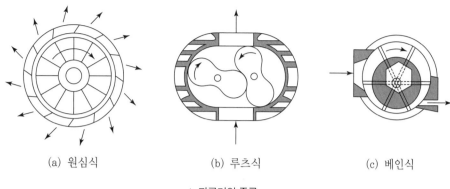

(a) 원심식   (b) 루츠식   (c) 베인식

▲ 과급기의 종류

원심식 과급기 (centrifugal type supercharger)	내부식 과급기(기계식 과급기)
	크랭크축에서 회전력을 전달받아 작동되며, 크랭크축 회전속도의 5~10배로 회전하고, 동력을 크랭크축에서 전달받으므로 동력이 손실되나 높은 고도에서 비행하거나 마력이 큰 엔진에서는 오히려 성능 증가가 크므로 과급기를 사용한다.
	외부식 과급기(배기 터빈식 과급기)
	배기가스의 배출력을 이용하여 터빈을 회전시켜 회전력을 전달받아 작동되며, 배기가스의 흐름 저항이 발생되어 배기가 원활히 수행되지 않는다. 또한, 배기가스를 바이패스 시켜 과급기의 회전속도를 조절할 수 있다.
루츠식 과급기(roots type supercharger)	
베인식 과급기(vane type supercharger)	

② 배기계통

배기계통은 실린더 내부에서 연소된 연소 가스를 밖으로 배출이 잘되도록 하는 계통이다.

가) 배기관

- 각 실린더에서 배출되는 연소 가스를 배기 밸브를 통해 배기되는 가스 압력이 간섭되지 않도록 2~4개로 묶어 소음기를 통해 대기 중으로 방출한다.
- 재질은 주철로 만들며, 배기관은 항상 650~800℃로 가열된다.
- 배기관에 배기터빈을 설치하여 과급기가 작동될 수 있도록 한다.
- 배기관을 지나는 뜨거운 공기를 이용하여 조종실 안의 난방을 위한 히터로 이용되기도 한다.

나) 소음기: 배기관을 통해 배출되는 높은 압력으로(약 35kgf/cm^2) 큰 소음이 발생하여 소음을 줄이고 배기효과가 크게 낮아지지 않도록 배기가스를 서서히 팽창시켜 소음을 최소화하는 소음기를 장착한다.

(3) 연소 및 연료

① 연소

가) 연소의 화학 반응식: 연소는 연료의 주성분인 탄소(C)와 수소(H)가 결합된 탄화수소(C_mH_n)와 산소(O_2) 산화 반응을 하여 이산화탄소(CO_2)와 수증기(H_2O)를 비롯한 열을 발생시킨다.

$$C_8\,H_{18} + 12\frac{1}{2}O_2 + 47\,N_2 \rightarrow 8\,CO_2 + 9\,H_2O + 47\,N_2 + 열$$

나) 연료와 공기의 연소

㉠ 공기 연료비(공연비): 공기와 연료의 혼합비

$$공기\ 연료비 = \frac{혼합기\ 중\ 공기의\ 질량}{혼합기\ 중\ 연료의\ 질량} = \frac{m_a}{m_f}$$

㉡ 연료 공기비(연공비): 연료와 공기의 혼합비

$$연료\ 공기비 = \frac{혼합기\ 중\ 연료의\ 질량}{혼합기\ 중\ 공기의\ 질량} = \frac{m_f}{m_a}$$

㉢ 화학적 공기 연료비

• 농후 혼합비: 화학적 공기 연료비보다 연료가 더 많을 경우의 혼합비

• 희박 혼합비: 화학적 공기 연료비보다 연료가 더 적을 경우의 혼합비

• 이론 혼합비는 1kg의 연료를 연소시키는 데 필요한 공기량이 15kg이고, 연소 가능 공기 연료비는 8~18:1이다. 이를 벗어나면 연소가 불가능하다.

다) 발열량: 연료가 산소와 연소 후 원래의 온도로 냉각될 때 외부로 방출된 열이다.

㉠ 정적 발열량: 발열량을 정적 상태에서 연소시켜 측정한 경우

㉡ 정압 발열량: 발열량을 정압 상태에서 연소시켜 측정한 경우

㉢ 고발열량: 연소 생성물 중 물이 액체로 존재하는 경우

㉣ 저발열량: 연소 생성물 중 물이 기체로 존재하는 경우

ⓜ 엔진 열효율 계산 시 사용하는 연료의 발열량은 정압 저발열량을 사용한다. 그 이유는 연료가 연소과정 때는 정적연소과정이지만, 실제로 연소가 일어나는 순간은 정압연소과정이 되고, 생성된 물은 수증기로 증발되기 때문이다.

라) 연소형태

ㄱ 예혼합 화염(premixed flame): 가솔린엔진에서 연소현상으로 한 곳에서 점화시켜 주면 그 불꽃에 의하여 화염이 미연소 가스 영역으로 전파되면서 일어나는 연소형태이다.

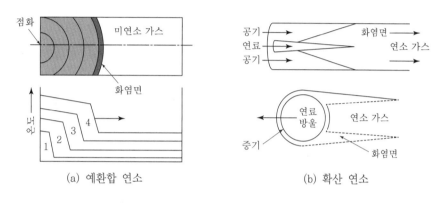

(a) 예환합 연소　　　　　　(b) 확산 연소

연소 가스	연소가 끝난 부분
미연소 가스	연소가 되지 않은 혼합기
화염 면	미연소 가스와 연소 가스와의 경계 부분이며 실제 연소가 진행된다.
화염 전파 속도	화염 면이 미연소 가스로 이동하면서 연소가 진행될 때 화염 면의 진행속도(20~25m/s)

ㄴ 자연발화(self ignition): 연료 공기 혼합기를 점화시키지 않고 서서히 온도를 높이면 어떤 온도 이상에서 혼합기 전체가 거의 동시에 폭발적으로 연소하는 현상이다.

적은 양의 미연소 가스가 자연발화 되면	• 엔진의 출력 및 효율 증가
많은 양의 미연소 가스가 동시에 자연발화 되면	• 실린더 내에 폭발적인 압력 증가 • 엔진에 큰 소음과 진동 발생 • 출력 감소 현상
많은 양의 미연소 가스가 동시에 자연발화 되는 현상을 노킹(knocking)이라 한다.	

폭발적 자연발화 현상에 의하여 엔진에서 큰 소음과 엔진의 진동, 출력 감소 현상이 나타나는 것으로, 노킹은 주로 흡기의 온도와 압력이 너무 높거나 실린더가 과열되어 연소 전 혼합기의 온도가 높을 때, 혼합기의 화염 전파 속도가 느릴 때 또는 부적당한 연료를 사용할 때 발생한다.

　　ⓒ 확산 화염(diffusion flame): 디젤엔진이나 가스터빈엔진에서 일어나는 연소 형태로, 연료 증기와 공기가 혼합되면서 연소가 일어나는 연소 형태를 말한다. 연소열에 의하여 액체 연료가 증발하거나 가스 연료가 공기 중에 공급되고 공기와 혼합되어 연소 가능 혼합비가 형성되는 혼합 영역에서 화염 면이 형성된다.

② **연료**

　가) 항공용 가솔린의 구비조건

　　　㉠ 발열량이 커야 한다(11,000~12,000kcal).

　　　㉡ 기화성이 좋아야 한다.

　　　㉢ 증기 폐쇄를 잘 일으키지 않아야 한다.

　　　㉣ 안티 노크성이 커야 한다.

　　　㉤ 안정성이 커야 한다.

　　　㉥ 부식성이 작아야 한다.

　　　㉦ 내한성이 커야 한다(응고점이 낮아야 한다).

　나) 기화성과 베이퍼 로크: 연료의 기화성 시험은 ASTM 증류 시험장치로 측정한다.

　　　㉠ 최초 유출점: 처음 연료가 증발하여 다시 냉각수를 지나 응축된 연료가 계량기에 떨어지기 시작할 때 연료의 온도

　　　㉡ 건점(dry point): 유출이 완전히 끝났을 때의 온도

　　　㉢ 10% 유출점이 낮을수록 기화성이 좋아 시동이 쉽다. 하지만 기화성이 너무 좋으면 연료관을 통과하는 연료가 열을 받게 될 때 기포가 생기는 베이퍼 로크(증기 폐쇄) 현상이 발생하여 연료의 흐름을 방해한다. 증기 폐쇄(vapor lock)는 연료관 안의 연료가 뜨거운 열에 의해 증발되어 기포가 형성되면서 연료의 흐름을 차단하는 불량 현상이고, 이와 같이 증발된 기포압력을 측정하는 장비는 레이드 증기 압력계(reid vapor pressure bomb)를 사용한다. 증기 폐쇄는 연료관 내 연료압력이 낮고 온도가 높을 때 증기 폐쇄가 잘 발생한다.

　　　㉣ 50% 유출점이 낮으면 엔진 가속성이 좋아지고 분배성이 좋아진다.

ⓜ 90% 유출점이 높으면 액체 연료가 완전히 기화되지 않아 불완전 연소를 일으키게 되고, 연료 일부는 실린더에 묻어 윤활유를 묽게 만들 수 있다.

다) 연료의 안티 노크성

　ⓖ 안티 노크성 측정장치: CFR(Cooperative Fuel Research) 엔진을 사용하여 표준 연료의 안티 노크성과 비교하여 측정하며 옥탄가 & 퍼포먼스 수로 나타낸다.

　ⓛ 표준 연료: 안티 노크성이 큰 연료인 이소옥탄과 안티 노크성이 낮은 연료인 정헵탄의 혼합연료이다.

　ⓒ 옥탄가: 이소옥탄과 정헵탄의 함유량 중에서 이소옥탄이 차지하는 비율이다.

옥탄가 "0"	정헵탄만으로 이루어진 표준 연료의 안티 노크성
옥탄가 "95"	이소옥탄 95%, 정헵탄 5%로 이루어진 표준 연료의 안티 노크성
옥탄가 "100"	이소옥탄만으로 이루어진 표준 연료의 안티 노크성

　ⓔ 안티노크제: 안티노크제는 4에틸납, 아닐린, 요오드화에틸, 에틸알코올, 크실렌, 톨루엔, 벤젠 등의 첨가제 중 4에틸납의 효과가 가장 우수하다. 그러나 4에틸납을 그대로 연소 시 산화납이 발생하는 것을 방지하기 위해 브롬화물인 TCP(인산트리크레실)를 첨가하면 브롬화 납이 되어 배기가스와 함께 배출된다.

　ⓜ 퍼포먼스 수(performance number): 이소옥탄만으로 이루어진 표준 연료로 작동했을 때 노킹을 일으키지 않고 낼 수 있는 출력과 같은 압축비에서 어떤 시험 연료를 사용하여 노킹을 일으키지 않고 낼 수 있는 최대 출력과의 비율이다. 옥탄가 "100" 이상은 없으나 퍼포먼스 수는 "100" 이상 또는 이하의 안티 노크성을 가진 연료를 표시하며, 희박 혼합비보다 농후 혼합비는 안티 노크성이 크다.

$$P.N(\text{퍼포먼스 수}) = \frac{2800}{128 - O.N}, \quad O.N(\text{옥탄가}) = 128 - \frac{2800}{P.N}$$

등급	80/87	91/98	100/130	108/135	115/145
색깔	적색	청색	녹색	갈색	자색

• 4에틸납이 없는 가솔린의 색깔은 무색이다.

• 가장 많이 쓰이는 항공용 가솔린은 115/145

　- 115: 희박 혼합가스 상태의 퍼포먼스 수

　- 145: 농후 혼합가스 상태의 퍼포먼스 수

(4) 연료계통

항공기에 탑재되는 연료의 양은 사용조건, 비행시간 및 비행 안전, 엔진의 출력을 충분히
고려하고 계산하여 결정한다. 연료 공급 방법은 다음과 같다.

중력식 연료계통 (gravity fuel system)	높은 날개의 소형 항공기에 사용되었고 연료탱크가 가장 높은 곳에 위치하여 중력에 의해 연료를 공급하는 방식이다. 곡예비행이나 고도의 급격한 변화가 있을 경우 연료의 공급이 원활하지 못하나 구조가 간단하여 소형 엔진에 사용된다.
압력식 연료계통 (pressure fuel system)	낮은 날개 항공기에 사용되고 엔진 구동 펌프에 의해 연료탱크로부터 기화기까지 압력을 가해 연료를 공급한다.

① 연료계통의 주요 구성

연료계통은 연료탱크, 전기식 부스터 펌프, 연료 차단 및 선택 밸브, 연료 여과기, 주 연료
펌프, 프라이머, 기화기 등으로 구성되어 있으며, 쌍발 항공기인 경우 연료 이송 밸브에 의해
연료탱크와 탱크의 유면을 동일하게 유지할 수 있다.

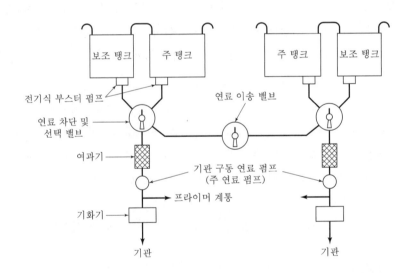

가) 연료탱크(fuel tank): 연료탱크는 날개 모양과 같게 만들어 충분한 연료를 넣어 사용할
수 있도록 설계되어 있으며, 이 방식을 인티그럴 탱크 계통(integral tank system)이라
한다. 날개에 별도의 연료탱크를 만들어 넣은 방식으로 나일론 천이나 고무주머니 형태로
제작한 블래더 탱크(bladder tank)도 사용된다.

나) 전기식 부스터 펌프(electric booster pump): 기능으로는 시동할 때나 또는 엔진 구동
주 연료 펌프 고장 시 연료를 충분하게 공급시키기 위해 수동식, 전기식 펌프로 연료를
공급하기 위해 사용한다. 주 연료 펌프 고장 시에는 원심식인 연료 이송 밸브를 사용한다.

다) 연료 여과기(fuel filter): 연료탱크와 기화기 사이에 위치하여 연료의 불순물 및 이물질을 제거하는 장치이다. 여과기는 스크린(screen)으로 되어 있으며, 가장 낮은 곳에 위치해서 불순물이 모일 수 있도록 하고 배출 밸브(drain valve)로 배출할 수 있다.

라) 연료 차단 및 선택 밸브(fuel shut off selector valve): 비상시 또는 연료계통 작업 시 탱크에서 계통으로 연료가 들어가지 못하도록 차단하고, 2개 이상 장착된 연료탱크에서 어떤 연료탱크를 사용할지 선택하는 역할을 한다.

마) 주 연료 펌프: 탱크의 연료를 엔진으로 일정한 양과 압력으로 베인식 펌프에 의해 보내어 진다.

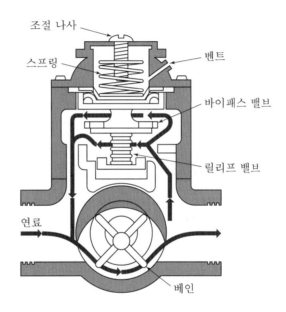

㉠ 릴리프 밸브(relife valve): 연료의 출구 압력이 높을 때 릴리프 밸브가 열려 다시 연료 펌프 입구로 보내줌으로써 연료의 압력을 일정하게 해주는 장치이다.

㉡ 바이패스 밸브(bypass valve): 주 연료 펌프 고장 시 계속하여 충분한 연료를 공급하기 위해 필터를 거치지 않고 흘러갈 수 있도록 통로를 열어주는 장치이다.

㉢ 벤트(vent): 고도에 따른 대기압 변화에 연료 펌프의 출구 계기 압력을 일정하게 조절해 주는 역할을 한다.

바) 프라이머(primer): 엔진 시동 시 연소실로 직접 연료를 분사하여 줌으로써 농후한 혼합비를 형성하여 시동을 용이하게 해주는 장치이다. 수평 대향형 엔진은 모든 실린더에 프라이머가 설치되어 있고, 성형엔진은 1번 실린더에만 설치하거나 multi primer의 경우는 상부에 위치하는 1, 2, 3, 8, 9번 실린더에 설치한다.

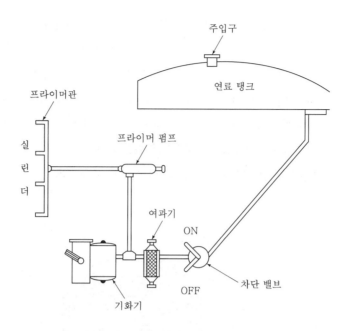

주입구

연료 탱크

프라이머관

프라이머 펌프

실
린
더

여과기

ON

OFF

차단 밸브

기화기

② 기화기

혼합비에 맞는 연료를 공급, 기화시켜 연소가 잘 될 수 있는 혼합가스를 만드는 장치이며, 플로트식 기화기(float type carburetor)와 압력분사식 기화기(pressure injection type carburetor)의 2종류가 있다.

가) 혼합비와 엔진 출력

㉠ 비행조건에 따른 조정

이륙 시 혼합비의 조정	최대 출력 발생 시 실린더 온도 상승에 따른 노킹이나 디토네이션이 발생하여 엔진 위험 상태를 방지하기 위해 농후 혼합비를 형성시키고 실린더에 공급하여 연료의 기화열에 의해 엔진을 냉각시킨다.
상승 시 혼합비의 조정	상승 시에도 이륙 시와 비슷하게 큰 출력이 필요하므로 농후 혼합비를 형성시킨다.
순항 시 혼합비의 조정	오랜 시간 비행해야 하므로 연료 소비율을 최소로 하는 비교적 희박 혼합비를 형성시켜 디토네이션의 위험성을 적게 한다.
저속 시 혼합비의 조정	배기가스 배출이 불량하여 실린더의 온도가 낮아져 연료의 기화가 불량하다. 기화된 양이 적어서 희박해지기 쉽고, 저속회전 유지가 곤란하다. 저속 작동 시에는 적당한 기화량 보장과 안정적인 작동을 위한 농후한 혼합비로 조정한다.

ⓛ 불량 연소 현상

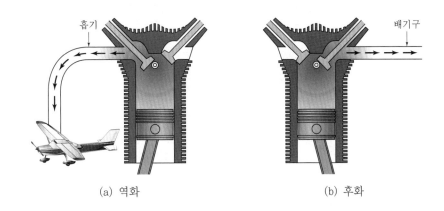

(a) 역화   (b) 후화

후기연소 (after fire)	과농후 혼합비 상태로 연소시키면 연소 속도가 느려져 배기행정 후 연소가 진행되어 배기관을 통하여 불꽃이 배출되는 현상이다.
역화 (back fire)	과희박 혼합비 상태에서 연소 속도가 더욱 느려져 흡입행정에서 흡입 밸브가 열렸을 때 실린더 안에 남아 있는 화염에 의하여 매니폴드가 기화기 안의 혼합가스로 인화되는 현상이다.

나) 기화기 원리: 기화기를 통과하는 공기 유량을 조절하여 엔진의 출력을 조절하고, 공기량에 적합한 혼합비가 되도록 연료의 유량을 연료계량 오리피스를 통해 조절하여 공기와 혼합시키는 역할을 수행한다.

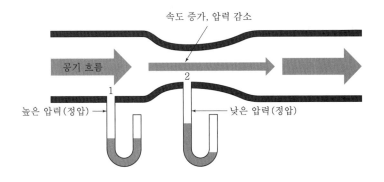

다) 플로트식 기화기(float type carburetor): 초기부터 현재까지 가장 널리 사용되고 있고, 플로트와 니들 밸브로 구성되어 있다. 연료량에 따라 플로트가 움직여 연료관의 통로를 열고 닫게 되는데, 작동 원리는 다음과 같다.

> 연료 소모→연료 유면 하강, 플로트 하강→니들 밸브가 열리면서 연료 유입→연료 유량 상승, 플로트 상승→니들 밸브 닫힘→연료 유량 일정 유입

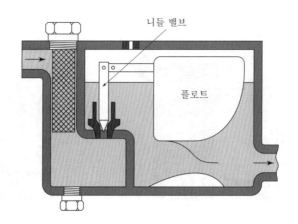

니들 밸브

플로트

⊙ 플로트식 기화기 결빙현상

발생 원인	벤투리 목 부분에서 연료가 기화되면서 기화열이 방출되고 따라서 온도가 떨어져 얼음이 언다(대기온도가 0~5℃ 사이에서 기화기 결빙이 가장 잘 발생한다).
발견 방법	엔진의 출력이 점점 감소하면 기화기가 결빙되었음을 알 수 있다.
결빙 제거법	기화기 결빙이 예상되면 기화기 공기히터를 작동시켜 뜨거운 공기를 들어오게 하면 얼음을 녹일 수 있고, 결빙이 심한 경우에는 기화기에 알코올을 분사하여 얼음을 제거한다.

• 공기 블리드(air bleed): 연료 노즐에서 연료에 공기를 섞어주면 관 내의 연료 무게가 가벼워져 작은 압력으로도 연료 흡입이 가능하고 공기 중으로 연료 분사 시 더 작은 방울로 분무되도록 하기 위해서 작동된다. 주 공기 블리드가 막힌 경우 완속 운전 시에는 영향이 전혀 없고 정상 작동 시에만 농후 혼합기가 형성된다.

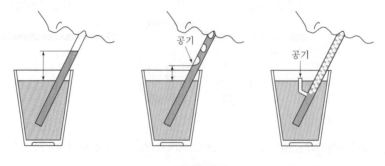

공기

공기

▲ 공기 블리드

ⓛ 완속장치(idle system): 완속 운전 시 벤투리 압력이 충분하지 않아 연료가 분출될 수 없을 때 스로틀 밸브를 닫아 작은 틈을 만들어 완속 노즐을 형성시킨 후 고속의 공기 흐름이 흐르도록 하여 연료를 혼합시키는 장치이고, 별도의 공기 블리드가 설치되어

완속 운전 시에는 주 노즐에서 연료가 분사되지 않고, 완속 노즐에서 연료가 분사되며, 정상 작동 시에는 주 노즐에서 연료가 분사되고, 완속 노즐에서 연료가 분사되지 않는다.

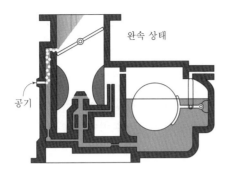
완속 상태

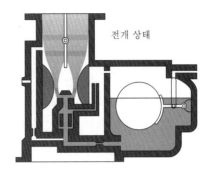
전개 상태

공기

ⓒ 이코노마이저 장치(economizer system): 엔진의 출력이 순항 출력보다 큰 출력일 때 농후 혼합비를 만들어 주기 위해서 추가 연료를 공급하는 장치이고, 종류에는 니들 밸브식, 피스톤식, 매니폴드 압력식이 있다. 고출력 작동 시 스로틀 밸브를 어떤 각도 이상으로 열 때 이코노마이저 니들이 열려 추가 연료 공급을 하여 농후 혼합비를 형성하고, 정상 작동 시에는 주유량 조절 오리피스만 열려 있고 이코노마이저 작동 시에는 추가로 이코노마이저 연료 유량 오리피스가 열린다.

ⓓ 가속장치(accelerating system): 출력을 증가시키기 위해 스로틀을 급격히 열 때 공기는 급격히 양이 증가하지만, 연료는 서서히 증가하여 희박 혼합비가 형성된다. 따라서 연료를 급가속시켜 혼합비가 알맞게 유지되도록 하는 장치를 가속장치라 한다.

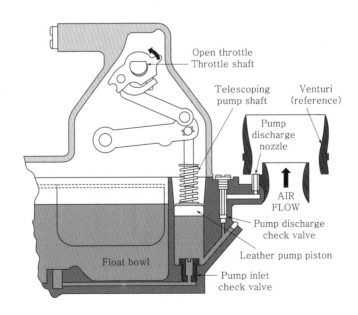

ⓜ 시동장치(starting system): 기화기 흡입 부분을 막아 공기흡입량을 적게 하고, 피스톤의 하사점으로 내려가는 흡입력을 이용하면 벤투리 압력이 낮아지면서 연료가 빨려 나가 비교적 농후한 혼합가스를 만들어 시동이 가능한 장치를 말하며, 이 장치를 초크 밸브(choke valve)라고도 한다. 시동 이후 초크 밸브를 닫아주면 공기가 들어가지 않거나, 기화되지 못한 연료가 연소실 내벽으로 스며들어 윤활유와 희석될 우려가 있기 때문에 시동 후 엔진온도가 높아지면 초크 밸브를 열어 정상적인 혼합가스가 공급 되도록 한다.

ⓗ 혼합비 조정장치(regulator of mixture ratio): 적합한 혼합비가 되도록 연료량을 조절하거나, 고도 증가에 따른 공기 밀도 감소로 인해 혼합비가 농후 혼합 상태가 되는 것을 방지하는 장치이다. 종류에는 부압식, 니들식, 에어포트식이 있다.

- 자동 혼합비 조정장치(AMC: Automatic Mixture Control system): 고도에 따라 벨로스(bellows)가 수축, 팽창하여 자동으로 밸브를 열고 닫아 혼합비를 일정하게 유지시켜 주는 장치이다. 벨로스 내부에는 질소가스가 충전되어 있다.

라) 압력 분사식 기화기(pressure injection type carburetor): 연료 펌프에 의해 가압된 연료를 기화기의 스로틀 밸브 뒷부분, 과급기의 입구 부분 분사 노즐에 의해 분사시켜 주는 방식이다.

장점	• 벤투리 목 부분의 저항이 작다. • 플로트에 의한 결점 및 기화기 결정현상이 거의 없다. • 연료의 분무화와 혼합비 조정성이 좋다.
단점	• 혼합가스를 각 실린더로 동일 혼합비로 균등분배 하기 어렵다.

㉠ 벤투리의 역할

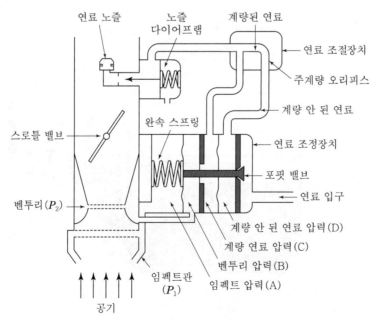

공기 계량 힘 (air metering force)	임팩트관의 압력이 작용하는 "A" 챔버의 압력과 벤투리 목 부분의 압력이 작용하는 "B" 챔버의 압력 차에 의해 다이어프램을 오른쪽으로 밀어 포핏 밸브를 열어주는 힘이다.
연료 계량 힘 (fuel metering force)	포핏 밸브를 통과한 연료 압력이 작용하는 "D" 챔버의 압력과 연료계량 오리피스를 거쳐 온 연료 압력이 작용하는 "C" 챔버의 압력 차에 의해 다이어프램을 왼쪽으로 밀어주는 힘이다.

ⓒ 작동 원리

- "A" 챔버: 임펙트관을 통과한 공기 압력
- "B" 챔버: 벤투리 목 부분의 공기 압력
- "C" 챔버: 유량 조절 오리피스를 거쳐 온 압력
- "D" 챔버: 포핏 밸브를 통과한 연료 압력
- 공기실 "A", "B" 챔버의 압력 차에 의해 다이어프램을 밀어 포핏 밸브가 오른쪽으로 작동하여 연료 입구로 연료가 들어오게 되는데, "A", "B" 챔버 사이에 있는 다이어프램 막이 터지면 포핏 밸브를 미는 힘이 약해 적은 유량이 들어오게 되어 출력이 감소하고 혼합비가 희박해진다.
- 공기실 "A", "B" 챔버의 압력 차와 연료실 "C", "D" 챔버의 압력 차가 같아지면 평형을 유지하게 되어 포핏 밸브가 그 이상 열리지 않는다.

마) 직접 연료 분사장치(direct fuel injection system): 주 조정장치에서 조절된 연료를 연료 분사 펌프로 유도하여 높은 압력으로 각 연소실 내부 및 흡입 밸브 근처에 연료를 직접 분사하는 방법이다.

㉠ 구성

연료 분사 펌프	왕복식 플런지형의 펌프로 실린더 수만큼 배치되어 주 조정장치에서 조정된 연료를 $30 \sim 40 kgf/cm^2$의 압력으로 가압하여 연료 파이프를 통해 분사 노즐에서 분사한다.
주 조정장치	공기 유량과 벤투리 목 부분에서 얻은 낮은 압력과의 차이에 의해서 연료 유량을 조절하여 연료 분사 펌프로 보내준다.
연료 매니폴드 및 분사 노즐	스프링에 의해 닫혀 연료의 흐름을 막고 있다가 연료의 분사가 필요할 때, 즉 흡입행정에서 연소실 안으로 연료를 분사한다.

㉡ 장점

- 비행 자세에 의한 영향을 받지 않는다.
- 연료의 기화가 연소실 내부에서 일어나기 때문에 결빙의 위험이 거의 없고 흡입공기 온도를 낮게 할 수 있어 출력 증가에 도움을 준다.
- 연료의 분배가 잘 되므로 혼합비 분배 불량에 의한 과열현상이 없다.
- 흡입구는 공기만 존재하므로 역화가 발생할 우려가 없다.

- 시동성능이 좋다.
- 가속성능이 좋다.
- 위 항목으로 인해 항공용 왕복엔진에 널리 사용된다.

(5) 윤활계통

① 윤활

두 물체의 접촉면 사이에 액체 윤활유 유막(oil film)을 형성시켜 마찰력을 최소화하고, 알맞은 점도를 유지시켜야 한다.

② 윤활유

㉠ 윤활유의 종류

식물성유 (vegatable lubrication)	피마자, 올리브, 목화씨 등의 기름에서 채취하며 공기 중에 노출되면 산화하는 경향이 있다.
동물성유 (animal lubrication)	소, 돼지, 고래 등에서 채취하며 상온에서는 윤활성이 좋으나 고온에서는 성질이 변한다.
광물성 윤활유 (mineral lubrication)	항공기 내연기관에 광범위하게 사용한다.
합성유 (synthetic lubrication)	고온에서 윤활 특성이 좋고 현재 제트 엔진에 널리 사용한다.

㉡ 윤활유의 작용

윤활작용	상대 운동을 하는 두 금속의 마찰 면에 유막을 형성하여 마찰 및 마멸을 감소한다.
기밀작용	두 금속 사이를 채움으로써 가스의 누설을 방지한다.
냉각작용	마찰에 의해 발생한 열을 흡수하여 냉각시킨다.
청결작용	금속가루 및 먼지 등의 불순물을 제거한다.
방청작용	금속 표면과 공기가 접촉하는 것을 방지하여 녹이 스는 것을 방지한다.
소음방지 작용	금속면이 직접 부딪히는 소리들을 감소시킨다.

㉢ 윤활 방법

비산식	커넥팅 로드 끝에 윤활유 국자가 달려 있어 크랭크축의 매 회전마다 원심력으로 윤활유를 뿌려 베어링, 캠, 실린더 벽 등에 공급하는 방식이다.
압송식	윤활유 펌프를 통해 윤활유를 압송시켜 오일 통로를 통해 오일을 공급하는 방식이다.
복합식	비산식과 압송식의 복합방식으로, 비산식으로 실린더 부분에 공급하고, 압송식으로 캠축 베어링, 밸브 기구, 커넥팅 로드 베어링에 공급하는 방식이다.

ⓔ 윤활유의 성질

- 유성이 좋을 것

- 산화 및 탄화 경향이 작을 것

- 알맞은 점도를 가질 것

- 부식성이 없을 것

- 낮은 온도에서 유동성이 좋을 것

- 온도 변화에 의한 점도 변화가 작을 것

ⓜ 항공용 윤활유의 점도 측정: 세이 볼트 유니버설 점도계(saybolt universal viscosimeter)로 윤활유의 흐름에 대한 저항을 측정하는 방식이다. 일정 온도(54.4℃ 또는 98.8℃)에서 일정 유량(60ML)의 윤활유를 넣고 오리피스를 통하여 흘러내리는 시간을 측정(세이볼트 유니버설 초: S.U.S)하며, 점도의 비교 값으로 사용한다.

③ 윤활계통(lubrication system)

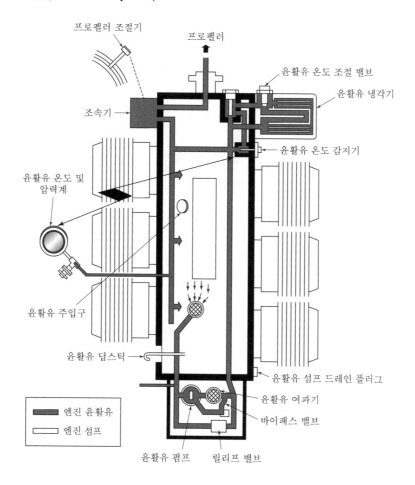

가) 종류

　㉠ 건식 윤활계통(dry sump oil system): 윤활유 탱크가 엔진 밖에 설치되어 있다.

　㉡ 습식 윤활계통(wet sump oil system): 크랭크 케이스의 밑 부분을 탱크로 이용한다.

나) 윤활유 탱크: 탱크는 알루미늄 합금으로 제작되고 엔진으로부터 가장 낮은 곳에 위치하며, 윤활유의 불순물을 제거하기 위해 sump drain plug가 있어 불순물, 물을 제거할 수 있고 윤활유 펌프보다는 약간 높은 곳에 위치한다. 또한, 윤활유는 보급이 쉬워야 하고 열팽창에 대비하여 충분한 공간(약 10% 정도)이 있어야 한다.

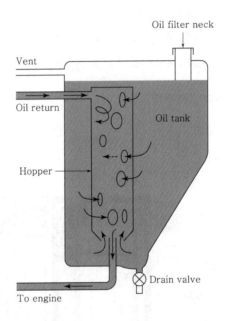

　㉠ 호퍼 탱크(hopper tank): 엔진의 난기 운전 시 오일을 빨리 데울 수 있도록 탱크 안에 별도의 탱크를 두어 오일의 온도가 올라가게 함으로써 엔진의 난기운전 시간을 단축시키는 장치로, 탱크 내의 윤활유가 동요되는 것을 방지하고, 배면 비행 시 윤활유가 유출되는 것을 방지하는 기능도 있다.

　㉡ 오일 희석장치(oil dilution system): 차가운 기후에서 오일 점성이 크면 시동이 곤란하므로 필요에 따라 가솔린을 엔진 정지 직전에 오일 탱크에 주사하여 오일 점성을 낮게 하여 시동을 용이하게 하는 장치로, 연료계통과 오일계통 사이에 위치하며 연료는 엔진 작동 시 증발된다.

　㉢ 벤트라인(vent line): 모든 비행 자세에 있어 탱크의 통풍이 잘되도록 하여 탱크 내의 과도한 압력으로 인한 파손 방지를 위해서 설치된다.

다) 윤활유 펌프(oil pump): 펌프의 형식으로 베인식, 기어식을 사용하며 그중 기어식을 가장 많이 사용한다.

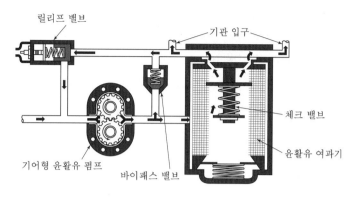

▲ 윤활유 펌프와 그 밖의 부품

㉠ 밸브장치

바이패스 밸브 (byPass valve)	불순물에 의해 여과기가 막혔거나 추운 상태에서 시동할 때, 여과기를 거치지 않고 윤활유를 엔진으로 직접 공급한다.
릴리프 밸브 (relief valve)	엔진으로 들어가는 오일 압력이 너무 높을 때 펌프 입구로 오일을 보내 압력을 일정하게 만들어 주는 장치이다.
체크 밸브 (check valve)	엔진 정지 시 윤활유가 불필요하게 엔진 내부로 스며드는 것을 방지한다.

㉡ 배유 펌프(scavange pump, 소기 펌프): 엔진의 부품을 윤활시킨 후 섬프 위에 모인 윤활유를 탱크로 보내는 펌프로, 압력 펌프보다 용량이 커야 엔진에서 흘러나온 오일이 공기와 섞여 체적이 증가한다.

㉢ 윤활유 여과기(oil filter): 오일 속의 불순물, 이물질을 여과하는 역할을 하며 스크린과 스크린-디스크형을 사용한다.

라) 윤활유 온도조절 밸브(oil thermostat valve): 윤활유의 점도는 온도에 영향을 받기 때문에 윤활유가 탱크로 되돌아온 뒤 엔진으로 들어가기 전 윤활유 냉각기(oil cooler)에 의해 윤활유 온도를 적당하게 유지시킨다. 윤활유의 온도가 너무 높으면 oil cooler를 거쳐 냉각시켜 엔진으로 보내지고, 온도가 낮으면 온도조절 밸브가 활짝 열려 오일을 직접 엔진으로 들어가게 해준다. 온도 조절은 온도 조절 밸브를 통해 조절할 수 있다.

마) 윤활유의 검사
- 철 금속 입자가 검출된 경우: 피스톤 링이나 밸브 스프링 및 베어링 파손
- 주석의 금속 입자가 발견된 경우: 납땜한 곳이 열에 의해 녹음
- 은분 입자가 검출된 경우: 마스터 로드실의 파손 또는 마멸

- 구리 입자가 검출된 경우: 부싱 및 밸브 가이드 부분 마멸 또는 파손
- 알루미늄 합금 입자가 검출된 경우: 피스톤 및 엔진 내부의 결함

철 금속 입자가 검출된 경우	피스톤 링이나 밸브 스프링 및 베어링 파손
주석의 금속 입자가 발견된 경우	납땜한 곳이 열에 의해 녹음
은분 입자가 검출된 경우	마스터 로드실의 파손 또는 마멸
구리 입자가 검출된 경우	부싱 및 밸브 가이드 부분 마멸 또는 파손
알루미늄 합금 입자가 검출된 경우	피스톤 및 엔진 내부의 결함

(6) 시동 및 점화계통

① 시동계통(starting system)

시동방법에는 손으로 프로펠러를 회전시켜 엔진을 시동시키는 수동식 시동방법과 전기를 이용하는 전기식 시동방법이 있다. 전기식은 직권 전동기를 이용한 것으로 시동성이 우수하고 엔진 종류에 관계없이 널리 이용되고 있다. 직권 전동기는 관성 시동기 및 직접 구동 시동기가 있다.

㉠ 관성 시동기: 플라이휠을 회전시켜 관성력에 의한 회전력을 축적한 후 감속기어를 거쳐 크랭크축을 회전하는 방식이다.

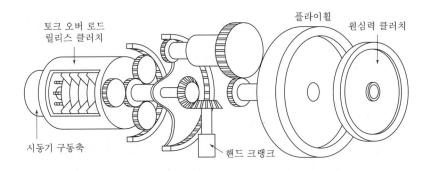

수동식 관성 시동기	핸드 크랭크로 플라이 휠을 회전시켜 관성력을 충분히 얻은 후 감속 기어를 거쳐 크랭크축을 회전시키는 방식이다.
전기식 관성 시동기	전동기를 구동시켜 플라이 휠을 회전시키고 관성력을 충분히 얻은 후 감속기어를 거쳐 크랭크축을 회전시키는 방식으로, 인 게이지 스위치(engage switch)로 작동되는 솔레노이드에 의해 메시(mesh) 기구에 전달되며, 이것이 크랭크축을 회전시킨다.
복합식 관성 시동기	수동식과 전기식 관성 시동기를 결합한 방식이다.

ⓛ 직접 구동 시동기: 전동기의 회전력을 감속기어에 의해 감속시킨 다음 자동 연결 기구를 통해 크랭크축에 전달되고, 시동이 완료되면 크랭크축의 회전이 jaw의 회전속도보다 빨라져 자동 분리된다.

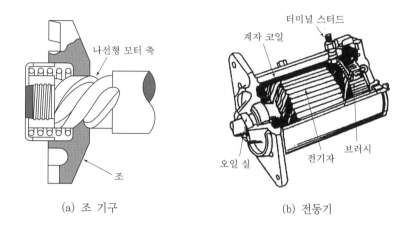

(a) 조 기구   (b) 전동기

소형기의 시동기가 소비하는 전력은 12V 또는 24V, 50~100A이고, 대형기에서는 24V, 300~500A이다.

② 점화계통(ignition system)

기화기를 통해 실린더 안으로 흡입된 혼합가스를 엔진 출력 특성에 맞는 정확한 점화 진각에 점화시켜 주는 장치를 말한다.

가) 축전지 점화계통: 전원으로 축전지를 사용하여 낮은 전압의 직류를 점화코일로 승압시켜 혼합가스를 점화시킨다. 주로 자동차에 사용하고 항공기에는 제한적으로 사용하기도 한다.

나) 마그네토 점화계통: 엔진의 회전속도가 일정 속도 이상이 되면 마그네토가 발전기 역할을 하여 고전압이 형성되며, 외부 전원이 필요치 않고 항공기 전기계통과는 별도의 발전된 고전압을 이용하여 대부분의 항공기에 사용된다. 시동 시 크랭크축 회전속도가 느리기 때문에 고전압을 발전할 수 있도록 도와주는 부스터 코일(booster coil), 인덕션 바이브레이터(induction vibrator), 임펄스 커플링(impulse coupling) 등이 사용된다.

ⓘ 마그네토의 원리: 기본 구성으로는 회전영구자석, 폴슈, 철심으로 이루어져 있다.

최대 위치 (full register position)	회전자석과 폴슈가 정면으로 마주 보아 자력선이 가장 강할 때의 위치이다.
중립 위치 (neutral position)	자력선이 철심을 통과하지 못하고 폴슈에서 맴돌 때의 위치이다.
정 자속(static flux)	회전자석에 의해 철심 안에 생긴 자속이다.
E-GAP 위치	회전자석이 중립 위치를 지나면서 두 자장이 상당한 자기 응력을 일으킬 때 자기 응력이 최대가 되는 위치이다.

E-GAP	마그네토의 회전자석이 회전하면서 중립 위치를 지나 중립 위치와 브레이커 포인트가 열리는 사이의 크랭크축의 회전 각도로, 일반적으로 5~17° 정도이고 4극의 마그네토인 경우 12°이다.
P-LEAD	마그네토 접지 터미널로 절연된 접촉면에 전기적으로 연결된 것이다.

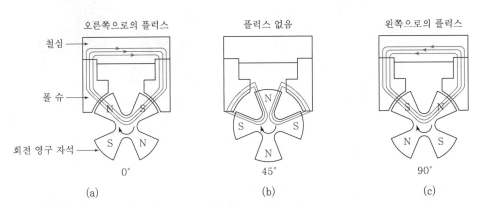

▲ 회전자석의 위치에 따른 자속 변화 상태

ⓛ 마그네토 구성: 코일 어셈블리(coil assembly), 브레이커 어셈블리(breaker assembly), 회전영구자석, 배전기(distributor)로 이루어진다.

코일 어셈블리 (coil assembly)	얇은 판의 연철심에 1차 코일과 2차 코일이 감겨 있으며, 1차 코일은 절연된 구리선이 적은 횟수로 감겨있고, 2차 코일은 매우 가는 선으로 수천 번 감겨 있다.
브레이커 어셈블리 (breaker assembly)	캠과 브레이커 포인트로 구성되며 회전하는 캠에 의해 브레이커 포인트가 열리고 닫혀 회로를 구성한다. 브레이커 포인트는 1차 코일에 병렬로 연결되며 E갭 위치에서 열리도록 되어 있다. 재질은 백금-이리듐이다.
배전기 (distributor)	코일에서 승압된 전압을 받아 연결되어 있는 허니스 라인을 통해 스파크플러그에서 불꽃이 발생할 수 있도록 연결해 준다.
회전영구자석	엔진축에 의해 회전하여 점화에 필요한 전류를 공급하는 역할을 한다.
콘덴서 (condensor)	브레이커 포인트에서 생길 수 있는 아크에 의한 소손방지 및 철심에 발생한 잔류 자기를 빨리 없애준다. 콘덴서 용량이 너무 작으면 불꽃이 발생하여 접점이 손상되고 2차선에서 출력이 약화되고, 콘덴서 용량이 너무 크면 전압이 감소하여 불꽃이 약화된다.

ⓒ 회전속도

• 마그네토의 회전속도

$$\frac{\text{마그네토의 회전속도}}{\text{크랭크축의 회전속도}} = \frac{\text{실린더 수}}{2 \times \text{극수}}$$

- 캠축의 회전속도: 수평 대향형 엔진의 점화 시기는 동일하므로 캠 로브의 간격도 균일하고, 성형엔진은 마스터 커넥팅 로드와 부 커넥팅 로드와의 간격 차이가 있어 실린더마다 각각의 캠 로브를 가져야 하는데, 이를 보정 캠(compensated cam)이라 한다. 보정 캠의 로브 수는 실린더 수와 같으며 1번 실린더에 해당하는 캠 로브에 특별한 표시와 회전 방향이 표시되어 있어 마그네토 점화 시기를 조정할 때 기준이 된다.

  성형엔진의 캠축 회전속도는 아래와 같다.

  $$보정\ 캠의\ 회전속도 = \frac{1}{2} \times 크랭크축의\ 회전속도$$

ㄹ 고압 점화계통(high tension ignition system): 마그네토에서 유도된 낮은 전압을 자체에 장치되어 있는 변압기의 2차 코일로 보내 20,000~25,000V로 승압되어 마그네토 자체에 부착된 배전기를 통해 실린더의 점화 플러그로 고압의 전기를 공급하는 방식이다.

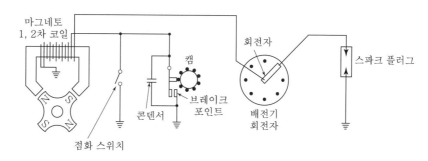

▲ 고압 점화계통

- 작동 순서

점화 S/W ON 시	스위치 회로가 열려 브레이커 포인트의 계폐 동작에 따라 점화가 일어나 엔진이 작동한다.
점화 S/W OFF 시	스위치 회로가 닫혀 브레이커 포인트의 계폐 동작이 상실되어 엔진이 정지된다.

- 단점

플래시 오버 발생 (flash over)	고공비행 시 배전기 내부에서 전기 불꽃이 일어나는 현상으로, 희박한 공기 밀도 때문에 공기 절연율이 좋지 않아 전기 누설이 발생하기 때문이다.
통신 잡음 발생 가능	고압선은 통신 잡음 및 누전 현상을 없애기 위해 금속 망으로 된 피복을 가지고 있다.
점화 플러그 소손 및 수명 단축	2차 도선과 금속 피복 사이에 고전압이 발생하면 저장된 큰 전하가 점화 플러그 불꽃이 형성되면서 한꺼번에 방전되어 플러그 전극이 깎여 나가는 현상이 발생하고 수명도 짧아진다.

ⓜ 저압 점화계통(low tension ignition system): 마그네토에서 유도된 낮은 전압을 전선을 통해 각 실린더로 보내고 실린더마다 독립적으로 설치된 변압기에서 승압시켜 해당 점화 플러그로 고전압을 전달하는 방식이다.

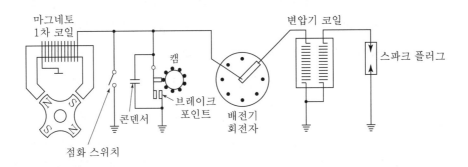

ⓝ 배전기(distributor): 2차 코일에서 승압된 고전압을 점화 순서에 따라 각 엔진의 스파크 플러그로 전달하는 역할을 하며, 고정된 배전기 블록(distributor block)과 회전하는 배전기 회전자(distributor rotor)로 회전자석 구동축의 기어와 연결되어 회전한다.

• 구성 및 정비 방법

배전기 회전자	브레이커 포인트가 떨어지는 순간 2차 코일에 유도된 고전압이 배전기 회전자로 전달되고, 1번 접점과 접촉되어 스파크 플러그에 고전압이 보내어진다.
배전기 블록	실린더 수와 같은 수를 갖고 전극이 고정되어 있고, 배전기 주위에 원형으로 배치되며 마그네토의 회전 방향에 따라 나열된다.
리타이드 핑거	엔진의 저속 운전 시 점화 시기를 늦추어 킥 백을 방지하는 장치이다.
정비 방법	배전기 블록에 습기나 이물질이 있으면 깨끗이 세척하고 부드러운 마른천으로 닦아 주고, 이물질이 많이 묻어 있어 세척 시 피복이 벗겨지지 않게 솔벤트 및 가솔린 등의 세척을 금한다.

• 배전기 연결 방법

6기통 수평 대향형 엔진		9기통 성형엔진	
배전기 1번	실린더 1번	배전기 1번	실린더 1번
배전기 2번	실린더 6번	배전기 2번	실린더 3번
배전기 3번	실린더 3번	배전기 3번	실린더 5번
배전기 4번	실린더 2번	배전기 4번	실린더 7번
배전기 5번	실린더 5번	배전기 5번	실린더 9번
배전기 6번	실린더 4번	배전기 6번	실린더 2번
		배전기 7번	실린더 4번

6기통 수평 대항형 엔진		9기통 성형엔진	
		배전기 8번	실린더 6번
		배전기 9번	실린더 8번

⑥ 점화계통의 정비

• 마그네토의 점검

– 브레이커 포인트가 소손이 심한 경우에는 교환하되 콘덴서도 같이 교환해야 하고 건조된 경우에는 윤활유를 2~3방울 정도 떨어뜨려 앞으로의 소손을 방지해 준다.

– 브레이커 포인트의 상태가 좋지 않은 경우 고운 샌드페이퍼로 문지른 후 간격을 조절한다.

– 브레이커 포인트를 지지하고 있는 스크루의 쬠 상태를 점검하고 콘덴서의 최소 용량을 측정하여 이상이 있으면 교환한다.

– 저압 마그네토의 변압기 코일을 멀티 테스터기로 점검하여 1차 저항이 15~25Ω, 2차 저항이 5,500~9,000Ω이 되는가를 확인한다.

• 점화 시기 조절 후 검사

– 점화 시기가 부적절하면 출력 손실, 과열, 이상 폭발 및 조기 점화 현상이 발생한다.

– 마그네토를 장탈 한 후 1번 실린더의 압축 상사점을 기준으로 점화 시기 표지판(timming mark)을 이용하여 점화 시기를 조절한다. 이후의 실린더는 1번 실린더만 점화 시기가 맞으면 자동으로 점화 시기가 조절된다.

– 점화 시기 조절을 마친 후 마그네토를 장착하기 위해서는 마그네토 내의 배전기어에 표시된 "I MARK" 표지와 마그네토 케이스에 표시된 점화 시기 표지를 정확하게 맞추어 "E-GAP"을 맞추고 이후 마그네토를 엔진에 장착한다.

– 점화 시기가 잘 맞는지 확인하기 위해서는 타이밍 라이트(timming light)를 이용하여 정확하게 마그네토의 "E-GAP"을 맞춘 후 정해진 시기에 점화가 이루어지는지를 타이밍 라이트의 도선 중 검은색은 "ground"(−), 즉 엔진에 접지하고, 붉은색은 브레이커 포인트에 연결 후 마그네토를 좌, 우측으로 움직였을 때 불이 깜빡깜빡 점등됨을 보면서 검사한다.

다) 점화 시기

㉠ 점화진각: 실린더 안의 최고 압력이 상사점 후 10° 근처에서 발생해야 효율적이기 때문에 상사점 전 미리 점화시킬 때의 시기를 점화진각이라 한다.

ⓛ 점화 시기 조정 작업

내부 점화 시기 조정 (intenal timming)	마그네토의 E-GAP 위치와 브레이커 포인트가 열리는 순간을 맞추어 주는 작업
외부 점화 시기 조정 (external timming)	엔진이 점화진각에 위치할 때 크랭크축과 마그네토 점화 시기를 맞추어 주는 작업

ⓒ 점화 순서

4기통 대향형	1-3-2-4 & 1-2-4-3
6기통 대향형	1-6-3-2-5-4 & 1-4-5-2-3-6
9기통 성형	1-3-5-7-9-2-4-6-8
14기통 성형	1-10-5-14-9-4-13-8-3-12-7-2-11-6 (+9, -5)
18기통 성형	1-12-5-16-9-2-13-6-17-10-3-14-7-18-11-4-15-8 (+11, -7)

(a) 수평 대향형 6실린더

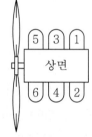

점화순서
1→6→3→2→5→4
또는
1→4→5→2→3→6

(b) 성형 9실린더

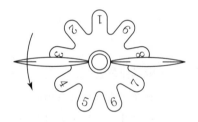

점화순서
1→3→5→7→9→2→4→6→8

(c) 성형 2열 14실린더

점화순서
1→10→5→14→9→4→13
8→3→12→7→2→11→6

(d) 성형 2열 18실린더

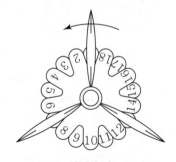

점화순서
1→12→5→16→9→2→13→6→17→
10→3→14→7→18→11→4→15→8

라) 점화 플러그(ignition plug): 마그네토에서 유도된 고전압(high tension)을 받아 불꽃을 일으켜 혼합가스를 점화하는 데 필요한 열 에너지로 변화시켜 주는 장치이며, 구성으로는 전극, 세라믹 절연체, 금속 셸로 이루어져 있다.

    ㉠ 극수에 따른 종류: 1극, 2극, 3극, 4극

    ㉡ 열 특성에 따른 분류

- 스파크 플러그 종류

저온 플러그(cold plug)	과열되기 쉬운 엔진에 사용되는 것으로 냉각효과 우수
고온 플러그(hot plug)	냉각이 잘되는 차가운 엔진에 사용되는 것으로 냉각효과 불량

- 스파크 플러그 직경

직경	long reach	short reach
14mm	1/2in(12mm)	3/8in(9.53mm)
18mm	13/16in(20.67mm)	1/2in(12mm)

③ **보조 장비**

가) 지상전원 공급장치(GPU: Ground Power Unit): 장시간 정지되어 있던 엔진을 지상에서 시동할 때 사용되는 전원 공급장치이며, 보통 24V의 전압을 리셉터클을 통해 엔진에 공급한다.

나) 시동 보조 장치

    ㉠ 부스터 코일: 배전기에 고전압을 전달하는 장치이며 엔진 시동 시 크랭크축의 회전속도가 80rpm 정도인데, 마그네토에서 유도되는 전압이 매우 낮아 점화가 곤란하므로 부스터 코일로 고전압을 형성하여 그 역할을 수행한다. 초기에 사용된 형식으로 현재는 인덕션 바이브레이터나 임펄스 커플링을 주로 사용한다.

- 작동 원리: 시동 스위치 ON→1차 코일과 축전지 연결→접점의 개폐로 2차 코일에 높은 전압유도→배전기→스파크 플러그에 고전압 전달

    ㉡ 인덕션 바이브레이터: 축전지 직류를 단속 전류로 만들어 마그네토에서 고전압으로 승압되고 시동기 솔레노이드와 연동되어 축전지 전류에 의해 작동한다.

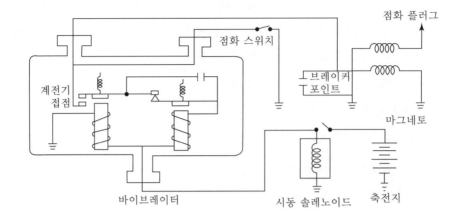

- 작동 원리: 시동 솔레노이드가 축전지와 연결→직류 전류가 계전기 코일과 바이브레이터 코일로 흐름→계전기 작동→계전기 접점이 닫힘→바이브레이터에서 마그네토로 회로가 연결→바이브레이터 코일에 자장 형성→바이브레이터 포인트가 열림→축전지에서 마그네토로 흐르는 전류 차단→바이브레이터의 전류 차단→바이브레이터 포인트 연결→축전지에서 마그네토로 전류가 흐름→단속 전류를 만들어 마그네토의 1차 코일로 보냄→2차 코일에 고전압 발생

ⓒ 임펄스 커플링: 엔진 시동 시 점화 시기에 마그네토의 회전속도를 순간적으로 가속시켜 고전압을 발생시키며 점화 시기를 늦추어 킥백 현상을 방지한다.

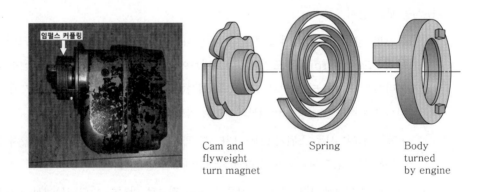

Cam and flyweight turn magnet   Spring   Body turned by engine

(7) 그 밖의 계통

① 엔진의 냉각

가) 냉각의 필요성과 한도

ㄱ 필요성: 실린더나 피스톤, 밸브 등이 견딜 수 있는 온도에 한계가 있기 때문에

ⓛ 과냉각의 영향: 연소 불량, 열효율 저하, 부식성 강한 배기가스와 불순물 발생, 연소 정지 현상 발생

ⓒ 가장 적당한 헤드 온도: 100℃ 이상

나) 냉각 방법

ⓐ 냉각핀: 실린더에 얇은 금속 핀을 부착시켜 열을 대기 중으로 방출한다.

ⓛ 배플: 실린더 주위에 얇은 금속판을 부착시켜 공기 흐름을 실린더로 고르게 흐르게 함으로써 냉각효과를 증대시킨다.

ⓒ 카울 플랩: 엔진으로 유입되는 공기량을 조절하여 엔진의 냉각을 조절하는 장치이다.

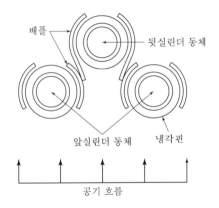

다) 엔진의 방열량과 냉각 면적: 냉각핀은 보통 얇은 삼각형 모양으로 제작되고 끝을 둥글게 가공한다. 핀의 간격이 너무 좁으면 공기 유량이 감소하여 냉각효과 불량이 일어날 수 있다. 두께를 너무 얇게 했을 때 열전도가 잘되지 않아 냉각효과 불량이 될 수 있다.

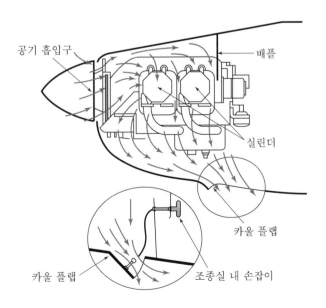

② **왕복엔진의 보관**

가) 방부제의 종류: 윤활유(MIL−L−22851:1100) 75%와 부식 방지 콤파운드 오일(MIL−C−6529, TYPE Ⅰ) 25%를 혼합한 부식 방지 혼합유(C.P.M)를 사용한다.

나) 방습제: 흡수 종이와 무수 규산으로서 금속 용기 내에 넣어 장시간 보호 시 습기를 흡수하는 데 사용한다.

다) 탈수 플러그: 실린더 내부의 습기를 제거하는 데 사용되며, 코발트 화염 물질과 무수 규산의 혼합물을 유리잔에 넣어 사용하며 색깔에 따라 상태를 지시한다

청색	건조한 상태(성능 양호)
분홍색	습기가 있는 상태
흰색	습기가 많은 상태로 기능 불량

라) 왕복엔진 저장의 종류

단기 저장	14일 이내
일시 저장	14~45일
장기 저장	45일 이상

3 왕복엔진의 성능

(1) 엔진의 구비 조건

① **마력당 중량비**: 엔진의 무게를 엔진의 마력으로 나눈 값으로 그 값이 작을수록 성능이 우수하다. 보통 0.61~1.22kg/PS(0.45~0.9kg/kW)

② **신뢰성**: 작동 중에 고장 없이 운전되어야 하고 수명이 길고 부품이나 장비의 교환이 쉬워야 한다.

③ **내구성**: 생산 이후 재생산하기 위한 오버홀 할 때까지의 시간을 TBO(Time Between Overhaul)라 말하며 내구성의 척도가 된다. TBO가 길어야 내구성이 좋아 오래 사용할 수 있다.

④ **열효율**: 연료로부터 얻어지는 일의 양이 클수록 열효율이 크다. 높은 열효율은 연료 소비율이 감소하고 항속거리가 길게 되어 유상하중, 즉 승객이나 짐을 많이 실을 수 있다.

⑤ **진동:** 항공기의 수명과 안전을 위해 진동을 최대한 작게 해야 한다. 진동을 작게 하려면 실린더 수를 증가시키거나 크랭크축에 평형추를 적절히 부착시키고, 엔진을 기체에 부착시키는 부분에 고무판을 사용하여 진동을 흡수시켜야 한다.

⑥ **정비의 용이:** 정비와 부품의 교환 작업이 쉬우면 정비시간을 단축시킬 수 있다.

⑦ **적응성:** 저속에서 최대회전속도까지 원활한 작동을 할 수 있어야 하며, 고도 변화에 따라 출력 변화가 작아야 한다.

(2) 엔진의 성능 요소

① **행정체적:** 흡입과 배기행정 중 상사점에서 하사점까지 움직인 거리와 실린더 단면적(A)을 곱한 체적을 말하며, 총 행정체적은 실린더의 행정체적에 실린더 수를 곱한 값이다.

$$V_d = A \times L \times K (cm^3)$$
$$= 단면적(A) \times 행정길이(L) \times 전체 \ 실린더 \ 수(K)$$

② **압축비:** 피스톤 하사점 당시의 실린더 체적과 상사점 당시의 실린더 체적과의 비

$$\epsilon = \frac{V_c + V_d}{V_c} = 1 + \frac{V_d}{V_c} = \frac{연소실 \ 체적 + 행정 \ 체적}{연소실 \ 체적}$$

③ **마력(horse power):** 단위 시간당 한 일을 동력, 마력이라 한다.

$$1 \, PS = 75 \, kg \cdot m / \sec = 0.735 \, kW$$

가) **지시마력(iHP):** 지시선도로부터 얻어지는 마력으로 이론상 엔진이 낼 수 있는 최대마력이다. P_{mi}는 지시평균유효압력이며, 단위로는 kgf/cm^2으로 표시한다.

$$iHP = \frac{P_{mi} \times L \times A \times N \times K}{75 \times 2 \times 60} = \frac{P_{mi} \times L \times A \times N \times K}{9,000}$$

나) **마찰마력(fHP):** 마찰에 의해 소비된 마력이다.

다) **제동마력(bHP):** 엔진이 실제로 생산한 마력으로 프로펠러에 전달된 마력이며 보통 지시마력의 85~90%에 해당한다.

$$bHP = iHP(지시마력) - fHP(마찰마력)$$
$$bHP = \frac{P_{mb} \times L \times A \times N \times K}{75 \times 2 \times 60} = \frac{P_{mi} \times L \times A \times N \times K}{9,000}$$

- 제동마력을 증가시키려면
  - 행정체적을 크게 한다.
  - 회전속도를 높인다.
  - 제동평균 유효 압력을 크게 한다.
- 제동 평균 유효 압력(P_{mi})에 영향을 주는 요소
  - 압축비
  - 회전속도
  - 실린더의 크기와 연소실의 모양
  - 혼합비
  - 점화 시기
  - 밸브 개폐 시기
  - 체적 효율

④ 이륙마력과 정격마력

가) 이륙마력(take-off horse power): 항공기 이륙 시 엔진이 내는 최대마력으로 1~5분 이내의 사용시간을 제한한다.

나) 정격마력(rated horse power & METO 마력): 사용시간 제한 없이 연속 작동을 보증할 수 있는 마력을 연속 최대마력이라 하며, 이 내용에 따라 임계 고도(어느 고도 이상에서 엔진의 정격마력을 더 이상 유지할 수 없는 고도)가 결정된다.

⑤ 순항마력(cruising horse power): 열효율이 가장 좋은, 즉 연료 소비율이 가장 적은 상태에서 얻어지는 동력을 말하며 경제마력(economic horse power)이라고도 한다.

⑥ 열효율과 체적효율

가) 열효율: 엔진이 내는 출력을 엔진에 공급된 연료의 연소 열량으로 나눈 값

나) 체적효율: 같은 압력 및 같은 온도 조건에서 실제로 연소실 내부로 흡입된 혼합가스의 체적과 행정체적과의 비

$$\eta_V (체적효율) = \frac{실제\ 흡입된\ 체적}{행정\ 체적}$$

다) 엔진에 매니폴드 절대압력과 절대온도를 일정하다고 가정하고, 체적효율을 흡입가스의 질량으로 비교해 보자.

$$\eta_V (체적효율) = \frac{실제로\ 흡입된\ 새로운\ 가스의\ 질량}{행정\ 체적을\ 차지하는\ 새로운\ 가스의\ 질량}$$

(3) 성능과 고도와의 관계

① 마력과 고도와의 관계

가) 표준 대기표 기준을 보면 고도가 10,000m에서의 압력이 198.29mmHg이고, 밀도가 0.4127kg/m³이고, 온도가 −50.000℃이다. 1km 상승한 11,000m에서의 압력이 169.7mmHg이고, 밀도가 0.3639kg/m³이고, 온도가 −56.500℃임을 확인할 수 있다. 즉, 고도가 증가하면 압력 감소, 밀도 감소, 온도가 감소하게 되어 엔진의 출력이 감소하게 된다.

$$\frac{bHP_Z}{bHP_O} = \frac{P_Z}{P_O} \sqrt{\frac{T_O}{T_Z}}$$

※ • bHP_Z: 고도 $Z[m]$에서의 제동마력(PS)

  • P_Z: 고도 $Z[m]$에서의 대기 압력($mmHg$)

  • T_Z: 고도 $Z[m]$에서의 대기의 절대온도(K)

  • bHP_O: 고도 $0[m]$(표준대기상태)에서의 제동마력(PS)

  • P_O: 고도 $0[m]$에서의 대기 압력($760mmHg$)

  • T_O: 고도 $0[m]$에서의 대기의 절대온도($K = 288K$)

나) 대기 중에 습도가 포함되어 있을 때는 건습구 습도계에 의한 건구 및 습구 온도와 수증기의 증기압을 구하고, 구한 값을 대기압력으로 빼면 다음과 같은 식이 된다.

  • h: 수증기의 증기압(mmHg)이며, 수증기 분압이라고도 한다.

$$bHP_O = bHP_Z \times \frac{P_O}{P_Z - h} \sqrt{\frac{T_Z}{T_O}}$$

다) 고도 증가에 따른 엔진 출력을 증가시키는 방법에는 과급기(supercharger)를 설치하여 어느 고도까지 출력의 증가를 가져오며, 고도 증가에 따른 출력 감소를 작게 가져온다. 과급기를 작동하게 되면 흡기관의 압력이 증가하고, 제동 평균 유효압력이 증가하여 엔진 출력이 증가하게 되며, 고도 증가 시 압력 감소, 배압이 감소하여 엔진의 출력을 임계 고도까지 증가시킬 수 있다.

01 실린더의 행정체적이 960cm³이고 연소실 체적이 160cm³인 실린더의 압축비는?

① 6　　　　　　② 7

③ 8　　　　　　④ 9

해설

압축비(왕복엔진은 일반적으로 6~8:1)는 피스톤이 하사점에 있을 때 실린더 체적과 상사점에 있을 때의 체적, 즉 연소실과의 체적을 말한다.

$$\varepsilon (압축비) = 1 + \frac{vd(행정체적)}{vc(연소실체적)} = 1 + \frac{960}{160} = 7$$

02 18개의 실린더를 갖고 있는 왕복엔진의 각 실린더의 지름이 0.15cm이고 실린더의 길이가 0.2m이며 피스톤의 행정 거리는 0.18cm라고 한다면, 이 엔진의 총 행정체적은 몇 cm³인가?

① 0.048　　　　② 0.054

③ 0.057　　　　④ 0.063

해설

총 행정체적=ALK[A: 단면적, L: 거리, K: 실린더 수]

$$= \frac{\pi}{4} 0.15^2 \times 0.18 \times 18 = 0.057$$

03 압축비가 7인 오토 사이클의 열효율은 약 몇 %인가? (단, 가스의 비열비는 1.4이다.)

① 45.4　　　　② 50.2

③ 54.1　　　　④ 60.3

해설

$$\eta_o = 1 - (\frac{1}{\epsilon})^{1.4-1} = 1 - (\frac{1}{7})^{0.4}$$

$$= 0.5408 \times 100 = 54.08 \fallingdotseq 54.1$$

04 항공기용 왕복엔진의 출력을 나타내는 1PS에 해당하는 것은?

① 75kgf · s/m

② 75kgf · m/min

③ 75kgf · m/s

④ 75kgf · s/min

해설

1PS=75kg · m/s²=75kgf · m/s=0.735kW

05 오토 사이클 중 3-4는 어떤 과정인가?

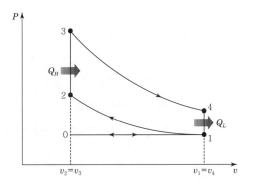

① 단열팽창　　　② 단열압축

③ 정적가열　　　④ 정적방출

✈ 정답　01. ②　02. ③　03. ③　04. ③　05. ①

해설

- 1→2(단열압축과정): 짧은 시간에 작동되기 때문에 열의 출입이 차단된 단열상태로 가정한다.
- 2→3(정적연소과정): 작동속도가 상대적으로 느리기 때문에 체적이 일정한 상태에서 열을 공급하는 과정이다.
- 3→4(단열팽창과정): 짧은 시간에 이루어지므로 단열된 상태로 가정하며, 기체가 팽창하는 과정에서 외부에 일을 하게 된다.
- 4→1(정적방열과정): 연소과정과 마찬가지로 체적이 일정한 상태에서 열을 방출하는 과정이다.
- 1→0(배기행정과정): 흡입 및 배기과정은 사이클 성능과 무관하기 때문에 사이클 해석에서는 제외한다.

06 가역 사이클의 하나인 카르노 사이클에 대한 설명 중 가장 올바른 것은?

① 두 개의 단열과정과 두 개의 등적과정으로 형성된다.
② 두 개의 단열과정과 두 개의 등온과정으로 형성된다.
③ 두 개의 동적과정과 단열과정 및 등온과정으로 형성된다.
④ 두 개의 등온과정과 단열과정 및 등적과정으로 형성된다.

해설

카르노 사이클
등온팽창과정→단열팽창과정→등온압축과정→단열압축과정

07 항공기 엔진의 냉각계통 중에서 실린더의 위치에 관계없이 공기를 고르게 흐르도록 유도하여 냉각효과를 증진시켜 주는 역할을 하는 것은?

① 배플
② 카울 플랩
③ 냉각핀
④ 방열기

해설

배플(baffle)은 실린더 주위에 설치한 금속판으로, 실린더 위치와 관계없이 공기가 고르게 흐르도록 유도하여 냉각 효과를 증진시킨다.

08 왕복엔진의 냉각에 주로 사용되는 공랭식 엔진의 구조에 해당되지 않는 것은?

① 냉각핀
② 배플
③ 카울 플랩
④ 공기 덕트

해설

공랭식

- 냉각핀(cooling fin): 실린더 바깥면에 부착된 핀으로 실린더의 열을 공기 중으로 방출하여 엔진을 냉각시킨다. 냉각핀은 부착된 부분의 재질과 같은 것을 사용해야만 열팽창에 따른 균열을 막을 수가 있다.
- 배플(baffle): 실린더 주위에 설치된 금속판으로 실린더에 공기가 골고루 흐르도록 공기를 유도시키는 기능을 수행한다.
- 카울 플랩(cowl flap): 엔진의 냉각을 조절하는 기능을 가진 장치로 조종사가 열고 닫을 수 있게 되어 있다.

09 일반적으로 엔진의 분류 방법으로 사용되지 않는 것은?

① 냉각 방법에 의한 분류
② 실린더 배열에 의한 분류
③ 실린더의 재질에 의한 분류
④ 행정(cycle) 수에 의한 분류

해설

왕복엔진의 분류 방법
- 냉각 방법에 의한 분류
- 실린더 배열에 의한 분류
- 행정 수에 의한 분류

정답 06. ② 07. ① 08. ④ 09. ③

10 왕복엔진은 냉각 방법에 따라 공냉식과 액냉식이 있다. 공랭식 엔진의 특징으로 가장 관계가 먼 것은?

① 지상 활주를 할 때를 제외하고 냉각 효율이 좋다.

② 제작비가 싸다.

③ 구조가 복잡하다.

④ 정비하기가 쉽다.

해설

• 액랭식은 물이나 냉각액을 이용하여 엔진을 냉각시키는 방식으로, 자동차나 선박엔진에 주로 사용하는 방식으로 구조가 복잡하고 무게가 무거워 항공기용으로 거의 쓰이지 않는다. 물재킷이나 에틸렌글리콜을 사용하여 냉각시킨다.

• 공랭식은 프로펠러 후류나 팬에 의해 강제 통풍을 일으키거나, 비행 시 들어오는 공기로 엔진을 냉각시키는 방식으로 냉각 효율이 우수하고 제작비가 싸며 정비하기 쉬운 장점이 있다.

11 항공기용 왕복엔진에 대한 설명으로 가장 관계가 먼 것은?

① 대향형 엔진의 실린더 수는 항상 짝수이다.

② 1열 성형엔진의 실린더 수는 항상 홀수이다.

③ V형 엔진의 실린더 수는 항상 홀수이다.

④ 대향형 엔진은 경비행기와 경헬리콥터에 주로 사용된다.

해설

기통에 따른 점화 순서

• 7기통 성형: 1-3-5-7-2-4-6

• 9기통 성형: 1-3-5-7-9-2-4-6-8

• 2열 14기통 성형: 1-10-5-14-9-4-13 (+9, -5)

• 2열 18기통 성형: 1-12-5-16-9-2-13 (+11, -7)

12 단열 성형엔진에서 실린더 번호 부여 방법을 설명한 것으로 옳은 것은?

① 가장 윗부분에 수직으로 서 있는 실린더를 1번으로 하여 엔진의 회전 방향으로 번호를 붙여 나간다.

② 가장 윗부분에 수직으로 서 있는 실린더를 1번으로 하여 엔진의 회전 반대 방향으로 번호를 붙여 나간다.

③ 가장 아랫부분에 수직으로 서 있는 실린더를 1번으로 하여 엔진의 회전 방향으로 번호를 붙여 나간다.

④ 가장 아랫부분에 수직으로 서 있는 실린더를 1번으로 하여 엔진의 회전 반대 방향으로 번호를 붙여 나간다.

해설

성형엔진의 번호를 정하는 방법은 항공기 후면에서 보아 가장 위쪽의 실린더가 1번이고, 시계 방향(회전 방향)으로 돌아가면서 번호를 부여한다.

13 18기통의 성형엔진에서 콜드 실린더(cold cylinder)의 검사 수행 시 요구되는 rpm은 얼마인가?

① 1,200 ② 1,400

③ 1,700 ④ 1,900

해설

콜드 실린더 검사는 공랭식 엔진에서 엔진 작동 직후에 실린더의 온도를 검사하는 것으로서, 여러 실린더의 온도를 측정하여 실린더의 작동 특성을 판단하는 검사 방법이다. 이 검사에서 엔진 작동 중 실린더의 온도가 정상보다 낮을 때는 실린더 내에서 점화 플러그의 작동이 제대로 되지 않거나, 연소가 불완전하게 이루어지고 있음을 의미한다. 엔진의 상태를 점검하는 회전속도(약 1,700~2,000rpm)에 맞추어, 혼합비, 기화기 공기 조정 및 점화계통 등을 점검한다.

14 R–985–11 엔진에서 "985"가 의미하는 것은?

① 한 실린더가 배출하는 체적을 의미한다.

② 크랭크축이 1회전하였을 때 배출한 체적을 의미한다.

③ 엔진이 배출한 총체적을 의미한다.

④ 크랭크축이 2회전 하였을 때 1개의 실린더가 배출한 체적을 의미한다.

해설

• R: 배열형식(성형엔진)(O: 수평대향형)
• 985: 총배기량 및 총 체적을 의미
• 11: 엔진의 개량번호

15 피스톤의 지름이 14.5cm인 피스톤에 48kgf/cm²의 가스압력이 작용하면 피스톤에 미치는 힘은 얼마인가?

① 8,926(kgf) ② 7,926(kgf)

③ 6,926(kgf) ④ 5,926(kgf)

해설

$F = P \times A$
$= 48 \times \frac{\pi}{4} 14.5^2 = 7926.23 \fallingdotseq 7926$

16 왕복엔진에서 실린더 안의 연소가 가장 잘 이루어지는 연소실의 모양은?

① 원뿔형 ② 도움형

③ 삼각형 ④ 반구형

해설

반구형 연소실의 장점

• 연소가 전파가 좋아 연소 효율이 높다.
• 흡·배기 밸브의 직경을 크게 함으로 체적 효율이 증가한다.
• 동일 용적에 대해 표면적을 최소로 하기 때문에 냉각 손실이 적다.

17 압축 링 바로 밑 홈에 장착되며, 여분의 오일을 피스톤의 안쪽 구멍으로 내보내어 실린더 벽면에 유막의 두께를 조절하는 역할을 하는 링의 종류는?

① 오일 압축링

② 오일 스크레퍼링

③ 오일 와이퍼링

④ 오일 조절링

해설

오일링은 실린더 내의 윤활 기능을 수행하며 종류에는 오일 조절링(oil control ling)과 오일 제거링(oil scraper ring)이 있으며 압축링 아래에 설치된다. 오일 조절링은 링 자체에 오일 조절 구멍이 있어 오일이 피스톤의 구멍을 통하여 피스톤 안쪽으로 흘러 나간다. 오일 제거링은 스커트 부근에 한 개가 설치되고 기통벽의 오일을 긁어 내리는 역할을 수행한다.

18 가스의 누설방지를 위한 피스톤링 조인트의 위치를 결정하는 방법으로 옳은 것은?

① 90°÷링의 수 ② 180°÷링의 수

③ 270°÷링의 수 ④ 360°÷링의 수

해설

압축 링(compression ring)은 가스의 기밀을 유지하는 기능을 수행하며, 가스의 누설을 최소로 줄이기 위해서 장착 시에 360°를 링의 숫자로 나누어 링 끝이 오도록 배치한다.

19 피스톤 링(piston ring)의 끝 간격(end clearance)을 갖는 가장 큰 이유는?

① 엔진 작동 중 열팽창을 허용하기 위하여

② 장착이 용이하도록

③ 실린더 벽에 압력을 계속적으로 유지하도록

④ 윤활유 조절작용을 위하여

정답 14. ③ 15. ② 16. ④ 17. ④ 18. ④ 19. ①

링 끝 간극은 엔진 작동 시 발생하는 열에 의해 피스톤 링이 열팽창하여 끝이 밀착되지 않도록 하기 위해서 미리 간격을 둔 것이다.

20 피스톤에 작용하는 높은 압력의 힘을 커넥팅 로드에 전달하는 부분은?

① 크랭크축　　　② 피스톤 핀

③ 캠링　　　　　④ 로커 암

해설

피스톤 핀은 피스톤의 힘을 커넥팅 로드로 전달하는 역할을 수행하며, 큰 하중을 받기 때문에 강이나 니켈로 제작된다. 또 표면 경화 처리되어 있고, 무게를 줄이기 위해 중공식(속이 빈 형태)으로 제작되고, 피스톤 핀이 실린더 벽에 닿지 않도록 리테이너(알루미늄 플러그, 스냅링)로 고정한다. 종류에는 고정식, 반부동식, 전부동식이 있는데, 그중 전부동식이 가장 많이 사용된다.

21 실린더의 압축시험 절차와 관계 없는 것은?

① 각 실린더의 점화 플러그를 한 개씩 장탈한다.

② 프로펠러를 회전시켜 엔진의 작동이 원활한가 확인한다.

③ 실린더의 압축시험은 저속 운전을 시키면서 실시한다.

④ 실린더의 압축시험은 피스톤이 압축 상사점에 위치할 때의 압력을 측정한다.

해설

작업순서

① 실린더 압축 시험기의 공급 압력을 80psi가 되도록 조절한다.

② 엔진을 정상 온도까지 작동시킨 후 점화 스위치를 off시켜 엔진을 정지시킨다.

③ 점검하려는 실린더의 점화 플러그를 떼어내고, 그 위치에 압축 시험기를 연결한다.

④ 엔진을 회전시켜 피스톤이 압축상사점에 오도록 한다.

⑤ 개폐 밸브를 열어 압축공기를 실린더 내부로 공급한다. 이때 공급 압력에 의해 프로펠러가 회전할 수 있으므로 한 사람이 프로펠러를 붙들고 있어야 한다.

⑥ 실린더 압력계기와 압력 조절계 사이의 압력 차를 기록하여 규정 값보다 큰 경우 그 원인을 찾아내어 수리한다.

22 밸브 개폐 시 밸브와 접촉하여 밀폐되도록 하며, 청동이나 강으로 제작되어 충격에 잘 견디도록 되어 있는 곳은?

① 밸브 시트

② 밸브 가이드

③ 밸브 스프링

④ 밸브 리프터

해설

밸브 시트는 밸브 페이스와 닿는 부분으로 가스 누출을 방지하고 밸브와 충격으로부터 헤드를 보호한다.

23 밸브 시트(valve seats)를 실린더(cylinder)에 장착하는 일반적인 방법은 어느 것인가?

① shrinking　　　② welding

③ sweating　　　④ peening

해설

• 밸브 시트는 밸브 페이스와 닿는 부분으로 가스 누출을 방지하고 밸브와의 충격으로부터 헤드를 보호한다. 밸브 시트는 가장 단단하게 밀착되는 부품으로 shrinking method로 결합된다.

• peening은 용접 부위를 연속으로 해머로 두드려서 표면층에 소성 변형을 주는 작업이다.

• sweating은 가열 또는 냉각 시에 녹는점이 낮은 조성의 것이 가열 물체의 표면에 작은 입상이 되어 나타나는 현상이다.

• welding은 용접이다.

✈ **정답**　20. ②　21. ③　22. ①　23. ①

24 왕복엔진에서 밸브 오버랩이란?

① 흡입 밸브가 상사점 전에 열리기 시작하고, 배기 밸브는 상사점 후에 닫히는 상태

② 흡입 밸브가 상사점 전에 열리기 시작하고, 배기 밸브는 하사점 후에 닫힌 상태

③ 흡입 밸브가 하사점 전에 열리기 시작하고, 배기 밸브는 상사점 후에 닫힌 상태

④ 흡입 밸브가 하사점 전에 열리기 시작하고, 배기 밸브는 하사점 후에 닫힌 상태

해설

밸브 오버랩 구하는 방법

• 밸브 오버랩은 상사점 전에서 흡입 밸브가 미리 열린 각과 상사점 후에 배기 밸브가 늦게 닫힌 각도를 합하여 구한다.

• 밸브 오버랩=상사점 전에서 흡입 밸브가 미리 열린 각(I.O)+상사점 후에서 배기 밸브가 늦게 닫힌 각(E.C)

25 왕복엔진에서 흡입 밸브의 여닫힘은 실제로 언제 이루어지는가?

① 피스톤이 상사점에 있을 때 열리고, 하사점에 있을 때 닫힌다.

② 피스톤이 하사점에 있을 때 열리고, 상사점에 있을 때 닫힌다.

③ 피스톤이 상사점 전에 있을 때 열리고, 하사점 후에 닫힌다.

④ 피스톤이 상사점 후에 있을 때 열리고, 하사점 전에 닫힌다.

해설

• 흡입 밸브가 하사점 후 (ABC) 20~60°에서 닫히는 이유: 흡입 행정의 마지막에서 혼합가스의 흡입 관성을 이용하여 더 많은 혼합 가스를 흡입하기 위해서

• 흡입 밸브가 상사점 전 (BTC) 10~25°에서 열리는 이유: 배기가스의 배출 관성을 이용하여 흡입 효과를 높이기 위해서

26 대향형 엔진의 밸브 기구에서 크랭크축 기어의 잇수가 40개라면, 맞물려 있는 캠 기어의 잇수는 몇 개이어야 하는가?

① 20 ② 40

③ 60 ④ 80

해설

대향형 엔진의 밸브 기구

• 캠 로브의 숫자는 실린더 개당 흡·배기 밸브가 한 개씩 있으므로 캠 로브의 숫자는 '2×실린더 수'

• 캠축의 회전속도는 크랭크축이 2회전하는 동안 밸브는 한 번씩 열리므로 캠축의 회전속도는 '크랭크축의 회전속도/2'

27 왕복엔진에서 7기통 성형엔진의 캠 링은 몇 개의 로브를 가지고 있는가?

① 6개 혹은 7개 ② 5개 혹은 6개

③ 3개 혹은 4개 ④ 4개 혹은 5개

해설

캠 로브 수(n)

캠 로브 수 $= n = \dfrac{N \pm 1}{2} = \dfrac{7 \pm 1}{2}$ = 3개 혹은 4개(단, : 실린더 수)

28 성형엔진에서 각종 기어가 그 내부에 설치되어 있어 엔진 구동력에 의해 윤활유 펌프, 연료 펌프, 진공 펌프, 발전기 및 회전계용 발전기 등 여러 가지 장비들을 구동시키는 부분은 크랭크 케이스의 어느 부분을 말하는가?

① 출력 부분(power section)

② 앞부분(front seciton)

③ 과급기 부분(supercharger seciton)

④ 보기 부분(accessory section)

해설

• 전방부: 알루미늄 합금으로 만들며 종 모양으로 되어 있고, 스터드, 너트 또는 나사로 출력부에 장착된다.

✈ **정답** 24. ① 25. ③ 26. ④ 27. ③ 28. ④

이 부분에는 프로펠러 추력 베어링, 프로펠러 조속기 구동축, 프로펠러 감속 기어 장치, 오일 소기 펌프, 캠 링. 마그네토 등이 장착된다.

- 출력부: 열처리된 고강도 알루미늄 합금이며 캠 작동 기구가 이 부분에 지지가 되어 있고 크랭크축 베어링 지지부가 있다.
- 연료 흡입·분배부: 과급기 임펠러와 디퓨저 베인의 틀이기 때문에 과급기 부라고도 불리며, 출력부 바로 뒤에 있다.
- 보기부: 연료 펌프, 진공 펌프, 오일 펌프, 회전계 발전기, 발전기, 마그네토, 시동기, 오일 필터 등 기타 부속 보기를 장착할 수 있는 장착 패드가 있으며, 엔진 동력에 의해 작동되는 보기들을 구동하기 위한 기어가 있다.

29 점화 플러그의 설명 중 잘못된 것은?

① 점화 플러그는 전극, 세라믹 절연체, 금속 셀로 구성되어 있다.

② 열의 전달 특성에 따라 일반적으로 핫 플러그를 사용한다.

③ 과열되기 쉬운 엔진에는 핫 플러그를 사용한다.

④ 점화 플러그는 내열성과 절연성이 좋아야 한다.

| 해설 |

- 저온 플러그(cold plug): 과열되기 쉬운 엔진에 사용되는 것으로 냉각효과가 우수하다.
- 고온 플러그(hot plug): 냉각이 잘되는 차가운 엔진에 사용되는 것으로 냉각효과가 불량하다.

30 항공용 가솔린의 ASTM 규격에서 가솔린의 색깔이 자색인 등급은?

① 91 / 98   ② 100 / 130

③ 108 / 135   ④ 115 / 145

| 해설 |

항공용 가솔린의 ASTM 규격

등급	색깔
80 / 87	적색
91 / 98	청색
100 / 130	녹색
108 / 135	갈색
115 / 145	자색

31 왕복엔진에서 하이드로릭 록(hydraulic lock)은 어떤 곳에서 가장 많이 걸리는가?

① 대향형 엔진 우측 실린더

② 성형엔진 상부 실린더

③ 대향형 엔진 좌측 실린더

④ 성형엔진 하부 실린더

| 해설 |

유압 폐쇄(hydraulic lock)는 성형엔진의 하부 실린더에 엔진 작동 후 정지 상태에서 연료, 오일 등이 자체 중력에 의해 하부 기통으로 모이면 다음 시동 피스톤이 오일을 압축시켜 커넥팅 로드 등 엔진에 손상을 주는 현상으로 스커트의 길이를 길게 하여 오일이 넘치는 것을 방지한다.

32 지상에서 어느 정도 정지된 상태에서 갑자기 엔진 시동을 하면 실린더 내에 축적된 오일로 인하여 작동을 멈추게 하는 결과를 가져오며 커넥팅 로드 등의 파손을 유발하는 현상은? (단, 성형엔진인 경우)

① 디토네이션(detonation)

② 프리이그니션(pre-ignition)

③ 하이드로릭 락(Hydraulic-lock)

④ 백 화이어(back-fire)

| 해설 |

31번 해설 참고

✈ 정답 29. ③ 30. ④ 31. ④ 32. ③

33 마그네토의 스위치를 "R" 위치에 놓으면, 오른쪽과 왼쪽 마그네토의 상태는 어떻게 되는가?

① 오른쪽 마그네토 "OFF", 왼쪽 마그네토는 "ON" 상태가 된다.

② 오른쪽 마그네토는 "ON", 왼쪽 마그네토는 "OFF" 상태가 된다.

③ 오른쪽과 왼쪽 마그네토 모두가 "OFF" 상태가 된다.

④ 오른쪽과 왼쪽 마그네토 모두가 "ON" 상태가 된다.

해설

• 마그네토 스위치 "L" 위치: 왼쪽 마그네토 ON, 오른쪽 마그네토 OFF

• 마그네토 스위치 "R" 위치: 오른쪽 마그네토 ON, 왼쪽 마그네토 OFF

34 피스톤의 지름이 135mm, 행정거리가 150mm, 실린더 수가 6, 엔진의 제동평균 유효압력이 $7.5kgf/cm^2$, 회전수가 2,600rpm일 때, 제동마력은 얼마인가?

① 579(PS) ② 479(PS)
③ 379(PS) ④ 279(PS)

해설

$$bhp = \frac{P_{mi} \times L \times A \times N \times K}{75 \times 2 \times 60}$$

$$= \frac{7.5 \times 0.150 \times \frac{\pi}{4}13.5^2 \times 2600 \times 6}{9000}$$

$= 278.97 ≒ 279ps$

P_{mi}: 지시 평균 유효 압력비$[kgf/cm^2]$

L: 행정(m)

A: 피스톤 면적(cm^2)

N: 분당 출력 행정 수

(4행정엔진: $\frac{rpm}{2}$, 2행정엔진: rpm)

K: 실린더 수

35 엔진을 시동하기 전에 주의해야 할 사항으로 틀린 것은?

① 엔진 전방에 설치했던 안전표지판 등을 제거한다.

② 지상요원을 항공기 주변에 적절히 배치한다.

③ 엔진의 흡입구 주변에 장애물이 있는지 확인한 후 제거한다.

④ 정비작업에 사용된 공구는 정상 시동을 확인한 후 제거한다.

해설

왕복엔진의 작동 전 유의사항

• 시동 전에 인원과 소화기를 지정된 위치에 배치하여, 화재 발생과 장애물 접근에 대비해야 한다.

• 일정한 지역 내에 사람이나 기타 장애물이 없는가를 확인해야 한다.

• 시동 상태를 감시할 감시원을 지정된 위치에 배치해야 한다.

• 항공기를 시동 장소로 옮길 때는 주날개, 방향키, 승강키 및 프로펠러 등이 장애물 등으로부터 손상받지 않도록 주의해야 한다.

• 항공기를 시동 장소에 세워 놓을 때는 될 수 있는 대로 기수를 바람이 부는 방향으로 향하도록 해야 한다.

• 시동 장소는 평평하고 깨끗한 곳이어야 한다.

• 반드시 바퀴에 촉을 장착해야 하고, 항공기의 접지상태를 확인해야 한다.

• 엔진의 온도가 낮거나 오랫동안 정지되어 있던 엔진을 시동할 때는 해당 항공기의 시동 절차에 따라 시동 전에 프라이머로 연료를 엔진에 주입한 후, 프라이머 손잡이를 잠가야 한다.

• 시운전을 하기 전에 실린더 헤드온도가 규정값에 도달할 때까지 난기 운전을 계속해야 한다.

정답 33. ② 34. ④ 35. ④

36 기압, 밀도, 온도가 변화하는 것을 보상하기 위해 비행 중에 엔진에 들어가는 혼합기 농도를 적절하게 조절하는 장치는?

① 저속장치

② 주미터링 장치

③ 이코너마이저 장치

④ 혼합기 조절 장치

해설

자동 혼합비 조절계통(AMC)은 Back Suction과 Needle Valve의 원리로서 작동된다. 작동 압력에 민감한 벨로스의 수축과 팽창에 의하여 직접적으로 기계적인 장치를 통하여 작동된다. 벨로스 내부에는 질소나 온도 또는 압력에 민감한 오일이 들어있다.

37 부자식(float type) 기화기에서 이코노마이저 (economizer) 장치의 주목적은?

① 고출력으로 할 때 연료를 절감하기 위하여

② 스로틀이 갑자기 열릴 때, 추가 연료를 공급하기 위하여

③ 이륙하는 동안 엔진구동 연료 펌프의 속도를 증가시키기 위하여

④ 순항출력 이상의 출력일 때 농후 혼합비를 만들어주기 위하여

해설

이코노마이저 장치(economizer system)

• 엔진의 출력이 순항 출력보다 큰 출력일 때 농후 혼합비를 만들어 주기 위하여 추가로 충분한 연료를 공급하는 장치를 말한다.

• 이코노마이저 장치의 종류에는 니들 밸브식, 피스톤식, 매니폴드 압력식 등이 있다.

38 노킹 발생과 관계없는 것은?

① 연료의 성질

② 배기가스 온도

③ 공기 연료 혼합비

④ 압축비

해설

노킹 발생과 관계있는 사항

• 압축비   • 연료의 성질

• 혼합비   • MAP

• 흡입가스온도   • 실린더 온도

• 엔진의 회전속도

39 왕복엔진이 저속 운전 시 비정상적으로 작동한다면, 그 원인으로 틀린 것은?

① 연료 압력이 낮기 때문

② 기화기의 저속 혼합비 조절이 불량하기 때문

③ 기화기 내부에 있는 가속 펌프가 불량하기 때문

④ 점화 플러그에 이물질이 있고, 간극 상태가 불량하기 때문

해설

비정상적인 완속 운전의 원인

• 완속 혼합비 조절 불량

• 프라이머 손잡이가 완전히 잠겨 있지 않을 때

• 스파크 플러그에 이물질이 끼었거나 간극 상태가 불량할 때

• 연료 압력이 낮을 때

• 실린더 압축 압력이 낮을 때

• 매니폴드 균열로 인한 혼합비 희박

• 기화기 내부의 연료 누설로 인한 혼합비의 농후

⊗ 정답 36. ④ 37. ④ 38. ② 39. ③

40 항공용 왕복엔진에서 윤활유를 채취하여 윤활유 분광시험을 한 결과 알루미늄 합금 입자가 검출되면 어느 부분에 이상이 있는가?

① 피스톤 및 엔진 내부의 결함

② 마스터 로드 실의 파손

③ 부싱 및 밸브 가이드 부분의 마멸

④ 밸브 스프링 및 베어링의 파손

해설

윤활유의 검사

• 철 금속 입자가 검출된 경우: 피스톤 링이나 밸브 스프링 및 베어링 파손

• 주석의 금속 입자가 발견된 경우: 납땜한 곳이 열에 의해 녹음

• 은분 입자가 검출된 경우: 마스터 로드실의 파손 또는 마멸

• 구리 입자가 검출된 경우: 부싱 및 밸브 가이드 부분 마멸 또는 파손

• 알루미늄 합금 입자가 검출된 경우: 피스톤 및 엔진 내부의 결함

03 가스터빈엔진

1 가스터빈엔진의 종류와 특성

(1) 가스터빈엔진의 종류 및 분류

압축기에서 공기를 흡입하여 압축한 다음, 연소실로 보내어 공기와 연료를 연소시킨 후 고온, 고압가스를 만들어 터빈을 회전시켜 동력을 얻거나, 배기 노즐을 통하여 빠른 속도로 분사시켜 작용-반작용에 의해 추력을 얻을 수 있는 열기관의 하나이다. 따라서 압축기 종류와 엔진 출력에 따라 분류할 수 있다.

① 압축기의 분류

공기의 흐르는 방향과 엔진의 축 방향이 수직인 원심식 압축기와 흐르는 방향이 엔진축과 평행인 축류식 압축기로 분류된다.

가) 원심식 압축기(centrifugal type compressor) 엔진

나) 축류식 압축기(axial flow type compressor) 엔진

다) 축류-원심식 압축기(axial-centrifugal type compressor) 엔진

② 출력 발생의 분류

가) 터보제트엔진(turbojet engine)

나) 터보팬엔진(turbofan engine)

다) 터보프롭엔진(turboprop engine)

라) 터보샤프트엔진(turboshaft engine)

③ 작동 원리

가) 작동 순서: 흡입 덕트로 공기 흡입→압축기에서 압축→디퓨져를 통해 연소실 압축공기 전달→이그나이터로 점화→분사 노즐로 연료 분사→터빈을 지나면서 팽창→배기 노즐로 배기 된다.

나) 기본 법칙: 가스 발생기인 압축기, 연소실, 터빈에 의해 뉴턴의 제3법칙인 작용과 반작용으로 추력을 발생시킨다.

(2) 공기의 압력, 온도 및 속도 변화

① 압력 변화

가) 항공기속도가 증가하면 램(ram) 압력이 상승하기 때문에, 압축기 입구 압력은 대기압보다 높다.

나) 압축기 입구의 단면적은 크고, 압축기 출구의 단면적은 작아 뒤쪽으로 갈수록 압력은 상승한다.

다) 최고 압력 상승 구간은 압축기 후단에 확산 통로인 디퓨저에서 이뤄진다.

라) 연소실을 지나면서 연소팽창 손실과 마찰 손실로 인해 압력이 감소된다.

마) 터빈 수축 노즐을 지나면서 공기속도가 증가되고, 압력은 떨어진다.

바) 터빈 회전자를 지나면서 압력 에너지가 회전력으로 바뀌면서 압력이 감소하고, 단수가 증가할수록 압력은 급격히 감소한다.

사) 배기 노즐 출구 압력은 대기압보다 약간 높거나 같은 상태로 대기로 배출된다.

아) 압축기의 압력비 결정
  - 압축기 회전수
  - 공기 유량
  - 터빈 노즐의 출구 넓이
  - 배기 노즐의 출구 넓이

② 온도 변화

가) 압축기 출구 온도 300~400℃ 정도에서 연소실로 들어가 연료와 함께 연소되는 온도는 2000℃까지 올라간다.

나) 높은 온도에서 연소실이 녹지 않는 것은 공기막(air film)에 의해 냉각 보호되기 때문이다. 연소실 후단은 연소되지 않은 공기와 연소 가스가 혼합되어 터빈으로 들어간다.

다) 터빈으로 들어가는 온도는 비교적 낮고, 터빈을 지나면서 팽창하여 온도가 낮아진다.

라) 후기 연소기를 사용하지 않을 때는 배기관 내부에서 서서히 감소하고, 후기 연소기를 사용할 때는 배기관 내부에서 온도가 급격히 상승한다.

③ 속도 변화

가) 비행기가 정지 시에는 흡입관 내부에서 공기의 속도를 음속의 반 정도로 증가시켜야 하고, 비행기가 비행 시에는 흡입관에서 공기의 속도를 음속의 반 정도로 감소시킨다.

나) 압축기 통과 시 공기가 압축되어 체적이 감소되고, 축 방향 통로의 단면적도 감소되어 속도는 일정하거나 약간 감소하며, 디퓨저 내부에서 최저가 된다.

다) 연소실 입구에서 속도가 증가하였다가 연소실 내부에서 통로가 넓어져 다시 감소하고, 연소실에서 연소되면 팽창되어 속도는 다시 증가한다.

라) 터빈 노즐 수축통로에서 속도가 증가하였다가 연소실 내부에서 다시 감소한다. 그리고 연소실 내부에서 연소되어 팽창되기 때문에 속도는 다시 증가한다.

마) 후기 연소기가 사용되지 않을 때는 속도가 감소되고, 후기 연소기가 작동될 때는 연소에 의해 온도가 상승하고 체적이 팽창되어 속도는 증가한다. 배기가스를 완벽하게 배출하기 위해서는 배기 노즐 출구 면적이 넓어져야 한다. 후기 연소기를 사용하는 엔진은 가변 면적 배기 노즐을 사용해야 한다.

2 가스터빈엔진의 구조

(1) 기본 구조

가스터빈엔진의 기본 구조는 외부의 대기로부터 공기를 받는 공기 흡입구, 압축기, 연소실, 터빈, 배기 노즐로 이루어졌으며, 가스가 발생하는 구간인 압축기, 연소실, 터빈으로 구성된 곳을 가스 발생기(gas generator)라 한다.

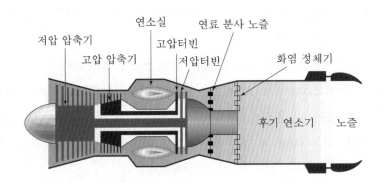

(2) 공기 흡입계통(air inlet duct)

공기를 압축기에 공급하는 통로이고, 고속 공기의 속도를 감속시키면서 압력을 상승시킨다. 성능 결정은 압력 효율비와 압력 회복점(ram pressure recovery point)으로 결정된다.

압력 효율비	공기 흡입관 입구의 전압과 압축기 입구의 전압비로서 대략 98%의 값을 가진다.
압력 회복점	압축기 입구의 전압이 대기압과 같아지는 항공기속도를 말하며, 이 값이 낮을수록 좋은 흡입도관이다.

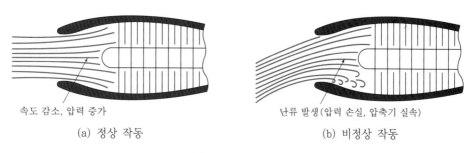

(a) 정상 작동 — 속도 감소, 압력 증가

(b) 비정상 작동 — 난류 발생(압력 손실, 압축기 실속)

▲ 공기 흡입관의 공기 흐름 상태

① 흡입 덕트의 종류

가) 확산형 흡입 덕트: 압축기 입구에서 공기속도는 비행속도와 관계없이 마하 0.5 정도로 유지 하도록 조절하기 위해 확산형 흡입관을 사용하여 통로의 넓이를 앞에서 뒤로 갈수록 점점 넓게 만들어 압력은 상승하고, 속도는 감소시킨다.

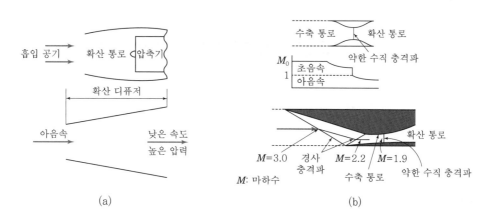

▲ 확산형 흡입관(a)과 초음속 흡입관(b)

나) 초음속 흡입관

  ㉠ 초음속 항공기 흡입관에서 공기속도를 감소시키는 방법

    • 흡입 도관의 단면적을 변화시키는 방법

    • 충격파(shock wave)를 이용하는 방법

  ㉡ 가변 면적 흡입 노즐의 조절

    • 이륙 시 확산형 흡입도관을 형성하여 충분한 공기량을 흡입한다.

    • 초음속 비행 시 수축－확산형 도관을 형성하여 엔진 출력에 따라 조절할 수 있다.

  ㉢ 가변 면적 흡입 노즐의 장 · 단점

    • 장점

      － 고정식에 비해 효율적이다.

    • 단점

      － 복잡하고 구조적인 문제 때문에 설계 및 제작상 어려운 점이 많다.

      － 고정 면적 흡입관은 효율 면에서는 성능이 떨어진다.

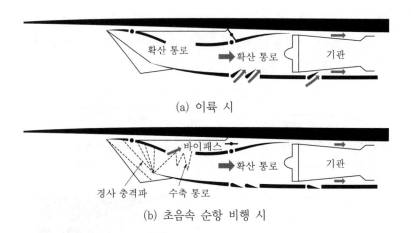

(a) 이륙 시

(b) 초음속 순항 비행 시

(3) 압축기(Compressor)

① 원심식 압축기(centrifugal type compressor)

  가) 구성: 임펠러, 디퓨저, 매니폴드

(a) 임펠러

(b) 디퓨저

(c) 매니폴드

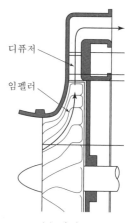

디퓨저

임펠러

(d) 단면도

▲ 원심식 압축기의 기본 구성품 및 단면도

나) 작동 원리: 중심 부분에서 공기를 흡입한 후 임펠러의 회전력에 의해(원심력) 공기가 압축기의 원주 방향으로 가속되고, 디퓨저의 확산 통로를 통해 속도 에너지가 압력 에너지로 바뀌면서 압력이 증가된 후 매니폴드를 통해 연소실로 공급된다.

다) 장 · 단점

장점	• 단당 압축비가 높다(1단 10:1, 2단 15:1). • 제작이 쉽다. • 구조가 튼튼하고 값이 싸다. • 무게가 가볍다. • 회전속도 범위가 넓다. • 시동 출력이 낮다. • 외부 손상물질(FOD)이 덜하다.
단점	• 압축기 입구와 출구의 압력비가 낮다. • 효율이 낮다. • 많은 양의 공기를 처리할 수 없다. • 추력에 비해 엔진의 전면 면적이 넓기 때문에 항력이 크다.

라) 종류

㉠ 단흡입 압축기　　㉡ 겹흡입 압축기　　㉢ 다단 원심식 압축기

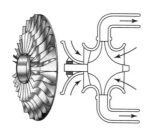

▲ 겹흡입 압축기

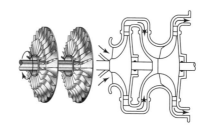

▲ 다단 원심식 압축기

② **축류식 압축기(axial flow type compressor)**

가) 구성

ㄱ 로터(rotor, 회전자): 여러 층의 원판 둘레에 많은 로터 깃이 장착되어 있다.

ㄴ 스테이터(stator, 고정자): 압축기 바깥쪽 케이스 안쪽에 스테이터 깃이 장착되어 있다.

ㄷ 1단: 1열의 회전자 깃과 1열의 고정자 깃을 말한다.

▲ 로터(rotor)

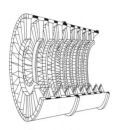

▲ 스테이터(stator)

▲ 결합 상태

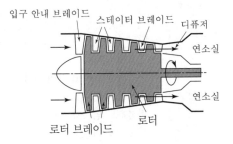

▲ 단면도

나) 장점

장점	• 대량의 공기를 흡입하여 처리할 수 있다. • 압력비 증가를 위해 다단으로 제작 가능하다. • 입구, 출구의 압력비가 높고 효율이 높아 고성능 엔진에 사용한다. • 전면 면적이 좁아 항력이 작다.
단점	• FOD가 잘 발생한다(Forien Object Damage: 외부 물질인 지상의 돌이나 금속조각에 의한 손상으로 엔진으로 흡입될 경우 압축기 깃을 손상시키는 것을 말한다). • 제작이 어렵고 비용이 많이 든다. • 시동 출력이 높아야 한다. • 무겁다. • 단당 압력 상승이 낮다. • 순항에서 이륙 출력까지만 양호한 압축이 된다.

다) 축류식 압축기의 작동 원리

　ⓐ 작동 원리: 회전자 깃과 깃 사이, 고정자 깃과 깃 사이의 공기 통로는 입구가 좁고
　　출구를 넓게 하여 확산 통로를 형성하여 통로를 지나면서 속도는 감소되고 압력이
　　증가된다. 압력 상승은 회전자 깃과 고정자 깃에서 동시에 이루어지고, 단마다
　　압축되어 전체 압력비가 결정된다.

　ⓑ 압력비: r_s＝단당 압력비, n＝압축기 단 수

$$r(압력비) = (r_s)^n$$

　ⓒ 반동도(reaction rate): 단당 압력 상승 중 로터 깃이 담당하는 상승의 백분율(%)
　　반동도를 너무 작게 하면 고정자 깃의 입구 속도가 커져 단의 압력비가 낮아지고,
　　고정자 깃의 구조 강도 면에서도 부적합해서 보통 압축기의 반동도는 50% 정도이다.

$$반동도(\varnothing_c) = \frac{로터\ 깃에\ 의한\ 압력\ 상승}{단당\ 압력\ 상승} \times 100\,(\%) = \frac{P_2 - P_1}{P_3 - P_1} \times 100\,(\%)$$

　　※ • P_1: 로터 깃 열의 입구 압력
　　　• P_2: 스테이터 깃 입구 압력
　　　• P_3: 스테이터 출구 압력

라) 압축기의 단열효율: 마찰 없이 이루어지는 압축, 즉 이상적 압축에 필요한 일 또는
　에너지와 실제 압축에 필요한 일과의 비를 말한다.

$$\eta_c(단열효율) = \frac{이상적\ 압축\ 일}{실제\ 압축\ 일} = \frac{T_{2i} - T_1}{T_2 - T_1}$$

　　※ • T_{2i}: 이상적인 단열압축 후의 온도
　　　• T_2: 실제 압축기 출구 온도
　　　• T_1: 압축기의 입구 온도

$$T_{2i} = T_1 \cdot r^{\frac{k-1}{k}}$$

　　※ • r: 압축기의 압력비
　　　• k: 공기의 비열비

T_{2i}: 식은 원심식 및 축류식 압축기에 적용되며, 압축기 효율은 일반적으로 85%
이상이다.

마) 축류식 압축기의 실속

　㉠ 원인

　　• 엔진을 가속할 때에 연료의 흐름이 너무 많으면 압축기 출구 압력(CDP)이 높아져 흡입 공기의 속도가 감소하여 실속이 발생한다.

　　• 압축기 입구 온도(CIT)가 너무 높거나 압축기 입구의 와류 현상에 의하여 입구 압력이 낮아지면 흡입 공기속도가 감소하여 실속이 발생한다.

　　• 지상 작동 시 회전속도가 설계점 이하로 낮아지면 압력비가 낮아져 압축기 뒤쪽의 공기가 충분히 압축되지 못해 비체적이 증가한다. 그러므로 미쳐 빠져나가지 못한 공기의 누적(choking) 현상이 발생하고 결과적으로 공기 흡입속도가 감소하여 실속이 발생한다.

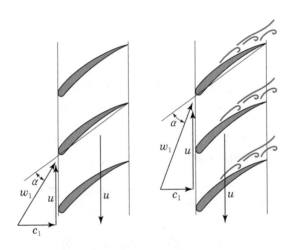

▲ 압축기 실속과 받음각과의 관계

　㉡ 압축기 실속방지 방법

　　• 다축식 구조: 압축기를 2부분으로 나누어 저압 압축기는 저압 터빈으로, 고압 압축기는 고압 터빈으로 구동하여 실속방지

　　• 가변 고정자 깃: 압축기 고정깃의 붙임각을 변경할 수 있도록 하여 회전자 깃의 받음각이 일정하게 함으로써 실속방지

　　• 블리드 밸브: 압축기 뒤쪽에 설치하며 엔진을 저속으로 회전시킬 때 자동적으로 밸브가 열려 누적된 공기를 배출함으로써 실속방지

　　• 가변 안내 베인(variable inlet guide vane)

　　• 가변 바이패스 밸브(variable bypass vane)는 엔진 속도 규정보다 높아지면 자동적으로 닫힌다.

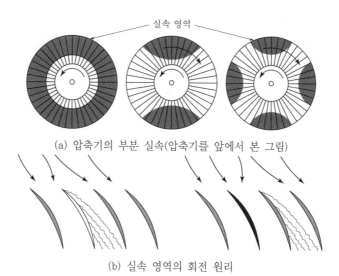

(a) 압축기의 부분 실속(압축기를 앞에서 본 그림)

(b) 실속 영역의 회전 원리

▲ 압축기의 부분 실속 및 실속 영역의 회전

바) 다축식 압축기의 특징 및 장·단점

특징	• N1은 자체 속도를 유지한다. • N2는 엔진 속도를 제어한다. • 시동기에 부하가 적게 걸린다.
장점	• 설계 압력비를 실속영역으로 접근시킬 수 있어 실속이 방지된다. • 높은 효율 및 압력비가 발생한다.
단점	• 터빈과 압축기를 연결하는 축과 베어링 수가 증가한다. • 2개의 축에 의해 구조가 복잡해진다. • 무게가 증가한다.

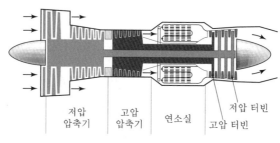

(a) 다축식 엔진

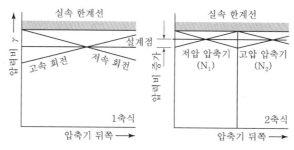

(b) 압력비 비교

▲ 다축식 압축기와 압력비의 비교

사) 블레이드 장착 방법: 축류형 압축기는 여러 단으로 구성되어 각 단의 블레이드는 dovetail(비둘기 꼬리)과 잠금 탭에 의해 장착된다. 블레이드에는 스팬 슈라우드가 있어 블레이드가 공기에 의해 굽혀지지 않도록 지지해 주기도 하고, 공기 역학적(aero dynamic) 항력을 만들기도 한다.

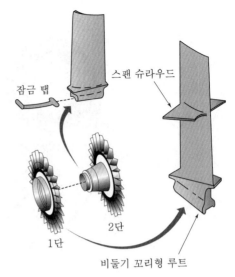

▲ 압축기 블레이드와 장착 방법

③ **축류-원심식 압축기(combination compressor)**

가) 구성

ㄱ) 압축기 전방: 축류식 압축기

ㄴ) 압축기 후방: 원심식 압축기

나) 특징: 소형 터보프롭엔진이나 터보샤프트엔진의 압축기로 많이 사용한다. 전체 압력비가 낮다는 원심식 압축기의 단점을 축류식 압축기로 보안하고, 단당 압력비가 낮고 뒤쪽 단에서 압축기 깃이 소형 정밀해야 하는 축류식 압축기의 단점을 원심식 압축기로 보완한 형식이다.

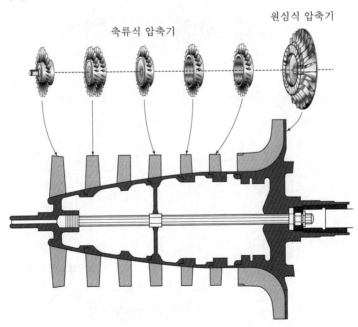

④ 깃 손상의 종류

가) 압축기 깃 손상의 종류

균열(crack)	부분적으로 갈라진 형태로서 심한 충격이나 과부하 또는 과열이나 재료의 결함 등으로 생긴 손상 형태
신장(growth)	길이가 늘어난 형태로 고온에서 원심력의 작용에 의하여 생기는 결함
찍힘(nick)	예리한 물체에 찍혀 표면이 예리하게 들어가거나 쪼개져 생긴 결함
스코어(score)	깊게 긁힌 형태로서 표면이 예리한 물체와 닿았을 때 생기는 결함
부식(corrosion)	표면이 움푹 팬 상태로서 습기나 부식액에 의해 생긴 결함
소손(burning)	국부적으로 색깔이 변했거나 심한 경우 재료가 떨어져 나간 형태로서 과열에 의하여 손상된 형태
긁힘(scratch)	좁게 긁힌 형태로서 모래 등 작은 외부 물질의 유입에 의하여 생기는 결함
우그러짐(dent)	국부적으로 둥글게 우그러져 들어간 형태로서 외부 물질에 부딪힘으로써 생긴 결함
용착(gall)	접촉된 2개의 재료가 녹아서 다른 쪽에 눌어붙은 형태로서 압력이 작용하는 부분의 심한 마찰에 의해서 생기는 결함
가우징(gouging)	재료가 찢어지거나 떨어져 없어진 상태로서 비교적 큰 외부 물질에 부딪히거나 움직이는 두 물체가 서로 부딪혀서 생기는 결함

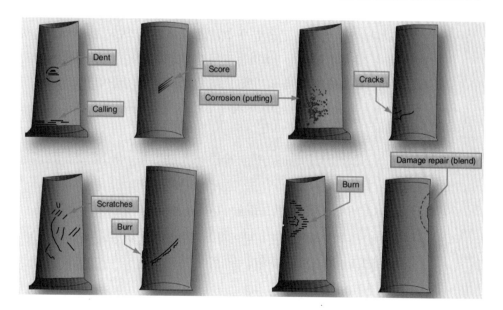

나) 깃의 손상 수리 방법: 블렌딩 수리 방법(blending repair method)을 이용하여 깃 표면을 얇은 샌드페이퍼에 회전을 주어 갈아내어 수리한다.

⑤ 팬(fan)

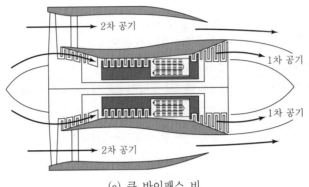

(a) 큰 바이패스 비

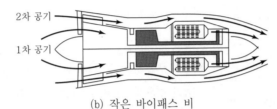

(b) 작은 바이패스 비

▲ 터보팬엔진의 1, 2차 공기 흐름

가) 역할: 공기를 압축한 후 노즐을 분사시킴으로써 추력을 얻도록 한 장치로, 일종의 지름이 큰 축류식 압축기 안에서 작동하는 프로펠러와 유사하다. 프로펠러는 반지름이 커서 깃 끝 손실로 인해 빠른 속도 비행이 불가능하지만, 반지름이 작고 깃 수가 많은 팬은 흡입관에 의해 감속된 공기를 압축기와 같이 압축하기 때문에 천음속 및 초음속 비행이 가능하다.

나) 바이패스 비(by-pass ratio): 팬 노즐을 통해 분사되는 공기량(2차 공기)과 팬을 지나 엔진으로 들어가 연소에 참여한 공기량(1차 공기)과의 비

ㄱ 바이패스 비가 큰 경우: 팬 노즐에서 분사된 공기에 의해 추력이 발생한다.

ㄴ 바이패스 비가 작은 경우: 바이패스 된 공기가 엔진 주위로 흐르면서 엔진을 냉각시키고 배기 노즐을 통해서 분사한다.

(4) 연소실(combustion chamber)

압축된 고압 공기에 연료를 분사하여 연소시킴으로써 연료의 화학적 에너지를 열 에너지로 변환시키는 장치이며, 압축기와 터빈 사이에 위치한다.

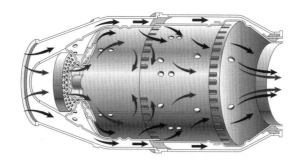

연소실의 구비조건은 다음과 같다.

- 연료 공기비, 비행고도, 비행속도 및 출력의 폭넓은 변화에 대해 안정되고 효율적인 작동이 보장되어야 한다.
- 엔진의 작동 범위 내에서 최소의 압력 손실이 있어야 한다.
- 가능한 한 작은 크기(길이 및 지름)이어야 한다.
- 신뢰성이 우수해야 한다.
- 양호한 고공 재시동 특성이 좋아야 한다.
- 출구 온도 분포가 균일해야 한다.

① 연소실의 종류 및 구조

가) 캔형(can type) 연소실

ㄱ) 형식: 압축기 구동축 주위에 독립된 5~10개의 원통형 연소실이 같은 간격으로 배치되어 있다.

ㄴ) 구성: 바깥쪽 케이스, 연소실 라이너, 연결관(화염 전달관), 연료 노즐, 이그나이터

ㄷ) 장·단점

장점	• 설계나 정비가 간단하다. • 구조가 튼튼하다.
단점	• 고공에서 기압이 낮아지면 연소가 불안정해져 연소정지(flame out) 현상이 생기기 쉽다. • 엔진 시동 시 과열 시동(hot start)을 일으키기 쉽다. • 연소실의 출구 온도가 불균일하다.

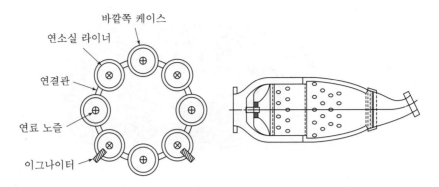

▲ 캔형 연소실의 배치 및 단면도

나) 애뉼러형(annular type) 연소실

　㉠ 형식: 압축기 구동축을 둘러싸고 있는 1개의 고리 모양으로 된 연소실

　㉡ 구성: 바깥쪽 케이스, 안쪽 케이스, 연소실 라이너, 이그나이터, 연료 노즐

　㉢ 장·단점

장점	• 구조가 간단하다. • 길이가 짧다. • 연소실 전면 면적이 좁다. • 연소가 안정하여 연소 정지 현상이 거의 없다. • 출구 온도 분포가 균일하다. • 연소 효율이 좋다.
단점	• 정비가 불편하다.

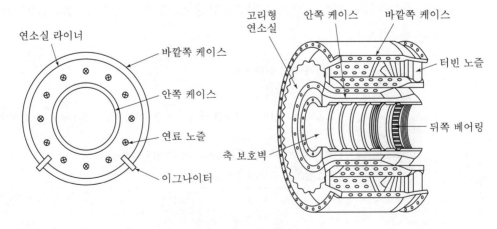

▲ 애뉼러형 연소실의 구조

다) 캔–애뉼러형(can-annular type) 연소실

　㉠ 형식: 캔형과 애뉼러형의 장점만을 살려 만든 연소실이다.

　㉡ 구성: 바깥쪽 케이스, 안쪽 케이스, 원통 모양의 라이너, 연결관, 연료 노즐, 이그나이터

　㉢ 장점

　　• 구조상 견고하다.

　　• 대형, 중형기에 많이 사용한다.

　　• 냉각 면적과 연소 면적이 크다.

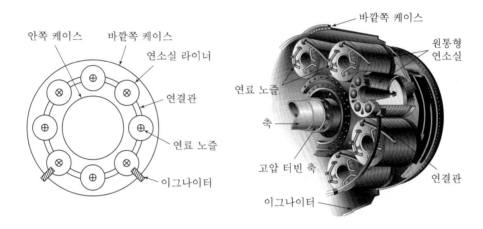

▲ 캔–애뉼러형 연소실의 구조

라) 가스 흐름 형태

직류형	• 압축기에서 압축되어 나온 공기가 앞에서 뒤쪽으로 흐르면서 연소되는 연소실 • 전면 면적이 좁고, 길이는 긴 엔진에 사용 • 터보제트엔진, 터보팬엔진에 사용
역류형	• 압축기에서 들어오는 공기입구의 반대쪽에 연료 노즐이 위치하여 압축공기 입구와 연소 가스 출구가 거의 같은 위치에 있는 연소실 • 길이가 짧은 엔진에 사용 • 터보프롭엔진, 터보샤프트엔진에 사용

② **연소실의 작동 원리**

　가) 연소: 탄화수소(CmHn)로 된 석유계 연료는 연소 후에 이산화탄소(CO_2)와 수증기(H_2O)를 생성하면서 많은 열을 발생한다. 가스터빈엔진의 연소는 일종의 확산연소이다. 연료

노즐에서 분무된 액체 연료는 연소실 내부에서 높은 온도에서 증발되면서 공기와 혼합 연소되어 높은 열을 발생시킨다. 또한, 연소실 입구의 공기속도는 매우 빠르기 때문에 정상적인 연소가 불가능하여 공기속도는 늦춰주고, 분무된 연료가 충분히 잘 혼합되어 연소할 수 있도록 와류를 발생시키는 스웰 가이드 베인(swirl guide vane)을 마련하였다.

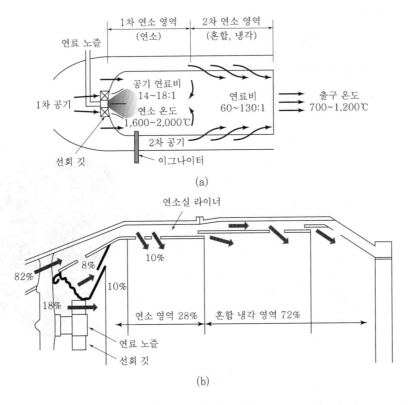

▲ 연소실의 연소 영역

나) 1차 연소 영역: 이론적인 공연비는 약 15:1이지만, 실제 공연비는 60~130:1 정도의 공기 양이 많이 들어가 연소가 불가능하게 된다. 1차 연소 영역에서의 최적 공연비는 8~18:1이 되도록 공기의 양을 제한하기 위해 스웰 가이드 베인(swirl guide vane)에 의해 공기의 흐름에 적당한 소용돌이를 주어 유입속도를 감소시켜 화염 전파속도를 증가시킨다. 1차 공기 유량은 총 공급 공기량의 20~30% 정도이고, 1차 연소 영역을 간단히 연소 영역이라고 한다.

다) 2차 연소 영역: 연소되지 않은 많은 양의 2차 공기와 1차 영역에서 연소된 연소 가스와 연소실 뒤쪽에서 혼합시킴으로 연소실 출구 온도를 터빈 입구 온도에 알맞게 낮추어 준다. 1차 연소 가스는 연소열이 매우 높아 금속이 녹을 수 있어 연소실을 보호할 목적으로 연소실 라이너 벽면에 수많은 작은 구멍들을 통해 라이너 벽면의 안팎을

냉각시킬 수 있는 루버(rover)를 만들어 연소실을 보호하고 수명을 증가시킨다. 2차 연소 영역은 혼합 냉각 영역이라 한다

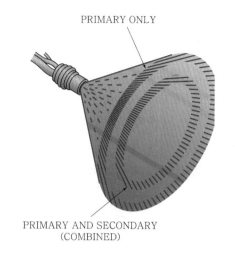

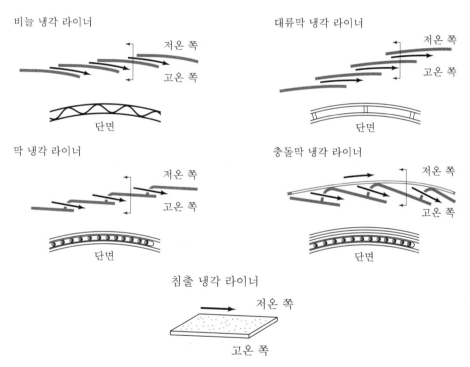

③ 연소실의 성능

가) 연소 효율: 공급된 열량과 공기의 실제 증가한 에너지, 즉 엔탈피의 비를 말한다. 연소 효율은 공기의 압력 및 온도가 낮을수록, 공기의 속도가 빠를수록 낮아진다. 즉, 고도가 높아질수록 연소 효율은 낮아지고 보통 연소 효율은 95% 이상이어야 한다.

$$연소효율(\eta_b) = \frac{입구와\ 출구의\ 총\ 에너지(엔탈피)\ 차이}{공급된\ 열량 \times 연료의\ 저발열량}$$

나) 압력 손실: 연소실 입구와 출구의 전 압력 차를 말하며, 마찰에 의한 형상 손실과 연소에 의한 가열 팽창 손실을 합해 나타나며 보통 5% 정도이다.

다) 출구온도 분포: 만일 연소실의 출구 온도 분포가 불균일하다면 터빈 깃은 부분적으로 과열될 수 있다. 따라서 출구 온도 분포는 균일하거나 바깥지름이 안지름보다 약간 높은 것이 좋다. 그 이유는 터빈 회전자 깃에 작용하는 응력은 터빈 깃 끝(익단)보다 터빈 뿌리(익근)에서 응력이 크게 작용하고, 터빈 고정자 깃의 부분적인 과열을 방지하려면 원주 방향의 온도 분포가 균일해야 한다.

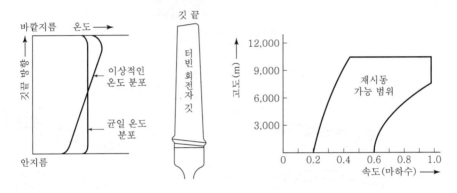

▲ 연소실 출구의 온도 분포 연소실의 재시동 영역

라) 재시동 특성: 비행 시 고도가 높아지면 연소실 입구의 압력과 온도는 낮아지게 되어 연소 효율이 떨어져 불안정하게 작동되고, 연소실 정지 시 재시동 성능이 나빠지므로 어느 고도 이상에서는 연속 운전이 불가능해진다. 비행속도 및 고도의 범위, 즉 재시동 가능 범위가 넓으면 넓을수록 안정성이 좋은 연소실이라고 한다.

(5) 터빈(turbine)

필요한 동력을 발생하는 부분으로 연소실에서 연소된 고온, 고압의 가스를 팽창시켜 회전동력을 얻는다. 레디얼 터빈과 축류형 터빈으로 나누며, 항공기용 가스터빈엔진에서는 축류형 터빈을 주로 사용한다.

① 레디얼(반지름형) 터빈(radial flow turbine)

가) 작동 원리: 원심식 압축기의 구조와 모양이 같으나 흐름의 방향이 바깥쪽에서 중심으로 흐르는 점이 다르다.

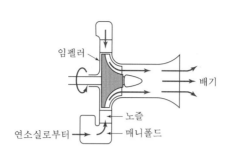

나) 장·단점

장점	• 제작이 간편하다. • 효율이 비교적 양호하다. • 단마다 팽창비가 4.0 정도로 높다.
단점	• 단의 수를 증가 시 효율이 낮아지고 구조가 복잡해진다.

② 축류형 터빈(axial flow turbine)

가) 작동 원리: 고정자와 회전자로 구성되어
고정자는 앞에 있고 회전자는 뒤에
있다. 단의 수를 증가할수록 팽창비가
증가하여 터빈의 회전동력을 증가시킨다.
연소실에서 연소한 연소 가스로부터 얻은
에너지의 일부는 축을 통해 압축기를
구동하고 나머지는 속도 에너지로
터빈으로 분출되어 추력을 얻게 된다.

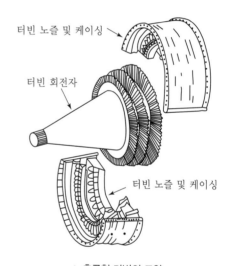

▲ 축류형 터빈의 모양

나) 터빈 노즐: 1열의 스테이터와 1열의 로터로
구성되어 1단이라 하고, 첫 단의 스테이터를
터빈 노즐이라 한다. 배기가스의 유속을
증가시키고 유효한 각도로 로터 깃에 부딪치게 하여 터빈 로터 깃 속도를 증가시켜
추력을 증가시켜 주는 장치이다.

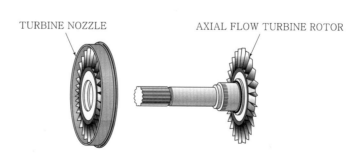

▲ 터빈 노즐

다) 반동도(ϕ_t): 터빈 1단의 팽창 중 회전자 깃이 담당하는 일을 말한다.

$$반동도 = \frac{회전자\ 깃에\ 의한\ 팽창}{단의\ 팽창} \times 100(\%) = \frac{P_2 - P_3}{P_1 - P_3} \times 100(\%)$$

- P_1: 고정자 깃렬의 입구 압력
- P_2: 고정자 깃렬의 출구 압력 및 회전자 깃렬의 입구 압력
- P_3: 회전자 깃렬의 출구 압력

라) 반동 터빈(reaction turbine): 고정자와 회전자 깃에서 연소 가스가 팽창하여 압력 감소가 이루어지는 터빈이다.

  ㉠ 원리: 고정자 및 회전자 깃과 깃에서 공기 흐름 통로를 수축단면으로 만들었고, 통로를 지나갈 때 속도는 증가하고 압력은 떨어진다. 고정자 깃을 통과한 공기가 회전자 깃을 지나갈 때는 방향이 바뀐 높은 속도를 받아 반작용력으로 터빈을 회전시키는 회전력이 발생한다.

  ㉡ 반동도: 반동도는 50% 이하의 값을 갖는다.

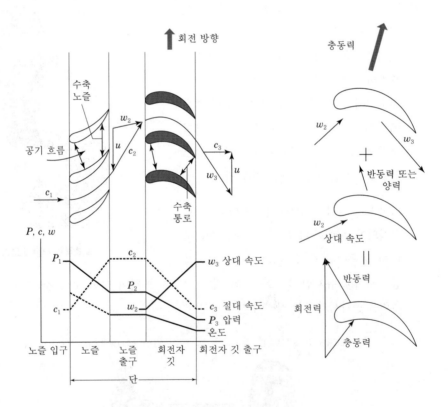

▲ 반동 터빈의 작동 원리 및 속도 벡터

마) 충동 터빈(impulse turbine)

　　㉠ 원리: 가스의 팽창은 고정자에서만 이뤄지고 회전자는 팽창이 발생하지 않는다. 회전자 깃의 입구와 출구의 압력 및 상대속도는 같고, 고정자에서 나오는 빠른 연소 가스가 터빈 깃에 충돌하여 발생한 충동력으로 터빈을 회전시킨다. 즉, 속도나 압력은 변하지 않고 흐름의 방향만 변하고 반동도가 0% 터빈이다.

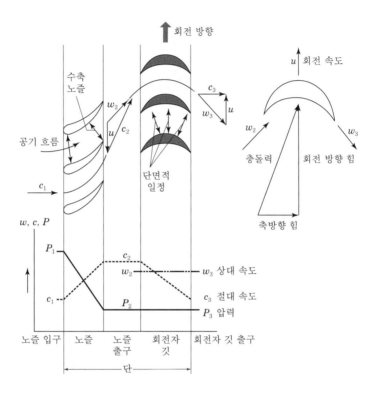

▲ 충동 터빈의 작동 원리 및 속도 벡터

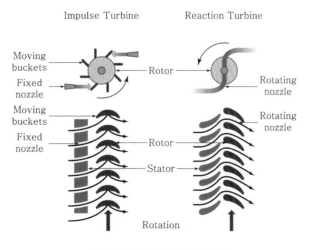

▲ 충동 터빈과 반동 터빈의 차이

바) 실제 터빈 깃(impulse-reaction turbne): 터빈 로터가 회전할 때 회전자 깃의 뿌리로부터 깃 끝으로 갈수록 선속도는 커진다. 로터 깃 끝으로 갈수록 깃 각을 작게 비틀어 주어 깃 뿌리에서는 충동 터빈의 깃 끝으로 갈수록 반동 터빈이 되게 함으로써 토크를 일정하게 하여 로터 깃의 출구에서 속도와 압력을 같게 유지시키는 방식이다.

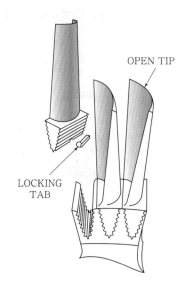

③ **터빈 효율**

가) 마찰이 없는 터빈의 이상적인 일과 실제 터빈 일의 비를 단열 효율이라 하며, 터빈 효율의 척도로 사용한다.

나) 터빈 단열 효율

$$터빈 \ 단열 \ 효율(\eta_t) = \frac{실제 \ 팽창한 \ 일}{이상적 \ 팽창 \ 일} = \frac{T_3 - T_4}{T_3 - T_{4i}}$$

- T_3: 터빈 입구 온도
- T_4: 터빈 출구 온도
- T_{4i}: 이상적인 경우의 터빈 출구 온도

④ **터빈 깃의 냉각 방법**

가) 대류 냉각(convection cooling): 터빈 깃 내부에 공기 통로를 만들어 차가운 공기가 지나가게 함으로써 터빈을 냉각시키며, 가장 간단하여 가장 많이 사용된다.

나) 충돌 냉각(impingement cooling): 터빈 깃의 내부에 작은 공기 통로를 설치하여 터빈 깃의 앞 전 안쪽 표면에 냉각 공기를 충돌시켜 깃을 냉각시킨다.

다) 공기막 냉각(air film cooling): 터빈 깃 안쪽에 통로를 만들고, 표면에 작은 구멍을 뚫어 이를 통해 찬 공기가 나오게 되어 찬 공기의 얇은 막이 터빈 깃을 둘러싸서 가열을 방지 및 냉각하게 된다.

라) 침출 냉각(transpiration cooling): 터빈 깃을 다공성 재료로 만들고 깃 내부에 공기 통로를 만들어 냉각 공기가 터빈 깃을 통해 스며 나와 터빈 깃 주위에 얇은 막을 형성하여 깃에 연소 가스가 닿지 못하도록 하는 방식으로, 냉각 성능은 우수하지만, 강도 문제로 인해 아직 실용화되지 못하고 있다.

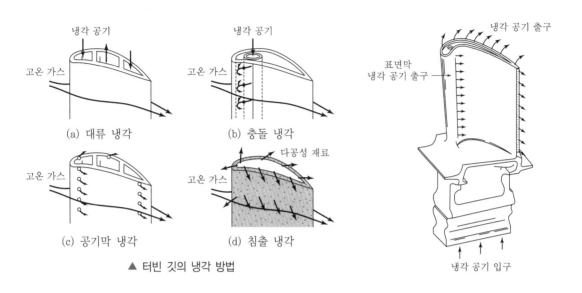

▲ 터빈 깃의 냉각 방법

▲ 터빈 깃의 냉각 방법

(6) 배기계통

항공기 가스터빈엔진의 배기계통은 추력을 얻는 데 있어 중요한 역할을 한다. 단, 엔진 종류에 따라 다르며 내용은 다음과 같다.

터보팬엔진, 터보제트엔진, 터보프롭엔진	배기가스가 배기 노즐로 빠른 속도로 분사됨으로써 추력을 얻으므로 엔진 성능에 큰 영향을 끼친다.
터보샤프트엔진	자유터빈을 거쳐 나온 배기가스는 남은 에너지가 없기 때문에 그대로 배출시킨다.

① 배기관(exhaust duct) & 테일 파이프(tail pipe)

역할	• 배기가스를 대기 중으로 방출하는 통로이다. • 배기가스를 정류시킨다. • 압력 에너지를 속도 에너지로 바꾸어 추력을 얻는다.

② **배기 노즐(exhaust nozzle):** 배기 도관에서 공기가 분사되는 끝부분으로, 이 부분의 면적은
배기가스 속도를 좌우하는 중요한 요소이고, 실제 엔진에서는 터빈 출구와 배기 노즐 사이에
후기 연소기 및 역추력 장치를 설치하는 경우도 있다

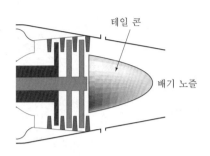

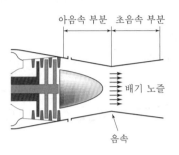

▲ 수축형 배기 노즐   ▲ 수축-확산형 배기 노즐

수축형 배기 노즐 (convergent exhaust nozzle)	아음속기에 사용하는 배기 노즐은 배기가스의 속도를 증가시켜 추력을 얻는다.
수축-확산형 배기 노즐 (convergent-divergent nozzle)	초음속기에 사용하는 배기 노즐은 터빈에서 나온 저속·고압의 가스를 수축하여 팽창 가속시켜 음속으로 변환시킨 후, 확산 통로를 통과하면서 초음속으로 가속시켜 추력을 얻는다. 아음속에서는 확산하여 운동 에너지가 압력 에너지로 변환되고, 초음속에서는 확산에 의해 압력 에너지가 운동 에너지로 변환된다.

③ **고정 면적 노즐:** 주로 아음속기의 터보팬, 터보프롭엔진에서 배기 노즐로 사용하고,
배기가스 정류를 위해 내부에 테일 콘(tail cone)을 장착했다.

④ **가변 면적 노즐:** 일반적으로 초음속기나 후기 연소기를 가진 엔진의 배기 노즐은 가변 면적
흡입도관과 연동된다.

완속 운전 중	추력이 작기 때문에 연소 가스를 가능한 많이 배출시켜야 하므로 노즐 면적을 넓게 열어준다.
최대 추력작동인 경우	배기가스 속도를 최대로 하기 위해 노즐 면적을 최대한 좁게 한다.
후기 연소기가 작동될 때	체적이 증가된 연소 가스를 배출키 위해 노즐 면적을 크게 해 주어 빠른 속도의 배기가스를 충분히 배출시킨다.

(7) 연료계통

① 연료

가) 가스터빈엔진의 연료 구비 조건

ㄱ) 비행 시 상승률이 크고 고고도 비행을 하여 대기압이 낮아지므로 베이퍼 로크(vapor lock)의 위험성이 항상 존재하여 연료의 증기압이 낮아야 한다.

ㄴ) 제트기류가 있는 11km의 온도가 −56.5℃인 고공에서 연료가 얼지 않아야 하고, 연료의 어는점이 낮아야 한다.

ㄷ) 화재 발생을 방지하기 위해 인화점이 높아야 한다.

ㄹ) 왕복엔진에 비해 연료 소비율이 크기 때문에 대량생산이 가능하고 가격이 저렴해야 한다.

ㅁ) 단위 무게당 발열량이 커야 한다.

ㅂ) 연료탱크 및 계통 내에 연료를 부식시키지 말아야 한다. 즉, 연료의 부식성이 적어야 한다.

ㅅ) 연료 조정장치의 원활한 작동을 위해 점성이 낮고 깨끗하고 균질해야 한다.

나) 연료 선택 시 고려사항

ㄱ) 연료의 이용도

ㄴ) 고도한계, 연소실 효율, 엔진 회전수, 탄소 찌꺼기 및 연소실 후기 연소기의 공중 재시동 특성 등과 같은 엔진의 성능

ㄷ) 항공기 연료계통의 증기 및 액체 손실, 베이퍼 로크, 연료의 청결성

다) 연료의 종류

JP-4	JP-3의 낮은 증기압 특성을 개량한 것으로 가솔린의 증기압과 비슷한 값을 가져 군용으로 많이 사용하며, 주성분이 등유와 낮은 증기압의 합성 가솔린이다.
JP-5	높은 인화점을 가진 등유계 연료로 인화성이 낮아 폭발 위험이 없어 함재기에 많이 사용한다.
JP-6	초음속기의 높은 온도에 적응하기 위하여 개발된 것으로, 낮은 증기압 및 JP-4보다 더 높은 인화점을, JP-5보다 더 낮은 어는점을 갖고 있다.
제트 A형 및 A-1형	민간 항공용 연료로서 JP-5와 비슷하나 어는점이 약간 높다.
제트 B형	JP-4와 비슷하나 어는점이 약간 높다.

라) 연료 함유 성분의 영향

방향족 탄화수소	연소할 때 연기가 발생하여 연소실에 그을음이 남고, 고무 개스킷을 부풀게 하고, 비교적 높은 어는점을 가지기 때문에 함유량에 제한을 받는다.
올레핀족 탄화수소	화학적으로 불안정하여 저장 중 찌꺼기가 형성되어 함유량에 제한을 받는다.

② 연료계통(fuel system)

기체 연료계통	부스터 펌프(가압)→선택 및 차단 밸브→연료 파이프 또는 호스→엔 진 연료계통 공급
엔진 연료계통	주 연료 펌프→연료 여과기→연료 조정장치(F.C.U)→여압 및 드레인 밸브(pressurizing and drain)→연료 매니폴드→연료 노즐

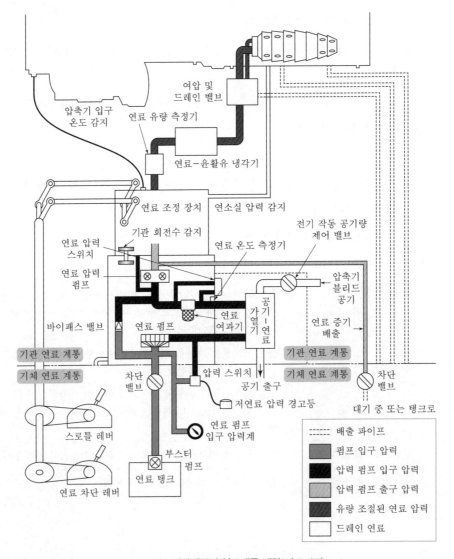

▲ 가스터빈엔진의 연료계통 개략도(JT-8D)

가) 주 연료 펌프(main fuel pump): 종류로는 원심 펌프, 기어 펌프 및 피스톤 펌프가 주로
사용된다.

　㉠ 원심 부스터 펌프를 가진 2단 기어 펌프: 원심 펌프의 임펠러가 고압 기어 펌프에
연결되어 기어 펌프보다 빠르게 회전하면서 연료를 2개의 기어 펌프에 공급한다.
병렬로 연결된 2개의 기어 펌프에서 더욱 가압된 연료는 체크 밸브를 통해 출구로
나가게 되고, 고장일 때는 고장 난 체크 밸브가 닫히게 되어 연료의 역류를 방지하고,
릴리프 밸브(relief valve)는 출구 압력이 규정 값 이상으로 높아지면 열려서 기어 펌프
입구로 되돌려 보낸다. 또한, 사용하고 남은 연료는 바이패스(bypass) 연료 입구를
통해 기어 펌프 입구로 보내진다.

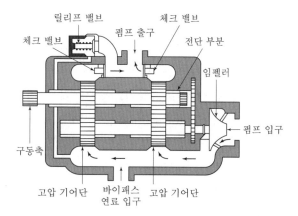

　㉡ 2단 기어 직렬 펌프: 기어 펌프가 직렬로 연결된 형태로 첫 번째 기어 펌프는 부스터
펌프의 역할을 수행하고, 두 번째 기어 펌프가 주 펌프 역할을 수행한다. 1단 기어 펌프
고장 시에는 2단 연료 펌프로 연료를 직접 보내주는 역할을 체크 밸브가 수행하고, 1단과
2단 기어 펌프의 출구 압력을 조절해 주는 역할은 릴리프 밸브가 한다.

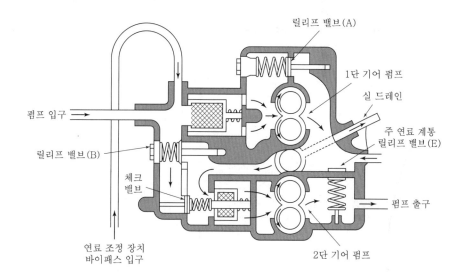

나) 연료 조정장치(FCU: Fuel Control Unit)

  ㉠ 기능: 모든 엔진 작동 조건에 대응하여 엔진으로 공급되는 연료 유량을 적절하게 제어하는 장치이다.

  ㉡ 필요성

    • 스로틀 레버(동력레버)를 급격히 열 경우에는 연료 유량은 급격히 증가하나 엔진의 회전수는 서서히 증가하여 과농후 혼합비가 형성되어 터빈 입구의 온도가 과도하게 상승하거나 압축기가 실속을 일으킨다.

    • 스로틀 레버를 급격히 닫을 경우에는 연료 유량은 급격히 감소하나 엔진의 회전수는 서서히 감소되어 과희박 혼합비가 형성되어 연소 정지 현상이 발생한다.

    • 엔진의 상태에 따라 연료량을 조절하는 장치가 필요하다.

  ㉢ 종류: 전자식 통합 엔진 제어 장치(FADEC), 유압-기계식(FCU), 유압기계-전자식(EFCU, EEC)으로 나뉜다.

  ㉣ 유압-기계식 연료 조정장치: 조종정치는 미터링부(metering section), 컴퓨터부(com- puter section), 센싱부(sensing section)로 나뉜다. 유량 조절 부분은 수감부에서 계산된 신호를 받아 엔진의 작동 한계에 맞도록 연소실로 공급되는 연료량을 조정하고, 수감 부분은 엔진의 작동 상태를 수감해서 이 신호를 종합하여 유량 조절 부분으로 보낸다.

  수감 부분은 엔진의 RPM, 압축기 입구 온도(CIT), 압축기 출구 압력(CDP) 또는 연소실 압력, 동력 레버 위치(PLA) 등을 수감한다.

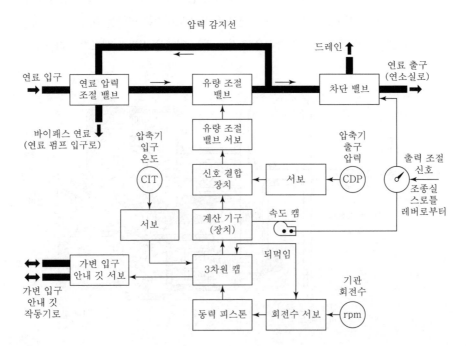

ⓜ 전자식 연료 조정장치(EEC: Electronic Engine Control): 전자식 엔진 제어장치로 FCU보다 전기적인 시그널이 많고 전기적으로 연료 유량 및 압축공기 공기량 등 엔진을 제어하는 시스템으로서 FCU의 기계적 방식에서 한 단계 진화한 형태의 엔진 조절방식으로, 전자식 제어장치는 과거의 연료 조정장치와 비교해서 연료의 유량 제어가 정밀하여 연료비의 개선과 압축기 실속, 과속 및 배기가스 온도 초과 등 비정상 작동을 방지해줌으로써 안전성이 크게 향상되었다. 또한, 조종사의 업무를 감소시켜줄 뿐만 아니라 과거의 결함을 축적하고 출력할 수 있으며, 현 상태의 결함 유무도 확인할 수 있는 성능을 가지고 있다.

다) 여압 및 드레인 밸브(P&D valve: Pressurizing and drain valve): 연료 조정장치(FCU) 와 매니폴드 사이에 위치하고 있다.

ㄱ 기능

- 연료 흐름을 1차 연료와 2차 연료로 분리시킨다.
- 엔진 정지 시 매니폴드나 연료 노즐에 남아 있는 연료를 외부로 방출시킨다.
- 연료의 압력이 일정 압력이 될 때까지 연료 흐름을 차단한다.

ㄴ 작동 원리: 엔진 시동 및 저속 운전할 때 연료 유량이 최대 출력 시의 1/10 정도로 적고, 압력도 낮아 2차 연료의 여압 밸브는 스프링 힘에 의해 닫히므로 1차 연료만 흐른다. 그러나 RPM이 증가하고 연료 유량이 증가하여 규정 압력에 도달하면 여압 밸브를 통해 2차 연료가 흐른다.

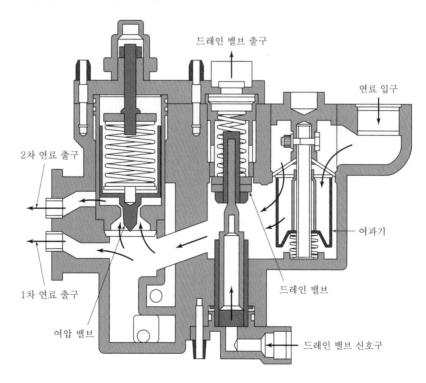

라) 연료 매니폴드(fuel manifold): 여압 및 드레인 밸브를 거쳐 나온 연료를 각 연료 노즐로
분배 공급하는 역할을 하며, 1·2차 연료를 분리하여 공급하는 분리형 매니폴드와
1·2차 연료를 동시에 공급하는 동심형 매니폴드로 나눈다.

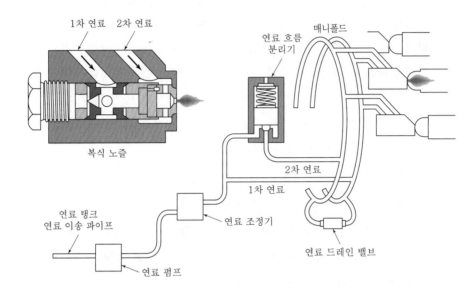

마) 연료 노즐(fuel nozzle): 노즐은 여러 조건에서도 빠르고 정확한 연소가 이뤄지도록
연소실에 연료를 미세하게 분무하는 장치이고, 분무식과 증발식으로 나눈다.

ㄱ) 종류

증발식		연료가 2차 공기와 함께 증발관의 중심을 통과하면서 연소열에 가열, 증발되어 연소실에 혼합가스를 공급한다.
분무식		분사 노즐을 사용해서 고압으로 연소실에 연료를 분사시키고, 증발식보다는 분무식을 많이 사용하고 단식 노즐과 복식 노즐이 있다.
	단식 노즐	구조는 간단하나 연료의 압력과 공기 흐름의 변화에 따라 연료를 충분히 분사시켜 주지 못해 거의 사용하지 않는다.
	복식 노즐	1차 연료가 노즐 중심의 작은 구멍을 통해 분사되고, 2차 연료는 가장자리의 큰 구멍을 통해 분사하는 방식으로 많이 사용한다.

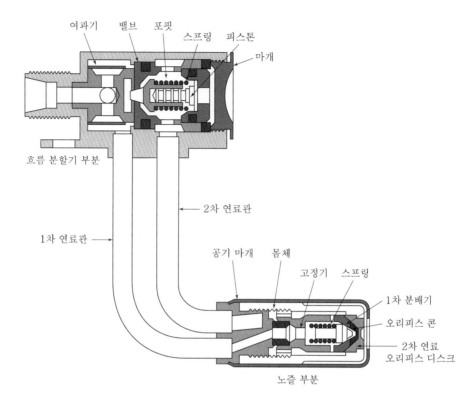

▲ 복식 노즐의 구조

ⓛ 연료 흐름의 종류

1차 연료	시동 시 연료의 점화를 쉽게 하기 위해 넓은 각도(150°)로 분사시킨다(시동 시에는 1차 연료만 흐른다). 정상 작동 시에는 계속 연료가 분사된다.
2차 연료	연소실 벽에 닿지 않고 연소실 안에서 균등하게 연소되도록 비교적 좁은 각도(50°)로 멀리 분사시키며 완속 회전속도 이상에서 작동된다.
추가 장치	노즐 부분에서 압축 공기를 공급시켜 노즐을 냉각시키고 연료가 좀 더 미세하게 분사되도록 도와준다.

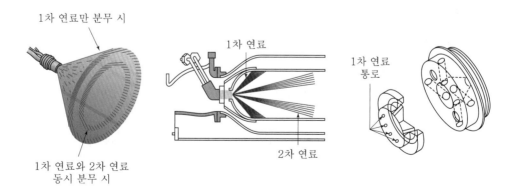

▲ 1, 2차 연료의 분사

바) 연료 여과기: 연료 중의 불순물을 여과하기 위해 사용되며, 보통 연료 압력 펌프의 앞, 뒤에 하나씩 사용하고 여과기가 막혀 연료를 공급하지 못할 경우에는 규정 압력 차에 의해 열리는 바이패스 밸브를 함께 사용한다.

ㄱ) 여과기 종류: 여과기 종류는 다음과 같이 3가지로 분류되며, 여과기가 막히면 여과기 저압 경고장치가 조종실에 즉시 경고를 주어 바이패스 밸브를 열어 연료 출입을 가능하게 한다.

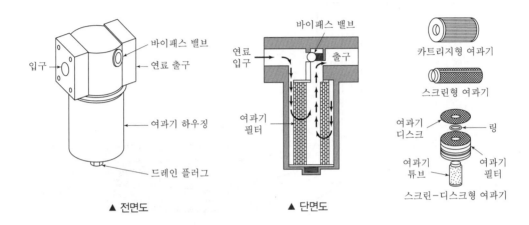

▲ 전면도   ▲ 단면도   스크린-디스크형 여과기

카트리지형 (cartridge type)	필터가 종이로 되어 있고 연료 펌프 입구 쪽에 장착되며, 걸러낼 수 있는 최대 입자 크기는 $50{\sim}100\mu m$이다.
스크린형 (screen type)	저압용 연료 여과기로 사용되며, 가는 스테인리스 강철 망으로 만들어 걸러낼 수 있는 최대 입자 크기는 최대 $40\mu m$이다.
스크린-디스크형 (screen-disc type)	연료 펌프 출구 쪽에 장착되고, 분해가 가능한 매우 가는 강철 망으로 되어 있어 세척 후 재사용이 가능하다.

(8) 윤활계통

① 윤활

가) 윤활 부분: 압축기와 터빈 축을 지지해 주는 주 베어링과 액세서리를 구동시키는 기어 및 축 베어링 부분을 윤활시킨다.

나) 윤활 목적: 마찰과 마멸을 줄이는 윤활작용과 마찰열을 흡수하는 냉각작용이 주된 목적이다. 윤활계통에서 가장 중요한 것은 윤활유의 누설을 방지하는 것이다. 누설 발생 시 압축기 깃에 이물질이 쌓이게 되어 압축기 성능과 효율이 떨어진다.

② **윤활유**

가) 윤활유 구비조건

㉠ 점성과 유동점이 낮아야 한다.

㉡ 점도지수는 어느 정도 높아야 한다.

㉢ 인화점이 높아야 한다.

㉣ 산화 안정성 및 열적 안정성이 높아야 한다.

㉤ 기화성이 낮아야 한다.

㉥ 윤활유와 공기의 분리성이 좋아야 한다.

나) 윤활유의 종류: 초기 윤활유로는 광물성유를 많이 사용하였고, 현재는 성능이 우수한 합성유를 사용하고 있다.

㉠ 합성유: 에스테르기(ester base) 윤활유는 여러 첨가물을 넣은 것으로 Ⅰ, Ⅱ형으로 나눈다.

TYPE Ⅰ	1960년대 초의 합성유 MIL-L-7808
TYPE Ⅱ	현재 널리 사용 MIL-L-23699

• 윤활계통(oil system): 계통의 주요 구성으로는 윤활유 탱크, 윤활유 압력 펌프, 윤활유 배유 펌프, 윤활유 냉각기 블리더 및 여압계통 등이 있다.

– 윤활유 탱크(oil tank): 탱크는 엔진에 부착되기도 하고 엔진과 분리되기도 한다.

– 재질은 가벼운 금속판을 엔진 외형에 맞도록 제작하여 설치되어 있다.

공기 분리기	섬프로부터 탱크로 혼합되어 들어온 공기를 윤활유로부터 분리시켜 대기로 방출시킨다.
섬프벤치 체크 밸브	섬프 안 공기 압력이 너무 높을 때 탱크로 빠지게 하는 역할을 한다.
압력 조절 밸브	탱크 안의 공기 압력이 너무 높을 때 공기를 대기 중으로 배출하는 역할을 한다.
고온 탱크형 (hot tank type)	윤활유 냉각기를 압력 펌프와 엔진 사이에 배치하여 냉각하기 때문에 윤활유 탱크에는 높은 온도의 윤활유가 저장되는 타입이다.
저온 탱크형 (cold tank type)	윤활유 냉각기를 배유 펌프와 윤활유 탱크 사이에 위치시켜 냉각된 윤활유가 윤활유 탱크에 저장되는 타입이다.

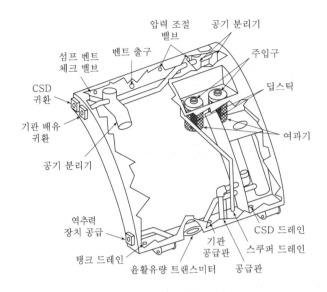

▲ 윤활유 탱크의 구조

– 윤활유 펌프(oil pump): 형식에 따라 베인형, 제로터형, 기어형이 있고, 이 중 기어형을 가장 많이 사용한다.

윤활유 압력 펌프	탱크로부터 엔진으로 윤활유를 압송하며 압력을 일정하게 유지하기 위하여 릴리프 밸브가 설치된다.
윤활유 배유 펌프	엔진의 각종 부품을 윤활시킨 뒤 섬프에 모인 윤활유를 탱크로 보내준다.
배유 펌프가 압력 펌프보다 용량이 큰 이유	윤활유가 공기와 혼합되어 체적이 증가하기 때문에 용량이 커야 한다.

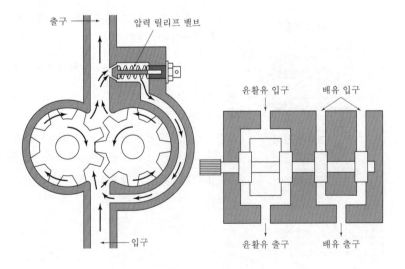

▲ 기어형 윤활유 펌프

– 윤활유 여과기: 여과기 종류에는 카트리지형, 스크린형, 스크린-디스크형이 있으며, 카트리지형은 재질이 종이이기에 주기적인 교환이 필요하고, 스크린형과 스크린-디스크형은 재질이 얇은 스틸이기 때문에 세척 후 재사용이 가능하다. 스크린 -디스크형의 최소 여과 입자 크기는 $50\mu m$이다.

바이패스 밸브 (by-pass valve)	여과기가 막혔을 때 윤활유를 계속 공급해 주는 통로를 만들어 준다.
체크 밸브 (check valve)	엔진 정지 시 윤활유가 엔진으로 역류되는 것을 방지한다.
드레인 플러그 (drain plug)	여과기 맨 아래에 위치하여 걸러진 불순물을 배출시킨다.

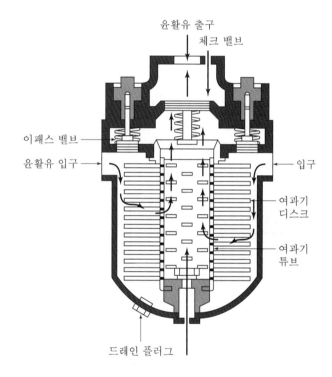

▲ 스크린-디스크형 윤활유 여과기

– 윤활유 냉각기(oil cooler): 엔진이 고속회전에 의한 마찰열이 많이 발생하여 윤활유의 온도가 매우 높아지면, 이를 냉각시키기 위해 윤활유 냉각기를 사용한다. 과거에는 공랭식 방식을 사용했지만, 최근에는 연료와 윤활유의 온도를 교환하는 연료-오일 냉각기를 이용하여 윤활유를 냉각시키고, 연료를 가열한다. 연료-오일 냉각기에 있는 윤활유 온도 조절 밸브는 윤활유의 온도가 규정 값보다 낮을 경우 윤활유가 냉각기를 거치지 않고, 온도가 높을 때는 냉각기를 통해 냉각되도록 한다.

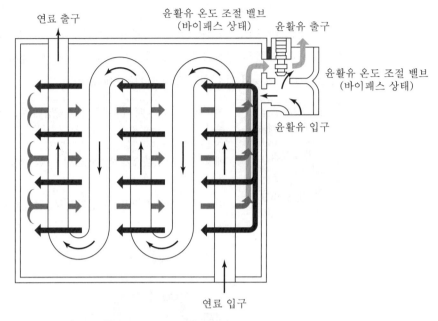

연료 출구

윤활유 온도 조절 밸브
(바이패스 상태)

윤활유 출구

윤활유 온도 조절 밸브
(바이패스 상태)

윤활유 입구

연료 입구

▲ 연료-윤활유 냉각기

– 블리더 및 여압계통(bleeder and pressurizing): 비행 중 고도 변화에 따른
  대기압이 변화더라도 알맞은 유량을 공급하여 배유 펌프의 역할을 수행할 수
  있고, 섬프 내부의 압력을 일정하게 유지시켜 윤활유 누설을 방지하는 장치이다.

섬프 내 압력이 탱크 압력보다 높은 경우	섬프 벤트 체크 밸브가 열려 섬프 내의 공기를 탱크로 배출시킨다. 탱크로부터 섬프로의 공기 흐름은 체크 밸브에 의해 불가능하기 때문에 대기압보다 탱크 압력이 높게 된다.
섬프 내 압력이 낮은 경우	섬프 진공 밸브가 열려 대기 압력이 섬프 내부로 들어온다.
섬프 내 압력이 높은 경우	탱크로 배출시킨다.

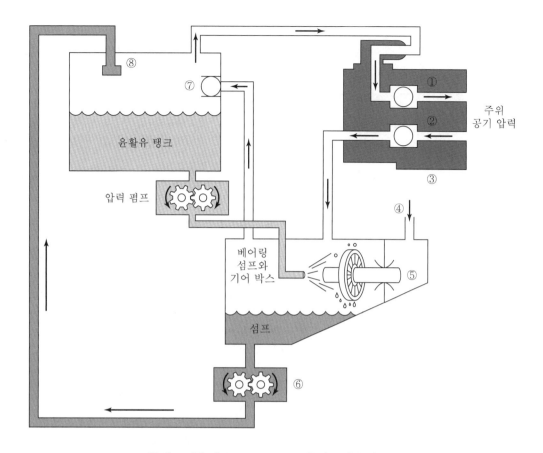

① 탱크 여압 밸브　　　　　　② 섬프 진공 밸브
③ 섬프 및 탱크 여압 밸브　　　④ 압축기의 블리드 공기
⑤ 베어링 공기-윤활유 실　　　⑥ 배유 펌프
⑦ 섬프 벤트 체크 밸브　　　　⑧ 공기 분리기

(9) 시동 및 점화계통

① 왕복엔진과 가스터빈엔진의 차이점

왕복엔진	엔진 시동이 진행되는 동안에도 점화장치는 정확한 점화진각과 점화 플러그에 의해 점화되어야 한다. 시동 이후 시동장치를 정지해도 계속 운전이 가능하다.
가스터빈엔진	엔진 시동 이후에도 자립 회전 rpm에 도달할 때까지 계속 회전시켜 주어야 하고, 연소실 안에 불꽃이 발생하면 더 이상 점화장치가 필요 없으나 높은 에너지 점화불꽃이 필요하다.

② 시동계통

외부 동력을 이용하여 압축기를 회전시켜 연소에 필요한 공기를 연소실에 공급하고, 연소에 의해 자립회전속도에 도달할 때까지 엔진을 회전시킨다.

전기식 시동계통	전동기식 시동기	DC 28V 직권식 전동기를 사용하여 자립회전속도 후 자동으로 분리되는 클러치장치가 필요하며, 시동 시 전류는 1,000~2,000A의 큰 전류를 공급할 수 있는 축전지나 발전기를 사용한다.
		작동 원리는 엔진의 회전속도가 자립회전속도를 넘어서면 시동 전동기에 역전류가 흘러 동력이 차단되고 시동기는 정지된다.
		공중 시동 스위치는 비행 중 연소정지 현상이 일어나 엔진을 다시 시동시킬 때 시동기는 작동하지 않고 점화장치만 가동시켜 엔진을 시동시키는 장치이다.
	시동-발전기식 시동기	시동 시 시동기 역할을 수행하고 자립 회전되면 역전류가 발생되고, 저전류 계전기가 떨어져 시동제어 계전기와 시동 접촉 계전기가 끊어진다. 이때 엔진으로부터 회전력을 받아 발전기 역할을 수행한다. 이 시동기는 무게를 감소하기 위해 만들어졌다 (J-47 ENG 사용).

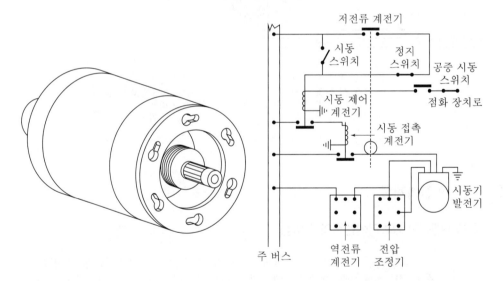

▲ 시동-발전기식 시동기 및 시동-발전기식 시동계통의 회로도

공기식 시동계통	**공기터빈식 시동계통**	• 전기식 시동기에 비해 가볍고 출력이 요구되는 대형기에 적합하며, 많은 양의 압축공기가 필요하다. • 공기를 얻는 방법으로는, 첫째 별도의 보조엔진에 의해 공기를 공급받고, 둘째 저장 탱크에 의해 공기를 공급받고, 셋째 카트리지 시동방법으로 공급받는다. • 작동 원리로는 압축된 공기를 외부로부터 공급받아 소형 터빈을 고속회전시킨 후 감속기어를 통해 큰 회전력을 얻어 압축기를 회전시키고 자립회전속도에 도달하면 클러치 기구에 의해 자동 분리된다.
	가스터빈식 시동계통	• 외부 동력 없이 자체 시동이 가능한 시동기로 자체가 완전한 소형 가스터빈엔진이다. 이 시동기는 자체 내의 전동기로 시동된다. • 장점으론 고출력에 비해 무게가 가볍고, 조종사 혼자서 시동이 가능하고, 엔진의 수명이 길고, 계통의 이상유무를 검사할 수 있도록 장시간 엔진을 공회전 시킬 수 있다. • 단점으론 구조가 복잡하고, 가격이 비싸다.
	공기충돌식 시동계통	• 작동원리론 공기 유입 덕트만 가지고 있어 시동기 중 가장 간단한 형식이고, 작동 중인 엔진이나 지상 동력장치로부터 공급된 공기를 체크 밸브를 통해 터빈 블레이드나 원심력식 압축기에 공급하여 엔진을 회전시킨다. • 장점으론 구조가 간단하고, 무게가 가벼워 소형기에 적합하다. 반면 대형 엔진은 대량의 공기가 필요하여 부적합하다.

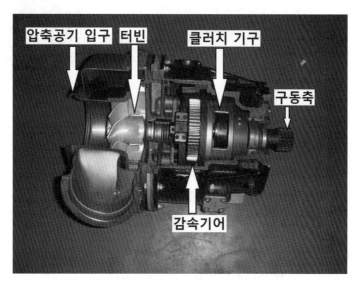

▲ 공기 터빈식 시동기

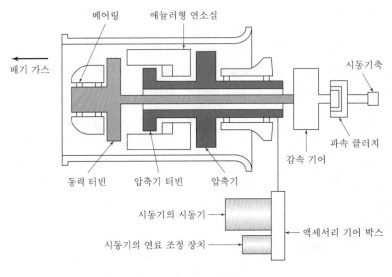

▲ 가스 터빈식 시동기

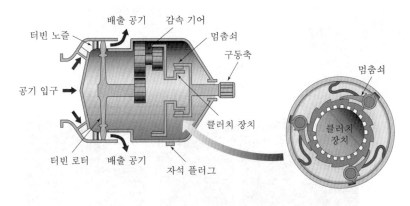

▲ 공기터빈식 시동기(단면)

③ **점화계통:** 가스터빈엔진의 점화장치는 시동 시에만 점화가 필요하여 구조와 작동이 간편하다. 그러나 연소실을 지나는 공기 흐름의 특성 때문에 점화시키는 것은 매우 어려워 높은 전기 스파크를 이용한다. 점화계통의 종류에는 유도형 점화계통과 용량형 점화계통으로 나눈다.

가) 점화가 어려운 이유(높은 에너지가 필요한 이유)

　ㄱ 기화성이 낮고 혼합비가 희박하기 때문에 점화가 쉽지 않다.

　ㄴ 고공비행 시 기온이 낮아 엔진 정지 시 재시동이 어렵다.

　ㄷ 연소실을 지나는 공기의 속도가 빠르고, 와류현상이 심해 점화가 어렵다.

나) 유도형 점화계통: 유도형 점화계통은 유도 코일에 의해 높은 전압을 유도시켜 점화장치(이그나이터)에 스파크가 일어나게 한다. 진동자가 1차 코일에 맥류를 공급하고, 변압기는 점화장치의 불꽃이 일어나도록 고전압을 유도시키는 역할을 한다. 초기 가스터빈엔진 점화장치로 사용되었다.

직류 유도형 점화장치	DC 28V 전원을 인가받아 진동자(vibrator)에 공급하고, 진동자는 스프링과 코일의 자장에 의해 진동하면서 점화코일(변압기)의 1차 코일에 맥류를 공급한다. 2개의 점화 코일, 즉 2차 코일에는 극성이 반대인 고전압이 유도되는 동시에 두 전극 사이에서 점화가 발생된다.
교류 유도형 점화장치	시동 시 DC 28V가 인버터에 의해 DC(직류)가 AC(교류)로 변환되어 점화계 전기에 115V, 400Hz 교류가 공급되는 가장 간단한 점화장치이다. 점화스위치를 ON하면 직류버스가 계전기 코일을 자화시켜 점화계전기가 연결되면서 교류버스(인버터)에 의해 115V 400Hz가 변압기의 1차 코일에 공급되고, 2차 코일에 고전압이 유도되어 이그나이터에 점화가 발생된다.

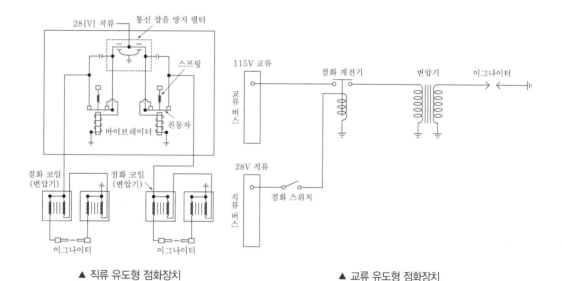

▲ 직류 유도형 점화장치　　　　　　　　　　　　　　▲ 교류 유도형 점화장치

다) 용량형 점화계통: 용량형 점화계통은 용량이 큰 콘덴서에 많은 전하를 저장했다가 짧은 시간에 방전시켜 높은 에너지로 점화장치(이그나이터)에 스파크를 일어나게 하는 형식이며, 오늘날의 항공기에 사용하는 점화계통이다.

직류 고전압 용량형 점화장치	• 바이브레이터에 의해 직류를 교류로 바꾸어 사용하며, 통신의 잡음을 없애기 위해 필터를 거친다. • 통신잡음은 통신장비와 점화장치가 동일 축전지 사용에 의해 생긴다. • 필터에 내부 직렬 코일은 직류를 통과시키지만 교류는 흐르지 못하게 하고, 병렬 콘덴서는 교류를 통과시키지만 직류는 흐르지 못하는 성질이 있어 점화장치는 교류에 접지되고, 직류는 점화계통에 공급된다. • 이그나이터에는 2차 코일에 유도된 고전압의 약한 전기불꽃과 큰 저장콘덴서에 남은 전하가 고압변압기를 통해 이그나이터로 방전되어 강한 불꽃이 발생하는데, 1초당 4~8회 발생한다.

| 교류 고전압 용량형 점화 장치 | • AC 115V 400Hz를 이용하는 점화장치이다. 인가되면서 필터를 거쳐 동력 변압기 1차 코일에 공급되고, 2차 코일에 1,700V 교류가 유도된다.
• 반 사이클 동안 정류기 A와 더블러 콘덴서를 거쳐 2차 코일로 흐르면서 더블러 콘덴서에 전하를 저장한 후, 남은 반 사이클 동안 전류가 동력변압기 2차 코일로부터 더블러 콘덴서와 정류기 B를 지나 저장 콘덴서로 흐르면서 앞서 더블러 콘덴서에 저장된 전하가 방출되면서 저장 콘덴서로 옮겨져 저장된 전하는 2배가 된다.
• 계속적으로 축적되면 전압이 높아져 방전관 X에서 방전되어 저장된 전하 일부가 1차 코일을 거쳐 트리거 콘덴서로 흐른다. 1차 코일로 전류가 흐르면 2차 코일에 고전압이 유도되어 이그나이터로 불꽃이 발생한다. 또, 방전관 Y가 2차 코일과 직렬 연결되어 높은 전압에 의해 이온화되고, 저장 콘덴서로부터 이그나이터까지 연결되어 강한 불꽃을 발생시킨다. |

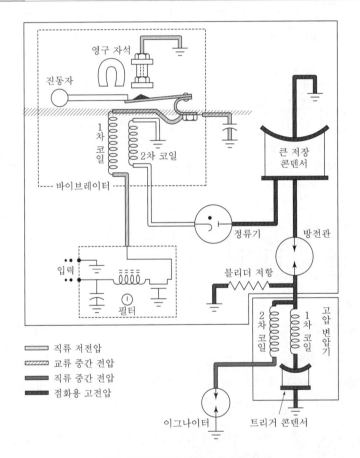

▲ 직류 고전압 용량형 점화장치의 회로도

㉠ 블리더 저항의 역할: 저장 콘덴서의 방전 이후 다음 방전을 위해 트리거 콘덴서의 잔류 전하를 방출시키며, 이그나이터가 장착되지 않은 상태에서 점화장치를 작동시켰을 때 고전압이 발생하여 절연 파괴현상이 발생되는 것을 방지한다.

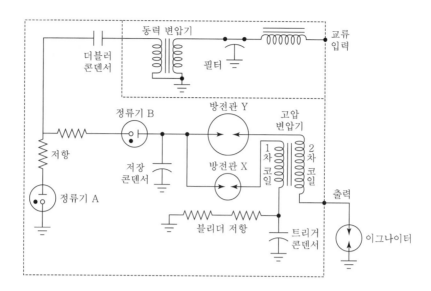

▲ 교류 고전압 용량형 점화장치의 회로도

라) 이그나이터(igniter)

　㉠ 왕복엔진과 가스터빈엔진의 다른 점

　　• 큰 에너지 낮은 압력에서 작동된다.

　　• 전극의 간극이 훨씬 넓다.

　　• 시동 시에만 사용된다.

　　• 이그나이터 교환이 적다.

　　• 2개의 이그나이터만 필요하다.

　　• 교류 전력 이용이 가능하다.

　　• 정확한 점화진각을 맞출 필요가 없다.

　㉡ 종류

애뉼러 간극형 이그나이터	점화를 효과적으로 하기 위해 연소실 내부로 약간 돌출되어 있다.
컨스트레인 간극형 이그나이터	스파크가 직선으로 튀지 않고 원호를 그리며 튄다. 전극봉이 연소실 안으로 돌출되어 있지 않기 때문에 이그나이터 단자는 애뉼러 간극형보다 낮은 온도를 유지하면서 작동된다.

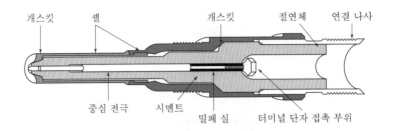

개스킷 　 셸 　 개스킷 　 절연체 　 연결 나사

중심 전극 　 시멘트 　 밀폐 실 　 터미널 단자 접촉 부위

▲ 컨스트레인 간극형 이그나이터

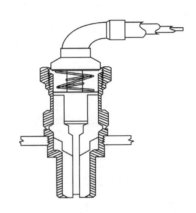

▲ 애뉼러 간극형 이그나이터

④ **지상 동력장치와 보조 동력장비(GPU & APU)**

　가) GPU(Ground Power Unit) & APU(Auxiliary Power Unit): 엔진 시동 및 정비 시 사용하는 장비이며, 소형에 무게도 가볍다. 고장률이 매우 적은 소형 가스터빈엔진 이라고도 한다.

　나) GTC(Gas Turbine Compressor, 가스터빈 압축기): 소형 가스터빈엔진이 내부에 있어 시동 시 공기식 시동기에 압축공기를 공급할 때 사용되고, 가동 시 사용연료는 항공기 연료와 동일하고 엔진과 유사하게 자체적인 연료, 윤활, 시동계통을 갖추고 있다.

(10) 그 밖의 계통

① 소음 감소 장치

　가) 소음 발생: 배기 노즐을 통해 대기 중으로 고속 분출되면서 대기와 부딪혀 혼합되면서 발생되고, 소음의 크기는 배기가스 속도의 6~8제곱에 비례하고, 노즐 지름의 제곱에 비례한다.

나) 소음 감소 방법

　　㉠ 저주파를 고주파로 변환시키기 위해 노즐에서 방출 시 혼합영역을 크게 만든다.

　　㉡ 배기가스의 상대속도를 줄이거나, 대기와의 혼합 면적을 넓게 하여 대기와 혼합시키나 전체 면적은 변환되지 않게 만든다.

　　㉢ 터보팬엔진은 바이패스 된 공기와 분사된 배기가스와의 상대속도가 작기 때문에 소음 감소 장치가 필요 없다.

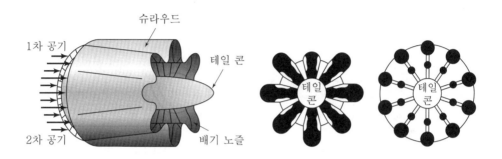

▲ 배기 소음 장치

② **추력 증가 장치**: 추력 증가 장치에는 물 분사(water injection) 장치와 후기 연소기(after burner)가 있다. 후기 연소기는 배기관 내부에 연료를 분사시켜 연소 가능한 혼합가스를 다시 연소시켜 추력을 증가시키는 장치로 이륙, 상승 시와 초음속 비행 시 사용한다. 또한, 물 분사 장치는 압축기 입구와 출구에 물, 물−알코올 혼합물을 분사하여 추력을 증가시키는 장치이다.

가) 후기 연소기(after burner)

　　㉠ 구조: 후기 연소 라이너, 연료 분무대, 불꽃 홀더, 가변 면적 배기 노즐

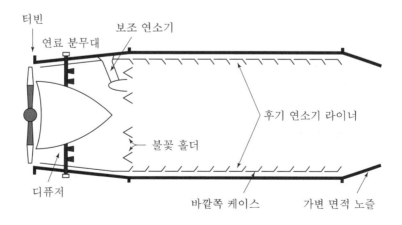

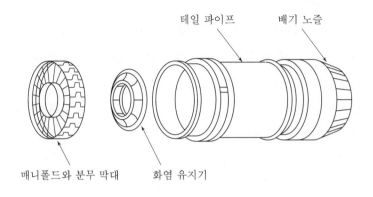

테일 파이프　　배기 노즐

매니폴드와 분무 막대　　화염 유지기

▲ 후기 연소기의 구조

연료 노즐	확산 통로 내부에 장착한다.
후기 연소기 라이너 (스크리치 라이너)	연소실 역할을 수행하며, 후기 연소기가 작동하지 않을 때 엔진의 테일 파이프로 사용한다. 연소기 작동 시 공기−연료 혼합비가 너무 희박하거나, 산소 양이 부족하거나, 압력비가 낮고 속도가 빨라 불안정 연소되거나, 방출이 불연속적이라 소음 진동의 원인이 된다. 이를 방지하기 위해 주름이 접혀있고, 수천 개의 구멍이 뚫려 있는 스크리치 라이너를 사용한다.
불꽃 홀더 (flame holder)	연료 노즐 뒤에 장치되어 배기가스의 속도를 감소시키고 와류를 형성시켜 연소가 계속되게 하여 불꽃이 꺼지는 것을 방지한다.
가변 면적 배기 노즐	후기 연소기가 작동될 때 배기 노즐이 열려 터빈의 과열이 터빈 뒤쪽 압력이 증가함을 방지하며, 후기 연소기가 작동하지 않을 때 배기 노즐의 넓이가 좁아지게 한다. 타입으로는 눈꺼풀형과 조리개형이 사용된다.
디퓨저 (diffuser)	터빈 출구와 후기 연소기의 입구에 설치되며, 테일콘을 설치하여 확산 통로를 형성하고 배기가스의 속도를 감소시켜 연소가 가능하도록 한다.

ⓛ 점화 방법

핫 스트리크 점화 (hot streak ignition)	엔진이 주 연소실의 한 부분에서 별도의 연료를 분출시켜 얻어진 매우 높은 온도의 연소 가스 흐름이 터빈을 통과한 뒤에 후기 연소기를 점화시키는 방식이다.
토치 점화 (torch ignition)	보조 연소기를 장치하여 별도의 연료를 전기 점화장치에 의하여 연소시킨 뒤에 후기 연소기를 점화시키는 방식이다.

나) 물분사(water injection) 장치: 물, 물−알코올을 분사하여 공기 온도를 낮추면 공기 밀도가 증가하므로 엔진의 출력을 증가시키는 장치이며, 추력은 이륙 시 10~30% 정도 추력이 증가한다.

ⓐ 알코올을 사용하는 이유: 물이 쉽게 어는 것을 막아주고, 물에 의해 연소 가스의 온도가 낮아진 것을 알코올을 연소시켜 낮아진 연소 가스의 온도를 증가시키기 위해서이다.

ⓑ 단점: 여러 장치 기구에 의한 무게 증가, 구조가 복잡하다.

다) 역추력(reverse thrust) 장치: 항공기 착륙 시 흡입구 앞쪽 방향으로 분사시키고 제동력을 발생시켜 착륙거리를 단축시키기 위한 장치이다. 장치에 의해 얻을 수 있는 추력은 최대 정상 추력의 40~50% 정도이다.

ⓐ 종류

항공 역학적 차단 방식	배기 덕트 내부에 차단판을 설치하여, 역추력이 필요시 배기 노즐을 막아 배기가스가 비행기 진행 방향으로 분출시키는 방식이다.
기계적 차단 방식	배기 노즐 끝부분에 역추력용 차단기가 설치되어, 역추력이 필요시 차단기 장치가 뒤쪽으로 움직여 배기가스가 비행기 진행 방향으로 적당한 각도로 분사시키는 방식이다.

ⓑ 재흡입 실속: 항공기의 속도가 너무 작을 때 배기가스가 엔진 흡입 도관으로 다시 흡입되어 압축기가 실속되는 현상을 말한다.

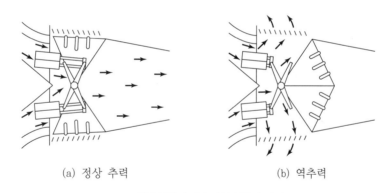

(a) 정상 추력   (b) 역추력

▲ 항공 역학적 차단 방식 영추력 장치

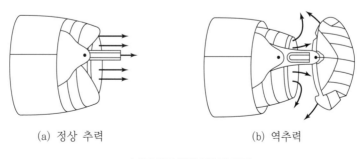

(a) 정상 추력   (b) 역추력

▲ 기계적 차단 방식 역추력 장치

라) 방빙계통(anti-icing): 비행 중 흡입구를 통해 들어오는 공기의 온도는 어는점 이하이거나 조금 높은 온도로 들어간다. 이는 압축기 안내 깃(inlet guide vane) 및 흡입관의 립(lip)이 수증기로 인해 결빙이 생긴다. 결빙이 발생되면 축류식 압축기 형식인 가스터빈엔진은 흡입되는 공기의 양이 감소되고, 압축기 실속의 원인이 되거나, 터빈 입구의 온도가 높아져서 전체적인 가스터빈엔진의 효율이 떨어진다. 이를 방지하기 위해 압축기 후단의 고온, 고압의 블리드 공기를 이용하여 흡입관 립이나 I · G · V 내부로 통과시켜 가열하므로 결빙이 생기는 것을 방지한다.

3 가스터빈엔진의 성능

(1) 가스터빈엔진의 출력

① 제트엔진의 추력(뉴턴의 제2법칙 관계식)

$$F = ma$$

F: 힘, m: 질량, a: 가속도

② 진추력(net thrust): 엔진이 비행 중 발생시키는 추력을 말한다.

가) 터보제트엔진의 진추력(F_n)

$$Fn = \frac{W_a}{g}(V_j - V_a)$$

W_a: 흡입공기의 중량 유량, V_j: 배기가스 속도, V_a: 비행속도, g: 중력가속도

나) 터보팬엔진의 진추력(F_n)

$$F_n = \frac{W_p}{g}(V_p - V_a) + \frac{W_s}{g}(V_s - V_a)$$

※ W_p: 1차 공기유량, V_p: 1차 공기 배기가스 속도, V_a: 비행속도, W_s: 2차 공기 유량, V_s: 2차 공기 배기가스 속도

㉠ 바이패스 비(BPR: by-pass ratio)

$$BPR = \frac{W_s(2차 공기 유량)}{W_p(1차 공기 유량)}$$

③ **총추력(gross thrust):** 항공기가 정지되어 있을 때($V_a = 0$)의 추력을 말한다.

가) 터보제트엔진 총추력(F_g)

$$F_g = \frac{W_a}{g} V_j$$

나) 터보팬엔진 총추력(F_g)

$$F_g = \frac{W_p}{g} V_p + \frac{W_s}{g} V_s$$

④ **비추력(specific thrust):** 엔진으로 유입되는 단위 중량유량에 대한 진추력을 말한다.

가) 터보제트엔진 비추력(F_s)

$$F_s = \frac{F_n}{W_a} = \frac{V_j - V_a}{g}$$

나) 터보팬엔진 비추력(F_s)

$$F_s = \frac{W_p(V_p - V_a) + W_s(V_s - V_a)}{g(W_p + W_s)}$$

※ W_p: 1차 공기유량, V_p: 1차 공기 배기가스 속도, V_a: 비행속도, W_s: 2차 공기 유량, V_s: 2차 공기 배기가스 속도

⑤ **추력 중량비(thrust weight ratio):** 엔진의 무게와 진추력과의 비를 말한다.

$$F_w = \frac{F_n}{W_{eng}} (kg/kg)$$

※ W_{eng}: 엔진의 건조중량(dry weight)이며, 추력 중량비가 클수록 무게는 가볍다.

⑥ **추력 마력(thrust horse power):** 진추력(F_n)을 발생하는 엔진의 속도(V_a)로 비행할 때, 엔진의 동력을 마력으로 환산한 것이다. 1마력 $75kg \cdot m/s$이다.

$$THP = \frac{F_n V_a}{g \cdot 75} (PS)$$

⑦ **추력비 연료 소비율(TSFC: Thrust Specific Fuel Consumption):** $1N(kg \cdot m/s^2)$의 추력을 발생하기 위해 1시간 동안 엔진이 소비하는 연료의 중량을 말한다.

$$TSFC = \frac{W_f \times 3,600}{F_n}$$

⑧ 추력에 영향을 끼치는 요소

공기 밀도의 영향	대기의 온도가 증가하면 추력은 감소되고, 대기압이 증가하면 밀도가 증가하여 추력은 증가한다.
비행속도의 영향	비행속도가 증가하므로 질량 유량이 증가하여 추력이 증가하고, 비행속도 증가에 따라 진추력은 어느 정도 감소하다가 다시 증가한다.
비행 고도의 영향	고도가 증가되면 대기압이 낮아져 밀도가 작아지므로 추력은 감소하고, 대기 온도가 낮아지면 대기 밀도는 커지고 추력은 증가한다.

(2) 가스터빈엔진의 효율

① **터보제트엔진의 추진 효율(propulsive efficiency)**: 공기가 엔진을 통과하면서 얻은 운동에너지에 의한 동력과 추진동력(진추력×비행속도)의 비, 즉 공기에 공급된 전체 에너지와 추력을 발생하기 위해 사용된 에너지의 비

$$\eta_p = \frac{2\,V_a}{V_j + V_a}$$

② **열효율(thermal efficiency)**: 공급된 열에너지와 그중 기계적 에너지로 바뀐 양의 비를 말한다.

$$\eta_{th} = \frac{W_a\,(V_j^2 - V_a^2)}{2\,g\,W_f \cdot J \cdot H}$$

③ **전 효율(overall efficiency)**: 공급된 열량(연료 에너지)에 의한 동력과 추력동력으로 변한 양의 비로 열효율(η_{th})과 추진효율(η_p)의 곱으로 나타난다.

$$\eta_o = \frac{W_a\,(V_j - V_a) \cdot V_a}{g\,W_f \cdot J \cdot H} = \eta_p \times \eta_{th}$$

④ **효율 향상 방법**: 엔진의 효율이 높을수록 적은 연료로 멀리 비행할 수 있어 연료 비율이 적어지고, 연료를 적게 탑재하는 만큼 승객이나 화물을 더 실을 수 있다.

추진 효율의 향상 방법	추력에 변화가 없고, 추진 효율을 증가시키기 위해서는 속도 차$(V_j - V_a)$가 감소하는 만큼 질량 유량을 증가시킨 고바이패스 비를 가질수록 추진효율은 높다.
열효율의 향상 방법	터빈 입구 온도를 높이거나, 압축기 및 터빈의 단열 효율을 증가시키면 열효율은 증가한다.

(3) 비행 성능과 작동

① **비행 성능:** 가스터빈엔진의 비행 성능은 비행속도, 비행 고도, 엔진 회전수의 변화에 따라 추력 및 추력비 연료 소비율을 알 수 있다.

② **엔진의 작동**

　가) 터보제트엔진의 시동 시 필요조건

　　㉠ 충분한 압축기 회전속도를 유지한다.

　　㉡ 연료 공급 전 점화장치를 작동시켜야 한다.

　　㉢ 연료량은 동력 레버로 조절시킨다.

　　㉣ 엔진 자립회전속도까지 시동기를 작동시킨다.

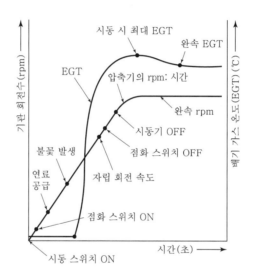

▲ 가스터빈엔진의 시동 절차

　나) 터보제트엔진의 시동 절차

　　㉠ 동력 레버를 'shut off' 위치에 놓는다.

　　㉡ 주 스위치를 'on'한다.

　　㉢ 연료 제어 스위치를 'on' 또는 'normal' 위치에 놓는다.

　　㉣ 연료 부스터 펌프 스위치를 'on'한다.

　　㉤ 시동 스위치를 'on'한다.

　　㉥ 10~15%의 rpm에서 동력 레버를 'idle' 위치로 전진시킨다.

　　㉦ 연료 압력계, 연료 유량계, 배기가스 온도(EGT) 등을 관찰한다.

③ 터보팬엔진의 시동

가) 시동 절차 (JT-3D)

　　㉠ 동력 레버를 'idle' 위치에 놓는다.

　　㉡ 연료차단 레버를 'close' 위치에 놓는다.

　　㉢ 주 스위치를 'on'한다.

　　㉣ 연료계통 차단 스위치를 'open' 위치에 놓는다.

　　㉤ 연료 부스터 펌프 스위치를 'on'한다.

　　㉥ 시동 스위치를 'on'한다.

　　㉦ 점화 스위치를 'on'한다.

　　㉧ 연료차단 레버를 'open' 위치에 놓는다.

　　　• 배기가스의 온도 증가로 시동 여부를 알 수 있다.

　　　• 연료계통 작동 후 약 20초 이내에 시동이 완료되어야 한다.

　　　• 엔진이 완속 회전수에 도달하는 데 2분 이상 걸려서는 안 된다.

　　㉨ 엔진의 계기를 관찰하여 정상 작동인지 확인한다.

　　㉩ 엔진 시동 스위치를 'off'한다.

　　㉪ 점화 스위치를 'off'한다.

나) 시동 실패 시 조치사항

　　㉠ 연료 및 점화계통을 차단시킨다.

　　㉡ 시동기로 10~15초 엔진을 회전시켜 연소실 내 연료를 배출시킨다.

　　㉢ 시동기로 회전시키지 않을 경우 시동 전 30초를 기다려야 한다.

다) 비정상 시동

　　㉠ 과열시동(hot start): 시동 시 EGT가 규정 값 이상 올라가는 현상으로 연료-공기 혼합비 조정장치(FCU) 고장, 결빙, 압축기 입구에서의 공기 흐름의 제한이 원인이 된다. 배기가스 온도계는 열전쌍식 크로멜-알루멜(cr-al)을 이용하고, 배기 덕트에 병렬로 8개가 연결되어 온도를 측정한다.

　　㉡ 결핍시동(hung start & false): 시동 시 엔진 회전수가 완속(idle)까지 증가하지 않고 낮은 회전수에 머물러 있는 현상으로, 시동기에 공급되는 동력이 불충분해서 발생한다.

　　㉢ 시동 불능(no start & abort start): 규정된 시간 안에 시동이 되지 않는 현상으로 시동기나 점화장치의 불충분한 전력, 연료 흐름의 막힘, 점화계통 및 연료 조정장치의 고장이 원인이 된다. 발견은 rpm이나 EGT 계기가 상승하지 않는 것을 보고 알 수 있다.

라) 엔진의 정격

정격 출력	이륙, 상승, 순항 등 엔진의 사용 목적에 적합한 조건에서 엔진이 정상 작동하도록 정한 엔진 출력의 기준이다.
물 분사 이륙 추력 (Wet take-off thrust)	이륙할 때 물 분사 장치를 사용하여 낼 수 있는 엔진의 최대 추력(1~5분간)
이륙 추력 (Dry take-off thrust)	이륙할 때 물 분사 없이 낼 수 있는 엔진의 최대 추력(1~5분간)
최대 연속 추력	시간제한 없이 연속적으로 사용할 수 있는 최대 추력으로 이륙 추력의 90% 정도이며, 수명과 안전을 위해 필요한 경우에만 사용한다.
최대 상승 추력	항공기를 상승시킬 때 사용하는 최대 추력인데 최대 연속 추력과 같은 경우도 있다.
순항 추력	비연료 소비율이 가장 적은 추력으로 이륙 추력의 70~80%
완속 추력	지상이나 비행 중 엔진이 자립 회전할 수 있는 최저 회전상태

마) 엔진의 조절

엔진의 특정 상태	• CIT: Compressor Inlet Temperature(압축기 입구 온도) • CIP: Compressor Inlet Pressure(압축기 입구 압력) • RPM: Revolution Per Minute(분당 회전수) • EPR: Engine Pressure Ratio(엔진 압력비) • TDP: Turbine Discharge Pressure(터빈 출구 압력) • A8: 배기 노즐 넓이
Engine Trimming	제작회사에서 정한 정격에 맞도록 엔진을 조절하는 것으로, 제작회사의 지시에 따라 수행하여야 하며, 비행기는 정풍이 되도록 하거나 무풍일 때가 좋다. 시기는 주기 검사 시, 엔진 교환 시, FCU 교환 시, 배기 노즐 교환 시)
Rigging	조종석에 있는 레버의 위치와 엔진에 있는 control의 위치가 일치할 수 있도록, 즉 lever를 조작한 만큼 엔진이 작동할 수 있도록 케이블이나 작동 arm을 조절하는 것이다.

01 터보 제트엔진에서 중요한 구조 부분을 3가지로 구분하였을 때 옳은 것은?

① 흡입구, 압축기, 노즐

② 흡입구, 압축기, 연소실

③ 압축기, 연소실, 배기관

④ 압축기, 연소실, 터빈

해설

가스터빈엔진의 기본 구성은 압축기, 연소실, 터빈의 기본 구성을 갖고 있으며, 고온 배기가스로 추력을 발생시키는 추력 발생 엔진인 터보제트엔진, 터보팬엔진이 있고, 회전력을 얻는 회전동력 엔진인 터보프롭엔진, 터보샤프트엔진이 있다.

02 제트엔진의 추진 방법은?

① 브레이턴의 법칙

② 관성의 법칙

③ 베르누이의 법칙

④ 작용과 반작용의 법칙

해설

터보제트엔진(turbojet engine)의 작동원리는 흡입구에서 공기를 흡입하여 압축기로 보내고, 받은 공기를 압축하여 연소실로 보내고, 연소실에서 압축된 공기와 연료를 잘 혼합하여 연속 연소시켜 터빈으로 보내고, 고온·고압가스가 팽창되어 터빈을 회전시키게 되며, 남은 연소 가스는 배기 노즐에서 다시 팽창·가속되어 빠른 속도로 빠져나가면서 추력을 발생시킨다(작용과 반작용의 법칙 – 뉴턴의 제3법칙).

03 그림에 해당되는 엔진의 명칭은?

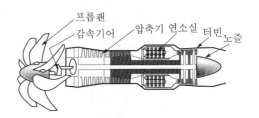

① 터보프롭엔진

② 후방프롭엔진

③ 전방프롭팬엔진

④ 로켓엔진

해설

전방 프롭팬엔진은 터보프롭엔진과 구조는 거의 같으나, 프로펠러의 형상을 변화시켜 연료 소모를 줄이고, 고속에서 프로펠러의 효율을 향상한 엔진이다.

04 그림과 같은 엔진의 명칭은?

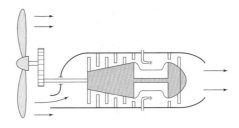

① 터보팬엔진

② 터보프롭엔진

③ 터보축엔진

④ 터보제트엔진

✈ **정답** 01. ④ 02. ④ 03. ③ 04. ②

해설

터보프롭엔진(turboprop engine)은 터보제트엔진에 프로펠러를 장착한 형식으로 프로펠러에서 75%의 추력을 얻고, 나머지는 배기가스에서 25%의 추력을 얻는다. 프로펠러의 효율 증가를 위해 감속기어를 장착한 엔진으로 저속 항공기에 사용된다.

05 항공기용 엔진 중 왕복엔진의 종류로 나열된 것은?

① 성형엔진, 대향형 엔진
② 로켓엔진, 터보샤프트엔진
③ 터보팬엔진, 터보프롭엔진
④ 터보프롭엔진, 터보샤프트엔진

해설

• 항공기 왕복엔진: 수평대향형, 수직대향형, 성형
• 항공기 가스터빈엔진: 터보제트엔진, 터보팬엔진, 터보프롭엔진, 터보샤프트엔진
• 그 밖의 엔진: 펄스제트엔진, 램제트엔진, 로켓엔진

06 가스터빈엔진의 효율을 향상시키는 방법이 아닌 것은?

① 엔진의 압축비를 높인다.
② 흡입 공기의 중량 유량을 증가시킨다.
③ 압축기 및 터빈의 단열 효율을 높인다.
④ 배기가스속도와 비행속도의 차를 크게 한다.

해설

• 가스터빈엔진의 효율을 향상시키는 방법은 엔진의 효율이 높을수록 적은 연료로 멀리 비행할 수 있어 연료 소비율이 낮아지고, 연료를 적게 탑재하는 만큼 승객이나 화물을 더 실을 수 있다.
• 추진효율의 향상 방법: 추력의 변화 없이, 추진효율을 증가시키기 위해서는 속도 차($V_j - V_a$)가 감소하는 만큼 질량 유량을 증가시킨 고 바이패스 비를 가질수록 추진효율은 높다.

• 열효율의 향상 방법: 터빈 입구 온도를 높이거나, 압축기 및 터빈의 단열 효율을 증가시키면 열효율은 증가한다.

07 다음 중 왕복엔진에 비하여 가스터빈엔진의 장점 중 잘못된 것은 어느 것인가?

① 엔진의 시동력이 적으며 높은 회전비를 가질 수 있다.
② 비행속도가 증가할수록 효율이 좋아져 초음속 비행이 가능하다.
③ 가격이 싼 연료를 사용한다.
④ 연료 소비율이 낮으며 진동이 심하다.

해설

가스터빈엔진의 특성
• 연소가 연속적이므로 중량당 출력이 크다.
• 왕복운동 부분이 없어 진동이 적다.
• 한랭 기후에서도 시동이 쉽고 윤활유 소비가 적다.
• 비교적 가격이 싼 연료를 사용한다.
• 비행속도가 증가할수록 효율이 높고 초음속 비행이 가능하다.
• 연료 소모량이 많고 소음이 심하다.

08 헬리콥터에 사용되는 터보샤프트엔진은 무슨 법칙을 이용한 것인가?

① 뉴턴의 제1법칙
② 열역학 제1법칙
③ 뉴턴의 제3법칙
④ 열역학 제3법칙

해설

가스터빈엔진인 터보샤프트엔진은 뉴턴의 제3법칙(작용·반작용 법칙)이 적용된다. 압축기에서 압축 공기가 빠져나오면서 발생하는 '작용 힘'이 자유터빈에 같은 크기의 반대 방향의 '반작용 힘'을 만들게 되고, 이 힘은 메인로터와 테일로터에 전달되어 추력이 발생한다.

✈ 정답 **05.** ① **06.** ④ **07.** ④ **08.** ③

09 초음속기에 사용되는 배기덕트는?

① 수축형   ② 확산형

③ 대류형   ④ 수축-확산형

해설

- 수축형 배기 노즐(convergent exhaust nozzle): 아음속기에 사용하는 배기 노즐은 배기가스의 속도를 증가시켜 추력을 얻는다.
- 수축-확산형 배기 노즐(convergent-divergent nozzle): 초음속기에 사용하는 배기 노즐은 터빈에서 나온 저속, 고압의 가스를 수축하여 팽창 가속하여 음속으로 변환시킨 후, 확산 통로를 통과하면서 초음속으로 가속하여 추력을 얻는다. 아음속에서는 확산하여 운동에너지가 압력에너지로 변환되고, 초음속에서는 확산에 의해 압력에너지가 운동에너지로 변환된다.

10 가스터빈엔진의 기본 사이클은 어느 것인가?

① 단열압축 → 단열팽창 → 정압수열 → 정압방열

② 단열압축 → 정압수열 → 단열팽창 → 정압방열

③ 단열팽창 → 정압수열 → 등압방열 → 단열압축

④ 등압수열 → 단열압축 → 등압방열 → 단열팽창

해설

브레이튼 사이클의 작동원리

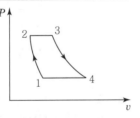

- 1→2(단열압축): 엔진에 흡입된 저온, 저압의 공기를 압축시켜 압력을 P_1에서 P_2로 상승한다(엔트로피의 변화가 없다($S_1 = S_2$)).
- 2→3(정압가열): 연소실에서 연료가 연소되어 열을 공급하며 연소실 압력은 정압이 유지된다. ($P_2 = P_3 = C$)
- 3→4(단열팽창): 고온, 고압의 공기를 터빈에서 팽창시켜 축 일을 얻는다. 가역단열과정이므로 상태 3과 4의 엔트로피는 같다($S_3 = S_4$).
- 4→1(정압방열): 압력이 일정한 상태에서 열을 방출한다(배기 및 재 흡입과정).

11 열기관의 열효율은 열량과 엔진에서 발생된 참일과의 비로 정의된다. 이것을 식으로 올바르게 나타낸 것은?

① 열효율 = $\dfrac{\text{참일}}{\text{공급열량}}$ = $\dfrac{\text{공급열량}-\text{방출열량}}{\text{공급열량}}$

② 열효율 = $\dfrac{\text{공급열량}}{\text{참일}}$ = $\dfrac{\text{공급열량}}{\text{공급열량}-\text{방출열량}}$

③ 열효율 = $\dfrac{\text{참일}}{\text{공급열량}}$ = $\dfrac{\text{공급열량}-\text{방출열량}}{\text{방출열량}}$

④ 열효율 = $\dfrac{\text{공급열량}}{\text{참일}}$ = $\dfrac{\text{공급열량}-\text{방출열량}}{\text{참일}}$

해설

열기관의 열효율

$$\eta_{th} = \frac{\text{유효한 일}}{\text{공급된 열량}} = \frac{W}{Q_1} = \frac{Q_1 - Q_2}{Q_1} = 1 - \frac{Q_2}{Q_1}$$

- Q_1: 열기관에서 연료의 연소에 의해 공급되는 열량
- Q_2: 냉각과 배기에 의해 방출되는 열량
- W: 열기관이 행한 순 일

12 가스터빈엔진의 공기흡입 부분의 압력 회복점에 대한 설명으로 틀린 것은?

① 압축기 입구의 정압 상승이 도관 안에서 마찰로 인한 압력 강하와 같아지는 항공기속도를 말한다.

② 압축기 입구의 전압이 대기압과 같아지는 항공기속도를 말한다.

③ 공기흡입 도관의 성능을 좌우하는 요소이다.

④ 압력 회복점이 높을수록 좋은 공기 흡입 도관이다.

해설

- 공기 흡입계통(air inlet duct)은 공기를 압축기에 공급하는 통로이고, 고속 공기의 속도를 감속시키면서 압력을 상승시킨다. 성능 결정은 압력 효율비와 압력 회복점(ram pressure recovery point)으로 결정된다.
- 압력 효율비: 공기 흡입관 입구의 전압과 압축기 입구의 전압비로서 대략 98%의 값을 가진다.
- 압력 회복점: 압축기 입구의 전압이 대기압과 같아지는 항공기속도를 말하며, 이 값이 낮을수록 좋은 흡입 도관이다.

13 가스터빈엔진의 가스 발생기를 올바르게 짝지어 놓은 것은?

① 압축기부, 연소실부, 배기부
② 압축기부, 연소실부, 터빈부
③ 연소실부, 터빈부, 보기부
④ 연소실부, 공기 흡입부, 보기부

해설

가스터빈엔진 기본 구조는 외부의 대기로부터 공기를 받는 공기 흡입구, 압축기, 연소실, 터빈, 배기 노즐로 이루어졌으며, 가스 발생을 하는 구간은 압축기, 연소실, 터빈으로 구성된 곳을 가스 발생기(gas generator)라 한다.

14 가스터빈엔진을 장착한 아음속 항공기의 공기 흡입관에서 아음속 공기 흐름 변화를 옳게 설명한 것은?

① 온도 감소, 압력 증가
② 온도 상승, 압력 감소
③ 속도 감소, 압력 상승
④ 속도 증가, 압력 상승

해설

확산형 흡입덕트(아음속 흡입관)는 압축기 입구에서 공기속도는 비행속도에 관계없이 마하 0.5 정도 유지하도록 조절하기 위해 확산형 흡입관을 사용하여 통로의 넓이를 앞에서 뒤로 갈수록 점점 넓게 만들어 압력은 상승하고, 속도는 감소시킨다.

15 가스터빈엔진의 소음에 대한 설명 중 틀린 것은?

① 소음의 원인은 주로 배기 소음이다.
② 소음의 크기는 배기가스 속도의 6~8제곱에 비례한다.
③ 배기 소음은 주로 고 주파음으로 되어 있다.
④ 소음은 배기 노즐 지름의 제곱에 비례한다.

해설

소음 발생은 배기 노즐을 통해 대기 중으로 고속 분출되면서 대기와 부딪혀 혼합되면서 발생하고, 소음의 크기는 배기가스속도의 6~8제곱에 비례하고, 노즐 지름의 제곱에 비례한다.

16 J-47 가스터빈엔진에서 에어 스크린의 역할은?

① 항력 감소
② F.O.D 방지
③ 추력 증가
④ 압력 증가

해설

- j-47 엔진 흡입구에 있는 에어 스크린(스크린 섹터)은 FOD를 방지하는 역할을 한다.
- FOD(Forien Object Damage)는 외부 물질인 지상의 돌이나 금속조각에 의한 손상으로, 엔진으로 흡입될 경우 압축기 깃을 손상시키는 것을 말한다.

✈ **정답** 13. ② 14. ③ 15. ③ 16. ②

17 원심력 압축기에 대한 설명 중 틀린 것은?

① 단당 압력비가 높고 제작이 쉽다.

② 압축기 입구와 출구의 압력비가 높고 효율이 높다.

③ 구조가 튼튼하고 값이 싸다.

④ 추력에 비하여 엔진의 전면 면적이 커서 항력이 크다.

• 원심력식 압축기의 장점
  – 단당 압축비가 높다(1단 10:1, 2단 15:1).
  – 제작이 쉽고 값이 싸다.
  – 구조가 튼튼하고 값이 싸다.
  – 무게가 가볍다.
  – 회전속도 범위가 넓다.
  – 시동 출력이 낮다.
  – 외부 손상물질(FOD)이 덜하다.

• 원심력식 압축기의 단점
  – 압축기 입구와 출구의 압력비가 낮다.
  – 효율이 낮다.
  – 많은 양의 공기를 처리할 수 없다.
  – 추력에 비해 엔진의 전면면적이 넓기 때문에 항력이 크다.

18 가스터빈엔진에 사용되는 원심식 압축기의 주요 구성품이 아닌 것은?

① 디퓨져   ② 임펠러
③ 매니폴드   ④ 회전자

원심식 압축기(centrifugal type compressor)의 구성은 임펠러, 디퓨저, 매니폴드로 되어 있다.

19 가스터빈엔진을 압축기의 형식에 따라 구분할 때 고성능 가스터빈엔진에 가장 많이 사용되는 것은?

① 축류식   ② 원심식
③ 축류-원심식   ④ 겹흡입식

압축기의 종류
• 축류식 압축기(axial flow type compressor): 고성능 가스터빈엔진에 많이 사용한다.
• 원심식 압축기(centrifugal type compressor): 제작이 간단하여 초기에 사용하였으나 효율이 낮아 요즘에는 거의 쓰이지 않는다.
• 축류-원심식 압축기(combination compressor): 소형 터보프롭엔진이나 터보샤프트엔진에 많이 사용한다.

20 다음 중 소형 터보프롭이나 터보샤프트(turbo shaft)로 사용하는 압축기는 어느 것인가?

① 축류식   ② 축류-원심식
③ 원심식   ④ 다축식

19번 문제 해설 참고

21 가스터빈엔진에서 디퓨저의 설명 내용으로 가장 올바른 것은?

① 터빈의 출구와 애프터 버너 사이에 설치한다.

② 애프터 버너 입구의 속도를 증가하기 위한 확산 통로이다.

③ 애프터 버너 입구의 속도와 압력을 증가하기 위한 수축통로이다.

④ 연소실과 연료 매니폴드 사이에 설치한다.

✈️ **정답** 17. ② 18. ④ 19. ① 20. ② 21. ①

해설

일반적인 디퓨저는 압축기 출구와 연소실 입구에 위치하여 속도를 감소시키고 압력을 증가시켜 연소실로 보내는데, 위 보기 내용을 보면 추력 증가 장치에 있는 디퓨저를 질문한 것이다. 추력 증가 장치의 구성에 있는 디퓨저는 터빈 출구와 후기 연소기의 입구에 설치되며, 테일콘을 설치하여 확산 통로를 형성시켜 배기가스의 속도를 감소시켜 연소가 가능하도록 한다.

22 축류압축기의 실속(stall) 방지 구조와 관계가 없는 것은?

① 다축식 구조

② 가변 고정자 깃

③ 블리드 밸브

④ 벌집형 쉬라우드

해설

압축기 실속방지 방법

- 다축식 구조: 압축기를 두 부분으로 나누어 저압 압축기는 저압 터빈으로, 고압 압축기는 고압 터빈으로 구동하여 실속을 방지한다.
- 가변 고정자 깃: 압축기 고정깃의 붙임각을 변경할 수 있도록 하여 회전자 깃의 받음각이 일정하게 함으로써 실속을 방지한다.
- 블리드 밸브: 압축기 뒤쪽에 설치하며 엔진을 저속으로 회전시킬 때 자동으로 밸브가 열려 누적된 공기를 배출함으로써 실속을 방지한다.

23 다음 중 다축식 압축기 구조의 단점이 아닌 것은?

① 베어링 수가 증가한다.

② 연료 소모가 많아진다.

③ 구조가 복잡해진다.

④ 무게가 증가한다.

해설

- 다축식 압축기의 장점
  - 설계 압력비를 실속영역으로 접근시킬 수 있어 실속을 방지한다.
  - 높은 효율 및 압력비가 발생한다.
- 다축식 압축기의 장점
  - 터빈과 압축기를 연결하는 축과 베어링 수가 증가한다.
  - 2개의 축에 의해 구조가 복잡해진다.
  - 무게가 증가한다.

24 다음 중 대형 엔진에 가장 적당한 시동계통은?

① 전동기식 ② 발전기식

③ 시동–발전기식 ④ 공기터빈식

해설

공기터빈식 시동계통

- 전기식 시동기에 비행 가볍고 출력이 요구되는 대형기에 적합하며, 많은 양의 압축공기가 필요하다.
- 공기를 얻는 방법으로는, 첫째 별도의 보조 엔진에 의해 공기를 공급받고, 둘째 저장 탱크에 의해 공기를 공급받고, 셋째 카트리지 시동 방법으로 공급받는다.
- 작동원리로는 압축된 공기를 외부로부터 공급받아 소형 터빈을 고속 회전시킨 후 감속기어를 통해 큰 회전력을 얻어 압축기를 회전시키고 자립회전속도에 도달하면 클러치 기구에 의해 자동 분리된다.

25 제트엔진의 실속을 줄이기 위하여 사용되는 장치가 아닌 것은?

① 가변 흡입공기 가이드 베인(variable inlet guide vane)

② 가변 스테이터 베인(variable stator vane)

③ 압축기 블리드 밸브(compressor bleed valve)

④ 가변 로터 블레이드(variable rotor blace)

정답 22. ④ 23. ② 24. ④ 25. ④

압축기 실속방지 방법 장치로는 다축식 압축기 사용, 가변 스테이터 깃, 가변 안내 베인, 가변 바이패스 밸브, 블리드 밸브가 있다.

26 제트엔진에서 블리드 밸브에 대한 설명 중 틀린 것은?

① 터빈 노즐베인의 냉각에 사용된다.

② 방빙장치에 사용된다.

③ 실속이나 서지를 방지한다.

④ 연료를 가열하고 터빈의 냉각에 사용된다.

블리드 공기는 기내 냉·난방, 객실 여압, 날개 앞전 방빙, 엔진 및 나셀 방빙, 엔진 시동, 유압 계통 레저버 가압, 물탱크 가압, 터빈 노즐 베인 냉각 등에 사용된다.

27 가스터빈엔진에서 압축기의 압력비가 클수록 열효율이 증가하나 일정 수준 이상에서는 압력비 상승에 제한을 둔다. 그 이유로 가장 적당한 것은?

① 압력비 상승으로 인한 압축기 균열

② 연소실의 연소용량 초과

③ 터빈 입구 온도 상승으로 인한 터빈 재질 손상

④ 터빈 출구 압력 상승으로 인한 부압 형성

압력비로 표현되는 브레이튼 사이클의 열효율 관계식은 아래와 같다.

$$\eta_B = 1 - \frac{T_1}{T_2} = 1 - \left(\frac{1}{\gamma_P}\right)^{\frac{k-1}{k}}$$

압력비(γ_P)가 클수록 브레이튼 사이클의 열효율은 증가하나, 이에 따라 터빈 입구 온도가 상승한다. 이 온도는 터빈 재료 때문에 어느 온도 이상 상승할 수 없도록 해야 하므로 압력비는 제한을 받는다.

28 다음 중에서 가스터빈엔진의 열효율을 증가시키는 가장 좋은 방법은?

① 주변 온도와 항공기속도를 증가시키고, 터빈 효율을 향상시킨다.

② 주변 온도와 항공기속도를 증가시키고, 압축기 단열 효율을 향상시킨다.

③ 터빈입구온도를 증가시키고, 터빈과 압축기의 단열 효율을 향상시킨다.

④ 터빈 입구 온도를 감소시키고, 항공기속도와 터빈 효율을 향상시킨다.

• 추진효율의 향상 방법: 추력의 변화 없이, 추진효율을 증가시키기 위해서는 속도 차($V_j - V_a$)가 감소하는 만큼 질량 유량을 증가시킨 고 바이패스 비를 가질수록 추진효율은 높다.

• 열효율의 향상 방법: 터빈 입구 온도를 높이거나, 압축기 및 터빈의 단열 효율을 증가시키면 열효율은 증가한다.

29 가스터빈엔진에서 축류압축기의 압력비를 정의한 것으로 옳은 것은?

① 압축기 입구 압력과 블레이드 입구의 압력의 비

② 압축기 출구압력과 블레이드 출구압력의 비

③ 압축기 출구압력과 마지막 스테이터 베인의 전체 압력과의 비

④ 압축기 첫 단 입구의 전 압력과 가장 마지막 단 출구의 전 압력의 비

$$터빈\ 엔진\ 압력비 = \frac{엔진\ 흡입구\ 전압}{터빈\ 출구\ 전압}$$

30 압축기의 단수가 3이고, 단당 압력비가 2일 때, 이 압축기의 압력비는 얼마인가?

① 8   ② 12

③ 16   ④ 24

해설

$$r(압력비) = (r_s)^n = 2^3 = 8$$

여기서, r_s=단당 압력비, n=압축기 단 수이다.

31 축류식 압축기에서 단당 압력 상승 중 로터 깃이 담당하는 압력 상승의 백분율을 무엇이라 하는가?

① 반작용   ② 작용

③ 충동도   ④ 반동도

해설

반동도(reaction rate)는 단당 압력 상승 중 로터 깃이 담당하는 상승의 백분율(%)을 말한다. 반동도를 너무 작게 하면 고정자 깃의 입구 속도가 커져 단의 압력비가 낮아지고, 고정자 깃의 구조 강도면에서도 부적합해서 보통 압축기의 반동도는 50% 정도이다.

32 가스터빈엔진 연소실의 구비조건에 해당되지 않는 것은?

① 최소의 압력 손실

② 안정되고 효율적인 작동

③ 신뢰성

④ 가능한 큰 사이즈

해설

연소실의 구비 조건은 다음과 같다.

- 연료 공기비, 비행고도, 비행속도 및 출력의 폭넓은 변화에 대해 안정되고 효율적인 작동이 보장되어야 한다.
- 엔진의 작동 범위 내에서 최소의 압력 손실이 있어야 한다.
- 가능한 한 작은 크기(길이 및 지름)

- 신뢰성이 우수해야 한다.
- 양호한 고공 재시동 특성이 좋아야 한다.
- 출구 온도 분포가 균일해야 한다.

33 가스터빈엔진의 연소실 형식 중 애뉼러형 연소실의 특징으로 틀린 것은?

① 연소실 구조가 복잡하다.

② 연소실의 길이가 짧다.

③ 연소실 전면 면적이 좁다.

④ 연소 효율이 좋다.

해설

- 애뉼러형(annular type) 연소실의 장점
  - 구조가 간단하다.
  - 길이가 짧다.
  - 연소실 전면 면적이 좁다.
  - 연소가 안정하여 연소 정지 현상이 거의 없다.
  - 출구 온도 분포가 균일하다.
  - 연소 효율이 좋다.
- 애뉼러형(annular type) 연소실의 단점
  - 정비가 불편하다.

34 가스터빈엔진에 사용하는 연료 여과기 중 여과기의 필터가 종이로 되어 있어 주기적인 교환이 필요한 것은?

① 카트리지형

② 석면형

③ 스크린-디스크형

④ 스크린형

해설

- 카트리지형(cartridge type): 필터가 종이로 되어 있고 연료 펌프 입구 쪽에 장착되며, 걸러낼 수 있는 최대 입자 크기는 $50 \sim 100 \mu m$이다.
- 스크린형(screen type): 저압용 연료 여과기로 사용되며, 가는 스테인리스 강철 망으로 만들어 걸러낼 수 있는 최대 입자 크기는 최대 $40 \mu m$이다.

✈ 정답 30. ①   31. ④   32. ④   33. ①   34. ①

- 스크린−디스크형(screen−disc type): 연료 펌프 출구 쪽에 장치되고, 분해가 가능한 매우 가는 강철 망으로 되어 있어 세척 후 재사용이 가능하다.

35 가스터빈엔진의 연소실에서 직접 연소에 이용되는 공기량은 연소실을 통과하는 공기의 몇 % 정도인가?

① 5%~10% ② 10%~15%

③ 20%~30% ④ 35%~40%

[해설]

1차 연소 영역은 이론적인 공연비는 약 15:1이지만, 실제 공연비는 60~130:1 정도의 공기량이 많이 들어가 연소가 불가능하게 된다. 1차 연소 영역에서의 최적 공연비는 8~18:1이 되도록 공기의 양을 제한하기 위해 스월 가이드 베인(swirl guide vane)에 의해 공기의 흐름에 적당한 소용돌이를 주어 유입속도를 감소시켜 화염 전파속도를 증가시킨다. 1차 공기 유량은 총 공급 공기량의 20~30% 정도이고, 1차 연소 영역을 간단히 연소영역이라고 한다.

36 충동터빈(impulse turbine)에 대한 설명으로 옳은 것은?

① 단에서 발생되는 압력 저하는 노즐(정익)에서만 일어난다.

② 단에서 발생되는 압력 저하는 회전익에서만 일어난다.

③ 단에서 발생되는 압력 저하는 정익에서 50%, 회전익에서 50%가 일어난다.

④ 일반적으로 블레이드 허브 부분에서는 반동형을 채택하고, 팁에서는 충동형을 채택한다.

[해설]

충동터빈(impulse turbine)은 가스의 팽창이 노즐 내부에서 이루어지고, 로터 내부에서는 전혀 가스 팽창이 발생하지 않는다. 회전자 깃의 입구와 출구의 압력 및 상대속도는 같고, 고정자에서 나오는 빠른 연소 가스가 터빈 깃에 충돌하여 발생한 충동력으로 터빈을 회전시킨다. 즉, 속도나 압력은 변하지 않고 흐름의 방향만 변한다. 반동도가 0% 터빈이다.

37 가스터빈엔진의 터빈 블레이드의 냉각 방법과 관계 없는 것은?

① 대류 냉각(convection cooling)

② 확산 냉각(divergent cooling)

③ 공기막 냉각(air film cooling)

④ 침출 냉각(transpiration cooling)

[해설]

터빈 깃의 냉각 방법

- 대류 냉각(convection cooling): 터빈 깃 내부에 공기 통로를 만들어 차가운 공기가 지나가게 함으로써 터빈을 냉각시키며, 가장 간단하여 가장 많이 사용된다.
- 충돌 냉각(impingement cooling): 터빈 깃의 내부에 작은 공기 통로를 설치하여 터빈 깃의 앞전 안쪽 표면에 냉각 공기를 충돌시켜 깃을 냉각시킨다.
- 공기막 냉각(air film cooling): 터빈 깃 안쪽에 통로를 만들고, 표면에 작은 구멍을 뚫어 이를 통해 찬 공기가 나오게 되어 찬 공기의 얇은 막이 터빈 깃을 둘러싸서 가열 방지 및 냉각하게 된다.
- 침출 냉각(transpiration cooling): 터빈 깃을 다공성 재료로 만들고 깃 내부에 공기 통로를 만들어 냉각 공기가 터빈 깃을 통해 스며 나와 터빈 깃 주위에 얇은 막을 형성하여 깃에 연소 가스가 닿지 못하도록 하는 방식으로 냉각 성능은 우수하지만, 강도 문제로 인해 아직 실용화되지 못하고 있다.

38 가스터빈엔진용 연료의 구비조건이 아닌 것은?

① 점도가 낮을 것

② 빙점이 낮을 것

③ 기화성이 높을 것

④ 인화점이 낮을 것

✈ 정답 35. ③ 36. ① 37. ② 38. ④

해설

가스터빈엔진의 연료 구비 조건

- 비행 시 상승률이 크고, 고고도 비행을 하여 대기압이 낮아지므로 베이퍼 로크(vapor lock)의 위험성이 항상 존재하여 연료의 증기압이 낮아야 한다.
- 제트기류가 있는 $11km$의 온도가 $-56.5℃$인 고공에서 연료가 얼지 않아야 하고, 연료의 어는점이 낮아야 한다.
- 화재 발생을 방지하기 위해 인화점이 높아야 한다.
- 왕복엔진에 비해 연료 소비율이 크기 때문에 대량생산이 가능하고 가격이 저렴해야 한다.
- 단위 무게당 발열량이 커야 한다.
- 연료 탱크 및 계통 내에 연료를 부식시키지 말아야 한다. 즉, 연료의 부식성이 적어야 한다.
- 연료 조정장치의 원활한 작동을 하기 위해 점성이 낮고 깨끗하고, 균질해야 한다.

39 엔진작동의 한계에 요구되는 엔진 추력을 내기 위하여 연소실로 공급되는 연료량을 조정하는 연료 조절장치는?

① 컴퓨터 계통
② 연료 펌프 계통
③ 미터링 계통
④ 스로틀 밸브 계통

해설

연료 조절장치(FCU: Fuel Control Unit)는 유량 조절 부분(metering section)과 수감 부분(computing section)으로 나뉜다. 유량 조절(metering section)은 수감 부분에 의해 계산된 신호를 받아 엔진작동 한계에 맞게 연소실에 연료를 공급 조절한다. 수감 부분(computing section)은 엔진의 작동 조건을 수감하여 유량 조절 밸브의 위치를 결정한다. 수감부의 주요 작동 변수는 엔진의 회전수(rpm), 압축기 출구 압력(CDP), 연소실 압력, 압축기 입구 온도(CIT), 동력 레버 위치(PLA) 등이다.

40 가스터빈엔진의 연료계통에서 1차 연료와 2차 연료로 분류하고, 엔진이 정지할 때 매니폴드나 연료 노즐에 남아있는 연료를 외부로 방출하는 역할을 하는 장치는?

① FCU
② P&D valve
③ Fuel nozzle
④ Fuel heater

해설

여압 및 드레인 밸브(Pressurizing and drain valve: P&D valve)

- 연료 흐름을 1차 연료와 2차 연료로 분리시킨다.
- 엔진 정지 시 매니폴드나 연료 노즐에 남아있는 연료를 외부로 방출시킨다.
- 연료의 압력이 일정 압력이 될 때까지 연료 흐름을 차단한다.

✈ 정답 **39.** ③ **40.** ②

1 **프로펠러의 성능**

(1) 프로펠러의 추력

① 프로펠러 추력(T)

$$T = C_t \rho n^2 D^4$$

※ C_t: 추력계수, ρ: 공기밀도, n: 회전속도, D: 프로펠러 지름

② 프로펠러에 작용하는 토크(Q)

$$Q = C_q \rho n^2 D^5$$

※ C_q: 토크계수

(2) 프로펠러의 효율

① **프로펠러 효율(η_p)**: 엔진으로부터 프로펠러에 전달된 축 동력(P)과 프로펠러가 발생한 추력과 비행속도의 곱으로 나타낸다.

$$\eta_p = \frac{T \times V}{P} = \frac{C_t \rho n^2 D^4 V}{C_p \rho n^3 D^5} = \frac{C_t}{C_p} \times \frac{V}{nD}$$

② **진행률(J)**: 깃의 선속도(회전속도)와 비행속도와의 비를 말하며, 깃 각에서 효율이 최대가 되는 곳은 1개뿐이다. 진행률이 작을 때는 깃 각을 작게(이륙과 상승 시) 하고, 진행률이 커짐에 따라 깃 각을 크게(순항 시) 해야만 효율이 좋아진다.

$$J = \frac{V}{nD} (n: \ rps \ \text{또는} \ rpm)$$

(3) 프로펠러에 작용하는 힘과 응력

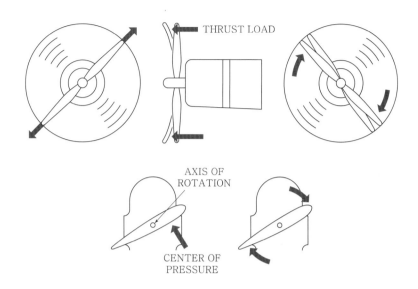

추력과 휨 응력	추력에 의한 프로펠러 깃은 앞으로 휘어지는 휨 응력을 받으며, 프로펠러 깃을 앞으로 굽히려는 경향이 있으나 원심력과 상쇄되어 실제로는 그리 크지 않다.
원심력에 의한 인장 응력	원심력은 프로펠러의 회전에 의해 일어나며, 깃을 허브의 중심에서 밖으로 빠져나가게 하는 힘을 발생하며, 이 원심력에 의해 깃에는 인장 응력이 발생한다. 프로펠러에 작용하는 힘 중 가장 큰 힘은 원심력이다.
비틀림과 비틀림 응력	회전하는 프로펠러 깃에는 공기력 비틀림 모멘트와 원심력 모멘트가 발생한다. 공기력 비틀림 모멘트는 깃의 피치를 크게 하는 방향으로 작용하며, 원심력 모멘트는 깃이 회전하는 동안 깃의 피치를 작게 하는 방향으로 작용한다.

2 프로펠러의 구조

(1) 프로펠러 깃

깃 생크 (blade shank)	깃의 뿌리 부분으로 허브에 연결되어 있고, 이곳 허브에는 프로펠러의 출력을 증가시키기 위한 깃 끝에서 허브까지 날개골 모양을 유지하도록 깃 커프스 (blade cuffs)가 장착되어 있다.
깃 끝 (blade tip)	깃 끝부분으로 회전 반지름이 가장 크고 회전 범위를 알기 쉽게 깃 끝에 특별한 색깔을 칠한다.

깃의 위치	허브를 중심으로 깃을 따라 위치한 것으로 일정한 간격을 나누어 일반적으로 허브 중심에서 6″간격으로 깃 끝을 나눈다.
깃 각	회전면과 깃의 시위선이 이루는 각을 말한다.
유입각(피치각)	비행속도와 깃의 속도를 합하여 하나의 합성속도로 만든 다음 이것과 회전면이 이루는 각을 말한다.
받음각	깃 각에서 유입각을 뺀 각이다.

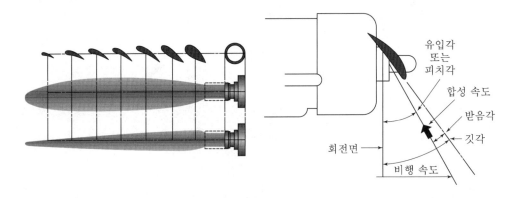

▲ 프로펠러 깃과 프로펠러의 깃 각

(2) 프로펠러 피치

기하학적 피치	프로펠러가 한 바퀴 회전했을 때 앞으로 전진한 거리로 이론적 거리라 하고, 깃 끝으로 갈수록 깃 각을 작게 비틀어 기하학적 피치를 일정하게 한다.
유효피치	프로펠러가 한 바퀴 회전했을 때 실제로 전진한 거리로, 진행거리라 한다. 유효피치는 기하학적 피치보다 작고, 그 차를 프로펠러 슬립(propeller slip)이라 한다.

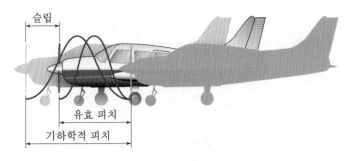

▲ 프로펠러 슬립

(1) 축의 종류에 따른 분류

테이퍼형(taper type)	taper number로 분류되며 직렬형 엔진에 사용한다.
플랜지형(flange type)	sae number로 분류되며 저·중형 엔진, 터보프롭엔진에 사용한다.
스플라인형(spline type)	sae number로 분류되며 고출력 엔진에 사용한다.

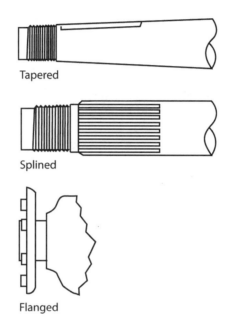

Tapered

Splined

Flanged

(2) 깃의 재료에 따른 분류

목제 프로펠러 (wood propeller)	자작나무, 벚꽃나무, 마호가니, 호두나무, 서양 물푸레나무, 껍질흰떡갈나무 등이 사용되며, 강도를 높이기 위해 6~25mm 합판을 여러 겹으로 만들며, 도프(dope) 용액으로 습기 보호를 한다. 가볍고 값이 싸고 제작이 쉽지만, 300마력 이상 엔진에는 사용할 수 없고, 수명이 짧다는 단점이 있다.
금속제 프로펠러 (metal propeller)	재질은 알루미늄 및 강으로 만든다. 금속은 무게와 강도를 고려해 안쪽이 비었고, 강도가 높고 내구성이 좋지만, 값이 비싸다는 단점이 있다.

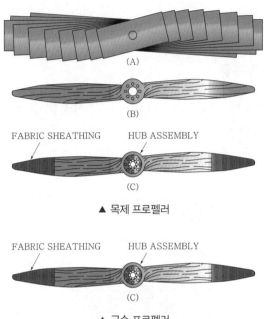

(A)

(B)

FABRIC SHEATHING   HUB ASSEMBLY

(C)

▲ 목제 프로펠러

FABRIC SHEATHING   HUB ASSEMBLY

(C)

▲ 금속 프로펠러

(3) 피치 변경에 따른 분류

① 프로펠러 종류

고정 피치 프로펠러 (fixed pitch propeller)	깃이 고정된 것으로 순항속도에서 가장 효율이 좋은 깃 각으로 제작된다.
조정 피치 프로펠러 (adjustable pitch propeller)	한 개 이상의 속도에서 최대의 효율을 얻을 수 있도록 피치 조정이 가능한 프로펠러로, 지상에서 엔진이 작동되지 않을 때 정비사가 조정 나사로 조정하여 비행 목적에 따라 피치를 조정한다.
가변 피치 프로펠러 (controllable pitch propeller)	공중에서 비행 목적에 따라 조종사에 의해 피치 변경이 가능한 프로펠러이다.

② 가변 피치 프로펠러의 종류

가) 2단 피치 프로펠러(2-position controllable pitch propeller): 2개의 위치만을 선택할 수 있는 프로펠러이고, 저피치는 이·착륙 때와 저속에 사용되고, 고피치는 순항 및 강하 비행 시에 사용된다.

피치 조작레버를 저피치에 놓으면	3-way valve를 통해 오일압력이 작동하여 실린더를 전방으로 이동→카운터 웨이트가 안으로 오므라짐→프로펠러 피치는 저피치가 된다.
피치 조작레버를 고피치에 놓으면	3-way valve를 통해 작동 실린더의 오일이 크랭크 케이스로 배출→작동 실린더 내부 오일이 빠져나가 작동 실린더가 후방으로 이동→카운터 웨이트가 벌어짐→프로펠러 피치는 고피치가 된다(고피치로 변경시키는 힘: 카운터 웨이트의 원심력).

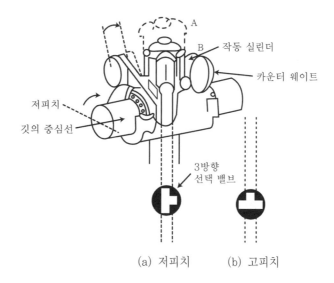

(a) 저피치   (b) 고피치

▲ 2단 가변 피치 프로펠러

나) 정속 프로펠러(constant speed propeller): 조속기를 장착하여 저피치~고피치 범위 내에서 비행고도, 비행속도, 스로틀 개폐에 관계없이 조종사가 선택한 rpm을 일정하게 유지시켜 진행률에 대해 최량의 효율을 가질 수 있는 프로펠러이다. 조속기는 프로펠러의 rpm을 일정하게 유지시켜 주는 장치이다.

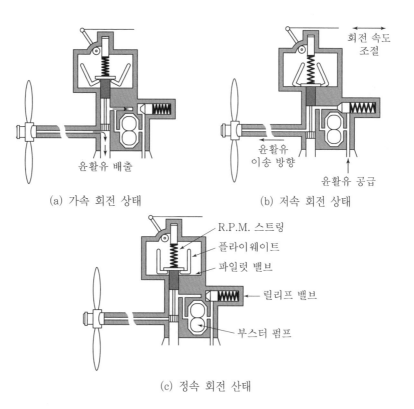

(a) 가속 회전 상태   (b) 저속 회전 상태

(c) 정속 회전 산태

과속회전 상태 (over speed)	원심력이 높아져 플라이 웨이트 벌어짐→파일럿 밸브 위로 올라감→실린더 로부터 오일 배출→블레이드 피치 고피치→RPM 감소→정속회전 상태
저속회전 상태 (under speed)	원심력이 낮아져 플라이웨이트 오므라짐→파일럿 밸브 아래로 내려감→실 린더로 오일 공급→가압된 오일→블레이드 피치 저피치→RPM 증가→정속 회전 상태
정속회전 상태 (on speed)	정속상태를 변경하기 위해서는 RPM 스프링의 장력을 조절하여 정속상태를 조절한다. 속도를 증가시키려면 스프링 장력을 증가하고, 속도를 감소시키려 면 스프링의 장력을 감소시킨다.

다) 완전 페더링 프로펠러(feathering propeller): 정속 프로펠러에 페더링을 더 추가한
형식으로 엔진 정지 시 항공기의 공기 저항을 감소시키고, 풍차 회전에 따른 엔진의 고장
확대를 방지하기 위해 프로펠러를 비행 방향과 평형되도록 피치를 변경시킨 것이다.

라) 역피치 프로펠러(reverse pitch propeller): 정속 프로펠러에 페더링 기능과 역피치
기능을 부가시킨 장치로 착륙거리를 단축하기 위해 저피치보다 더 적은 역피치를 하면
역추력이 발생하여 착륙거리를 단축시킬 수 있는 프로펠러이다.

(4) 프로펠러 장착에 따른 분류

견인식	프로펠러를 비행기 앞에 장착하여 앞으로 끌고 가는 방법이다.
추진식	프로펠러를 비행기 뒤에 장착하여 앞으로 밀고 가는 방법이다.
이중 반전식	한 축에 이중 회전축으로 프로펠러를 장착하여 서로 반대로 돌게 만든 것이며, 자이 로 효과를 없앨 수 있는 장점이 있다.
탬덤식	비행기 앞에는 견인식, 뒤에는 추진식을 모두 갖춘 방법이다. 깃의 수는 2~5개로 나 누며 깃 끝 속도, 지면과의 간격 및 추력 증가의 필요성을 고려하여 결정해야 한다.

① 깃 끝 속도

$$V_t = \sqrt{V^2 + (2\pi r n)^2} = \sqrt{V^2 + (\pi n D)^2}$$

※ V: 비행속도, $\pi n D$: 반지름이 r인 깃 끝의 선속도, n: 회전수

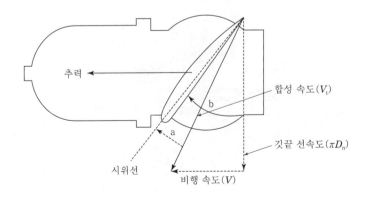

04 실력 점검 문제

01 프로펠러 깃에서 깃이 캠버로 된 쪽을 무엇이라 하는가?

① 깃 면　　　　② 깃 등

③ 시위선　　　　④ 앞전

해설

프로펠러 깃

• 허브는 프로펠러 2개 이상의 깃이 장착된 위치

• 깃의 단면은 날개의 날개골과 같다(깃 앞전, 깃 등(깃 윗면), 깃 뒷전으로 구분한다).

• 깃 앞전은 둥근 모양을 하고 있고, 공기를 직접 가르는 부분이다.

• 깃 윗면은 추력이 작용하는 면으로 깃이 캠버로 된 부분이다.

• 깃 뒷전은 앞전의 반대쪽으로 평평하고 날카로운 끝을 가지고 있다.

02 프로펠러에서 유효피치에 대한 설명으로 옳은 것은?

① 프로펠러 회전속도에 대한 항공기의 전진속도의 비율이다.

② 비행 중 프로펠러가 60회전하는 동안 항공기가 이론상 전진한 거리이다.

③ 비행 중 프로펠러가 1회전하는 동안 증가한 항공기의 속도이다.

④ 비행 중 프로펠러가 1회전하는 동안에 항공기가 전진한 실제 거리이다.

해설

프로펠러 피치

• 기하학적 피치: 프로펠러가 한 바퀴 회전했을 때 앞으로 전진한 거리로 이론적 거리라 하고, 깃 끝으로 갈수록 깃 각을 작게 비틀어 기하학적 피치를 일정하게 한다.

• 유효피치: 프로펠러가 한 바퀴 회전했을 때 실제로 전진한 거리로 진행거리라 한다. 유효피치는 기하학적 피치보다 작고, 그 차를 프로펠러 슬립(propeller slip)이라 한다.

03 다음 중 만능 프로펠러 각도기로 측정할 수 있는 것은?

① 깃 각　　　　② 캠버

③ 시위　　　　④ 슬립

해설

프로펠러 만능 각도기는 프로펠러의 피치각을 측정하거나 조절한다.

04 프로펠러의 구조와 관계없는 것은 무엇인가?

① 스피너　　　　② 허브

③ 생크　　　　④ 깃

해설

프로펠러는 허브, 생크(shank) 또는 뿌리(root), 깃으로 구성되어 있다. 허브에는 두 개 이상의 깃이 장착되고 직접 엔진의 축에 연결하거나 감속기어를 거쳐서 연결한다.

정답 01. ②　02. ④　03. ①　04. ①

05 프로펠러가 엔진으로부터 받아들이는 마력은?

① 제동마력　　　　② 마찰마력

③ 지시마력　　　　④ 이용마력

해설

제동마력(brake horsepower)은 엔진에 의해서 만들어진 마력으로 프로펠러에 전달된 마력이다.

06 프로펠러의 추진력을 추력(T)이라 하면 깃 단면은 비행기 날개의 날개골과 같으므로, 추력을 날개에서 얻어지는 공기의 힘이라 할 때, 관계식으로 맞는 것은? (단 D=프로펠러 지름, n=회전속도, ρ=공기밀도)

① $T \backsim p \times \dfrac{\pi D^2}{4} \times (\pi Dn)^2$

② $T \backsim p \times \dfrac{\pi D}{4} \times (\pi Dn)^3$

③ $T \backsim p \times \dfrac{\pi D}{4} \times \pi D$

④ $T \backsim p \times \dfrac{\pi D^2}{4} \times (\pi Dn)^3$

해설

$T \backsim$ (공기밀도) $\times$ (프로펠러 회전면의 넓이) $\times$ (프로펠러 깃의 선속도)^2

$= T \backsim \rho \times \dfrac{\pi D^2}{4} \times (\pi Dn)^2$

07 프로펠러의 추력 크기에 관한 설명 내용으로 가장 올바른 것은?

① 공기의 밀도에 반비례한다.

② 회전속도의 제곱에 비례한다.

③ 프로펠러의 지름에 반비례한다.

④ 추력계수에 관계없이 일정하다.

해설

프로펠러 추력(T)

$T = C_t \rho n^2 D^4$

※ C_t: 추력계수, ρ: 공기밀도, n: 회전속도, D: 프로펠러 지름

08 비행속도가 V, 회전속도가 n(rpm)인 프로펠러의 경우, 1회전하는 데 소요되는 시간은 60/n초이므로, 프로펠러가 1회전하는 데 비행기가 실제로 전진하는 거리인 경우의 관계식으로 가장 올바른 것은?

① $V \times \dfrac{60}{n}$　　　② $60 \times \dfrac{n}{V}$

③ $n \times \dfrac{V}{60}$　　　④ $60 \times V \times n$

해설

프로펠러가 1회전하는 데 소요되는 시간은 $\dfrac{60}{n}$초이므로, 프로펠러가 1회전하는 데 비행기가 실제로 전진하는 거리인 유효피치는 $V \times \dfrac{60}{n}$이 된다.

09 프로펠러의 추진효율을 높이기 위한 방법으로 맞지 않는 것은?

① 프로펠러의 깃 끝각

② 프로펠러의 깃 두께

③ 프로펠러의 회전속도

④ 프로펠러의 재질

해설

프로펠러 효율(η_p)은 엔진으로부터 프로펠러에 전달된 축 동력(P)과 프로펠러가 발생한 추력과 비행속도의 곱으로 나타낸다.

$\eta_p = \dfrac{T \times V}{P} = \dfrac{C_t \rho n^2 D^4 V}{C_p \rho n^3 D^5} = \dfrac{C_t}{C_p} \times \dfrac{V}{nD}$

✈ **정답**　05. ①　06. ①　07. ②　08. ①　09. ④

10 고정 피치 프로펠러는 어느 시기에 최대 효율이 되도록 설계하는가?

① 이륙 시   ② 순항 시

③ 착륙 시   ④ 완속 비행 시

해설

프로펠러 종류

- 고정 피치 프로펠러(fixed pitch propeller): 깃이 고정된 것으로 순항속도에서 가장 효율이 좋은 깃 각으로 제작된다.
- 조정 피치 프로펠러(adjustable pitch propeller): 한 개 이상의 속도에서 최대의 효율을 얻을 수 있도록 피치 조정이 가능한 프로펠러이다.
- 가변 피치 프로펠러(controllable pitch propeller): 공중에서 비행 목적에 따라 조종사에 의해 피치 변경이 가능한 프로펠러이다.

11 프로펠러 블레이드에 작용하는 힘 중 가장 큰 힘은?

① 구심력   ② 인장력

③ 비틀림력   ④ 원심력

해설

프로펠러에 작용하는 힘과 응력

- 추력과 휨 응력: 추력에 의한 프로펠러 깃은 앞으로 휘어지는 휨 응력을 받으며, 프로펠러 깃을 앞으로 굽히려는 경향이 있으나 원심력과 상쇄되어 실제로는 그리 크지 않다.
- 원심력에 의한 인장 응력: 원심력은 프로펠러의 회전에 의해 일어나며, 깃을 허브의 중심에서 밖으로 빠져나가게 하는 힘을 발생하며, 이 원심력에 의해 깃에는 인장 응력이 발생한다. 프로펠러에 작용하는 힘 중 가장 큰 힘은 원심력이다.
- 비틀림과 비틀림 응력: 회전하는 프로펠러 깃에는 공기력 비틀림 모멘트와 원심력 모멘트가 발생한다. 공기력 비틀림 모멘트는 깃의 피치를 크게 하는 방향으로 작용하며, 원심력 모멘트는 깃이 회전하는 동안 깃의 피치를 작게 하는 방향으로 작용한다.

12 고속 회전 시 프로펠러의 원심력에 의하여 프로펠러 중앙 허브로부터 브레이드를 밖으로 이탈시키려는 응력이 발생하는데, 이 응력을 무엇이라고 하는가?

① 굽힘 응력   ② 인장 응력

③ 비틀림 응력   ④ 추력

해설

프로펠러에 작용하는 힘과 응력 중 원심력에 따른 인장 응력

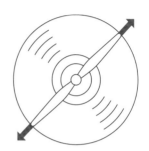

13 프로펠러가 회전할 때 받는 굽힘 응력(bending stress)은 어느 작용의 힘에 의하여 발생되는가?

① 원심력   ② 비틀림

③ 추력   ④ 공기 반작용

해설

프로펠러에 작용하는 힘과 응력 중 추력에 따른 굽힘 응력

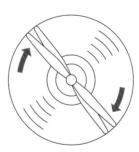

✈ **정답**   10. ②   11. ④   12. ②   13. ③

14 프로펠러의 평형 작업 시 사용하는 아버(ar-ber)의 용도는?

① 평형 스탠드를 맞춘다.
② 평형 칼날 상의 프로펠러를 지지해 준다.
③ 첨가하거나 제거해야 할 무게를 나타낸다.
④ 중량이 부가되어야 하는 프로펠러 깃을 표시한다.

해설

프로펠러의 평형 작업
- 밸런싱 아버를 프로펠러 허브의 장착 플랜지에 장착시킨다.
- 밸런싱 아버에 평형추를 달고 평형 스탠드 칼날 위에 올린다. 이때 평형추 위치는 0.4oz/in를 초과하면 안 된다.)
- 평형 검사 시 바람이 불면 차단막을 설치한다.
- 평형 스탠드 칼날의 수평 상태를 확인한 후 조절한다.

15 가변 피치 프로펠러 중 저피치와 고피치 사이에서 무한한 피치각을 취하는 프로펠러는 어느 것인가?

① 2단 가변 피치 프로펠러
② 완전 페더링 프로펠러
③ 정속 프로펠러
④ 역피치 프로펠러

해설

정속 프로펠러(constant speed propeller)는 조속기를 장착하여 저피치~고피치 범위 내에서 비행고도, 비행속도, 스로틀 개폐에 관계없이 조종사가 선택한 rpm을 일정하게 유지시켜 진행률에 대해 최량의 효율을 가질 수 있는 프로펠러이다. 조속기는 프로펠러의 rpm을 일정하게 유지시켜 주는 장치이다.

16 2단 가변 피치 프로펠러를 장착한 항공기가 착륙할 때 프로펠러 깃의 상태는?

① 저피치　　　　② 고피치
③ 완전 페더링　　④ 중립

해설

2단 피치 프로펠러(2-position controllable pitch propeller)는 2개의 위치만을 선택할 수 있는 프로펠러로, 저피치는 이·착륙 때와 저속에 사용되고, 고피치는 순항 및 강하 비행 시에 사용된다.

17 착륙 후 활주거리를 단축하기 위해 깃 각을 부(−)의 값으로 바꿀 수 있는 프로펠러 형식은?

① 역피치 프로펠러
② 페더링 프로펠러
③ 정속 피치 프로펠러
④ 두 지점 프로펠러

해설

역피치 프로펠러(reverse pitch propeller)는 정속 프로펠러에 페더링 기능과 역피치 기능을 부가시킨 장치로, 착륙거리를 단축하기 위해 저피치보다 더 적은 역피치를 하면 역추력이 발생하여 착륙거리를 단축시킬 수 있는 프로펠러이다.

18 하나의 속도에서 효율이 가장 좋도록 지상에서 피치각을 조종하는 프로펠러는 다음 중 어느 것인가?

① 고정 피치 프로펠러
② 조정 피치 프로펠러
③ 2단 가변 피치 프로펠러
④ 정속 프로펠러

해설

10번 문제 해설 참고

✈ 정답 　14. ② 　15. ③ 　16. ① 　17. ① 　18. ②

19 정속 피치 프로펠러의 깃 각 변화는 승압된 오일 압력과 프로펠러의 원심력 사이의 균형에 따라 달라지는데, 그 차이를 조종하는 장치는?

① 조속기
② 플라이 웨이트
③ 오일 펌프
④ 마운팅 플랜지

[해설]

정속 프로펠러(constant speed propeller)는 조속기를 장착하여 저피치~고피치 범위 내에서 비행고도, 비행속도, 스로틀 개폐에 관계없이 조종사가 선택한 rpm을 일정하게 유지시켜 진행률에 대해 최량의 효율을 가질 수 있는 프로펠러이다. 조속기는 프로펠러의 rpm을 일정하게 유지시켜 주는 장치이다.

20 프로펠러의 익단 실속은 성능에 큰 영향을 미치므로 이 현상을 방지하기 위한 방법으로 가장 관계가 먼 것은?

① 프로펠러 직경을 작게 한다.
② 프로펠러의 회전수를 증가시킨다.
③ 익단 속도를 음속의 90% 이하로 제한한다.
④ 유성기어열의 감속기어를 설치한다.

[해설]

익단 실속 현상을 방지하는 방법

• 깃 끝 속도를 음속의 90% 이하로 제한한다.
• 프로펠러 깃의 길이를 제한한다.
• 크랭크축과 프로펠러 축 사이에 감속기어를 장착한다(감속기어가 차지하는 공간에 무게를 감소시키기 위해 감속기어에는 유성기어열(planetary gear train)을 사용한다).

정답 **19.** ① **20.** ②

회전익 항공기의 동력전달장치

1 동력전달계통의 구조와 명칭

(1) 동력전달계통의 기본 구조

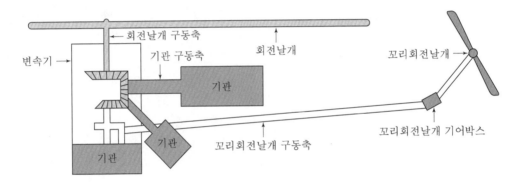

주 구동축	엔진동력을 변속기에 전달하는 역할을 하고, 구동축 양쪽은 커플링으로 체결되어 있어 충격과 진동을 흡수한다.
변속기	엔진의 회전수를 감소시켜 동력을 주 회전날개와 꼬리회전날개에 전달한다. 변속기는 회전날개 오토로테이션 시 엔진과의 연결을 차단하는 역할을 한다.
회전날개 구동축	변속기에서 감속된 엔진동력을 주 회전날개에 전달하는 역할을 하며, 꼬리회전날개 구동축은 엔진의 동력을 꼬리회전날개에 전달한다.
기어박스	중간 기어박스는 꼬리회전날개 구동축 중간에 설치하고, 꼬리회전 기어박스는 꼬리회전날개 구동축 회전 방향을 90° 바꿔 주는 역할을 하는 동시에 일정한 회전수를 증감시키기도 한다.

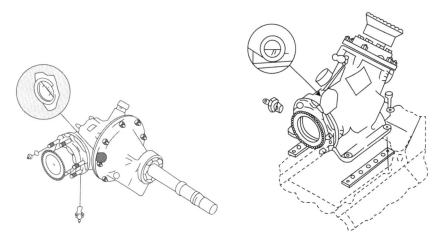

▲ 중간 기어박스 꼬리회전날개 기어박스

동력전달계통의 분류

(1) 왕복엔진의 동력전달계통

수직대향형의 왕복엔진을 장착한 단일 헬리콥터에서 볼 수 있는 동력전달계통으로 엔진과 동력전달장치 및 주 회전날개가 수직으로 연결되어 있다. 동력전달계통은 클러치(clutch), 프리휠(free wheel), 냉각 팬(cooling fan), 주 회전날개 구동축(main rotor drive shaft), 감속기어박스(reduction gear box), 베벨기어(bevel gear), 꼬리회전날개 구동축(tail rotor drive shaft), 꼬리회전날개 동력전달장치(tail rotor transmission)로 이루어져 있다.

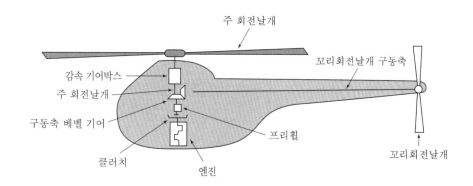

▲ 왕복엔진 헬리콥터 동력전달계통

① **왕복엔진 변속기 내부 구조:** 단일 회전날개 헬리콥터에 사용되며, 케이싱 내부에는 원심 클러치, 프리휠 클러치, 꼬리회전날개 구동부, 냉각 팬 구동부, 유성기어, 발전기 구동부가 설치되어 있다. 감속장치로는 유성기어를 사용하며, 위쪽 유성기어에는 선 기어, 링 기어, 스파이더로 구성되고, 아래쪽에는 선 기어, 스파이더, 프리휠 클러치로 구성되어 있다. 꼬리회전날개 또는 액세서리는 엔진 정지되거나 자동회전 시에도 주 날개가 회전한다면 계속 구동하게 되므로, 꼬리회전날개도 회전되어 조종성을 잃지 않는다.

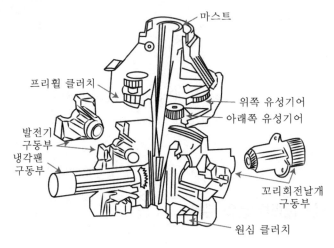

▲ 주 회전날개 기어박스

(2) 가스터빈엔진의 동력전달계통

① **소형 가스터빈엔진 변속기:** 가스터빈엔진을 장착한 단일 헬리콥터에 사용되는 동력전달 장치로써 엔진 출력 구동축이 45° 경사지게 연결되어 있다. 이 동력전달장치는 입력 축(input shaft)인 엔진 출력 구동축, 프리휠(free wheel), 클러치(clutch), 주 회전날개 구동축(main rotor drive shaft), 꼬리회전날개 구동축(tail rotor drive shaft)으로 구성되어 있다.

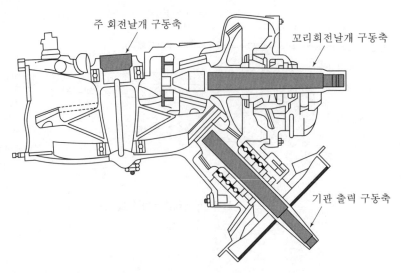

② **대형 가스터빈엔진 변속기**: 2개의 가스터빈엔진을 장착한 직렬형 헬리콥터에 사용되는 동력 전달장치이며, 각각 수직으로 연결되어 동력을 전달한다. 구성은 입력 축, 믹싱 기어박스, 후방 변속기 동기 축, 냉각 송풍기, 전방 변속기, 윤활계통으로 되어 있다. 전·후방 동기 축으로 연결되어 있어 한 엔진에 이상 발생 시 다른 엔진에서 구동 힘을 받아 회전날개를 회전시켜 비행할 수 있게 되어 있다.

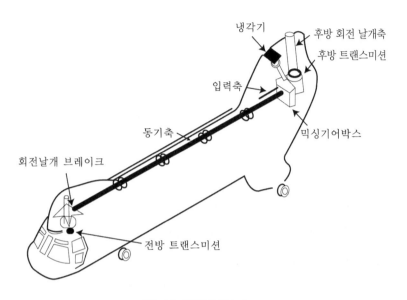

냉각기
후방 회전 날개축
후방 트랜스미션
입력축
동기축
믹싱기어박스
회전날개 브레이크
전방 트랜스미션

▲ 대형 가스터빈엔진 변속기

회전날개 동력 구동축은 엔진과 변속기, 또는 변속기와 변속기를 결합하여 동력을 전달하며, 구동축을 결합하거나 간격에 여유를 두기 위해, 또 하중이 작용할 때를 위해 탄력성 있는 커플링을 장착한다. 커플링의 종류에는 토머스 커플링(thomas coupling), 기어 커플링(gear coupling), 다이어프램 커플링(diaphragm coupling)이 있다.

가) **믹싱기어박스**: 2개의 엔진이 장착된 직렬형 헬리콥터에 사용된다. 엔진 출력은 각각의 축에 의해 믹싱기어박스에 전달되고, 컬렉터 기어(collector gear)에서 1차 감속되어 출력이 합해진다. 출력은 퀼 축(quill shaft) 및 동기 축(synchro-shaft)에 의해 앞·뒤에 동력이 전달된다. 2차 감속계통은 앞·뒤 변속기의 베벨기어에 의해 윗 방향으로 $90°$ 전환되어 유성기어에 의해 감속 후 양쪽 날개에 구동력을 전달한다. 컬렉터 기어, 베벨기어, 유성기어에 의해 윤활유 냉각기, 유압 펌프, 교류 발전기, 액세서리가 구동 된다. 믹싱기어박스 내부에 프리휠 클러치가 장착되어 있다.

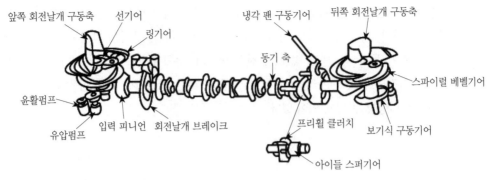

▲ 믹싱기어박스(KV 107)

나) 감속비 계산

$$r_2 = \frac{Z_S + Z_R}{Z_S}$$

$$n_p = \frac{n_s}{r_2}$$

※ r_2: 감속비, Z_S: 선 기어 잇수, Z_R: 링 기어 잇수, n_p: 유성기어 캐리어 회전수(rpm), n_s: 선 기어 회전수(rpm)

③ **가스터빈엔진 변속기 내부 구조**: 단일 헬리콥터 가스터빈엔진으로 구동된다. 2개의 엔진 출력은 각각의 베벨기어에서 1차 감속되고, 헬리컬 기어 계통에서 결합되어 주 회전날개를 구동한다. 테일기어박스는 구동축의 방향 전환을 위해 한 쌍의 베벨기어로 이루어져 있고, 출력이 작고 회전속도가 빠른 꼬리회전날개를 구동시킨다.

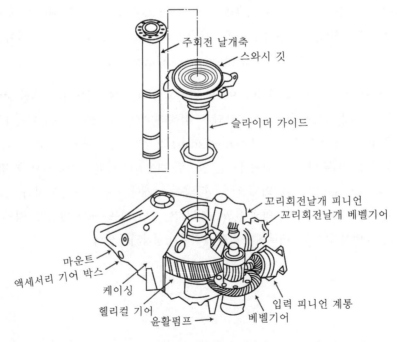

▲ 가스터빈엔진 구동기어박스

(3) 클러치

① **원심 클러치(centrifugal clutch):** 왕복엔진을 장착한 회전익 항공기에 사용되며, 엔진 시동 및 저속 운전 시 엔진에 부하가 걸리지 않도록 원심력을 이용한 자동 원심 클러치를 사용한다. 엔진 회전수가 낮을 경우 드럼(drum)에서 슈(shoe)의 접촉면이 떨어져 엔진 회전력이 변속기에 전달되지 않고, 엔진 회전수가 증가함에 따라 원심 클러치 스파이더(spider)에 장착된 4개의 슈가 원심력에 의해 바깥쪽으로 벌어지며, 회전속도가 충분히 발생 시 클러치 드럼에 접촉되어 엔진 출력이 변속기에 전달된다.

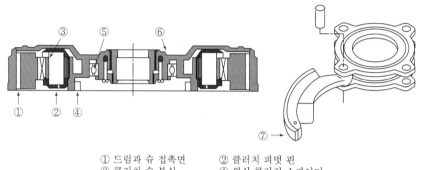

① 드럼과 슈 접촉면   ② 클러치 피벗 핀
③ 클러치 슈 부싱   ④ 원심 클러치 스파이더
⑤ 베어링   ⑥ 클러치 드럼
⑦ 클러치 슈 라이닝

② **프리휠 클러치:** 프리휠 클러치(freewheel clutch) 또는 오버러닝 클러치(over running clutch)라고 하며, 엔진 작동이 불량하거나 자동회전(auto rotation) 비행 중 지장을 초래되는 현상, 즉 엔진 정지 시 주 회전날개 토크에 의해 엔진을 돌리지 못하게 하는 역할을 한다. 엔진이 정상 작동할 때는 출력을 주 회전날개에 전달하지만, 엔진 고장 및 출력 감소에 의해 엔진회전속도가 주 회전날개 속도보다 늦을 경우나, 직·병렬 헬리콥터와 같은 다발 헬리콥터에서 작동되지 않는 엔진이 있을 경우 프리휠 클러치가 회전날개와 엔진을 분리시켜 엔진을 보호하는 역할을 한다.

(a) 스프래그형   (b) 롤러형

③ **토크 미터:** 엔진에서 동력전달장치로 전달되는 토크(torque)를 측정하는 장치이며, 클러치보다 앞에 위치하고, 엔진과 동력전달장치 사이에 장착되어 엔진에서 토크가 전달될 때 축의 비틀림 정도를 광선을 비추어 반사각을 광학장치로 측정한 값을 컴퓨터로 계산하는 장치이다. 가스터빈엔진이 장착된 헬리콥터는 터빈 안에 토크미터가 장착되어 있다.

④ **주 회전날개 브레이크:** 회전익 항공기는 지상에서 엔진의 시동을 off해도 회전날개의 회전 관성력에 의해 브레이드는 회전한다. 승객이 타거나 급유 작업 시에는 안전을 위해 주 회전날개를 급제동하거나 시동할 때 발생하는 회전날개와 기체 공진을 최소화하기 위해 디스크형 브레이크를 주로 사용한다.

3 진동과 방진

(1) 회전익 항공기의 진동

주 회전날개는 회전으로 인하여 진동이 발생하며, 진동을 줄이기 위한 가장 효과적인 방법으로는 깃의 수를 많게 하는 방법과 근본적인 평형을 맞춰 주어야 한다.

저속영역 진동 증가	기체가 회전날개로부터 유도속도의 영향을 크게 받기 때문이다.
고속영역 진동 증가	깃의 실속과 압축성의 영향이 있기 때문이다.

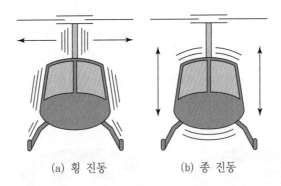

(a) 횡 진동   (b) 종 진동

① 진동의 형태

횡 진동	가로 방향의 진동으로 깃의 평형이 맞지 않을 때 발생된다.
종 진동	세로 방향의 진동으로 궤도가 맞지 않다.

가) 진동의 원인: 주 회전날개의 시위 방향(chord wise) 및 길이 방향(span wise)의 평형이 맞지 않았을 경우나 항력힌지나 허브 구성품의 배치 불량으로 발생한다.

시위 방향 불평형	1개의 깃이 다른 깃보다 시위 방향으로 깃의 뒷전 부분이 다를 때 발생한다.
길이 방향 불평형	1개의 깃이 다른 깃보다 무거울 경우 발생한다.

나) 진동의 종류

저주파수 진동	주 회전날개 1회전당 기체에 1회 및 $\frac{2}{3}$회 진동과 가로 방향인 옆놀이 진동 1회에 1회 전달되는 진동 및 꼬리 진동이 있다. 가장 보편적인 진동이며 종·횡 진동이 일어날 수도 있다. 진동 원인은 주 날개의 길이 방향으로 깃이나 허브 균형이 맞지 않았거나 시위 방향으로 깃 뒷전 균형이 맞지 않을 경우에 발생된다. 보통 메인로터 300~500rpm에서 발생한다.
중주파수 진동	주 회전날개 1회전당 날개 깃 수만큼 진동이 4~6번 발생한다. 식별하기 어려운 진동이며, 저주파수 진동과 같이 메인로터에서 발생하고 매 분당 사이클 수는 500~2,000CPM이다(CPM: Cycles Per Minute, CPS: Cycles Per Second).
고주파수 진동	엔진이나 동력구동장치에 의해 발생되며 다른 진동에 비해 쉽게 구별할 수 있다. 주로 꼬리회전날개 구동축에 진동이 발생되며 꼬리날개의 진동 테일 로터의 회전수가 고속으로 회전 시 보통 2,000CPM 이상의 진동이 발생한다. 또한 변속기 진동은 연결되어 있는 보조동력장치, 냉각 송풍기 및 자유회전장치로부터 발생되며, 주로 소리로 감지할 수 있다.

(2) 방진

회전익 항공기의 진동은 경우에 따라 심한 경우에는 계기판의 식별도 어렵고, 승무원과 승객에게 큰 피로감과 불쾌감을 주거나, 기체 구조의 피로 파괴 및 고장을 발생시킨다. 동체의 방진 대책으로는 방진고무의 삽입, 동적 흡진기의 장착, 강성 변경(계기판 등), 지지 방법의 변경을 들 수 있다.

① **회전날개 및 허브 방진장치**: 최대 진동원은 주 회전날개에서 발생하기에 진자식 방진장치를 깃에 진자를 장착하여 진동 주파수와 주기가 다른 진동을 발생시켜 진폭을 억제할 수 있다. 하지만 공기 저항과 중량이 커지는 점은 피할 수 없다.

② **파일론에 방진장치**: 주 회전날개에서 기체로 전달되므로 그 사이에 방진장치를 장착하여 진동이 기체로 전달되는 진동원을 차단시킨다. 동력전달장치 양 끝에 무게추가 장착된 보를 이용하고 조절하여 주 회전날개에서 동력전달장치로 이어지는 진동을 최소화할 수 있다.

③ **특정 부분 방진장치**: 조종석 시트나 계기판 등에 진자를 가로 방향으로 배치하여 가로 방향 진동을 감소시킨다.

01 헬리콥터의 동력 구동축에 대한 설명으로 관계가 먼 것은?

① 동력 구동축은 엔진구동축, 주 회전날개 구동축 및 꼬리회전날개 구동축으로 구성되어 있다.

② 구동축의 양끝은 스플라인으로 되어 있거나 스플라인으로 된 유연성 커플링이 장착되어 있다.

③ 진동을 감소시키기 위해 동적인 평형이 이루어지도록 되어 있다.

④ 지지베어링에 의해서 진동이 발생할 수 있으므로 회전을 고려한 베어링의 편심을 이뤄야 한다.

[해설]

구동축

- 구동축은 엔진 구동축(main drive shaft), 주 회전날개 구동축(main rotor drive shaft), 꼬리회전날개 구동축(tail rotor drive shaft)으로 구성된다.
- 알루미늄의 관이나 강재의 재질이며, 구동축의 양 끝은 스플라인으로 된 유연성 커플링이 장착되어 있다.
- 진동을 감소시키기 위해 동적인 평형이 이루어지도록 고려되었고, 지지베어링에 의해서 진동을 감소시킨다.

02 헬리콥터의 동력 구동축 중에서 엔진의 동력을 변속기에 전달하는 구동축은?

① 엔진 구동축

② 액세서리 구동축

③ 주 회전날개 구동축

④ 꼬리회전날개 구동축

[해설]

구동축은 엔진 구동축(main drive shaft)은 엔진의 동력을 변속기에 전달하고, 주 회전날개 구동축(main rotor drive shaft)은 메인 로터에 동력을 전달하고, 꼬리회전날개 구동축(tail rotor drive shaft)은 테일 로터에 동력을 전달한다.

03 헬리콥터에서 조종기구와 더불어 구동축에 연결되어 회전날개 깃에 조종변위와 동력을 전달할 수 있게 되어 있는 것은?

① 변속기   ② 파일론

③ 회전날개 헤드   ④ 기어박스

[해설]

회전날개 헤드는 조종기구의 동작에 따른 조종변위와 구동축의 동력을 전달받을 수 있도록 고안되었다.

04 헬리콥터의 동력구동장치 중 엔진에서 전달받은 구동력을 회전수와 회전 방향을 변환시킨 후에 각 구동축으로 전달하는 장치는?

① 변속기

② 동력 구동축

③ 중간 기어 박스

④ 꼬리 기어 박스

[해설]

변속기는 엔진에서 전달받은 구동력을 회전수와 회전 방향을 변환시킨 후에 주 회전날개 구동축과 꼬리회전날개 구동축 및 보조 장비 구동축에 전달하는 장치이다.

✈ 정답 01. ④ 02. ① 03. ③ 04. ①

05 다음 중 헬리콥터의 동력전달계통에 속하지 않는 것은?

① 변속기
② 오버러닝 클러치
③ 자이로신
④ 회전날개 구동축

해설

동력전달계통으로는 엔진, 오버러닝 클러치, 베벨 기어, 주 회전날개 구동축, 감속 기어박스(변속기), 꼬리회전날개 구동축, 주 회전날개, 꼬리회전날개가 있다.

06 헬리콥터의 변속기로부터 액세서리 기어 박스를 통해 회전력을 전달받는 부품이 아닌 것은?

① 발전기
② 보조 연료 펌프
③ 유압 펌프
④ 회전계 발전기

해설

변속기와 축으로 연결된 액세서리 기어박스(accessory gear box)는 변속기로부터 전달받은 회전력을 보조 장비인 발전기, 유압 펌프, 회전계 발전기, 오일 펌프 등에 전달한다.

07 다음 중 헬리콥터의 변속기와 기어박스에 대한 점검사항이 아닌 것은?

① 윤활유 누설 점검
② 윤활유 오염상태 점검
③ 윤활유의 점도 측정
④ 기어박스 사용점검

해설

변속기와 기어 박스의 점검은 주로 윤활유와 연관된 것으로 윤활유 누설 점검, 윤활유 오염 상태 점검, 기어 박스 사용점검 등으로 구분된다.

08 헬리콥터 엔진에서 감속장치의 기본 구조에 속하지 않는 것은?

① 드라이 기어
② 링 기어
③ 선 기어
④ 유성 기어

해설

헬리콥터 엔진 감속장치의 기본 구조로는 링 기어, 선 기어, 유성 기어가 있다.

09 헬리콥터 주 회전날개의 평형 작업에 대한 설명 중 옳지 못한 것은?

① 진동은 회전날개와 기체 구조에 커다란 영향을 미치므로 회전날개의 평형을 맞추어야 한다.
② 주 회전날개의 진동은 시위 방향과 길이 방향의 평형이 맞지 않는 경우에 생긴다.
③ 떼어낸 상태에서 회전날개의 평형을 맞추는 것을 정적 평형 작업이라 한다.
④ 동적 평형 작업 후 정적 평형 작업을 실시한다.

해설

평형 작업에 있어 정적 평형 작업은 동적 평형 작업 전에 실시해야 하며, 시위 방향과 길이 방향의 평형에 의해 진동에 영향을 받게 됨으로 회전날개가 정지상태에서 두 가지 방향의 평형 작업이 필요하다.

10 헬리콥터에 발생하는 지나친 중간 주파수 진동의 원인으로서 적합하지 않은 것은?

① 기계적인 진동흡수 장치의 기능 저하
② 변속기 장착 볼트의 부적절한 체결 토큐 값
③ 적재화물과 동체의 운동 사이에 일어나는 간섭효과
④ 회전날개의 회전속도

✈ **정답** 05. ③ 06. ② 07. ③ 08. ① 09. ④ 10. ③

중간주파수 진동

• 날개 1회전당 4~6번 진동이 일어나게 되어 식별이 어려우며, 회전날개에 의해 발생한다.

• 착륙장치나 냉각 팬과 같은 부품의 고정 부분이 이완되었을 때도 발생한다.

11 헬리콥터 주 회전날개의 궤도점검에서 궤도가 맞지 않을 경우 발생하는 진동은?

　① 저주파수 진동 중 종 진동

　② 중간주파수 진동

　③ 저주파수 진동 중 횡 진동

　④ 고주파수 진동

저주파수 진동

• 가장 보편적인 진동으로 날개 1회전당 한 번 일어나는 진동을 1:1 진동이라 한다.

• 종 진동은 궤도와 관계 있고, 횡 진동은 깃의 평형이 맞지 않을 때 생긴다.

12 헬리콥터에서 엔진이나 동력구동장치 등에 의해 발생되는 진동의 종류로서 다른 진동과 쉽게 구별될 수 있는 것은?

　① 고주파수 진동

　② 중간주파수 진동

　③ 꼬리진동

　④ 저주파수 진동

고주파수 진동

• 꼬리회전날개의 진동수가 빠를 때 발생하며, 이 진동이 발생할 경우 꼬리회전날개의 궤도를 점검한다.

• 궤도점검이 이상 없을 경우 꼬리회전날개의 평형을 검사하고, 구동축의 굽힘이나 정렬상태를 검사한다. 방향 페달을 통해 진동을 느낄 수 있다.

13 헬리콥터에서 발생하는 고주파수 진동에 대해 가장 올바르게 설명한 것은?

　① 1:1 진동이라 한다.

　② 종 진동이나 횡 진동이 될 수 있다.

　③ 날개 1회전당 4~6번 진동이 일어난다.

　④ 소음과 같은 정도의 진동이다.

12번 문제 해설 참고

14 헬리콥터의 2/3회 진동이 발생하는 원인으로서 가장 올바른 것은?

　① 회전날개 감쇠장치의 원활하지 못한 작동

　② 회전날개 깃의 손상에 의한 정적 불평형

　③ 조종로드 베어링의 심한 마멸

　④ 회전날개에 의한 공기 흐름의 교란

저주파수 진동

• 2/3회 진동은 회전날개의 감소 장치(damping device)가 원활하게 작동되지 않을 경우 발생한다.

• 1회 진동은 주 회전날개의 허브 부분이나 회전날개 깃이 불평형 상태가 될 경우 발생한다.

• 가로 방향의 옆놀이 진동은 회전익 항공기의 기능이 정상적이지만, 회전날개의 회전수가 너무 적어 양력이 발생하지 못함으로 발생한다.

• 꼬리진동은 주 회전날개에 의해 교란된 공기 흐름이 회전익 항공기의 꼬리회전날개에 영향을 끼칠 때 발생한다.

15 헬리콥터에 발생하는 횡 진동과 가장 관계가 깊은 것은?

　① 궤도　　　　　　② 깃의 평형

　③ 회전면　　　　　④ 리드-래그

✈ 정답　11. ①　12. ①　13. ④　14. ①　15. ②

해설

진동의 형태

- 횡 진동: 가로 방향의 진동으로 깃의 평형이 맞지 않을 때 발생된다.
- 종 진동: 세로 방향의 진동으로 궤도가 맞지 않다.

16 헬리콥터 조작을 과도하게 함에 따라 회전날개의 플래핑 운동이 심해지는 경우에 리드-래그 운동에 대한 감쇠 운동이 불가능한 상태를 무엇이라 하는가?

① 피치 다운   ② 피치 업

③ 피치 락   ④ 피치 지연

해설

피치 지연은 불안정 상태로, 과도한 비행 조작에 따른 회전날개의 플랩핑 운동이 심해지는 경우에 회전날개의 리드-래그 운동에 대한 감소 운동이 불가능한 상태를 말한다.

17 헬리콥터에서 엔진이 정상작동을 할 때는 엔진의 출력을 주 회전날개에 전달하지만, 엔진의 고장이나 출력 감소에 의해 엔진의 회전이 주 회전날개보다 늦을 경우 엔진을 회전날개와 분리되도록 하는 것은?

① 구동축   ② 원심 클러치

③ 오버러닝 클러치   ④ 토크미터

해설

프리휠 클러치(freewheel clutch)는 오버러닝 클러치(over running clutch)라고 하며, 엔진 작동이 불량하거나 자동회전(auto rotation) 비행 중 지장을 초래되는 현상, 즉 엔진 정지 시 주 회전날개 토크에 의해 엔진을 돌리지 못하게 하는 역할을 한다. 엔진이 정상 작동할 때는 출력을 주 회전날개에 전달하지만, 엔진 고장 및 출력 감소에 의해 엔진회전속도가 주 회전날개 속도보다 늦을 경우나, 직·병렬 헬리콥터와 같은 다발 헬리콥터에서 작동되지 않는 엔진이 있을 경우 프리휠 클러치가 회전날개와 엔진을 분리시켜 엔진을 보호하는 역할을 한다.

18 프리휠 클러치(free wheel clutch)를 다른 표현으로 무엇이라 하는가?

① 오버 런닝 클러치(over running clutch)

② 원심 클러치(centrifugal clutch)

③ 스파이더 클러치(spider clutch)

④ 드라이브 클러치(drive clutch)

해설

17번 문제 해설 참고

19 동체의 방진 방법에 해당하지 않은 것은?

① 슬립 링 장착

② 방진 고무의 삽입

③ 강성 변경

④ 동적 흡진기 장착

해설

회전익 항공기는 진동을 줄이기 위해 설치하는 장소와 목적에 따라 방진 대책을 마련하였다. 방법으론 방진 고무의 삽입, 강성 변경(계기판 등), 동적 흡진기(dynamic absorber)의 장착, 지지 방법의 변경 등이 있다.

20 헬리콥터의 스키드 기어형에 대한 설명으로 틀린 것은?

① 정비가 쉽다.

② 구조가 간단하다.

③ 지상 활주에 사용된다.

④ 소형 헬리콥터에 주로 사용된다.

해설

스키드 기어는 구조가 간단하고 정비가 용이하여 소형 헬리콥터에 사용되고 있으나, 지상운전과 취급에는 매우 불리하다.

✈ **정답**   16. ④   17. ③   18. ①   19. ①   20. ③

PART
05

최종 점검 모의고사

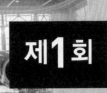

제1회 최종 점검 모의고사

01 날개골의 형태에 있어서 공력 특성을 좌우하는 주된 요소에 속하지 않는 것은?

① 날개골의 뒷전 반지름
② 날개골의 두께
③ 날개골의 캠버
④ 날개골의 앞전 반지름

해설

날개골의 형태에는 앞전, 뒷전, 시위, 두께, 평균 캠버선, 캠버, 앞전 반지름 등의 요소가 있다. 하지만 날개골의 뒷전 반지름은 공력 특성에 영향을 주지 않는다.

02 프로펠러 깃의 선속도가 300m/s이고, 프로펠러의 진행율이 2.2일 때, 이 프로펠러 비행기의 비행속도는 약 몇 m/s인가?

① 210
② 240
③ 270
④ 310

해설

$$J = \frac{V}{nD} = 2.2 \frac{V}{\frac{300}{\pi}} ≒ 210$$

J: 진행률
V: 비행속도
n: 초당 회전수
D: 프로펠러의 직경
$$\frac{D}{n} = \frac{선속도}{\pi}$$

03 타원형 날개의 유도항력을 줄이기 위한 방법으로 옳은 것은?

① 양력을 증가시킨다.
② 스팬 효율을 감소시킨다.
③ 가로세로비를 감소시킨다.
④ 날개의 길이를 증가시킨다.

해설

$$C_{Di} = \frac{C_L^2}{\pi e AR}$$

C_{Di} = 유도항력계수
e = 스팬의 효율계수
AR = 가로세로비

04 방향키 부유각에 대한 설명 내용으로 가장 올바른 것은?

① 방향키를 자유로 하였을 때 공기력에 의해 방향키가 자유로이 변위 되는 각
② 방향키를 작동시켰을 때 방향키가 왼쪽으로 변위 되는 각
③ 방향키를 작동시켰을 때 방향키가 오른쪽으로 변위 되는 각
④ 방향키를 작동시켰을 때 방향키가 왼쪽/오른쪽으로 변위 되는 각

해설

부유각은 방향키를 자유로 하였을 때 공기력에 의하여 방향키가 자유로이 변위 되는 각이다.

✈ **정답** 01. ① 02. ① 03. ④ 04. ①

05 프리즈 밸런스(frise balance)가 주로 사용되는 조종면은?

① 방향타

② 플랩

③ 승강타

④ 도움날개

해설

조종력 경감장치

• 탭: 트림탭, 서보탭, 밸런스탭, 스프링탭

• 밸런스: 앞전 밸런스, 내부 밸런스, 프리즈 밸런스, 혼밸런스 등의 종류 중에 프리즈 밸런스는 차동 조종 장치인 도움날개에 주로 사용된다.

06 비행기가 정상 선회를 할 때 비행기에 작용하는 원심력과 구심력의 관계를 옳게 설명한 것은?

① 두 힘은 크기가 같고 방향도 같다.

② 두 힘은 크기가 같고 방향이 반대이다.

③ 두 힘은 크기가 다르고 방향이 같다.

④ 두 힘은 크기가 다르고 방향이 반대이다.

해설

원심력과 구심력은 힘의 방향은 반대이고 크기는 같다.

07 유관의 입구 지름이 20cm이고 출구의 지름이 40cm일 때, 입구에서의 유체속도가 4m/s이면 출구에서의 유체속도는 약 몇 m/s인가?

① 1

② 2

③ 4

④ 16

해설

$A_1 \times V_1 = A_2 \times V_2$

$\dfrac{\pi}{4}0.2^2 \times 4 = \dfrac{\pi}{4}0.4^2 \times x$

$\therefore \ x = 1$

08 헬리콥터의 수직꼬리날개를 장착한 이유로서 가장 적당한 것은?

① 빗놀이 모멘트로 반작용 토크를 상쇄시키기 위하여

② 키놀이 모멘트로 토크를 상쇄시키기 위하여

③ 옆놀이 모멘트로 토크를 상쇄시키기 위하여

④ 키놀이와 옆놀이 모멘트 토크를 상쇄시키기 위하여

해설

헬리콥터의 수직꼬리날개는 빗놀이 모멘트로 반작용 토크를 상쇄시키기 위해 장착되어 있다.

09 공기의 밀도 단위가 $kgf \cdot \sec^2/m^4$으로 주어질 때, kgf 단위의 의미는?

① 질량

② 중량

③ 비중량

④ 비중

해설

kgf는 질량(kg)에 중력가속도(g)가 곱해진 중량의 단위이다.

10 헬리콥터에서 정지 비행 시 회전날개의 회전축으로부터 r의 위치에 있는 깃 단면의 회전 선속도 V_r을 산출하는 표현식으로 옳은 것은? (단, Ω은 회전날개의 각속도, r은 회전축으로부터 깃 단면까지의 거리)

① $V_r = \Omega \times r^2$

② $V_r = \Omega \times r$

③ $V_r = \dfrac{r^2}{\Omega}$

④ $V_r = \dfrac{\Omega}{r^2}$

해설

회전 선속도($V_r = \Omega \times r$)

정답 05. ④ 06. ② 07. ① 08. ① 09. ② 10. ②

11 블록 게이지 측정 작업에 관한 내용으로 가장 옳은 것은?

① 검사용은 B(1급)등급을 이용한다.

② 표준측정온도는 15℃ 정도이다.

③ 블록 게이지 측정력은 접촉 면적과는 관계 없다.

④ 블록 게이지를 다룰 때는 손바닥에 올려 놓은 상태에서 여러 번 마찰시켜서 밀착 시킨다.

해설

블록 게이지는 온도에 영향이 크므로 측정용 장갑을 사용해야 하고, 접촉 면적의 상태에 따라 측정력이 결정되며, 표준측정온도는 20℃이다.

12 활공기가 고도 1,200m 상공에서 활공하여 수평활공 거리가 24,000m를 비행하였다면, 이때 양항비는 얼마인가?

① 10 　　　　② 15

③ 20 　　　　④ 25

해설

$$양항비 = \frac{거리}{고도} = \frac{24,000}{1,200} = 20$$

13 비행기가 정지상태로부터 등가속도 $a = 10m/sec^2$로 20초 동안 지상 활주를 하였다면, 이 비행기의 지상 활주 거리는 몇 km인가?

① 1km 　　　　② 1.5km

③ 2km 　　　　④ 2.5km

해설

$$활주거리(S) = \frac{1}{2}at^2 = \frac{1}{2} \times 10 \times 20^2$$
$$= 2,000m = 2km$$

14 대류권을 이루고 있는 공기의 구성 성분을 구성비에 따라 작은 것부터 순서대로 옳게 나열한 것은?

① 질소–산소–아르곤–이산화탄소

② 질소–산소–이산화탄소–아르곤

③ 이산화탄소–아르곤–산소–질소

④ 아르곤–이산화탄소–질소–산소

해설

공기의 구성 성분을 구성비가 큰 순서대로 하면 질소, 산소, 아르곤, 이산화탄소, 네온 등이 있으나 네온 이하의 미량의 기체는 모두 합쳐도 부피비가 0.01%를 초과하지 않는다.

15 대기권 중 대류권에서 고도가 높아질수록 대기의 상태를 옳게 설명한 것은?

① 온도, 밀도, 압력 모두 감소한다.

② 온도, 밀도, 압력 모두 증가한다.

③ 온도, 압력은 감소하고, 밀도는 증가한다.

④ 온도는 증가하고, 압력과 밀도는 감소한다.

해설

11km까지 1km당 약 6.5℃씩 기온이 떨어지고, 공기가 희박하여 밀도와 압력 모두가 감소한다.

16 공기보다 가벼운 항공기에 속하지 않는 것은?

① 자유기구

② 계류기구

③ 경식비행선

④ 연

해설

연은 항공기에 속하지 않는다.

✈ **정답** 11. ① 12. ③ 13. ③ 14. ③ 15. ① 16. ④

17 기체 판금 작업 시 두께가 0.2cm인 판재를 굽힘 반지름 40cm로 하여 60°로 굽힐 때 굽힘여유(B.A)는 얼마인가? (단, π는 3으로 계산한다.)

① 35.72cm   ② 31.29cm

③ 40.1cm   ④ 20.1cm

해설

굽힘여유(BA)

$$BA = \frac{\theta}{360} \times 2\pi(R + \frac{1}{2}t) = \frac{60}{360} \times 2\pi \times (40 + \frac{1}{2} \times 0.2) = 40.1$$

18 항공기에 사용되는 전선은 그림과 같이 전선 피복에 표시된 기호로서, 전선의 굵기와 전선이 사용되는 계통을 알 수 있다. 올바른 것은?

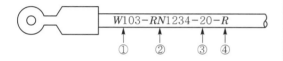

① 항공기 계통기능   ② 전선 뭉치 번호

③ 전선의 굵기   ④ 연결된 계기

해설

① 전선 뭉치 번호

② 항공기 계통기능

③ 전선의 굵기

④ 전선의 색깔 표시(R=적색)

19 최소 측정값이 1/1000인치인 버니어 캘리퍼스의 아래 그림의 측정값은 얼마인가?

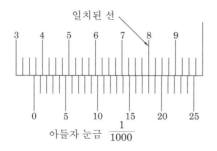

① 0.366인치   ② 0.367인치

③ 0.368인치   ④ 0.369인치

해설

우선 최소 측정값이 1/1000이므로 아들자 눈금 하나의 값이 1/1000임을 기억해야 한다. 아들자의 눈금 0이 어미자의 3.5보다 크고 3.75보다 작으므로 0.350으로 읽고, 아들자와 어미자가 일치된 선의 아들자 눈금 18에 일치되어 0.018로 읽으면 0.350+0.018=0.368이 된다.

20 항공기나 그 부품의 세척작업에 대하여 설명한 내용으로 틀린 것은?

① 세척할 때 이유 없이 항공기에 올라가서는 안 된다.

② 세척작업을 하는 동안 환기가 잘되도록 한다.

③ 화기와 높은 열을 발생하는 작업을 하지 않도록 한다.

④ 세척유는 항공유를 필히 사용한다.

해설

항공기에 사용되는 세척제의 종류는 지방족 나프타, 방향족 나프타, 메틸에틸케톤, 솔벤트 등이 있는데, 항공유는 세척제가 아닌 연료를 의미한다.

21 얇은 패널에 너트를 부착하여 사용할 수 있도록 고안된 특수 너트는?

① 앵커 너트

② 평 너트

③ 캐슬 너트

④ 자동 고정 너트

해설

앵커 너트는 얇은 패널에 너트를 부착하여 사용할 수 있도록 고안된 너트로, 플레이트 너트라고도 한다.

✈ **정답**   17. ③   18. ③   19. ③   20. ④   21. ①

22 그림과 같이 토크 렌치와 연장 공구를 이용하여 볼트를 150in · lb로 조이려고 한다. 토크 렌치의 지시 값이 몇 in · lb를 지시할 때까지 조이면 되는가?

① 80in · lb   ② 90in · lb

③ 100in · lb   ④ 110in · lb

해설

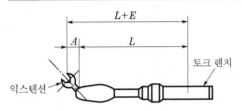

$$TW = \frac{TA \times L}{L + A} = \frac{150 \times 10}{15} = 100in \cdot lb$$

TW: 토크렌치 지시값

TA: 토크 실제값

L: 토크 렌치 길이

A: 연장길이

23 산소–아세틸렌 용접에서 사용되는 아세틸렌 호스 색은?

① 백색   ② 녹색

③ 적색   ④ 흑색

해설

• 아세틸렌 호스: 빨간색에 왼나사 결합부

• 산소 호스: 검은색 또는 초록색에 바른 나사 결합부

24 다음 문장에서 밑줄 친 부분에 해당하는 내용으로 옳은 것은?

"The primary flight control surfaces, located on the wings and empennage, are aileron, elevators, the rudder."

① 날개(주익)   ② 보조날개

③ 꼬리날개(미익) ④ 도움날개

해설

• 날개: wing

• 보조날개: aileron

• 꼬리날개: empennage

• 도움날개: aileron

25 항공기의 주 날개를 상반각으로 하는 주된 목적은?

① 가로 안정성을 증가시키기 위한 것이다.

② 세로 안정성을 증가시키기 위한 것이다.

③ 배기가스의 온도를 높이기 위한 것이다.

④ 배기가스의 온도를 낮추기 위한 것이다.

해설

처든각(상반각): 기체를 수평으로 놓고 보았을 때 날개가 수평을 기준으로 위로 올라간 각으로, 옆놓이(rolling) 안정성이 좋아 옆미끄럼을 방지한다.

26 정확한 피치의 나사를 이용하여 실제 길이를 측정하는 측정용 기기는?

① 다이얼 게이지

② 높이 게이지

③ 마이크로미터

④ 버니어 캘리퍼스

해설

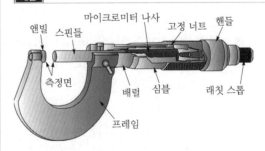

27 다음과 같은 너트의 식별표기에 나사산의 방향을 의미하는 것은?

> AN 310 D – 5 R

① AN   ② 310

③ D   ④ R

[해설]

AN 310: 항공기용 캐슬 너트
- D: AL 합금(2017T)
- 5: 사용 볼트의 직경(5/16in)
- R: 오른나사

28 육안검사(visual inspection)에 대한 설명으로 가장 거리가 먼 것은?

① 빠르고 경제적이다.

② 가장 오래된 비파괴 검사 방법이다.

③ 신뢰성은 검사자의 능력과 경험에 좌우된다.

④ 다이 체크(dye check)는 간접 육안검사의 일종이다.

[해설]

다이 체크(dye check)는 Turco Products Incorporated(미국)가 발매하고 있는 염색 침투 탐상제의 상품명이다.

29 특수강의 식별방법에 사용되는 SAE 식별방법 중 SAE 2330에 관한 설명으로 가장 올바른 것은?

① 탄소강을 나타낸다.

② 니켈의 함유량이 23%이다.

③ 크롬-바나듐강이다.

④ 탄소의 함유량이 0.30%이다.

[해설]

SAE 2330
- 2: 니켈강을 나타낸다.
- 3: 니켈의 함유량이 3%이다.
- 30: 탄소의 함유량이 0.30%이다.

30 다음 영문의 내용으로 가장 올바른 것은?

> Personnel are cautioned to follow maintenance manual procedures

① 정비를 할 때는 상사의 자문을 구한다.

② 정비 교범절차에 따라 주의를 해야 한다.

③ 정비 교범절차에 꼭 따를 필요는 없다.

④ 정비를 할 때는 사람을 주의해야 한다.

[해설]

- maintenance manual procedures: 정비 교범절차
- cautioned to: ~을 주의하다.

31 일감의 표면을 보호하고 작업을 쉽게 하기 위하여 보조 바이스를 사용하는데, 이러한 공구 중 일감의 모서리를 가공할 때 주로 사용하는 것은?

① V홈 바이스 조

② 샤핑 바이스

③ 클램프 바이스 바

④ 수평 바이스

[해설]

바이스 보조 조의 종류는 샤핑 바이스, 나무 클램프, 클램프 바가 있다. 일감의 모서리를 가공할 때는 주로 샤핑 바이스를 사용한다.

샤핑 바이스

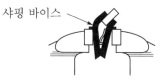

32 다음 중 Electrical Connector의 장·탈착에 사용되는 공구는?

① Ring Plier

② Connector Plier

③ Diagonal Cutter

④ Inter Locking Joint Plier

해설

커넥터 플라이어는 전기 커넥터를 풀거나 조일 때 사용한다.

33 두께 0.1cm의 판을 굽힘 반지름 25cm로써 90°로 굽히려고 할 때, 세트백(set back)은 몇 cm인가?

① 19.95

② 20.1

③ 24.9

④ 25.1

해설

$$SB = K(R+T) = \tan\frac{90}{2}(25+0.1) = 25.1cm$$

34 크로우 풋에 대한 설명으로 가장 옳은 것은?

① 소켓 렌치로 작업할 때 연장공구와 함께 사용한다.

② 오픈 엔드 렌치로 작업할 수 없는 좁은 공간에서 작업할 때 연장공구와 함께 사용한다.

③ 소켓 렌치로 좁은 공간에서 작업할 때 함께 사용한다.

④ 오픈 엔드 렌치로 작업할 때 함께 사용한다.

해설

크로우풋 소켓(crowfoot socket)은 오픈 엔드 렌치를 사용할 수 없는 좁은 장소에 핸들, 익스텐션 바와 함께 사용한다.

35 코인태핑 검사에 대한 설명으로 틀린 것은?

① 동전으로 두드려 소리로 결함을 찾는 검사이다.

② 허니컴구조 검사를 하는 가장 간단한 검사이다.

③ 숙련된 기술이 필요 없으며 정밀한 장비가 필요하다.

④ 허니컴 구조에서는 스킨 분리 결함을 점검할 수 있다.

해설

coin검사는 판을 두드려 sound의 차이에 의해 들뜬 부분 검사이며, 허니컴구조 검사를 하는 가장 간단한 방법이다. 숙련된 기술이 필요 없으며 정밀한 장비가 필요없다.

36 판금작업 중 신장 및 수축 가공작업에 속하는 것은 어느 작업인가?

① 컬링   ② 터닝

③ 시밍   ④ 펀칭

해설

• 펀칭(punching): 필요한 구멍을 뚫는 작업이다.

• 컬링(curling): 원통 용기의 끝부분에 원형 단면 테두리를 만드는 가공으로 제품의 강도를 높이고, 끝부분의 예리함을 없애 안전하게 하는 가공이다.

37 날개의 구조부재 중 날개골 모양을 하고 있으며, 날개 외피에 작용하는 하중을 날개보에 전달하는 역할을 하는 것은?

① 앞전   ② 리브

③ 스트링거   ④ 스포일러

해설

리브(rib)는 날개의 단면이 공기역학적인 형태를 유지할 수 있도록 하는 날개의 모양을 형성하며, 날개 외피에 작용하는 하중을 날개보에 전달하는 역할을 한다.

정답 32. ② 33. ④ 34. ② 35. ③ 36. ① 37. ②

38 그림과 같은 동체 구조를 무엇이라 하는가?

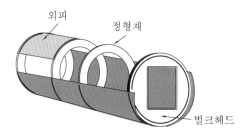

① 모노코크형

② 트러스트형

③ 샌드위치형

④ 세미 모노코크형

해설

모노코크의 주요 구성 부재에는 외피, 정형재, 벌크헤드가 있으며, 외피가 모든 하중을 담당하는 구조로 외피가 두껍고 무거워 미사일용으로 많이 사용한다.

39 헬리콥터 조종 시 조종사가 조종장치에서 손을 떼어도 조종장치가 중립 위치로 되돌아가도록 하는 것은?

① 토크 튜브

② 동력 부스터

③ 벨 크랭크

④ 센터링 장치

해설

• 헬리콥터의 조종장치에서 손을 떼어도 중립으로 유도하는 장치는 센터링 장치이다.

• 토크 튜브: 조종계통에서 조종력을 튜브의 회전력으로 조종면에 전달하는 방식이다.

• 벨 크랭크: 회전운동을 직선운동으로 바꾸는 구조이다.

40 그림과 같은 보(beam)의 명칭으로 옳은 것은?

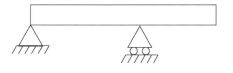

① 연속보

② 외팔보

③ 단순보

④ 돌출보

해설

• 단순보: 일단이 부등한 힌지 위에 지지가 되어 있고, 타단이 가동 힌지점 위에 지지가 되어 있는 보이다.

• 외팔보: 일단은 고정되어 있고 타단이 자유로운 보이다.

• 돌출보: 일단이 부동 힌지점 위에 지지가 되어 있고, 보의 중앙 근방에 가동 힌지점이 지지가 되어 보의 한 지점이 지점 밖으로 돌출된 보이다.

• 고정 지지보: 일단이 고정되어 타단이 가동 힌지점 위에 지지된 보이다.

• 양단 지지보: 양단이 고정된 보이다.

41 청동의 성분을 옳게 나타낸 것은?

① 구리+주석

② 구리+아연

③ 구리+망간

④ 구리+알루미늄

해설

청동=구리+주석, 황동=구리+아연

42 헬리콥터의 스키드 기어형 착륙장치에서 스키드 슈(skid shoe)의 주된 사용 목적은?

① 회전날개의 진동을 줄이기 위해

② 스키드의 부식과 손상의 방지를 위해

③ 스키드가 지상에 정확히 닿게 하기 위해

④ 휠(wheel)을 스키드에 장착할 수 있게 하기 위해

해설

스키드 슈는 스키드에 장착된 일종의 보호대로 스키드의 부식과 손상을 방지하기 위해 사용된다.

✈ 정답 38. ① 39. ④ 40. ④ 41. ① 42. ②

43 대형 항공기의 도장(painting) 재료로 사용되는 열경화성 수지는?

① PVC

② 폴리에틸렌

③ 나일론

④ 폴리우레탄

해설

- 열경화성 수지: 한 번 가열하여 성형하면 다시 가열해도 연해지거나 용융되지 않는 수지로 페놀수지, 에폭시수지, 불포화 폴리에스테르, 폴리우레탄 등이 있다.
- 열가소성 수지: 가열하여 성형한 후 다시 가열하면 연해지고, 냉각하면 굳어지는 수지로 폴리염화비닐(PVC), 폴리에틸렌, 나일론, 폴리메틸메타크릴레이트 등이 있다.

44 다음 그림과 같은 응력–변형률 선도에서 보통 기체역학적으로 인장강도라고 생각되는 점은?

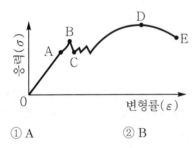

① A

② B

③ C

④ D

해설

- A: 탄성한계
- B: 항복점(항복 응력)
- C: 항복점과 극한강도 사이의 임의의 점
- D: 극한강도(인장강도)

45 높은 인장강도와 유연성을 가지고 있으며, 비중이 작기 때문에 높은 응력과 진동을 받는 항공기의 부품에 가장 이상적이고 노란색 천으로 구성된 강화섬유는?

① 유리섬유

② 탄소섬유

③ 아라미드섬유

④ 보론섬유

해설

- 탄소섬유: 유리섬유를 탄화시켜 제조하며 열처리하여 흑연화 한 것을 탄소섬유라 한다.
- 아라미드섬유: 알루미늄 합금보다 인장강도가 4배 이상 높으나 온도 변화에 대한 신축성이 떨어지는 큰 단점이 있는 섬유이다.
- 보론섬유: 텅스텐의 얇은 필라멘트에 보론을 침전시켜 만든다. 작업할 때 위험성이 있고 값이 비싸서 민간항공기에 잘 안 쓰인다.
- 유리섬유: 내열성과 내화학성이 우수하고 값이 저렴하여 강화섬유로서 많이 사용된다.

46 항공기 구조의 특정 위치를 표시하는 방법 중 동체 위치선을 나타내는 것은?

① BWL

② BS

③ WBL

④ WS

해설

- 동체 수위선(BWL): 기준으로 정한 특정 수평 면으로부터 높이를 측정한 수직거리이다. 기준 수평 면은 (body water line) 바닥 면에서 설정하는 것이 원칙이지만, 항공기에 따라 가상의 수평 면을 설정하기도 한다.
- 동체 버턱선(BBL): 동체 중심선을 기준으로 오른쪽과 왼쪽에 평행한 넓이를 나타내는 선이다.
- 동체 위치선(B.S): 기준이 되는 0점 또는 기준선으로부터 거리를 나타낸다. 기준선은 기수 또는 기수로부터 일정한 거리에 위치한 상상의 수직 면으로 설정된다.
- 날개 위치선(W.S): 날개보와 직각인 특정한 기준면으로부터 날개 끝 방향으로 측정된 거리를 나타낸다.

✈ **정답** 43. ④ 44. ④ 45. ③ 46. ②

47 항공기 객실여압은 객실고도 8,000ft로 유지하게 되어 있는데, 지상의 기압으로 유지 못하는 가장 큰 이유는?

① 엔진의 한계 때문에

② 동체의 강도 한계 때문에

③ 여압 펌프의 한계 때문에

④ 인간에게 가장 적합한 압력이기 때문에

해설

객실여압을 객실고도로 유지하는 이유는, 대기압은 고도가 올라가면서 낮아짐으로 객실여압을 지상의 기압으로 유지할 경우 기압 차로 인해 동체가 파손될 우려가 있어 동체의 강도 한계를 고려해서 객실고도를 유지한다.

48 그림은 어떤 반복 응력 상태를 나타낸 그래프인가?

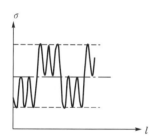

① 중복반복 응력　② 변동 응력

③ 단순반복 응력　④ 반복변동 응력

해설

① 중복반복 응력

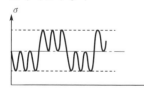

② 변동 응력

③ 단순반복 응력

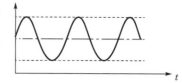

④ 반복변동 응력

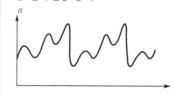

49 가스터빈엔진의 교류 점화계통에 사용되는 전압(V) 및 사이클(cycle) 수는?

① 24, 600

② 115, 600

③ 24, 400

④ 115, 400

해설

항공기에 사용되는 전압은 115V, 주파수는 400Hz이다.

50 Turbine Nozzle(Nozzle Diaphragm)의 주목적은?

① 뜨거운 가스의 압력을 증가시킨다.

② 터빈 휠로 가스를 분배시킨다.

③ 방향을 변화시켜서 가스의 온도를 떨어뜨린다.

④ 가스의 속도를 증가시키고 바켓트에 올바른 각도로 가스의 흐름을 인가한다.

해설

터빈 노즐: 1열의 스테이터와 1열의 로터로 구성되어 1단이라 하고, 첫 단의 스테이터를 터빈 노즐이라 한다. 배기가스의 유속을 증가시키고 유효한 각도로 로터 깃에 부딪히게 하여 터빈 로터 깃 속도를 증가시켜 추력을 증가시켜 주는 장치이다.

정답 **47.** ② **48.** ① **49.** ④ **50.** ④

51 가스의 누설 방지를 위한 피스톤 링 조인트의 위치를 결정하는 방법으로 옳은 것은?

① 80÷링의 수　　② 180÷링의 수

③ 270÷링의 수　　④ 360÷링의 수

해설

압축 링은 가스의 기밀을 유지하는 기능을 수행하며 가스의 누설을 최소로 줄이기 위해서 장착 시에 360°를 링의 숫자로 나누어 끝이 오도록 배치한다.

52 표준상태($T=273.15°K$, $P=1.0332 \times 10^4 kgf/m^2$)에서 공기의 비체적이라면, 공기의 기체상수 R은 얼마인가?

① 27.29　　② 28.29

③ 29.27　　④ 32.21

해설

이상기체상태 방정식 $PV=RT$(P: 압력, V: 체적, R: 기체상수, T: 절대온도)를 적용한다.

$$(1.0332 \times 10^4) \times (\frac{1}{1.2922}) = (R) \times (273.15)$$
$$7995.6 = 273.15 \times R$$
$$\therefore R = 29.27$$

53 1열 성형엔진에서 실린더 번호 부여 방법을 가장 올바르게 설명한 것은?

① 가장 윗부분에 수직으로 서 있는 실린더를 1번으로 하여 엔진의 회전 방향으로 번호를 붙여 나간다.

② 가장 윗부분에 수직으로 서 있는 실린더를 1번으로 하여 엔진의 회전 반대 방향으로 번호를 붙여 나간다.

③ 가장 아랫부분에 수직으로 서 있는 실린더를 1번으로 하여 엔진의 회전 방향으로 번호를 붙여 나간다.

④ 가장 아랫부분에 수직으로 서 있는 실린더를 1번으로 하여 엔진의 회전 반대 방향으로 번호를 붙여 나간다.

해설

성형엔진의 번호를 정하는 방법: 항공기 후면에서 보아 가장 위쪽의 실린더가 1번이고, 시계 방향으로 돌아가면서 번호를 부여한다.

54 배기 밸브(exhaust valve)의 밸브스템(valve stem)의 중공 내부에 넣는 금속나트륨(metallic sodium)의 주 역할은?

① 밸브의 파손을 방지한다.

② 배기 밸브의 온도를 일정하게 유지하게 한다.

③ 배기 밸브의 냉각을 돕는다.

④ 배기 밸브를 가열시켜 출력을 증가시킨다.

해설

배기 밸브는 그 중공 속에 sodium(금속 나트륨)의 냉각제가 있어 약 200°F에서 녹아 액체상태로 되어 대류 작용으로 배기 밸브의 냉각을 기한다.

55 그림과 같은 터빈 깃의 냉각 방법은?

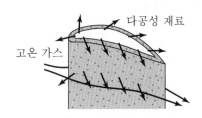

① 공기막 냉각(film cooling)

② 충돌 냉각(impingement cooling)

③ 대류 냉각(convection cooling)

④ 침출 냉각(transpiration cooling)

해설

터빈 냉각 방법 중 침출 냉각은 터빈 깃을 다공성 재질로 만들고 깃의 내부를 비게 하여 찬 공기가 터빈 깃을 통하여 스며 나오게 하여 깃을 냉각시키는 방식으로 성능은 우수하지만, 강도 문제가 아직 미해결이다.

정답 51. ④ 52. ③ 53. ① 54. ③ 55. ④

56 그림에서 과정 1→2 과정을 옳게 설명한 것은?

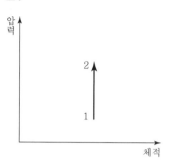

① 정압과정　　② 정적과정
③ 등온과정　　④ 단열과정

해설

그림의 $P-v$ 선도에서 체적이 일정하게 유지되면서 일어나는 상태변화를 나타냈으므로 정적과정이다.

57 브레이턴 사이클의 열효율을 구하는 식은? (단, γ_p: 압력비, k: 비열비이다.)

① $1-\left(\dfrac{1}{\gamma_p}\right)^{\frac{k-1}{k}}$

② $1-\left(\dfrac{1}{\gamma_p}\right)^{\frac{k}{k-1}}$

③ $\dfrac{1}{(1-\gamma_p)^{\frac{k-1}{k}}}$

④ $\dfrac{1}{(1-\gamma_p)^{\frac{k}{k-1}}}$

해설

브레이턴 사이클의 열효율(η_b)은 $1-\left(\dfrac{1}{\gamma_p}\right)^{\frac{k-1}{k}}$ 이며, 압력비(γ_p)가 클수록 브레이턴 사이클의 열효율은 증가하고 이에 따라 터빈 입구온도가 상승한다.

58 연소실 유입공기에 적당한 선회를 주어 적당한 와류를 발생시켜 압축공기가 연소실로 유입되는 속도를 감소시키며 화염전파 속도를 증가시켜 주는 것은?

① 불꽃 홀더　　② 스웰 가이드 베인
③ 내부 라이너　　④ 연소기 버너

해설

선회 깃(swirl guide vane)은 연소실로 유입되는 공기의 속도를 감소시키고, 연료와 공기가 혼합이 잘되도록 와류를 만들어 준다.

59 다음 중 유도형 점화계통의 구성품으로 옳은 것은?

① 콘덴서와 저항기
② 바이브레이터
③ 블리더 저항
④ 점화 계전기와 변압기

해설

유도형 점화계통은 점화 계전기(vibrator)와 변압기로 이루어지며, 점화 계전기는 변압기의 1차 코일에 맥류를 공급하며, 변압기는 이그나이터의 넓은 간극 사이에 점화 불꽃이 일어나도록 높은 전압을 유도시키는 역할을 한다.

60 초음속 항공기에 사용되는 흡입 덕트로 가장 적절한 형태는?

① 수축형　　② 확산형
③ 수축–확산형　　④ 일자형

해설

초음속 항공기의 흡입관에서 공기의 속도를 감소시키는 방법에는 공기 흡입관의 단면적을 변화시키는 방법과 충격파를 이용하는 방법이 있는데, 수축–확산형 흡입 덕트는 이 두 가지를 모두 이용한 것이다.

정답 56. ②　57. ①　58. ②　59. ④　60. ③

01 프로펠러 깃의 풍압 중심의 기본적인 위치를 나타낸 것으로 옳은 것은?

① 깃 끝 부근

② 깃의 앞전 부근

③ 깃 뿌리 부근

④ 깃의 뒷전 부근

해설

보통의 날개에서는 받음각이 클 때 압력 중심은 앞으로 이동하고, 시위 길이의 1/4 정도인 곳이 된다. 반대로 받음각이 작을 때는 날개 시위 길이의 1/2 정도까지 이동된다. 그러므로 풍압 중심의 기본 위치는 앞전 부근에 존재한다.

02 다음 중 비행기가 정적 세로 안정(static longitudinal stability)을 갖는 경우는?

① 받음각의 변화에 의해 발생된 키놀이 모멘트가 비행기를 원래의 평형된 받음각 상태로 돌려보낼 때

② 도움날개의 변화에 의해 발생된 키놀이 모멘트가 비행기를 원래의 평형된 받음각보다 커지는 상태가 될 때

③ 받음각의 변화에 의해 발생된 빗놀이 모멘트가 비행기를 원래의 평형된 받음각 상태로 돌려보낼 때

④ 받음각의 변화에 의해 발생된 옆놀이 모멘트가 비행기를 원래의 평형된 받음각보다 커지는 상태가 될 때

해설

정적 세로 안정이란 비행기가 비행 중 외부 영향이나 조종사 의도에 의해 승강기가 조작되어 키놀이 모멘트가 변화되었을 때, 처음 평형상태로 되돌아가려는 경향이다.

03 헬리콥터의 공기역학에서 자주 사용되는 마력하중(horse power loading)을 구하는 공식은?

① 마력하중 $= \dfrac{W}{\pi HP}$

② 마력하중 $= \dfrac{\pi HP}{W}$

③ 마력하중 $= \dfrac{HP}{W}$

④ 마력하중 $= \dfrac{W}{HP}$

해설

마력하중 $= \dfrac{W}{HP}$

04 비행기의 안전성 및 조종성의 관계에 대한 설명으로 틀린 것은?

① 안정성이 클수록 조종성은 증가된다.

② 안정성과 조종성은 서로 상반되는 성질을 나타낸다.

③ 안정성과 조종성 사이에는 적절한 조화를 유지하는 것이 필요하다.

④ 안정성이 작아지면 조종성은 증가되나, 평형을 유지시키기 위해 조종사에게 계속적인 주의를 요한다.

해설

안정성과 조종성은 상반 관계이다.

정답 01. ② 02. ① 03. ④ 04. ①

05 헬리콥터 깃의 받음각(angle of attack)이란?

① 깃의 시위선과 상대풍이 이루는 각도

② 깃의 시위선과 회전면이 이루는 각도

③ 기준면과 상대풍이 이루는 각도

④ 회전면과 회전축이 이루는 각도

해설

헬리콥터 깃의 받음각이란 깃의 시위선과 상태풍이 이루는 각도를 말한다.

06 그림과 같은 비행기의 날개 단면에서 (가)의 명칭은?

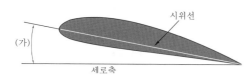

① 붙임각   ② 받음각

③ 쳐든각   ④ 처진각

해설

• 붙임각: 날개의 시위선과 항공기 기축선(세로축)이 이루는 각

• 받음각: 날개의 시위선과 상대풍이 이루는 각

• 쳐든각(상반각): 기체를 수평으로 놓고 보았을 때 날개가 수평을 기준으로 위로 올라간 각

07 날개의 시위 길이가 $3\,m$, 공기의 흐름 속도가 $360\,km/h$, 공기의 밀도는 $1.21\,kg/m^3$, 점성계수가 $18.1 \times 10^{-6}\,N \cdot s/m^2$일 때, 레이놀즈수는 약 얼마인가?

① 2×10^7 ② 2×10^9

③ 3×10^7 ④ 3×10^9

해설

$$R_e = \frac{\rho VL}{\mu} = \frac{VL}{\nu} = \frac{1.21 \times \dfrac{360}{3.6} \times 3}{18.1 \times 10^{-6}} \doteqdot 2 \times 10^7$$

V: 속도, L: 날개 길이, μ: 점성계수, ν: 동점성계수

08 비행기의 받음각이 일정 각도 이상되어 최대 양력값을 얻었을 때에 대한 설명 중 틀린 것은?

① 이때의 받음각을 실속받음각이라 한다.

② 이때의 양력계수값을 최대양력계수라 한다.

③ 이때의 고도를 최고고도라 한다.

④ 이때의 비행기 속도를 실속속도라 한다.

해설

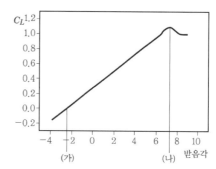

(나) : 실속받음각, 최대 양력계수
이때의 속도를 실속속도라고 한다.

09 깃의 날개골(airfoil)이 실속을 일으키는 이유와 상관이 가장 적은 것은?

① 깃의 익면하중 감소

② 큰 받음각

③ 주 날개의 익면하중

④ 불충분한 공기속도

해설

실속이란 흐름의 떨어짐으로 급격히 양력을 상실하는 현상을 얘기한다. 깃의 익면하중 감소는 양력을 증가시키기 때문에 실속 원인과 가장 상관이 적다.

10 동적 세로 안정 운동의 종류를 열거한 것이다. 해당되지 않는 것은?

① 장주기 운동   ② 나선 운동

③ 단주기 운동   ④ 승강키 자유운동

해설

동적 세로 안정 운동의 종류에는 장주기 운동, 단주기 운동, 승강키 자유 운동이 있다.

11 타원날개의 경우, 양력계수가 $C_L = 0.3\sqrt{\pi}$ 이며, 가로세로비 $A = 6$인 경우, 유도항력계수는?

① 0.015   ② 0.05

③ 0.15   ④ 0.5

해설

유도항력계수(C_{Di})

$$C_{Di} = \frac{C_L^2}{\pi e AR} = \frac{(0.3\sqrt{\pi})^2}{\pi \times 6} = 0.015$$

12 프리즈 밸런스(frise balance)를 올바르게 설명한 것은?

① 조종면의 앞전을 길게 하여 조종력을 경감시키는 장치

② 연동되는 도움날개에서 발생되는 힌지 모멘트가 서로 상쇄되도록 하여 조종력을 경감

③ 조종면의 힌지 모멘트를 감소시켜서 조종력을 0으로 조종하는 장치

④ 밸런스 역할을 하는 조종면을 플랩의 일부분에 집중시킨 장치

해설

프리즈 밸런스는 도움날개에 자주 사용하는 밸런스로써 연동되는 도움날개에서 발생되는 힌지 모멘트가 서로 상쇄되도록 하여 조종력을 감소시키는 장치이다.

13 그림과 같은 실속 특성을 갖는 날개골에 속하지 않는 것은?

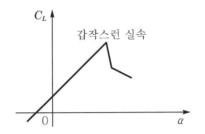

① 두께가 얇은 날개골

② 앞전 반지름이 작은 날개골

③ 캠버가 작은 날개골

④ 가로세로비가 작은 날개골

해설

그림과 같은 실속 특성을 전방 실속형이라고 하며, 실속 특성이 좋지 않다. 이러한 날개골은 두께가 얇고, 앞전 반지름이 작고, 캠버가 작은 고속용 날개골일수록, 또 가로세로비가 큰 날개일수록 보이는 경향이 있다.

14 조종면이 움직이는 방향과 반대 방향으로 작동하도록 기계적으로 연결되어 있는 탭(tab)은?

① 트림 탭   ② 평형 탭

③ 서보 탭   ④ 스프링 탭

해설

평형 탭(balance tab)은 조종면이 움직이는 방향과 반대 방향으로 움직일 수 있도록 기계적으로 연결되어 있다.

15 회전하는 프로펠러의 작용하는 힘이 아닌 것은?

① 추력   ② 원심력

③ 표면장력   ④ 비틀림

해설

회전하는 프로펠러에는 추력과 추력에 의한 휨 응력, 원심력과 원심력에 의한 인장 응력, 비틀림과 비틀림 응력이 작용한다.

✈ **정답**   10. ②   11. ①   12. ②   13. ④   14. ②   15. ③

16 두 개 이상의 굴곡이 교차하는 장소는 안쪽 굴곡 접선의 교점에 응력이 집중하여 교점에 균열이 발생한다. 따라서 굴곡 가공에 앞서서 응력집중이 일어나는 교점에 응력제거 구멍을 뚫는다. 이 구멍을 무엇이라 하는가?

① Relief Hole

② Grain Hole

③ Sight Hole

④ Neutral Hole

해설

2개 이상의 굴곡이 교차하는 장소는 안쪽 굴곡 접선의 교점에 응력이 집중하여 교점에 균열이 발생한다. 따라서 굴곡가공에 앞서서 응력집중이 일어나는 교점에 응력제거 구멍을 뚫는데, 이 구멍을 릴리프 홀(relief hole)이라고 한다.

17 0.001 암페어(Ampere)를 의미하는 것은?

① 밀리 암페어(Milliampere)

② 마이크로 암페어(Microampere)

③ 메가 암페어(Megaampere)

④ 킬로 암페어(Kiloa mpere)

해설

$10^{-3} = Milli$
$10^{-6} = Micro$
$10^3 = Kilo$
$10^6 = Mega$

18 다음 (   ) 안에 알맞은 말은?

(   ) entering the cockpit to start the engine, always inspect the air intake ducts for objects that may be sucked into the compressor.

① After

② Before

③ On

④ During

해설

엔진 시동을 위해 조종석에 들어가기 전에, 압축기가 어떤 물체를 빨아들일 수 있을지 모르니 항상 공기 흡입구를 검사해야 한다.

19 펄스 에코(pulse-echo)법을 이용한 비파괴 검사법은?

① 와전류검사

② 초음파탐상검사

③ 방사선검사

④ 자분탐상검사

해설

echo-pulse(초음파)를 피 검사체에 보내 그 음향적 성질을 이용하여 결함의 유무를 조사하는 검사로, 초음파가 물체 속에 전달되었을 때 결함 등 불균일한 곳이 있으면 반사하는 성질을 이용한 것이다.

20 Change 20℃ to degrees℉?

① 6.6℉

② 68℉

③ 93.6℉

④ 293℉

해설

$. ^\circ C \rightarrow ^\circ F, \ t_f = \dfrac{9}{5}t_c + 32, \ ^\circ F \rightarrow ^\circ C, \ t_c = \dfrac{5}{9}(t_f - 32)$

$t_f = \dfrac{9}{5}t_c + 32 = \dfrac{9}{5}20 + 32 = 68\,^\circ F$

21 항공기나 장비 및 부품에 대한 원래의 설계를 변경하거나 새로운 부품을 추가로 장착하는 작업에 해당되는 것은?

① 항공기 개조

② 항공기 검사

③ 항공기 보수

④ 항공기 수리

해설

개조는 항공기의 중량, 강도, 엔진의 성능 등 감항성에 중대한 영향을 끼치는 작업이다.

✈ 정답   16. ①   17. ①   18. ②   19. ②   20. ②   21. ①

22 다음 중 래칫 핸들(ratchet handle)은?

해설

래칫 핸들은 최근에 고안된 가장 간편한 핸들이다. 한쪽 방향으로만 움직이고 반대쪽 방향은 잠금이 되며, 작업 속도가 빠르다.

② 조절렌치

③ 바이스그립 플라이어

④ 래칫 양구 렌치

23 최소 측정값이 1/1000mm인 마이크로미터의 아래 그림이 지시하는 측정값은 몇 mm인가?

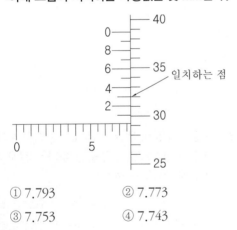

일치하는 점

① 7.793　　　② 7.773

③ 7.753　　　④ 7.743

해설

7.5(첫 번째 눈금)+0.29(두 번째 눈금)+0.003(세 번째 눈금)=7.793mm

24 지상에서 객실여압장치를 갖추고 있는 항공기에 냉·난방 공기를 공급할 때 항공기의 출입구를 열어놓거나, Cabin Pressurization Panel의 Outflow Valve를 열어 놓는 이유는?

① 동체 파손을 방지하기 위해

② 객실 잔여 냉·난방 공기를 배출하기 위해

③ 객실여압 조절장치의 기능을 점검하기 위해

④ 객실 냉·난방 공기 공급 온도를 맞추기 위해

해설

outflow valve는 객실의 여압을 유지하기 위해 객실 안의 공기를 배출하는 밸브이다.

25 그림과 같은 종류의 너트 명칭은?

① 캐슬 너트　　　② 평 너트

③ 체크 너트　　　④ 캐슬전단 너트

해설

체크 너트는 평 너트보다 높이가 낮으며, 평 너트와 세트 스크루 끝부분의 나사가 내어진 로드에 장착되어 고정하는 역할을 한다.

26 피스톤 핀의 종류에 속하지 않는 것은?

① 고정식　　　② 반부동식

③ 평형식　　　④ 전부동식

해설

피스톤의 힘을 커넥팅 로드로 전달하는 역할을 수행하며, 큰 하중을 받기 때문에 표면은 경화처리 되어 있고, 재질은 강철이나 알루미늄 합금으로 제작된다. 무게를

✈정답 　22. ①　23. ①　24. ①　25. ③　26. ③

줄이기 위해 중공으로 제작되고 피스톤 핀이 실린더 내벽에 닿지 않도록 양쪽 끝에 스냅 링(snap ring), 스톱 링(stop ring), 알루미늄 플러그로 고정한다. 종류로는 고정식, 반부동식, 전부동식이 있고, 그중 전부동식이 가장 많이 사용된다.

27 항공기가 지상 활주 시 타이어의 과도한 온도 상승을 방지할 수 있는 좋은 방법이 아닌 것은?

① 빠른 지상 활주
② 적절한 타이어의 압력
③ 최소한도의 제동
④ 짧은 거리의 지상 활주

해설

지상 활주가 빠를 경우 마찰력이 심해져 높은 온도의 열을 발생한다.

28 리벳 작업을 할 구조물의 양쪽 면에 접근이 불가능하거나, 작업 공간이 좁아서 버킹 바를 사용할 수 없는 곳에 사용하는 리벳은?

① 둥근 머리 리벳
② 체리 리벳
③ 접시 머리 리벳
④ 브래지어 리벳

해설

리벳의 분류
• 머리 모양: 둥근머리, 납작머리, 접시머리, 브래지어, 유니버설 등
• 재질: 1100, 2117, 2017, 2024, 5056 등
• 특수 리벳: 체리 리벳, 리브 너트, 폭발 리벳, 고전단 응력 리벳 등이 있다.
• 그중 작업공간이 좁은 곳에서 사용하는 리벳은 특수 리벳이다.

29 항공기의 정비 관련 용어에 대한 설명 중 틀린 것은?

① 수리: 고장이나 파손된 상태를 본래의 상태로 회복시키는 것이다.
② 분해 점검: 구성품이 지침서에 명시된 허용 한계값 이내인지를 확인하기 위해서 분해, 검사 및 점검하는 것이다.
③ 구성품: 특정 형태를 유지하고 있어 단독으로 떼어 내거나 또는 부착이 가능하지만, 분해하면 본래 기능이 상실된다.
④ 결함: 항공기의 구성품 또는 부품 고장으로 계통이 비정상적으로 작동하는 상태

해설

구성품은 두 개 이상의 결합체가 연결 또는 결합되어 한 개의 물체로 구성된 품목으로서, 필요할 때 떼어 내거나 부착할 수 있으며, 액세서리 유닛 등이 있다.
보기 ③번은 부품에 관한 내용이다.

30 그림은 지상에서 항공기 표준 유도신호를 나타낸 것이다. 신호가 뜻하는 것은?

① 속도 감소   ② 촉 장착
③ 정지   ④ 후진

해설

촉 굄은 항공기 수신호 기본자세에서 팔을 아래로 내리고 주먹을 쥔 다음, 엄지 손가락을 안쪽으로 뻗어 흔드는 동작이다.

31 강풍 상태에서 항공기를 주기장에 계류시킬 경우, 계류 절차로서 옳지 않은 것은?

① 항공기를 바람 방향으로 주기 시킨다.

② 모든 바퀴에는 굄목(초크)을 끼운다.

③ 항공기를 계류밧줄이나 케이블을 이용하여 앵커 말뚝에 고정한다.

④ 화재 위험에 대비하여 항공기 연료 탱크의 연료를 완전히 비운다.

해설

항공기 계류작업 시 방향을 등지고 주기를 해야 되며, 움직이지 못하도록 굄목(차륜지)을 끼워야 한다. 모든 문과 창문을 닫고 튜브나 구멍 역시 닫아야 이물질로부터 보호하며, 최소 10% 연료를 채워야 한다.

32 화학적으로 알루미늄 합금의 표면에 0.00001 ~0.00005인치의 크로멧처리를 하여 내식성과 도장 작업의 접착효과를 증진시키기 위한 부식방지 처리작업은?

① 양극산화처리

② 크롬산처리

③ 인산염피막처리

④ 알로다인처리

해설

• 양극산화처리: 전해액에 담겨진 금속을 양극으로 처리하여 전류를 통한 다음 양극에서 발생하는 산소에 의하여 알루미늄과 같은 금속 표면에 산화피막을 형성하는 부식처리 방식이다.

• 알크래드: 두랄루민의 내식성을 향상시키기 위해서 이것에 순수 알루미늄을 피복한 것이다.

33 판재의 가장자리에서 첫 번째 리벳의 중심까지의 거리를 무엇이라 하는가?

① 끝거리　　　② 리벳간격

③ 열간격　　　④ 가공거리

해설

• 리벳간격: 같은 열에 있는 리벳과 리벳 중심 간의 거리를 말한다.

• 열간격: 리벳 열과 열 사이의 거리를 말하며, 리벳 간격의 75%에 해당한다.

• 끝거리: 연거리 판재의 모서리와 이웃하는 리벳 중심까지의 거리를 말한다.

34 다음 밑줄 부분의 뜻은 무엇인가?

> All press equipment and gauges shall be tested and calibrated semiannually by qualified quanty ssuuance dersinnel.

① 매분기 시

② 매년

③ 시기마다

④ 반년마다

해설

• quarterly: 분기마다

• annually: 매년

• every time: 시기마다

35 비어있는 공간으로 압력을 가해서 실링(sealing) 하는 방법을 무엇이라 하는가?

① 필렛(fillet)

② 페잉(faying)

③ 인젝션(injection)

④ 프리코트(precoat)

해설

비어있는 공간으로 압력을 가해서 실링하는 방법을 인젝션이라고 한다.

✈ 정답　31. ④　32. ④　33. ①　34. ④　35. ③

36 항공기의 조향장치에 대한 설명 중 가장 관계가 먼 내용은?

① 항공기가 지상 활주 시 앞바퀴를 회전시켜 원하는 방향으로 이동한다.

② 지상에서는 일반적으로 방향키 페달을 이용하는데, 이때 방향키는 움직이지 않는다.

③ 대형 항공기에서는 큰 각도로 회전 시 틸러라는 조향핸들을 이용한다.

④ 앞바퀴를 작은 각도로 회전시킬 때는 방향키 페달을 사용한다.

해설

• 조향장치 : 항공기를 지상 활주시키기 위하여 앞바퀴의 방향을 변경시키는 장치이다.

• 기계식 : 소형기에 사용되며, 방향키 페달을 이용한다.

• 유압식 : 대형기에 사용되며, 작동유압에 의해 조향작동 실린더가 작동되어 앞바퀴의 방향을 전환할 수 있는 장치이다.

37 헬리콥터가 전진 비행 중 방향을 변경하기 위한 방법으로 옳은 것은?

① 주 로터 블레이드의 피치를 바꾼다.

② 주 로터 블레이드의 회전수를 감소시킨다.

③ 주 로터 블레이드의 회전수를 증가시킨다.

④ 원하는 방향으로 주 로터 디스크를 변경한다.

해설

헬리콥터의 비행은 회전면에 영향을 받는다.

38 지름 0.5in, 인장 강도 3,000lb/in²의 알루미늄 봉은 약 몇 lb의 하중에 견딜 수 있는가?

① 589   ② 1,178

③ 2,112   ④ 3,141

해설

$$\sigma = \frac{W}{A}$$

$$3,000 = \frac{x}{\frac{\pi}{4}0.5^2} = 0.1963 \times 3,000 = 589.04$$

39 착륙 시 항공기 무게가 지면에 가해지는 앞, 뒷바퀴의 달라진 하중을 균등하게 작용하도록 하는 장치는?

① 트러니언(trunnion)

② 트럭 빔(truck beam)

③ 토션 링크(torsion link)

④ 제동 평형 로드(brake equalizer rod)

해설

• 제동 평형 로드(brake equalizer rod) : 주 착륙장치의 제동장치(brake)에 장착되어 활주 중 브레이크 작동 시 트럭의 앞바퀴에 하중이 집중되어 트럭의 뒷바퀴가 지면으로부터 들려지는 현상을 방지하는 기구로써, 뒷바퀴를 지면으로 당겨주는 역할을 함으로써 앞뒤 바퀴가 균일하게 하중을 담당하도록 한다.

• 트럭(truck) : 완충장치 아래 바퀴가 장착할 수 있도록 관련 기구들을 설치한다.

• 토션링크(torsion link or torque link) : 윗부분은 완충버팀대(실린더)에, 아랫부분은 올레오 피스톤과 축으로 연결되어 피스톤이 과도하게 빠지지 못하게 하며, 완충 스트럿(shock strur)을 중심으로 피스톤이 회전하지 못하게 한다.

• 트러니언(trunnion) : 착륙장치를 동체에 연결하는 부분으로 양끝은 베어링에 의해 지지되며, 이를 회전축으로 하여 착륙장치가 펼쳐지거나 접어 들여진다.

40 항공기의 총 모멘트가 M, 총 무게가 W일 때, 이 항공기의 무게중심 위치를 구하는 식은?

① MW ② $M + W$

③ $\dfrac{M}{W}$ ④ $\dfrac{W}{M}$

해설

$$무게중심 위치(CG) = \frac{총\ 모멘트(M)}{총\ 무게(W)}$$

41 응력 외피형 날개의 I형 날개보의 구성품 중 웨브(web)가 주로 담당하는 하중은?

① 인장 하중　　② 전단 하중

③ 압축 하중　　④ 비틀림 하중

해설

날개보(spar)는 날개에 걸리는 굽힘 하중을 담당하며 날개의 주 구조 부재이며, I형 날개보는 비행 중 윗면 플랜지는 압축 응력을, 아랫면 플랜지는 인장 응력이 작용하고, 웨브(web)는 전단 응력이 작용한다.

42 헬리콥터의 동력 전달 장치에 대한 설명으로 옳은 것은?

① 엔진의 동력은 변속기와 엔진 출력 사이에 설치된 오버러닝 클러치를 거쳐서 전달된다.

② 주 회전날개의 구동축은 한쪽이 스플라인(spline)으로 되어 있어, 변속기의 출력축에 접속되고, 반대쪽은 테일 로터 구동축에 연결된다.

③ 꼬리회전날개 구동축은 주 회전날개 구동축과 꼬리회전날개 기어박스의 입력축 사이를 연결하는 축이다.

④ 오버러닝 클러치는 엔진 회전수가 주 회전날개의 회전수보다 클 때 자동으로 분리하여 파손을 방지한다.

해설

프리휠 클러치는 오버러닝 클러치라고도 하며, 엔진의 작동이 불량하거나 자동회전 비행 중 주 회전날개의 회전에 지장이 초래되는 현상, 즉 엔진이 정지하였을 때에 주 회전날개의 회전에 의해 엔진을 강제로 작동하는 역할을 방지하기 위한 것이다. 엔진이 정상 작동할 때는 엔진의 출력을 주 회전날개에 전달하지만, 엔진의 고장이나 출력 감소에 의해 엔진의 회전이 주 회전날개보다 늦을 경우나 다발 회전익 항공기에서 작동되지 않는 엔진이 있을 경우에는 프리휠 클러치가 작동하여 연결된 회전날개와 엔진을 분리시키는 역할을 한다.

43 구조 부재 파괴 중 반복 하중에 의한 구조 부재의 파괴는?

① 크리프　　② 응력 집중

③ 피로 파괴　　④ 집중 하중

해설

- 크리프: 일정한 응력을 받는 재료가 일정한 온도에서 시간이 경과함에 따라 하중이 일정하더라도 변형률이 변화하는 현상이다.
- 피로: 반복 하중에 의하여 재료의 저항력이 감소되는 현상으로 피로의 원인은 재료 내부에 결함(crack)이 있을 때 응력집중이 발생하여 점차 응력이 확산되어 파괴가 일어나는 것이다.

44 엔진 마운트가 갖추어야 하는 특징이 아닌 것은?

① 수리 및 교환에 용이하여야 한다.

② 엔진과 보기부의 검사 및 정비를 쉽게 할 수 있어야 한다.

③ 엔진의 진동이 기체에 전달되도록 견고해야 한다.

④ 기체의 타 장비와 간섭이 되지 않도록 간단한 구조가 되어야 한다.

해설

엔진 마운트의 진동이 기체에 전달될 경우 기체에 손상을 가져오게 된다.

45 속도 360km/h로 비행하는 항공기에 장착된 터보제트엔진이 196km/s인 중량 유량의 공기를 흡입하여 200m/s의 속도로 배기시킬 경우, 총 추력은 몇 kg인가?

① 1,000　　② 2,000

③ 3,000　　④ 4,000

해설

$$F_g = \frac{W_a}{g} V_j = \frac{196}{9.8} \times 200 = 4,000$$

W_a=흡입공기의 중량 유량(kg/s), V_j=배기가스속도

46 그림과 같이 양쪽에서 힘이 작용할 때 볼트에 작용하는 주된 응력은?

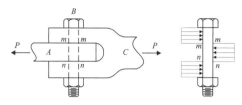

① 굽힘 응력
② 전단 응력
③ 수직 응력
④ 인장 응력

> **해설**
>
> 인장 응력 시 양쪽에서 힘이 발생하여 볼트가 끊어지려는 응력은 전단 응력이다.

47 안전여유를 구하는 식으로 옳은 것은?

① 허용하중 × 실제하중

② 허용하중 + 실제하중

③ $\dfrac{허용하중}{실제하중} - 1$

④ $\dfrac{실제하중}{허용하중} - 1$

> **해설**
>
> $$안전여유(M \cdot S) = \frac{허용하중(응력)}{실제하중(응력)} - 1$$

48 추력에 영향을 미치는 요소 중 비행속도와의 관계에 대한 설명으로 옳은 것은?

① 비행속도가 증가하면 흡입구 압력 감소, 공기밀도 증가, 추력 감소

② 비행속도가 증가하면 흡입구 압력 증가, 공기밀도 증가, 추력 감소

③ 비행속도가 증가하면 흡입구 압력 감소, 공기밀도 증가, 추력 증가

④ 비행속도가 증가하면 흡입구 압력 증가, 공기밀도 증가, 추력 증가

> **해설**
>
> 비행속도가 증가하려면 흡입구 압력이 증가해야 하고, 공기밀도 또한 증가해야 한다. 비행속도가 증가하면 질량 유량이 증가하여 추력이 증가한다.

49 브레이크 장치 계통을 점검할 때 다음과 같은 비정상적인 상태가 발생하였다면 이 현상은?

> 제동판이나 브레이크 라이닝에 기름이 묻거나 오염물질이 접착되어 제동상태가 원활하지 못하고 거칠어진다.

① 드래깅(dragging) 현상
② 그래빙(grabbing) 현상
③ 페이딩(fading) 현상
④ 스키드(skidding) 현상

> **해설**
>
> • 드래깅(dragging) 현상: 브레이크 장치 계통에 공기가 차 있거나, 작동기구의 결함에 의해 브레이크 페달을 밟은 후에 제동력을 제거하더라도 브레이크 장치가 원상태로 회복이 잘 안되는 현상이다.
>
> • 그래빙(grabbing) 현상: 제동판이나 브레이크 라이닝에 기름이 묻거나 오염 물질이 부착되어 제동 상태가 원활하게 이루어지지 않고 거칠어지는 현상이다.
>
> • 페이딩(fading) 현상: 브레이크 장치가 가열되어 브레이크 라이닝 등이 소손됨으로써 미끄러지는 상태가 발생하여 제동 효과가 감소하는 현상이다.

50 추력 비연료 소비율(TSFC)의 단위로 옳은 것은?

① kg/h
② $kg/kg \cdot h$
③ kg/s^2
④ $kg \cdot kg/s$

> **해설**
>
> 추력 비연료 소비율(TSFC)은 1kg의 추력을 발생하기 위해 1시간 동안 엔진이 소비하는 연료의 중량으로, 이 값이 작을수록 성능이 우수하며, 단위는 $kg/kg \cdot h$이다.

✈ **정답** 46. ② 47. ③ 48. ④ 49. ② 50. ②

51 윤활유에 섞인 물이나 침전물을 배출하기 위하여 탱크에 장치한 것은 어느 것인가?

① 섬프 드레인 플러그

② 섬프 여과기

③ 바이패스 밸브

④ 릴리프 여과기

해설

윤활유 여과기에는 드레인 플러그(drain plug)가 스크린-디스크형 윤활유 여과기 맨 아래에 위치하여 걸러진 불순물을 배출시킨다.

52 가스터빈엔진의 오일 구비 조건으로 틀린 것은?

① 저온에서 낮은 유동성을 갖을 것

② 온도 변화에 따라 점도 변화가 작을 것

③ 인화점이 높을 것

④ 산화 안정성이 클 것

해설

윤활유의 구비조건

• 점성과 유동점이 낮을 것

• 점도지수는 어느 정도 높을 것

• 인화점이 높을 것

• 산화 안정성 및 열적 안정성이 높을 것

• 기화성이 낮을 것

• 윤활유와 공기의 분리성이 좋을 것

53 연료조정장치와 연료 매니폴드 사이에 위치하여 연료 흐름을 1차 연료와 2차 연료로 분류시키고, 엔진 정지 시 매니폴드나 연료 노즐에 남아 있는 연료를 외부로 배출시키는 역할을 하는 것은?

① 드레인 밸브

② 가압 밸브

③ 매니폴드 밸브

④ 여압 및 드레인 밸브

해설

여압 및 드레인 밸브는 F.C.U와 매니폴드 사이에 위치하여 첫째 연료 흐름을 1차 연료와 2차 연료로 분리하고, 둘째 엔진 정지 시 매니폴드나 연료 노즐에 남아 있는 연료를 외부로 방출하고, 셋째 연료의 압력이 일정 압력이 될 때까지 연료 흐름을 차단한다.

54 밸브 개폐 시기의 피스톤 위치에 대한 약어 중 "상사점 후"를 뜻하는 것은?

① ABC
② BBC
③ ATC
④ BTC

해설

• IO(Intake valve Open): 흡입 밸브 열림

• IC(Intake valve Close): 흡입 밸브 닫힘

• EO(Exhaust valve Open): 배기 밸브 열림

• EC(Exhaust valve Close): 배기 밸브 닫힘

• TDC(Top Dead Center): 상사점

• BDC(Bottom Dead Center): 하사점

• BTC(Before Top dead Center): 상사점 전

• ATC(After Top dead Center): 상사점 후

• BBC(Before Bottom dead Center): 하사점 전

• ABC(After Bottom dead Center): 하사점 후

55 그림에 해당되는 엔진의 명칭은?

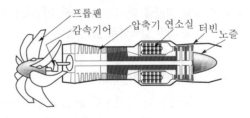

① 터보프롭엔진

② 후방 프롭팬엔진

③ 전방 프롭팬엔진

④ 로켓엔진

해설

프롭팬엔진은 가볍고 고회전에도 견딜 수 있는 강도를 가진 최신의 복합 소재를 사용하고 반달형으로 된 시위 길이가 큰 깃에 후퇴 각을 준 깃 수가 많은 프로펠러이다. 앞의 프롭 팬은 공기를 압축시켜 추력으로 바꾸고, 또 뒷부분의 프롭 팬은 앞에서 압축된 공기를 정류시켜 뒷 방향으로 분출시키면서 추력을 얻는다.

56 세계 최초로 민간 항공용 운송기에 장착하여 운항한 가스터빈엔진은?

① 터보프롭엔진

② 터보팬엔진

③ 터보샤프트엔진

④ 터보제트엔진

해설

1948년 롤스로이스가 터보프롭엔진을 장착한 세계 최초의 민간 항공기를 개발하였고, 터보프롭엔진은 추력의 75% 정도를 프로펠러에서 얻고, 나머지는 배기 노즐에서 얻는다.

57 압력분사식 기화기에서 챔버 A와 B 사이에 막이 파손되었다면, 어떤 현상이 나타날 수 있겠는가?

① 연료는 계속 공급될 것이다.

② 연료가 차단될 것이다.

③ 연료의 압력이 증가할 것이다.

④ 연료의 흐름이 증가할 것이다.

해설

압력분사식 기화기는 A챔버와 B챔버의 압력 차를 이용하여 포핏 밸브를 열어 연료를 공급하는 방식인데, 이 사이가 막히게 되면 연료가 차단된다.

58 다음 중 제트엔진의 소음 감소 장치가 아닌 것은?

① 배기 믹서

② 내부 굴곡형 노즐

③ 뉴매틱 모터

④ 다수 튜브 제트 노즐

해설

• 배기 소음 중에서 저주파 음을 고주파 음으로 변환시킴으로써 소음 방지 효과를 얻도록 설계하고 다수 튜브 제트 노즐, 꽃 모양형으로 소음을 방지한다.

• 뉴매틱 모터는 항공기에서 공압으로 작동하는 전동기를 말하며, 주로 항공기 시동기에 쓰인다.

59 왕복엔진 윤활계통에서 크랭크 케이스 밑부분을 윤활유 탱크로 이용하는 방식을 무엇이라 하는가?

① 단일 윤활계통   ② 습식 윤활계통

③ 오일 윤활계통   ④ 건식 윤활계통

해설

윤활계통의 종류

• 건식 윤활계통(dry sump oil system): 윤활유 탱크를 엔진 밖에 따로 설치한다.

• 습식 윤활계통(wet sump oil system): 크랭크 케이스의 밑부분을 탱크로 이용한다.

60 열과 일의 변환에 대한 방향성을 설명한 법칙은?

① 열역학 제1법칙   ② 보일의 법칙

③ 열역학 제2법칙   ④ 열역학 제3법칙

해설

열역학 2법칙은 에너지의 전달에는 방향성이 있다는 것인데, 엔트로피의 변화가 절대로 감소하지 않고 항상 증가하거나 일정하다는 것을 나타내는 가역과정이다.

✈ 정답   56. ①   57. ②   58. ③   59. ②   60. ③

01 다음 중 양(+)의 동적 안정성을 옳게 설명한 것은?

① 수평 비행기 가속도를 일정하게 유지하려는 경향

② 선회 비행 시 가속 방향의 수직 방향으로 미끄러지는 경향

③ 평형상태에서 벗어난 뒤에 다시 평형상태로 되돌아가려는 초기의 경향

④ 비행기가 평형상태에서 이탈된 후, 그 변화의 진폭이 시간의 경과에 따라 감소되는 경향

해설

안정은 원래 상태로 되돌아오려는 경향을 말하며, '동적'은 진폭, '정적'은 자세와 관련 있다.

02 다음 중 버핏 현상을 가장 옳게 설명한 것은?

① 이륙 시 나타나는 비틀림 현상

② 착륙 시 활주로 중앙선을 벗어나려는 현상

③ 실속속도로 접근 시 비행기 뒷부분의 떨림 현상

④ 비행 중 비행기의 앞부분에서 나타나는 떨림 현상

해설

버핏은 기체에 생기는 이상진동으로, 버핏 후에는 실속이 생기기 때문에 버핏이 일어나면 실속경보장치가 작동된다.

03 비행기의 착륙거리를 짧게 하기 위한 조건으로 가장 거리가 먼 것은?

① 착륙 시 무게를 가볍게 한다.

② 접지속도를 크게 한다.

③ 착륙 중 양력을 작게 한다.

④ 착륙 중 항력을 크게 한다.

해설

착륙거리를 짧게 하는 방법은 보기 ①, ③, ④ 외에도 맞바람으로 착륙하거나 착륙 마찰계수를 크게 하여 착륙하는 방법 등이 있다.

04 날개의 양력계수(C_L) 0.5, 날개 면적(S) $10m^2$인 비행기가 밀도(ρ) $0.1\,kgf \cdot \sec^2/m^4$인 공기 중을 $50m/s$로 비행하고 있다. 이때 날개에 발생하는 양력은 약 몇 kgf인가?

① 425　　　　② 527

③ 625　　　　④ 728

해설

$$L = \frac{1}{2}\rho v^2 s\, C_L$$

$$= \frac{1}{2} \times 0.1 \times 50^2 \times 10 \times 0.5 = 625$$

05 날개골에서 충격파가 발생할 때 충격파 후면에서의 밀도, 온도, 압력의 변화를 옳게 설명한 것은?

① 밀도, 온도, 압력 모두 증가한다.

② 밀도, 온도, 압력이 모두 감소한다.

✈ **정답** 　01. ④　02. ③　03. ②　04. ③　05. ①

③ 온도와 밀도는 증가하고 압력은 감소한다.

④ 밀도와 압력은 증가하고 온도는 감소한다.

해설

충격파를 지난 공기 흐름의 압력, 온도, 밀도는 급격히 증가하고 속도는 급격히 감소한다.

06 A, B, C 3대의 비행기가 각각 10,000m, 5,000m, 1,000m의 고도에서 동일한 속도로 비행하고 있다. 각 비행기의 마하계가 지시하는 마하수의 크기를 비교한 것으로 옳은 것은?

① A<B<C   ② A>B>C

③ A<C<B   ④ A=B=C

해설

$$M = \frac{\text{물체의 속도(비행기의 속도)}}{\text{소리의 속도}} = \frac{V}{C}$$

대류권 내에 고도 증가 시 온도는 감소하므로 온도와 비례하는 음속은 고도에 따라 차이가 나고, 마하수는 음속에 반비례하기 때문에 대류권 내 고도가 높을수록 동일 속도일 때 마하수는 크다.

07 30°선회각으로 정상 수평 선회비행을 하는 비행기에 걸리는 하중배수는 약 얼마인가?

① 0.8   ② 1.0

③ 1.15   ④ 1.35

해설

$$\text{하중배수}(n) = \frac{\text{비행기 무게} + \text{관성력}}{\text{비행기 무게}}$$
$$= 1 + \frac{\text{관성력}}{\text{비행기 무게}}$$

• 등속수평비행 시 하중배수, $n = \frac{L}{W} = 1$

• 실속속도 일 때 하중배수, $n = \frac{V^2}{V_s^2}$

• 선회비행 시 하중배수, $n = \frac{1}{\cos\theta} = \frac{1}{\cos 30} = 1.15$

08 날개 끝 실속을 방지하기 위한 대책이 아닌 것은?

① 실속 펜스를 부착한다.

② 와류 발생 장치를 설치한다.

③ 크루거 앞전 형태를 갖춘다.

④ 워시 아웃 형상을 갖도록 해준다.

해설

크루거 플랩은 대표적인 앞전 고양력 장치로서 양력을 크게 하는 역할을 하며 날개 끝 실속과는 관련이 없다.

09 다음 중 이용마력에 대한 설명으로 옳은 것은?

① 이용마력은 여유마력과 필요마력의 차이다.

② 비행기를 하강시키는 데 필요한 마력이다.

③ 왕복엔진을 장비한 프로펠러 비행기의 이용마력은 제동마력에 프로펠러의 효율을 곱하여 얻는다.

④ 제트비행기에서의 이용마력은 이용추력에 반비례한다.

해설

• 필요마력(required horse power): 비행기가 항력을 이기고 전진하는 데 필요한 마력이다.

• 이용마력(available horse power): 추력에 이용된 마력. 왕복엔진을 장비한 프로펠러 비행기의 필요마력이다.

$$P_a = \frac{TV}{75} = \eta \times BHP$$

• 제트 비행기에서의 이용마력

$$P_a = \frac{TV}{75}$$

10 절대온도 290°K는 약 몇 ℃인가?

① 11℃   ② 17℃

③ 283℃   ④ 312℃

해설

절대온도(K)=℃+273

✈ **정답**   06. ②   07. ③   08. ③   09. ③   10. ②

11 비행기의 날개에 작용하는 양력의 크기에 대한 설명으로 틀린 것은?

① 양력계수에 비례한다.

② 비행속도에 반비례한다.

③ 날개의 면적에 비례한다.

④ 공기 밀도의 크기에 비례한다.

해설

$L(양력) = \frac{1}{2}\rho v^2 s C_L$ 이므로 비행속도에는 제곱에 비례한다.

12 일반적으로 대류권에서 공기온도는 고도가 1,000m 높아질 때마다 6.5℃씩 감소한다. 해발고도에서의 공기온도가 30℃일 때, 고도 10,000m에서의 온도는 몇 도인가?

① −25℃　　② −35℃

③ −45℃　　④ −55℃

해설

대류권에서는 1,000m 상승 시 −6.5℃의 기온 변화가 있으며, 이것을 기온체감률이라고 한다. 10,000m 상승 시 −65℃의 변화가 있으므로 해발고도 30−65=−35℃가 된다.

13 좌우 방향 전환의 조종뿐만 아니라 도움날개의 조종에 따른 빗놀이 모멘트를 상쇄하기 위해 사용되는 장치는?

① 플랩

② 승강키

③ 방향키

④ 도움날개

해설

• 도움날개: 옆놀이

• 승강키: 키놀이

• 방향키: 빗놀이

14 비행기의 무게가 $2,000\,kgf$, 날개 면적이 $50\,m^2$, 실속받음각에서 양력계수가 1.6일 때, 실속속도는 몇 m/sec인가? (단, 밀도는 $0.125\,kgf \cdot s^2/m^4$이다.)

① 10　　② 15

③ 20　　④ 25

해설

$$V_{\min} = \sqrt{\frac{2W}{\rho SC_{Lmax} S}} = \sqrt{\frac{2 \times 2000}{0.125 \times 1.6 \times 50}} = 20$$

($V_{\min}$: 최소 속도[$m/\sec$], W : 비행기 무게[kgf], S: 날개 면적[m^2], C_{Lmax}: 최대 양력계수, ρ: 밀도 ($kgf \cdot \sec^2/m^4$))

15 다음 중 윗면과 아랫면이 대칭을 이루는 NACA 표준 날개는?

① NACA 0015

② NACA 1115

③ NACA 2415

④ NACA 4415

해설

NACA 4자 계열의 첫째 자리는 날개골의 최대 캠버의 크기를 시위와 비교하여 나타낸 값이며, 둘째 자리는 최대 캠버의 위치를 시위와 비교하여 나타낸 값이다. 따라서 첫째, 둘째 자리가 0이라는 것은 최대 캠버의 크기와 위치가 없다는 뜻이므로 해당 날개는 캠버가 없는, 즉 시위선과 평균 캠버선이 일치하는 대칭형 날개이다.

16 정비의 목표 중 정비계획을 정확히 유지하고 수행되어 계획된 시간에 차질 없이 운항되도록 하는 목표는 무엇인가?

① 안전성　　② 정시성

③ 쾌적성　　④ 경제성

해설

항공기가 종착 기지로 착륙해서 다음 기지로 운항하기 위해 시간 내에 작업을 끝내 정시 출발 목적 달성을 위한 능력을 정시성이라 한다.

★ **정답**　11. ②　12. ②　13. ③　14. ③　15. ①　16. ②

17 정비방식 중 정기적인 육안검사나 측정 및 기능 시험 등의 수단에 의해 장비나 부품의 감항성을 유지하고 있는지를 확인하는 정비방식은?

① 시한성 정비 ② 상태 정비
③ 신뢰성 정비 ④ 감항성 정비

해설

• 시한성 정비방식(HT): 장비나 부품의 상태는 관계하지 않고 정비 시간의 한계 및 폐기 한계를 정해서 정기적으로 분해 점검 또는 교환한다.
• 상태 정비(OC): 장비나 부품을 정기적인 육안검사나 측정 및 기능 시험 등의 방법에 의해 감항성이 유지되고 있는지를 확인하는 방식이다.
• 신뢰성 정비(CM): 고장에 관한 자료와 품질에 대한 자료를 감시 분석하여 문제점을 발견하고 이것에 대한 처리대책을 강구한다.

18 블록 게이지의 사용은 실내온도 몇 K(캘빈)이 가장 적합한가?

① 0K
② 20K
③ 273.16K
④ 293.16K

해설

실내온도 20℃는 절대온도 293.16캘빈온도이다.

19 락 볼트의 종류로 옳지 않은 것은?

① 풀형 고정 볼트
② 스텀프형 고정 볼트
③ 블라인드형 고정 볼트
④ 인터널 고정 볼트

해설

락 볼트는 고강도 볼트와 리벳으로 구성되며 날개의 연결부, 착륙장치 연결부에 사용된다. 종류로는 풀형, 스텀프형, 블라인드형이 있다.

20 블라인드 리벳의 종류 중 생크 끝 속에 화약을 넣어 리벳 머리에 가열된 인두를 사용하여 작업하는 리벳은?

① 체리 리벳
② 리브 너트
③ 폭발 리벳
④ 고전단 응력 리벳

해설

생크 끝 속에 화약을 넣어 폭발시켜 버킹 바를 사용하기 힘든 부분의 리벳 작업 시 사용한다. 연료탱크나 화재 위험이 있는 곳은 사용을 금지한다.

21 판재의 전단가공 중 가공된 제품의 불필요한 부분을 떼어내는 작업은?

① 블랭킹 ② 펀칭
③ 트리밍 ④ 세이빙

해설

• 블랭킹: 펀치와 다이를 프레스에 설치하여 판금 재료로부터 소정의 모양을 떠내는 작업이다.
• 펀칭: 필요한 구멍을 뚫는 작업이다.
• 트리밍: 가공된 제품의 불필요한 부분을 떼어내는 작업이다.
• 세이빙: 블랭킹 제품의 거스러미를 제거하는 끝 다듬질이다.

22 육안검사의 특징으로 옳지 않은 것은?

① 가장 오래된 비파괴 검사이다.
② 작업자의 능력에 따라 신뢰성이 좌우된다.
③ 비교적 경제적이다.
④ 시간이 오래 걸리나 정확성이 뛰어나다.

해설

육안검사의 특징은 시간이 오래 걸리지 않고 신속하다.

23 항공기 급유 및 배유 시 안전사항으로 옳지 않은 것은?

① 항공기, 연료차, 지면 3점 접지한다.

② 15m 이내 인화성 물질 및 흡연을 금지한다.

③ 번개 치는 날은 최대한 빠르게 작업한다.

④ 연료 차량과 항공기는 최소 3m를 유지한다.

해설

급유 후 15분 이내에 전원 장비 작동을 금지한다. 15m 이내에 고주파 장비 작동을 금지한다. 번개 치는 날은 급·배유 작업을 금지한다.

24 금속 자체에서 일어나는 화재로서 항공기 표피에 빨갛게 일어나는 현상 등을 무슨 화재라 하는가?

① A급 화재

② B급 화재

③ C급 화재

④ D급 화재

해설

A급 화재는 종이/나무, B급 화재는 유류, C급 화재는 전기화재, D급 화재는 금속화재이다.

25 다음 괄호 안에 알맞은 말은?

> An airplane is controlled directionally about it's vertical axis by the (　　　).

① rudder

② elevator

③ ailerons

④ flap

해설

항공기는 수직축의 방향키에 의해 방향이 조정된다.
vertical axis: 수직축, rudder: 방향키

26 장비나 부품의 상태는 관계하지 않고 정기적으로 분해, 점검하거나 새로운 것으로 교환하는 정비 방식을 무엇이라 하는가?

① 시한성 정비

② 상태 정비

③ 신뢰성 정비

④ 경제성 정비

해설

장비나 부품의 상태는 관계하지 않고 정비 시간의 한계 및 폐기 시간의 한계를 정하여 정기적으로 분해, 점검하거나 폐기 한계에 도달한 장비나 부품을 새로운 것으로 교환하는 정비 방식을 시한성 정비라고 한다.

27 락킹 플라이어라고도 하며, 물림 턱에 잠금장치가 되어 있는 공구의 명칭은 무엇인가?

① 인터 락킹 플라이어

② 롱 노즈 플라이어

③ 바이스 그립 플라이어

④ 콤비네이션 플라이어

해설

바이스 그립 플라이어는 잠금장치를 한 번 조절하여 잠금시켜 부품을 물리면 쉽게 풀리지 않게 되어 있는 공구로써 고정되어 부러진 볼트나 고착되어 풀리지 않는 파스너 등에 사용된다.

28 부품의 상태를 구분 짓는 표찰에서 사용 가능한 부품은 어떤 색의 표찰을 부착하는가?

① 적색

② 청색

③ 녹색

④ 황색

해설

사용 가능한 부품에는 황색 표찰을, 수리가 요구되는 부품에는 녹색 표찰을, 수리 중인 부품에는 청색 표찰을, 폐기품에는 적색 표찰을 부착한다.

정답 23. ③　24. ④　25. ①　26. ①　27. ③　28. ④

29 볼트 머리 기호 중에서 '+'는 어떤 볼트인가?

① 내식성 볼트

② 합금강 볼트

③ 정밀 공차 볼트

④ 열처리 볼트

해설

볼트 머리 기호 중 '+'는 합금강 볼트의 기호이다.

30 접시머리 리벳의 최소 연거리는 얼마인가?

① 2.5D   ② 2D

③ 1.5D   ④ 3D

해설

접시머리 리벳의 최소 연거리는 2.5D이고, 그 외 리벳은 2D~4D의 거리를 가져야 한다.

31 빔 타입이라고도 하며, 빔의 변형 탄성력을 이용한 토크 렌치는 무엇인가?

① 오디블 인디케이팅 토크 렌치

② 리지드 프레임 토크 렌치

③ 디플렉팅 빔 토크 렌치

④ 프리셋 토크 드라이버

해설

디플렉팅 빔 토크 렌치는 리지드 프레임 토크 렌치와 함께 지시식 토크 렌치 중 하나로 빔의 변형 탄성력을 이용하여 규정된 죔값으로 조여주는 공구이다.

32 케이블의 이음 방법 중 연결 부분의 강도가 케이블 강도의 75% 정도의 수준을 갖는 이음 방법은 무엇인가?

① 스웨이징 방법

② 니코프레스 이음 방법

③ 랩 솔더 케이블 이음 방법

④ 5단 엮기 케이블 이음 방법

해설

연결 부분의 강도가 케이블 강도의 75% 수준의 케이블 이음 방법은 5단 엮기 케이블 이음 방법으로, 이 방법은 케이블 가닥을 풀어서 엮은 다음 그 위에 와이어로 감아 씌우는 방법이다.

33 항공기 유압계통의 고압에 가장 많이 사용하는 호스의 재질은 무엇인가?

① 고무   ② 테프론

③ 부나–N   ④ 네오프렌

해설

테프론 호스는 항공기 유압계통에서 높은 작동 온도와 압력에 견딜 수 있도록 만들어진 가요성 호스로서 어떤 작동유에도 사용이 가능하고 고압용으로 많이 사용된다.

34 주로 부적절한 열처리에 의해 발생하는 부식의 종류는 무엇인가?

① 입자 간 부식   ② 응력 부식

③ 전해 부식   ④ 표면 부식

해설

입자 간 부식은 주로 부적절한 열처리에 의해 발생되며, 항공기 구조 부재에 가장 큰 손상을 입히는 부식이다.

35 다음은 무엇에 대한 설명인가?

It is applied to the restoration of an item, aircraft or component to fully serviceable condition.

① check   ② inspection

③ repair   ④ overhaul

해설

수리는 항공기 또는 장비품을 충분히 사용 가능한 상태로 복원시키는 것을 의미한다.

✈ 정답 29. ② 30. ① 31. ③ 32. ④ 33. ② 34. ① 35. ③

36 미국 알루미늄 협회의 규격에 따라 재질을 "1100"으로 표기할 때, 첫째 자리 "1"이 나타내는 의미로 옳은 것은?

① 소숫점 이하의 순도가 1% 이내이다.

② 알루미늄-마그네슘계 합금이다.

③ 알루미늄-망간계 합금이다.

④ 99% 순수 알루미늄이다.

해설

AA 규격에 따른 합금번호 1xxx는 알루미늄 99% 이상을 말하고, 2xxx는 구리(Cu), 3xxx는 망간(Mn), 4xxx는 규소(Si), 5xxx는 마그네슘(Mg), 6xxx는 마그네슘+규소, 7xxx는 아연(Zn), 8xxx는 그 밖의 원소, 9xxx는 예비 원소를 뜻한다.

37 설계하중에 대한 설명으로 옳은 것은?

① 한계하중이라고도 한다.

② 한계하중보다 작은 값이다.

③ 한계하중과 안전계수의 합이다.

④ 구조 설계 시 안전계수는 주로 1.5이다.

해설

기체강도를 한계하중보다 높은 하중에서 견디도록 설계하며 기체 구조의 설계에서 안전계수는 1.5이다.
(설계하중=한계하중×안전계수)

38 무기질 유리를 고온에서 용융, 방사하여 제조하며, 밝은 흰색을 띄고, 값이 저렴하고 가장 많이 사용되는 강화섬유는?

① 유리섬유   ② 탄소섬유

③ 아라미드 섬유   ④ 보론섬유

해설

유리섬유는 무기질 유리를 고온에서 용융, 방사하여 제조한다. 내열성과 내화학성이 우수하고 값이 저렴하여 강화섬유로서 가장 많이 사용되고 있다.

39 항공기의 착륙장치 종류에 속하지 않는 것은?

① 테일형

② 플로트형

③ 스키형

④ 타이어 바퀴형

해설

휠 기어형-지상용, 플로트형-수상용, 스키형-눈으로 된 착륙장치에 사용한다.

40 금속 재료 규격의 명칭이 잘못 짝지어진 것은?

① MIL규격 - 미국재료협회규격

② AISI규격-미국철강협회규격

③ SAE규격 - 미국자동차공학규격

④ AA규격 - 미국알루미늄협회규격

해설

• MIL규격 - 미국육군표준규격
• AISI규격 - 미국철강협회규격
• SAE규격 - 미국자동차협회규격
• AA규격 - 미국알루미늄협회규격
• ASTM규격-미국재료시험협회규격

41 조종계통의 조종방식 중 기체에 가해지는 중력가속도나 기울기를 감지한 결과를 컴퓨터로 계산하여 조종사의 감지 능력을 보충하도록 하는 방식의 조종장치는?

① 수동조종장치(manual control)

② 유압조종장치(hydraulic control)

③ 플라이 바이 와이어(fly-by-wire)

④ 동력조종장치(powered control)

해설

플라이 바이 와이어 조종장치는 현재 주로 사용되는 조종방식으로서 컴퓨터가 계산하여 조종면을 필요한 만큼 편위시켜 주도록 되어 있으므로, 항공기의 급격한 자세 변화 시에도 원만한 조종성을 발휘하는 조종 방식이다.

정답 **36.** ④ **37.** ④ **38.** ① **39.** ① **40.** ① **41.** ③

42 두 겹 또는 그 이상의 보강재를 사용하여 서로 겹겹이 덧붙이는 형태로 각 겹(ply)은 서로 다른 재질이고, 한 방향 혹은 두 방향 형태의 직물이 사용된 혼합 복합 소재의 구조 부재는?

① 탄소 섬유(carbon fiber)

② 선택적 배치(selective placement)

③ 인터플라이 혼합재(inter−ply hybrid)

④ 인트라플라이 혼합재(intra−ply hybrid)

해설

• 인터플라이 혼합재: 두 겹 또는 그 이상의 보강재를 사용하여 서로 겹겹이 덧붙이는 형태로 각 겹(ply)은 서로 다른 재질이고, 한 방향 혹은 두 방향 형태의 직물이 사용된 혼합 복합 소재의 구조 부재이다.

• 인트라플라이 혼합재: 2개 혹은 그 이상의 보강재를 함께 사용하는 방법이다.

• 선택적 배치: 섬유를 큰 강도, 유연성, 비용 절감 등을 위해서 선택적으로 배치하는 방법이다.

• 탄소섬유: 유리섬유를 탄화시켜 제조하며 열처리하여 흑연화한 것을 탄소섬유라 한다.

43 코리올리스 효과에 의한 회전날개의 기하학적 불균형을 해소하기 위해 깃과 허브의 연결 부분에 장착된 힌지는?

① 항력 힌지

② 양력 힌지

③ 로터 힌지

④ 플래핑 힌지

해설

깃과 허브의 연결 부분에 리드−래그 힌지를 설치하여 코리올리 효과에 대한 회전날개의 기하학적 불균형을 해소하는데, 이를 항력 힌지라 한다.

44 헬리콥터 동력전달장치 중 엔진 동력 전달 방향을 바꾸는 데 사용하는 기어는?

① 스퍼기어

② 랙기어

③ 베벨기어

④ 헬리컬기어

해설

• 스퍼기어: 가장 대표적인 기어로, 평기어, 평치차라고도 한다. 기어는 동력전달에 사용되는 기계요소이다. 치수가 다른 기어를 조합시켜 축의 회전운동을 감속・가속시키는 것이 일반적인 사용방법이다. 기어 중에서도 회전축에 대하여 평행으로 톱니를 절삭한 스퍼기어는 가장 대표적인 형식이다. 스퍼기어는 재질, 톱니 수, 치수 등이 다른 갖가지 형식의 것들이 대량으로 생산되어 시판 중이다. 통상, 제품 카탈로그를 보고 사용할 기어를 골라 살 수 있다.

• 랙기어: 긴 모양의 기어

• 베벨기어: 서로 교차하는 두 축 사이에서 운동을 전할 때 이용하는 원추형의 기어

• 헬리컬기어: 바퀴 주위에 비틀린 이가 절삭되어 있는 원통기어, 평기어보다 물림률이 좋기 때문에 회전이 원활하고 조용하며 감속 장치나 동력의 전달 등에 사용된다.

45 인티그럴(integral tank) 연료탱크에 대한 설명으로 옳은 것은?

① 금속제품의 탱크를 내장한다.

② 합성고무 제품의 탱크를 내장한다.

③ 접합부 등에 밀폐제(sealant)를 바를 필요가 없다.

④ 날개보와 외피에 의해 만들어진 공간 그 자체를 연료탱크로 이용한다.

해설

인티그럴 연료탱크: 날개의 내부 공간을 연료탱크로 사용하는 것으로, 앞 날개보와 뒷날개보 및 외피로 이루어진 공간을 밀폐제를 이용하여 완전히 밀폐시켜 사용하며, 여러 개의 탱크로 제작되었다. 장점으로는 무게가 가볍고 구조가 간단하다.

정답 42. ③ 43. ① 44. ③ 45. ④

46 항공기에서 2차 조종계통에 속하는 조종면은?

① 방향키(rudder)

② 슬랫(slat)

③ 승강키(elevator)

④ 도움날개(aileron)

해설

- 1차 조종면: 도움날개, 승강키, 방향키
- 2차 조종면: 플랩, 스포일러, 탭

47 헬리콥터에 관한 설명으로 틀린 것은?

① 수직 이착륙과 공중정지 비행이 가능하다.

② 3차원의 모든 방향으로 직선 이동이 불가능하다.

③ 꼬리회전날개의 회전으로 비행 방향을 결정한다.

④ 주 회전날개를 회전시켜 양력과 추력을 발생시킨다.

해설

헬리콥터는 주기적 피치 조종간에 의해 앞/뒤/좌/우 직선 이동이 가능하며, 동치 피치 조종간에 의해 수직 상승, 수직 하강이 가능하다.

48 항공기 위치표시 방식 중 동체 버턱선을 나타내는 것은?

① BBL　　　② BWL

③ FS　　　④ WS

해설

- 동체 수위선(BWL): 기준으로 정한 특정 수평 면으로부터 높이를 측정한 수직거리이다. 기준 수평 면은 바닥 면에서 설정하는 것이 원칙이지만, 항공기에 따라 가상의 수평 면을 설정하기도 한다.
- 동체 버턱선(BBL): 동체 중심선을 기준으로 오른쪽과 왼쪽에 평행한 넓이를 나타내는 선이다.

- 동체 위치선(F.S): 기준이 되는 0점, 또는 기준선으로부터 거리를 나타낸다. 기준선은 기수 또는 기수로부터 일정한 거리에 위치한 상상의 수직 면으로 설정된다.
- 날개 위치선(W.S): 날개보와 직각인 특정한 기준면으로부터 날개 끝 방향으로 측정된 거리를 나타낸다.

49 항공용 왕복엔진에서 엔진 작동 중 윤활유의 온도가 맞지 않는다면 무엇으로 조절해야 하는가?

① 윤활유 펌프에 있는 온도 조절 나사로 한다.

② 윤활유 탱크에 있는 온도 조절 나사로 한다.

③ 윤활유 냉각기에 있는 온도 조절 밸브로 한다.

④ 온도 조절 밸브에 있는 조절 나사로 한다.

해설

오일의 냉각을 위해 오일은 재킷 주위를 돌아 온도 조절 장치 밸브를 지나 탱크로 들어가게 되어 있으므로 여기에 있는 조절 나사로 온도를 조절해 준다.

50 가스터빈엔진의 추력에 미치는 영향으로 틀린 것은?

① 대기온도가 증가하면 추력은 감소하게 된다.

② 대기압이 증가하면 추력은 감소하게 된다.

③ 비행고도가 높아짐에 따라 추력은 감소하게 된다.

④ 대기밀도가 증가하면 추력은 증가하게 된다.

해설

- 추력은 대기의 상태에 영향을 받는다. 즉 온도, 압력, 밀도에 영향을 받으며, 이는 고도가 증가함에 따라 달라지므로 대기압이 감소하면 추력이 감소하게 된다.
- 보기 ①은 온도가 증가하면 밀도가 감소하여 추력이 감소하는 것이다.

✈ 정답 46. ②　47. ②　48. ①　49. ④　50. ②

51 실린더 체적이 80cm³이며, 피스톤의 행정체적이 70cm³일 때, 압축비는 얼마인가?

① 10:1   ② 9:1

③ 8:1   ④ 7:1

해설

압축비는 피스톤 하사점에 있을 때 실린더 체적과 상사점에 있을 때 실린더 체적과의 비이다.

$$\epsilon = \frac{v_c + v_d}{v_c} = 1 + \frac{v_d}{v_c} = \frac{\text{연소실 체적} + \text{행정 체적}}{\text{연소실 체적}}$$

$$\epsilon = 1 + \frac{v_d}{v_c} = 1 + \frac{70}{10} = 8$$

행정체적 상사점에서 하사점까지 움직이면서 빨아들인 체적으로 실린더 전체 체적($80cm^3$)−행정체적($70cm^3$) $=10cm^3$

52 왕복엔진에서 실린더 압축시험 시기와 관계없는 것은?

① 실린더를 교환했을 때

② 압축시험 주기가 되었을 때

③ 피스톤 핀을 교환했을 때

④ 밸브의 간극을 조절했을 때

해설

실린더 압축시험 시기
- 실린더를 교환했을 때
- 압축시험 주기가 되었을 때
- 밸브의 간극을 조절했을 때

53 가스터빈엔진의 연소실 구성품 중 스웰 가이드 베인(swirl guide vane)이 하는 역할과 가장 유사한 기능을 하는 후기연소기의 구성품은?

① 디퓨저

② 불꽃 홀더

③ 테일 콘

④ 가변 면적 배기 노즐

해설

스웰 가이드 베인은 1차 유입공기에 강한 선회를 주어 기류에 적당한 소용돌이를 일으켜서 유입속도를 감소시켜 화염전파속도를 증가시키고, 불꽃 홀더도 연료 노즐 뒤에 장치되어 배기가스의 속도를 감소시키고 와류를 형성시켜 연소가 계속되게 함으로써 불꽃이 꺼지는 것을 방지한다.

54 엔진이 최대출력 또는 그 근처에서 작동될 때 수동 혼합 조종 장치의 위치는?

① 희박(lean) 위치

② 최대농후(full rich) 위치

③ 외기 온도에 따라 위치 변화

④ 외기 습도에 따라 위치 변화

해설

최대 출력이 발생하면 실린더 온도가 상승하므로 노킹이나 디토네이션 등이 발생하여 엔진 위험 상태가 될 수 있고, 농후 혼합비를 형성시켜 실린더에 공급함으로써 연료의 기화열에 의해 엔진을 냉각시킬 수 있다.

55 항공기용 왕복엔진에서 밸브 오버랩(valve over lap)을 두는 가장 큰 이유는?

① 체적효율을 증가시켜 엔진 출력을 증대시킨다.

② 밸브 운전을 편리하게 한다.

③ 밸브 파손을 최소화시킨다.

④ 밸브 간극을 최소화시킨다.

해설

밸브 오버랩은 흡입행정 초기 I/V 및 E/V가 동시에 열려있는 각도이다.
- 장점: 체적효율 향상, 배기가스 완전 배출, 냉각효과가 좋다.
- 단점: 저속 작동 시 연소되지 않은 혼합가스의 배출 손실 및 역화의 위험성 비정상 연소

✈ **정답**   51. ③   52. ③   53. ②   54. ②   55. ①

56 가스터빈엔진에서 시동 불능(no start)의 원인이 아닌 것은?

① 연료 흐름의 막힘

② 프리휠 클러치의 작동 불능

③ 시동기나 점화장치의 불충분한 전력

④ 점화계통 및 연료조정장치의 고장

해설

- 시동 불능(no start)은 규정된 시간 안에 시동이 되지 않는 현상으로, 원인으로는 시동기나 점화장치의 불충분한 전력, 연료 흐름의 막힘, 점화계통 및 연료조정장치의 고장 등이 있다.
- 프리휠 클러치는 엔진의 회전수가 주 회전날개를 회전시킬 수 있는 회전수보다 낮거나 엔진이 정지하였을 때에 회전익 항공기의 자동 회전 비행이 가능하도록 엔진의 구동과 변속기의 구동을 분리시키는 역할을 한다.

57 가스터빈엔진 연소실의 작동 원리에 대한 설명으로 틀린 것은?

① 분무된 연료가 충분히 혼합되어 연소할 수 있도록 와류를 발생시키는 스웰 가이드 베인을 마련한다.

② 1차 연소 영역과 2차 연소 영역으로 나누어진다.

③ 라이너 벽면의 안팎을 냉각시킬 수 있는 루버(rover)를 만들어 연소실을 보호하고 수명을 증가시킨다.

④ 연소실 온도를 상승시키기 위하여 연료 이외 윤활유와 이소프로필 알코올을 같이 분무하여 연소시킨다.

해설

연소실 내에서 연소에 참여하는 것은 공기와 연료(혼합가스)이며, 내부 온도가 너무 높아 금속이 녹을 수 있으므로 루버 홀을 설치하여 연소실을 보호해야 한다.

58 축류형 압축기의 단당 압력비가 3일 때, 압축기 4단에서의 압력비는 얼마인가?

① 3　　　　　② 12

③ 64　　　　④ 81

해설

$r_s{}^n = 3^4 = 81$

r_s: 단당압력비, n: 압축기 단수, r: 압력비$(r_s)^n$

59 왕복엔진 실린더 배럴의 표준 오버 사이즈의 크기와 색깔이 잘못 짝지어진 것은?

① 0.010inch(초록색)

② 0.015inch(노란색)

③ 0.020inch(빨간색)

④ 0.025inch(검은색)

해설

표준 오버 사이즈가 0.020 초과 시 주황색으로 표시하며 크롬도금 처리를 하여 사용한다.

60 왕복엔진에서 하이드로릭 락은 어떤 곳에 가장 많이 걸리는가?

① 대향형 엔진 우측 실린더

② 대향형 엔진 좌측 실린더

③ 성형엔진 하부 실린더

④ 성형엔진 상부 실린더

해설

하이드로릭 락(유압 폐쇄)은 성형엔진 내부의 윤활유가 중력에 의해 하부 실린더에 고여 액체의 비압축성으로 인하여 생기는 현상으로 심할 경우 실린더의 파손, 커넥팅 로드의 손상을 발생시킨다.

✈ **정답**　56. ②　57. ④　58. ④　59. ④　60. ③

01 공기의 밀도 단위가 $kgf \cdot s^2/m^2$으로 주어질 때, kgf 단위의 의미는?

① 질량
② 중량
③ 비중
④ 비중량

해설

kg은 질량을 나타내고, kgf는 '질량×중력가속도'인 중량(무게)을 나타낸다.

02 활공기가 1,000m 상공에서 양항비 20인 상태로 활공한다면 도달할 수 있는 수평 활공거리는?

① 50
② 1,000
③ 10,000
④ 20,000

해설

$$활공비(양항비)=\frac{활공거리}{활공고도}$$

활공거리=양항비×활공고도=1,000×20=20,000

03 대류권에서 고도가 높아지면 공기 밀도와 온도, 압력은 어떻게 변화하는가?

① 밀도와 온도는 감소하고 압력은 증가한다.
② 밀도는 증가하고 온도와 압력은 감소한다.
③ 밀도와 압력은 증가하고 온도는 감소한다.
④ 밀도, 온도, 압력이 모두 감소한다.

해설

대류권 내에서는 고도 증가 시 밀도, 온도, 압력이 모두 감소하며 온도와 반비례한 마하수는 증가한다.

04 헬리콥터의 방향 조종에 관한 설명으로 옳은 것은?

① 조종간을 당기거나 밀어 방향을 조종한다.
② 동체의 방향을 전환하기 위하여 동시피치 조종을 한다.
③ 주 회전날개의 받음각을 조절하여 플랩핑을 감소시켜 방향을 변환한다.
④ 주 회전날개의 회전으로 인해 동체에 발생하는 회전력을 꼬리회전날개를 이용하여 상쇄시켜 방향을 결정한다.

해설

헬리콥터의 꼬리회전날개는 주 회전날개의 토크를 상쇄해주는 기능을 하며, 그 토크를 적절하게 조절하여 방향 조종이 가능하다.

05 항공기 날개에 쳐든각을 주는 주된 목적은?

① 선회 성능을 좋게 하기 위해서
② 날개 저항을 적게 하기 위해서
③ 날개 끝 실속을 방지하기 위해서
④ 옆놀이의 안정성 향상을 위해서

해설

• 쳐든각(상반각): 기체를 수평으로 놓고 보았을 때 날개가 수평을 기준으로 위로 올라간 각이다.
• 쳐든각의 효과: 옆놀이(rolling) 안정성이 좋아져 옆미끄럼(sideslip)을 방지한다.

정답 **01.** ② **02.** ④ **03.** ④ **04.** ④ **05.** ④

06 비행기에 작용하는 항력의 종류가 아닌 것은?

① 추력항력

② 마찰항력

③ 유도항력

④ 조파항력

해설

- 항력의 종류에는 형상항력(마찰항력+압력항력), 조파항력, 유도항력, 간섭항력 등이 있다.
- 유도항력: 비행기의 날개에서 발생하는 양력으로 인하여 생긴 항력이다.
- 유해항력(형상항력): 유도항력을 제외한 모든 항력을 합친 것이다.
- 형상항력=압력항력+마찰항력
  - 압력항력: 공기 압력 분포 차이로 발생하는 항력
  - 마찰항력: 공기 점성에 의한 마찰력에 의한 항력
- 조파항력: 초음속 이상으로 비행하는 항공기에서 발생하는 충격파의 영향으로 발생하는 항력이다.
- 간섭항력: 항공기 기체의 각 부분이 기하학적으로 결합된 상태에서 공기 흐름의 간섭효과에 의해 발생되는 항력이다.

07 관의 입구 지름이 10cm이고, 출구의 지름이 20cm이다. 이 관의 출구에서의 흐름 속도가 40cm/s일 때, 입구에서의 흐름 속도는 약 몇 cm/s인가?

① 20

② 40

③ 80

④ 160

해설

$A_1 V_1 = A_2 V_2$

$\dfrac{\pi}{4} 10^2 \times V_1 = \dfrac{\pi}{4} 20^2 \times 40$

$\therefore V_1 = \dfrac{20^2 \times 40}{10^2} = 160$

08 초음속으로 흐르는 도관에서 단면적이 넓어질 경우 속도 및 압력의 변화를 옳게 설명한 것은?

① 속도와 압력이 감소한다.

② 속도와 압력이 증가한다.

③ 속도는 감소하고 압력은 증가한다.

④ 속도는 증가하고 압력은 감소한다.

해설

아음속에서는 도관의 면적과 압력은 비례하며 속도는 반비례한다. 하지만 초음속 흐름에서는 공기의 압축성과 점성에 영향이 커지기 때문에 도관의 면적과 압력은 반비례하고 속도는 비례한다.

09 대기 중 음속의 크기와 가장 밀접한 요소는?

① 대기의 밀도

② 대기의 비열비

③ 대기의 온도

④ 대기의 기체상수

해설

음속=$\sqrt{\gamma RT}$(γ=공기비열비, R=공기기체상수, T=공기의 절대온도)이며, 비열비와 기체상수는 공기의 고유 값이므로 그 변화량이 크지 않지만, 온도는 변화량이 크므로 가장 밀접한 관계를 가진다고 할 수 있다.

10 비행기에서 양력에 관계하지 않고 유도항력을 제외한 비행을 방해하는 모든 항력을 통틀어 무엇이라 하는가?

① 압력항력　　② 점성항력

③ 형상항력　　④ 유해항력

해설

항공기에 작용하는 모든 항력 중 유도항력을 제외한 다른 항력을 유해항력이라고 한다. 유도항력은 내리흐름으로 인한 양력 방향의 기울기 변화로 생기므로 유해항력에 속한다고 할 수 없다.

11 앞전 플랩의 한 종류로 날개 밑면에 접혀져 날개의 일부를 구성하고 있으나, 조작하면 앞쪽으로 꺾여 구부러지고 앞전 반지름을 크게 하는 효과를 얻는 장치는?

① 경계층 제어장치

② 크루거 플랩(kruger flap)

③ 슬랫(slat) 또는 슬롯(slot)

④ 드루프 앞전(drooped leding edge)

해설

• 크루거 플랩 : 앞전 플랩의 종류로 날개 밑면에 접혀져 날개의 일부로 구성하고 있으나, 조작하면 아래쪽으로 꺾여 구부러지고 앞전 반지름을 크게 한다.

• 슬랫 & 슬롯 : 날개 앞전의 약간 안쪽 밑면에서 윗면으로 날개의 면적을 증가시키는 장치로 틈을 만들어 큰 받음각일 때 밑면의 흐름을 윗면으로 유도하여 흐름의 떨어짐을 지연시킨다.

• 드루프 앞전(drooped leading edge) : 날개 앞전부를 구부려 캠버를 크게 함과 동시에 앞전 반지름을 크게 하여 양력을 증가시키는 장치이다.

12 헬리콥터에서 균형을 이루었다는 의미를 가장 옳게 설명한 것은?

① 직교하는 2개의 축에 대하여 힘의 합이 "0"이 되는 것

② 직교하는 2개의 축에 대하여 힘과 모멘트의 합이 각각 "1"이 되는 것

③ 직교하는 3개의 축에 대하여 힘과 모멘트의 합이 각각 "0"이 되는 것

④ 직교하는 3개의 축에 대하여 모든 방향의 힘의 합이 "1"이 되는 것

해설

모든 축의 합이 0이 되는 상태는 균형(trim)이라고 한다.

13 동적 세로 안정의 단주기 운동 발생 시 조종사가 대처해야 하는 방법으로 가장 옳은 것은?

① 즉시 조종간을 작동시켜야 한다.

② 받음각이 작아지도록 조작해야 한다.

③ 조종간을 자유롭게 놓아야 한다.

④ 비행 불능상태이므로 즉시 탈출하여야 한다.

해설

단주기 운동은 매우 짧은 주기를 가지는 운동으로 변위가 매우 짧은 주기로 발생하기 때문에 인위적으로 조작할 시 더 큰 문제가 생길 수도 있다. 따라서 조종간을 자유롭게 두어 모멘트의 감쇠 작용이 일어나도록 해야 한다.

14 비행기가 항력을 이겨서 계속 비행하는 데 필요한 마력을 무엇이라 하는가?

① 이용마력 ② 제동마력

③ 여유마력 ④ 필요마력

해설

• 이용마력 : 비행기를 가속 또는 상승시키기 위하여 엔진으로부터 발생시킬 수 있는 마력이다.

• 제동마력 : 실제 엔진이 프로펠러 축을 회전시키는 데 든 마력이다.

• 여유마력 : 이용마력과 필요마력의 차이이다.

• 필요마력 : 항공기가 항력을 이기고 전진하는 데 필요한 마력이다.

15 조종면의 뒷전 부분에 부착시키는 작은 플랩의 일종으로 큰 받음각에서 캠버를 증가시켜 수평꼬리날개의 효율을 증가시키는 역할을 하는 장치는?

① 탭 ② 혼 밸런스

③ 도살 핀 ④ 앞전 밸런스트

해설

탭은 조종면 뒷쪽 부분에 부착시키는 작은 플랩의 일종으로 큰 받음각에서 캠버를 증가시켜 수평꼬리날개의 효율을 증가시키는 역할을 한다.

정답 11. ② 12. ③ 13. ③ 14. ④ 15. ①

16 항공기 기체, 엔진, 장비 등의 사용시간을 '0'으로 환원시키는 정비작업은?

① 항공기 오버홀 ② 항공기 대검사

③ 항공기 대수리 ④ 항공기 대개조

해설

항공기 오버홀이란 장비를 완전히 분해하여 상태를 검사하고, 손상된 부품을 교체하는 정비 절차로 사용시간을 0으로 환원시키는 작업이다.

17 최소 측정값이 1/1000in인 버니어 캘리퍼스로 측정한 그림과 같이 측정값은 몇 in인가?

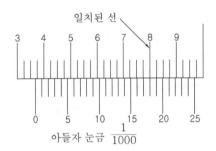

① 0.365 ② 0.366

③ 0.367 ④ 0.368

해설

0.350+0.018=0.368

18 스냅 링을 축 위의 홈에 맞도록 벌려주기 위하여 제작된 공구는?

① 롱로즈 플라이어

② 커넥팅 플라이어

③ 인터널 링 플라이어

④ 익스터널 링 플라이어

해설

스냅 링 플라이어는 인터널 링 플라이어, 익스터널 링 플라이어가 있다. 벌려주기 위한 공구는 익스터널 링 플라이어다.

19 케이블 연결 방법 중 케이블 부싱이나 딤블 위로 구부려 돌린 다음 와이어를 감아 땜납용액을 스며들게 하는 방법으로, 고온부에 사용 금지하는 방법은?

① 5단 엮기 이음방법

② 랩솔더 이음방법

③ 니코프레스 이음방법

④ 스웨이징 방법

해설

랩 솔더 케이블 이음방법은 스테아르산의 땜납 용액에 담아 케이블 사이에 스며들게 하는 방법으로 고온에는 사용할 수 없다. 접합 부분의 강도는 케이블 강도의 90%이다.

20 호스 장착 시 유의사항으로 옳지 않은 것은?

① 호스가 꼬이지 않도록 한다.

② 5~8% 여유를 준다.

③ 60cm마다 클램프로 고정한다.

④ 열에 강함으로 고온부에 적합하다.

해설

호스가 고온부를 지나갈 경우 열차단판을 설치 후 그 위에 작업을 한다.

21 ALCOA 규격에서 70S는 알루미늄과 무엇의 합금인가?

① 구리 ② 망간

③ 마그네슘 ④ 아연

해설

• 2S: 순수 알루미늄
• 3S~9S: 망간
• 10S~29S: 구리
• 30S~49S: 규소
• 50S~69S: 마그네슘
• 70S~79S: 아연

✈ 정답 16. ① 17. ④ 18. ④ 19. ② 20. ④ 21. ④

22 다음 중 비파괴검사에 속하지 않는 것은?

① 자분탐상검사

② 방사선투과검사

③ 초음파검사

④ 현미경 조직검사

해설

내부 균열 비파괴검사로는 초음파, 방사선이 있으며, 외부 균열을 검사하는 방법으로는 색조침투탐상, 자분탐상 등이 있다.

23 제트엔진의 지상 작동 중 일반적으로 접근을 금하거나 극히 위험한 지역은 어디인가?

① 앞쪽 30m, 뒤쪽 150m, 흡입구 30m

② 앞쪽 45m, 뒤쪽 200m, 흡입구 45m

③ 앞쪽 60m, 뒤쪽 150m, 흡입구 45m

④ 앞쪽 60m, 뒤쪽 150m, 흡입구 10m

해설

제트엔진 지상 작동 중 접근금지 범위는 앞쪽 60m, 뒤쪽 150m, 흡입구 10m이다.

24 서로 다른 금속이 전해물질에 노출될 때 전해작용에 의해 부식되는 것은?

① 응력 부식　　② 동전기 부식

③ 입자 간 부식　④ 표면 부식

해설

서로 다른 금속의 전해작용에 의한 부식은 이질 금속 간 부식, 즉 동전기 부식이다.

25 밑줄 친 부분을 의미하는 올바른 단어는?

An aluminum <u>alloy</u> bolts are marked with two raised dashes.

① 부식　　　　② 강도

③ 합금　　　　④ 응력

해설

corrosion: 부식, strength: 강도, alloy: 합금, stress: 응력

26 측정기기 중 아베의 원리가 적용되는 측정기기는 다음 중 무엇인가?

① 버니어 캘리퍼스

② 마이크로미터

③ 두께 게이지

④ 스크루 피치 게이지

해설

독일인 아베가 주장한 원리로서 길이를 측정할 때 측정기기를 측정할 물체와 일직선상으로 배치함으로써 오차를 최소화할 수 있다는 원리가 아베의 원리이다. 이 아베의 원리가 가장 잘 적용된 측정기기가 마이크로미터이다.

27 줄눈의 크기에 따라 줄을 분류했을 때 포함되지 않는 분류는 무엇인가?

① 황목　　　　② 세목

③ 중목　　　　④ 거목

해설

줄은 줄눈의 크기에 따라 황목, 중목, 세목, 유목으로 나뉜다.

28 시용시간을 '0'으로 환원하는 정비작업을 무엇이라 하는가?

① 수리　　　　② 개조

③ 오버홀　　　④ 정기 점검

해설

분해, 세척, 검사, 수리 및 교환, 조립, 시험하여 처음과 같은 상태로 만드는 정비작업을 오버홀이라 한다.

✈ 정답 22. ④　23. ④　24. ②　25. ③　26. ②　27. ④　28. ③

29 다음과 같은 규격을 갖는 리벳의 재질은 무엇인가?

AN 20426 AD 5-6

① 2117 ② 2017

③ 2024 ④ 5056

해설

AD 리벳의 AA 규격은 2117이다.

30 쥬스 패스너의 머리 부분에 표시되는 규격이 아닌 것은?

① 직경

② 재질

③ 길이

④ 머리 모양

해설

쥬스 패스너 머리 부분에 표시되는 규격 중 알파벳은 머리 모양을, 대분수는 직경(1/16 인치 단위)을, 숫자는 길이(1/100 인치 단위)를 나타낸다.

31 다음 괄호 안에 들어간 말로 적절한 것은 무엇인가?

> Some ( ) are not suitable to mixed. Unless compatibility is assures, do not mix with other brand oils.

① seals ② oils

③ lifts ④ equipment

해설

대부분의 오일은 혼합이 적합하지 않다. 적합성이 보호되지 않는 한 각기 다른 회사의 제품을 혼합하지 말아야 한다.

32 판재 두께 2mm의 판재를 굽힘 작업을 할 때, 이 판재의 굽힘 여유는 얼마인가? (굽힘 각도 60°, 굽힘 반지름 59mm)

① 62.6 ② 62.7

③ 62.8 ④ 62.9

해설

굽힘 여유 $BA = \dfrac{\theta}{360} 2\pi (R + \dfrac{1}{2} T)$

$= \dfrac{60}{360} \times 2 \times \pi (59 + 0.5 \times 2) = 62.8$

33 다음 중 아크 용접에 사용되는 피복제의 역할이 아닌 것은 무엇인가?

① 슬랙을 만들어 준다.

② 아크를 안정시킨다.

③ 용접물의 산화를 방지한다.

④ 용착 금속의 기계적 성질을 개선한다.

해설

피복제의 역할

• 아크를 안정시킨다.

• 용접물을 공기와 차단시켜 산화를 방지한다.

• 작업 효율이 좋아진다.

• 용착 금속의 기계적 성질을 개선한다.

• 용착 금속에 적당한 합금 원소를 첨가한다.

• 슬랙을 제거하고 비드를 깨끗이 한다.

34 턴버클 안전결선 작업 시 단선식 결선 방법은 케이블 직경이 몇 인치 이하일 때 사용하는가?

① $\dfrac{3}{8}$ ② $\dfrac{2}{8}$

③ $\dfrac{1}{8}$ ④ $\dfrac{1}{16}$

해설

단선식 결선법은 케이블 직경인 $\dfrac{1}{8}$inch 이하인 경우에 사용된다.

✈ **정답** 29. ① 30. ② 31. ② 32. ③ 33. ① 34. ③

35 다음 중 전기 화재 및 유류 화재에 사용해서는 안 되는 소화기는 무엇인가?

① 할론 소화기

② 분말 소화기

③ CBM 소화기

④ 물 소화기

해설

전기 화재에 물 소화기 사용 시 감전에 의한 2차 피해를 유발할 위험성이 있어 금지되고, 유류 화재에 물 소화기 사용 시 화재가 더 번질 수 가능성이 있어 사용이 금지된다.

36 항공기 기체에서 낫셀(nacelle)에 대한 설명으로 옳은 것은?

① 엔진을 고정하는 장착대

② 엔진 냉각을 위해 여닫는 덮개

③ 날개와 엔진을 연결하는 지지대

④ 기체에 장착된 엔진을 둘러싼 부분

해설

날개 기체에 장착된 엔진을 둘러싼 부분으로, 비행 중 공기 저항을 감소시킨다.

37 단순 반복 응력, 변동 응력, 반복 변동 응력, 중복 반복 응력 등에 의해 파괴되는 현상을 측정하는 시험은?

① 정하중시험

② 피로시험

③ 지상진동시험

④ 낙하시험

해설

피로시험은 반복 하중을 가하는 방법을 통하여 구조의 안전수명을 결정하는 시험이다.

38 미국재료시험협회(ASTM)에서 정한 질별기호 중 풀림처리를 나타낸 기호는?

① O

② H

③ F

④ W

해설

• F: 주조한 상태 그대로

• O: 풀림처리 상태

• H: 가공경화(냉간가공)한 것

• W: 용체화 처리한 것

39 조종용 케이블에서 와이어나 스트랜드가 굽어져 영구 변형되어 있는 상태를 무엇이라 하는가?

① 버드 케이지(bird cage)

② 킹크 케이블(kink cable)

③ 와이어 절단(broken wire)

④ 와이어 부식(corrosion wire)

해설

• 버드 케이지: 케이블이 새장처럼 부풀어 오른 상태

• 킹크 케이블: 케이블에 영구 변형이 일어난 상태

40 피로시험에 사용되는 그래프로 응력의 반복 횟수와 그 진폭과의 관계를 나타낸 곡선은?

① 로그 곡선

② S-N 곡선

③ 응력 곡선

④ 하중배수 곡선

해설

S-N 곡선은 기계재료에 되풀이해서 가해지는 응력의 반복 횟수와 그 진폭과의 관계를 나타내는 곡선이다. 재료가 여러 번 반복해서 작용하는 응력을 받으면 더 빨리 파괴되는데, 이 곡선을 통해 이러한 현상이 어느 정도 크기의 응력과 응력의 반복횟수에 영향을 받는지 분석할 수 있다.

정답 35. ④ 36. ④ 37. ② 38. ① 39. ② 40. ②

41 플라스틱 가운데 투명도가 가장 높으며, 광학적 성질이 우수하여 항공기용 창문유리로 사용되는 재료는?

① 폴리염화비닐(PVC)

② 에폭시수지(epoxy resin)

③ 페놀수지(phenolic resin)

④ 폴리메타크릴산메틸(polymethyl methacrylate)

> **해설**
>
> 폴리메타−크릴산 메틸은 플라스틱 중에서 투명도가 가장 양호하며, '플렉시글라스'라고도 한다. 비중이 작고 강인하며 가공이 쉬운 반면에, 열에 약하고 유기 용제에 녹는 것이 단점이다. 광학적 성질이 우수함으로 항공기용 창문 유리, 객실 내부의 안내판 및 전등 덮개 등에 사용되고 있다.

42 항공기에 복합소재 사용이 점차 확대되고 있는 가장 주된 이유는?

① 가볍기 때문

② 오래 견디기 때문

③ 열에 강하기 때문

④ 가격이 저렴하기 때문

> **해설**
>
> 복합소재가 항공기에서 자주 사용되는 이유는 무게에 비해 강도가 강해 연료소비율이 증가하기 때문에 사용한다.

43 알루미늄 합금과 비교하여 티타늄 합금의 특성에 대한 설명으로 틀린 것은?

① 비중은 알루미늄의 1.6배이다.

② 알루미늄 합금보다 내열성이 크다.

③ 알루미늄 합금보다 강도비가 크다.

④ 알루미늄 합금보다 내식성이 불량하다.

> **해설**
>
> 티타늄은 비중이 4.5로서 Al보다 무거우나 Steel의 1/2 정도이고 용융점이 높다(1,730℃). 티타늄의 최대 장점은 백금 정도의 내식성이 있다는 것으로 Stainless보다 양호한 내식성을 나타낸다. 단점으로는 고온에서 산화가 잘되며 생산 단가가 비싸다. 식별법은 티타늄은 염산을 떨어뜨렸을 때 반응이 없지만, 과산화수소를 가하면 황색으로 변한다.

44 밸브 개폐 시기를 나타내는 용어 및 약자에서 "상사점 후"를 나타내는 것은?

① ATC   ② BTC

③ ABC   ④ BBC

> **해설**
>
> • IO(Intake valve Open): 흡입 밸브 열림
> • IC(Intake valve Close): 흡입 밸브 닫힘
> • EO(Exhaust valve Open): 배기 밸브 열림
> • EC(Exhaust valve Close): 배기 밸브 닫힘
> • TDC(Top Dead Center): 상사점
> • BDC(Bottom Dead Center): 하사점
> • BTC(Before Top dead Center): 상사점 전
> • ATC(After Top dead Center): 상사점 후
> • BBC(Before Bottom dead Center): 하사점 전
> • ABC(After Bottom dead Center): 하사점 후

45 올레오식 완충 스트럿을 구성하는 부재들 중 토션링크의 역할은?

① 항공기의 무게를 지지

② 완충 스트럿의 전후 움직임을 지지

③ 완충 스트럿의 좌우 움직임을 지지

④ 내부 실린더의 좌우 회전 방지와 바퀴의 직진성 유지

> **해설**
>
> 토션링크(torsion link): 윗부분은 완충 버팀대(실린더)에, 아랫부분은 올레오 피스톤과 축으로 연결되어 피스톤이 과도하게 빠지지 못하게 하며, 완충 스트럿(shock strur)을 중심으로 피스톤이 회전하지 못하게 한다.

✈ **정답** 41. ④ 42. ① 43. ④ 44. ① 45. ④

46 페일세이프(fail-safe) 구조의 가장 큰 특성은?

① 영구적으로 안전하다.

② 하중을 견디는 구조물의 무게가 가벼워진다.

③ 하중을 담당하는 구조물은 하나로 되어 있다.

④ 구조의 일부분이 파괴되어도 다른 구조 부분이 하중을 지지한다.

해설

페일세이프 구조: 구조의 일부분이 파괴되어도 다른 구조 부분이 하중을 지지한다.

47 항공기 스케치에 "LOOKING UP" 표기의 의미는?

① 항공기 기축선을 쳐다보고 스케치를 한다.

② 항공기 기축선 쪽에서 밖으로 쳐다보고 스케치를 한다.

③ 항공기 아래에서 위로 쳐다보고 스케치를 한다.

④ 항공기 위에서 아래로 내려다보고 스케치를 한다.

해설

• Looking AFT: 앞에서 뒤쪽으로 바라보며 스케치
• Looking FWD: 뒤에서 앞쪽으로 바라보며 스케치
• Looking UP: 항공기를 아래에서 위로 쳐다보고 스케치
• Looking Down: 항공기를 위에서 아래로 내려다보고 스케치

48 가스터빈엔진에서 윤활계통의 배유 펌프 역할로 맞는 것은?

① 섬프(sump)에 모인 윤활유를 탱크로 되돌려 보낸다.

② 탱크 내의 윤활유를 엔진으로 보낸다.

③ 탱크 내의 윤활유를 배유시킨다.

④ 냉각기의 윤활유를 섬프로 보낸다.

해설

배유 펌프는 엔진의 각종 부품을 윤활시킨 뒤 섬프에 모인 윤활유를 탱크로 보내주는 역할을 하고, 공급 펌프보다 용량이 크다. 그 이유는 오일이 엔진의 베어링 섬프에 쌓이는 것을 막기 위해서이다.

49 가스터빈 시동 중 시동이 시작된 후 엔진의 회전수가 완속 회전수까지 증가하지 않고 이보다 낮은 회전수에 머물러 있는 현상은?

① 과열시동   ② 완속시동

③ 결핍시동   ④ 시동불능

해설

• 결핍시동은 시동 후 엔진 회전수가 완속 회전수까지 증가하지 않고 낮은 회전수에 머물러 있는 현상이다.
• 원인: 시동기의 회전수에 머물러 있기 때문
• 조치사항: 배기가스의 온도가 계속 상승하여 온도 한계를 초과하기 전에 엔진을 정지

50 가스터빈엔진에서 배기 노즐의 역할로 옳은 것은?

① 고온의 배기가스 속도를 높여준다.

② 고온의 배기가스 압력을 높여준다.

③ 고온의 배기가스 온도를 높여준다.

④ 고온의 배기가스 질량을 증가시킨다.

해설

• 배기 노즐은 배기 도관에서 공기가 분사되는 끝부분으로, 이 부분의 면적은 배기가스 속도를 좌우하는 중요한 요소이다.
• 수축형 배기 노즐(convergent exhaust nozzle): 아음속기의 배기 노즐
• 수축-확산형 배기 노즐(convergent divergent nozzle): 초음속기의 배기 노즐

✈ 정답 46. ④   47. ③   48. ①   49. ③   50. ①

51 내부에너지가 25kcal인 정지상태의 물체에 열을 가했더니 50kcal로 증가하고, 외부에 대해 854kg · m의 일을 했다면, 외부에서 공급된 열량은 몇 kcal인가? (단, 열의 일당량은 427kg · m/kcal이다.)

① 17

② 27

③ 30

④ 50

해설

$$Q = (U_2 - U_1) + \frac{1}{J} W$$

$$= (50 - 25) \times \frac{1}{427} \times 854 = 27\,kcal$$

52 도면의 형식에서 영역을 구분했을 때 주요 4요소에 속하지 않는 것은?

① 하이픈

② 도면(drawing)

③ 표제란(title block)

④ 일반 주석란(general notes)

해설

도면의 주요 4요소: 표제란, 변경란, 일반 주석란, 도면

53 가스터빈엔진의 공기 흡입계통에서 압력 회복점에 대한 설명으로 옳은 것은?

① 공기 흡입관 입구의 전압과 압축기 입구의 전압 비를 의미한다.

② 압축기 입구의 전압이 대기압과 같아지는 항공기의 속도를 의미한다.

③ 압축기 입구가 진동상태가 되는 점을 의미한다.

④ 압축기 입구에서 실속이 일어나는 부분의 압력을 의미한다.

해설

공기 흡입계통의 성능은 압력효율비와 압력 회복점으로 결정되며, 압력효율비는 공기 흡입관 입구의 전압과 압축기 입구의 전압의 비를 의미한다. 압력 회복점은 압축기 입구에서의 정압 상승이 도관 안에서 마찰로 인한 압력 강하와 같아지는 항공기의 속도로, 압축기 입구의 정압이 대기압과 같아지는 항공기의 속도를 말한다. 압력 회복점이 낮을수록 좋은 흡입도관이다.

54 아래 그림과 같은 구조의 압축기에 대한 설명으로 옳지 않은 것은?

임펠러　　디퓨저　　매니폴드　　　단면도

① FOD(외부 물질에 의한 손상)에 굉장히 취약하다.

② 단당 압축비가 높다.

③ 구조가 튼튼하고 값이 싸다.

④ 제작이 쉽다.

해설

• 원심력 압축기의 장점
  – 외부 손상 물질(FOD)에 강하다.
  – 단당 압력비가 높다.　　– 구조가 튼튼하고 값이 싸다.
  – 회전속도 범위가 넓다.
  – 무게가 가볍고, 제작이 쉽다.

• 원심력 압축기의 단점
  – 압축기 입구와 출구의 압력비가 낮다.
  – 효율이 낮고, 많은 양의 공기를 처리할 수 없다.
  – 추력에 비해 엔진의 전면 면적이 넓기 때문에 항력이 크다.

55 다음 중 두 값의 관계가 틀린 것은?

① $1\,W = 1\,J/s^2$

② $1\,N = 1\,kg \cdot m/s^2$

③ $1\,J = 1\,N \cdot m$

④ $1\,Pa = 1\,N/m^2$

✈ 정답　51. ②　52. ①　53. ②　54. ①　55. ①

뉴턴($N: kg \cdot m/s^2$), 와트($W: kg \cdot m^2/s^3$)이 되고, 줄(J)은 일을 한 일의 양이고, 와트($1\,W = 1\,J/s$)는 1초 동안 할 수 있는 일의 양이다.

56 슈퍼차저(supercharger)의 목적에 대한 설명 으로 옳은 것은?

① 흡입 연료의 온도를 증가시켜 출력을 증가 시킨다.

② 흡입 연료의 발열량을 증가시켜 출력을 증 가시킨다.

③ 흡입공기나 혼합가스의 압력을 증가시켜 출력을 증가시킨다.

④ 흡입공기나 혼합공기의 온도를 증가시켜 출력을 증가시킨다.

- 과급기(super charger)는 일종의 압축기로 혼합가 스 또는 공기를 압축시켜 실린더로 보내주어 고출력 을 만드는 장치이다.
- 과급기 작동 절차: 과급기 작동→흡기관의 압력 증가 →제동 평균 유효 압력 증가→엔진 출력 증가
- 과급기를 사용하게 되면 평균 유효압력이 증가하여 출력이 증가한다.

57 엔진의 난기운전 시 오일을 빨리 데울 수 있 도록 탱크 안에 별도의 탱크를 두어 오일의 온도를 올려주는 장치는 무엇인가?

① 블래더 탱크

② 호퍼 탱크(hopper tank)

③ 오일 희석장치(oil dilution system)

④ 바이패스 밸브

난기운전은 온도가 낮은 겨울철 시동 시 온도를 상승시 켜 항공기를 운영하는 운전을 의미하며, 연료계통은 프 라이머 장치가 있다.

58 왕복엔진에서 밸브 간극을 규정 값으로 조절 했을 때 얻어지는 이점과 관계가 먼 것은?

① 고출력을 얻을 수 있다.

② 엔진의 수명을 연장할 수 있다.

③ 혼합기의 손실이 적다.

④ 조기 점화를 방지할 수 있다.

조기 점화를 방지하기 위하여 안티 노크성이 큰 연료를 사용하여 노킹 현상을 방지하여야 한다.

59 가스터빈엔진의 연료계통에서 1차 연료와 2 차 연료로 분류시키고, 엔진이 정지할 때 매 니폴드나 연료 노즐에 남아있는 연료를 외부 로 방출하는 역할을 하는 장치는?

① Booster pump

② Fuel nozzle

③ FCU

④ P&D valve

여압 및 드레인 밸브(Pressurizing and Drain v/v)는 연료조정장치(FCU)와 매니폴드 사이에 위치한다.

60 배기 밸브(exhaust valve)의 밸브스템(valve stem)의 중공(hollow) 내부에 넣는 금속나트 륨(metallic sodium)의 주 역할은?

① 배기 밸브를 가열시켜 출력을 증가시킨다.

② 배기 밸브의 냉각을 돕는다.

③ 배기 밸브의 부식을 방지한다.

④ 배기 밸브의 팽창률을 증가시킨다.

버섯형 밸브 내부에 200°F(약 93℃)에서 녹을 수 있는 금속나트륨(sodium)을 넣어 밸브의 냉각 효과를 증대 시킨다.

정답 **56.** ③ **57.** ② **58.** ④ **59.** ④ **60.** ②

01 보어스코프 검사는 다음 중 어떤 검사에 해당하는가?

① 침투탐상검사

② 육안검사

③ 방사선 투과검사

④ 초음파 검사

해설

육안검사(visual inspection)

• 플래시라이트를 이용한 균열검사: 불빛을 비추며 하는 검사

• 보어스코프 검사: 직접 볼 수 없는 곳에 사용(일종의 내시경)

• 파이버옵틱 스코프: 직접 볼 수 없는 곳에 사용되는 비디오 스코프 검사

02 다음 문장이 뜻하는 계기로 옳은 것은?

"An instrument that measures and indicates height in feet."

① Turn and slip indicato

② Air speed indicator

③ Vertical velocity indicator

④ Altimeter

해설

"피트 단위로 고도를 측정하고 지시하는 계기이다."
① 선회계, ② 속도계, ③ 수직속도계, ④ 고도계

03 날개의 면적이 60m²이고 날개의 길이가 30m일 경우, 이 비행기의 가로세로비는 몇인가?

① 15   ② 5

③ 2   ④ 0.5

해설

$$AR = \frac{b}{c} = \frac{b^2}{S} = \frac{S}{c^2} = \frac{30^2}{60} = 15$$

04 금속 표면을 도장 작업하기 전에 적절한 전처리 작업을 하여 금속 표면과 도료의 마감 칠 사이에 접착성을 높이기 위한 도료는?

① 아크릴 래커

② 프라이머

③ 폴리우레탄

④ 합성 에나멜

해설

프라이머(primer)는 항공기에서 도장 작업 시 반드시 수행하는 전처리 작업으로 프라이머를 도포하는 것만으로도 부식을 방지하는 역할을 할 수 있으며, 도료의 접착성을 증가시켜 도료의 수명을 증가시키는 역할을 한다.

05 다음 중 항공기 지상 취급에 해당하지 않는 것은?

① 지상 유도작업

② 견인작업

③ 계류작업

④ 세척작업

✈️ **정답**   01. ②   02. ④   03. ①   04. ②   05. ④

해설

- 항공기 지상 조업은 지상 취급과 지상 보급으로 나누어진다.
- 지상 조업: 견인작업, 지상 유도작업, 계류작업, 잭작업, 호이스트작업 등
- 지상 보급: 연료 보급, 윤활유 보급, 작동유 보급, 산소 보급 등 항공기 서비싱 작업

06 다음 중 나셀에 대한 설명으로 틀린 것은?

① 항력을 줄이기 위해 유선형으로 제작된다.

② 외피, 마운트, 카울링으로 이루어져 있다.

③ 엔진의 추력을 기체로 전달하는 역할을 한다.

④ 엔진 및 엔진에 부수되는 각종 장치를 수용하기 위한 공간을 마련한다.

해설

나셀은 기체에 장착된 엔진을 둘러싼 부분이며 공기의 저항을 최소화하기 위해 유선형으로 되어 있다.

07 헬리콥터 동체 구조 중 모노코크형 기체 구조의 특징으로 옳지 않은 것은?

① 트러스형 구조보다 공기 저항이 적다.

② 세미 모노코크형보다 무게가 무겁다.

③ 트러스구조에 비해 내부 공간이 협소하다.

④ 세미 모노코크형보다 외피가 두껍다.

해설

모노코크형 동체는 공간 마련이 용이하다는 장점이 있으나, 외피가 모든 하중을 견뎌야 되기 때문에 외피가 두껍고 무거워서 항공기용으로는 많이 쓰이지 않고 미사일용으로 쓰인다.

08 굽힘이나 변형이 거의 일어나지 않고 재료가 깨지게 되는 성질은?

① 전성 ② 연성

③ 인성 ④ 취성

해설

금속의 기계적 성질

- 경도: 금속이 무르고 단단한 정도
- 전성: 부서짐 없이 넓게 늘어나며 퍼지는 성질
- 연성: 끊어지지 않고 길게 선으로 뽑힐 수 있는 성질
- 인장강도: 형태의 길이 방향으로 압력을 가하거나 잡아당겨도 부서지지 않는 힘
- 탄성: 압축, 절곡 등의 변형 시 원래의 상태로 되돌아오려는 성질
- 인성: 휘거나 비틀거나 구부렸을 때 버티는 힘
- 취성: 금속이 약한 정도로, 변형되지 않고 쉽게 분열되는 성질

09 프로펠러의 회전각속도가 Ω이고 회전축으로부터의 거리가 r일 때, 깃 끝 선속도를 구하는 식은?

① $\Omega \cdot r^2$ ② $\Omega \cdot r$

③ $\dfrac{\Omega}{r}$ ④ $\dfrac{\Omega}{r^2}$

해설

깃 단면 선속도$(V_r) = \Omega \cdot r$

(Ω: 회전각속도, r: 회전축으로부터의 거리)

10 스트링거의 특징으로 옳은 것은?

① 동체의 앞뒤로 하나씩 있어 동체의 비틀림 변형을 방지한다.

② 세로대보다 크기가 작고 많은 수가 배치된다.

③ 세로 방향의 주 부재로 굽힘 하중을 담당한다.

④ 동체의 전단력과 비틀림 하중을 담당한다.

해설

스트링거는 날개의 휨 강도나 비틀림 강도를 증가시켜 주는 역할을 하며, 날개의 길이 방향으로 리브 주위에 배치되는 부재이다.

✈ **정답** 06. ③ 07. ③ 08. ④ 09. ② 10. ②

11 착륙장치에 사용되는 재료로 옳은 것은?

① 티타늄 합금 　② 알루미늄 합금
③ 구리 합금 　④ 고장력 강

해설

착륙장치에 사용되는 구조재료로는 고장력강과 니켈–크롬–몰리브덴강이 있다.

12 마하 트리머 및 피치트림 보상기는 어떤 불안정일 때 사용되는 장비인가?

① 피치업 　② 딥실속
③ 턱 언더 　④ 날개 드롭

해설

턱 언더는 음속에 가까운 속도로 비행 시 기수가 아래로 내려가는 현상으로 수정 방법에는 마하 트리머, 피치트림 보상기를 설치하여 수정한다.

13 그림에서 부식에 의한 손상의 깊이는 몇 in인가?

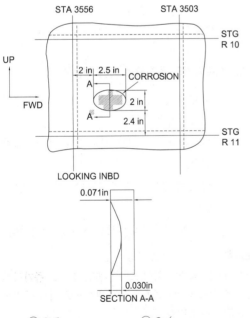

① 2.5 　② 2.4
③ 0.071 　④ 0.030

해설

- 손상 부위의 깊이는 0.030in이다.
- 손상 부위는 STG(스트링거) 10번과 11번 사이에 있다.
- STA 3556번과 3503번 사이에 부식이 있다.
- 장축: 긴지름(2.5inch)

14 길이가 300cm의 공구로 50N만큼의 힘을 가했을 때, 이때의 모멘트값은 얼마인가?

① 800cm/N 　② 1500cm/N
③ 800cm−N 　④ 1500cm−N

해설

300×50=1500cm−N

15 헬리콥터 조종실 윈드실드의 재료로 가장 올바른 것은?

① 열경화성수지
② 유리섬유
③ 투명한 고탄소 경화수지
④ 강화플라스틱

해설

윈드실드는 투명한 고탄소 경화수지를 열을 가해 주조하고 초음파 점용접을 해야 한다.

16 2개 이상의 굽힘이 교차하는 부분의 안쪽 굽힘 접선 교점에 발생하는 응력집중에 의한 균열을 방지하기 위해 뚫는 구멍은?

① 릴리프 홀 　② 스톱 홀
③ 파일럿 홀 　④ 리머 홀

해설

- 스톱 홀: 균열이 진행되는 것을 막기 위해 균열 부위 근처에 구멍을 뚫는 것
- 릴리프 홀: 구부린 판재에 응력의 집중을 막기 위해 구멍을 뚫는 것

✈ 정답 11. ④ 　12. ③ 　13. ④ 　14. ④ 　15. ③ 　16. ①

17 침투탐상검사에서 침투제를 물과 잘 섞이게 하여 세척이 잘되도록 도와주는 것은 무엇인가?

① 현상제　　　② 유화제
③ 마감제　　　④ 침투제

해설

- 침투탐상 절차: 전처리→침투처리→유화처리→세척→현상처리→관찰→후처리
- 유화제: 서로 혼합하지 않는 2종의 액체가 안정적으로 혼합되게 하는 물질이며 보편적으로 계면활성제 성분이다. 침투탐상 시 침투처리 후 유화제 적용 시간을 과도하게 적용하면 세척 시 결함으로 침투된 침투액까지 세척되므로 적용시간을 지켜야 한다.

18 토크 렌치에서 사용자가 원하는 토크 값을 미리 지정(setting)시킨 후 볼트를 조이면 정해진 토크 값에서 소리가 나는 방식의 토크 렌치는?

① 리지드 프레임형(rigid frame type)
② 토션 바형(torsion bar type)
③ 디플렉팅 빔형(deflecting-beam type)
④ 오디블 인디케이팅형(audible indicating type)

해설

오디블 인디케이팅형은 눈금을 볼 수 없는 곳에 사용하며, 클릭 소리가 나기 때문에 클릭 타입이라고도 하는 리미트(limit) 타입 토크 렌치이다.

19 Al-Cu-Mg 합금에 니켈을 첨가하여 내열성을 개선한 합금으로 실린더 재료로 사용되는 합금은?

① 내식 합금　　　② Y-합금
③ 고장력강　　　④ 스테인리스강

해설

Y합금은 초두랄루민이라고도 하는 합금의 명칭으로 구성은 Al-Cu 4%, Ni 2%, Mg 1.5%이다. 내열성을 필요로 하는 디젤엔진의 피스톤이나 가솔린 엔진의 실린더 헤드 등에 사용된다.

20 다음 그림에서 프로펠러에 비틀림을 가장 크게 주는 곳은?

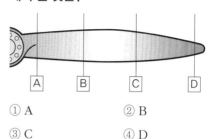

① A　　　② B
③ C　　　④ D

해설

날개 뿌리 쪽은 날개 끝부분에 비해 속도가 작아 받음각을 크게 하여 프로펠러의 전체적인 부분에 같은 양력을 생성한다.

21 알루미늄 합금의 기계적 성질 중 강도에 영향을 주는 요소와 가장 거리가 먼 것은?

① 도장　　　② 열처리
③ 냉간가공　　　④ 열간가공

해설

도장은 부식 방지용으로 사용된다.

22 비행기가 공기 중에서 Wkg의 저항을 받고 있다. 이때 비행속도 V를 구하는 식으로 가장 올바른 것은? (단, ρ: 공기밀도, S: 날개 면적, C_D: 항력계수)

① $\sqrt{\dfrac{2W}{C_D \rho S}}$　　　② $\dfrac{2W}{C_D \rho S}$

③ $\sqrt{\dfrac{W}{C_D \rho S}}$　　　④ $\dfrac{W}{C_D \rho S}$

해설

실속속도$(V_s) = \sqrt{\dfrac{2W}{C_D \rho S}}$

항력을 구하는 공식에서 속도(V)를 남기고 이항하면 속도를 구하는 공식이 성립된다.

✈ 정답　17. ②　18. ④　19. ②　20. ①　21. ①　22. ①

23 다음 공구 중 절삭공구가 아닌 것은?

① 줄   ② 끌

③ 해머   ④ 정

해설

- 절삭공구는 자르거나 깎기 위한 공구로 줄, 끌, 정, 판금가위, 항공가위, 톱 등을 말한다.
- 해머는 절삭공구와는 거리가 멀다.

24 항공기가 의도치 않은 스핀(spin)이 발생하는 경우는 어떤 것인가?

① 돌풍   ② 가속

③ 등속   ④ 감속

해설

- 가속: 속도가 증가하는 상태
- 등속: 같은 속도로 일정하게 비행하는 것
- 감속: 속도가 감소하는 것
- 스핀: 정상비행 중 돌풍에 의한 실속 발생

25 미국 알루미늄협회의 규격에 따라 재질을 1100으로 표기할 때 첫째짜리 "1"이 나타내는 의미로 옳은 것은?

① 소숫점 이하의 순도가 1% 이내이다.

② 알루미늄-마그네슘계 합금이다.

③ 알루미늄-망간계 합금이다.

④ 99% 순수 알루미늄이다.

해설

알루미늄 합금의 식별기호

합금 번호 범위	주 합금 원소
1xxx	순수 Al(99% 이상)
2xxx	Cu(구리)
3xxx	Mn(망간)
4xxx	Si(규소)
5xxx	Mg(마그네슘)
6xxx	Mg+Si(마그네슘+규소)
7xxx	Zn(아연)

26 항공기 정비에 해당하지 않는 것은?

① 항공기 수리

② 항공기 개조

③ 항공기 제작

④ 항공기 보수

해설

- 세척, 보수, 수리, 개조를 통틀어 정비라 하며, 제작은 정비에 해당하지 않는다.
- 수리: 항공기, 부품, 장비 등의 손상이나 기능 불량 등을 원래 상태로 회복하는 정비작업이다.
- 개조: 항공기나 장비 및 부품에 대한 원래의 설계를 변경하거나 새로운 부품을 추가로 장착하는 작업이다.

27 그림과 같은 리벳이음 단면에서 리벳직경 5mm 두 판재의 인장력이 100kgf이면, 리벳 단면에 발생하는 전단 응력은 약 몇 kgf/mm² 인가?

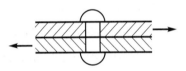

① 3.1   ② 4.0

③ 5.1   ④ 8.0

해설

$$\sigma(응력) = \frac{W(하중)}{A(단면적)} = \frac{100}{\frac{\pi 5^2}{4}} \fallingdotseq 5.1$$

28 다음 중 솔벤트 세제의 종류가 아닌 것은?

① 메틸에틸케톤

② 지방족 나프타

③ 방향족 나프타

④ 수 · 유화세제

해설

솔벤트 세제: 건식 솔벤트, 지방족 나프타, 방향족 나프타, 안전 솔벤트, 메틸에틸케톤(MEK), 케로신

29 단면적의 변화는 없고 손상 부위와 손상되지 않은 부위와의 경계가 완만한 형상을 이루는 손상은?

① 눌림(dent)

② 균열(crack)

③ 찍힘(nick)

④ 부식(corrosion)

해설

• 균열(crack): 부분적으로 갈라진 형태로서 심한 충격이나 과부하 또는 과열이나 재료의 결함 등으로 생긴 손상 형태

• 찍힘(nick): 예리한 물체에 찍혀 표면이 예리하게 들어가거나 쪼개져 생긴 결함

• 부식(corrosion): 표면이 움푹 팬 상태로서 습기나 부식액에 의해 생긴 결함

• 우그러짐(dent): 국부적으로 둥글게 우그러져 들어간 형태로서 외부 물질에 부딪힘으로써 생긴 결함

30 실제의 착륙상태, 또는 그 이상의 조건에서 착륙장치의 완충 능력 및 하중 전달 구조물의 강도를 확인하기 위한 시험 방법은?

① 정하중시험　　② 낙하시험

③ 피로시험　　　④ 지상진동시험

해설

• 정하중시험: 비행 중 가장 심한 하중, 극한 하중 조건에서 기체의 구조가 충분한 강도와 강성을 가지고 있는지를 시험하는 것

• 낙하시험: 실제의 착륙 상태, 또는 그 이상의 조건에서 착륙장치의 완충 능력 및 하중 전달 구조물의 강도를 확인하기 위해 시험하는 것

• 피로시험: 반복 하중을 가하는 방법을 통하여 구조의 안전 수명을 결정하는 것

• 지상진동시험: 공진 현상에 대해 중점적으로 관찰하는 시험

※ 공진: 외부 하중의 진동수와 재료의 고유 진동수가 같을 때 상당히 큰 변위가 발생하는 것

31 항공기 급유 및 배유 시 안전사항에 대한 설명으로 옳은 것은?

① 작업장 주변에서 담배를 피우거나 인화성 물질을 취급해서는 안 된다.

② 사전에 안전조치를 취하더라도 승객 대기 중 급유해서는 안 된다.

③ 자동제어시스템이 설치된 항공기에 한해서 감시 요원 배치를 생략할 수 있다.

④ 3점 접지 시 안전조치 후 항공기와 연료 차의 연결은 생략할 수 있다.

해설

항공기 급유 시 주의사항

• 3점 접지(항공기와 연료 차, 항공기와 지면, 연료 차와 지면)한다.

• 지정된 위치에 소화기와 감시 요원을 배치(15m 이내 흡연금지)한다.

• 연료 차량은 항공기와 충분한 거리를 유지한다(약 3m).

32 질량이 100kg의 항공기 부품의 온도를 20℃에서 100℃로 올릴 때 필요한 열량은 몇 kJ인가? (단 부품의 비열은 0.61kJ/kg · K이다.)

① 5,280

② 6,080

③ 3,620

④ 4,880

해설

비열은 1kg의 물질을 1℃ 올리는 데 필요한 열량을 말한다. 무게가 100kg이며 20℃에서 100℃로 상승했기에 증가한 온도는 80℃이다.

K=100kg×80cal×0.61kJ/kg=4,880

✈ **정답** 29. ① 30. ② 31. ① 32. ④

33 프로펠러 자이로 모멘트(gyro moment)의 특성은 자이로스코프의 어떤 특성에 기인하는가?

① 강직성(rigidity)

② 전자효과(pendulum effect)

③ 섭동성(precession)

④ 회전효과(rotation effect)

[해설]

섭동성: 외부에서 가해진 힘의 방향과 90° 뒤처진 방향으로 자세가 변하는 성질

34 그림과 같은 항공기 유도 수신호의 의미로 옳은 것은?

① 도착　　② 정면 정지

③ 축 괴기　　④ 엔진 정지

[해설]

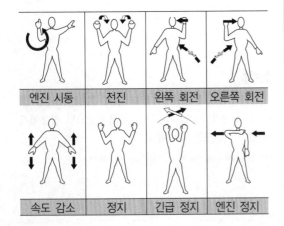

엔진 시동	전진	왼쪽 회전	오른쪽 회전
속도 감소	정지	긴급 정지	엔진 정지

35 왕복엔진에 사용되는 물 분사에 대한 설명으로 옳은 것은?

① 일명 디토네이션 방지 분사라고도 한다.

② 압축기 입구에 물과 알코올의 혼합물을 분사시킨다.

③ 배기 노즐에 물을 분사하여 엔진을 냉각시킨다.

④ 엔진이 낼 수 있는 최소 출력을 내게 함으로써 긴 활주로에서 이륙할 때 주로 사용한다.

[해설]

• 왕복엔진의 물 분사장치는 실린더 내부 온도를 낮춰서 디토네이션을 방지해 준다.

• 가스터빈엔진의 물 분사장치는 압축기의 입구와 출구의 디퓨저 부분에 물이나 알코올 혼합물을 분사함으로써 흡입 공기의 온도를 강하시켜 공기 밀도를 증가시킨다. 높은 기온일 때 이륙 시 추력을 증가시키는 목적이며, 10~30% 추력이 증가된다.

36 무게가 W인 활공기 또는 엔진이 정지된 비행기가 일정한 속도(V)와 활공각(θ)으로 활공비행을 하고 있을 때의 양력(L) 방향과 항력(D) 방향으로 힘을 옳게 나타낸 것은?

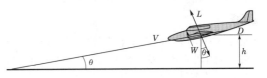

① $L = W\sin\theta$, $D = W\cos\theta$

② $L = W\cos\theta$, $D = W\sin\theta$

③ $L = W\tan\theta$, $D = W\tan\theta$

④ $L = \dfrac{W}{\cos\theta}$, $D = \dfrac{W}{\sin\theta}$

[해설]

활공하는 비행기에는 양력(L)과 평행한 항력(D)이 작용하고 중력(W)이 수직 아래로 작용하므로, L－Wcos=0이 되고, Wsin－D=0이다. 그러므로 L=Wcos, D=Wsin이다.

[비행기] **정답** 33. ③ 34. ④ 35. ① 36. ②

37 항공기 터보프롭엔진에서 프로펠러의 진동이 가스 발생부로 직접 전달되지 않으며, 엔진을 정지하지 않고도 프로펠러를 정지시킬 수 있는 이유는?

① 감속기가 장착되었기 때문

② 프로펠러 구동 샤프트가 단축 샤프트로 연결되었기 때문

③ 프리터빈이 장착되어서 로터 브레이크를 사용하기 때문

④ 타 엔진과 비교하여 프로펠러의 최고 회전 속도가 낮기 때문

해설

터보프롭엔진은 프로펠러를 구동하기 위해 사용되는 항공용 가스터빈엔진이며, 90%를 회전축 출력으로 빼내고 프리터빈이 장착되어 있어 감속 장치를 매개로 프로펠러를 구동시켜 추진력을 얻음과 동시에 10%의 추진력을 제트 에너지에서 얻는다.

38 가스터빈엔진의 회전력을 발생시키는 것은?

① 터빈

② 연소실

③ 공기흡입 노즐

④ 압축기

해설

① 공기 흡입계통(air inlet duct) 역할: 고속으로 들어온 공기의 속도를 감소시키면서 압력을 상승시킨다.

② 압축기(compressor) 역할: 공기를 고압으로 압축시켜 연소실로 보내주고 연소 가스의 높은 압력이 역류하지 못하게 압력의 장벽을 만들어 준다.

③ 연소실(combustion chamber) 역할: 압축된 고압공기에 연료를 분사하여 연소시킴으로써 연료의 화학적 에너지를 열에너지로 변환시키는 장치이다.

④ 터빈(turbine) 역할: 압축기 및 그 밖의 장비를 구동시키는 데 필요한 동력을 발생하는 부분이다.

39 다음 중 작업자가 왕복엔진 피스톤 실린더 내부 또는 가스터빈엔진 내부의 압축기 깃 등 엔진을 분해하지 않고 광학적인 장치의 도움을 받아 검사를 수행하는 육안검사법은?

① 와전류검사

② 보어스코프검사

③ 방사선투과검사

④ 초음파탐상검사

해설

보어스코프검사는 정밀한 광학기계로서 특수한 형태의 망원경을 이용한 검사로 육안으로 직접 검사할 수 없는 곳의 결함 발견에 이용되는 비파괴검사법이다.

40 다음 중 뒷전 플랩이 아닌 것은?

① 단순 플랩　　　② 파울러 플랩

③ 크루거 플랩　　④ 슬롯 플랩

해설

뒷전 플랩: 단순 플랩, 분할 플랩, 슬롯 플랩, 파울러 플랩, 이중/삼중 슬롯 플랩

41 항공기의 장비 및 기기가 수리, 조절 또는 검사 중일 때, 이들 장비의 작동을 방지하기 위하여 표시하는 색채는?

① 주황색　　　② 노란색

③ 파란색　　　④ 녹색

해설

안전색채

• 적색(빨간색): 위험

• 황색(노란색): 주의

• 녹색(초록색): 안전, 구급

• 청색(파란색): 수리, 조절 중 작동 방지

• 주황색(오렌지색): 기계의 위험 경고

• 자색(보라색): 방사능

✈ 정답　37. ③　38. ①　39. ②　40. ③　41. ③

42 대기권 중 대류권에서 고도가 높아질수록 대기의 상태를 올바르게 설명한 것은?

① 온도, 밀도, 압력 모두 감소한다.

② 온도, 밀도, 압력 모두 증가한다.

③ 온도, 압력은 감소하고 밀도는 증가한다.

④ 온도는 증가하고 압력과 밀도는 감소한다.

해설

고도가 증가할수록 밀도, 온도, 압력은 전부 감소한다.

43 흐름이 없는, 즉 정지된 유체에 대한 설명으로 옳은 것은?

① 정압과 동압의 크기가 같다.

② 전압의 크기는 영(0)이 된다.

③ 동압의 크기는 영(0)이 된다.

④ 정압의 크기는 영(0)이 된다.

해설

정지된 유체의 힘을 의미하므로 움직이는 힘(동압)의 합은 "0"이 된다.

44 와전류탐상검사의 특징에 대한 설명으로 틀린 것은?

① 표면 결함에 대한 검출 감도가 좋다.

② 투과된 사진상으로 보게 되므로 직관성이 있다.

③ 검사 표면으로부터 깊은 곳의 검사가 곤란하다.

④ 형상이 간단한 검사물은 고속 자동화 시험이 가능하다.

해설

와전류검사는 변화하는 자계 내에 도체를 놓으면 도체의 표면에 와전류가 발생한다. 이 와전류를 이용하여 부품의 결함을 찾는 검사 방법이 와전류검사이다. 특히 항공기의 내부 균열검사를 하는 데 매우 효과적이다.

45 다음 중 윤활유의 구비조건으로 틀린 것은?

① 점성과 유동성이 낮아야 한다.

② 인화점이 높아야 한다.

③ 기화성이 낮아야 한다.

④ 산화 안정성이 낮아야 한다.

해설

윤활유의 구비조건
- 점성과 유동점이 낮을 것
- 점도 지수는 어느 정도 높을 것
- 인화점이 높을 것
- 산화 안정성 및 열적 안정성이 높을 것
- 기화성이 낮을 것
- 윤활유와 공기의 분리성이 좋을 것

46 다음 영문의 내용에 대한 옳은 값은?

> "Express 1/4 as a percent."

① 0.25 ② 2.5

③ 20 ④ 25

해설

$\dfrac{1}{4}$을 백분율로 나타낸 것이다.

47 리벳작업 시 리벳 지름을 결정하는 설명으로 옳은 것은?

① 접합하여야 할 판 전체 두께의 3배 정도로 한다.

② 접합하여야 할 판재 중 두꺼운 판 두께의 3배 정도로 한다.

③ 접합하여야 할 판재들의 평균 두께의 3배 정도로 한다.

④ 접합하여야 할 판재 중 얇은 판 두께의 3배 정도로 한다.

해설

리벳의 지름은 접합하고자 하는 판 중에서 두꺼운 판재의 3배 정도가 가장 적당하다.

48 조종면에 사용하는 앞전 밸런스(leading edge balance)에 대한 설명으로 옳은 것은?

① 조종면의 앞전을 짧게 하는 것이며, 비행기 전체의 정안정을 얻는 데 주목적이 있다.

② 조종면의 앞전을 길게 하는 것이며, 비행기 전체의 동안정을 얻는 데 주목적이 있다.

③ 조종면의 앞전을 짧게 하는 것이며, 항공기 속도를 증가시키는 데 주목적이 있다.

④ 조종면의 앞전을 길게 하는 것이며, 조종력을 경감시키는 데 주목적이 있다.

해설

공력평형장치
- 앞전 밸런스: 조종면의 앞전을 길게 하여 조종력 감소
- 혼 밸런스
  - 비보호 혼: 앞전까지 연결된 혼
  - 보호 혼: 고정면을 가지는 혼
- 내부 밸런스: 플랩의 앞전이 airfoil의 내부에서 상·하부 밀폐→상하부의 압력 차에 의해 경감
- 프리즈 밸런스: 도움날개에서 주로 사용, 양쪽 조종면에서 발생되는 힌지 모멘트가 서로 상쇄

49 가스터빈엔진에서 직류 고전압 용량형 점화계통에서 입력되는 직류가 필터를 거쳐 공급되는데, 이 필터의 기능이 아닌 것은?

① 통신 잡음을 없앤다.

② 점화계통으로 공급되는 직류를 잘 흐르게 한다.

③ 점화계통에 의해서 발생되는 교류를 약화시킨다.

④ 점화장치에 의해서 발생된 맥류를 증가시킨다.

해설

점화장치에서 발생된 맥류를 증가시키는 것은 인덕션 바이브레이터(induction vibrator)이다. 직류를 맥류로 변화시켜 부스터 코일(booster coil)로 전달하여 20,000V로 승압시켜 이그나이터에 점화 불꽃으로 사용된다.

50 가스터빈엔진의 물 분사 장치에서 알코올의 주 기능은?

① 물이 어는 것을 방지하기 위하여

② 공기의 밀도를 증가시키기 위하여

③ 공기의 부피를 증가시키기 위하여

④ 연소 가스의 온도를 감소시키기 위하여

해설

물 분사 장치는 공기 온도를 낮추고 공기 밀도를 증가시켜 추력을 증가시키는 장치로써, 물의 어는점을 낮추기 위해 알코올을 첨가한다.

51 항공기의 주 날개를 상반각으로 하는 주된 목적은?

① 가로 안정성을 증가시키기 위한 것이다

② 세로 안정성을 증가시키기 위한 것이다.

③ 배기가스의 온도를 높이기 위한 것이다.

④ 배기가스의 온도를 낮추기 위한 것이다.

해설

상반각은 날개 끝을 뿌리보다 높게 쳐들도록 만든 것으로, 항공기가 옆 미끄럼 시 양 날개의 양력 차로 다시 수평상태로 돌아오는 가로 안정성을 향상한다. 기본적인 원리로는 항공기가 기울어졌을 때 좌우 날개에 양력 차가 만들어져서 이것에 의해 다시 평형상태로 되돌리려는 복원 모멘트가 발생하여 수평상태로 돌아온다.

52 항공기용 왕복엔진에서 크랭크축의 정적평형을 주는 역할을 하는 것은?

① 평형추

② 카운터 웨이트

③ 다이나믹 댐퍼

④ 밸런스 웨이트

해설

크랭크축은 정적평형과 동적평형이 유지되어야 하며, 그중 정적평형은 평형추가 주고 있다. 평형추가 움직이는 거리는 엔진의 동력 충격 주파수와 평형추가 진동하는 주파수가 같고, 크랭크축에 진동주파수가 발생했을 때 평형추는 크랭크축 진동에 엇박자로 요동치고 진동은 최소로 감소한다.

53 비행기가 항력을 이기고 전진하는 데 필요한 마력을 무엇이라 하는가?

① 이용마력　　② 여유마력

③ 필요마력　　④ 제동마력

해설

- 필요마력: 항공기가 항력을 이기고 전진하는 데 필요한 마력이다.
- 이용마력: 비행기를 가속 또는 상승시키기 위하여 엔진으로부터 발생시킬 수 있는 마력이다.
- 여유마력: 이용마력과 필요마력의 차이이다.
- 제동마력: 실제 엔진이 프로펠러 축을 회전시키는 데 드는 마력이다.

54 엔진의 출력 중 시간제한 없이 작동할 수 있는 최대 출력으로 이륙 추력의 90% 정도에 해당하는 출력의 명칭은?

① 순항출력

② 최대 상승 출력

③ 아이들 출력

④ 최대 연속 출력

해설

- 정격마력(meto 마력, 연속 최대마력, rated hp): 시간제한 없이 연속 작동해도 무리가 없는 최대 마력으로 정격 마력에 의해 임계 고도가 결정된다.
  ※ 임계고도: 어느 고도 이상에서 엔진의 정격마력을 더 이상 유지할 수 없는 고도이다.
- 이륙마력(take off horse power): 항공기 이륙 시 엔진이 내는 최대마력으로 1~5분 이내에서 작동되며 정격마력보다 10% 정도 높다.
- 순항마력(경제마력): 열효율이 가장 좋은, 즉 연료 소비율이 가장 적은 상태에서 얻어지는 동력이다.

55 플러그 간극 게이지는 어느 부분을 확인할 때 사용되는 공구인가?

① 점화 플러그 내부 절연체의 손상

② 성형엔진 밸브 간극

③ 점화 플러그의 중심전극과 접지전극의 간극

④ 성형엔진 밸브리프트 간극

해설

점화 플러그 간극 게이지

56 다음 중 가스터빈엔진에서 배기가스 소음을 줄이는 방법으로 옳은 것은?

① 고주파를 저주파로 변환시킨다.

② 배기 흐름의 단면적을 좁게 한다.

③ 배기가스의 유속을 증폭시킨다.

④ 배기가스가 대기와 혼합되는 면적을 크게 한다.

✈ 정답　52. ①　53. ③　54. ④　55. ③　56. ④

해설

소음 감소 장치

- 원인: 배기 소음(배기가스가 대기와 부딪혀 발생)
- 소음의 크기: 배기가스 속도의 6~8제곱에 비례, 배기 노즐 지름의 제곱에 비례한다.
- 특징: 소음은 저주파수로 되어 있다.
- 억제 방법: 저주파수를 고주파수로 변환, 배출되는 배기가스에 대한 대기의 상대 속도를 줄이거나, 배기가스가 대기와 혼합되는 면적을 넓게 한다.

57 항공기 기체의 기준 축을 중심으로 발생하는 모멘트의 종류가 아닌 것은?

① 옆놀이 모멘트   ② 빗놀이 모멘트
③ 축놀이 모멘트   ④ 키놀이 모멘트

해설

- 옆놀이 모멘트: 세로축(X축)
- 키놀이 모멘트: 가로축(Y축)
- 빗놀이 모멘트: 수직축(Z축)

58 연장공구를 장착한 토크 렌치를 이용하여 볼트를 죌 때 토크 렌치의 유효 길이가 8인치, 연장공구의 유효길이가 7인치, 볼트에 가해져야 할 토크값이 900in-lb라면 토크 렌치의 눈금 지시 값은 몇 in-lb인가?

① 60   ② 90
③ 420   ④ 480

해설

- 토크 렌치 지시 값

$$= \frac{\text{토크 값} \times \text{토크렌치 길이}}{\text{토크렌치 길이} + \text{연장공구 길이}} =$$
$$= \frac{900 \times 8}{8+7} = 480\,in-lb$$

- 토크 렌치 실제 죔 값

$$= \frac{(\text{토크렌치 길이} + \text{연장공구 길이}) \times \text{토크 지시값}}{\text{토크렌치 길이}}$$

59 다음 중 단일 회전날개 헬리콥터가 추력의 수평 성분을 얻는 방법은?

① 주 회전날개의 회전면을 기울인다.
② 꼬리회전날개의 회전속도를 조절한다.
③ 꼬리회전날개의 피치각을 변화시킨다.
④ 주 회전날개 전체의 피치각을 변화시킨다.

해설

스와시 플레이트(swash plate): 조종간에 의해 주 회전날개의 회전면을 원하는 방향으로 기울인다.

60 17ST(2017) – D 리벳에서 "D"가 의미하는 것은?

① 리벳의 길이를 나타낸 것이다.
② 리벳의 머리 모양을 나타낸 것이다.
③ 리벳의 재질 기호이며 강한 강도가 요구되는 곳에 사용하며 열처리에 관계없이 사용된다.
④ 리벳의 재질 기호이며 상온에서는 너무 강해 그대로는 리벳팅할 수 없으며 열처리를 한 후 사용 가능하다.

해설

- D: 재질 기호_ 2017 알루미늄

ALCOA 기호		A.A 기호	
합금번호 범위	주요 합금 원소	합금번호 범위	주요 합금 원소
2S	상업용 순알루미늄	1xxx	Al 99.00%
3S-9S	Mn	2xxx	Cu
10S-29S	Cu	3xxx	Mn
30S-49S	Si	4xxx	Si
50S-69S	Mg	5xxx	Mg
70S-79S	Zn	6xxx	Mg+Si
		7xxx	Zn
		8xxx	기타 원소
		9xxx	사용할 장래 기호

✈ **정답**   57. ③   58. ④   59. ①   60. ④

PART
06

기출복원문제

01 국제민간항공기구(ICAO)에서 정하는 국제 표준 대기에 대한 설명으로 옳은 것은?

① 항공기의 설계, 운용에 기준이 되는 대기 상태로서, 지역 및 고도와 관계없이 압력이 750mmHg, 온도가 15℃인 상태를 말한다.

② 항공기의 비행에 가장 이상적인 대기상태로서, 압력이 750mmHg, 온도가 15℃인 상태를 말한다.

③ 항공기의 설계, 운용에 기준이 되는 대기 상태로서, 같은 고도에 대한 표준 압력, 밀도, 온도 등은 항상 같다.

④ 해면상의 대기상태를 말하며, 항공기의 설계 및 운용의 기준이 된다.

해설

국제 표준 대기(ISA)는 국제민간항공기구(ICAO)에서 항공기의 설계, 운용에 기준이 되는 대기상태의 조건은 다음과 같다.

• 건조 공기(질소 78%, 산소 21%, 아르곤 1%인 부피)로서 이상 기체의 상태 방정식($P = \rho \cdot R \cdot T$)을 고도, 장소, 시간과 관계없이 만족해야 한다.

• 표준 해면 고도의 기압은 $P = 760\,mmHg = 101,325\,Pa$ ($1\,Pa = 1\,N/m^2$)이고, 밀도는 $\rho_0 = 1,225\,kg/m^3 = 0.12492\,kgf \cdot s^2/m^4$이고, 온도는 $T_0 = 15\,℃ = 288.16\,K$이고, 중력가속도는 $g_0 = 9.8066\,m/s^2$이다.

02 다음 항력 중 날개 끝에 발생하는 와류로 인하여 발생하는 항력은?

① 마찰항력
② 유도항력
③ 압력항력
④ 조파항력

해설

유도항력(induced drag, D_i)은 날개 끝에 생기는 와류 현상에 의해 유도되는 항력으로, 그 크기는 날개의 가로 세로비에 반비례하고 양력계수의 제곱에 비례한다.

03 다음 중 고항력 장치가 아닌 것은

① 슬롯(slot)
② 드래그 슈트
③ 에어 브레이크
④ 역추력 장치

해설

고항력 장치

• 스포일러(spoiler) : 날개 중앙 부위에 부착된 일종의 평판으로, 이것을 날개 윗면이나 밑면에서 펼침으로써 흐름을 강제적으로 떨어지게 하여 양력을 감소시키고 항력을 증가시키는 장치이다.

공중 스포일러 (flight spoiler)	순고속비행 시 대칭적으로 펼치면 공기 브레이크 기능을 하고, 도움날개와 연동을 하여 좌우 스포일러를 다르게 움직여 도움날개의 역할을 도와주는 기능이다.
지상 스포일러 (ground spoiler)	착륙 시 펼쳐서 양력을 감소시키고 항력을 증가시키는 역할을 한다.

• 역추력 장치(thrust reverser) : 제트엔진에서 배기가스를 역류시켜 추력의 방향을 반대로 바꾸는 장치로 착륙거리를 단축하기 위해 사용한다.

• 드래그 슈트(drag chute) : 일종의 낙하산과 같은 것으로 착륙거리를 짧게 하거나 비행 중 스핀에 들어갔을 때 회복 시 이용하는 것으로 기체의 뒷부분으로 펼쳐서 속도를 감소시킨다.

정답 01. ③ 02. ② 03. ①

04 낙하산을 이용하여 조종사가 5,000m 상공에서 일정 속도로 하강하고 있다. 조종사의 무게 90kg, 낙하산 지름 6m, 항력계수 2.0일 때, 낙하속도는 약 몇 m/s인가?(단, 공기밀도 : 1.0kg/m³, g : 중력가속도)

① $\sqrt{\dfrac{g}{\pi}}$ ② $10\sqrt{\dfrac{g}{\pi}}$

③ $\sqrt{\dfrac{10g}{\pi}}$ ④ $10\sqrt{\dfrac{10g}{\pi}}$

해설

$W = \dfrac{1}{2}\rho V^2 S C_D,\ V = \sqrt{\dfrac{2W}{\rho C_D S}}$

여기서 자유 낙하하므로

$V = \sqrt{\dfrac{2W}{\rho C_D S}\times g} \rightarrow \sqrt{\dfrac{2\times 90}{1\times 2\times 9\pi}\times g} \rightarrow \sqrt{\dfrac{180}{18\pi}\times g}$

$\rightarrow \sqrt{\dfrac{10}{\pi}g}$

05 다음 중 빗놀이각에 대한 설명으로 옳은 것은?

① 항공기 진행 방향과 시위선이 이루는 각
② 옆미끄럼 각과 크기가 같고 방향이 반대인 각
③ 비행기의 가로축과 비행기의 중심선이 이루는 각
④ 방향키를 자유로이 했을 때 공기력에 의하여 방향키가 자유로이 변위되는 각

해설

방향 안정은 수직축에 대한 모멘트와 빗놀이 및 옆미끄럼 각과의 관계를 포함하며 정의하면 아래와 같다.

$N = C_N \cdot q \cdot s \cdot b,\ C_N = \dfrac{N}{q\cdot S\cdot b}$

(+)의 옆미끄럼 각일 때 빗놀이 모멘트의 계수값이 (+)일 때 안정

06 헬리콥터 회전날개의 회전면과 원추 모서리가 이루는 원추각에 영향을 주는 것으로만 짝 지어진 것은?

① 추력과 항력
② 원심력과 양력
③ 원심력과 항력
④ 원심력과 추력

해설

원추각(coning angle, 코닝각)은 회전면과 원추의 모서리가 이루는 각이다. 회전날개 깃은 양력과 원심력의 합에 의해 원추각이 결정된다.

07 테일로터가 장착된 호버링 헬리콥터의 방향 조종 방법은?

① 주 로터의 rpm 변경
② 테일로터 디스크 방향 조작
③ 테일로터의 피치 조작
④ 주 로터 디스크 방향 조작

해설

헬리콥터가 호버링 비행하면서 방향 조종을 할 때는 방향 페달을 밟으면 테일로터의 피치각이 변경되어 좌, 우 방향 조종이 가능하다.

08 조종면 뒷전 부분의 압력 분포를 변화시키는 역할을 함으로써 힌지 모멘트에 큰 변화를 생기게 하는 장치를 무엇이라 하는가?

① 탭 ② 고양력 장치
③ 고항력 장치 ④ 공력 평형 장치

해설

탭(tab)은 조종면의 뒷전 부분에 부착시키는 작은 플랩의 일종으로, 조종면 뒷전 부분의 압력 분포를 변화시켜 힌지 모멘트에 변화를 생기게 한다. 종류에는 트림 탭(trim tab), 평형 탭(balance tab), 서보 탭(servo tab), 스프링 탭(spring tab)이 있다.

09 베르누이의 정리에 대한 설명으로 가장 올바른 것은?

① 전압과 동압의 합이 일정하다.

② 정압이 일정하다.

③ 동압이 일정하다.

④ 전압이 일정하다.

해설

P_t (전압 = P(정압) + $\frac{1}{2} \rho V^2$ (동압) = 일정

10 유관의 입구 지름이 20cm이고, 출구의 지름이 40cm이다. 이때 입구에서의 유체속도가 4m/s이면 출구에서의 유체속도는 약 몇 m/s인가?

① 1 　　　　② 2

③ 4 　　　　④ 16

해설

비압축성 연속의 방정식

$A_1 V_1 = A_2 V_2 = $ 일정

$\frac{\pi}{4} 20^2 \times 4 = \frac{\pi}{4} 40^2 \times V_2 = $ 일정

$\therefore V_2 = 1\text{m/s}$

11 다음 중 와셔(washer)의 종류에 따른 주된 역할을 설명한 것으로 틀린 것은?

① 고정(lock) 와셔는 볼트, 너트의 풀림을 방지한다.

② 고정(lock) 와셔는 부품의 장착 위치를 결정하는 데 사용한다.

③ 평(flat) 와셔는 볼트나 스크루의 그립 길이를 조정하는 데 사용한다.

④ 평(flat) 와셔는 구조물과 장착 부품을 충격과 부식으로부터 보호한다.

해설

• 평 와셔(flat washer)의 역할 : 그립 길이 조절, 응력 분산, 부식 방지

• 고정 와셔(lock washer)의 역할 : 그립 길이 조절, 응력 분산, 부식 방지, 풀림 방지

12 최소 측정값이 1/50mm인 버니어 캘리퍼스에서 다음 그림의 측정값은 얼마인가?

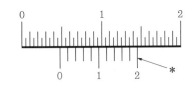

① 4.52 　　　　② 4.70

③ 4.72 　　　　④ 4.75

해설

아들자의 0점 기준 바로 왼쪽 어미자의 눈금은 4.5mm이고, 어미자와 아들자의 눈금이 일치하는 아들자의 눈금이 0.20mm이다. 즉, 4.5+0.20=4.70mm이다.

13 항공기 견인 작업(towing)에 대한 설명이 아닌 것은?

① 견인 속도는 5mph를 초과해서는 안 된다.

② 항공기 견인 시 잭 포인트를 정확히 지정해야 한다.

③ 견인봉은 견인 차량으로부터 일단 분리하여 항공기에 장착한 다음 다시 견인봉을 견인 차량에 연결한다.

④ 항공기의 유도선(taxing line)을 따라 견인할 때는 감독자의 판단에 따라 주변 감시자를 배치하지 않아도 무방하다.

해설

견인 작업은 항공기 엔진을 정지한 상태에서 외부의 힘으로 지상에서 이동시키는 작업으로 견인차, 견인봉으로 작업한다.

• 유자격자가 작업한다.
• 견인 시 3~7명이 필요하며, 작업 조건이 좋을 때는 3명에서도 견인이 가능하다.
• 견인 속도는 8km/h(5MPH) 이내로 한다.
• 견인 요원은 날개 끝, 꼬리 부분 등에 배치한다.
• 견인차에는 1명만 탑승한다.
• 조종석에 탑승한 자는 위급한 상황이 아니면 브레이크를 조절해서는 안 된다.
• 주변의 장애물은 사전에 제거한다.

14 다음 그림에서 나타내는 것의 종류는 무엇인가?

① 단일 잭   ② 이중 잭
③ 삼각 잭   ④ 차축 잭

해설

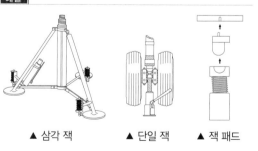

▲ 삼각 잭   ▲ 단일 잭   ▲ 잭 패드

15 다음 중 블록 게이지(block gauge)를 이용하여 할 수 없는 작업은?

① 공구, 다이, 부품의 정밀도 측정
② 특수 게이지의 마멸상태 점검
③ 마름질 가공상태 점검
④ 검사계기의 길이 측정

해설

블록 게이지는 공구, 다이, 부품 등의 정밀도 측정, 기계 조립과 제작 중인 부품 및 제작된 부품의 점검, 조종계기와 지시계기의 기준 설정, 검사계기의 점검, 플러그 게이지와 링 게이지 및 스냅 게이지 등 특수 게이지의 정밀도와 마멸상태의 점검, 그리고 마름질할 때의 가공상태 점검 등에 사용된다. 표준 측정온도는 평균기온보다 조금 낮은 20℃이다.

16 일반적으로 복선식(double twist) 안전결선 방법으로 결합할 수 있는 최대 유닛(unit) 수는 몇 개인가?

① 2개
② 3개
③ 4개
④ 제한 없다.

해설

안전결선(safety wire)의 종류에는 단선식 안전결선(single twist)과 복선식 안전결선(double twist)이 있다. 그중 복선식 안전결선은 2가닥을 이용하여 체결하는 방법으로, 고정 작업해야 할 부품의 간격이 4~6in(10.2cm~15.2cm)일 때 3개까지 결선하고, 좁은 간격으로 떨어져 있을 때는 24in(61cm) 길이의 안전결선으로 함께 고정시킬 수 있는 범위까지 고정한다.

✈ 정답   14. ③   15. ④   16. ②

17 물림 턱에 로크장치가 있어 로크되면 바이스처럼 잡아주게 되어 부러진 스터드 등을 떼어 낼 때 사용하는 그림과 같은 공구의 명칭은?

① 커넥터 플라이어
② 바이스 그립 플라이어
③ 롱노즈 플라이어
④ 콤비네이션 플라이어

해설

• 커넥터 플라이어(connector plier)는 전기 커넥터를 접속하거나 분리할 때 사용한다.
• 바이스 그립 플라이어(vise grip plier)는 잠금장치를 한 번 조절하여 잠금시켜 부품을 물리면 쉽게 풀리지 않게 되어 있는 공구로써 고정되어 부러진 볼트나 고착되어 풀리지 않는 파스너 등에 사용된다.
• 롱 노즈 플라이어(long nose plier)는 좁은 지점까지 도달할 수 있는 긴 물림턱을 가지고 있다. 손가락으로 접근할 수 없는 좁은 장소에 있는 부품을 집거나 얇은 금속판을 정교하게 구부리는 데 사용하기도 한다.
• 콤비네이션 플라이어(combination plier＝slip joint plier)는 금속 조각이나 전선을 잡거나 구부리는 데 사용한다.

18 장비 및 기기를 수리하거나 조절 및 검사 중일 때, 이들 장비의 작동을 방지하기 위해 사용되는 안전표지 색채로 옳은 것은?

① 적색(red)
② 청색(blue)
③ 자색(purple)
④ 오랜지색(orange)

해설

• 붉은색 안전색채 : 고압선, 폭발물, 인화성 물질, 위험한 기계류 등의 비상 정지 스위치, 소화기, 화재 경보 장치 및 소화전 등에 표시한다.
• 노란색 안전색채 : 충돌, 추돌, 전복 및 이와 유사한 사고의 위험이 있는 장비 및 시설물에 표시한다.
• 녹색 안전색채 : 안전에 직접 관련된 설비 및 구급용 치료 설비 등에 사용한다.
• 파란색 안전색채 : 장비 및 기기 수리, 조절 및 검사 중일 때 이들 장비의 작동을 방지하기 위해 사용한다.
• 오렌지색 안전색채 : 기계 또는 전기 설비의 위험 위치를 식별하도록 사용한다.

19 항공기의 예방정비 개념을 기본으로 하여 정비시간의 한계 및 폐기시간의 한계를 정해서 실시하는 정비 방식은?

① 상태 정비
② 시한성 정비
③ 벤치 정비
④ 신뢰성 정비

해설

시한성 정비(HT : Hard Time)는 장비나 부품의 상태는 관계하지 않고 정비시간의 한계 및 폐기시간의 한계를 정하여 정기적으로 분해, 점검하거나 폐기 한계에 도달한 장비나 부품을 새로운 것으로 교환하는 방식이다.

20 항공기 급유 및 배유 시 안전사항에 대한 설명으로 틀린 것은?

① 3점 접지는 급유 중 정전기로 인한 화재를 예방하기 위한 것이다.
② 연료 차량은 항공기와 충분한 거리를 유지하였으면 3점 접지를 생략한다.
③ 급유 및 배유 장소로부터 일정 거리 내에서 흡연이나 인화성 물질을 취급해서는 안 된다.
④ 3점 접지란 항공기와 연료차, 항공기와 지면, 지면과 연료차의 접지를 말한다.

✈ **정답** 17. ② 18. ② 19. ② 20. ②

해설

항공기 급유 및 배유 시 안전

- 3점 접지 : 항공기, 연료차, 지면
- 지정된 위치에 소화기와 감시요원 배치(15m 이내 흡연 금지)
- 연료 차량은 항공기와 충분한 거리 유지(최소 3m 유지)
- 번개 치는 날 급·배유 작업 금지
- 15m 이내에 고주파 장비 작동 금지
- 급유 후 15분 이내에 전원 장비 작동 금지

21 C-8 장력 측정기를 이용한 케이블의 장력 조절 시 주의사항으로 틀린 것은?

① 필요한 경우 온도 보정
② 측정기 검사 유효기간 확인
③ 턴버클에서부터 6인치 이내에서 측정
④ 측정은 정확도를 높이기 위해 3~4회 실시

해설

장력 측정기(tension meter) 사용 시 주의사항

- 장력 측정기에 검사 합격 표찰(label)이 붙어 있는지 확인하여 측정기의 유효기간이 사용 가능 날짜 이내인지를 확인한다.
- 장력 측정기로 측정 전 검·교정 바를 통해 사용 유무를 판단하고, 장력계의 지침과 눈금이 정확히 "0"에 일치하는지 확인한다.
- 턴버클 및 연결 기구에서 6inch 이상 떨어진 곳에서 측정하고, 측정 시 측정기를 손바닥으로 받혀 수평상태로 측정한다.
- 측정은 정확도를 높이기 위해 3회 이상 측정한 뒤 평균값을 계산한다.
- 온도에 따른 장력값을 보정할 수 있도록 온도 보정표에 따라 보정을 해야 한다.

22 접시머리 리벳을 장착할 때 최소 연거리 값으로 옳은 것은?

① 2D
② 2.5D
③ 3D
④ 3.5D

해설

리벳의 간격 및 연거리

- 리벳피치 : 리벳 직경의 6~8D(최소 3D)
- 열간 간격 : 리벳 열과 열 사이의 간격으로 리벳 직경의 4.5~6D(최소 2.5D)
- 연거리 : 판 끝에서 최외곽열 리벳 중심까지의 거리로서 리벳 직경의 2~4D이며, 접시머리 리벳 최소 연거리는 2.5D이다.

23 다음 중 튜브 성형에 필요한 공구가 아닌 것은?

① tube cutter
② de-burring tool
③ tube bender
④ cleco

해설

튜브 작업 시 튜브를 절단할 때 필요한 튜브 커터(tube cutter), 찌꺼기를 제거하기 위해 필요한 디버링 툴(de burring tool), 튜브를 밴딩할 때 필요한 튜브 밴더(tube bender)가 있어야 한다. 그 밖의 튜브 끝단을 둥그렇게 만들어 연결하기 위해 필요한 튜브 비딩(tube beding)이 필요하다.

24 1,000kg 하중을 받는 구조물에 100kg/cm² 허용응력을 갖는 정사각형 구조 부재를 배치할 때, 한 변의 최소 길이 값은 몇 cm인가?

① 1.16
② 2.16
③ 3.16
④ 4.16

해설

구조 부재가 정사각형일 때 단면적 $A = bh$ 이다. $\sigma = \dfrac{P}{A} = 100 = \dfrac{1000}{A}$, $A = 10$이고, 정사각형의 단면은 같으므로 한 변의 길이는 3.16이 된다.

정답 21. ③ 22. ② 23. ④ 24. ③

25 항공기 기체 수리 도면에 리벳과 관련된 다음과 같은 표기의 의미는?

> 5 RVT EQ SP

① 길이가 같은 5개 리벳이 장착된다.
② 리벳이 5인치의 간격으로 장착된다.
③ 5개의 리벳이 같은 간격으로 장착된다.
④ 연거리를 같게 하여 5개 리벳이 장착된다.

해설

5개의 리벳이 같은 간격으로 장착되어야 함을 의미한다.
RVT : RIVET(리벳), EQ : EQUAL(동등한, 대등하다), SP : SPACE(공간)

26 대부분의 항공기에 사용되며 안쪽과 바깥쪽의 휠로 분리되는 조립품으로 이루어지는 형태의 휠 명칭은?

① 플랜지 휠   ② 스플리트 휠
③ 드롭센터 휠   ④ 고정 플랜지 휠

해설

스플릿형 바퀴는 양쪽으로 분리되며 일반적으로 많이 사용된다. 재질은 알루미늄과 마그네슘 합금을 사용한다.

27 페일 세이프 구조에 속하지 않는 것은?

① 다경로 하중 구조
② 이중 구조
③ 대치 구조
④ 샌드위치 구조

해설

페일 세이프 구조의 종류
• 다경로 하중 구조 : 여러 개의 부재를 통하여 하중이 전달되도록 하여 어느 하나의 부재가 손상되더라도, 그 부재가 담당하던 하중을 다른 부재가 담당하여 치

명적인 결과를 가져오지 않는 구조
• 이중 구조 : 두 개의 작은 부재를 결합시켜 하나의 부재와 같은 강도를 가지게 함으로써, 어느 부분의 손상이 부재 전체의 파손에 이르는 것을 예방하는 구조
• 대치 구조 : 부재가 파손될 것을 대비하여 예비적인 대치 부재를 삽입해 구조의 안정성을 갖는 구조
• 하중 경감 구조 : 부재가 파손되기 시작하면 변형이 크게 일어나므로 주변에 다른 부재에 하중을 전달시켜 원래 부재의 추가적인 파괴를 막는 구조

28 다음의 기체 결함 스케치 도면에서 손상 부위의 종류로 옳은 것은?

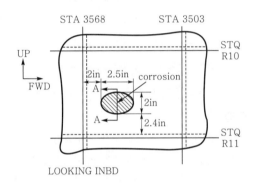

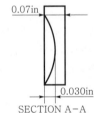

SECTION A-A

① 부식   ② 균열
③ 긁힘   ④ 찍힘

해설

STA 3503과 STA 3568 사이에서 표면에 손상이 발생되었고, 장축 방향 폭 2.5in, 단축 방향 폭 2in의 타원 모양을 형성하고 있다. 또한, STQ R10번과 R11번 사이에 위치하기도 한다. 부식(corrosion)의 깊이는 0.030in이고, 이 부분의 표피 두께는 0.071in이다. 또한 LOOKING INBD(INBOARD)는 기축선을 향해 쳐다보고 스케치했다는 방향 표시이다.

✈ **정답** 25. ③ 26. ② 27. ④ 28. ①

29 동체나 날개에 엔진을 장착하기 위한 구조물을 무엇이라고 하는가?

① 카울 플랩　　　② 낫셀

③ 엔진 마운트　　④ 카울링

해설

엔진 마운트는 엔진의 무게를 지지하고 엔진의 추력을 기체에 전달하는 구조로서 항공기 구조물 중 하중을 가장 많이 받는 곳 중의 하나이다. 엔진 마운트는 쉽게 장·탈착할 수 있어야 하는데, 이와 같이 할 수 있는 기관을 QEC(Quick Engine Change) 기관이라 한다.

30 케이블을 연결해 주는 부품으로 조종 케이블의 장력을 조절해 주는 역할도 하며, 가운데에 배럴이 있는 것은?

① 턴버클　　　② 스웨이징

③ 코터 핀　　　④ 니코프레스

해설

- 스웨이징은 케이블 연결 방법 중 하나로 케이블 단자에 케이블을 끼워 넣고 스웨이징 공구나 장비로 압착하여 접합하는 방법으로, 케이블 강도의 100%를 유지하며 가장 많이 사용한다.
- 코터 핀은 비자동 고정 너트인 캐슬 너트와 완전 체결을 위해 사용되는 고정 핀이다.
- 니코프레스는 케이블 연결 방법 중 하나로 케이블 주위에 구리로 된 슬리브를 특수공구로 압착하여 케이블을 조립하는 방법으로, 케이블을 슬리브에 관통시킨 후 심블을 감고, 그 끝을 다시 슬리브에 관통시킨 다음 압착한다. 케이블의 원래 강도를 보장한다.

31 항공기 도면의 표제란에 "ASSY"로 표시되는 도면의 종류는?

① 생산 도면　　　② 조립 도면

③ 장착 도면　　　④ 상세 도면

해설

도면의 종류에는 실물 모형 도면, 기준 배치 도면, 설계 배치 도면, 생산 도면, 상세 도면, 조립 도면, 장착 도면, 배선도가 있다. 이 중 표제란에 표시되는 도면 중 조립 도면은 'ASSY', 장착 도면은 'INSTL'로 표기된다.

32 정상 수평비행 중 날개의 상부–하부–중앙 부분에 작용하는 응력을 순서대로 나열한 것은?

① 전단–인장–압축

② 전단–압축–인장

③ 압축–인장–전단

④ 굽힘–압축–전단

해설

비행 중 날개에는 양력에 의해 위로 올라가게 되고, 동체는 중력에 의해 아래로 쳐지게 된다. 그러므로 날개의 윗면은 압축응력, 아랫면은 인장응력, 중간은 전단응력이 작용하게 된다.

33 다음 보기에 사용되는 방빙의 종류는 무엇인가?

피토관, 윈드실드, 얼음 감지기

① 전기식

② 화학식

③ 블리드 에어

④ 제빙부츠

해설

전기적 방빙은 해당 부분에 코일을 설치하고 전기를 공급하면 열이 발생되는 방법이다. 이 방법은 많은 전류를 사용하기 때문에 TAT(Total Air Temperature), AOA(Angle Of Attack), 프로브(probe)와 같은 작은 부품의 방빙, 제빙에 사용된다. 사용처는 윈드실드, 피토관, 결빙 탐지기, 온도 탐지기, 받음각 감지기, P2/T2 감지기에 사용된다.

✈ **정답**　29. ③　30. ①　31. ②　32. ③　33. ①

34 강하 비행 시 객실 내의 압력이 낮아서 외기의 높은 압력을 받아들일 때 사용되는 밸브는?

① 덤프 밸브(dump valve)

② 네거티브 밸브(negative valve)

③ 아웃 플로우 밸브(out flow valve)

④ 세이프티 릴리프 밸브(safety relief valve)

해설

객실 압력 안전 밸브에는 차압이 규정 값보다 클 때 작동되는 객실 압력 릴리프 밸브(cabin pressure relief valve)와 대기압이 객실 압력보다 높을 때 작동되는 부압 릴리프 밸브(negative pressure relief valve), 제어 스위치에 의해 작동되는 덤프 밸브(dump valve)가 있다. 부압 릴리프 밸브는 진공 밸브라고도 하며, 기체 밖의 외기압, 즉 대기압이 객실 안의 기압보다 높은 경우에는 대기의 공기가 객실로 자유롭게 들어오게 되어 있는 밸브이다. 이 밸브는 항공기가 객실 고도보다 더 낮은 고도로 하강할 때나, 지상에서 객실 압력과 대기압을 일치시켜 줄 필요가 있을 때 열리게 된다.

35 복합재료 검사방법으로 부적합한 검사법은?

① 형광침투탐상검사

② 육안검사

③ 탭 또는 코인 테스트

④ 방사선 검사

해설

복합 소재(composite material)는 두 종류 이상의 물질을 인위적으로 결합하여 본래의 물질 자체보다 뛰어난 성질 및 새로운 성질을 가지게 만들어진 재료를 말한다. 복합재료가 층 분리 또는 내부 손상이 발견된 경우 가장 먼저 육안검사를 통해 층 분리(delamination)를 조사하기 위해 광선을 이용하여 측면에서 보고 검사를 하면서 촉각에 의한 검사를 손으로 눌러 층 분리(delamination) 등을 검사한다. 또한, 동전 두드리기 시험(코인)으로 판을 두드려 소리의 차이에 의해 들뜬 부분을 검사한다. 초음파 검사는 내부 손상을 검사할 때

사용한다. 와전류탐상검사는 전류가 흘러야 검사가 가능한 자기유도 작용을 이용하므로 전도성 재료만 검사가 가능하다.

36 그림과 같은 유압 계통에서 압력을 조절하는 것은?

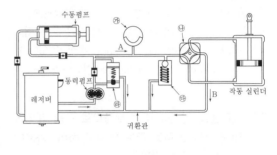

① ㉮

② ㉯

③ ㉰

④ ㉱

해설

그림은 동력 펌프를 갖춘 유압계통으로 ㉮는 축압기로 작동유의 저장통으로써 압력 조절기가 빈번한 작동을 방지하고, 갑작스런 계통 압력이 상승할 때 압력을 흡수하고, ㉯는 선택 밸브로 작동 실린더의 작동 방향을 선택하고, ㉰는 릴리프 밸브로 압력 조절기에 이상이 있을 때 계통을 높은 압력으로부터 보호하고, ㉱는 압력 조절기로 작동유의 압력을 일정하게 유지시켜 준다.

37 세미-모노코크형 항공기 동체 구조에서 항공기 길이 방향으로 장착되는 구조 부재는?

① 프레임(frame)

② 정형재(former)

③ 스트링거(stringer)

④ 벌크헤드(bulkhead)

해설

세미 모노코크(semi monocoque) 구조 형식의 날개 구조 부재는 스파(spar), 리브(rib), 스트링거(stringer), 외피(skin)가 있다. 동체에는 외피가 하중의 일부를 담당하여 외피와 뼈대가 같이 하중을 담

당하는 구조로, 현대 항공기의 동체 구조로서 가장 많이 사용한다. 수직 방향 부재(횡방향)로는 벌크헤드(bulkhead), 정형재(former), 프레임(frame), 링(ring)이 있고, 길이 방향 부재(종방향)에는 세로대(stringer), 세로지(longeron)가 있다.

38 리벳 제거를 위한 각 과정을 순서대로 나열한 것은?

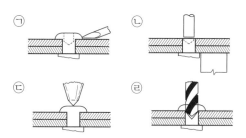

① ㉠ → ㉢ → ㉣ → ㉡
② ㉢ → ㉠ → ㉣ → ㉡
③ ㉠ → ㉣ → ㉢ → ㉡
④ ㉢ → ㉣ → ㉠ → ㉡

해설

리벳 제거 방법

1. 펀치 작업
2. 한 치수 작은 드릴로 드릴링
3. 정을 이용하여 리벳 머리 제거

4. 리벳 머리와 생크를 분리
5. 리벳 생크 제거 작업

39 항공기 배관을 식별하는 방법으로 틀린 것은?

① 색깔　　② 문자
③ 그림　　④ 기호

해설

항공기 유관을 구분하는 방법으로는 색깔, 문자, 그림 등을 사용하며 유관의 기능, 유관을 통과하는 액체의 종류, 유로의 방향 및 주의사항 등이 포함되어 있다.

40 인티그럴 연료탱크(integral fuel tank)에 대한 설명으로 옳은 것은?

① 금속제품의 탱크를 내장한다.
② 합성고무 제품의 탱크를 내장한다.
③ 접합부 등에 밀폐제(sealant)를 바를 필요가 없다.
④ 날개보와 외피에 의해 만들어진 공간 그 자체를 연료탱크로 이용한다.

해설

인티그럴 연료탱크(integral fuel tank)는 날개의 내부 공간을 연료탱크로 사용하는 것으로, 앞 날개보와 뒷 날개보 및 외피로 이루어진 공간을 밀폐제를 이용하여 완전히 밀폐시켜 사용하며, 여러 개의 탱크로 제작되었다. 장점으로는 무게가 가볍고 구조가 간단하다.

41 공기 흡입계통 중 혼합가스를 각 실린더에 일정하게 분배, 운반하는 통로 역할을 하는 것은?

① 과급기　　② 매니폴드
③ 기화기　　④ 공기 스쿠프

해설

매니폴드(manifold)는 기화기에서 만들어진 혼합가스를 각 실린더에 일정하게 분배, 운반하는 통로 역할을 하고 실린더 수와 같은 수만큼 설치되어 있고, 매니폴드 압력계의 수감부가 여기에 장착된다.

42 가스터빈엔진의 교류 점화계통에 사용되는 전원의 주파수(Hz)로 옳은 것은?

① 300 ② 400
③ 500 ④ 600

해설

교류 유도형 점화장치는 시동 시 DC 28V가 인버터에 의해 DC(직류)가 AC(교류)로 변환되어 점화 계전기에 115V, 400Hz 교류가 공급되는 가장 간단한 점화장치이다. 점화 스위치를 ON하면 직류버스가 계전기 코일을 자화시켜 점화 계전기가 연결되면서 교류버스(인버터)에 의해 115V, 400Hz가 변압기의 1차 코일에 공급되고, 2차 코일에 고전압이 유도되어 이그나이터에 점화가 발생된다.

43 회전자 깃의 입구와 출구의 압력 및 상대속도의 크기가 같은 터빈은?

① 레디얼 터빈
② 반동터빈
③ 충동–반동터빈
④ 충동터빈

해설

충동터빈(impulse turbine)은 가스의 팽창이 노즐 내부에서 이루어지고, 로터 내부에서는 전혀 가스 팽창이 발생하지 않는다. 회전자 깃의 입구와 출구의 압력 및 상대속도는 같고, 고정자에서 나오는 빠른 연소가스가 터빈 깃에 충돌하여 발생한 충동력으로 터빈을 회전시킨다. 즉, 속도나 압력은 변하지 않고 흐름의 방향만 변한다. 반동도가 0% 터빈이다.

44 압축기로 들어오는 공기의 공급 통로로서 고속의 공기는 감소시키고 압력을 증가시켜 주는 구성품은?

① 공기 흡입관 ② 터빈
③ 노즐 ④ 연소실

해설

공기 흡입계통(air inlet duct)은 공기를 압축기에 공급하는 통로이고, 고속 공기의 속도를 감소시키면서 압력을 상승시킨다. 성능 결정은 압력 효율비와 압력 회복점(ram pressure recovery point)으로 결정된다.

45 다음 중 비열비(K)를 나타낸 식으로 옳은 것은?(단, 정압비열: C_P, 정적비열: C_V)

① $k = C_P + C_V$

② $k = \dfrac{C_P}{C_V}$

③ $k = \dfrac{C_V}{C_P}$

④ $k = C_V \times C_P$

해설

비열비 : 정압비열과 정적비열의 비로 대개 1보다 큰 값을 가지며, 비열비는 1.4이다.

$$k = \frac{C_P}{C_V} > 1 = 1.4$$

46 연소실에서 나온 연소가스의 팽창으로 회전력을 얻는 부분은?

① 압축기 ② 연소실
③ 터빈 ④ 배기구

해설

터보제트엔진(turbojet engine)의 작동 원리는 흡입구에서 공기를 흡입하여 압축기로 보내고, 받은 공기를 압축하여 연소실로 보내고, 연소실에서 압축된 공기와 연료가 잘 혼합되어 연속 연소시켜 터빈으로 보내고, 고온·고압가스가 팽창되어 터빈을 회전시키게 되며, 남은 연소가스는 배기 노즐에서 다시 팽창·가속되어 빠른 속도로 빠져나가면서 추력을 발생시킨다(작용과 반작용의 법칙–뉴튼의 제3법칙).

정답 42. ② 43 ④ 44. ① 45. ② 46. ③

47 왕복엔진 작동 시 점검하여야 하는 항목이 아닌 것은?

① 윤활유 압력

② 최대회전마력

③ 윤활유 온도

④ 실린더 헤드 온도

해설

왕복엔진 작동 시 윤활유 압력, 윤활유 온도, 실린더 헤드 온도, 엔진 회전수, 매니폴드 압력, 단일 마그네토 작동으로 스위치를 돌렸을 때 회전수의 저하, 프로펠러 조절에 대한 엔진 반응에 대한 한계 수치를 반드시 점검해야 한다.

48 항공기 왕복엔진의 카울링에 균열이 발생하였을 때 검사방법으로 옳은 것은?

① 염색 침투탐상검사

② 보어스코프 검사

③ 코인검사

④ 초음파 검사

해설

왕복엔진의 카울링은 엔진이나 엔진에 관계되는 부품, 엔진 마운트, 방화벽 주위를 쉽게 접근할 수 있도록 장·탈착할 수 있는 덮개로, 재질은 알루미늄 합금이다. 비파괴 검사에 적합한 방법으로는 육안검사 및 염색 침투탐상검사이다.

49 가스터빈엔진에서 사용되는 원심식 압축기를 축류식 압축기와 비교하였을 때 가장 큰 특징은?

① F.O.D에 약하다.

② 제작이 어렵고 무게가 무겁다.

③ 여러 단으로 제작 시 효율이 우수하다.

④ 단당 압력비가 크다.

해설

원심력식 압축기의 장점

• 단당 압축비가 높다(1단 10:1, 2단 15:1).

• 제작이 쉽다.

• 구조가 튼튼하고 값이 싸다.

• 무게가 가볍다.

• 회전속도 범위가 넓다.

• 시동 출력이 낮다.

• 외부 손상 물질(FOD)이 덜하다.

50 가스터빈의 부품을 세척하기 위한 세척제를 선택하는 조건으로 옳은 것은?

① 세척제의 가격에 따라 결정

② 적용되는 부품의 재질에 따라 결정

③ 적용되는 부품의 크기에 따라 결정

④ 적용되는 부품의 형상에 따라 결정

해설

가스터빈엔진의 세척제를 선택하는 조건은 부품에 생성된 오염물질의 형태, 부품에 생성된 표면처리 및 코팅의 형태, 재질에 따른 세척 방법과 세척 정도가 달라진다.

51 항공기 엔진에 사용하는 윤활유의 주요 성질이 아닌 것은?

① 점도

② 인화점

③ 유동점

④ 옥탄가

해설

윤활유 구비조건

• 점성과 유동점이 낮아야 한다.

• 점도 지수는 어느 정도 높아야 한다.

• 인화점이 높아야 한다.

• 산화 안정성 및 열적 안정성이 높아야 한다.

• 기화성이 낮아야 한다.

• 윤활유와 공기의 분리성이 좋아야 한다.

✈ 정답 47. ② 48. ① 49. ④ 50. ② 51. ④

52 연소실에 유입되는 1차 유입공기에 강한 선회를 주어 와류를 발생시키는 장치는?

① 스웰 가이드 베인
② 인너 라이너
③ 프레임 튜브
④ 아우터 라이너

해설

1차 연소 영역의 이론적인 공연비는 약 15:1이지만, 실제 공연비는 60~130:1 정도의 공기량이 많이 들어가 연소가 불가능하게 된다. 1차 연소 영역에서의 최적 공연비는 8~18:1이 되도록 공기의 양을 제한하기 위해 스웰 가이드 베인(swirl guide vane)에 의해 공기의 흐름에 적당한 소용돌이를 주어 유입속도를 감소시켜 화염 전파속도를 증가시킨다. 1차 공기 유량은 총공급 공기량의 20~30% 정도이고, 1차 연소 영역을 간단히 연소 영역이라고 한다.

53 왕복엔진의 외부 검사를 할 때 검사 항목이 아닌 것은?

① 푸시로드 마모상태
② 카울링 상태검사
③ 윤활유 누설검사
④ 전기배선 피복상태 검사

해설

왕복엔진 외부 검사 항목에는 카울링 육안검사, 배기관 육안검사, 윤활유 누설 육안검사, 전기배선 육안검사, 보기류 장착상태 검사가 있다.

54 대향형 엔진의 밸브 기구에서 크랭크축 기어의 잇수가 30개라면, 맞물려 있는 캠 기어의 잇수는 몇 개이어야 하는가?

① 15   ② 30
③ 60   ④ 90

해설

대향형 엔진의 밸브 기구

- 캠 로브의 숫자는 실린더 개당 흡·배기 밸브가 한 개씩 있으므로 '캠 로브의 숫자=2×실린더 수'
- 캠축의 회전 속도는 크랭크축이 2회전 하는 동안 밸브는 한 번씩 열리므로 '캠축의 회전 속도=크랭크축의 회전 속도/2'
- 밸브 작동 순서: 크랭크축→캠축→캠 로브→태핏→푸시로드→로커암→밸브

55 터빈엔진의 발전계통에서 CSD(Constant Speed Drive)의 주된 목적은?

① 전압을 감소하기 위하여
② 전류량을 유지하기 위하여
③ 일정한 전압을 유지하기 위하여
④ 일정한 주파수를 유지하기 위하여

해설

교류발전기는 전압과 주파수를 일정하게 유지하여야 하며, 발전기의 회전수는 출력 주파수와 비례한다. 항공기의 교류발전기는 엔진에 의해서 구동되기 때문에 기관의 회전수가 변화하게 되면 발전기의 출력 주파수도 변화하게 된다. 따라서 엔진과 발전기 사이에 정속구동장치를 설치하여 엔진의 회전수와 관계없이 발전기를 일정하게 회전한다. 구성은 유압장치, 차동기어장치, 거버너 및 오일 등으로 구성되어 있다.

56 엔진 작동 중 실린더 안에 있는 피스톤의 핀은 좌우 양쪽 방향으로 이동하면서 실린더의 벽을 손상시킬 수 있다. 이러한 손상을 막기 위하여 피스톤 핀 리테이너를 사용하는데, 이 형식에 해당하지 않는 것은?

① 반지형
② 스톱배럴
③ 스프링 링
④ 비철금속 플러그

정답 52. ①   53. ①   54. ③   55. ④   56. ②

해설

피스톤 핀 리테이너는 피스톤 핀 끝이 실린더 벽에 접촉하는 것을 방지하는 장치이다. 반지형은 피스톤 보스의 바깥쪽 끝 홈에 꼭 끼워지고, 스프링 링은 피스톤 핀이 움직이지 못하도록 피스톤 보스의 바깥쪽 끝에 있는 원형 홈에 꼭 맞게 끼워지는 원형 강 스프링 코일이 있고, 비철금속 플러그는 재질이 알루미늄 합금이며, 피스톤 플러그라고 한다. 이 타입이 가장 많이 사용된다.

57 가스터빈엔진에서 연료와 공기가 혼합되는 부분은?

① 흡입 부분(intake section)

② 터빈 부분(turbine section)

③ 연소실 부분(combustion section)

④ 압축기 부분(compressor section)

해설

연소실(combustion chamber)은 압축된 고압 공기에 연료를 분사하여 연소시킴으로써 연료의 화학적 에너지를 열에너지로 변환시키는 장치이며, 압축기와 터빈 사이에 위치한다.

58 가스터빈엔진 항공기에서 엔진 추력을 결정하는 계기로 사용되는 것은?

① EPR(Engine Pressure Ratio)

② EGT(Engine Gas Temperature)

③ OIL Pressure Indicator

④ Fuel Flow Indicator

해설

엔진압력비(EPR : Eengine Pressure Ratio)는 엔진에 의해 발생하는 추력을 지시하는 수단으로 사용되고 이륙을 위한 출력을 설정한다. 이것은 터빈 출구의 압력을 압축기 입구 압력으로 나눈 값이다.

59 항공기 엔진 중 바이패스 공기(bypass air)에 의해 추력의 일부를 얻는 엔진은?

① 터보제트엔진

② 터보팬엔진

③ 터보프롭엔진

④ 램제트엔진

해설

바이패스 비(BPR : By-Pass Ratio)는 터보팬엔진에서 팬을 통과한 공기를 2차 공기유량이라 하고, 압축기를 통과한 공기유량을 1차 공기유량이라 한다.
$\dfrac{W_s(\text{2차 공기유량})}{W_p(\text{1차 공기유량})}$ 이다.

60 왕복엔진과 비교한 가스터빈엔진의 특성이 아닌 것은?

① 연료의 소모량이 많고 소음이 심하다.

② 회전수에 제한을 받기 때문에 큰 출력을 내기가 어렵다.

③ 왕복운동 부분이 없어 엔진의 진동이 적다.

④ 비행속도가 커질수록 효율이 높아져 초음속 비행도 가능하다.

해설

가스터빈엔진의 특성

• 연소가 연속적으로 진행되기 때문에 엔진의 추력이 증가한다.

• 왕복 부분이 없으므로 진동이 적고 높은 회전수를 얻을 수 있다.

• 추운 기후에서도 시동이 용이하고 윤활유 소모가 적다.

• 저급 연료 사용이 가능하다.

• 고속 비행이 가능하다.

• 연료 소모량이 많다.

• 소음이 심하다.

✈ 정답 57. ③ 58. ① 59. ② 60. ②

1. 항공기 일반

『항공기 일반』 교육과학기술부

『비행원리』 교육과학기술부

『항공역학』 윤선주 저

『항공정비 일반』 국토교통부

『항공기 프로펠러』 NCS 모듈 교재

『헬리콥터 정비』 NCS 모듈 교재

2. 정비 일반

『항공기 기초 실습』 교육과학기술부

『항공기체 실습』 교육과학기술부

『항공기관 실습』 교육과학기술부

『항공정비 일반』 연경문화사

『항공정비 일반』 국토교통부

『항공기 계통 정비』 NCS 모듈 교재

3. 기체 정비

『항공기 기체』 교육과학기술부

『항공기 기체 실습』 교육과학기술부

『항공기 기체 실습』 김귀섭 외 3명 공저

『항공기 기체』 국토교통부

『항공기 기체 정비』 NCS 모듈 교재

4. 기관 정비

『항공기 기관』 교육과학기술부

『항공기 기관 실습』 교육과학기술부

『항공기 왕복엔진』 노명수 저

『항공기 가스터빈엔진』 노명수 저

『항공기 엔진』 국토교통부

『항공기 왕복엔진 정비』 NCS 모듈 교재

『헬리콥터 가스터빈엔진 정비』 NCS 모듈 교재